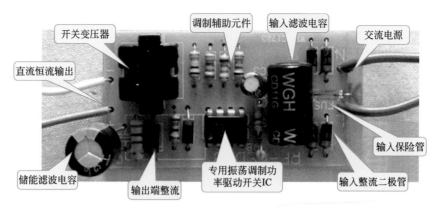

图 1-2　常用恒流开关电源板

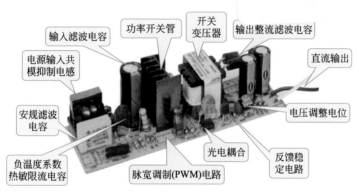

图 1-3　常见电源适配器内部电路板（2 页）

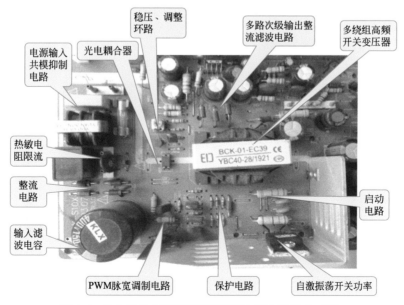

图 1-4　分立元件自激振荡开关稳压电源电路板（2 页）

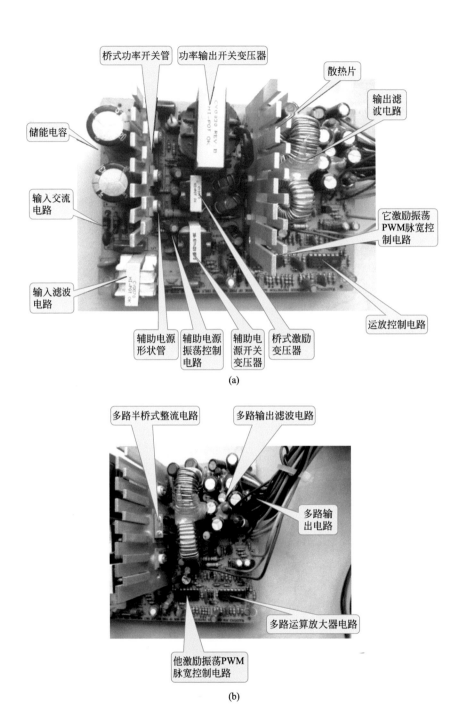

桥式功率开关管　功率输出开关变压器　　散热片

储能电容

输入交流电路

输入滤波电路

输出滤波电路

它激励振荡PWM脉宽控制电路

运放控制电路

辅助电源形状管　辅助电源振荡控制电路　辅助电源开关变压器　桥式激励变压器

(a)

多路半桥式整流电路　　多路输出滤波电路

多路输出电路

多路运算放大器电路

他激励振荡PWM脉宽控制电路

(b)

图 1-5　他激励桥式开关电源（2 页）

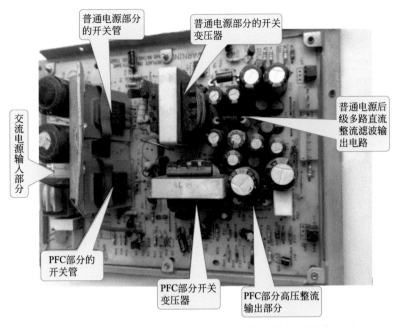

普通电源部分的开关管

普通电源部分的开关变压器

普通电源后级多路直流整流滤波输出电路

交流电源输入部分

PFC部分的开关管

PFC部分开关变压器

PFC部分高压整流输出部分

图 1-6　带有功率因数补偿电路的 PFC 开关电源电路板（2 页）

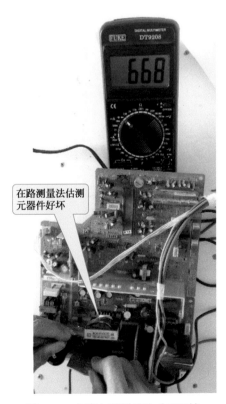

在路测量法估测元器件好坏

图 1-33　在路电阻测量法（15 页）

带假负载测量
输出电压

图 1-34 加接假负载（15 页）

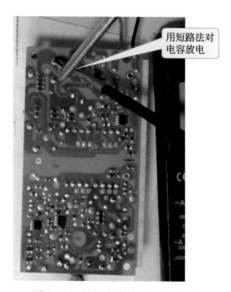

用短路法对
电容放电

图 1-35 电解电容放电（15 页）

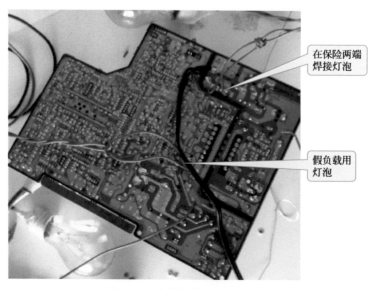

在保险两端
焊接灯泡

假负载用
灯泡

图 1-36 串联灯炮法（16 页）

开关电源
设计与维修
从入门到精通

张伯虎 主编

化学工业出版社

·北京·

本书在介绍开关电源基本工作原理与特性的基础上，以实际设计的电源模块为例，详细介绍开关电源设计要求、各流程以及具体控制电路的设计思路，帮助读者了解电子设备中开关电源模块的工作原理与设计制作细节及工作过程；同时，结合作者多年的现场维修经验，详细说明了多种分立元件开关电源的维修方法，多种集成电路自激开关电源的维修方法，多种集成电路他激开关电源的维修方法，多种DC-DC升压型典型电路分析与检修方法，多种PFC功率因数补偿型开关电源典型电路分析与检修方法。

本书配套视频生动讲解开关电源设计、PCB制作以及电源检修操作，扫描书中二维码即可观看视频详细学习，如同老师亲临指导。

本书可供电子技术人员、电子爱好者以及电气维修人员阅读，也可供相关专业的院校师生参考。

图书在版编目（CIP）数据

开关电源设计与维修从入门到精通/张伯虎主编.
北京：化学工业出版社，2018.7（2024.6重印）
ISBN 978-7-122-32132-9

Ⅰ.①开⋯　Ⅱ.①张⋯　Ⅲ.①开关电源-设计②开关
电源-维修　Ⅳ.①TN86②TM91

中国版本图书馆 CIP 数据核字（2018）第 096809 号

责任编辑：刘丽宏　　　　　　　　　　　　　　装帧设计：刘丽华
责任校对：边　涛

出版发行：化学工业出版社（北京市东城区青年湖南街 13 号　邮政编码 100011）
印　　装：北京天宇星印刷厂印刷
787mm×1092mm　1/16　印张 23¾　彩插 2　字数 639 千字　2024 年 6 月北京第 1 版第 10 次印刷

购书咨询：010-64518888　　　　　　　　　　售后服务：010-64518899
网　　址：http://www.cip.com.cn
凡购买本书，如有缺损质量问题，本社销售中心负责调换。

定　　价：78.00 元

前言

　　电源是各种电子设备必不可缺的组成部分，其性能优劣直接关系到电子设备的技术指标及能否安全可靠地工作。电子设备电气故障的检修，基本上都是先从电源入手，在确定其电源正常后，再进行其他部位的检修。为了普及开关电源科学知识，帮助广大维修人员及电子爱好者尽快理解掌握开关电源设计与维修技能，特编写了本书。

　　开关电源的设计和维修过程同等重要，有了好的电路设计，还要有好的调修，才能使电路性能达到最佳。因此，本书将开关电源设计与维修结合在一起详细介绍。为了便于读者学习理解，书中从典型分立元件开始讲解，然后逐步介绍普通及工控设备开关电源。相信读者阅读本书后能单独完成开关电源设计与维修工作。

　　此外，本书在介绍开关电源基本工作原理与特性的基础上，以实际设计的电源模块为例，详细介绍开关电源设计要求、各流程以及具体控制电路的设计思路，帮助读者了解电子设备中开关电源模块的工作原理与设计制作细节及工作过程；同时，结合作者多年的现场维修经验，详细说明了多种分立元件开关电源的维修方法，多种集成电路自激开关电源的维修方法，多种集成电路他激开关电源的维修方法，多种DC-DC升压型典型电路分析与检修方法，多种工控及PFC功率因数补偿型开关电源典型电路分析与检修方法。

　　为便于读者理解学习，在电路原理分析和检修、移植法理解、PCB制作以及电源检修操作等部分章节，配有相应视频演示和讲解，引导读者全面掌握开关电源相关知识与维修技能。读者用手机扫描书中二维码即可观看视频教程，通过视频学习，可掌握各项技能，如同老师亲临现场指导。

　　由于本书讲解的均为典型电源电路，因此，读者在遇到实际机型（无论是工业、民用、商用）时，不要在书中找机型牌号和型号，只要在书中找到对应的集成电路型号即可对应分析和检修。

　　在阅读本书时，尽可能先多看几遍视频，这样应能达到事半功倍的效果。如有什么疑问，请发邮件到 bh268@163.com 或关注下方二维码咨询，会尽快回复。

　　本书由张伯虎主编，参加本书编写的人员还有张校铭、张振文、赵书芬、张书敏、焦凤敏、曹祥、王桂英、张校珩、张伯龙、张胤涵、蔺书兰、孔凡桂、曹振华等。在此成书之际，对本书编写和出版提供帮助的所有人员一并表示衷心感谢！

　　限于时间仓促，书中不足之处难免，恳请读者批评指正。

编　者

目 录

视频讲解清单

- 1 页-开关电源简易理解
- 1 页-认识多种开关电源实际线路板
- 5 页-线性电源原理与维修
- 6 页-三端稳压器误差放大器的测量
- 14 页-开关电源检修注意事项
- 15 页-典型分立件开关电源无输出检修
- 15 页-分立件开关电源输出电压低检修
- 15 页-开关电源烧保险的故障检修
- 18 页-完整的开关电源电路设计
- 21 页-开关电源设计-移植法
- 26 页-数字万用表测量变压器
- 26 页-自己制作变压器
- 133 页-串联开关电源原理
- 134 页-串联开关电源检修
- 135 页-并联开关电源原理
- 139 页-并联开关电源的检修
- 141 页-自激振荡分立元件开关电源

- 187 页-厚膜集成电路电源原理维修
- 253 页-高集成度开关电源原理维修
- 265 页-典型集成电路开关电源原理
- 267 页-充电器控制电路检修
- 267 页-充电器无输出启动电路检修
- 267 页-电动车充电器以 TL3842 为核心的电路原理
- 296 页-桥式开关电源原理与检修
- 301 页-计算机 ATX 电源保护电路检修
- 312 页-PFC 开关电源原理与维修
- 324 页-电动车充电器以 TL3842 为核心的电路原理
- 327 页-充电器控制电路检修
- 327 页-充电器无输出启动电路检修
- 359 页-计算机 ATX 电源保护电路检修
- 359 页-桥式开关电源原理与检修
- 372 页-各种电子元器件的检测
- 372 页-大型桥式开关电源与 PFC 电路检修

第一章

开关电源设计与制作基础

第一节 认识开关电源

一、什么是开关电源

开关电源是相对线性电源说的。它的输入端直接将交流电整流变成直流电，再在高频震荡电路的作用下，用开关管控制电流的通断，形成高频脉冲电流。在电感（高频变压器）的帮助下，输出稳定的低压直流电。由于变压器的磁芯大小与它的工作频率的平方成反比，频率越高铁芯越小，这样就可以大大减小变压器，使电源减轻重量和体积。而且由于它直接控制直流，使这种电源的效率比线性电源高很多。这样就节省了能源，因此它受到人们的青睐。可用图 1-1 理解开关电源开关接通断开方法。开关电源简易理解可扫上方二维码学习。

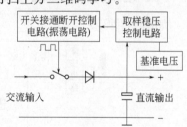

由图可知，当有交流电输入时，开关通断控制电路控制开关接通和断开，交流电可经过开关加入二极管整流电路给电容充电，电容可以看做是储能电容，容量较大。假设高电平时开关接通，开关接通时间越长则电容上的电压也越高，低电平开关断开，而开关断开时间越长，电容两端电压越低，由反馈稳压电路控制开关接通和断开时间即可控制电容上的电压在一个固定值，达到稳压目的。这就是利用开关简单理解开关电源的方法，实际电路中开关为三极管或场效应管之类的电子开关管。

图 1-1 开关电源等效电路

二、恒流型开关电源的实物电路板

恒流型开关电源是控制输出电流的，无论外在因素如何变化，其输出电流不变，常用于 LED 驱动电路及其他需要稳定电流的电气设备中。彩图 1-2 为一种常用的小功率恒流开关电源板。多种开关电源实际线路板可扫二维码学习。

三、电源适配器实物电路板

很多电器设备中需要外设电源适配器（外接电源），如笔记本电脑、液晶显示器、扫描仪等电器，通常需要外接电源适配器，常见电源适配器内部电路板如彩图 1-3 所示。

四、分立元件自激振荡开关稳压电源实物电路板

很多电器中使用分立元件开关电源做稳压电路，如彩色电视机、多种型号充电器等设备，电路实物图如彩图 1-4 所示。

五、他激励桥式开关电源实物电路板

他激励桥式开关稳压电源功率大、输出电压稳定、可多极性多路输出、效率高等优点，被广泛应用于各种电器，如计算机电源、电动车充电器、各种工业电器等设备。常见的计算机开关电源如彩图 1-5 所示。

六、带有功率因数补偿电路的 PFC 开关电源实物电路板

为提高线路功率因数，抑制电流波形失真，必须使用 PFC 措施。PFC 分无源和有源两种类型，目前流行的是有源 PFC 技术。有源 PFC 电路一般由一片功率控制 IC 为核心构成，它被置于桥式整流器和一只高压输出电容之间，也称作有源 PFC 变换器。有源 PFC 变换器一般使用升压形式，主要是在输出功率一定时，有较小的输出电流，从而可减小输出电容器的容量和体积，同时也可减小升压电感元件的绕组线径。

实际的 PFC 开关电源可以假设为两个开关电源，其中一个在前面将交流整流滤波后变换为直流高电压（约 400～500V）输出，再给后面的普通开关电源供电，电路原理与前面电路基本相同，理解时可参看后面的章节原理。电路板实物如彩图 1-6 所示。

第二节 连续调整型稳压电路构成与工作原理

一、连续调整型稳压电路构成

如图 1-7 所示。

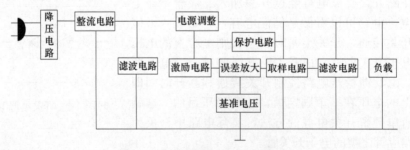

图 1-7　连续调整型稳压电路构成

1. 降压电路

我国市电供电为 220V，电子产品中需要多种电压（多为直流），可利用变压电路将 220V 交流市电转换为所需要电压，变压电路主要有升压电路和降压电路两类。

（1）变压器变压电路　常用的降压元件是变压器，将 220V 变压为低压时称为降压变压器，广泛应用于各种电子线路中，将 220V 变压为高压时，称为升压变压器，无论是降压变压器还是升压变压器，均是利用磁感应原理完成升降压的，详见变压器相关介绍。

（2）阻容降压电路　在一些小功率电路中，常用阻容降压电路（电阻与电容并联）。适当

选择元件参数，可以得到所需要的电压，其原理是用 RC 电路限流降压的，R 不允许开路，因电阻限制电流，只适用于小功率电路。

2. 整流电路

电子电路应用的多为直流电源，整流电路就是将交流电变成直流电的电路。

(1) 半波整流电路　半波整流电路如图 1-8 所示，由变压器 T、二极管 VD、滤波电容 C、电阻 RL 构成。

变压器 T 的作用是将市电进行转换，得到用电器所需电压。若市电电源电压与用电器的要求相符，就可以省掉变压器，既降低成本又简化了电路。

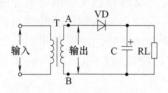

图 1-8　半波整流电路

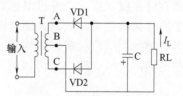

图 1-9　半桥式整流电路

工作过程：当变压器次级电压 U_2 为正半周时，A 为正，VD 导通，负载 RL 有电流通过，当变压器次级电压 U_2 为负半周时，A 为负，D 截止，RL 中就没有电流通过，则负载中只有正半周时才有电流。这个电流的方向不变，但大小仍随交流电压波形变化，叫做脉动电流。

(2) 全波整流电路　全波整流电路有"半桥式整流电路"和"全桥式整流电路"两种。

① 半桥式整流电路。图 1-9 是半桥式整流电路，电路变压器次级线圈两组匝数相等。在交流电正半周时，A 点的电位高于 B，而 B 点的电位又高于 C，则二极管 VD1 反偏截止，而 VD2 导通，电流由 B 点出发，自下而上地通过负载 RL，再经 VD2，由 C 点流回次级线圈。在交流电负半周时，C 点的电位高于 B，而 B 点的电位又高于 A，故二极管 VD1 导通，而 VD2 截止。电流仍由 B 点的自下而上地通过 RL，但经过 VD1 回到次级的另一组线圈。这个电路中，交流电的正、负半周，都有电流自下而上地通过，则叫做全波整流电路。此种电路的优点是市电利用率高，缺点是变压器利用率低。

② 全桥式整流电路。如图 1-10 所示在交流电正半周时，A 点的电位高于 B 点，则二极管 VD1、VD3 导通，而二极管 VD2、VD4 截止，电流由 A 点经 VD1，自上而下地流过负载 RL，再通过 VD3 回到变压器次级；在交流电负半周时，B 点的电位高于 A，二极管 VD2、VD4 导通，而 VD1、VD3 截止，那么电流由 B 点经 VD2，仍然由上而下地流过负载 RL，再经 VD4 到 A。可见，桥式整流电路中，无论交

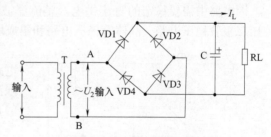

图 1-10　全桥式整流电路

流电的正、负半周，都有单方向的直流电流输出，而且输出的直流电压也比半波整流电路高。

全波整流电路在交流电的正、负半周都有直流输出，整流效率比半波整流提高一倍，输出电压的波动更小。

3. 滤波电路

整流电路虽然可将交流电变为直流电，但是这种直流电有着很大的脉动成分，不能满足电子电路的需要。因此，在整流电路后面必须再加上滤波电路，减小脉动电压的脉动成分，提高平滑程度。

(1) 无源滤波　常用的无源滤波主要有电容滤波、电感滤波及 LC 组合滤波电路，下面主

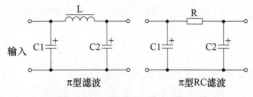

图 1-11 LC 滤波电路的基本形式

要介绍 LC 组合电路。

LC 滤波电路的基本形式如图 1-11 所示。它在电容滤波的基础上，加上了电感线圈 L 或电阻 R，以进一步加强滤波作用。因这个电路的样子很像希腊字母"π"，则称为"π 型滤波器"。

电路中电感的作用可以这样解释：当电感中通过变化的电流时，电感两端便产生反电动势来阻碍电流的变化。当流过电感的电流增大时，反电动势会阻碍电流的增大，并且将一部分电能转变为磁能存储在线圈里；当流过电感线圈的电流减小时，反电动势又会阻碍电流的减小并释放出电感中所存储的能量，从而大幅度地减小了输出电流的变化，达到了滤波的目的。将两个电容、一个电感线圈结合起来，便构成了π型滤波器，能得到很好的滤波效果。

在负载电流不大的电路中，可以将体积笨重的电感 L 换成电阻 R，即构成了π型 RC 滤波器。

(2) 有源滤波 有源滤波电路又称电子滤波器，在滤波电路中使用了有源器件晶体管。有源滤波电路如图 1-12 所示。在有源滤波电路中，接在三极管基极的滤波电容容量为 C，因三极管的放大作用，相当于在发射极接了一只大电容。

电路原理：电路中首先用 RC 滤波电路，使三极

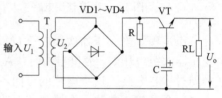

图 1-12 有源滤波电路

管基极纹波相当小，因 I_B 很小，则 R 可以取较大，C 相对来讲可取得较小，又因三极管发射极电压总是低于基极，则发射极输出纹波更小，从而达到滤波作用，适当加大三极管功率，则负载可得到较大电流。

4. 稳压电源

整流滤波后得到直流电压，若交流电网的供电电压有波动，则整流滤波后的直流电压也相应变动；而有些电路中整流负载是变化的，则对直流输出电压有影响；电路工作环境温度的变化也会引起输出电压的变化。

因电路中需要稳定的直流供电，整流滤波电路后设有"稳压电路"，常用的稳压电路有：稳压二极管稳压电路、晶体管稳压电路和集成块稳压电路。

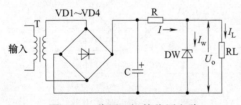

图 1-13 稳压二极管稳压电路

(1) 稳压二极管稳压电路 如图 1-13 所示，电路由电阻 R 和稳压二极管 DW 组成，图中 R 为限流电阻，RL 为负载，U_o 为整流滤波电路输出的直流电压。

工作过程：稳压二极管的特点是电流在规定范围内反向击穿时并不损坏，虽然反向电流有很大的变化，反向电压的变化却很小。电路就是利用它的这个特性来稳压的。假设因电网电压的变化使整流输出电压 U 增高，这时加在稳压二极管 DW 上的电压也会有微小的升高，但这会引起稳压管中电流的急剧上升。这个电流经过限流电阻 R，使它两端的电压也急剧增大，从而可使加在稳压管（即负载）两端的电压回到原来的 U_o 值。而在电网电压下降时，U_i 的下降使 U_o 有所降低，而稳压管中电流会随之急剧减小，使 R 两端的电压减小，则 U_o 上升到原值。

(2) 晶体管稳压电路 晶体管稳压电路有串联型和并联型两种，稳压精度高，输出电压可在一定范围内调节。晶体管稳压电路如图 1-14 所示，VT1 为调整管（与负载串联），VT2 为比较放大管。电阻 R 与稳压管 DW 构成基准电路，提供基准电压。电阻 R1、R2 构成输出电

压取样电路。电阻 R3 既是 VT1 的偏置电阻又是 VT2 的集电极电阻。

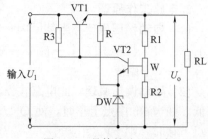

图 1-14 晶体管稳压电路

稳压工作过程：当负载 RL 的大小不变时，若电网电压的波动使输入电压增大，则会引起输出电压 U_o 变大。通过 R1、R2 的分压，会使 VT2 管的基极电压也随之升高。因 VT2 管的发射极接有稳压二极管，所以电压保持不变，则这时 VT2 的基极电流会随着输出电压的升高而增大，引起 VT2 的集电极电流增大。VT2 的集电极电流使 R3 上电流增大，R3 上的电压降也变大，导致 VT1 的基极电压下降。VT1 管的导通能力减弱，VT1 的基极电压增加，使集电极发射极间电阻增大，压降增大，输出电压降低到原值。同理，当输入电压下降时，引起输出电压下降，而稳压电路能使 VT1 的集电极、发射极间电阻减小，压降变小，使输出电压上升，保证输出电压稳定不变。

调压原理：当电位器 W 的中间端上移时，使 VT2 的基极电压上升，它的基极和集电极电流增大，使 R3 两端的电压降增大，引起调整管 VT1 的基极电压下降，使输出电压也随之下降。同理，当电位器 W 的中间端向下滑动时，能使输出电压上升。调整后的输出电压，仍受电路稳压作用的控制，不受电网波动或负载变化的影响。

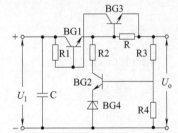

图 1-15 带有保护功能的稳压电路

(3) 带有保护功能的稳压电路 在串联型稳压电路中，负载与调整管串联，当输出过载或负载短路时，输入电压全部加在调整管上，这时流过调整管的电流很大，使得调整管过载而损坏。即使在电路中接入熔丝作为短路保护，因它的熔断时间较长，仍不能对晶体管起到良好的保护作用。因此，必须在电源中设有快速动作的过载保护电路。如图 1-15 所示。三极管 VT3 和电阻 R 构成限流保护电路。因电阻 R 的取值比较小，因此，当负载电流在正常范围时，它两端压降小于 0.5V，VT3 处于截止状态，稳压电路正常工作。当负载电流超过限定值时，R 两端电压降超过 0.5V，VT3 导通，其集电极电流流过负载电阻 R1，使 R1 上的压降增大，导致 VT1 基极电压下降，内阻变大，控制 VT1 集电极电流不超过允许值。

二、实际连续型调整型稳压电路分析与检修

1. 电路分析

BX1、BX2 为熔丝 B 电源变压器，VD1—VD4 为整流二极管，C1、C2 为保护电容，C3、C4 为滤波电容，R1、R2、C5、C6 为 RC 供电滤波电路，R3 为稳定电阻，C8 为加速电容，DW 为稳压二极管 R4、R5、R6 为分压取样电路，C7 为输出滤波电容，Q1 为调整管，Q2 为推动管；Q3 为误差放大管，电路如图 1-16 所示。电路分析可扫二维码学习。

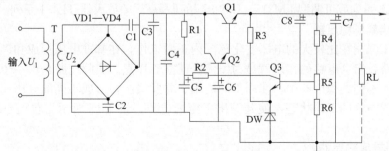

图 1-16 实际稳压电路

2. 电路工作原理

（1）自动稳压原理 当某原因$+V\uparrow\rightarrow$R5中点电压$\uparrow\rightarrow Q_3U_b\uparrow\rightarrow U_{be}\uparrow\rightarrow I_b\uparrow\rightarrow I_c\uparrow\rightarrow$ $U_r1.2\uparrow\rightarrow U_c\downarrow\rightarrow Q_2U_b\downarrow\rightarrow I_b\downarrow\rightarrow R_{ce}\uparrow\rightarrow U_{e2}\downarrow\rightarrow Q_1U_b\downarrow\rightarrow U_{be}\downarrow\rightarrow I_b\downarrow\rightarrow I_c\downarrow\rightarrow R_{ce}\uparrow\rightarrow$ $U_e\downarrow\rightarrow +V\downarrow$原值。

（2）手动调压原理 此电路在设计时，只要手动调整R5中心位置，即可改变输出电压V高低，如当R5中点上移时，使$Q3U_b$电压上升，根据自动稳压过程可知$+V$下降，如当R5中点下移时，则$+V$会上升。

3. 电路故障检修

此电路常出现故障主要有：无输出、输出电压高、输出电压低、纹波大等。

无输出或输出不正常的检修过程，如图1-17所示。

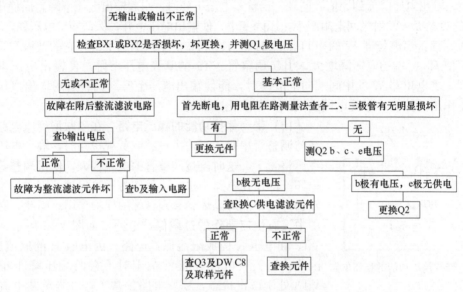

图1-17 无输出或输出不正常的检修过程

除利用上述方法检修外，在检修稳压部分时（输出电压不正常），还可以利用电压跟踪法由后级向前级检修，同时调R5中点位置，哪级电压无变化，则故障应在哪级。

如输出电压偏高或偏低，首先测取样管基极电压，调R5电压不变则查取样电路，电压变化则测Q3，集电极电压，调R5电压不变则查Q3电路及R1、R2、C1与C6、DW等元件，如变再查Q2、Q3等各极电压，哪级不变化故障在哪级。

三、集成稳压连续型电源电路分析

集成电路连续型稳压器主要是三端稳压器，有普通三端稳压器78、79系列，低压差稳压器29系列或可调型LM317、LM337系列及高误差放大器TL431系列。

1. 普通三端集成稳压器

为了使稳压器能在比较大的电压变化范围内正常工作，在基准电压形成和误差放大部分设置了恒流源电路，启动电路的作用就是为恒流源建立工作点。实际电路是由一个电阻网络构成的，在输出电压不同的稳压器中，使用不同的串、并联接法，形成不同的分压比。通过误差放大之后去控制调整管的工作状态，使其输出稳定的电压。图1-18所示为普通三端稳压器基本应用电路。

2. 29系列集成稳压器

29系列低压集成稳压器与78/79系列集成稳压器结构相同，但最大优点是输入/输出压差小。

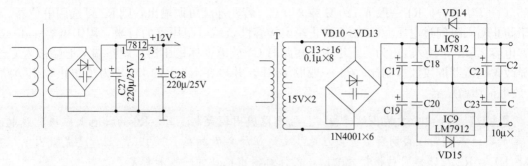

图 1-18 普通三端稳压器基本应用电路

3. 可调型集成稳压器

三端可调集成稳压器，分正压输出和负压输出两种，主要种类如区别见表 1-1。三端可调型集成稳压器使用起来非常方便，只需外接两个电阻就可以在一定范围内确定输出电压。图 1-19(a) 是 LM317 的应用电路，图 1-19(b) 是正负可调应用电路。

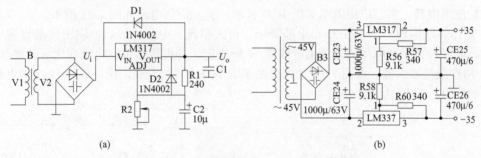

图 1-19 可调型集成稳压器基本应用电路

工作原理：以 LM317 为例，在图 1-19 中，U_i 为直流电压输入端，U_o 为稳压输出端，ADJ 则是调整端。与 78 系列固定三端稳压器相比较，LM317 把内部误差放大器、偏置电路的恒流源等的公共端改接到了输出端，它没有接地端。LM317 内部的 1.25V 基准电压设在误差放大器的同相输入端与稳压器的调整端之间，由电流源供给 $50\mu A$ 的恒定 I_{ADJ} 调整电流，此电流从调整端（ADJ）流出。R_{SOP} 是芯片内部设有的过流检测电阻。实际使用时，采用悬浮式工作，即由外接电阻 R1、R2 来设定输出电压，输出电压可用下式计算，$V_0=1.25\ (1+R_2/R_1)$。

表 1-1 可调型集成稳压器的种类及区别

类型	产品系列及型号	最大输出电流/A	输出电压/V
正压输出	LM117L/217L/317L	0.1	1.2～37
	LM117M/217M/317M	0.5	1.2～37
	LM117/217/317	1.5	1.2～37
	LM150/250/350	3	1.2～33
	LM138/238/338	5	1.2～32
	LM196/396	10	1.2～15
负压输出	LM137L/237L/337L	0.1	−37～−1.2
	LM137M/237M/337M	0.5	−37～−1.2
	LM137/237/337	1.5	−37～−1.2

使用悬浮式电路是三端可调型集成稳压器工作时的特点。图 1-19 中，电阻 R1 接在输出端与调整端之间承受稳压器的输出基准电压 1.25V，电阻 R2 接在调整端至地端。$V_0=$

1.25 $(1+R_2/R_1)$。R1一般取$120'\Omega$或$240'\Omega$。若要连续可调输出，则R2可选用电位器。C1用于防止输入瞬间过电压。C2用于防止输出接容性负载时稳压器的自激。用钽电容$1\mu F$或铝电解电容$25\mu F$，接入D1为防止输入端短路时C1放电损坏稳压器。调整端至地端接入C2可明显改善稳压器的纹波抑制比。C1一般取$10\mu F$，并接在R1上的D2是为了防止输出短路时C1放电损坏稳压器。

> 【注意】　R1要紧靠输出端连接，当输出端流出较大电流时，R2的接地点应与负载电流返回的接地点相同，否则负载电流在地线上的压降会附加在R2的压降上，造成输出电压不稳。R1和R2应选择同种材料的电阻，以保证输出电压的精度和稳定。

4. 高增益并联可调基准稳压器 TL431A/B

（1）特性及工作原理　三端并联可调基准稳压器集成电路广泛应用于开关电源的稳压电路中，外形与三极管类似，但其内部结构和三极管却不同。三端并联可调基准稳压器与简单的外电路相组合就可以构成一个稳压电路，其输出电压在$2.5\sim36V$之间可调。在开关电源电路中三端并联可调基准稳压器还常用做三端误差信号取样电路。常用的为TL431。

（2）应用电路　典型应用电路如图1-20所示，实际应用电路如图1-21所示。

① 用作并联电源。图1-20中市电经降压、桥式整流、电容滤波后，输出脉动直流电压通过负载，电流的大小和电压的高低由电位器W所决定，并可根据负载电流变化自动调整。

② 用作误差放大器。在图1-21中，改变W1中点位置可改变电位，改变BG2集电极与发射极间的电阻，改变V_0输出。

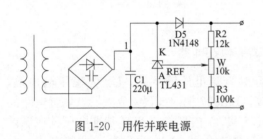

图1-20　用作并联电源

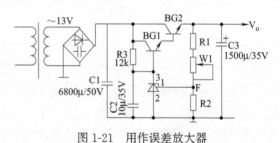

图1-21　用作误差放大器

第三节　开关型稳压电路构成与工作原理 ◀◀◀

一、开关型稳压电路构成

开关型稳压电路的构成与普通连续调整型稳压电路有相似之处，图1-22是它的构成方框图。它同样设有电源调整管，经取样电路取得取样电压，再与基准电压相比较，并将误差电压放大，利用反馈控制原理，随时调节电源调整管的导通与截止时间，实现稳压控制。但是，它与普通串联连续调整型稳压电路的控制过程有明显不同。首先，它把电网的交流电压经整流、滤波后，送到开关型调整管，因此不稳定的直流电压U_1被转变为断续的矩形脉冲电压U_2，开关型调整管的开关频率为十几千赫兹，甚至达到$60\sim70kHz$。将此高频脉冲电压经整流滤波得到平滑的直流电压U_0。实际上开关型调整管的控制电路也发生了明显变化。普通稳压电路的调整管工作于线性放大状态，其基极控制电压就是误差放大器输出的直流电压，通过改变调整管的直流压降来维持输出电压的稳定性；而开关电源的调整管工作于开关状态，基极控制电压是矩形或近似矩形的脉冲电压，原误差放大器输出的直流电压必须先进入开关控制电路，利用开关控制电路自动调节开关调整管基极脉冲电压的脉宽或周期，通过调节开关调整管的导通时间或周期来实现电压自动调整。因调整管工作于开关状态，因而这种电源称为开关型稳压电源。另外，此电源需设有专用的高频整流滤波电路，又称换能器。一般换能器都包括大电感（称高频扼流圈或储能线圈）、大功率二极管（称续流二极管）和滤波电容等。换能器既是滤波器、续流电路，又是电能-磁能转换器。当调整开关管处于截止状态时，利用二极管的续流作用，可将大电感存储的能量释放出来，在负载上形成连续电流；利用电感和电容的滤波作用，可减少负载电流的纹波。

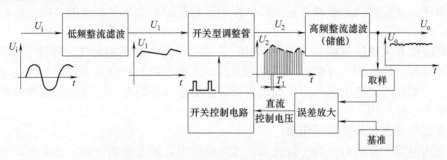

图 1-22　开关型稳压电路的构成方框图

由图 1-22 可知，输出端的直流电压 U_o 就是换能器提供的高频脉冲电压 U_2 的平均电压，即：$U_o = \dfrac{T_1}{T} U_2$。

式中，T 是开关脉冲的周期，它就是开关调整管的激励脉冲的周期；T_1 是高频脉冲 U_2 的脉宽，它与开关调整管的激励脉宽有关。一般激励脉宽等于 T_1，或与 T_1 有关。

T_1/T 称占空系数，调整 T_1/T 大小，可以调节输出电压 U_o 值。实际上，通过调整脉宽（即调整 T_1），调整脉冲周期（即 T），都能够调整输出电压。

二、开关型电源电路种类与工作过程

开关电源有多种分类方法，如图 1-23 所示，实际应用中，要将各种方式通过不同的组合，形成某形式开关电源，如直接稳压式自激调频并联式电源、间接稳压并联自激式电源、并联他激式电源等。下面简要介绍各种电源的工作原理。

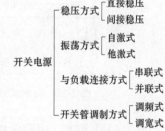

图 1-23　开关电源分类方式

1. 串联与并联型开关稳压电路

（1）串联型开关稳压电路　如图 1-24（a）所示，它由开关管 BG、储能电路（包括储能电感 L、滤波电容 C 和续流二极管 VD）、取样电路、比较放大电路、基准电压电路、脉冲调宽电路等部分构成，若储能电感 L 串联在输入端与输出负载 RL 之间，则叫串联型开关稳压电路。

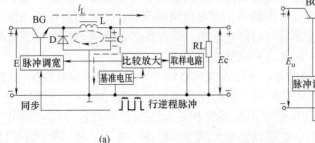

(a)

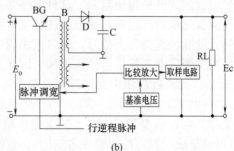

(b)

图 1-24　串联与并联型开关稳压电路

电路正常工作时，开关管受脉冲电压控制工作在开关状态，使输入与输出之间周期性地闭合与断开，间断地把输入的能量送入储能电路，经均衡滤波后形成直流电压输出。单位时间内输入储能电路能量的多少（即开关管在单位时间里导通时间的长短）决定输出电压的大小。

取样电路取出一部分输出电压，并将这部分电压与基准电压相比较产生出误差信号，比较放大电路将误差信号放大，再去控制脉冲调宽电路，改变控制开关管的脉冲电压的宽度，从而改变开关管的导通时间。当输出电压偏高时，误差信号使脉冲宽度变窄，窄脉冲又使开关管单位时间内导通的时间变短，从而使输入储能器的能量减少，输出的电流、电压下降。这样输出电压经过取样、比较放大、脉冲调宽电路的作用后，使输出电压向相反的方向变化，从而达到稳定目的。

(2) 并联型开关稳压电路 如图 1-24(b) 所示，电路中的储能元件用脉冲变压器 B 替代，就可以得到脉冲变压器耦合并联型开关稳压电路。这种电路的特点是可以使脉冲变压器级多加几组绕组，分别构成储能电路，可以提供多路独立输出的不同电压。因此，这种形式的电路在目前的彩电中广泛应用。

2. 自激式与他激式开关稳压电路

开关稳压电源在开机后，为了保证有直流电压输出，使电视机开始正常工作，应让开关管很快进入开关状态，这个过程叫开关稳压电源启动。按启动方式不同，可分为两种开关稳压电路。

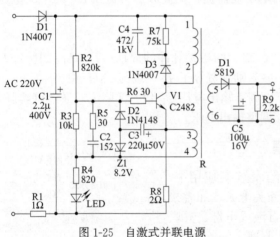

图 1-25　自激式并联电源

(1) 自激式开关稳压电路 它是利用电路中的开关管、脉冲变压器构成一个自激振荡器，来完成电源启动工作，使电源有直流电压输出。图 1-25 所示为一种简单实用的自激式电源电路。

220V 交流电经 D1 整流，C1 滤波后输出约 280V 的直流电压，一路经 B 的初级绕组加到开关管 V1 的集电极；另一路经启动电阻 R2 给 V1 的基极提供偏流，使 V1 很快导通，在 B 的初级绕组产生感应电压，经 B 耦合到正反馈绕组，并把感应的电压反馈到 V1 的基极，使 V1 进入饱和导通状态。

当 VT1 饱和时，因集电极电流保持不变，初级绕组上的电压消失，VT1 退出饱和，集电极电流减小，反馈绕组产生反向电压，使 VT1 反偏截止。

接在 B 初级绕组上的 D3、R7、C4 为浪涌电压吸收回路，可避免 VT1 被高压击穿。B 的次级产生高频脉冲电压经 D4 整流，C5 滤波后（R9 为负载电阻）输出直流电压。

(2) 他激式开关稳压电路 这种电路必须附加一个振荡器，利用振荡器产生的开关脉冲去触发开关管完成电源启动，使电源的直流电压输出。在电视机正常工作后，可由行扫描输出电路提供行的脉冲作为开关信号。这时振荡器可以停止振荡。可见附加的振荡器只须在开机时工作，完成电源启动工作后可停止振荡。因此这种电路线路复杂。

图 1-26 为实际应用中的他激式电源电路，采用推挽式输出（也可以使用单管输出），图中 VT1、VT2、C1、C2、R1~R4、VD1、VD2 构成多谐振荡电路，其振荡频率为 20kHz 左右，电路工作后可以从 VT1 和 VT2 的集电极输出两路相位相差 180° 的连续脉冲电压，调节 R2、R3 可以调整输出脉冲的宽度（占空比）。这两路信号分别经 C3、R5 和 C4、R6 耦合到 VT3 和 VT4 基极。

VT3 和 VT4 及 R7、VD3、VD4、R8 构成两个独立的电压放大器，从 VT3 和 VT4 集电极输出的已放大的脉冲电压信号分别经 C5、R9、ZD1 和 C6、R10、ZD2 耦合到 VT5 和 VT6 的基极。

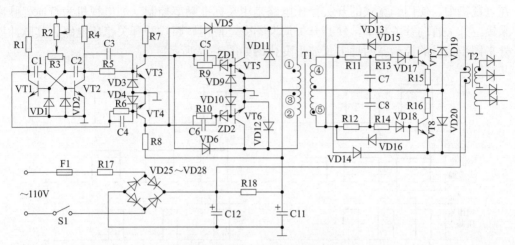

图 1-26　推挽式开关电源的实际电路

VT5、VT6、VD5、VD6、VD9、VD10 和 VD11、VD12 构成脉冲推挽式功率放大电路，将 VT5、VT6 送来的脉冲电压进行放大，并经 T1 耦合后驱动开关电源主回路。VD5、VD6 是防共态导通二极管，VD11、VD12 为阻尼管，VD9、VD10 为发射结保护二极管。电路的工作过程如下。

当 VT3 集电极有正脉冲出现并超过 10V 时，ZD1 被击穿，VT5 因正偏而导通（VT6 处于截止状态），因同名端相关联，VT5 集电极电流流经 T1 初级③—①绕组时，将在次级绕组④端感应出正的脉冲电压，⑤端感应出负的脉冲电压。此电压分别加到 VT7 和 VT8 基极回路，将使 VT7 导通、VT8 截止。

当 VT4 集电极有正脉冲出现并且幅度超过 10V 时，ZD2 被击穿，VT6 因正偏而导通（VT5 处于截止状态），因同名端相关联，VT6 集电极电流流经 T1 初级③—②绕组时，将在次级绕组④端感应出负的脉冲电压，⑤端感应出正的脉冲电压，此电压分别加到 VT7 和 VT8 的基极回路，使 VT7 截止、VT8 导通。

VT7、VT8、VD13～VD20、C7、C8、R11～R16、T2 构成他激式推挽式开关电源的主变换电路（末级功率驱动电路）。VD13、VD14 是防共态导通二极管，VD19、VD20 为阻尼管，C7、R11 和 C8、R12 分别构成输入积分电路，其作用也是防止 VT7、VT8 共态导通，其原理是使 VT7 或 VT8 延迟导通。VD15、VD16 的作用是加速 VT7、VT8 截止响应。电路的工作过程同原理电路，T2 次级输出正负方波电压。

VD21～VD24、C9、C10、C11、C12 构成整流滤波电路，其作用是对 T2 次级输出的方波进行整流滤波，输出负载所需的直流电压。

VD25～VD28、C11、C12、R17、R18 构成输入整流滤波电路，此电路直接将输入的 220V 交流电压进行整流得到所需直流电压供上述各电路工作。电路中的 R17 的作用是冲击电流限幅，限制开机瞬间 C11、C12 的充电电流的最大幅度。

3. 调宽与调频式开关稳压电路

串联型和并联型开关稳压电源，在稳压工作中都要进行脉冲宽度的调整，以改变单位时间内开关管的导通时间。调整输出电压的高低有以下两种方法。

(1) 调宽的方法　在开关周期一定的条件下，增减开关合上的时间，就可以控制输出电压的大小，这种方法就是调宽的方法，使用这种方法的开关稳压电路叫调宽式开关稳压电路。

（2）调频的方法 一定情况下，改变开关重复周期，可以控制输出电压的大小。这种方法就是调频的方法，使用这种方法的开关稳压电路称为调频式开关稳压电路。

在电视机中，使用调宽式的开关稳压电路是用某标准频率控制（如电视机为行逆程脉冲控制）来锁定开关管的开关频率，使其开关周期不变，使用调频式的开关稳压电路，其脉冲振荡不受外来同步信号的控制。两种方式波形变化图如图 1-27 所示。

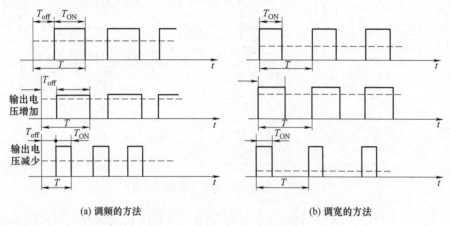

(a) 调频的方法   (b) 调宽的方法

图 1-27 两种方式波形变化图

三、电源电路的保护措施

1. 电源电路的保护措施

在稳压电源内，经常设有过流、过压或短路保护电路。这些保护电路可以设在电源调整管或开关控制电路附近，也可以设在稳压电路输出端，甚至和扫描输出电路的保护电路结合在一起。

（1）过流保护电路 若负载电路的晶体管击穿，滤波电容、去耦电容等短路，或者其他原因使输出电流超过正常值，可能将电源开关管或其他元件烧毁，为此应加设过流保护电路。

① 在电源输入端串接熔丝 熔丝是最简单的保护措施，但其熔断时间的离散性较大，且熔断时间不及时，易发生更大的故障。它仅作辅助保护。

② 设有小阻值的电阻，通过两端电压监视输出电流 在电源输出端或行输出管发射极串接小阻值保护电阻（多为 $0.5\sim10\Omega$），用它来监视输出电流。因通过此保护电阻的电压可监视输出电流，故又称它为检测电阻。当电流超过额定值时，电阻两端电压降加大，用此电压去控制电源开关管的激励电路，使开关管处于截止态，即无输出电压。

图 1-28（a）为过流保护电路之一。VT 是行输出管，Re 是串接在发射极电路的过流保护电阻，R 为限流电阻，VD 是稳压管，C 是滤波电容。在正常情况下，Re 上的电流在限额之内，$U_e < U_z$（是 VD 的反向击穿电压），A 点无输出，开关电源的激励电路不受其影响。当行输出级发生短路或过流时，其发射极电流超过额定值，使 $U_e > U_z$，VD 发生齐纳击穿，A 点输出一定值电压，可以控制开关电源的激励级，使电源开关管无输出。

在图 1-28（b）中，保护、检测用电阻 R 串接在输出回路，R 两端电压降反映负载电流的大小，故 A 点输出电压即为过流保护控制电压，用此电压控制开关管的激励级，可起到保护作用。有时，不使用检测电阻，可通过检测二极管的导通、截止变化，进行过流、短路保护。

③ 利用电流互感器监视输出电流 在整机电源输入端串接电流互感器 B，其次级绕组感应的电压与负载电流大小成正比，利用这一规律可监视输出电流，如图 1-29（a）所示。将次级感应的交流电压整流滤波后，用直流电压去控制开关管的激励电路。

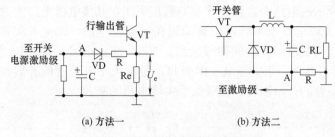

图 1-28 电阻过流保护检测法

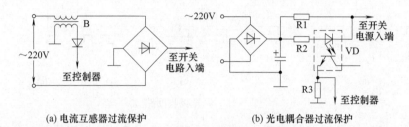

图 1-29 另外两种过流保护电路

④ 用光电耦合器作过流保护 在电源输入端串接光电耦合器，如图 1-29（b）所示。光电耦合器由发光二极管和光敏三极管构成。调整 R2 值，使发光二极管电流值适当，光敏三极管的内阻较大，R3 所得电压较小，对控制（即保护）电路无影响。当负载电流超过允许值时，发光二极管电流加大，光敏三极管电流跟随加大，其等效内阻减小，R3 的电压降加大，可使保护电路动作，切断电源。光敏三极管与发光二极管靠近而又隔离开，可以各成回路，各自独立，应用起来十分方便、安全、可靠。

(2) 过压保护电路 当换能器的储能电感发生短路时，有些电源开关管易发生击穿，造成某些电源输出电压值过高，使晶体管或其他元件（如电容）超过耐压值而击穿。还有，某些原因引起显像管高压过高或管内高压打火时，也能击穿视放输出管或其他电路元件。设有过压保护电路后，可保护调整管、储能电感，保护高、中压电路的有关元件。

利用可控硅的导通特性、自锁原理，可进行理想的过压保护，图 1-30 是过压保护电路原理图。

在正常工作状态，R1、R2 所取电压较小，稳压管 VD2 反偏截止，可控硅臂 VD1 截止，此保护电路不动作；当被保护电路出现过压现象时，由 R1、R2构成的过压取样电路可取得较高电压，使稳压管 VD2处于反向击穿导通状态，VD1 的控制栅极电压上升，使 VD1 也进入导通状态。此时 VD1 的正向压降很小，因它并接于电源输出端或自激振荡器两端，造成振荡器

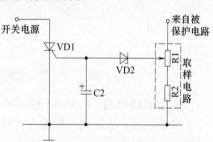

图 1-30 过压保护电路原理图

停振，起到保护作用。可控硅有自锁作用，VD1 导通后，即使控制栅极电压消失，它仍处于饱和导通状态，因此电源过压保护后，此电路不能自动恢复正常工作，必须重新启动稳压电路，才能进入工作状态。被保护电路可以是行输出电路、场输出电路，或其他高、中压电路等。

2. 保护电路

开关电源的许多元件都工作在大电压、大电流条件下，为了保证开关电源及负载电路的安全，开关电源设有许多保护电路。

(1) 尖峰吸收回路 因开关变压器是感性元件，则在开关管截止瞬间，其集电极上将产生尖峰极高的反峰值电压，容易导致开关管过压损坏。

在图 1-31（a）所示的电路中，开关管 VT 截止瞬间，其集电极上产生的反峰值电压经 C1、R1 构成充电回路，充电电流使尖峰电压被抑制在一定范围内，以免开关管被击穿。当 C1 充电结束后，C1 通过开关变压器 T 的初级绕组、300V 滤波电容、地、R1 构成放电回路。因此，当 R1 取值小时，虽然利于尖峰电压的吸收，但增大了开关管的开启损耗；当 R1 取值大时，虽然降低了开关管的开启损耗，但降低了尖峰电压的吸收。

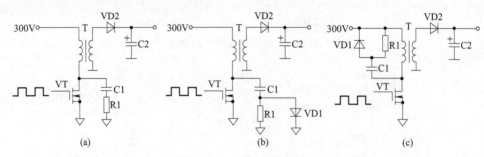

图 1-31　尖峰吸收回路

图 1-31（b）所示的电路是针对图 1-31（a）电路改进而成的，在图 1-31（b）中，不但加装了二极管 VD1，而且加大了 R1 的值，这样，因 VD1 的内阻较小，利于尖峰电压的吸收，而 R1 的取值又较大，降低了开启损耗对开关管 VT 的影响。

图 1-31（c）所示的电路与图 1-31（b）所示的电路工作原理是一样的，但吸收效果要更好一些。目前，液晶彩电的电源尖峰吸收回路基本上都使用了此电路形式。

实际应用中的尖峰脉冲吸收电路是由钳位电路和吸收电路复合而成的，图 1-32 所示是钳位电路和吸收电路在开关电源应用时的不同效果。

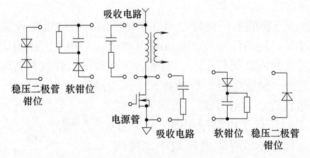

图 1-32　钳位电路和吸收电路在开关电源应用时的不同效果

(2) 软启动电路　一般在开关电源开机瞬间，因稳压电路还没有完全进入工作状态，开关管将处于失控状态，极易因关断损耗大或过激励而损坏。为此，一些液晶彩电的开关电源中设有软启动电路，其作用是在每次开机时，限制激励脉冲导通时间不至于过长，并使稳压电路很快进入工作状态。有些电源控制芯片中集成有软启动电路，有些开关电源则在外部专设有软启动电路。

第四节　开关电源维修基础

一、开关电源的检修注意事项

① 检修思路：电源电路是显示器各电路的能源，此电路是否正常工作，直接影响各负载电路是否正常工作，因显示器均使用开关电源，电源的各电路之间联系又很紧密，当某个元件

出现故障后，直接影响其他电路的正常工作。此外，在电源电路中设有超压、过电流保护电路，一旦负载电路或电源本身出现故障，常常会引起保护电路启动，而造成电源电路没有输出。检修时，需要全面认识电源电路的结构、电路特点，然后，根据故障现象，确定故障位置，并使用正确检查故障的方法。

② 在检查电源电路的故障时，在还没有确定故障部位的情况下，为防止通电后进一步扩大故障范围，除了对用户进行访问之外，首先应用在路电阻检查方法，直接对可怀疑的电路进行检查，查看是否有严重的损坏元件和对地短路的现象，这样，除了能提高检查故障的速度之外，还可防止因故障部位的扩大而增大对故障检修的难度（如彩图 1-33 所示）。

③ 在检修电源电路时，使用正确的检查方法是必要的。例如，当出现电源不启动使主电源输出为零或电源电路工作不正常使输出电压很低时，可使用断掉负载的方法。但需要注意的是，当断掉负载后，必须在主电源输出端与地之间接好假负载，然后才能通电试机，以确定故障是在电源还是出在负载电路。而对假负载可选用 40W/60W 的灯泡，其优点是直观方便，可根据灯泡是否发光和发光的亮度可知电源是否有电压输出及输出电压的高低。但是用灯泡也有它的缺点，即灯泡存在着冷态、热态电阻问题，往往刚开机时因灯泡的冷态电阻太小（一只 60W 灯泡在输出电压 100V 时，其冷态电阻为 50Ω；热态电阻为 500Ω）而造成电源不启动，造成维修人员对故障部位判断的误解。

为了减小启动电流，在检修时除了使用灯泡作假负载之外，还可以使用 50W 电烙铁作假负载，使用也很方便（其冷、热电阻均为 900Ω）。如彩图 1-34 所示。

④ 维修无输出的电源，应通电后再断电，因开关电源不振荡，300V 滤波电容两端的电压放电会极其缓慢，电容两端的高压会保持很长时间，此时，若用万用表的电阻挡测量电源，应先对 300V 滤波电容进行放电（可用一大功率的小电阻进行放电），然后才能测量，否则不但会损坏万用表，还会危及维修人员的安全。如彩图 1-35 所示。

⑤ 在测量电压时，一定要注意地线的正确选取，否则测试值是错误的，甚至还可能造成仪器的损坏，在测量开关电源一次（开关变压器初级前电路）电路时，应以"热地"为参考点，地线（"热地"）可选取市电整流滤波电路 300V 滤波电容的负极，若 300V 滤波电容是开关电源一次电路的"标志物"，则最好找测量开关电源二次电压时，应以"冷地"为参考点。另外，在进行波形测试时，也应进行相应地线的选取，且最好在被测电路附近选取地线，若离波形测试点过远，在测试波形上容易出现干扰。

⑥ 在维修开关电源时，使用隔离变压器并不能保证 100% 的安全，导致触电的充要条件是：与身体接触的两处或以上的导体间存在超过安全的电位差，并有一定强度的电流流经人体，隔离变压器可以消除"热地"与电网之间的电位差，一定程度上可以防止触电，但它无法消除电路中各点间固有的电位差。也就是说，如两只手同时接触了开关电源电路中具有电位差的部位，同样会导致触电。因此，维修人员在修理时，若必须带电操作，首先应使身体与大地可靠绝缘，例如，坐在木质座位上，脚下踩一块干燥木板或包装用泡沫塑料等绝缘物；其次，要养成单手操作的习惯，当必须接触带电部位时，应防止经另一只手或身体的其他部位形成回路等，这些都是避免电击的有效措施。

二、开关电源的检修方法

1. 检修方法

(1) 假负载 在维修开关电源时，为区分故障出在负载电路还是电源本身，经常需要断开负载，并在电源输出端（一般为 12V）加上假负载进行试机。之所以要接假负载，是因为开关管在截止时，存储在开关变压器一次绕组的能量要向二次侧释放，若不接假负载，则开关变压器存储的能量无

输出电压低 无输出的 烧保险的
的故障检修 故障检修 故障检修

处释放，极易导致开关管击穿损坏。一般选取 30～60W/12V 的灯泡（汽车或摩托车上使用）作为假负载，优点是直观方便，根据灯泡是否发光和发光的亮度可知电源是否有电压输出及输出电压的高低。为了减小启动电流，也可使用 30W 的电烙铁或大功率 600Ω～1kΩ 电阻作为假负载。

对于大部分液晶显示器，其开关电源的直流电压输出端大都通过一个电阻接地，相当于接了一个假负载，因此，对此种结构的开关电源，维修时不需要再接假负载。

(2) 短路法　液晶显示器的开关电源，较多地使用了带光电耦合器的直接取样稳压控制电路，当输出电压高时，可使用短路来判断故障范围。

短路法的过程是：先短路光电耦合器的光敏接收管的两脚，相当于减小了光敏接收管的内阻，测量主电压仍没有变化，则说明故障在光电耦合器之后（开关变压器的一次侧）；反之，故障在光电耦合器之前的电路。

> **【提示】**　短路法应在熟悉电路的基础上有针对性地进行，不能盲目短路以免将故障扩大。另外，从安全角度考虑，短路之前，应断开负载电路。

(3) 串联灯泡法　所谓串联灯泡法，就是取掉输入回路的熔丝，用一个 60W/220V 的灯泡串联在原熔丝两端。当通入交流电后，如灯泡很亮，则说明电路有短路现象，因灯泡有一定的阻值，如 60W/220V 的灯泡，其阻值约为 500Ω（指热阻），能起到一定的限流作用。这样，一方面能直观地通过灯泡的明亮度大致判断电路的故障；另一方面，因灯泡的限流作用，不至于立即使已有短路的电路烧坏元器件，排除短路故障后，灯泡的亮度自然会变暗，最后再取掉灯泡，换上熔丝。如彩图 1-36 所示。

(4) 输入端串入降压变压器法　对于待修的电源，因电路已存在故障，若直接输入正常的较高的电压，通电后会短时间烧毁电路中的元件，甚至将故障部位扩大，此时，可用一只可调变压器，给电路提供较低的交流电压，然后对故障进行检查，逐渐将电源电压提高到正常值，以免在检修故障时将故障面扩大，给检修带来不便。

(5) 代换法　在液晶显示器开关电源中，一般使用一块电源控制芯片，此类芯片现在已经非常便宜，因此，怀疑控制芯片有问题时，建议使用正常的芯片进行代换，以提高维修效率。

2. 常见故障的判断方法

(1) 主电源无输出　在检修时首先要检查熔丝是否熔断。若已断，说明电路中有严重的短路现象，应检查向开并管漏极供电的 300V 是否正常，若无 300V 电压，应检查：开关管是否击穿、滤波电容是否漏电或击穿、整流二极管是否有一只以上击穿及与二极管并联的电容有击穿现象、消磁电阻是否损坏、电网滤波线圈是否短路、电源线是否短路等。如熔丝没有断且无 300V 电压，说明整流滤波前级有开路现象，如整流二极管有两只以上开路、滤波线圈短路、电源线短路、开关变压器初级短路等。

若整流电路有 300V，说明整流滤波电路无问题，如无主直流电压输出，则故障应在开关振荡电路。例如，开关管开路、启动电路有开路现象、UC3842 的⑦脚的供电电路有故障等。

(2) 开机瞬间主电压有输出但随后下降很多或下降到零　此故障一般是因保护电路启动或是因负载电路有短路现象造成的（在 UC3842 电源电路中也可能是因向集成电路⑦脚的供电电路有问题造成的）。

① 检查开关电源输出部分及负载电路有无短路现象，方法是关机测各输出端电压的对地电阻，如很小或为零，则应顺藤摸瓜，检查各负载电路的短路性故障，如滤波电容漏电或击穿、负载集成电路有短路现象等。

② 检查过流保护电路。检修时除了检查过流被控电路的问题之外，还应检查过流电路本身的问题。

③ 检查过压保护电路。在确认负载电路不存在过流现象时，就应检查过压保护电路是否

正常，如属于此电路的问题，一般为晶闸管损坏。

(3) 主电压过高的判断检修　在电源电路中，均设有过压保护电路，如输出电压过高，首先会使过压保护电路动作，此时，可将保护电路断开，测开机瞬间的主电压输出，若测出的电压值比正常的电压值高 10V 以上，说明输出电压过高，故障存在于电源稳压电路及正反馈振荡电路。应重点检查如取样电位器、取样电阻、光电耦合器及稳压集成电路等的故障。

(4) 输出电压过低　根据维修经验，除稳压控制电路会引起输出电压过低外，还有一些原因会引起输出电压过低，主要有以下几点：

① 开关电源负载有短路故障（特别是 DC/DC 变换器短路或性能不良等）。此时，应断开开关电源电路的所有负载，以区分是开关电源电路还是负载电路有故障。若断开负载电路电压输出正常，说明是负载过重；若仍不正常，说明开关电源电路有故障。

② 输出电压端整流半导体二极管、滤波电容失效等，可以通过代换法进行判断。

③ 开关管的性能下降，必然导致开关管不能正常导通，使电源的内阻增加，带负载能力下降。

④ 开关变压器不良，不但造成输出电压下降，还会造成开关管激励不足，从而屡损开关管。

⑤ 300V 滤波电容不良，造成电源带负载能力差，一接负载输出电压便下降。

(5) 屡损开关管故障的维修　屡损开关管是开关电源电路维修的重点和难点，下面进行系统分析。

开关管是开关电源的核心部件，工作在大电流、高电压的环境下，其损坏的比例是比较高的，一旦损坏，往往并不是换上新管子就可以排除故障，甚至还会损坏新管子，这种屡损开关管的故障排除起来是较为麻烦的，往往令初学者无从下手，下面简要分析一下常见原因。

① 开关管过电压损坏

a. 市电电压过高，对开关管提供的漏极工作电压高，开关管漏极产生的开关脉冲幅度自然升高许多，会突破开关管 D-S 的耐压面而造成开关管击穿。

b. 稳压电路有问题，使开关电源输出电压升高的同时，开关变压器各绕组产生的感应电压幅度增大，其一次绕组产生的感应电压与开关管漏极得到的直流工作电压叠加，若这个叠加值超过开关管 D-S 的耐压值，则会损坏开关管。

c. 开关管漏极保护电路（尖峰脉冲吸收电路）有问题，不能将开关管漏极幅度颇高的尖峰脉冲吸收掉而造成开关管漏极电压过高击穿。

d. 300V 滤波电容失效，使其两端含有大量的高频脉冲，在开关管截止时与反峰电压叠加后，导致开关管过电压而损坏。

② 开关管过电流损坏

a. 开关电源负载过重，造成开关管导通时间延长而损坏开关管，常见原因是输出电压的整流、滤波电路不良或负载电路有故障。

b. 开关变压器匝间短路。

③ 开关管功耗大而损坏　常见的有开启损耗大和关断损耗大两种，开启损耗大主要是因为开关管在规定的时间内不能由放大状态进入饱和状态，主要是开关管激励不足造成的，关断损耗大主要是开关管在规定动作时间内不能由放大状态进入截止状态，主要是开关管栅极的波形因某种原因发生畸变造成的。

④ 开关管本身有质量问题　市售电源开关管质量良莠不齐，若开关管存在质量问题，屡损开关管也就在所难免。

⑤ 开关管代换不当　开关电源的场效应开关管功率一般较大，不能用功率小、耐压低的场效应管进行代换，否则极易损坏，也不能用彩电电源常用的 BC508A、2SD1403 等半导体管进行代换。实验证明，代换后电源虽可工作，但通电几分钟后半导体管即过热，会引起屡损开关管的故障。

第二章

开关电源的设计流程与主要部件的制作与选择

第一节　开关电源设计流程与移植法设计开关电源

一、开关电源设计流程

开关电源的设计与制作要从主电路开始，其中功率变换电路是开关电源的核心。功率变换电路的结构也称开关电源拓扑结构，该结构有多种类型。拓扑结构也决定了与之配套的 PWM 控制器和输出整流/滤波电路。下面介绍开关电源设计与制作一般流程。

1. 解定电路结构（DC/DC 变换器的结构）

无论是 AC/DC 开关电源还是 DC/DC 开关电源，其核心都是 DC/DC 变换器。因此，开关电源的电路结构就是指 DC/DC 变换器的结构。开关电源中常用的 DC/DC 变换器拓扑结构如下：

① 降压式变换器，亦称降压式稳压器。

② 升压式变换器，亦称升压式稳压器。

③ 反激式变换器。

④ 正激式变换器。

⑤ 半桥式变换器。

⑥ 全桥式变换器。

⑦ 推挽式变换器。

降压式变换器和升压式变换器主要用于输入、输出不需要隔离的 DC/DC 变换器中；反激式变换器主要用于输入、输出需要隔离的小功率 AC/DC 或 DC/DC 变换器中，正激式变换器主要用于输入/输出需要隔离的较大功率 AC/DC 或 DC/DC 变换器中；半桥式变换器和全桥式变换器主要用于输入/输出需要隔离的大功率 AC/DC 或 DC/DC 变换器中；其中全桥式变换器能够提供比半桥式变换器更大的输出功率；推挽式变换器主要用于输入/输出需要隔离的较低输入电压的 DC/DC 或 DC/AC 变换器中。

顾名思义，降压式变换器的输出电压低于输入电压，升压式变换器的输出电压高于输入电压。在反激式、正激式、半桥式、全桥式和推挽式等具有隔离变压器的 DC/DC 变换器中，可以通过调节高频变压器的一、二次匝数比，很方便地实现电源的降压、升压和极性变换。此类变换器既可以是升压型，也可以是降压型号，还可以是极性变换型。在设计开关电源时，首先要根据输入电压、输出电压、输出功率的大小及是否需要电气隔离，选择合适的电路结构。

2. 选择控制电路（PWM）

开关电源是通过控制功率晶体管或功率场效应管的导通与关断时间来实现电压变换的，其控制方式主要有脉冲宽度调制、脉冲频率调制和混合调制三种。脉冲宽度调制方式，简称脉宽度调制，缩写为 PWM；脉冲频率调制方式，简称脉频调制，缩写为 PFM；混合调制方式，是指脉冲宽度与开关频率均不固定，彼此都改变的方式。

PWM 方式，具有固定的开关频率，通过改变脉冲宽度来调制占空比，因此开关周期也是固定的，这就为设计滤波电路提供了方便，所以应用最为普通。目前，集成开关电源太多采用此方式。为便于开关电源的设计，众多厂家将 PWM 控制器设计成集成电路，以便用户选择。开关电源中常用的 PWM 控制器电路如下：

① 自激振荡型 PWM 电路。

② TL494 电压型 PWM 控制电路。

③ SG3525 电压型 PWM 控制电路。

④ UC3842 电流型 PWM 控制电路。

⑤ TOPSwitch-ii 系列的 PWM 控制电路。

⑥ TinySwitch 系列的 PWM 控制电路。

3. 确定辅助电路

开关电源通常由输入电磁干扰滤波器、整流滤波电路、功率变换电路、PWM 控制电路、输出整流滤波电路等组成。其中功率变换电路是开关电源的主要电路，对开关电源的性能起决定作用。根据不同的拓扑结构，开关电源还需要一些辅助电路才能正常工作。有些电路可能包含在主要电路环节当中。开关电源中常见的辅助电路如下：

① 电压反馈电路。

② 尖峰电压吸收电路。

③ 输入滤波电路。

④ 整流滤波电路。

⑤ 输出过电压保护电路。

⑥ 输出过电流保护电路。

⑦ 尖峰电流抑制电路。

其中电压反馈电路是各类开关电源都具有的辅助电路。尖峰电压吸收电路是反激型开关电源必需的辅助电路。输入滤波电路通常只在 AC/DC 变换器出现。整流滤波电路包括工频（50Hz）整流滤波和高频整流滤波。自激振荡型本身就具有输出过电流保护特性。有时还需要开关电源具有防雷击保护电路，输入过电压、欠电压保护电路等。设计人员可以根据设计要求进行适当的取舍。

4. 整理电路原理图

开关电源的拓扑结构、控制电路和辅助电路确定以后，就可以整理、绘制电路原理图。以便确定所有元器件的型号、参数及数量，完成各元件引脚之间的电路连接。电路原理图应按照信号流程和功能划分不同区域，力求布线清晰、整洁，密度分配合理，信号流向清楚。然后确定所有元器件的封装，以及电路板设计时的元器件布局与布线。

5. 制作高频变压器

高频变压器的设计和制作是开关电源的关键技术。在半桥式、全桥式和推挽式开关电源中，高频变压器通过的是交变的电流，不存在直流磁化，设计方法和工频变压器基本相同，只是采用的磁芯材料不同，设计起来相对简单一些。正激式开关电源的高频变压器与全桥式有相同之处，但存在直流磁化问题，设计起来要复杂一些。因此有时会在高频变压器中增加去磁绕组，以便降低设计难度。反激式开关电源在小功率开关电源中应用最为普通，但其高频变压器的设计也是最为复杂。

反激式开关电源的高频变压器相当于一只储能电感，在固定的开关频率下，其储存的能量大小直接影响开关电源的输出功率。在设计反激式开关电源的高频变压器时，需要以下几个步骤：

① 首先要根据一次绕组的峰值电流 I_p 和开关电源的输出功率 P，计算一次电感量 L_p。

② 然后选择磁芯与骨架并确定相关参数。

③ 接下来依据选定的磁芯截面积和磁路长度等参数计算一次匝数 N_p。

④ 根据一次和二次的变化值计算二次绕组匝数 N_s。

⑤ 为了防止高频变压器出现磁饱和，通常要在磁芯中加入空气间隙（简称气隙），还需要根据一次电感量 L_p 和所选磁芯参数计算气隙长度。

⑥ 最后还要根据峰值电流 I_p 和所选磁芯参数计算最大磁通密度 B_m，检验是否满足磁芯材料要求。在部分条件不能满足时，要重新选择磁芯与骨架，进行计算和检验，直到满足设计要求为止。

6. 设计印制板

开关电源的印制板设计与一般电子线路的印制板设计既有相同之处，又有不同的特点。一般电子线路的印制板设计中提到的布局、布线及铜线宽度与通过电流的关系等原则，在开关电源的印制板设计中也同样适用。开关电源中除了常用标准封装的电阻、电容以及集成电路以外，还包含着大量非标准封装的电感、高频变压器、大容量电解电容、大功率二极管、三极管以及各种尺寸的散热器等元件。这些元件的封装要在印制板设计之前自行确定，可以根据厂家提供的外形尺寸或实际测绘确定。开关电源的印制板设计还要特别注意以下问题：

① 元件布局问题。

② 地线布线问题。

③ 取样点选择问题。

开关电源中的元件布局，重点考虑主电路关键元件。开关电源中输入滤波电容、高频变压器的一次绕组和功率开关管组成一个较大脉冲电流回路。高频变压器的二次绕组、整流或续流二极管和输出滤波电容组成另一个较大脉冲电流回路。这两个回路要布局紧凑、引线短捷。这样可以减小泄漏电感，从而降低吸收回路的损耗，提高电源的效率。

开关电源中的地线回路，不论是一次还是二次，都要流过很大的脉冲电流。尽管地线通常设计的较宽，但还会造成较大的电压降落，从而影响控制电路的性能。地线的布线要考虑电流密度的分布和电流的流向，避免地线上的压降被引入控制回路，造成负载调整率下降。

开关电源中取样点选择的选择尤为重要，在取样回路中，既要考虑负载产生的压降，也要考虑整流或续流电路产生的脉冲电流对取样的影响。取样点应该尽量选择在输出端子的两端，以便得到最好的负载调整率。

7. 安装调试

安装前准备好各种元器件、常用的工具和材料。分立元件在安装前要全部测试。先安装体积小、高度低的电阻和二极管元件，然后是集成电路、晶体管、电容器等，最后安装较大尺寸的散热器。

> **【注意】** 有极性的电子元器件的极性标志。不同尺寸的引脚和焊盘应选用不同功率的电烙铁焊接，以保障焊接质量和可靠性。调试步骤按以下顺序进行：
> ① 准备调试仪器。
> ② 通电前检查。
> ③ 通电后观察。
> ④ 性能测试。

调试前准备好相关调试仪器，开关电源的调试仪器主要有隔离变压器、自耦调压器、交流电压表、交流电流表、直流电压表、直流电流表和双踪示波器。其中电压、电流表可用几块同型号的数字万用表代替。

电路安装完毕后，不要急于通电，首先要根据电路原理图认真检查电路接线是否正确，元器件引脚之间有无短路，二极管、三极管和电解电容性有无错误等。然后连接相关测试仪器，检查仪表挡位是否正确，通电前确保自耦调压器触头处于足够低的输出电压位置，电路是否需要接入最小负载以及负载连接是否正确等。

电源接通后不要急于测量数据，应首先观察有无异常现象，调节自耦调压器触头，使输入电压逐渐升高，用示波器观测开关晶体管的集电极或漏极的电压波形，这一点最为重要，该电压波形可以反映出尖峰电压大小以及开关管是否饱和导通，是防止开关管损坏的最佳方法。此外还要观察输入电流是否过大，有无冒烟，是否闻到异常气味，手摸元器件是否发烫等现象。

开关电源正常工作之后，可以进行性能测试。首先是稳压范围的测试，在轻载条件下，将输入电压从最小值开始逐渐升高到最大值，观察输出电压是否稳定。然后是负载特性的测试，在额定输入电压条件下，将负载电流从最小值开始逐渐升高到最大值，观察输出电压是否稳定。在最大负载时，将输入电压从最小值逐渐升高到最大值，观察输出电压变化情况。

在调试电路过程中对测试结果做详尽记录，以便深入分析后对电路与参数做出合理的调整。最后根据设计要求，还可对电源调整率、负载调整率、输出纹波、输入功率及效率、动态负载特性、过压及短路保护等性能参数做更为详细的测试。

二、移植法设计、理解开关电源

所谓的移植法就是根据前面的设计流程把所需要的电路在所学过的知识中移过来，综合成所需要的电路，所以是无论设计人员还是维修人员，要知道开关电源的电路单元原理才能快速读懂开关电源，要学会等效法理解开关电源电路（如将集成电路等效为最简单的分立元件电路），下面讲解具体移植过程及电路等效分析。

1. 输入电路

输入电路主要是滤波电路，目前开关电源使用的滤波电阻主要是 LC 复式滤波器，如图 2-1 所示。

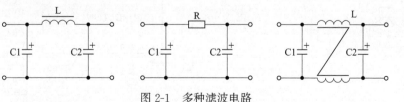

图 2-1 多种滤波电路

开关电源
设计-移植法

2. 整流电路

对于整流电路，主要有输入整流电路、输出整流电路，按照整流电路分类只要为桥式全波整流，多用于输入整流电路；全波整流电路，主要用于输出整流电路；半波整流电路，用于输出整流电路（图 2-2）。

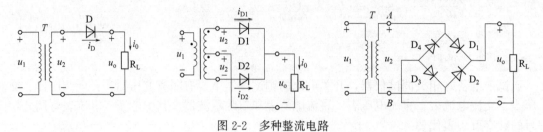

图 2-2　多种整流电路

3. 振荡电路

振荡电路是产生脉冲的电路，可以利用直流产生交变脉冲，控制开关管的开关状态，开关电源中的振荡电路主要为自激电感式振荡电路（图 2-3）和多谐振荡器电路（图 2-4），都有集成电路和分立元件之分。实际理解集成电路振荡原理时可以按照分立元件电路理解（图 2-5）。

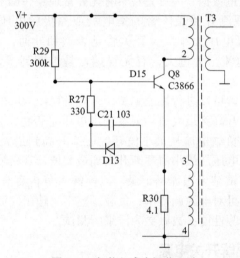

图 2-3　自激电感式振荡电路

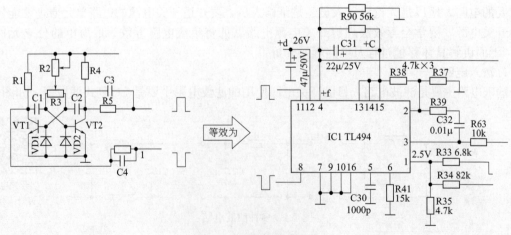

图 2-4　多谐振荡器电路

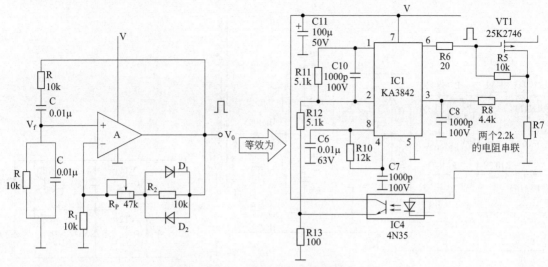

图 2-5　集成电路振荡电路

4. 脉冲调宽电路

根据波形图可以知道，只要改变 R_K 阻值，即可以改变 Q901 基极的脉冲宽度。改变 R_K 阻值过程称为基极脉冲调宽过程（图 2-6）。

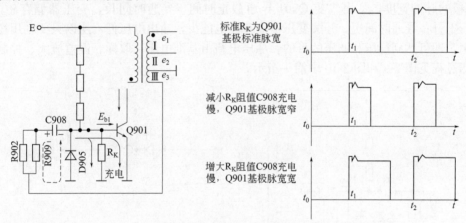

图 2-6　脉冲调宽电路与波形图

5. 开关管电路

开关管电路应用的主要有单三极管型开关管电路、场效应管电路（图 2-7）、桥式开关管电路（图 2-8），其中桥式开关管电路主要应用于工业电源电路。

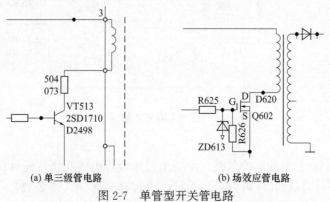

(a) 单三级管电路　　　　　(b) 场效应管电路

图 2-7　单管型开关管电路

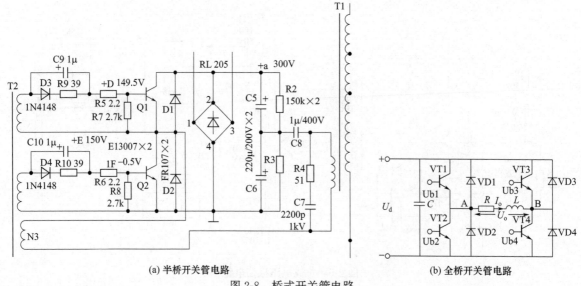

(a) 半桥开关管电路　　　　　　　　　　　　(b) 全桥开关管电路

图 2-8　桥式开关管电路

6. 稳压过程

由脉冲调宽可以知道，基极脉宽受 R_K 阻值大小控制，只要改变 R_K 阻值，即可以改变 Q901 基极的脉冲宽度，从而改变 Q901 导通截止时间，导通时间长，变压器储存磁电能大，输出电压上升；导通时间短，开关变压器储存磁电能少，输出电压低，所以只要利用控制电路改变阻值，即可达到稳压和调压的目的。稳压电路由基准电压、取样、误差放大、控制电路构成。稳压过程见图 2-9 和图 2-10 中箭头指示。

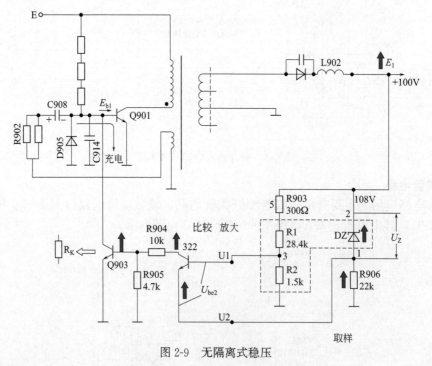

图 2-9　无隔离式稳压

7. 保护电路

开关电源电路中设有多种保护电路，主要由过压取样电路和执行元件构成，一般过压取样多为稳压二极管取样，执行元件可以是三极管、可控硅等元件（图 2-11）。

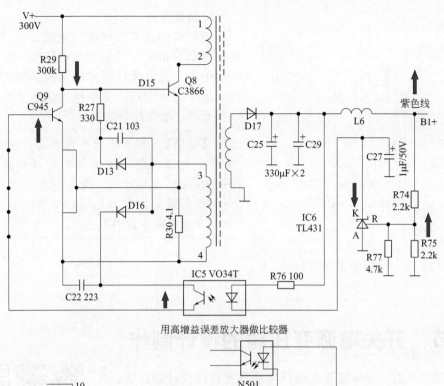

用高增益误差放大器做比较器

分立元件比较器

图 2-10　用光耦隔离式稳压电路

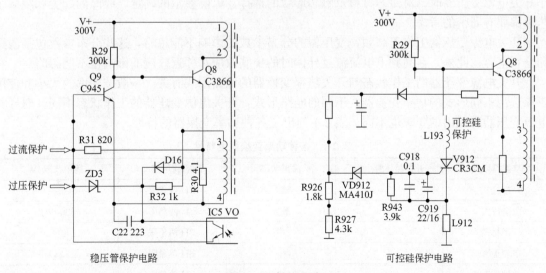

稳压管保护电路

可控硅保护电路

图 2-11　保护电路

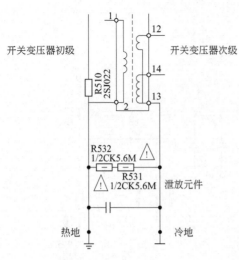

开关变压器初级　　开关变压器次级

R510
2SJ022

R532
1/2CK5.6M

R531
1/2CK5.6M　　泄放元件

热地　　　　冷地

图 2-12　电磁干扰泄放电路

8. 辅助电路

辅助电路还有尖峰吸收电路、钳位电路（参见前面章节介绍）、杂波泄放电路等（图 2-12）。

由于开关电源目前多应用的是隔离式开关电源，为了防止干扰，在冷地与热地之间需要增加一些元件，泄放掉杂波。

【提示】　阅读完此节内容后，应先在后面章节中电源电路实例中找到这些相应的电路，再根据实际电路读一下电路原理，并观看电源电路视频讲解加深对电源的了解，后续设计和理解开关电源才能游刃有余，融会贯通。

第二节　开关电源变压器的设计制作

对于开关电源，变压器和电感器件是需要自己设计制作的，其他元件多为市场通用元件，因此本节详细介绍开关变压器的设计。

一、开关电源变压器的类型

自己制作　　数字万用表
变压器　　　测量变压器

1. 变压器的种类

开关电源变压器是开关功率变换器中的核心器件，其作用有三：能量转换、电压变换和绝缘隔离。在开关晶体管的开关作用下，将直流电转变成方波施加于开关电源变压器上，经开关电源变压器的电磁转换，输出所需要的电压，并将功率传递到负载。由于开关电源变压器的工作频率很高，其体积和重量均比工频电源变压器大为缩小。开关电源变压器的性能好坏不仅影响变压器本身的发热与效率，而且还会影响开关电源的技术性能和可靠性。所以，在设计与制作开关电源变压器时，对磁芯材料及磁芯形状的选择、电磁参量的确定、线圈的配置和绕制工艺等都要有周密的考虑。

开关电源变压器工作于高频，变压器的分布参数的影响不能忽略，这些分布参数包括漏感和分布电容；此外，在高频下电流流过导体时的集肤效应和邻近效应的影响也不能忽略。

开关电源变压器的工作状态与开关功率变换器的电路形式有关。一般按功率的大小和使用要求选用不同形式的功率变换器。不同的电路形式，开关电源变压器的工作状态不同，对开关电源变压器所提出的要求也不同。表 2-1 列出了各种功率变换器的特性。

表 2-1　各种功率变换器的特性

变换器形式	开关晶体管个数	输出功率	磁芯利用情况	适用范围/W
推挽式	2	较大	BH 两象限	100~500
全桥式	4	最大	BH 两象限	300 以上
半桥式	2	中	BH 两象限	100~500
单端正激式	1	小	BH 单象限	150 以下
单端反激式	1	小	BH 单象限	

2. 单极性开关电源变压器

单极性开关电源变压器的激励源是一个单向方波脉冲电压，单端正激式和单端反激式变换器即属此类。开关变压器工作时，变压器磁芯中的磁通沿交流磁滞回线的第一象限部分上下移动。变压器磁芯受单向激磁，磁感应强度从最大值 B_m 到剩磁 B_r 之间变化，如图 2-13 所示，磁芯中有直流磁化。

单极性开关电源变压器由于磁芯工作于磁滞回线的单象限，磁芯损耗较小，约为双极性开关电源变压器的一半。工作磁感应强度为 ΔB（$\Delta B = B_m - B_r$）。为降低 B_r，增大 ΔB，除采用恒导磁材料外，一般采取在磁路中加气隙的方法使磁化曲线倾斜，以降低剩余磁感应强度 B_r，提高直流工作磁场，见图 2-13。

单极性开关电源变压器的工作波形和电压电流计算见表 2-2。

3. 双极性开关电源变压器

此类有全桥、半桥、推挽等电路中的开关电源变压器。双极性开关电源变压器可看成是方波激励的高频变压器，变压器初级绕组在一个周期的正半周和负半周中，加上一个幅值和导通时间相同而方向相反的方波脉冲电压，变压器初级绕组在正负半周中的激磁电流大小相等、方向相反。因此，变压器磁芯中产生的磁通沿交流磁滞回线对称地上、下移动，如图 2-14 所示。磁芯工作于整个磁滞回线。在一个周期中，磁感应强度从正最大值 $+B_m$ 变化到负最大值 $-B_m$，磁芯中的直流磁化分量基本抵消。

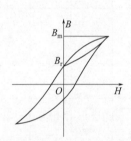

图 2-13 单极性开关电源变压器的激磁状态

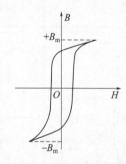

图 2-14 双极性开关电源变压器的激磁状态

二、开关电源变压器常用磁性材料特性及选用

磁性材料的性能是决定开关电源变压器性能的重要因素，选择合适的磁性材料是开关电源变压器设计的关键之一。开关电源变压器的工作频率在几十千赫兹以上，要求磁性材料的饱和磁感应强度高，在高频下的磁芯损耗小，温度稳定性好。

对应不同工作状态的开关电源变压器，由于磁芯工作在磁化曲线的不同的区域，应选用相应磁特性的材料。

双极性开关电源变压器要求磁性材料具有高的磁感应强度值，高的动态磁导率，低的高频损耗。单极性开关电源变压器要求磁性材料具有高的磁感应强度和较低的剩余磁感应强度，也就是要求磁性材料具有大的脉冲磁感应增量，此外，要求磁性材料在工作直流磁场上不饱和。

1. 开关电源变压器要求的性能参数

表示磁性材料性能并适用于开关电源变压器的参数有：饱和磁感应强度 B_S、剩余磁感应强度 B_r、比损耗 P_b、增量磁导率 μ_Δ、振幅磁导率 u_e 等。

（1）饱和磁感应强度 B_S 饱和磁感应强度 B_S 定义为：在规定的最大磁场强度 H_S 时测得的磁感应强度。计量单位是特斯拉（T）。

表 2-2　各种变换器工作波形计算（理想变压器，匝数比为 1∶1)

项目	单极电路 反激式变换器 初级	单极电路 反激式变换器 次级	单极电路 正激式变换器 初级	单极电路 正激式变换器 次级	双极电路 推挽式变换器 初级	双极电路 推挽式变换器 次级	双极电路 桥式变换器 初级	双极电路 桥式变换器 次级
电路图	（反激式变换器电路图）		（正激式变换器电路图）		（推挽式变换器电路图）		（桥式变换器电路图）	
电压波形	（电压波形）	（电压波形）	（电压波形）	（电压波形）	（电压波形）	（电压波形）	（电压波形）	（电压波形）
电流波形	（电流波形）	（电流波形）	（电流波形）	（电流波形）	（电流波形）	（电流波形）	（电流波形）	（电流波形）
原边峰值电压 U_{P1}	$\frac{\alpha_S}{\alpha_P}\cdot U_0$		$\frac{1}{\alpha}\cdot U_0$		$\frac{1}{2\alpha}\cdot U_0$		$\frac{1}{2\alpha}\cdot U_0$	
副边峰值电压 U_{P2}		U_0		$\frac{1}{\alpha}\cdot U_0$		$\frac{1}{2\alpha}\cdot U_0$		$\frac{1}{2\alpha}\cdot U_0$
原边电压有效值 U_1	U_{P1}		U_{P1}		$\sqrt{2}\cdot\alpha\cdot U_P$		$\sqrt{2}\cdot\alpha\cdot U_P$	
副边电压有效值 U_2		U_{P2}		U_{P2}		$\sqrt{2}\cdot\alpha\cdot U_P$		$\sqrt{2}\cdot\alpha\cdot U_P$
原边峰值电流 I_{P1}	$\frac{2}{\alpha_S}\cdot I_0$		I_0		I_0		I_0	
副边峰值电流 I_{P2}		$\frac{2}{\alpha_S}\cdot I_0$		I_0		I_0		I_0
原边电流有效值 I_1	$1.155\sqrt{\frac{\alpha_P}{\alpha_S}}\cdot I_0$		$\sqrt{\alpha}\cdot I_0$		$\sqrt{\alpha}\cdot I_0$		$\sqrt{2\alpha}\cdot I_0$	
副边电流有效值 I_2		$\frac{2}{\sqrt{3}\alpha_S}$		$\sqrt{\alpha}\cdot I_0$		$\frac{\sqrt{1+2\alpha}}{2}\cdot I_0$		$\frac{\sqrt{1+2\alpha}}{2}\cdot I_0$
原边回程电压 U_{P1}			$\frac{1}{\alpha}\cdot U_0$					
峰值嵌位电压 U_V				$\frac{1}{\alpha}\cdot U_0$				
嵌位电流有效值 I_V			$\frac{1}{\sqrt{3}\alpha}\cdot I_0$					
备注	$\alpha_S=T_{ON}/T$	$\alpha_P=T_S/T$						

饱和磁感应强度是开关电源变压器设计中的一个主要参数。变压器磁芯可传递的功率与其工作磁感应强度 B 成正比，磁芯材料的饱和磁感应强度高，变压器输出功率就大，或在同样功率下，变压器体积可以缩小。

（2）剩余磁感应强度 B_r　交流磁滞回线中磁场强度为零时的磁感应强度称为剩余磁感应强度 B_r。单极性开关电源变压器的磁芯工作在其磁滞回线的第一象限，变压器磁芯可传递的功率与其工作磁感应强度的增量 ΔB（$\Delta B = B_S - B_r$）成正比，在一定的 B_S 下，B_r 越小；ΔB 就越大，变压器输出功率就大，或在同样功率下，变压器体积可以缩小。

（3）比损耗　在规定条件下，磁芯单位质量的损耗 P_b 或单位体积的损耗 P_V 定义为比损耗，其计量单位为 W/kg、mW/g 或 kW/m^3、mW/cm^3。

比损耗影响变压器的温升和效率。磁芯损耗与工作磁感应强度和频率有关，其数学表达式为

$$P_V = CB^m f^n \tag{2-1}$$

式中，C 为损耗系数；B 为磁感应强度；f 为工作频率；m、n 为与材料有关的系数。

（4）振幅磁导率 μ_e　磁性材料在交变磁场（无恒稳磁场）中被磁化时，在规定的磁感应强度（或磁场强度）下的磁导率称作振幅磁导率 μ_e，其几何意义见图 2-15，数学定义见式（2-2）。

$$\mu_e = \frac{1}{\mu_0} \cdot \frac{B_i}{H_i} \tag{2-2}$$

式中，μ_0 为真空绝对磁导率（H/m）；B_i 为规定的磁感应强度，或规定磁场强度下的磁感应强度（T）；H_i 为规定的磁场强度，或规定磁感应强度下的磁场强度（A/m）。

工作在双极性激励的开关电源变压器，希望磁性材料有较大的振幅磁导率，以减小激磁损耗。

（5）增量磁导率 μ_Δ　在预先施加的直流磁场上再叠加随时间呈周期变化的交变磁场时，由磁感应强度的峰值差和磁场强度的峰值差获得的相对磁导率称为增量磁导率 μ_Δ，其几何意义见图 2-16，数学定义见式（2-3）。

$$\mu_\Delta = \frac{1}{\mu_0} \cdot \frac{\Delta B}{\Delta H} \tag{2-3}$$

其中，ΔB 为磁感应强度增量（T）；ΔH 为磁场强度增量（A/m）。

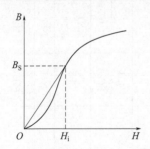

图 2-15　振幅磁导率的几何意义

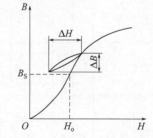

图 2-16　增量磁导率的几何意义

工作在单极性激励的开关电源变压器，磁性材料工作在磁滞回线的第一象限，交变磁场沿一恒定磁场为中心而变化，要求有较大的增量磁导率，以较小的线圈匝数获得所需的储能电感。

2. 开关电源常用的铁氧体材料

（1）铁氧体材料特性　软磁铁氧体材料具有高频损耗小、磁芯形状与品种多、成本低等特点，在高频领域应用广泛，是开关电源变压器首选的磁性材料；其中应用最广的是功率型锰锌（Mn-Zn）铁氧体，主要用于工作频率在 1MHz 以下的各类变压器和电感器中。

功率型锰锌铁氧体有高的饱和磁感应强度和低的磁芯损耗，磁导率适中。开关电源变压器常用的高饱和磁感应强度和低损耗铁氧体材料的性能见表 2-3。

表2-3　开关变压器常用的高饱和磁感应强度低损耗铁氧体材料的性能

项目		国产材料								日本 TDK 公司			
		JP2	JP3	JP4A	JP4B	JP5	R2KB	R2KB1	R2KD	PC30	PC40	PC44	PC50
使用频率 f/MHz		<0.1	<0.15	<0.3	<0.4	1~2	<0.15	<0.3	<0.1	<0.15	<0.3	<0.4	1~2
初始磁导率 μ_i		3000	2500	2300	2400	1400	2500	2300	2000	2500	2300	2400	1400
B_S/mT	25℃	480	510	510	510	485	510	510	470	510	510	510	470
	100℃		400	390	400					390	390	390	380
B_r(25℃)/mT		120	117		110	190	117	95	115	117	95	110	140
矫顽力 H_C/A·m^{-1}		16	12	13	13	35	22	16	16	14	14.3	13	36.5
功耗 P_b/mW·cm^{-3} (f=25kHz, B=200mT)	25℃	f=16kHz B=150mT	130	130			130		f=16kHz B=150mT	130	120		
	100℃		100	100			100			100	70		
功耗 P_b/mW·cm^{-3} (f=100kHz, B=200mT)	25℃	P_b≤12mW/g (25℃)	700	650	600			600	P_b≤12mW/g (25℃)	700	600	600	
	100℃	P_b≤12mW/g (100℃)	600	430	300			410	P_b≤100mW/g (100℃)	600	410	410	
功耗 P_b/mW·cm^{-3} (f=500kHz, B=50mT)	25℃					130							130
	100℃					80							80
居里点 T_C/℃		>200	>230	>235	>230	>240	>230	>215	>230	230	215	215	240
电阻率 ρ/Ω·m		1	10	3	6.5		3	6	1	10	6.5	6.5	
密度 d/g·cm^{-3}		4.8	4.8	4.8	4.8	4.8	4.8	4.8	4.8	4.8	4.8	4.8	4.8
对应的其他公司牌号	TDK		PC30	PC40	PC44	PC50	PC30	PC40					
	Philips		3B8	3C91/3C94	3C96/3F3	3F4				3B8	3C91/3C94	3C96/3F3	3F4
	EPCOS		N41	N67	N97	N49				N41	N67	N97	N49
	FDK		6H10	6H20	6H40	7H10/7H20				6H10	6H20	6H40	7H10/7H20
	中国东阳		DM30	DM40	DM44	DM50				DM30	DM40	DM44	DM50

铁氧体材料的缺点是磁性能受温度影响很大，如 JP4 材料在 20℃时的饱和磁感应强度 B_S 为 510mT，而当温度为 100℃时的饱和磁感应强度 B_S 降至 390mT。有的铁氧体材料的单位体积（或质量）损耗随温度变化呈正的温度特性，使变压器的温升和损耗呈恶性增加。因此，功率型铁氧体材料要求损耗具有负的温度特性。

（2）铁氧体磁芯 铁氧体材料容易加工成各种形状，可根据开关电源变压器的电路类型、使用要求、功率等级、经济指标等选用合适的磁芯形状。磁芯结构和形状的选择应考虑以下因素：

① 漏磁要小，以获得小的绕组漏感；

② 便于绕制，引出线及变压器安装方便，有利于生产和维护；

③ 有利于散热。

开关电源变压器常用的磁芯形状有罐形（G、RM、PM、PQ）、环形、E 形（EE、EI）和 U 形（UFY、UY、UF）等，表 2-4 列出了各种磁芯形状对成本、漏磁、抽头等因素的比较，可根据不同要求参照表 2-4 来选用不同形状的磁芯元件（数字小者表示特性优）。

表 2-4 磁芯形状与使用要求的关系

磁芯形状	磁芯成本	线圈成本	外部磁场	抽头
罐形	3	1	1	4
环形	2	3	1	1
E 形	2	1	5	1
U 形	1	1	4	1

为适应平面型开关电源变压器的使用需要，近年来，低矮型磁芯已经问世。主要有低矮型 EE 型、EI 型、ER 型和 RM 型磁芯等。

3. 双极性开关电源变压器常用的坡莫合金、非晶和超微晶合金材料

坡莫合金、非晶和超微晶合金材料的特点是饱和磁感应强度高、工作温度高、温度稳定性好，特别适用于双极性开关电源变压器。坡莫合金、非晶和超微晶合金材料和铁氧体材料主要性能见表 2-5。

表 2-5 各种磁性材料的主要磁性能

材料	饱和磁感应 B_S/T	剩余磁感应 B_r/T	矫顽力 H_C/A·m^{-1}	居里温度 T_C/℃	比损耗 20kHz 0.5T	工作频率 f/kHz	工作温度 /℃
1J85	0.7	0.6	2.0	480	30W/kg	~50	~200
锰锌铁氧体	0.5	0.12	15	230	2W/kg(0.2T)	~1000	~100
钴基非晶	0.7	0.47	1.5	350	22W/kg	~100	~120
铁基超微晶	1.4	0.7	1.2	570	20W/kg	~100	~200

在体积、质量、环境条件及性能指标均要求高的开关电源变压器中可采用坡莫合金、非晶和超微晶合金材料。通常它们都绕制成环形铁芯，特殊要求的可制成矩形或其他形状。为了减小涡流损耗，应根据不同工作频率来选择合金带的厚度，合金带厚度的选择见表 2-6，不同厚度的合金带的铁芯占空系数见表 2-7。

表 2-6 按工作频率选择合金带的厚度

频率 f/kHz	4.0	10.0	20.0	40.0	70.0	100.0
带厚/mm	0.1	0.05	0.025	0.013	0.006	0.003

表 2-7 不同厚度合金带的铁芯占空系数 K_C

带厚/mm	0.1	0.05	0.025	0.013	0.006	0.003
K_C	0.9	0.85	0.70	0.5	0.37	0.25

三、开关电源变压器参数计算

1. 漏感和分布电容的计算

开关电源变压器传递的是高频脉冲方波电压，在瞬变过程中，漏感和分布电容会引起浪涌电流和尖峰电压及脉冲顶部振荡，造成损耗增加，严重时会损坏开关管，并产生电磁干扰。因此，需加以控制。

开关电源变压器设计一般主要考虑漏感的影响。在输出为高压、输出绕组匝数和层数多时则应考虑分布电容带来的危害。此外，减小分布电容有利于抑制高频干扰。

同一个变压器要同时减小漏感和分布电容是困难的，因为两者是矛盾的。应根据不同的要求，保证合适的漏感和分布电容。

(1) 漏感计算 变压器的漏感是由于初、次级绕组之间，匝与匝之间磁通没有完全耦合造成的。通常采用初、次级绕组交替分层绕制来降低变压器漏感，如图 2-17 所示。但交替分层使线圈结构复杂，绕制困难，分布电容增大。因此，一般取线圈漏磁势组数 M 不超过4。

通常采用的绕制方法见图 2-17，当 $M=1$ 时，绕组排列顺序可以是 $N_I \rightarrow N_{II}$，或 $N_{II} \rightarrow N_I$；当 $M=2$ 时，绕组排列顺序可以是 $N_I/2 \rightarrow N_{II} \rightarrow N_I/2$，或 $N_{II}/2 \rightarrow N_I \rightarrow N_{II}/2$；当 $M=4$ 时，绕组排列顺序可以是 $N_I/4 \rightarrow N_{II}/2 \rightarrow N_I/2 \rightarrow N_{II}/2 \rightarrow N_I/4$，或 $N_{II}/4 \rightarrow N_I/2 \rightarrow N_{II}/2 \rightarrow N_I/2 \rightarrow N_{II}/4$。

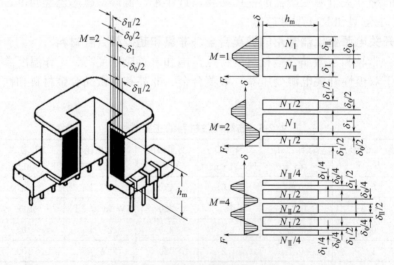

图 2-17 变压器线圈漏磁势分布

F—漏磁势（A）；δ—距离（cm）；M—漏磁势组数；N_I—初级绕组；N_{II}—次级绕组；δ_0—初、次级绕组绝缘厚度（cm）；δ_I—初级绕组的线圈厚度（cm）；δ_{II}—次级绕组的线圈厚度（cm）；h_m—绕组宽度（cm）

各种绕组排列形式的线圈漏感计算如下：

① 壳式结构线圈（单线圈）

$$L_S = \frac{1.26\rho_S N_1^2 l_m}{M^2 h_m}\left[\delta_0 + \frac{1}{3}(\delta_1+\delta_2)\right] \times 10^{-8} \tag{2-4}$$

② 心式结构线圈（双线圈）

$$L_{\mathrm{S}}=\frac{0.63\times\rho_{\mathrm{S}}N_1^2 l_{\mathrm{m}}}{M^2 h_{\mathrm{m}}}=\left[\delta_0+\frac{1}{3}\ (\delta_1+\delta_2)\right]\times10^{-8} \tag{2-5}$$

式中，L_{S} 为漏感（H）；N_1 为初级绕组总匝数；δ_1 为初级绕组总厚度（cm）；δ_2 为次级绕组总厚度（cm）；δ_0 为初级绕组间的绝缘厚度（cm）；l_{m} 为初、次级绕组平均匝长（cm）；h_{m} 为绕组宽度（cm）；ρ_{S} 为漏磁修正系数，按式（2-6）计算或查图 2-18 曲线。

$$\rho_{\mathrm{S}}=\frac{\delta_0+\delta_1+\delta_2}{\pi M h_{\mathrm{m}}}+0.35\times\left(\frac{\delta_0+\delta_1+\delta_2}{\pi M h_{\mathrm{m}}}\right)^2 \tag{2-6}$$

③ 环型铁芯变压器漏感计算

环型变压器的初级绕组在里层（图 2-19），可认为初级漏感为零。次级绕组漏感按式（2-7）计算

$$L_{\mathrm{S2}}=0.4\times N_2^2\left(\delta_2\ln\frac{\phi_2}{\phi_1}+\frac{h_1}{2}\ln\frac{1+\frac{2\delta_0}{\phi_1}}{1-\frac{3\delta_0}{\phi_2}}\right)\times10^{-8} \tag{2-7}$$

式中，L_{S2} 为次级绕组漏感（H）；N_2 为次级绕组匝数；δ_0 为次级绕组厚度（cm）；δ_2 为初、次级绕组间的绝缘厚度（cm）；ϕ_1 为环型变压器内径（cm）；ϕ_2 为环型变压器外径（cm）；h_1 为环型变压器高度（cm）。

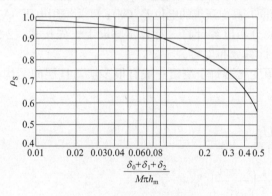

图 2-18　漏感修正系数曲线

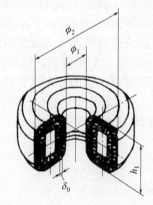

图 2-19　环形变压器的线圈结构

换算到初级的漏感

$$L_{\mathrm{S2}}'=\left(\frac{N_1}{N_2}\right)^2 L_{\mathrm{S2}} \tag{2-8}$$

式中，L_{S2}' 为次级换算到初级的漏感（H）。

减小漏感可采取以下措施：

a. 减少绕组匝数，采用高饱和磁感应强度、低损耗的磁性材料；

b. 减薄绕组厚度，增加绕组高度；

c. 尽可能减少绕组间的绝缘层厚度；

d. 初、次级绕组采用交叉、分层绕制；

e. 对于环型变压器，不管初、次级匝数多少均应沿圆周方向均匀分布。当次级绕组匝数很少时，宜采用多股并绕；

f. 初、次级绕组双线并绕。

（2）分布电容计算　任何金属件之间都有电容的存在。如果这两金属件之间电位处处相等，这样形成的电容为静电容。

在变压器中，绕组线匝之间，同一绕组上下层之间，不同绕组之间及绕组对屏蔽层之间，沿着某一线长度方向的电位是变化的。由此所形成的电容不同于静电容，称为分布电容。

① 分布电容的组成　变压器分布电容由下列部分组成：

a. 绕组对磁芯（或屏蔽层）的分布电容；

b. 各绕组的分布电容；

c. 绕组与绕组间的分布电容。

变压器各部分的分布电容见图 2-20。

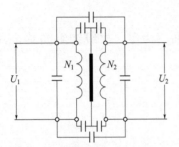

图 2-20　变压器各部分的分布电容

② 层间（或绕组间）静电容的计算

$$C_0 = 0.0886 \frac{\varepsilon h_m l_m}{\delta_C} \tag{2-9}$$

式中，C_0 为静电容（pF）；ε 为绝缘材料的介电常数；l_m 为所计算电容的层间（或绕组间）平均匝长（cm）；h_m 为绕组高度（cm）；δ_C 为层间（或绕组间）绝缘厚度和导线漆膜厚度之和（cm）。

③ 层间（或绕组间）分布电容计算

$$C_d = \frac{U_{Li}^2 + U_{Li} U_{Hi} + U_{Hi}^2}{3U^2} C_0 \tag{2-10}$$

式中，C_d 为动态电容，表示反映在绕组电压 U 两端的分布电容（pF）；U_{Li} 为层间（或绕组间）低电压端的电位差（V）；U_{Hi} 为层间（或绕组间）高电压端的电位差（V）；U 为绕组电压（V）。

④ 绕组与铁芯（或绕组与屏蔽层）间的分布电容计算　计算步骤同上。先按式（2-9）计算出相关位置的静电容，然后按式（2-10）计算分布电容。

⑤ 多层绕组的分布电容计算　开关电源变压器每个绕组一般有很多层，且层间结构相同。因此，各层的分布电容也相同。

初级绕组分布电容为

$$C_{di} = \frac{4}{3}\left(\frac{U_{n1}}{U_1}\right)^2 (s_1 - 1) C_{01} \tag{2-11}$$

或

$$C_{d1} = \frac{4}{3}\left(\frac{s_1 - 1}{s_1^2}\right) C_{01} \tag{2-12}$$

式中，C_{d1} 为初级绕组分布电容（pF）；C_{01} 为初级绕组每层静电容（pF）；U_1 为初级绕组电压（V）；U_{n1} 为初级绕组每层电压（V）；s_1 为初级绕组层数。

次级绕组分布电容为

$$C_{d2} = \frac{4}{3}\left(\frac{s_2 - 1}{s_2^2}\right) C_{02} \tag{2-13}$$

式中，C_{d2} 为初级绕组分布电容（pF）；C_{02} 为次级绕组每层静电容（pF）；s_2 为次级绕组层数。

对于因减小漏感而采用间绕方式的线圈结构，初、次级绕组的分布电容按以下公式计算：

$$C_{d1} = \frac{4C_0}{3} \cdot \frac{s_1 - M}{s_1^2} \tag{2-14}$$

$$C_{d2} = \frac{4C_0}{3} \cdot \frac{s_2 - M}{s_2^2} \tag{2-15}$$

式中，M 为漏磁势组数。

⑥ 变压器总分布电容

初级总分布电容为

$$C_1 = C_{1C} + C_{d1} + C_{12} + C_{1M} \tag{2-16}$$

式中，C_1 为初级总分布电容（pF）；C_{1C} 为初级与铁芯间的分布电容（pF）；C_{d1} 为初级绕组的分布电容（pF）；C_{12} 为初、次级绕组间的分布电容（pF）；C_{1M} 为初级绕组与屏蔽层间的分布电容（pF）。

次级总分布电容为

$$C_2 = C_{2C} + C_{d2} + C_{21} + C_{2M} \tag{2-17}$$

式中，C_2 为次级总分布电容（pF）；C_{2C} 为次级与铁芯间的分布电容（pF）；C_{d2} 为次级绕组的分布电容（pF）；C_{21} 为次、初级绕组间的分布电容（pF）；C_{2M} 为次级绕组与屏蔽层间的分布电容（pF）。

⑦ 减小分布电容的措施

a. 降低静电容，采用介电常数小的绝缘材料，适当增加绝缘材料的厚度，减小对应面积。尤其要注意减小高压绕组的静电容。

b. 绕组分段绕制。

c. 正确安排绕组极性，减小它们之间的电位差。

d. 采用静电屏蔽。

(3) 抗干扰措施　为了消除绕组间通过分布电容产生的电耦合，防止外界高频信号对变压器工作的影响和干扰，必要时可采用静电屏蔽、磁芯接地及外加金属罩等措施。

(4) 保证合适的分布电容和漏感值　要同时减小变压器的分布电容和漏感是困难的，应根据不同工作要求，保证合适的分布电容和漏感值。

2. 有效电阻

(1) 集肤效应　当导线中通过交流电时，因导线内部和边缘部分所交链的磁通量不同，致使导线截面中的电流分布不均，相当于导线的有效截面减小，这种现象称为集肤效应。

开关电源变压器的工作频率一般在 50kHz 以上，随着元器件特性的提高，开关频率正在逐渐提高，集肤效应的影响也越来越大。

导线通过高频电流时，其有效截面的减小可以用穿透深度来表示。穿透深度的意义是：由于集肤效应，交变电流沿导线表面开始能达到的径向深度，其计算公式为

$$\Delta = \sqrt{\frac{2}{\omega \mu \gamma}} \times 10^{-3} \tag{2-18}$$

式中，Δ 为穿透深度（mm）；ω 为角频率，$\omega = 2\pi f$（rad/s）；μ 为导线磁导率（H/m）；γ 为导线电导率（S/m）。

当导线为圆铜线时，铜的相对磁导率为 1。因此，铜的磁导率等于真空磁导率，即 $\mu = 4\pi \times 10^{-7}$ H/m；而 $\gamma = 58 \times 10^{-6}$ S/m；为此，式（2-18）简化为

$$\Delta = \frac{66.1}{\sqrt{f}} \tag{2-19}$$

式中，f 为电流频率（Hz）。

在温度为 +20℃ 时，频率从 1～200kHz 圆铜导线的穿透深度见表 2-8。

表 2-8　圆铜导线在 +20℃ 的穿透深度

f/kHz	1	3	5	7	10	15	18
Δ/mm	2.089	1.206	0.9436	0.7899	0.6608	0.5396	0.4926
f/kHz	20	23	25	30	35	40	50
Δ/mm	0.4673	0.4538	0.4180	0.3815	0.3532	0.3304	0.2955
f/kHz	60	80	100	120	150	180	200
Δ/mm	0.2697	0.2336	0.2089	0.1908	0.1707	0.1558	0.1478

（2）**导线选择原则** 在选用开关电源变压器初、次级绕组线径时，应遵循导线直径小于 2 倍穿透深度的原则。当计算得到的导线直径大于由穿透深度决定的最大线径时，应采用小直径的导线并绕或采用多股绞线。大电流绕组可采用薄铜带，铜带厚度应尽量小于穿透深度的 2 倍。

（3）**交流电阻计算** 在计算绕组交流电阻时，除了要考虑集肤效应的影响外，还要考虑邻近效应的影响。

3. 电流有效值计算

开关电源变压器的激励信号为非正弦脉冲波，流过变压器绕组的电流一般为矩形波、梯形波或锯齿波，在计算损耗时应采用有效值（均方根值）。各种电流波形的有效值计算见表 2-9。

表 2-9 非正弦波电流的有效值计算表

序号	波形	有效值计算公式
1		$I = I_P \sqrt{2\dfrac{T_{on}}{T}}$
2		$I = I_P \sqrt{\dfrac{T_{on}}{T}}$
3		$I = \dfrac{1}{\sqrt{3}} I_P$
4		$I = I_P \sqrt{\dfrac{T_{on}}{3T}}$
5		$I = I_P \sqrt{\dfrac{T_{on}}{2T}}$
6		$I = \dfrac{I_P}{\sqrt{2}}$
7		$I = \dfrac{I_P}{\sqrt{2}}$
8		$I = I_P$
9		$I = I_P \sqrt{\dfrac{T_{on}}{3T}}$
10		$I = \sqrt{\left(I_P^2 - I_P I_\Phi + \dfrac{I_\Phi^2}{3}\right) \cdot \dfrac{T_{on}}{T}}$

四、开关电源变压器设计条件和电磁、结构参数的计算

开关电源变压器的设计包括电磁参数和线圈结构设计两部分。电磁参数设计按其工作电路可分为三种形式，见表 2-10。

表 2-10 开关电源变压器设计类型

名称	设计类型	特点	变换器类型	设计内容
电磁设计	电感储能型	单向激磁	反激式	磁芯规格
	脉冲变压器型		正激式	匝数和导线规格
	方波激励变压器型	双向激磁	桥式、推挽	损耗与温升
线圈结构	导线结构	集肤效应影响	所有变换器	多股线或薄铜带
	绕组结构	影响分布参数		分层或分段
	端空设计	绝缘隔离电位		按绝缘电位设计端空

开关电源变压器设计主要依赖于磁芯元件的结构形状及尺寸。目前只有铁氧体磁芯制定了一些形状与尺寸系列标准。适合于开关电源变压器的高频金属磁性材料和非晶态、超微晶材料目前只有环型铁芯尺寸系列。因此，对一些特殊要求的开关电源变压器，可根据设计要求来确定铁芯的形状和尺寸。对于已经形成系列的铁氧体磁芯，可按照其结构参数（如有效截面、有效磁路长度、体积、散热面积、窗口面积、平均匝长等）及变换器类型和要求（变换器电路类型、工作频率、最大占空比、输出电压、输出电流、温升等），以最大输出功率为条件，设计计算出典型设计参数，从而使开关电源变压器设计逐步实现标准化。

1. 设计开关电源变压器的技术要求

① 变换器电路类型；

② 工作频率（或周期）；

③ 开关电源变压器输入的最高和最低电压；

④ 开关管的最大导通时间；

⑤ 输出电压和电流；

⑥ 开关管导通时的电压降及整流二极管正向电压降；

⑦ 隔离电位；

⑧ 要求的漏感和分布电容；

⑨ 温升要求；

⑩ 工作环境条件。

2. 开关电源变压器的最高和最低输入电压

开关电源变压器的最高和最低输入电压取决于电网电压和整流滤波电容量。在国际上，电网电压范围主要分为亚洲、欧洲地区和北美洲、日本、中国台湾地区两种。前者电网电压为 220～230V，变化范围为 195～265V；后者电网电压为 100～115V，变化范围为 85～132V。为此，经整流后的直流电压范围即开关电源变压器的最高和最低输入电压见表 2-11。

表 2-11 开关电源变压器的最高和最低输入电压（由电网供给）

地区	电网电压范围（交流）/V	变压器的最低输入电压（直流）/V	变压器的最高输入电压（直流）/V
亚洲、欧洲	195～265	240	380
北美洲、日本、中国台湾	85～132	90	190
所有地区	85～265	90	380

3. 电磁参量的确定

开关电源变压器的工作磁感应强度和电流密度的取值是决定其体积和性能的重要参数。当电路形式、工作频率、磁芯尺寸给出后，变压器的功率容量与磁感应强度 B 和电流密度 j 的乘积成正比。

当变压器磁芯尺寸一定时，磁感应强度 B 和电流密度 j 的取值较高，变压器就可输出较大的功率；或者说为了获得给定的输出功率，若磁感应强度 B 和电流密度 j 取值越高，则变压器的体积缩小、重量减轻、成本降低。但是，B 和 j 值的提高受到电性能指标的制约。例如，B 值过高，磁芯损耗增大，激磁电流增大，造成波形畸变严重，变压器温升增高并影响电路安全工作和引起输出纹波增加；若 j 值过高，铜损增大，变压器的温升将会超过规定值。因此，在确定磁感应强度 B 和电流密度 j 时，应把对电性能的要求与经济设计结合起来。

开关电源变压器在选择磁感应强度 B 时，主要考虑的是温升而不是电压调整率。这是因为温升限制了变压器的总损耗，满足了温升要求，电压调整率已是很小了。

(1) 磁感应强度 B 的确定 磁感应强度 B 的确定必须满足两点要求：一是当输入电压达最大时磁芯应不饱和；二是变压器的温升应不超过规定值。在给定温升下，磁芯损耗与线圈铜损相等时，开关电源变压器的效率最高。为此，首先根据开关电源变压器的允许温升确定变压器的总损耗，然后再按照变压器效率最大的条件分别确定磁芯损耗与线圈铜损，最后根据磁芯损耗及所选用的磁性材料、磁芯规格及工作频率确定工作磁感应强度 B，要求其不大于磁性材料的饱和磁感应强度（或最大磁感应强度增量 ΔB）值。各种磁性材料的最大工作磁感应强度值可按表 2-12 选取。

表 2-12 磁性材料最大工作磁感应强度 B

材料	Mn-Zn 铁氧体	U85	Co 基非晶	Fe 基超微晶
B/T	0.4	0.5	0.6	1.0

单极性开关电源变压器的工作磁感应强度取决于所有磁性材料的脉冲磁感应强度增量 ΔB，通常在磁路中用开气隙的方法来降低剩磁，以提高磁芯的磁感应强度增量。

磁感应强度 B 的确定方法如下：

① 按允许温升 $\Delta\tau_m$ 及变压器效率最大的条件计算变压器允许的最大磁芯损耗 P_C

$$P_C = P_m = 0.5q(F_C + F_m) \tag{2-20}$$

式中，P_C 为变压器允许的最大磁芯损耗（W）；P_m 为变压器允许的最大线圈损耗（W）；q 为变压器单位表面积的热耗散功率（W/cm^2）；F_C 为磁芯散热面积（cm^2）。对环型变压器 $F_C = 0$；F_m 为线圈散热面积（cm^2）。

变压器单位表面积的热耗散 q 与变压器温升值 $\Delta\tau_m$ 有关，在环境温度为 $25\sim50℃$ 的条件下，当温升值不超过 50K 时，q 为 $0.04\sim0.06$W/cm^2。

对于采用铁氧体磁芯的开关电源变压器，也可用热阻 $R_{\Delta\tau}$ 来计算 P_C：

$$P_C = \frac{P_m - \Delta\tau_m}{R_{\Delta\tau}} \tag{2-21}$$

式中，P_C 为变压器允许的最大磁芯损耗（W）；P_m 为变压器允许的最大线圈损耗（W）；$\Delta\tau_m$ 为变压器允许温升（K）；$R_{\Delta\tau}$ 为变压器热阻（K/W）。

② 计算单位质量的损耗 P_b

$$P_b = \frac{P_C}{G_C} \tag{2-22}$$

式中，P_b 为单位质量的损耗（W/kg）；G_C 为变压器铁芯质量（kg）。

对铁氧体磁芯变压器则计算单位体积损耗 P_V：

$$P_V = \frac{P_C}{V_e} \tag{2-23}$$

式中，P_V 为单位体积损耗（kW/m^3）；V_e 为磁芯体积（m^3）。

③ 确定工作磁感应强度 B　根据工作频率 f，由 P_b（或 P_V）在磁芯材料的损耗-频率-磁感应（P-f-B）曲线上确定磁芯的工作磁感应强度 B 值。

【提示】　磁性材料的 P-f-B 曲线由磁芯供应商提供。

(2) 电流密度的确定　按允许的最大线圈损耗 P_m 计算电流密度 j：

$$j = \sqrt{\frac{P_m}{ZG_m F_{AC}}} \tag{2-24}$$

式中，j 为电流密度（A/mm^2）；P_m 为允许的线圈损耗（W），见式（2-20）或式（2-21）；Z 为铜损的温度因子，见式（2-25）；G_m 为铜导线质量（kg），见式（2-26）；F_{AC} 为考虑集肤效应和邻近效应后线圈交流电阻增大的倍数。

公式中铜损的温度因子 Z 按式（2-25）计算：

$$Z = 1.96 \times \frac{234.5 + \tau_Z + \Delta\tau_m}{234.5 + \tau_Z} \tag{2-25}$$

式中，τ_Z 为环境温度（℃）；$\Delta\tau_m$ 为变压器温升（K）。

公式中铜导线质量按下式计算

$$G_m = 8.9 l_m S_M K_m \times 10^{-3} \tag{2-26}$$

式中，l_m 为线圈平均匝长（cm）；S_M 为磁芯窗口面积（cm^2）；K_m 为铜线在磁芯窗口中的占空系数。

4. 开关电源变压器的线圈绝缘配置

绝缘隔离是开关电源变压器的一个重要的功能。由于开关电源变压器输入端来自电网，为此需按有关安全标准的要求来确定线圈的绝缘距离。对于基本绝缘，其绕组间的爬电距离 C_r，电网电压为 230V 的取 2.5mm；电网电压为 115V 的取 1.6mm。若次级绕组采用三重绝缘导线，绕组间爬电距离可为零。按安全标准设计所采用的绕组配置见图 2-21。

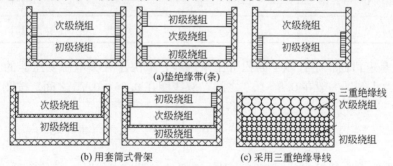

图 2-21　按安全标准确定绕组配置

5. 开关电源变压器和线圈的结构参量的计算

(1) 铜线占空系数　铜线占空系数定义为各绕组导线截面积与磁芯窗口面积之比，如图 2-22 所示。

铜线占空系数由四部分组成：

$$K_m = k_1 k_2 k_3 k_4 \tag{2-27}$$

式中各系数的定义如下：

$$k_1 = \frac{裸导线截面积}{带绝缘导线截面积}$$

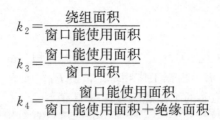

$$k_2 = \frac{绕组面积}{窗口能使用面积}$$

$$k_3 = \frac{窗口能使用面积}{窗口面积}$$

$$k_4 = \frac{窗口能使用面积}{窗口能使用面积+绝缘面积}$$

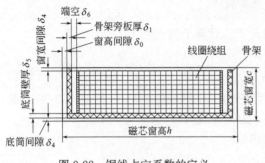

图 2-22　铜线占空系数的定义

上述定义中，"绕组面积"指匝数乘每一匝带绝缘导线的截面积；"窗口能使用面积"指窗口面积减去保留面积（此面积是由于骨架、绕组端空、窗高间隙、窗宽间隙和其他特殊需要而不能用于绕线的面积）；"绝缘面积"指层间、绕组间及外包的绝缘面积。

k_1 取决于线径，线径越细，k_1 值越小，k_1 一般在 0.65～0.95 间。

$k_2 k_3$ 是磁芯窗口能使用面积的绕满系数，由导线的方圆比（采用圆导线时）、排绕系数 K_P 和叠绕系数 K_D 决定，可用下式表示：

$$k_2 k_3 = \frac{\pi}{4} \cdot \frac{1}{K_P} \cdot \frac{1}{K_D}$$

排绕系数 K_P 和叠绕系数 K_D 总称线圈的绕制因数，绕制因数与导线粗细、工人操作水平、绕制方式（机器排绕或手工排绕）有关，表 2-13 给出了推荐值。

表 2-13　线圈绕制因数

导线直径/mm	排绕系数 K_P	叠绕系数 K_D
0.06～0.1	1.15	1.15
0.11～0.15	1.1	1.1
0.16 以上	1.05	1.1

k_4 的定义是窗口面积中有多少面积可用来绕线，取决于开关电源变压器的工作电压、隔离电位、磁芯大小等，一般在 0.8～0.9 之间，双线圈在 0.65～0.75 之间。按图 2-21，可计算出 k_4：

$$k_4 = \frac{[h - 2 \times (\delta_0 + \delta_1 + \delta_2)] \times [C - (\delta_4 + \delta_5 + \delta_6)]}{hC}$$

如果变压器有多个绕组或分层绕制，则每增加一个绕组或分层，k_4 应降低 10% 左右。

在变压器计算时，应根据不同情况选取铜线占空系数。一般 K_m 的范围在 0.2～0.4 之间。当采用多股线时应选取较小值。

(2) 平均匝长

① 线圈平均匝长　如图 2-23 所示，线圈平均匝长按式（2-28）计算

$$l_m = 2(a+b) + \pi \delta_W + 8\delta_0 \tag{2-28}$$

式中，l_m 为线圈平均匝长（cm）；a、b 分别为磁芯心柱长和宽（cm）；δ_0 为线圈骨架或底筒壁厚（cm）；δ_W 为线圈总厚度（cm）。

② 各绕组平均匝长　如图 2-24 所示，各绕组平均匝长按式（2-29）计算

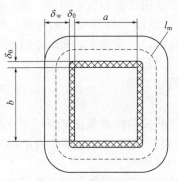

图 2-23 线圈平均匝长

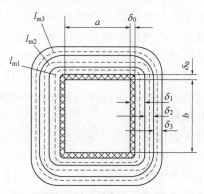

图 2-24 各绕组平均匝长

$$l_{m1}=2(a+b)+8\delta_0+\pi\delta_1$$
$$l_{m2}=2(a+b)+8\delta_0+\pi(2\delta_1+\delta_2)$$
$$l_{m3}=2(a+b)+8\delta_0+\pi[2(\delta_1+\delta_2)+\delta_3] \tag{2-29}$$
$$l_{mn}=2(a+b)+8\delta_0+\pi[2(\delta_1+\delta_2+\cdots+\delta_{n-1})+\delta_n]$$

式中，l_{m1}，l_{m2}，$\cdots$，l_{mn} 为各绕组平均匝长（cm）；δ_1，δ_2，$\cdots$，δ_n 为各绕组厚度（cm）。

(3) 变压器表面积 变压器表面积或称散热面积，包括线圈散热面积和磁芯散热面积。磁芯散热面积指扣除被线圈遮盖面以外其余部分的磁芯表面积，线圈散热面积指扣除被磁芯遮盖面以外其余部分的线圈表面积，线圈在窗口内被绕满。

(4) 磁芯有效结构系数 Y_C 磁芯有效结构系数 Y_C 按下式计算

$$Y_C=K_m A_Z=\frac{A_e^2 S_M K_m}{l_m} \tag{2-30}$$

式中，Y_C 为磁芯有效结构系数（cm^5）；A_e 为磁芯有效截面积（cm^2）；S_M 为磁芯窗口面积（cm^2）；l_m 为线圈平均匝长（cm）；K_m 为铜线占空系数。

五、单极性-单端反激式开关电源变压器设计

1. 基本电路

图 2-25 为单端反激式开关电源的基本电路。当开关晶体管被激励导通时，输入电压加到变压器初级绕组，初级绕组流过电流。由于变压器次级整流二极管反接，次级绕组无电流流过，能量在变压器电感中以磁能的形式储存起来。当开关晶体管截止时，变压器感应电压与输入电压反相，使整流二极管导通，变压器储存的能量释放出来，供负载及电容器充电。因此，这种电路输出是倒相型的。

单端反激式开关电源变压器输出电压不仅与初、次级绕组的匝数比有关，而且与导通时间有关。

2. 等效电路和电压电流波形

图 2-26 是单端反激式变换器忽略变压器漏感后的等效电路。

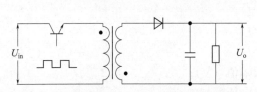

图 2-25 单端反激式开关电源基本电路

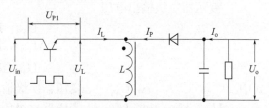

图 2-26 单端反激式变换器的等效电路

由于在开关晶体管截止期间变压器绕组电感中储存的能量向负载释放，因此，变压器初级电感量的大小直接影响放电时间常数，并对电路中电压、电流波形都有很大的影响。图 2-27 给出了电感为不同数值时的电压、电流波形。从图中可以看出，电感越小，充放电时间常数越小，峰值电流越大。这不仅对开关晶体管等元件的选择要求提高，而且造成输出电压纹波增大。当电感过小时会造成负载电流不连续的间断波形，见图 2-27(c)。

3. 临界电感

开关晶体管导通时在变压器初级电感中储存的能量，在开关晶体管截止结束（下一周期导通开始），初级电感中储存的能量正好释放完毕，此时变压器初级绕组的电感称为单端反激式开关电源变压器的临界电感。图 2-27(b) 所示为临界电感时的波形。

单端反激式开关电源变压器的初级电感大于临界电感时，在开关晶体管截止期间电感中储存的能量并未完全释放，还储存一部分能量，见图 2-27(a)。此时峰值电流小，纹波也小。但电感过大使变压器体积增大，漏感上升，成本增加。因此，应根据负载的不同要求选择合适的变压器初级电感量。

4. 单端反激式开关电源变压器设计

(1) 变压器初、次级电压计算

① 变压器初级电压

$$U_{P1} = U_{in} - \Delta U_1 \tag{2-31}$$

式中，U_{P1} 为变压器初级电压幅值（V）；U_{in} 为变压器输入直流电压（V），可参见表 2-11；ΔU_1 为变压器初级绕组铜阻压降和开关晶体管导通压降（V），变压器初级绕组铜阻压降占输入电压的 $0.5\% \sim 2\%$，开关晶体管导通压降一般为 1V 左右。

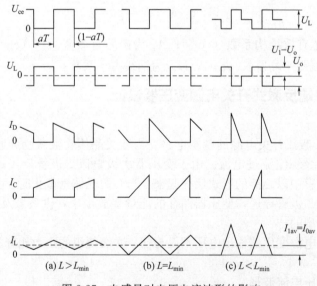

图 2-27 电感量对电压电流波形的影响

② 变压器次级输出电压

$$U_{P2} = U_{o2} + \Delta U_2$$
$$U_{P3} = U_{o3} + \Delta U_3$$
$$U_{P1} = U_{o1} + \Delta U_1 \tag{2-32}$$

式中 U_{P2}，U_{P3}，$\cdots$，U_{Pi}——变压器次级输出电压幅值（V）；

U_{o2}，U_{o3}，$\cdots$，U_{oi}——变压器次级负载直流电压（V）；

ΔU_2，ΔU_3，$\cdots$，ΔU_i——变压器次级绕组铜阻压降和整流管压降（V）。变压器次级绕组

铜阻压降占输出电压的 $0.5\%\sim2\%$；整流管压降：对 P-N 型取 0.7V，对肖特基二极管取 0.4V。

(2) 变压器工作比 开关晶体管导通时间占工作周期的比称为工作比。

$$\alpha=\frac{T_{on}}{T} \tag{2-33}$$

式中，α 为额定工作状态时的工作比；T_{on} 为额定输入电压时开关晶体管导通时间（μs）；T 为工作周期（μs）。

最大工作比

$$\alpha_{max}=\frac{T_{on\,max}}{T} \tag{2-34}$$

式中，α_{max} 为最大工作比；$T_{on\,max}$ 为开关晶体管最大导通时间（μs）。

最小工作比

$$\alpha_{min}=\frac{\alpha_{max}}{(1-\alpha_{max})\,k_V+\alpha_{max}} \tag{2-35}$$

式中，α_{min} 为最小工作比；k_V 为电压变化系数，按式（2-36）计算。

$$k_V=\frac{U_{P1\,max}}{U_{P1\,min}} \tag{2-36}$$

式中，$U_{P1\,max}$ 为变压器初级最大电压幅值（V）；$U_{P1\,min}$ 为变压器初级最小电压幅值（V）。

(3) 匝数比 单端反激式开关电源变压器的匝数比，不仅与输入、输出电压有关，而且与工作比有关。

$$n=\frac{N_1}{N_2}=\frac{\alpha}{1-\alpha}\cdot\frac{U_{P1}}{U_{P2}}=\frac{\alpha_{max}}{1-\alpha_{max}}\cdot\frac{U_{P1\,min}}{U_{P2}}=\frac{\alpha_{min}}{1-\alpha_{min}}\cdot\frac{U_{P1\,mat}}{U_{P2}} \tag{2-37}$$

由于初级电压和导通时间的乘积是一个常数，所以，在计算匝数比时，初级电压应与导通时间相对应。

(4) 初级电感 单端反激式开关电源变压器的临界电感为

$$L_{min}=\frac{U_{P1}^2\alpha^2T}{2P_0}\times10^{-6}=\frac{U_{P1}^2T_{on}^2}{2P_0T}\times10^{-6} \tag{2-38}$$

式中，L_{min} 为临界电感（H）；P_0 为变压器输出直流功率（W）。

同样，在计算临界电感时，初级电压应与其导通时间相对应。即最大电压对应最小导通时间；最小电压对应最大导通时间。

变压器初级电感大于临界电感时，在开关晶体管截止期间变压器储存的能量不完全释放；变压器初级电感小于临界电感时，在开关晶体管截止期间变压器储存的能量完全释放。为减小纹波，保持电流的连续，一般均取变压器的初级电感大于临界电感，即

$$L_{P1}\geqslant L_{min} \tag{2-39}$$

式中 L_{P1}——初级电感（H）。

(5) 初级峰值电流 开关晶体管截止期间变压器储存能量完全释放时

$$I_{P1}=\frac{2P_0T}{U_{P1}T_{on}}=\frac{2P_0T}{U_{P1\,min}T_{on\,max}}=\frac{2P_0T}{U_{P1\,max}T_{on\,min}} \tag{2-40}$$

开关晶体管截止期间变压器储存能量不完全释放时

$$I_{P1}=\frac{P_0T}{U_{P1}T_{on}}+\frac{U_{P1}T_{on}}{2L_{P1}}\times10^{-6} \tag{2-41}$$

(6) 各绕组有效电流

① 初级绕组有效电流

$$I_1 = I_{P1}\sqrt{\frac{\alpha_{\max}}{3}} \qquad (2\text{-}42)$$

式中　I_1——初级绕组有效电流（A）。

② 次级绕组有效电流

$$I_2 = I_1\frac{U_{P1}}{U_{P2}} = nI_1 \qquad (2\text{-}43)$$

式中　I_2——次级绕组有效电流（A）。

(7) 确定磁芯尺寸

① 选择工作磁感应强度　反激式开关电源变压器的工作磁感应强度取决于所用磁性材料的脉冲磁感应强度增量。通常在变压器磁路中加气隙来降低剩磁以提高磁芯工作的磁感应强度增量。铁氧体磁芯加气隙后剩磁很小，其磁感应强度增量一般取不大于饱和磁感应强度的 $1/2$。即

$$\Delta B_m \leqslant \frac{1}{2}B_S \qquad (2\text{-}44)$$

式中　ΔB_m——磁感应强度增量（T）；
　　　B_S——饱和磁感应强度（T）。

② 计算面积乘积 A_P

$$A_P = \frac{500L_{P1}I_{P1}^2}{\Delta B_m j} \qquad (2\text{-}45)$$

式中，A_P 为面积乘积（cm^4）；L_{P1} 为变压器初级电感（H）；I_{P1} 为变压器初级峰值电流（A）；ΔB_m 为磁感应强度增量（T）；j 为电流密度（A/mm^2），初步计算时取 $j = 3 \sim 6\text{A/mm}^2$。

③ 按面积乘积选择铁芯规格　选择相应型号和规格的磁芯，并查得相关的磁芯参数。

④ 由允许温升修正磁感应强度增量值，如相差过大，则需放大或缩小铁芯。

⑤ 当线圈的绝缘要求为加强绝缘时，应放大磁芯尺寸。

(8) 计算空气隙长度

$$l_g = \frac{0.4\pi L_{P1}I_{P1}^2}{A_e \Delta B_m^2} \qquad (2\text{-}46)$$

式中，l_g 为磁芯中的气隙长度（cm）；L_{P1} 为变压器初级电感（H）；I_{P1} 为变压器初级峰值电流（A）；ΔB_m 为磁感应强度增量（T）；A_e 为磁芯有效截面积（cm^2）。

当采用恒导磁材料或磁粉芯（如粉末磁芯）时，磁路中不需要开空气隙。

(9) 绕组匝数计算

① 初级绕组匝数

$$N_1 = \frac{\Delta B_m l_g}{0.4\pi I_{P1}} \times 10^4 \qquad (2\text{-}47)$$

式中　N_1——初级绕组匝数。

当变压器磁芯不开空气隙时，N_1 为

$$N_1 = 8.92 \times 10^3 \sqrt{\frac{L_{P1}l_C}{\mu_e S_C}} \qquad (2\text{-}48)$$

式中，l_C 为磁芯有效磁路长度（cm）；S_C 为磁芯有效截面积（cm^2）；μ_e 为磁芯有效磁导率。

有效磁导率由磁芯型式、工作磁感应强度、直流磁场和磁性材料特性决定。

② 次级绕组匝数

$$N_2 = N_1 \cdot \frac{U_{\text{P2}}}{U_{\text{P1 min}}} \cdot \frac{1-\alpha_{\max}}{\alpha_{\max}}$$

$$N_3 = N_1 \cdot \frac{U_{\text{P3}}}{U_{\text{P1 min}}} \cdot \frac{1-\alpha_{\max}}{\alpha_{\max}}$$ (2-49)

$$\cdots$$

$$N_i = N_1 \cdot \frac{U_{\text{P}i}}{U_{\text{P1 min}}} \cdot \frac{1-\alpha_{\max}}{\alpha_{\max}}$$

式中　N_2，N_3，$\cdots$，N_i——次级各绕组匝数；

　　　U_{P2}，U_{P3}，$\cdots$，$U_{\text{P}i}$——次级各绕组电压幅值（V）；

　　　　　　　$\alpha_{\max}$——最大工作比。

匝数计算结束后，按匝数最少的一组绕组取整数匝，按该整数匝绕组来调整初级绕组和其他绕组的匝数（取整数），以使输出电压的偏差在规定范围内。最后修正 l_{g} 和 ΔB_{m} 值。

(10) 确定导线规格

导线截面积

$$q_{\text{m}i} = \frac{I_i}{j}$$ (2-50)

式中，$q_{\text{m}i}$ 为各绕组导线截面积（mm^2）；I_i 为各绕组电流有效值（A）；j 为电流密度（A/mm^2）。

导线直径

$$d_i = 1.13\sqrt{q_{\text{m}i}}$$ (2-51)

式中　d_i——各绕组导线直径（mm）。

按计算所得导线截面或直径确定其规格时，应考虑集肤效应的影响，当导线直径大于 2 倍穿透深度时，应尽可能采用多股线。采用 n 股导线并绕时，每股导线的直径按下式计算

$$d_{i\text{n}} = \frac{d_i}{\sqrt{n}}$$ (2-52)

式中　n——导线股数；

　　　$d_{i\text{n}}$——每股导线直径（mm），该值应小于 2 倍穿透深度。

(11) 校核窗口和线圈结构计算

① 确定线圈绝缘　按安全标准或其他相关标准要求选择骨架（或底筒）型式并确定绝缘距离和绝缘厚度。

② 确定各绕组的配置　绕组的配置应考虑以下因素：

a. 尽量减小初、次级间的漏感。当次级绕组数很少（1～2 组）时，可采用普通排列，即采用Ⅰ→Ⅱ或Ⅱ→Ⅰ的排列方式；在普通排列达不到漏感要求时，采用一次分层绕制（$M=2$）。当次级绕组数较多时，必须采用一次分层绕制（$M=2$）。在分层时，应将输出功率最大的一个或两个绕组放在两半个初级绕组之间，或分别放在初级绕组的内、外侧，以增强其间的耦合。

b. 导线在规定的绕线宽度范围内排满。可适当调整导线直径，使每一绕组在其规定的绕线宽度范围内排满。若最后一层不能绕满，应采用间绕或在其间绕中夹入另一次级绕组以绕满一层。

c. 注意减小绕组间的分布电容。绕组在分层时，分层数不宜过多，一般采用一次分层绕制（$M=2$）。此外，需正确地调整绕组极性，以减小相邻层（或组）间电位差。

d. 需考虑邻近效应的影响。目前，开关电源变压器的工作频率向高频化发展，在高频下减小各绕组的铜损显得十分重要。当绕组层数较多时，邻近效应的影响严重。而分层绕制是减

小邻近效应影响的有效手段。这时，即使漏感符合要求，从减小邻近效应的角度考虑，必须分层绕制，分层数一般为一次（$M=2$）。

③ 绕组每层匝数和层数计算

$$各绕组每层匝数\ m_n = \frac{h_m}{d_{mn}K_P}$$

式中，h_m 为各绕组的绕线宽度（mm）；d_{mn} 为各绕组带绝缘导线直径（mm）；K_P 为排绕系数，见表 2-13。

$$各绕组层数\ s_n = \frac{N_n}{m_n}$$

式中 N_n——各绕组匝数。

④ 绕组厚度计算

各绕组厚度 $\delta_n = d_{mn}K_D s_n + \delta_Z$

式中，K_D——叠绕系数，见表 2-13；δ_Z——外包（组间）绝缘厚度（mm）。

计算线圈总厚度，应不超过骨架允许的空间。

⑤ 各绕组平均匝长计算　同电源变压器。

⑥ 各绕组铜阻和铜重计算　同电源变压器，但计算得到的铜阻为直流电阻。

⑦ 各绕组交流电阻计算　计算各绕组的高频交流电阻。

(12) 分布参数计算　计算漏感和分布电容（分布电容计算在需要时进行），应符合设计要求。

(13) 损耗计算

① 磁芯损耗

$$P_C = P_V V_e \times 10^3 \tag{2-53}$$

或 $\qquad\qquad P_C = P_b G_C$

式中，P_C 为磁芯或铁芯损耗（W）；P_V 为磁芯单位体积的损耗（mW/mm³）；V_e 为磁芯体积（mm³）；P_b 为铁芯单位损耗（W/kg）；G_C 为铁芯质量（kg）。

磁芯单位体积损耗按工作磁感应强度、工作频率（或周期）、所用磁性材料，在该磁性材料的损耗曲线中查得。

其他材料的单位损耗可由材料供应商提供的损耗曲线中查得。

② 线圈铜损

$$P_m = I_1^2 r_1 + I_2^2 r_2 + \cdots + I_n^2 r_n \tag{2-54}$$

式中 $I_1,\ I_2,\ \cdots,\ I_n$——各绕组电流有效值（A）；

$r_1,\ r_2,\ \cdots,\ r_n$——各绕组在高频下的交流电阻（Ω）。

③ 变压器总损耗　$\qquad P_2 = P_C + P_m$

(14) 温升计算

① 按热阻计算温升

$$\Delta\tau_m = (P_C + P_n) \cdot R_{\Delta T} \tag{2-55}$$

式中，$\Delta\tau_m$ 为变压器线圈温升（K）；$R_{\Delta T}$ 为变压器热阻（K/W）。

常用铁氧体磁芯的热阻可上网查表。

② 按单位表面积的热耗散计算温升

计算变压器单位表面积的热耗散

$$q = \frac{P_C + P_m}{F_C + F_m} \tag{2-56}$$

式中，q 为单位表面积耗散的损耗功率（W/cm²）；F_C 为铁芯散热面积（cm²）；F_m 为线圈散热面积（cm²）。

计算得到的单位表面积的热耗散 q 应不大于 $0.04\sim0.06W/cm^2$。

5. 单端反激式开关电源变压器设计例题

设计一个开关电源变压器，技术要求如下：

变换器电路形式	单端反激式；
工作频率 f	100kHz（工作周期 $T=10\mu s$）；
开关电源变压器输入的最高电压 $U_{in\,max}$	389V；
开关电源变压器输入的最低电压 $U_{in\,min}$	240V；
开关管最大导通时间 $T_{on\,max}$	$4\mu s$；
开关管导通时的电压降	1V；
整流二极管正向电压降	0.4V；
输出电压 U_0	12V；
输出电流 I_0	2A；
最高工作环境温度 τ_Z	$+40℃$；
允许温升 $\Delta\tau_m$	不大于50K。

计算步骤如下：

（1）变压器初、次级电压计算

① 计算初级电压　取线路压降和变压器初级绕组铜阻压降为输入电压的 2%，则初级电压为

$$U_{P1\,max}=380\times(1-0.02)-1=371(V)$$
$$U_{P1\,min}=240\times(1-0.02)-1=234(V)$$

② 计算次级电压　$U_{P2}=12\times(1+0.02)+0.4=12.6(V)$

（2）计算变压器工作比

① 最大工作比

$$\alpha_{max}=\frac{T_{on\,max}}{T}=\frac{4}{10}=0.4$$

② 电压变化系数

$$K_V=\frac{U_{P1\,max}}{U_{P1\,min}}=\frac{371}{234}=1.59$$

③ 最小工作比

$$\alpha_{min}=\frac{\alpha_{max}}{(1-\alpha_{max})K_V+\alpha_{max}}=\frac{0.4}{(1-0.4)\times1.59+0.4}=0.3$$

（3）计算匝数比

$$n=\frac{\alpha_{max}}{1-\alpha_{max}}\cdot\frac{U_{P1\,min}}{U_{P2}}=\frac{0.4}{1-0.4}\times\frac{234}{12.6}=12.4$$

（4）计算初级电感

① 临界电感

$$L_{min}=\frac{U_{P1}^2\alpha^2T}{2P_0}\times10^{-6}=\frac{234^2\times0.4^2\times10}{2\times12.6\times2}\times10^{-6}=1.74(mH)$$

② 取 $L_{P1}=2.0mH$

（5）计算初级峰值电流

$$I_{P1}=\frac{2P_0T}{U_{P1\,min}T_{on\,max}}=\frac{2\times12.6\times2\times10}{234\times4}=0.54(A)$$

（6）各绕组有效电流

① 初级绕组有效电流

$$I_1=I_{P1}\sqrt{\frac{\alpha_{max}}{3}}=0.54\times\sqrt{\frac{0.4}{3}}=0.2(A)$$

② 次级绕组有效电流

$$I_2 = nI_1 = 12.4 \times 0.2 = 2.48(\text{A})$$

(7) 确定磁芯尺寸

计算面积乘积

取 $\Delta B = 120\text{mT}$，$j = 5\text{A/mm}^2$

$$A_P = \frac{500 L_{P1} I_{P1}^2}{\Delta B j} = \frac{500 \times 2 \times 10^{-3} \times 0.54^2}{5 \times 0.12} = 0.486(\text{cm}^4)$$

按 A_P 选择磁芯，查磁性材料参数表，取 RM-10 磁芯。并查得有关参数为
$A_P = 0.564\text{cm}^4$，$l_n = 42.0\text{mm}$；$A_e = 83\text{mm}^2$；$V_e = 3470\text{mm}^3$，$S_M = 0.68\text{cm}^2$，$R_{\Delta T} = 40\text{K/W}$。

(8) 计算空气隙长度

$$I_g = \frac{0.4\pi L_{P1} I_{P1}^2}{A_e \Delta B_m^2} = \frac{0.4 \times 3.14 \times 2 \times 10^{-3} \times 0.54^2}{0.83 \times 0.12^2} = 0.061(\text{cm})$$

(9) 绕组匝数计算

① 初级绕组匝数

$$N_1 = \frac{\Delta B_m I_g}{0.4\pi I_{P1}} \times 10^4 = \frac{0.12 \times 0.061}{0.4 \times 3.14 \times 0.54} \times 10^4 = 108(\text{匝})$$

② 次级绕组匝数

$$N_2 = N_1 \cdot \frac{U_{P2}}{U_{P1\,\min}} \cdot \frac{1 - \alpha_{\max}}{\alpha_{\max}} = 108 \times \frac{12.6}{234} \times \frac{1 - 0.4}{0.4} = 9(\text{匝})$$

修正 $N_1 = 111$ 匝。

(10) 确定导线规格

$$d_1 = 1.13\sqrt{\frac{I_1}{j}} = 1.13 \times \sqrt{\frac{0.2}{5}} = 0.226(\text{mm})$$

$$q_{m2} = \frac{I_2}{j} = \frac{2.48}{5} = 0.496(\text{mm}^2)$$

查线规表，取初级导线直径 $d_1 = 0.25\text{mm}$，$d_{m1} = 0.297\text{mm}$，铜阻 $493.5\Omega/\text{km}$。次级导线直径选取需考虑集肤效应影响并比对表 2-8，取 4 根直径为 0.38mm 导线并绕。次级绞线外径 $d_{m2} = 1.1\text{mm}$，铜阻 $41.4\Omega/\text{km}$。

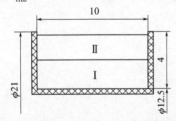

图 2-28　骨架截面尺寸及绕组配置

(11) 线圈结构计算

① 骨架及绕组配置　RM-10 的骨架截面尺寸及绕组配置见图 2-28。

② 绝缘结构选择　采用普通绝缘结构。为此，导线沿骨架长度方向平绕。绕线宽度 10mm，允许线圈厚度不大于 4mm。

③ 绕组参数计算　各绕组每层匝数、层数、厚度及直流电阻计算结果见表 2-14。

表 2-14　绕组结构计算数据

绕组号	每层匝数	层数	绕组厚度/mm	外包绝缘厚度/mm	线圈总厚度/mm	直流电阻/Ω
Ⅰ(初级)	31	4	1.3	0.14	2.8	1.67
Ⅱ(次级)	9	1	1.2	0.14		0.020

④ 各绕组交流电阻计算

初级绕组

$$F_S = 4/1 = 4$$

$$F_P = \frac{(m_n+1)nd'_W}{h_m} = \frac{(31+1)\times 1\times 0.297}{10} = 0.95$$

$$D_R = d_W\sqrt{fF_P} = 0.297\times\sqrt{100\times 10^3\times 0.95} = 9.15$$

$F_{AC}=3.1$，故初级交流电阻 $r_1=3.1\times 1.67=5.18(\Omega)$。

次级绕组

$$F_S = 1/1 = 1$$

$$F_P = \frac{(m_n+1)nd'_W}{h_m} = \frac{(9+1)\times 4\times 1.1}{10} = 4.4$$

$$D_R = d_W\sqrt{fF_P} = 0.044\times\sqrt{100\times 10^3\times 4.4} = 29.2$$

$F_{AC}=3.6$，故次级交流电阻 $r_2=3.6\times 0.020=0.072(\Omega)$。

(12) 损耗计算

① 磁芯损耗　采用 Philips 公司 3C91 铁氧体材料，查在 $f=100\text{kHz}$、$B=120\text{mT}$ 时的磁芯单位损耗 $P_V=170\text{mW/cm}^3$，故磁芯损耗为

$$P_C = P_V V_e = 0.17\times 3.47 = 0.59(\text{W})$$

② 线圈铜损

$$P_m = I_1^2 r_1 + I_2^2 r_2 = 0.2^2\times 5.18 + 2.48^2\times 0.072 = 0.65(\text{W})$$

③ 变压器总损耗

$$P_\Sigma = P_C + P_m = 0.59 + 0.65 = 1.24(\text{W})$$

(13) 温升计算

$$\Delta\tau_m = (P_C + P_m)R_{\Delta T} = 1.24\times 40 = 49.6(\text{K})$$

符合要求。

六、双极性开关电源变压器设计

双极性开关电源变压器有全桥、半桥、推挽等几种。次级整流方式可为全波整流式整流。由于这一类变换器用开关电源变压器工作状态类似于普通的电源变压器，可同一种设计方法。

(1) 计算初级绕组电压幅值

$$U_{P1} = U_{in} - \Delta U_1$$

式中　U_{P1}——变压器初级额定输入电压的幅值（V）；

　　　U_{in}——变压器输入直流电压（V）；

　　　ΔU_1——变压器初级绕组电阻压降和开关晶体管导通电压降（V）。

(2) 计算次级绕组电压幅值

$$U_{P2} = \frac{U_o + \Delta U_2}{2\alpha}$$

式中　U_{P2}——变压器输出电压幅值（V）；

　　　U_o——变压器次级负载直流电压（V）；

　　　ΔU_2——变压器次级绕组电阻压降和整流二极管正向电压降（V）；

　　　α——工作比。

(3) 计算次级绕组峰值电流　变压器次级绕组峰值电流等于开关电源的直流输出电流，即

$$I_{P2} = I_0$$

式中　I_{P2}——次级绕组峰值电流（A）；

　　　I_0——直流输出电流（A）。

（4）计算次级电流有效值

全波整流时

$$I_2 = \frac{\sqrt{1+2\alpha}}{2} I_{P2}$$

桥式整流时

$$I_2 = \sqrt{2\alpha} I_{P2}$$

式中　I_2——次级电流有效值（A）。

（5）计算初级绕组峰值电流

$$I_{P1} = \frac{U_{P2}}{U_{P1}} I_{P2}$$

式中　I_{P1}——初级绕组峰值电流（A）。

（6）初级绕组电流有效值

推挽式变换器

$$I_1 = \sqrt{\alpha} I_{P1}$$

桥式或半桥式变换器

$$I_1 = \sqrt{2\alpha} I_{P1}$$

式中　I_1——初级电流有效值（A）。

（7）变压器输出功率

$$P_2 = \sqrt{2\alpha} U_{P1} I_2$$

式中　P_2——变压器输出功率（W）。

（8）变压器的计算功率 P_1　开关电源变压器工作时对磁芯所需的功率容量值为开关电源变压器的计算功率。计算功率的大小取决于输出功率及整流电路的型式。根据变压器工作电路的不同，计算功率可在表 2-15 中查出。由于双极性开关电源变压器的效率在 95% 以上，在初算时效率可按 $\eta = 1$ 设定。

表 2-15　各种变换器的变压器计算功率

变换器型式	输出整流电流	变压器计算功率	说明
全桥式变换器	全波整流	$P_t = P_2\left(\frac{1}{\eta} + \sqrt{2}\right)$	式中　P_2——包括整流元件在内的变压器负载功率（W）； η——不包括开关元件和整流元件在内，仅变压器的效率； P_t——变压器计算功率（W）
全桥式变换器	桥式整流	$P_t = P_2\left(\frac{1}{\eta} + 1\right)$	
半桥式变换器	全波整流	$P_t = P_2\left(\frac{1}{\eta} + \sqrt{2}\right)$	
半桥式变换器	桥式整流	$P_t = P_2\left(\frac{1}{\eta} + 1\right)$	
推挽式变换器	全波整流	$P_t = P_2\left(\frac{\sqrt{2}}{\eta} + \sqrt{2}\right)$	
推挽式变换器	桥式整流	$P_t = P_2\left(\frac{\sqrt{2}}{\eta} + 1\right)$	

（9）计算面积乘积，确定磁芯规格

① 计算面积乘积

$$A_P = \frac{P_t \times 10^2}{4 K_m f B_m j}$$

式中，A_P 为面积乘积（cm^4）；P_t 为变压器计算功率（W）；f 为开关频率（kHz）；B_m 为工作磁感应强度（mT）；j 为电流密度（A/mm^2），初算时可取$=3\sim5A/mm^2$；K_m 为铜在磁芯窗口中的占空系数，初选时取 $K_m=0.2\sim0.3$。

工作磁感应强度选择的原则是：

a. 必须小于材料的饱和磁感应强度；

b. 必须考虑温度引起的磁感应强度值的下降；

c. 由磁芯损耗所产生的温升不超过规定值，一般来说，在规定的工作频率下，磁芯的单位体积损耗应控制在 $150\sim280mW/cm^3$ 的范围内。

② 按 A_P 值选择相应型号和尺寸的磁芯。

(10) 初级绕组匝数计算

$$N_1=\frac{U_{P1}T_{on}}{2B_mA_e}\times10^{-2}$$

其中，N_1 为初级绕组匝数；U_{P1} 为初级输入电压幅值（V）；T_{on} 为开关晶体管导通时间（μs）；B_m 为工作磁感应强度（T）；A_e 为磁芯有效截面积（cm^2）。

(11) 次级绕组匝数

$$N_2=\frac{U_{P2}}{U_{P1}}\cdot N_1$$

$$N_3=\frac{U_{P3}}{U_{P1}}\cdot N_1$$

$$\cdots$$

$$N_i=\frac{U_{Pi}}{U_{P1}}\cdot N_1$$

式中　N_2，N_3，$\cdots$，N_i——次级各绕组匝数；

U_{P2}，U_{P3}，$\cdots$，U_{Pi}，——次级各绕组输出电压的幅值（V）。

(12) 确定导线规格　校核窗口尺寸和线圈结构计算、分布参数计算损耗计算、温升计算参见前节介绍。

七、双极性开关电源变压器设计实例

设计的技术要求如下：

① 电路形式　　　　　　　　　　　　全桥；

② 工作频率 f　　　　　　　　　　50kHz；

③ 变换器最高输入电压 $U_{in\,max}$　　　DC400V；

④ 变换器最低输入电压 $U_{in\,min}$　　　DC200V；

⑤ 输出电压 U_{02}　　　　　　　　　DC5V，

电流 I_{02}　　　　　　　　　　　　40A，全波整流；

⑥ 输出电压 U_{03}　　　　　　　　　DC12V，

电流 I_{03}　　　　　　　　　　　　8A，桥式整流；

⑦ 开关管最大导通时间 $T_{on\,max}$　　　8μs；

⑧ 开关管导通压降＋线路压降 ΔU_1　忽略不计；

⑨ 整流二极管导通压降＋线路压降 ΔU_2　0.6V（5V 输出），1.0V（12V 输出）；

⑩ 变压器允许温升 $\Delta\tau_m$　　　　　50K；

⑪ 环境温度 τ_Z　　　　　　　　　20℃；

⑫ 选用磁性材料及规格　　　　　　　EC 型铁氧体磁芯，R2KB 材料；

⑬ 分布参数　　　　　　　　　　　　略；

⑭ 电原理图　　　　　　　　　　　　见图 2-29。

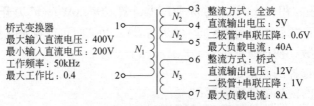

图 2-29　全桥式开关电源变压器电路

计算步骤如下：

(1) 输入电压幅值

忽略输入线路压降和开关管导通压降，则

$$U_{P1} \approx U_{in\ min} = 200V$$

(2) 次级绕组电压幅值

$$U_{P2} = 5 + 0.6 = 5.6V$$
$$U_{P3} = 12 + 1 = 13V$$

(3) 最大工作比

$$\alpha = \frac{8}{20} = 0.4$$

(4) 次级绕组峰值电流

$$I_{P2} = I_{02} = 40A$$
$$I_{P3} = I_{03} = 8A$$

(5) 次级电流有效值

$$I_2 = \frac{\sqrt{1 + 2 \times 0.4}}{2} \times 40 = 26.8(A)$$

$$I_3 = \sqrt{2 \times 0.4} \times 8 = 7.2(A)$$

(6) 初级绕组峰值电流

$$I_{P1} = \frac{5.6}{200} \times 40 + \frac{13}{200} \times 8 = 1.64(A)$$

(7) 初级绕组电流有效值

$$I_1 = \sqrt{2 \times 0.4} \times 1.64 = 1.47(A)$$

(8) 变压器输出功率

$$P_2 = \sqrt{2 \times 0.4} \times (5.6 \times 26.8) + \sqrt{2 \times 0.4} \times (13 \times 7.2) = 134 + 83.7 = 218(W)$$

(9) 变压器计算功率

$$P_t = 134 \times (1 + \sqrt{2}) + 83.7 \times (1 + 1) = 491(W)$$

(10) 计算面积乘积，选磁芯

取 $B_m = 170mT$，$j = 4.8A/mm^2$，$K_m = 0.25$，则

$$A_P = \frac{491 \times 10^2}{4 \times 0.25 \times 170 \times 50 \times 4.8} = 1.20(mm^4)$$

可上网查表以选取磁芯规格本例选取磁芯规格为 EC35。其有关参数如下：

$l_e = 7.74cm$，$A_e = 0.843cm^2$，$V_e = 6.53cm^3$，$A_p = 1.37cm^4$，$F_m + F_C = 41.6cm^2$，$R_{\Delta T} = 18K/W$，平均匝长 $l_m = 5.36cm$，窗口面积 $S_M = 1.62cm^2$，窗口宽度 6.6mm，窗口高度 24.5mm。

(11) 绕组匝数计算

① 先确定最低电压（最少匝数）绕组的匝数

$$N_2 = \frac{5.6 \times 8 \times 10^{-2}}{2 \times 0.17 \times 0.843} = 1.7(匝)$$

取整数匝 $N_2=2$ 匝。

② 初级绕组匝数

$$N_1=\frac{200}{5.6}\times2=71.4\text{ 匝,取 }N_1=71(\text{匝})$$

③ 另一次级绕组匝数

$$N_3=\frac{13}{5.6}\times2=4.64\text{ 匝,取 }N_3=5(\text{匝})$$

(12) 确定导线规格

① 初级绕组线径

$$d_1=1.13\times\sqrt{\frac{1.47}{4.8}}=0.625(\text{mm})$$

② 次级 5V 绕组导线规格

$$S_{m2}=\frac{26.8}{4.8}=5.58(\text{mm}^2)$$

取 0.32×18 规格铜箔。

③ 次级 12V 绕组线径

$$d_3=1.13\sqrt{\frac{7.2}{4.8}}=1.38(\text{mm})$$

查表 2-8,工作频率为 50kHz 时的穿透深度为 0.2955mm,根据导线直径小于 2 倍穿透深度的原则,5V 绕组因采用铜箔,厚度小于 2 倍穿透深度,所以仍采用该规格。最后确定的绕组导线规格为

$d_1=2\times0.4\text{mm}$,最大外径 $d_{m1}=0.45\text{mm}$;
$d_3=6\times0.57\text{mm}$,最大外径 $d_{m3}=0.62\text{mm}$;
$S_{m2}=0.32\times18\text{mm}^2$。

(13) 绕组排列及导线调整

线圈绕线宽度＝窗口高度－骨架档板厚×2－绕组端空×2－窗口留空
　　　　　　＝24.5－1×2－2×2－0.5＝18(mm)。

初级每层可绕匝数＝18÷（2×0.45）÷1.1＝18；共需 54÷18＝3 层,采用分层绕制,每组 2 层,两组共 4 层;

次级 5V 绕组每层 1 匝,共 3 层;

次级 12V 绕组每层可绕匝数＝18÷(6×0.62)÷1.1＝4,需 1 层;

计算结果不需调整导线,为了减小漏感,绕组排列如图 2-30 所示。

(14) 线圈结构参数计算

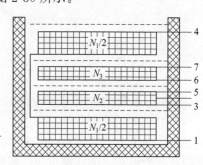

半个初级绕组厚度＝0.45×2×1.1＝0.99(mm)

初级绕组厚度＝2×0.99＝1.98(mm)

5V 绕组厚度＝(0.32＋0.1)×3×1.15＝1.5(mm)

12V 绕组厚度＝0.62×1×1.1＝0.68(mm)

取线圈骨架厚度 1mm,绕组及外包绝缘厚 0.15mm。

线圈总厚度＝1＋1.98＋0.15×2＋1.5＋0.15＋0.68＋0.15＝5.76(mm),小于窗口宽度。

初级绕组平均匝长＝π×(9.5＋1×2＋5.76)＝54.2(mm)

图 2-30　绕组排列图

5V 绕组平均匝长＝π×[9.5＋(1＋0.99＋0.15)×2＋1.5]＝48(mm)

12V绕组平均匝长＝π×[9.5＋(1＋0.99＋0.15＋1.5＋0.15)×2＋0.68]＝55.8(mm)

(15) 热态电阻计算　各绕组铜阻计算结果为（20℃时）：初级绕组 $r_1＝0.262\Omega$，$r_2＝0.43×10^{-3}\Omega$，$r_3＝3.34×10^{-3}\Omega$。

计算 K_T 值

$$K_T＝\frac{234.5＋20＋50}{234.5＋20}＝1.20$$

热态铜阻为

$$r_{t_1}＝0.262×1.2＝0.314(\Omega)$$
$$r_{t_2}＝0.43×10^{-3}×1.2＝0.516×10^{-3}(\Omega)$$
$$r_{t_3}＝3.34×10^{-3}×1.2＝4.01×10^{-3}(\Omega)$$

(16) 损耗计算

① 磁芯损耗　查磁芯损耗曲线得，在 $B_m＝0.18T$、$f＝50kHz$ 时，$P_V＝170mW/cm^3$，故

$$P_C＝170×6.53×10^{-3}＝1.11(W)$$

② 铜损

$$P_m＝0.314×1.47^2＋0.516×10^{-3}×26.8^2＋4.01×10^{-3}×7.2^2＝1.26(W)$$

③ 变压器总损耗＝1.11＋1.26＝2.37　(W)

(17) 温升计算

$$\Delta\tau_m＝2.37×18＝42.7(K)$$

小于允许值，符合要求。

第三节 | 开关电源中滤波电路线圈的选择

一、滤波电感

开关电源中多采用交流输入 EMI 滤波器，通常干扰电流在导线上传输时有两种方式：共模方式和差模方式。共模干扰是载流体与大地之间的干扰；干扰大小和方向一致，存在于电源任何一相对大地或中线对大地间，主要是由 du/dt 产生的，di/dt 也产生一定的共模干扰。而差模干扰是载流体之间的干扰；干扰大小相等、方向相反，存在于电源相线与中线及相线与相线之间。干扰电流在导线上传输时既可以共模方式出现，也可以差模方式出现，但共模干扰电流只有变成差模干扰电流后，才能对有用信号构成干扰。

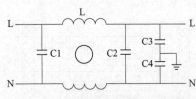

图 2-31　电源线滤波器基本电路图

交流电源输入线上存在以上两种干扰，通常为低频段差模干扰和高频段共模干扰。在一般情况下差模干扰幅度小、频率低、造成的干扰小；共模干扰幅度大、频率高，还可以通过导线产生辐射，造成的干扰较大，若在交流电流输入端采用适当的 EMI 滤波器，则可有效地抑制电磁干扰。电源线 EMI 滤波器基本原理如图 2-31 所示，其中差模电容 C1、C2 用来短路差模干扰电流，而中间连接接地电容 C3、C4，则用来短路共模干扰电流。共模扼流圈是由两股等粗并且按同方向绕制在一个磁芯上的线圈组成。如果两个线圈之间的磁耦合非常紧密，那么漏感就会很小，在电源频率范围内差模电抗将会变小；当负载电流流过共模扼流圈时，串联在相线上的线圈所产生的磁力线和串联在中线上线圈所产生的磁力线方向相反，它们在磁芯中相互抵消。因此即使在大负载的情况下，磁芯也不会饱和。而对于共模干扰电流，两个线圈产生的磁场是同方向

的，会呈现较大电感，从而引起衰减共模干扰信号的信用，这里共模扼流圈要采用磁导率高、频率特性较佳的铁氧体磁性材料。

二、滤波电容

开关电源的寿命很大程度受到电解电容的制约，而电解电容的寿命取决于其内核温升。下面从纹波电流计算、纹波电流实测、电解电容选型、温度测试方法、寿命估算等方面对电解电容作全面的分析。

纹波电流产生的热量引起电容的内部温升，加速电解液的蒸发，当容值下降20%或损耗角增大为初始值的2～3倍时，预示着电解电容寿命的终结。通过检查电容器上的纹波电流，可预测电容器的寿命。下面以连续工作模式的反激变换器输出电容分析为例，重点从纹波电流角度全面分析电解电容的选型与寿命。

1. 纹波电流计算

假设已知连续工作模式的反激变换器，共输出电流 I_O 为 1.25A，纹波率 r 为 1.1，占空比 D 为 0.62，开关频率为 60kHz，由此可以计算次级纹波电流 ΔI_O 和有效值电流 $I_{O.rms}$。

次级纹波电流 ΔI_O：

$$\Delta I_O = \frac{I_O}{1-D} \times r = \frac{1.25}{1-0.62} \times 1.1 = 3.62(A)$$

有效值电流 $I_{O.rms}$

$$I_{o.rms} = \sqrt{(1-D) \times \left[\left(\frac{I_O}{1-D}\right)^2 + \frac{\Delta I_O^2}{12}\right]} = \sqrt{(1-0.62) \times \left[\left(\frac{1.25}{1-62}\right)^2 + \frac{3.62^2}{12}\right]} = 2.13(A)$$

最终得到流过输出电容的纹波电流：

$$I_{co.ac.rms} = \sqrt{I_{o.rms}^2 - I_O^2} = \sqrt{2.13^2 - 1.25^2} = 1.72(A)$$

图 2-32 直观显示了该电容的纹波电流波形。

2. 电解电容选型

由上述计算分析得到流过电容的纹波电流为 1.72A，综合考虑体积和成本，选择了纹波电流为 1.655A 的电解电容。该纹波电流需在电源开关频率下选择，表 2-16 为某厂家电容手册的纹波电流频率因子，不同频率下的纹波电流不同，高频低电容均会给 100kHz 下的纹波电流，本设计开关频率为 60kHz，频率因子在 0.96～1 之间，在此取 1 即可。

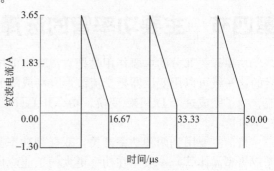

图 2-32 纹波电流波形

表 2-16 电容纹波电流频率因子

$C/\mu F$ \ f/Hz	120	1k	10k	100k
<33	0.42	0.70	0.90	1.0
39～270	0.5	0.73	0.92	1.0
330～680	0.55	0.77	0.94	1.0
820～1800	0.6	0.80	0.96	1.0
2200～15000	0.7	0.85	0.98	1.0

注：纹波电流还有一个温度系数，例如 105℃电容，在 85℃ 环境温度下，允许的最大纹波电流约为额定最大纹波电流的 1.73 倍，该参数一般不在电容手册中体现。

3. 温度测试方法

测量容体表面温度 T_S：需在电容器侧面的中间位置进行，如果由于外部影响导致电容器表面温度不均匀、不稳定，需综合测量电容器表面 4 个点的温度，再取平均值。

T_X

20

T_S
（侧面中部，拨开套管）

图 2-33　环境温度与表面温度测量

测量环境温度 T_X：如图 2-33 所示，热电偶数放置在离铝壳表面 20mm 左右处，如果空间不足，则保持最小 10mm 距离，如果由于个部影响导致附近环境温度不均匀、不稳定，则需综合测量 4 个点以上的温度，再取平均值。

4. 电解电容寿命估算

本设计选择的电容为 −40～105℃、5000h，1.655A 纹波电流的高频低阻电解电容，最高实测环境温度 T_X 为 80℃，壳体表面温度 T_S 为 85℃，则其寿命估算如下步骤如下：

（1）估算实际内核温升：

$$\Delta T_X = \Delta T_O \times (I_x/I_o)^2 = 5 \times (1.64/1.655)^2 = 4.9(℃)$$

其中，T_O 为 T_O 时允许的内核温升，即额定纹电流时的电容器芯子温升，此次选择的 105℃电容 T_O 为 5℃，可查原厂或行业资料得到；T_X 为实际内核温升；I_X 为实际纹波电流 1.64A；I_O 为额定纹波电流 1.655A。

（2）估算电容寿命

$$L_X = L_O \times 2^{(T_O-T_X)/10} \times 2^{(\Delta T_O-\Delta T_X)/5} = 5000 \times 2^{(105-80)/10} \times 2^{(5-4.9)/5} = 28678h = 3.27(年)$$

其中，L_O 为额定寿命 5000h；T_O 为最高额定工作环境温度 105℃；T_X 为实际环境温度 80℃。

当由于环境因素影响，T_X 不易获得时，可用 T_S 替代，这可以进一步提供安全余量保证产品寿命。

第四节　主要功率管的选择

功率开关部分的主要作用是把直流输入电压转换成脉宽调制的交流电压。紧接在功率开关后的这一级可以用变压器把交流波形升高或降低，最后由变换器的输出级把交流电压转换成直流。为了完成这个 DC-DC 变换，功率开关只工作在饱和与关断两种状态，这就可以使开关损耗尽可能小。

目前主要用到两种功率开关：双极型功率晶体管（BJT）和功率 MOSFET。IGBT（绝缘栅双极型晶体管）一般用在功率更大的工业应用场合，比如功率远大于 1kW 的电源和电动机驱动电路。与 MOSFET 相比，IGBT 的关断速度比较慢，所以通常用于开关频率小于 20kHz 的情况。

一、双极型功率晶体管

双极型功率晶体管是电流驱动型器件。为了让双极型功率晶体管像"开关"一样工作，必须使其工作在饱和或接近饱和的状态。因此基极电流要满足下式要求（同时可见图 2-34）。

$$I_B \geqslant \frac{I_{C(max)}}{h_{FE(min)}}$$

其中，I_B 为开通时的基极驱动电流；$I_{C(max)}$ 为 IGBT 集电极最大电流；$h_{FE(min)}$ 为规定的晶体管最小直流放大倍数。

晶体管的驱动有两种方式。恒基极电流驱动如图 2-35 所示，在整个导通期间都把晶体管

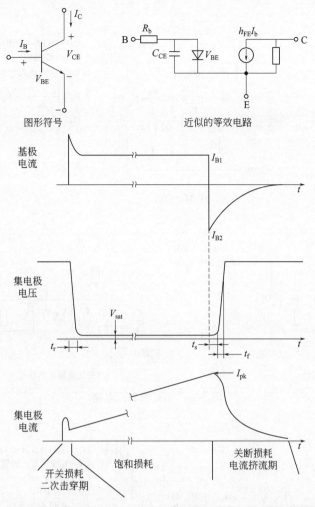

图形符号　　　　　　　　　　　　近似的等效电路

图 2-34　PWM 开关电源中双极型功率晶体管上的波形

驱动到饱和。由于集电极电流几乎总是低于设计的最大值，所以晶体管也几乎总是被过度驱动。把晶体管驱动到深度饱和，会使晶体管的关断变慢。存在时间 t_s 是指关断信号加至基极到集电极电流开始关断的延迟时间。在这段时间内，集射极的电压还是维持在饱和电压的水平。这样虽然不至于增加损耗，但它减小了晶体管可以工作的最大占空比。这种驱动电路能够提供快速度变化的基极电流（开通和关断），并把基极电压稍微拉负。

恒基极电流驱动电路一般从低电压源（3～5V）中取得电流。这个电压源一般是由功率变压器的一个附加绕组提供。直接串联在基极的电阻（图 2-35 中的 R_2）在 100Ω 数量级，其作用是在开通和关断时限制流入基极的电流。R_2 上要并 100pF 左右的电容，这个电容被称为基极加速电容（base speed-up capacitor）。在晶体管开通和关断时，它可以快速度提供一个正或负的浪涌电流，以减少开关时间和减小二次击穿危险及电流挤流效应。基极驱动电路的晶体管集电极上的电阻（图 2-35 上的 R_1）进一步控制了通态基极驱动电流。基极上的电压应该用示波器检查，在关断时电压要稍微有点负值，但不能超过在集射极间的额定雪崩电压（<5V）。

另一种方法称作比例基极驱动，见图 2-36。这种方法是把晶体管驱动到临界饱和状态，集射极电压比固定基极电流驱动时的集射极电压高，但在这种情况下，开关时间可以在 100～200ns 之间，比恒基极电流驱动快 5～10 倍。在实际使用中，恒基极电流驱动是用在中小功率、成本低的场合，而比例基极驱动用在功率比较大的场合。

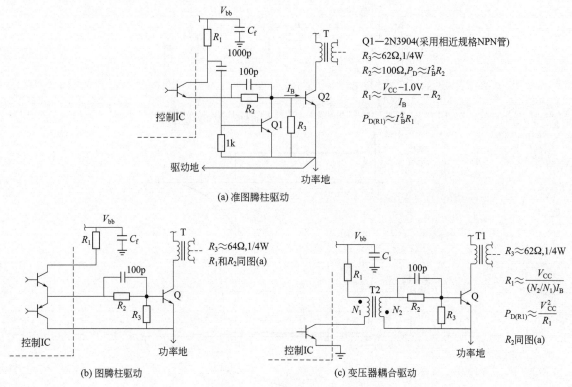

(a) 准图腾柱驱动

(b) 图腾柱驱动

(c) 变压器耦合驱动

图 2-35　恒基极驱动电路

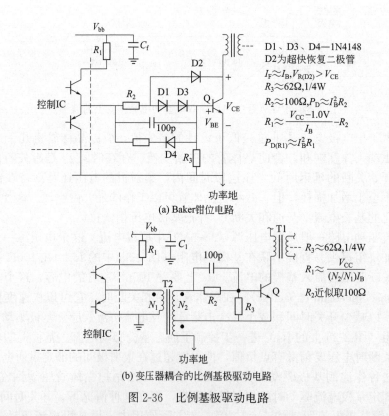

(a) Baker钳位电路

(b) 变压器耦合的比例基极驱动电路

图 2-36　比例基极驱动电路

　　最后要考虑的是基极电流要由多大的电压源提供。由于集射极与正向偏置的二极管类似，VBE 的最大值在 $0.7\sim1.0V$ 之间，因此 $2.5\sim4.0V$ 的电压源就足够了。如果基极驱动电压太高，相应地驱动基极时的损耗也比较大。

在最初的实验板上，要仔细察看与功率晶体管相关的电压和电流的波形，同时要核实它们有没有超出 SOA。这时也要修改任何可以改善开关特性的参数，因为开关损耗大约占到电源总损耗的 40％。图 2-35 和图 2-36 所示的是比较常用的驱动双极型晶体管的驱动电路，供设计者参考。

二、 MOSFET 功率开关管

功率 MOSFET 是最常用的功率开关器件。在大多数场合，它的成本和导通损耗与双极型晶体管相当，开关速度却快 5～10 倍，它在设计中也比较容易使用。

MOSFET 是电压控制电流源。为了驱动 MOSFET 进入饱和区，需要在栅极间加上足够的电压，以使漏极能流过预期的最大电流。栅源电压和漏极电流间的关系称作跨导，也就是 g_m。功率 MOSFET 通常分成两类：一类是标准工资的 MOSFET。这种 MOSFET 的 V_{gs} 大约为 8～10V，以保证额定的漏极电流。另一类是逻辑电平 MOSFET。这类 MOSFET 的 V_{gs} 只需 4.0～4.5V，其漏源电压额定值较低（＜60V）。

MOSFET 的开关速度很快，典型值是 40～80ns。要快速驱动 MOSFET，就要考虑 MOSFET 中固有的寄生电容（见图 2-37）。这些电容值在每个 MOSFET 产品的数据表中都会有说明，这是个非常重要的参数。C_{oss} 也就是漏源间的电容，在漏极负载中要考虑，但与驱动电路的设计没有直接关系。C_{iss} 和 C_{rss} 对 MOSFET 的开关性能有着直接的影响，影响的大小是可以计算出来的。图 2-38 所示的是典型的 N 沟道 MOSFET 在一个开关周期内栅极和漏极的波形。

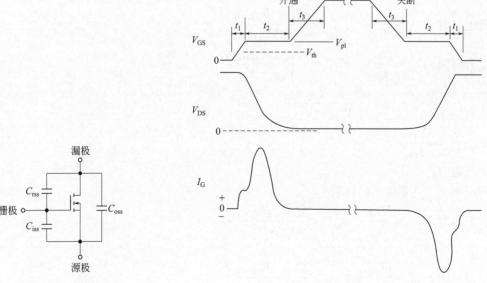

图 2-37 附有寄生电容的   图 2-38 MOSFET 的波形
功率 MOSFET 图形符号

栅极驱动电压上的平台是由于漏源电压反向转换时通过密勒电容（C_{rss}）被耦合到栅极引起的。在这期间，栅极驱动电流的波形上可以看到一个很大的脉冲。这个平台出现在电压比额定门槛电压稍高的时候，电压值为 V_{TH+ID}/g_m。这个平台电压也可以从 MOSFET 的数据手册上提供的传递函数图上确定（见图 2-39）。对于粗略的估计，可以用门槛电压来代替这个平台电压。MOSFET 数据手册提供的曲线见图 2-39。

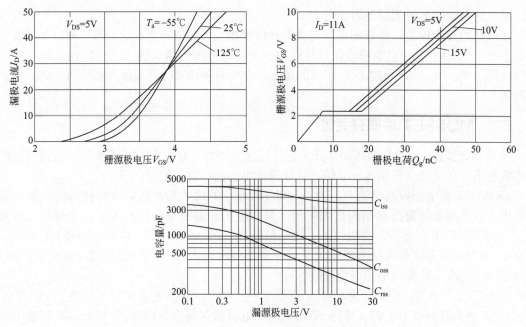

图 2-39 典型的 MOSFET 数据手册上的曲线

这些电容导致 MOSFET 开关特性上的延时。驱动电路要求能驱动容性负载。首先，要确定使栅极电压变化时所需的电荷，这可以从图 2-39 中与栅极电压工作点对应的值相减得到。从下式就可以计算开关延时。

开通延时： CMOS 双极型晶体管

开通延时 $t_{(1)} \approx \dfrac{Q_{(t1)}}{I_{OH}}$, $t_{(1)} = \dfrac{Q_{(t1)} \; R_{eff(OH)}}{V_{OH}}$

上升时间 $t_{(2)} \approx \dfrac{Q_{(t2)}}{I_{OH}}$, $t_{(2)} = \dfrac{Q_{(t2)} \; R_{eff(OH)}}{V_{OH} - V_{pl}}$

$t_{(3)} \approx \dfrac{Q_{(t3)}}{I_{OH}}$, $t_{(3)} = \dfrac{Q_{(t3)} \; R_{eff(OH)}}{V_{OH} - V_{pl}}$

$R_{eff(OL)} = \dfrac{V_{OL}}{I_{OL}}$

关断延时：

CMOS 双极型晶体管

关断延时 $t_{(3)} \approx \dfrac{Q_{(t3)}}{I_{OL}}$, $t_{(3)} = \dfrac{Q_{(t3)} \; R_{eff(OL)}}{V_{OH} - V_{pl}}$

下降时间 $t_{(2)} \approx \dfrac{Q_{(t2)}}{I_{OL}}$, $t_{(2)} = \dfrac{Q_{(t2)} \; R_{eff(OL)}}{V_{OL} - V_{pl}}$

$t_{(1)} \approx \dfrac{Q_{(t1)}}{I_{OL}}$, $t_{(1)} = \dfrac{Q_{(t1)} \; R_{eff(OL)}}{V_{OL} - V_{pl}}$

$R_{eff(OH)} = \dfrac{V_{DR} - V_{OH}}{I_{OL}}$

基于双极型器件的驱动电路比基于 CMOS 器件的驱动电路更可能提供 MOSFET 栅极所需的的电流脉冲。基于 CMOS 器件的驱动电路工作起来是一个电流受限的输入输出源。开关速度是通过在驱动电路和栅极间串上一个电阻来控制的。在开关电源中，如果要求比较快的开关速度，建议不用大于 27Ω 的电阻，因为它会使开关速度下降，开关损耗明显增加。

MOSFET 驱动电路见图 2-40。

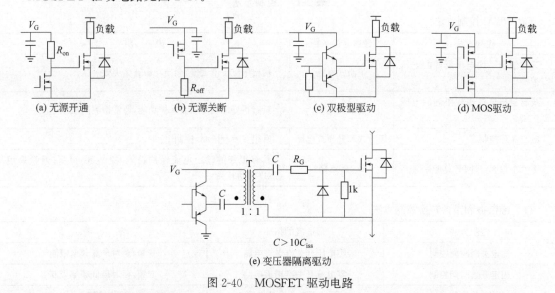

(a) 无源开通　　(b) 无源关断　　(c) 双极型驱动　　(d) MOS驱动

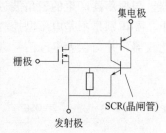

$C > 10C_{iss}$

(e) 变压器隔离驱动

图 2-40　MOSFET 驱动电路

三、 IGBT 功率开关管

IGBT 是功率 MOSFET 和双极型晶体管组成的复合器件，其内部示意图见图 2-41。

IGBT 比起 MOSFET 的优越性在于它可以节约硅片的面积，及具有双极型晶体管电流的特性。但它也有两个缺点：由于有两个串联的 PN 结，它的饱和压降比较高，另外，IGBT 有比较长的拖尾电流，会增加开关损耗。拖尾电流使它的开关频率限制在 20kHz 以下。因其开关频率刚好超过人的听觉范围，所以把它用在驱动工业电动机上很理想。

图 2-41　IGBT 内部示意图

IGBT 已经成为很多半导体公司的研究目标，它的拖尾时间也已经大缩短了。原先，拖尾时间大约 5μs，现在大约只有 100ns，而且还将继续缩短。饱和电压也从大约 4V 降低到 2V。虽然在低电压 DC-DC 变换器中，IGBT 的使用还成问题，但在离线式和工业大功率变换器上有很大的需求。作为作者个人判断，在输入电压大于 AC 220V、功率大于 1kW 场合下，可考虑用 IGBT。

IGBT 与 MOSFET 有相同的栅极驱动特性，MOSFET 的驱动 IG 用在 IGBT 上也可以很好地工作。

第五节　开关电源控制电路的选择

一、典型控制方法

选择控制 IC 极其重要，如选择不正确，会使电源工作不稳定而浪费宝贵的时间。设计者要知道各种控制方法之间细微的差别，总体上说，正激式拓扑用电压型控制，升压式拓扑通常用电流型控制。但这不是一成不变的规则，因为每一种控制方法都可以用到各种拓扑中去，只是得到的结果不一样而已。各种控制方法见表 2-17。

表 2-17 控制方法

（a）PWM 控制方法

控制方法	最适宜的拓扑	说　明
具有输出平均电流反馈的电压型控制	正激式电路	输出电流反馈太慢,会使功率开关失效
具有输出电流逐周限制的电压型控制	正激式电路	具有很好的输出电流保护功能,通常检测高压侧电流
电流滞环控制	正激式和升压式电路	有很多专利限制,控制 IC 少
电流型控制,由时钟脉冲导通	Boost 电路	具有很好的输出电流保护功能,控制 IC 很多,通常采用 GND 驱动开关

（b）准谐振和谐振转换控制方法

控制方法	最适宜的拓扑	说　明
固定关断时间控制	零电压开关准谐振电路	变频,要对最高频率限制
固定开通时间控制	零电流开关准谐振电路	变频,要对最低频率限制
相移控制	IWM 正激式全桥电路	固定频率

1. 电压型控制

这种控制方法见图 2-42。电压型控制的最显著特点就是误差电压信号被输入到 PWM 比较器,与振荡器产生的三角波进行比较。电压误差信号升高或降低使输出信号的脉宽增大或减小。要识别是不是电压型控制 IC,可以先找到 RC 振荡器,然后看产生的三角波是不是输入到比较器,并与误差电压信号进行比较。

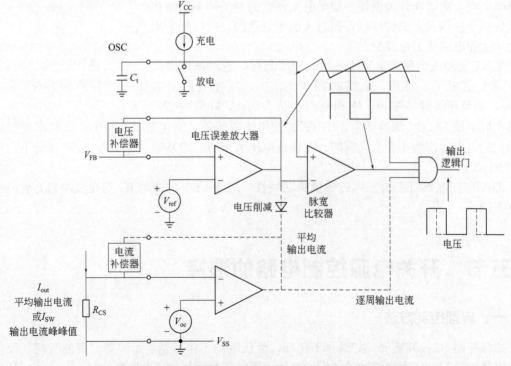

图 2-42 具有平均输出电流和逐周电流限制的电压型控制

电压型控制 IC 的过电流保护有两种形式,早期的方法是用平均电流反馈。在这种方法中,输出电流是通过负载上串联一个电阻来检测的。电流信号可以放大后输入到偿用电流误差放大器中。当电流放大器检测到输出电流接近原先设定的限制值时,就阻碍电压误差放大器的作用,从而把电流加以限制,以免电流继续增大。平均电流反馈作为过电流保护有一个固有的缺点,就是响应速度很慢。当输出突然短路,会来不及保护功率开关,而且在磁性元件进入饱和状态时也无法检测。因此会导致在几个微秒内电流成指数上升而损坏功率开关。

第二种过电流保护方法是逐周过电流保护。这种方法可以保证功率开关工作在最大安全电流范围内。在功率开关管上串联一个电流检测器(电阻或电流互感器),这样就可以检测流过功率开关管的瞬时电流。当这个电流超过原先设定的瞬时电流限制时,就关断功率开关管。保护电路要求响应很快,以实现包括磁芯饱和在内引起的各种瞬时过电流情况下对功率开关管进行保护,由于这种电流保护电路的保护限制值是固定的,而且也会因其他参数改变而变化,所以不是一种电流型控制。

最后一种是"电压滞环"的电压型控制,这种控制方法是非常基本的。在这种控制方法中,固定频率的振荡器只有在输出电压低于由电压反馈环给定的指令值时才转成"通"的状态。由于有时候功率开关管突然导通后又进入常态关的状态,所以有时把这种方法叫作"打嗝型"(Hiccup-mode)。只有少数控制 IC 和集成开关电源 IC 用这种控制方法,这种方法会在输出电压上产生大小固定的纹波,纹波的频率与负载电流成比例。

2. 电流型控制

见图 2-43,最好用在电流波形的线性坡度很大的拓扑中,如 Boost、Buck-Boost 和反激型电路等升压式拓扑。

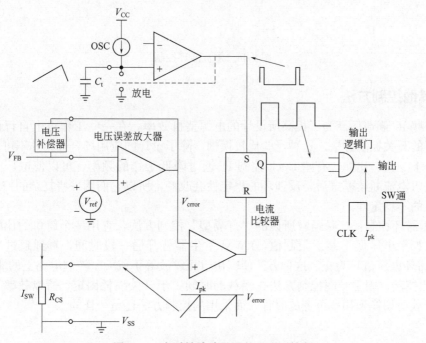

图 2-43 由时钟脉冲导通的电流型控制

电流型控制方法是控制流过功率开关管的峰值(有时是最小)电流的漂移点来实现,这也等效于磁芯的磁通密度的偏移量。从本质上说,是调节磁芯的一些磁参数来实现的。电流型控制最常见的方法是"定时开通"的方法,由固定频率的振荡器给触发器置位,由快速电流比较器给触发器复位。触发器状态为"1"时,功率开关管导通。

电流比较器的阈值是由电压误差放大器的输出给定的，如果电压误差放大器显示输出电压太低时，电流门槛值就增大，使输出到负载的能量增加。反之也一样。

电流型控制本身具有过电流保护功能，快速电流比较器实现对电流的逐周限制。这种保护也是一种恒功率过载保护方法，这种保护通过电流和电流反馈来维持供给负载的恒功率，但并不是在所有产品中用这种方法都是最适合的，特别是在典型的失效会引起失效电流增大的场合下。此外，电路可以设置其他过载保护方法。

另外一种电流型控制方法叫作电流滞环控制（见图 2-44），这种方法对电流峰值和谷值都进行控制。这种方法用在电流连续模式的 Boost 变换器中是比较好的。它的结构有点复杂，但它的响应速度很快。这种方法并不是常用的控制方法，其控制频率也是变化的。

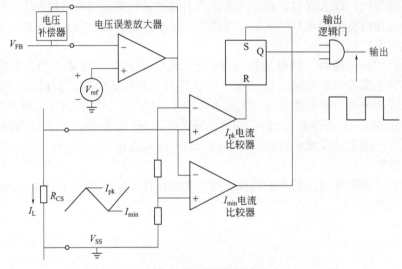

图 2-44　电流滞环控制

二、其他控制方法

现在有些 IC 制造厂商为了提高所设计的电源整机效率，在一些工作点上自行设计新的控制模式或新的开关控制方法。这种经验比较模糊，除了设计的应用场外，并不可以在其他所有应用场合下工作。比如，有些 Buck 控制 IC 通过降低工作的频率，可以使电厂电流进入断续模式。进入电流断续模式后，反馈环的稳定性会改变，所以它们用一些复杂的控制方法来补偿可以预见的不稳定性。

① 电压滞环控制：这是经常所说的"打嗝型"控制方法，它用一个简单的比较器来调节输出电压。如果电压低于某一限制值，PWM 发生器就开通一段时间，直到超过这个限制值（加上某一滞环电压值）为止。这种方法使输出电压纹波等于或大于控制电路上的滞环电压值。

② 变频控制：固定频率控制方法在轻载的时候由于开关损耗固定，所以效率下降。有些控制器在轻载时切换到频率可变的时钟，而采用的控制方法还是一样的。

第六节　开关电源中反馈环路及启动环路的选择 ◀◀◀

一、反馈环节

电压反馈环的唯一功能就是使输出电压保持在一个固定值。但考虑负载瞬态响应、输出精度、多路输出、隔离输出等方面，电压反馈的设计就变得很复杂了。上述每一个方面对设计者来说都很棘手，但是如果掌握了设计步骤，这些方面都可以很容易地得到解决。

电压反馈环的核心部分是一个称为误差放大器的高增益运算放大器，这部分仅仅是个高增益的放大器而已，它把两个电压的误差放大，并产生电压误差信号。在电源系统中，这两个电压一个是参考电压，而另一个则是输出电压。输出电压在输入到误差放大器之前先进行分压，分压的比例为电压参考值与额定输出电压的比值。这样，在额定输出电压时，误差放大器产生一个"零误差"点。如果输出偏离额定值，放大器的误差电压就会明显地改变，电源系统用该误差电压来校正脉宽，从而使输出电压回到额定值。

针对差放大器，有两个主要的设计问题：一方面是要有很高的直流增益，以改善输出负载调节性能；另一方面是要有很好的高频响应特性，以提高负载的瞬态响应，输出负载调节性能是指被检测的输出端上的负载改变时，输出电压的偏离程度。瞬时响应是指输出负载发生跳变时，输出电压恢复到原值的快慢。下面是一个基本的无隔离、单输出开关电源电压反馈环的应用例子。如果忽略误差放大器的补偿，设计就很简单了。设计的输出电压为 5V，控制 IC 内部提供的参考电压 2.5V，见图 2-45。

在开始设计时，要先确定通过输出电压分压电阻的检测电流的大小。为了使设计补偿器参数时有一个比较理想的值，电阻分压器的上臂电阻值选在 $1.5\sim15k\Omega$ 范围之内。如果电阻分压器的检测电流取 1mA，则分压器的下臂电阻 R_1 就可以按下式算出：

$$R_1 = 2.5V/0.001A = 2.5(k\Omega)$$

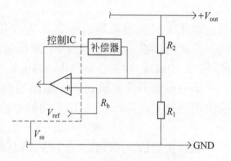

图 2-45　无隔离电压反馈电路

输出电压的精确度直接受到分压电阻和参考电压的精度影响。所有误差累加起来决定了最后的精确度，也就是说，如要分压器所用的是两个精度为 1% 的电阻，所用的参考电压的精度为 2%，则最后输出电压的精度就为 4%。另外，放大器的输入失调电压也会引起误差，这个误差等于放大器的输入失调电压除以电阻分压器的分压。所以，如果在这个设计例子中，放大器的最大失调电压是 10mV，那么输出电压误差就是 20mV，且这个值会随着温度而漂移。

下面继续对这个例子进行设计，假设选用 1% 精度的电阻，其阻值为 2.49kΩ，则实际的检测电流为

$$I_s = 2.5V/2.49k\Omega = 1.004(mA)$$

电阻分压器的上臂电阻 R_2 为

$$R_2 = (5.0V - 2.5V)/1.004mA = 2.49(k\Omega)$$

这样就完成了电阻分压器的设计。接下来要设计放大器的补偿网络，以得到直流增益和带宽性能。

如果电源是多路输出的，那么输出端的交叉调整性能是要考虑的一个方面。通常是电压放大器只能检测一个或几个输出端，而没有被检测的输出能通过变压器或输出滤波器本身固有的交叉调整功能进行调节。这样的调整性能比较差，也就是说，被检测的输出端上的负载变化时，会使没有被检测的输出端的输出明显改变。相反，如果没有被检测的输出端上的负载改变时，并不能完全通过变压器耦合到被检测的输出端而被检测到，因而不能对它进行很好的调节。

为了很好地改善输出端的交叉调整性能，可以通过检测多个输出电压来实现，这叫做多输出检测。通常并不是真的去检测所有的输出端，这样做实际上也是没有必要的。下面的例子用来说明怎样改善输出端的交叉调整性能。如有+5V、+12V 和-12V 输出的典型的反激式变

换器，其＋5V 输出端从半载到满载变化时，＋12V 端变到＋13.5V，－12V 端变到－14.5V。

这表明，变压器具有的交叉调整性能很差，这可以通过多线绕组技术稍微进行改善。如果对＋5V 和＋12V 端都进行检测，则＋5V 端的负载如前面所述变化时，＋12V 端变到＋12.25V，－12V 端变到－12.75V。

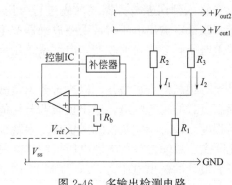

图 2-46　多输出检测电路

多输出端检测是通过把电压检测电阻分压器的上臂用两个并联电阻来实现，这两个电阻的上端分别接到不同的输出端上，见图 2-46。

电阻分压器的中点就成了电流的交汇点，在这里总电流是每个被检测的输出端流出的电流总和。输出功率比较大的输出端，通常对输出调节的要求比较高，因而应占检测电流的主要部分。输出功率比较小的输出占剩下的检测电流部分。每个输出端占检测电流的百分比就表明了该输出端被调节的程度。

再看一下有＋5V、＋12V 和－12V 输出的电源，由于±12V 通常是给运算放大器供电的，这些运算放大器相对来说不大会受到 V_{OC} 和 V_{EE} 变化的影响，所以对这两个输出端的调节要求可以宽松一点。用这节第一个例子的参数，R_1 取 2.49kΩ，检测电流为 1.004mA。

第一步要分配电流比例，输出端提供的检测电流越少，对它的调节程度就越低。让＋5V 输出端的电流占 70%，＋12V 端的电流占 30%，则

$$R_2 = (5.0V - 2.5V)/(0.7 \times 1.004mA) = 3557(\Omega)$$

取最接近值 3.57kΩ。＋12V 端上的电阻 R_3 为

$$R_3 = (12V - 2.5V)/(0.3 \times 1.004mA) = 31.5(k\Omega)$$

最接近的值是 31.6kΩ。

用多输出检测输电时，所有输出负载变化时，应该都可以改善交叉调整性能。

电压反馈最后一步是反馈隔离的问题，当考虑到输出电压会造成控制器损坏时，就要用反馈隔离（输入直流电压大于 42.5V）。电气隔离有两种可用的方法：光隔离（光隔离器）和电磁隔离（变压器）。这部分主要是介绍使用比较普遍的隔离方法，也就是用光隔离器把反馈环与主电路隔离。光隔离器的 C_{trr}（电流传送比较支持或 I_{out}/I_{in}）会随温度而漂移，也会随着使用时间增加而逐渐变差，而且各个光耦隔离器的误差范围也相差比较大。C_{trr} 是用百分比来衡量的电流增益。为了补偿光隔离器的这些差异而不使用电位器，要把误差放大器放在光隔离器的二次侧（或输入侧）。误差放大器可以检测到光隔离器漂移引起的其输出端的偏移，然后相应地去调整电流。典型的反馈隔离电路见图 2-47。

二次侧的误差放大器通常采用 TL431。TL431 是一个三端封装的器件，内部有一个具有温度补偿的电压参考源和一个放大器。正常工作时，它需要有一个最小为 1.0mA 的连续电流流管输出引脚，输出信号就加到这个偏置电流上。

在这个例子中，控制 IC（UC3843AP）上的误差放大器通过输入端的连接使它不能工作，这样就保证输出端是高电平，电阻 R 的阻值并不是很重要（每个取 10kΩ）。补偿引脚内部有一个 1.0mA 的电流源，在全额输出情况下，就可以得到一个＋4.5V 的"高"电压。

用来改变补偿器的输出值从而调节输出脉宽的网络，是个电流求和网络。R_1 保证从 TL431 来的工作电流通过光隔离器耦合，不会影响控制 IC 内部 1mA 的上拉电流源，当要全额输出脉宽时，这引脚上仍可以得到＋4.5V 的电压。在全额输出时，最坏情况下的最小电流是

$$I_{fb(min)} = I_{cc(max)} \quad C_{trr(max)}$$

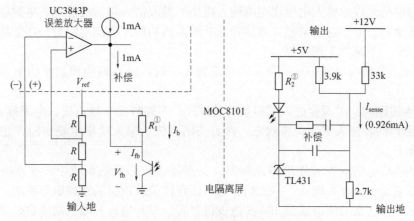

图 2-47 光隔离的电压反馈环电路例子

$$=1.2\mathrm{mA}\times130\%$$
$$=1.56\ (\mathrm{mA})$$

这时 R_1 为

$$R_1=0.5/(1.56-1.0)=893(\Omega)$$

取 820Ω，留安全裕量。

为了得到 $0.3\mathrm{V}$ 的最小输出，光隔离器要给补偿引脚提供更多的电流。要达到这个目的，光隔离器传送的电流大小为

$$I_{\mathrm{fb(min)}}=(4.5-0.3)/820=5.12(\mathrm{mA})$$

用光隔离器 LED 上的最大压降和 TL431 上端电压，就可以确定 R_2 的大小了。

$$R_1=[5-(1.4+2.5)]/5.12$$
$$=215(\Omega)$$

取 200Ω，留安全裕量。

用来检测输出电压的电阻与前面例子中用来交叉检测的电阻的设计一样。这样电压反馈这部分就只剩下误差放大器的补偿器设计了。

【提示】 误差和温度漂移在隔离反馈设计中占很大的部分，需要对这些部分的计算值进行调整。比如光隔离器的 C_{trr} 可能在 300% 的范围内变化，这就要在电路中加电位器。有些光隔离器制造厂商根据 C_{trr} 进行分类，这样它的 C_{trr} 变化范围就很小，但这种光隔离器很少，制造厂商也不愿这么做。另外参考电压也要像 TL431 一样进行温度补偿。

输出的精度通常要求参考量的变化在 2% 内，用于电压取样的电阻分压器上的电阻精度要在 1% 以内。输出的精度就是这些误差的总和加上变压器匝数的误差。

电压反馈的设计有很多变化，但上面介绍的是最简单的，也是用得最普遍的方法。

二、启动和集成电路供电电路的设计

启动和辅助电源给控制集成电路（IC）和功率开关驱动电路提供工作电压，有时把这个电路叫做自启电路。由于这部分电路所有输入和输出的功率都属于损耗，因此在保证其所有功能的条件下，应尽可能提高它的效率。

自启动电路在高输入电压的情况下显得更加重要，因为输入高于直流 $20\mathrm{V}$ 时，输入电压不能直接供电给控制 IC 和功率开关，而是需要采用启动/辅助电源电路。这部分电路的主要功能是用一个分流或串联的线性电源给控制器和功率开关驱动电路提供比较稳定的电压。

电源从完全关机状态启动，通常要求当输入功率加到电源上时，就要从输入电源母线上汲

取电流。启动电路允许的输入电压比电源输入电压的最大值（包括可能通过电源输入滤波器的浪涌电压）还要高。对于这个电路，需要考虑其所需的功能。启动电路有一些常用的功能，它的功能要适合整个系统的工作需要。

① 电源输出短路的情况一旦结束，回到正常工作时，要立刻使控制及功率开关电路的所有功能工作。

② 当发生短路时，电源要进入间隔重启动模式，短路情况一旦消失，电源就重新启动。

③ 在短路期间，进入完全关机状态，然后关闭系统。输入功率也要切断，在重新启动电源的时候再合上。

前面两种启动电路的方式使用得比较多，在有可移动部分的系统中，推荐使用这两种方式。比如电话系统、插卡系统或一些人们容易不注意使负载短路的常规服务系统。在一些重要仪器中，当错误操作会对仪器或操作人员造成损害时，对其进行关闭的功能也是必要的。

在一些增加一小部分损耗并不重要的产品中，经常用简单的齐纳管分流电源，见图 2-48。在这里，启动电流始终从输入电流母线输入，即使在电路稳定工作期间也是如此。当启动电流小于 IC 和驱动电路工作所需电流（约 0.5mA 时），电源就进入间隔恢复的模式，如果启动电流足够大（约 10～15mA），在短路期间电源保持在过电流反馈状态，一旦短路状态消失，电源立刻恢复工作。不同之处在于驱动电路工作时的损耗不一样。控制 IC 上的低电压限制（low voltage inhibit，LVI）的滞环带宽也会影响电源的间隔重启。给 IC 供电的旁路电容值要不小于 $10\mu F$，以便存储足够的能量，这样在电压跌落到 LVI 值之前，就完成对电源的启动工作。大体上来说，滞环电压越高，电源刚开始启动时就越可靠。

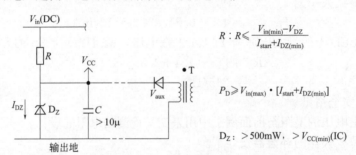

$$R：R \leqslant \frac{V_{in(min)}-V_{DZ}}{I_{start}+I_{DZ(min)}}$$

$$P_D \geqslant V_{in(max)} \cdot [I_{start}+I_{DZ(min)}]$$

$$D_Z：>500mW，>V_{CC(min)}(IC)$$

图 2-48　由齐纳二极管提供的控制供电电源

对离线式开关电源，如果启动电路始终从电源输入线获取电流，会产生很可观的损耗，所以建议在电路稳定工作后切断启动电路。当整个电源进入稳定工作状态后，IC 和驱动电路就可以从变压器的附绕组上获取所需电源。这样，转换效率可达 75%，比起上面所述的方法，效率可以提高 5%～10%。图 2-49 所示的就是这种电路。该电路是个高电压、有电流限制的线性电源。在电路稳定工作期间，发射极上的二极管和集射极反偏，这样就完成了对启动电流的切断过程。小信号晶体管的 $V_{CEO(SUS)}$ 要求高于最高输入电压，几乎所有的损耗都消耗在集电极的电阻上。在稳定工作时，就只有很小的偏置电流流过晶体管的基极和齐纳二极管。

此外，在发生短路的情况下，设计者可以选择让电源工作在间隔重启方式，或是在这种情况下，让 IC 和驱动电路继续工作。通过选择集电极上的电阻，使流过它的电流是 0.5mA 或 15mA，就可以选择相应的工作方式。

这种方法的一种变形电路是过电流关断电路，见图 2-50。该启动电路是个分立、高电压、单次启动电路，只有在刚开始启动时起作用，启动后就完全关断。如果发生过电流反馈的情况，IC 和驱动电路就无法从供电电源中获取电流。这样就关断了整个电源系统，只有关断输入电源以后，才能再次启动。

上述介绍的这些设计方法，在笔者的一些实际应用中有很大帮助，但同一种工作原理可以

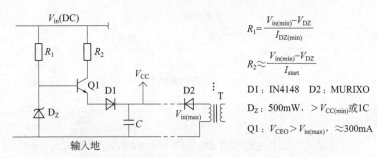

图 2-49　高电压线性电源自启动电路（只在启动和反馈期间工作）

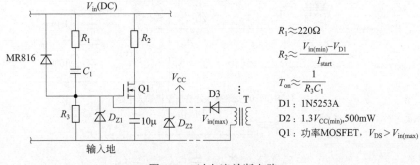

图 2-50　过电流关断电路

有很多不同的执行电路。如果采用不同的设计方法，有一点要牢记：在开关电源的整个工作寿命期间，电源启动这段时间是最易发生损坏的。也就是说，启动过程比其他的任何工作过程都更易发生故障。电源系统各个部分的供电顺序安排也很严格。只有给功率开关管驱动电路完全供电后，控制 IC 才能输出开关信号。如果不是这样，功率开关管就不是工作在饱和区，功率开关管会因损耗过大而损坏。

另外需要注意的是电阻的额定电压。对于 1/4W 电阻，额定的损坏电压是直流 250V；对于 1/2W 电阻，额定的损坏电压是直流 350V。在离线式变换器中，接到输入线所有分支上的电阻都要用两个串联。

第七节　整流滤波的选择

输入整流/滤波电路在开关电源中不被人重视。典型的输入整流/滤波电路由三到五个门路组成：EMI 滤波器、启动浪涌电流限制器、浪涌电压抑制器、整流级（离线应用场合）和输入滤波电容。许多交流输入离线式电源要求有功率因数校正（PFC）电路。直流和交流应用场合的典型输入整流/滤波电路见图 2-51。

一、输入整流器

对离线式开关电源而言，首先是选择输入整流器，这些整流器由普通二极管组成，如 1N400X 整流管。要考虑的主要参数是：正向平均电流 I_O，浪涌电流 I_{FSM}，直流击穿电压 V_R，预期的耗散功率 P_D。在电路启动时，正常的电流脉冲对已经完全放电的输入滤波电容进行充电，使电容的端电压跳变，从而引起的浪涌电流有可能比平均输入电流有效值的 10 倍还大。在 EMI 滤波器后面一般接一个热敏电阻，以保护整流器。热敏电阻低温时的阻值在 6～12Ω 之间，启动后，热敏电阻被加热，加热后的阻值大约只有 0.5～1Ω。

通过输入整流器的平均电流是热计时要考虑的。没有功率因数校正的整流器的实际波形，

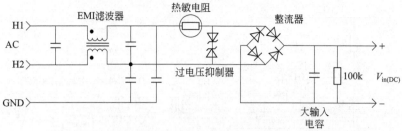

(a) 单相或通用输入供电系统的交流输入滤波电路(图中画出了共模EMI滤波器)

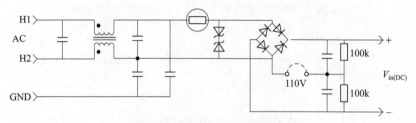

(b) 110V和220V交流输入的倍压交流输入电路

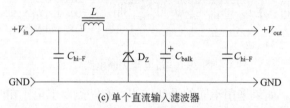

(c) 单个直流输入滤波器

图 2-51　典型的交流和直流输入整流/滤波电路

峰值电流有可能是通过二极管平均直流电流的 5 倍。这会使整流器发热更加严重。为了对这种情况进行补偿，可以选电流等级更高的二极管来减小通态压降，从而减少发热量。总之，最小的二极管等级要符合下面条件：

$$V_R \geqslant 1.414 V_{in(p-p)(max)}$$
$$I_F \geqslant 1.5 I_{in(DC)(max)}$$
$$I_{FSM} \geqslant 5 I_F$$

这些应用场合使用的典型二极管如下：

如果电流：＜1A：　　　　IN400X
　　　　　＜1.5A：　　　　IN539X
　　　　　＜3A：　　　　IN540X
　　　　　＜6A：　　　　MR75X

接下来的步骤就是要计算输入滤波电容的大小。设计者要先确定电源直流输入端能承受多大的电压纹波。要想电压纹波越小，电容就要选得越大，这样上电时的电流浪涌也更大。滤波电容的选择有三个主要方面要考虑：能满足期望电压纹波的电容值，电容的额定电压，电容的额定纹波电流。

对于交流离线式变换器，纹波电压一般设计为输入交流电压峰值的 5％～8％。对于 DC-DC 变换器纹波电压峰值设计为 0.1～0.5V。输入纹波电容的大小可以从下式得到：

$$C_{in} = \frac{0.3 P_{in(av)}}{f_{in} V_{in(min)} \ V_{riple(p-p)}^2}$$

式中　　　f_{in}——离线式电源输入交流电压最小额定频率；

　　　　　V_{in}——交流输入整流电压的最小峰值；

　　$V_{riple(p-p)}$——输入端得到的电压纹波峰峰值。

电容的额定电压如下：

（离线式）$V_W > 1.8V_{in(RMS)}$

（DC-DC）$V_W > 1.5V_{in(max)}$

二、滤波电路设计

在交流离线式变换器中，输入滤波电容用铝电解电容。应用表明，对于交流侧危险的环境中应用，它们比其他种类的电容器更加可靠。电容的最后选择主要取决于预计的工作温度范围、电容品质和电容尺寸。

DC-DC 变换器的输入电容要求比较严格。这种变换器产生的纹波电流频率为开关频率，而且纹波通常比较大。如果对电容选择不当，这些电流会在输入电容内部产生热量，从而缩短它的工作寿命。这要求输入滤波电容的 ESR 小，纹波电流定额高。在电源中，功率开关管上看到的整个电流波形是从电容上流入流出。输入端由于串了电感，不能提供开关管所要的高频电流脉冲。输入电容在以低频方式从输入端充电，并以高频方式向开关管放电方面起着重要的作用。因而完全可把功率开关管所需的电流看成是由输入滤波电容提供的。

设计者要把从功率开关管上观察到的电流波形转化成最坏情况的 RMS 值（有效值）。把三角形或梯形的电流波形转化成 RMS 值时，与波形的峰值和占空比有关。在估计 RMS 值时，可以把波形拆分成 RMS 值已知的比较简单的波形。比如，梯形波可以看成是矩形波和基角波的叠加。而矩形波的 RMS 最大值是峰值的 50%（占空比为 50%）时，三角波 RMS 最大值是峰值的 33%。最后把分别估计的 RMS 值加起来就是最坏情况下总的 RMS 值。

一般来说，无法找到一个可以把电源的所有电流纹波都吸收的电容，所以通常可以考虑用两个或更多电容（n 个）并联，每个电容值为计算所得电容值的 $1/n$。这样流入每个电容的纹波电流就只有并联的电容个数分之一（$1/n$），每个电容就可以工作在低于它的最大额定纹波电流下。输入滤波电容上一般要并上陶瓷电容（约 $0.1\mu F$），以吸收纹波电流的高频分量。

输入滤波的前级是 EMI 滤波器，这个电感流过的是相对较大的直流电流，并且要防止高频开关噪声进入输入电源端。

用于这种功能的电容要用高频特性好的高压薄膜电容或陶瓷电容，这些电容的容值在 $0.005 \sim 0.1\mu F$ 之间。同时要注意电容的工作电压。离线式变换器要经过常规的测试，测试中给变换器加上额外的电压。这种测试叫做绝缘耐压测试，也就是"HIPOT"。任何加在输入电源线和大地地线（绿色的线）间的电容都要能承受这个电压。U_L 标准的测试电压是有效值 1700V（直流 2500V），V_{DE}、I_{EC} 和 C_{SA} 测试电压是有效值 2500V（直流 3750V）。为了通过欧共体的测试标准，这些产品要用特殊的电容，这些电容要先通过测试后再用到 EMI 滤波器上。

浪涌抑制部分要放在 EMI 滤波电感后，但在整流器（离线式）和输入滤波电容（直流输入）前，所有浪涌抑制器都要用 EMI 滤波电感的串联阻抗来防止超过它们额定的瞬时能量。电感极大地减小了瞬时电压峰值，并在时间上把它延长，这样提高了抑制器的工作寿命。应注意的是，不同的浪涌抑制器技术所串联的内部电阻特性也不一样。金属氧化物变阻器（MOV）导通的时候，阻值非常高，而半导体浪涌抑制器的电阻值比较低。发生浪涌时，抑制器的电阻值会影响到加在它上面的额外电压。例如，180V 金属氧化物变阻器，瞬时电压可以上升到 230V。在选择输入电容和浪涌抑制器时，还是要考虑的。金属氧化物变阻器较便宜，但经过若干次高能冲击后性能劣化，产生比较大的漏电流。抑制器的阈值电压要比电源规定的最大输入电压还高，这样在正常工作时才不会导通。例如对 110E UQT WFHGR LWTY，CEIPS ET 180~200V 的阈值电压。

第八节　开关电源电路设计中的注意事项与改进措施 ≪≪≪

一、电源参数设计的注意事项

以 TEA1832 图纸为例，如图 2-52 所示，分析里面的电路参数设计与优化并做到认证至量产。在所有的元器件中尽量选择通用元件，方便后续降成本。

贴片电阻采用 0603 的 5％，0805 的 5％，1％，贴片电容容值越大价格越高，设计时需考虑。

① 输入端，FUSE 选择需要考虑到一些常用参数，如保险丝的分类，快断、慢断、电压值，保险丝的认证是否齐全，保险丝前的安规距离 2.5mm 以上。设计时尽量放到 3mm 以上，需考虑打雷时，保险丝 1 过流是否有余量，会不会打断掉。

> **【注意】** 如保险丝为美标 μL 型一般过流值选 1.25～1.35 倍值。如为欧标或国标 ICE 型则过流值选 1.75 倍值。

② 图 2-52 中可以增加个压敏电阻，一般采用 14D471，也有采用 561 的，直径越大抗浪涌电流越大，也有增强版的 10S471、14S471 等，一般 14D471 打 1kV、2kV 雷击够用了，增加雷击电压就要换成 MOV＋GDT 了。有必要时，压敏电阻外面包个热缩套管。

③ 图 2-52 中可以增加个 NTC，有的客户有限制冷启动浪涌电流不超过 60A、30A，NTC 的另一个目的还可以在雷击时扛部分电压，减小 MOSFET 的压力，选型时注意 NTC 的电压、电流、温度等参数。

④ 共模电感，是传导与辐射很重要的一个滤波元件，共模电感有环形的高导材料 5k、7k、0k、12k、15k，常用绕法有分槽绕、并绕、蝶形绕法等，还有 UU 型，分 4 个槽的 ET 型，这个如果能共用的最好（可选择通用型试验），成本考虑，传导辐射测试完成后才能定型。

⑤ 滤波电容的选择，这个需要与共模电感配合测试传导与辐射才能定容值，一般情况为功率越大滤波电容越大。

⑥ 如果做认证时有输入 L、N 的放电时间要求，需要在 X 电容下放 2 并 2 串的电阻给电容放电。

⑦ 桥堆的选择一般要考虑桥堆能过得浪涌电流，耐压和散热，防止雷击时损坏。

⑧ VCC 的启动电阻，注意启电阻的功耗，主要是耐压值，1206 的一般耐压 200V，0805 一般耐压 150V，能多留余量比较好。

⑨ 输入滤波电解电容，一般看成本的考虑，输出保持时间的 10ms，电解电容容值的最小按照 80％容值设计，不同人和不同的设计经验有点出入，有一点要注意：普通的电解电容和扛雷击的电解电容，电解电容的纹波电流关系到电容寿命，这个看品牌和具体的系列了。

> **【注意】** 电解电容容量国标测试为 120Hz，为标准进口电容一般为效率 100Hz 标准。

⑩ 输入电解电容上并联一个小瓷片电容，这个平时体现不出来用处，在做传导抗扰度时有效果。

⑪ RCD 吸收部分，R 的取值对应 MOSFET 上的尖峰电压值，如果采用贴片电阻需注意电压降额与功耗，C 一般取 102/103 1kV 的高压瓷片，整改辐射时也有可能会改为薄膜电容效果好，D 一般为 FR107，FR207，整改辐射时也有改为 1N4007 的情况或者其他的慢管，或

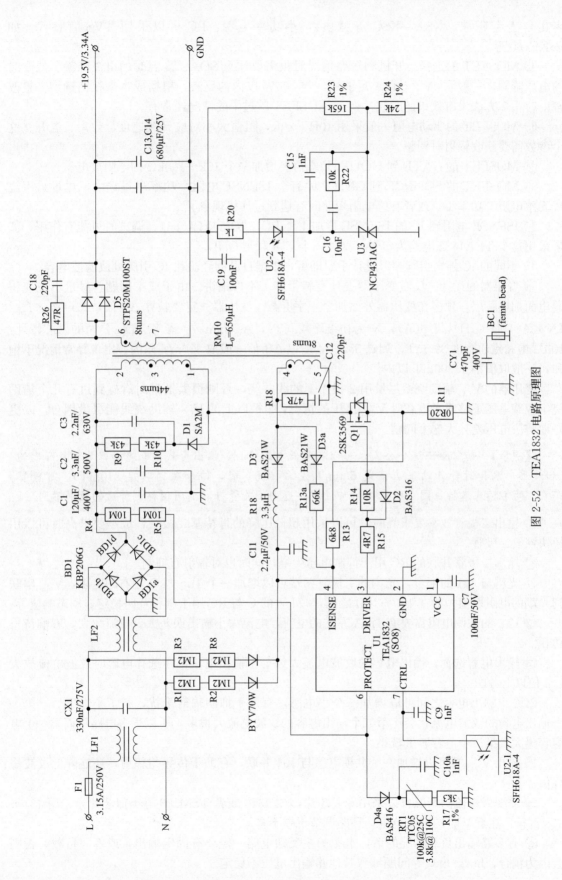

图 2-52　TEA1832 电路原理图

者在 D 上套磁珠（KSA，KSC 等材质），小功率电源，RC 可以采用 TVS 管替代，如 P6KE160 等。

⑫ MOSFET 的选择，开机和短路情况时报需要注意 SOA。高温时的电流降额、低温时的电压降额，一般 600V 2～12A 足够用，与 100W 以内的反激，根据成本来权衡选型。整改辐射时很多方法没有效果的时候，换个 MOSFET 就过了的情况经常有。

⑬ MOSFET 的驱动电阻一般采用 10R＋20R，阻值大小对应开关速度、效率、温升。这个参数需要整改辐射时调整。

⑭ MOSFET 的 GATE 到 UOURCE 端需要增加一个 10k～100kΩ 的电阻放电。

⑮ MOSFET 的 SOURCE 到 GND 之间有个 ISENSE 电阻，功率尽量选大，尽量采用绕线无感电阻。功率小，或者有感电阻短路时有遇到过炸机现象。

⑯ ISENSE 电阻到 IC 的 ISENSE 增加 1 个 RC，取值 1kΩ，331，调试时可能有作用，如果采用这个 TEA1832 电路为参考，增加一个 C 并联到 GND。

⑰ 不同的 IC 外国引脚参考设计手册即可，根据自己的经验在 IC 引脚处放滤波电容。

⑱ 变压器的设计，反激变压器设计资料很多，不再细讲。由于成本问题，尽量不在变压器里面加屏蔽层，顶多在变压器外面加个十字屏蔽。变压器一定要验算 ΔB 值，$\Delta B = L \times I_{pk} / (N \times A_e)$，$L(\mu H)$，$I_{pk}(A)$，$N$ 为初级砸数（T），$A_e(mm^2)$。参考 TDG 公司的磁芯特性：100℃饱和磁通密度 390mT，剩磁 55mT，所以 ΔB 值一般取 330mT 以内，出现异常情况不饱和，一般取值小于 300mT 以内。

变压器的 V_{CC} 辅助绕组尽量用 2 根以上的线并绕，否则很大批量时有碰到过有几个辅助绕组轻载电压不够或者重载时 V_{CC} 过压的情况，2 根以上的 V_{CC} 辅助绕线能尽量耦合，以更好地解决电压差异大这个问题。

【提示】 如需验证这个公式，可以在最低电压输入，输出负载不断增加，看到变压器饱和波形，饱和时计算结果应该是 500mT 左右（25℃时，饱和磁通密度 510mT）。可借鉴 TDG 的磁芯基本特征图（所有磁材特性需要查询相关资料，不同磁材制作后的效果不同）。

⑲ 输出二极管效率要求高时，可以采用超低压降的肖特基二极管，成本要求高时可以用超快恢复二极管。

⑳ 输出二极管并联的 RC 用于抑制电压尖峰，同时也对辐射有抑制。

㉑ 光耦与 431 的配合，光耦的二极管两端可以增加一个 1k～3kΩ 左右的电阻，V_{out} 串联到光耦的电阻取值一般在 100～1kΩ 之间，431 上的 C 与 RC 用于调整环路稳定、动态响应等。

㉒ V_{out} 的检测电阻需要有 1mA 左右的电流，电流太小输出误差大，电流太大，影响待机功耗。

㉓ 输出电容选择，输出电容的纹波电流大约等于输出电流，在选择电容时纹波电流放大 1.2 倍以上考虑。

㉔ 2 个输出电容之间可以增加一个小电感，有助于抑制辐射干扰，有了小电感后，第一个输出电容的纹波电流就会比第二个输出电容的纹波电流大很多，所以很多电路里面第一个电容容量大，第二个电容容量较小。

㉕ 输出 V_{out} 端可以增加一个共模电感与 104 并联，有助于传导与辐射，还能降低纹波峰峰值。

㉖ 需要做恒流的情况可以采用专业芯片，AP4310 或者 TSM103 等类似芯片做，用 431＋358 都行，注意 V_{CC} 的电压范围，环路调节也差不多。

㉗ 有多路输出负载情况的话，电源的主反馈电路一定要有固定输出，或者假负载，否则会因为耦合，burst 模式等问题导致其他路输出电压不稳定。

㉘ 初级次级的大地之间接个电容，一般容量小于或等于 222，则漏电流小于 0.25mA，不同的产品认证对漏电流是有要求的，需注意。

算下来这么多，电子元器件基本能定型了，整个粗略的 BOM 可以评审并参考报价了，BOM 中元器件可以多做几个品牌方便核成本，如客户有特殊要求，可以在电路里面增加功能电路实现，如不能实现，寻找新的 IC 来完成，相等功率和频率下，IC 的更改应对外围器件影响不大，如客户温度范围的要求比较高，对应元器件的选项需要参考元器件使用温度和降额使用。

二、电源 PCB 设计的注意事项

① PCB 对应的 SCH 网络要对应，方便后续更改。

② PCB 的元器件封装，标准库里面的按实际情况需要更改，贴片元件焊盘加大；插件元件的孔径比元件管脚大 0.3mm，焊盘直径大于孔 0.8mm 以上，焊盘大些方便焊接，元器件过滤峰焊也容易上锡，PCB 厂家做出来也容易破孔。

③ 安规的要求在 PCB 上的体现，保险丝的安规输入到输出距离 3mm 以上，保险丝带型号需要印在 PCB 上。PCB 的板材也有不同的安规要求，对需要做的认证与供应商沟通能否满足要求，相应的认证编号需印到 PCB 上。初级到次级的距离 8mm 以上，Y 电容注意选择 Y1 还是 Y2 的，跨距也要求 8mm 以上，变压器的初级与次级，用挡墙或者次级用三层绝缘线飞线等方法做爬电距离。

④ 桥堆前 L，N 走线距离 2.5mm 以上，桥堆后高压＋，＋距离 2.5mm 以上，走线为大电流回路先走，面积越小越好，信号线远离大电流走线，避免干扰，IC 信号检测部分的滤波电容靠近 IC，信号地与功率地分开走，星形接地，或者单点接地，最后汇总到大电容的"－"引脚时信号受干扰，或者抗扰度出状况。

⑤ IC 方向，贴片元器件的方向，尽量放到整排整列，方便过波峰焊上锡，提高产线效率，避免阴影效应、连锡、虚焊等问题出现。

⑥ 打 AI 的元器件需要根据相应的规则放置元器件，之前看过一个 PCB，焊盘做成水滴状，AI 元件的引脚刚好在水滴状的焊盘上，美观漂亮。

⑦ PCB 上的走线对辐射影响比较大，可以参考相关书籍，还有一种情况，PCB 当单面板布线，做好后，在顶层数整块铜皮接大电容地，抑制传导和辐射很有效果。

⑧ 布线时，还需要考虑雷击，ESD 时或其他干扰的电流路径，会不会影响 IC。

三、电源调试过程应注意的事项

① 万用表先测试主电流回路上的二极管、MOSFET，有没有短路，有没有装反，变压器的感量与漏感是否都有测试，变压器同名端有没有绕错。

② 开始上电，一般是先上 100V 的低压，PWM 没有输出，用示波器看 V_{CC}、PWM 脚，V_{CC} 上升到启动电压，PWM 没有输出，检查各引脚的保护功能是否被触发，或者参数不对。找不到问题，查看 IC 的上电时序图，或者 IC 启动的条件。在示波器使用时需注意，3 芯插头的地线要拔掉，不拔掉的话最好采用隔离探头测波形，否则怎么烧坏电路的都不知道，用 2 个以上的探头时，2 根探头的 COM 端接同 1 个点，避免影响电路，或者夹错位置烧东西。

③ IC 启动问题解决了，PWM 有输出，发现启动时变压器啸叫，测 MOSFET 的电流波形，或者看 ISENSE 脚底波形是否是三角波，有可能是饱和波形，有可能是方波，需重新核算 ΔB，还有种情况，V_{CC} 绕组与主绕组绕错位置，也有输出短路的情况，或者杂波吸收不良的问题，甚至还碰到过 TVS 坏了短路的情况。

④ 输出有了，但是输出电压不对，或者高了，或者低了。这个需要判断是初级的问题，

还是次级的问题。测输出二极管电压电流波形，是否是正常的反激波形，波形不对，估计就是同名端反了。检查光耦是否损坏，光耦正常，采用稳压管＋1k 电阻替换 431 的位置，即可判断输出反馈 431 部分，或者恒流，或者过载保护等保护的动作。常见问题，光耦脚位画错，导致反馈到不了前级。431 封装弄错，一般 431 的封装有 2 种，脚位有镜像了的。同名端的问题会导致输出电压不对。

⑤ 输出电压正常了，但是不是精确的 12V 或 24V，这个时候一般采用 2 个电阻并联的方式来调节到精确电压。采样电阻必须选 1％或者 0.5％。

⑥ 输出能带载了，带满载变压器有响声，输出电压纹波大，测 PWM 波形，是否有大小波或者开几十个周期停几十个周期，这样的情况调节环路，431 上的 C 与 RC，现在的很多 IC 内部都已经集成了补偿，环路都比较好调整，环路调节没有效果，可以计算下电感感量太大或者太小，也可以重新核算 ISENSE 电阻，是否 IC 已经认为 ISENSE 电阻电压较小，IC 工作在 brust mode，可以更改 ISENSE 电阻阻值测试。

⑦ 高低压都能带满载了，波形也正常了，测试电源效率，输入 90V 与 264V 时效率尽量做到一致（改占空比，匝比），方便后续安规测试温升，电源效率一般参考其他机种效率，或者查能效等级里面的标准参考。

⑧ 输出纹波测试，一般都有要求用 47UF＋104，或者 10UF＋104 电容测试。这个电解电容值影响纹波电压，电容的高频低阻特性（不同品牌和系列）也会影响纹波电压，示波器测试纹波时，探头上用弹簧测试，可以避免干扰尖峰。输出纹波搞不定的情况下，可以改容量，改电容的系列，甚至考虑采用固态电容。

⑨ 输出过流保护，客户要求精度高的，要在次级放电流保护电路，要求精度不高的，一般初级做过流保护，大部分 IC 都有集成过流或者过功率保护。过流保护一般放大 1.1～1.5 倍输出电流，最大输出电流时，元器件的应力都需要测试，并留有余量。电流保护如增加反馈环路可以做成恒流模式，无反馈环路一般为打嗝保护模式。做好过流保护只能需要测试满载＋电解电容的测试，客户端有时提出的要求并未给出是否容性负载，能带多大的电容只有起机测试后才能确定。

⑩ 输出过压保护，稳定性要求高的客户会要求放 2 个光耦，1 个正常工作的，1 个是做过压保护的，无要求的，在 V_{CC} 的辅助绕组处增加过压保护电路，或者 IC 里面已经有集成的过压保护，外围器件很少。

⑪ 过温保护一般要看具体情况添加的，安规做高温测试时对温度都有要求，能满足安规要求温度都可以，除非环境复杂或者异常情况，需要增加过温保护电路。

⑫ 启动时间，一般要求为 2s，或者 3s 内起机，都比较好做，待机功耗做到很低功率的方案，一般 IC 都考虑好了。没有什么问题。

⑬ 上升时间和过冲，这个通过调节软启动和环路响应实现。

⑭ 负载调整率和线性调整率都是通过调节环路响应来实现。

⑮ 保持时间，要改输入大电容容量即可。

⑯ 输出短路保护，现在 IC 的短路保护越做越好，一般短路时，IC 的 V_{CC} 辅助绕组电压低，IC 靠启动电阻供电，IC 启动后，ISENSE 脚检测过流会做短路保护，停止 PWM 输出，一般在 264V 输入时短路功率最大，短路功率控制住 2W 以内比较安全。短路时需要测试 MOSFET 的电流与电压，并通过查看 MOSFET 的 SOA 图（安全工作区）对应短路是否超出设计范围。

⑰ 空载起机后，输出电压跳，有可能是轻载时 V_{CC} 的辅助绕组感应电压低导致，增加 V_{CC} 绕组匝数，还有可能是输出反馈环路不稳定，需要更新环路参数。

⑱ 带载起机或者空载切重载时电压起不来。重载时，V_{CC} 辅助绕组电压高，需查看是否

过压，或者是过流保护动作。

还有变压器设计时按照正常输出带载设计，导致重载或者过流保护前变压器饱和。

⑲ 元器件的应力都应测试，满载、过载、异常测试时元器件应力都应有余量，余量大小视公司规定和成本考虑，性能测试与调试基本完成，调试时把自己想成是设计该 IC 的人，就能好好理解 IC 的工作情况并快速解决问题。

四、常见测试注意事项与整改

1. 主要测试项注意事项

① 温升测试，45℃烤箱环境，输入 90，264 时变压器磁芯、线包不超过 110℃，PCB 在 130℃以内，其他的元器件具体值可参考安规要求，温度最难整的一般都是变压器。

② 绝缘耐压测试 DC500V，阻值大于 100MΩ，初次级打 AC3000V 时间 60s，小于 10mA，产线量产可以打 AC3600V，6s，建议采用直流电压 DC4242 打耐压。耐压电流设置 10mA，测试过程中测试仪器报警，要检查初次级距离，初级到外壳，次级到外壳距离，能把测试室拉上窗帘更好，能快速找到放电的位置的电火花。

③ 对地阻抗，一般要小于 0.1Ω，测试条件电流 40A。

④ ESD 一般要求接触 4kV，空气 8kV，有个电阻电容模型问题，一般会把等级提高了打，打到最高的接触 8kV，空气 15kV，打 ESD 时，共模电感底下有放电针的话，放电针会放电。电源的 ESD 还会在散热器与不同元器件之间打火，一般是距离问题和 PCB 的 layout 问题，打 ESD 打到 15kV 把电源打坏就知道自己做的电源能抗多大的电压，做安规认证时，心里有底。如果客户有要求更高的电压也知道怎么处理，参考 EN61000-4-2。

⑤ EFT 这个没有出现过问题 2kV，参考 EN61000-4-4。

⑥ 雷击，差模 1kV 共模 2kV，采用压敏 14D471，有输入大电解，走线没有大问题基本通过，碰到过雷击不过的情况，小功率 5W，10W 的打坏了，采用能抗雷击的电解电容。单极 PFC 做反激打坏了 MOSFET，在输入桥堆后加入二极管与电解电容串联，电容吸收能量，LED 电源打 2kV 与 4kV 的情况，4kV 就要采用压敏电阻＋GDT 的形式。

EFT，ESD，SURGE 有 A，B，C 等级，一般要 A 等级；干扰对电源无影响。

⑦ 低温起机。一般便宜的电源，温度范围是 0～45℃，贵的工业类，或者 LED 等的有要求－40～60℃，甚至到 85℃。－40℃的时候输入 NTC 增大了 N 倍，输入电解电容明显不够用了，ESR 很大，还有 PFC 如果用 500V 的 MOSFET 也是有点危险的（低温时 MOSFET 的耐压值变低）。之前碰到过 90V 输入时输出电压跳，或者是 LED 闪几次才正常起来。增加输入电容容量，改小 NTC，增加 V_{CC} 电容，软启动时间加长，初级限流（输入容量不够，导致电压很低，电流很大，触发保护）从 1.2 倍放大到 1.5 倍，IC 的 V_{CC} 绕组增加 2T 辅助电压抬高，查找保护线路是否太极限，低温被触发（如 PFC 过压易被触发）。

2. 传导整改注意事项

基本性能和安规基本问题解决掉，剩下传导和辐射问题。自己优化下线路，跟安规工程师确认安规问题，跟产线的工程师确认后续 PCB 上元器件是否需要做位置的更改，产线是否方便操作等问题，或者有打 AI，过回流焊波峰焊的问题，及时对元器件调整。

① 传导和辐射测试能改的地方：这个是看不见的，特别重要的就算是 PCB 了，可以找到 PCB 上的线，割断，换个走线方式就可以降低 3 个 DB，余量就有了。

② 一般看到笔记本电源适配器，接电脑的部分就有个很丑的砣，这个就是个 EMI 滤波器，从适配器出线的部分到笔记本电脑这么长的距离，可以看成是 1 条天线，增加一个滤波器，就可以滤除损耗。所以一般开关电源的输出端有一个滤波电感，效果也是一样的。

③ 输入滤波电感，功率小的，UU 型很好用，功率大的基本用环型和 ET 型，公司有传导

实验室或者传导仪器的可以去测试，如果去第三方实验室的就比较麻烦，整改材料都要带一堆。滤波电感用高导的10k材料比较好，对传导辐射抑制效果都不错，如果传导差的话，可以改12k，15k的，辐射差的话可以改5k、7k的材质。

④ 输入滤波电容，能用小就用小，主要是占地方。这个要配合滤波电感调整的。

⑤ 滤波电容，初次级没有装滤波电容，或者滤波电容很小的话一般从150k~30M都是飘的，或者超出限值了的，装个471-222就差不多了。滤波电容的接法直接影响传导与辐射的测试数据，一般为初级地接次级的地，也有初级高压，接次级地，或者放2个滤波电容初级高压和初级地都接次级的地，没有调好之前谁也说不准的。滤波电容上串磁珠，对10MHz以上有效果，但也不全是，每个人调试传导辐射的方法和方式都有差异，机种也不同，问题也不同。

⑥ MOSFET吸收，一般不超过220pF，要不温度就太高了，一般47pF，100pF。RCD吸收，可以在C上串个10~47Ω电阻吸收尖峰。还可以在D上串10~100Ω的电阻，MOSFET的驱动电阻也可以改为100Ω以内。

⑦ 输出二极管的吸收，一般采用RC吸收足够了。

⑧ 变压器有铜箔屏蔽和线屏蔽，铜箔屏蔽对传导效果好，线屏蔽对辐射效果好，至于初包次、次包初，还有些其他的绕法都是为了更好地传导辐射。

⑨ 对于PFC做反激电源的，输入部分还需要增加差模电感。一般用棒形电感，或者铁粉芯的黄白环做。

⑩ 整改传导的时候在10~30MHz部分尽量压低到有15~20DB余量，那样辐射比较好整改。

开关频率一般在65kHz，看传导的时候可以看到65k的倍频位置，一般都有很高的值。

总之，传导的现象可以看成是功率器件的开关引起的振荡在输入线上被放大了显示出来，避免振荡信号出去就要避免高频振荡，或者把高频振荡吸收掉，损耗掉，以至于显示出来的时候不超标。

3. 辐射整改注意事项

① PCB的走线按照布线规则来做即可。当PCB有空间的时候可以放2个滤波电容的位置；一只初级大电容的＋到次级地；另一只初级大电容－到次级地，整改辐射的时候可以调整。

② 对于2芯输入的，滤波电容除了上述接法还可以在L、N输入端，保险丝之后接成π型，再接次级的地，3芯输入时，滤波电容可以从输入输出地接到输入大地来测试。

③ 磁珠在辐射中间很重要，以前用过的材料是K5A，K5C，磁珠的阻抗曲线与磁芯大小和尺寸有关。不同的磁珠对不同的频率阻抗曲线不同。但是都是把高频杂波损耗掉，成了热量（30~50MHz）。一般MOSFET、输出二极管、RCD吸收的D、桥堆、滤波电容都可以套磁珠来做测试。

④ 输入共模电感：如果是2级滤波，第一级的滤波电感可以考虑用0.5~5mH左右的感量，蝶形绕法，5~10k材质绕制，每一级对辐射压制效果好。如果是3芯输入，可以在输入端进线处用三层绝缘线在KSA等同材质绕3~10圈，效果很好。

⑤ 输出共模电感：一般采用高导磁芯5~10kΩ的材质。

⑥ MOSFET：漏极上串入磁珠，输入电阻加大，DS直接并联22~220pF高压瓷片电容可以改善辐射能量，也可以换不同电流值的MOS，或者不同品牌的MOSFET测试。

⑦ 输出二极管：二极管上套磁珠可以改善辐射能量，二极管上的RC吸收也对辐射有影响。也可以换不同电流值来测试，或者更换品牌。

⑧ RCD吸收：C更改容量，R改阻值，D可以用FR107、FR207改为慢管，但是需要注意慢管的温度。RCD里面的C可以串小阻值电阻。

⑨ V_{CC} 的绕组上也有二极管，这个二极管也对辐射影响大，一般采取套磁珠，或者将二极管改为 1N4007 或者其他的慢管。

⑩ 最关键的变压器，能少加屏蔽就少加屏蔽，没办法的情况也只能改变压器了。变压器里面的铜箔屏蔽对辐射影响大，线屏蔽是最有效的，一般改不动的时候才去改变压器。

⑪ 辐射整改时的效率。套满磁珠的电源先做测试，测试通过后，再逐个剪掉磁珠。若测试失败，在输入输出端来套磁环，判断辐射信号是从输入还是输出发射出来的。

套了磁环还是失败的话，证明辐射能量是从板子上出来的。这个时候要找个探头来测试，看看是哪个元器件辐射的能量最大，哪个元件在超出限频率点能量最高，再对对应的元件整改。

辐射的现象可以看成是功率器件在高速度开关情况下，寄生参数引起的振荡在不同的天线上发射出去，被天线接收放大了显示出来，避免振荡信号出去就要避免高频振荡，改变振荡频率或者把高频振荡吸收掉，损耗掉，以至于显示出来值的时候不超标。

磁珠的运用需要注意：套住 MOSFET 的时候，MOSFET 最好是要打弯脚，套入磁珠后点胶固定，如果磁珠松动，可能导电引起 MOSFET 短路。有空间的情况下尽量采用带线磁珠。

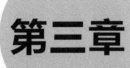

第三章

开关电源设计典型电路及设计实例

第一节 | 降压开关电源

一、技术指标

在一些线性电源产生的热量对电路来说无法忍受的场合，开关电源就可以作为板载电源使用。前置粗调节器的输出在10~18V之间变化，板载电源的输出电压为+3.3V。

在这个设计例子中，特意不用高度集成的Buck控制IC，这是为了更好的演示开关电源器件的选择和设计过程，见图3-1。

主要技术指标为：

输入电压范围：DC+10~（+14）V

输出电压：DC+5V

最大输出电流：2A

输出电压纹波峰峰值：+30mV

输出精度：+1%

二、常用技术参数与元件参数的计算

1. "电流"预先估计

输出功率：$+5.0 \times 2 = 10.0\text{W(max)}$

输入功率：$P_{\text{out}} / \eta_{\text{Est}} = 10.0/0.80 = 12.5\text{W}$

功率开关损耗：$(12.5 - 10) \times 0.4 = 1.0\text{W}$

续流二极管损耗：$(12.5 - 10) \times 0.6 = 1.5\text{W}$

2. 输入平均电流

低电压输入时：$12.5/10 = 1.25\text{A}$

高电压输入时：$12.5/14 = 0.9\text{A}$

估计峰值电流：$1.4 I_{\text{out(rated)}} = 1.4 \times 2.0 = 2.8\text{A}$

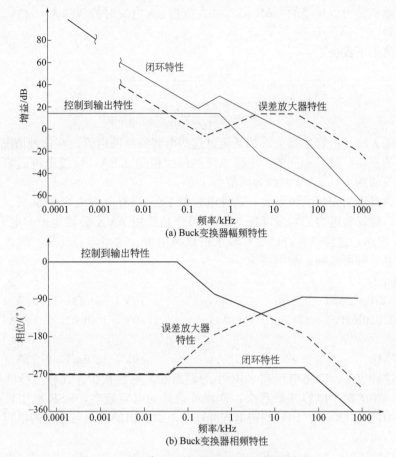

(a) Buck变换器幅频特性

(b) Buck变换器相频特性

图 3-1　10W降压开关电源的幅频和相频博德图

要求的工作频率：100kHz。

3. 电感设计

最差工作条件是发生在高输入电压的情况。

$$L_{\min}=\frac{(V_{\text{in(max)}}-V_{\text{out}})[1-V_{\text{out}}/V_{\text{in(max)}}]}{1.4I_{\text{out(min)}}f_{\text{sw}}}$$

$$=\frac{(14-5)(1-5/14)}{1.4\times0.5\times100}=82.6\mu\text{H}$$

式中，$V_{\text{in(max)}}$ 为输入电压最大值；V_{out} 为输出电压；$I_{\text{out(min)}}$ 为最小负载电流；f_{sw} 为工作频率。

电感采用在 J 型引线塑料安装板上安装的表面安装环形电感。从很多厂商那里都可以得到标准表面安装的电感，在这里选用 Coilcraft 公司的器件，型号为 DO3340P-104。

4. 选择功率开关和续流二极管

功率开关：功率开关选用 P 沟道的功率 MOSFET。最大输入电压是 DC18V，因而 V_{DSS} 额定值要大于 30V。峰值电流为 2.8A，同时为了使损耗小于 1W，所以可以估算 R_{DS} 应小于：

$$R_{\text{DS(on-max)}}=P_{\text{D(est)}}/I_{\text{pk(est)}}^2$$

$$=1/(2.8)^2=0.127\Omega$$

这里选用的是常用的 SO8 封装，导通电阻为 0.045Ω 的 FDS9435 型 P 沟 MOSFET。

5. 续流二极管

为了减小导通损耗和开关损耗，续流二极管要选用肖特基二极管，这种二极管在 3A 峰值，它的导通电压是可以接受的。MBRD330 在流过 3A 电流时的压降为 0.45V（＋25℃）。

6. 输出电容

输出电容值由下式决定：

$$C_{out(min)} = \frac{I_{out(max)}[1-DC_{(min)}]}{f_{sw}V_{ripple(p-p)}}$$
$$= \frac{2\times(1-5/14)}{100\times30} = 429\mu F$$

对输出和输入滤波电容主要关心的是流过这些电容的纹波电流。在这种情况下，纹波电流与电感上电流的交流分量是相同的。电感电流的最大值是 2.8A，纹波电流的峰值约为 1.8A，纹波电流的有效值约为 0.6A（大约为峰值的 1/3）。

这里选用的是表面安装的钽电容，这种电容的 ESR 只有电解电容的 50％。在周围环境温度为＋85℃时，建议将电容的容量降额 30％。最好是选用 AVX 公司生产的电容，AVX 公司的电容的 ESR 很小，这样就允许流过比较大的纹波电流。这些电容比较特殊，并不常用。下面的任何一种电容都可以满足输出要求。

AVX 公司：

TPSE477M010R0050　　　470μF（20％），　　　　　　　10V，50mΩ，1.625A（有效值）

TPSE447M010R0100　　　470μF（20％），　　　　　　　10V，100mΩ，1.149A（有效值）

Nichicon：

F751A477MD　　　　　　470μF（20％），　　　　　　　10V，120mΩ，0.92A（有效值）

同时满足这种容量、额定电压和 ESR 小的表面安装电容很少。比较可行的办法是把容量不小于设计值一半的两个电容并联起来，这样可选择的电容较多，ESR 也比较小，在这种情况下，可以选用两个 330μF、10V 的钽电容并联。下面列出的就是可选用的电容：

KEMET 公司：

T510X337M010AS　　　　330μF（20％），　　　　　　　10V，35mΩ，2.0A（有效值）

Nichicon 公司：

F751A337MD　　　　　　330μF（20％），　　　　　　　10V，150mΩ，0.8A（有效值）

7. 输入滤波电容

输入滤波电容的电流与功率开关的电流波形一样，这些电流波形是梯形的，它从 1A 的初始值上升到 2.8A。输入滤波电容的工作条件比输出滤波电容要恶劣得多。估计梯形的电流的有效值时，可以把电流波形看成是由一个峰值为 1A 的矩形波和峰值为 1.8A 的三角波叠加组成。这样估计得到的电流有效值大约是 1.1A，电容值可以从下式算出：

$$C_{in} = \frac{P_{in}}{f_{sw}V_{ripple(p-p)}^2} = \frac{12.5}{100\times1.0^2}$$
$$= 125\mu F$$

电容的额定电压越高，它的容量就越小，这样可以用两个 68uF 的电容并联。可选用的电容如下：

AVX：（每个电源需要 2 个）

TPS686M016R0150　　　68μF（20％），　　　　　　　16V，150mΩ，0.894A（有效值）

AVX：（每个电源需要 3 个）

TAJ476M016　　　　　　47μF（20％），　　　　　　　16V，900mΩ，0.27Ω（有效值）

Nichicon：（每个电容需要 3 个）

F721C476MR　　　　　　47μF（20％），　　　　　　　16V，750mΩ，0.19Ω（有效值）

8. 选择控制器 IC

Buck 控制器 IC 所要考虑的性能如下：

① 可以直接从输入电压供电工作。

② 逐周过电流限制。

③ MOSFET 驱动能力。

市场上有许多 Buck 控制芯片，在这里选用的是 UC3873。这款芯片的内部电压误差放大器的参考电压为 1.5(1±2%) V。

9. 设置工作频率（C_t）

参考数据手册，开关频率是按下面公式设置：

$$C_t = 1/(15 \times f_{sw}) = 1/(15 \times 100)$$
$$= 666\text{pF}（取最接近的值为 680\text{pF}）$$

10. 电流检测电阻（R_1）

这种 IC 的保护方式是逐周电流检测，当电流信号超过 0.47V 的阈值时，就立刻关断功率开关。

在设计时，在最大的电流峰值与保护的电流阈值之间留了 25% 的裕度（保护值为 $1.25 \times 2.8\text{A} = 3.5\text{A}$）。

$$R_1 = 0.47/3.5 = 0.134\Omega$$

最接近的电阻值为 0.1Ω。

电压检测电阻分压网络（R_3 和 R_4）

R_4（下端的电阻）：

$$R_4 = 1.5/1 = 1.49\text{k}\Omega（1\%）$$

这样检测的电流为 1.006mA。

R_3（上端电阻）：

$$R_3 = (5.0 - 1.5)/1.006 = 3.48\text{k}\Omega(1\%)$$

11. 电压反馈环补偿

这个例子是电压型正激式变换器，为了得到最好的暂态响应，选用 2 个极点、2 个零点的补偿器。

12. 确定控制到输出特性

输出滤波器的极点是由滤波电感和电容决定的，超过转折频率后，以 -40dB/dec 下降。滤波器的转折频率为：

$$f_{fp} = \frac{1}{2\pi\sqrt{L_o C_o}}$$
$$= \frac{1}{2\pi\sqrt{100 \times 660}} = 619\text{Hz}$$

由输出滤波 ESR 引起的零点为（两个 ESR 为 120mΩ 的电容并联）：

$$f_{zest} = \frac{1}{2\pi R_{est} C_o} = \frac{1}{2\pi \times 60 \times 660} = 4020\text{Hz}$$

电路的直流增益绝对值为

$$A_{DC} \approx V_{in}/\Delta V_{enor} = 14/3.0 = 4.66$$
$$G_{DC} = 20\lg(A_{DC}) = 13.4\text{dB}$$

13. 设置补偿器极点和零点的位置

闭环幅频特性的穿越频率不能高于 20% 的开关频率（20kHz）。笔者在设计时发现，穿越频率在 10～15kHz 之间，电路性能可以满足多数应用要求。暂态响应时间为 $200\mu s$。

$$f_{xo} = 15\text{kHz}$$

首先假设补偿后的系统回路增益是以 -20dB/dec 的斜率下降。为了得到 15kHz 的穿越频率，放大器要增大输入信号的增益，使博德图上的曲线上移。

$$G_{xo}=20\lg(f_{xo}/f_{fp})-G_{DC}=20\lg(15/619)-13.4=G_2=+14.3dB$$
$$A_{xo}=A_2=5.2(绝对值)$$

这就是为了得到所要的穿越频率而需要的中频带的增益（G_2）。

在第一个补偿零点处的增益为

$$G_1=G_2+20\lg(f_{cz2}/f_{epl})=+14.3+20\lg(310/4020)=-8dB$$
$$A_1=-0.4(绝对值)$$

为了补偿滤波器两个极点，在滤波极点的一半处设置两个零点：

$$f_{ez1}=f_{ez2}=310Hz$$

第一个补偿极点设置在电容的 ESR 频率（4020Hz）。

$$f_{ez1}=4020Hz$$

第二个补偿极点通过对高于穿越频率的增益衰减来维持高频的稳定性：

$$f_{ep2}=1.5f_{xo}=22.5kHz$$

这样就可以计算误差放大器的补偿参数：

$$G_7=\frac{1}{2\pi f_{xo}A_2R_3}=\frac{1}{2\times\pi\times15\times5.2\times3.48}$$
$$=586pF(取\ 560pF)$$
$$R_2=A_1R_1=0.4\times3.48=1.39k\Omega(取\ 1.5k\Omega)$$
$$C_6=\frac{1}{2\pi f_{ez1}R_2}=\frac{1}{2\pi\times310\times1.5}$$
$$=2.9\mu F(取\ 2.2\mu F)$$
$$R_5=R_2/A_2=1.5/0.4=3.75k\Omega(取\ 3.9k\Omega)$$
$$C_{10}=\frac{1}{2\pi f_{ez2}R_5}=\frac{2}{2\pi\times22.5\times3.9}$$
$$=1814pF(1800\ 取\ pF)$$

14. 实际电路原理图绘制（图 3-2）

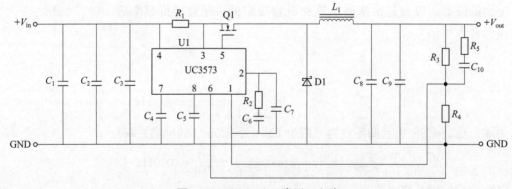

图 3-2　10W Buck（降压）电路

第二节　零电压开关准谐振电流型控制反激式变换器 <<<

这个设计是关于传统的电压控制 ZVS 准谐振变换器的改进。通过将原有的无占空比限制的电流型控制 IC 改变成固定关断时间、可控开通时间的电流型控制方式，可构成 ZVS 拓扑。此外，应用谐振技术减少开关损耗的同时，还有过电流保护和电流型控制响应的优势。虽然它的工作频率可能不超过 1MHz，但确实具备无开关损耗和低的 EMI 辐射的优点，见图 3-4 的电路图。

一、技术指标

输入电压范围：DC18-32V，DC+24V（额定值）

输出电压与电流：DC+15V 0.5～1A

欠电压"不启动"的电压：8.0V±1.0V

二、常用技术参数与元件参数的计算

1."电流"预设计

输出功率：
$$V_{out}I = 15 \times 1 = 15W$$

最大峰值电流：
$$I_{pk} = \frac{5.5P_{out}}{V_{in(min)}} = \frac{5.5 \times 15}{18} = 4.6A$$

输入平均电流：
$$I_{in(av)} \approx \frac{P_{out}}{\text{效率} \times V_{in(nom)}} = \frac{15}{9 \times 24} = 0.7A$$

$$I_{in(av-hi)} \approx \frac{P_{out}}{\text{效率} \times V_{in(low)}} = \frac{15}{9 \times 18} = 0.926A$$

确定一次绕组所需导线的规格，因为电源需要 18V 下通过额定负载电流，因此一次导线规格为♯20AWG。

2. 设计反激式变压器

在电源内部，变压器是唯一一个非表面贴安装元件，因为没有表面安装的磁芯可以大到支持 15W 的水平。虽然可以用环形的，但这里使用 TDK 公司的低造型 E-E 磁芯，（EPC）公司的低造型磁芯也可行。

(1) 确定磁芯材料 电源将工作在 150～500kHz 频率范围内，两类磁芯材料可以适用于这个频率范围。"F""3C8"和"H7P4"（不同制造厂商生产的类似的材料）可在 800kHz 工作。"N""3C85"和"H7P40"也可以应用在该兆赫范围而只有很小的磁芯损耗。在这个应用中，采用 H7P40 材料（TDK）。

(2) 磁定磁芯尺寸 TDK 按磁芯在单管正激式变换器中能处理的功率大小分级。它的体积要求非常类似于反激式变换器。适合 15W 的 EPC 磁芯为 EPC17 或更大型号。这一体积的规格型号是：磁芯为 PC40EPC17-Z；骨架为 BER17-1111CPH 和固定夹为 EEPC17-A。

(3) 确定一次电感 设定最大开通时间为 $7\mu s$，这种情况出现在最小输入电压时，则一次电感将等于
$$L_{pri} = \frac{V_{in(min)}}{I_{pk}} = \frac{18 \times 7}{4.6} = 27.3\mu H \text{（取 } 27\mu H\text{）}$$

气隙长度约等于
$$l_{gap} \approx \frac{0.4\pi LI_{pk}^2 \times 10^8}{A_c B_{max}^2} = \frac{0.4\pi \times 27 \times 4.6A^2 \times 10^8}{0.22cm^2 \times 1800G^2} = 0.125m$$

有这个气隙的磁芯的 A_L 约为 55nH/N²。这里采用 TDK 的 A_L 并用下列公式计算匝数：
$$N_{pri} = \sqrt{\frac{L_{pri}}{A_L}} = \sqrt{\frac{27}{55}} = 22.2 \text{ 匝（取 22 匝）}$$

二次绕组电感控制磁芯在断续模式运行时释放自身储存能量的速率，由于输入和输出电压在幅值上非常接近，可以用 1∶1 的匝比，这样对于相应的 PWM 系统来说，关断时间是 $3\mu s$。这里取匝比为 1∶1，用双线并绕，以达到最高的耦合度。

$$N_{sec} = 22\text{ 匝}$$

线径：

一次绕组为 ♯20AWG 或相当的导线——取 ♯24AWG3 股；

二次绕组为 ♯20AWG 或相当的导线——取 ♯24AWG3 股。

为防止混淆，使用两种不同颜色的导线。

(4) 变压器绕线技巧　一次和二次绕组导线在绕到骨架上之前要先绞在一起，将各绕组端部分开，并焊到引脚上。将一层聚酯薄膜覆盖在外层，使其美观和安全。

3. 设计谐振回路

这是对谐振回路参数初步的估算，因为现在还不可能预计实际电路所有寄生参数的影响。计算的回路参数值和控制 IC 的关断时间必须在调试时再调整。

首先，假定储存在 LC 谐振回路的能量是平均分配的，即

$$\frac{P_{out}}{f_{op}} = \frac{C_r V_c^2}{2} = \frac{L_r i_L^2}{2}$$

整理上式并解得谐振电容值为

$$C_r = \frac{2P_{out}}{V_c^2 f_{op}}$$

欲限制谐振电容（C_r）上的尖峰电压小于 100V，解得

$$C_r = \frac{2 \times 15}{70^2 \times 250} = 0.024\mu F\text{（取 }0.02\mu F\text{）}$$

选择电源的最高工作频率为 250kHz。轻载时，最大开通时间应在 10%～15% 之间。所以谐振频率也在 250kHz 左右，解得谐振电感为

$$L_r = \frac{1}{C_r \times 2\pi f_r^2} = \frac{1}{0.02 \times (2\pi \times 250)^2} = 20\mu H$$

4. 设计输出整流/滤波级

(1) 输出整流器选择

$$V_r = V_{out} + \frac{N_{sec}}{N_{pri}}[V_{in(max)}] = 15 + 32 = 47V$$

二极管 D4 选用 MBE360。

(2) 二极管的输出滤波电容

$$C_o = \frac{I_{out(max)}}{V_{ripple}} N_{off} = \frac{1 \times 2}{50} = 40\mu F$$

取电容 C_o 为 $47\mu F/DC25V$。采用高等级的钽电容，并与 $0.5uF$ 陶瓷电容并联。

设计自启动部分：采用电流限制线性调节型启动电路。

对于基极偏置电阻 R_1：

$$R_1 = (18-12)/0.5 = 12k\Omega$$

对集电极限流电阻 R_2：

$$R_2 = (18-13)/10 = 500\Omega\text{（取 }510\Omega\text{）}$$

5. 设计控制部分

使用普通的 UC3842 电流型控制 IC。因为 IC50% 占空比的限制，所以挑选 IC 也很重要。振荡器工作在固定关断时间的单触发方式，即关断时定时电容短接到地，开通时间由电流检测

输入引脚控制。当电流达到一定值时，定时电容将被释放，振荡器如同一个单触发定时器，如此循环工作。

改造成固定关断时间的控制器：在定时电容两端接一个小功率 N 沟道 MOSFET，它的栅极与主功率 MOSFET 的栅极相接，小功率 MOSFET 可选 BS170 或 2N7002。根据有关元器件数据手册以及约 $2\mu s$ 的关的时间，定时元件电阻大约为 15kΩ，电容为 220pF。这些值在调试时还要进一步调整到与谐振回路的半周期相匹配。

6. 设计电压负反馈环

使用 1.0mA 的检测电流，使得电压检测电阻分压器的下电阻（R_9）为 2.49kΩ，1%。上电阻（R_8）为

$$R_8 = (15-2.5)/1 = 12.5\text{k}\Omega\text{（取 12.4k}\Omega\text{,1%)}$$

7. 设计反馈环补偿

零电压准谐振电源通常频率随着电源电压和负载的变化而发生 4 倍的改变，由于这种改变，估计最低开关频率为 80kHz。可以用这个值来估算补偿量。

即使工作在变频状况，电流型反激式变换器的控制到输出特性曲线还是单极点的，所以应采用单极-零点补偿方法。滤波器极点、ESR 零点和直流增益等于

$$A_{DC} = \frac{(28-15)^2}{28 \times 2.5} = 2.41$$

$$G_{DC} = 20\lg 2.41 = 7.7\text{dB}$$

$$f_{fp(hi)} = \frac{1}{2\pi \times 15/1 \times 47} = 225\text{Hz}\text{（额定负载 1A 时）}$$

$$f_{fp(low)} = \frac{1}{2\pi \times 15/0.5 \times 47} = 112\text{Hz}\text{（额定负载 0.5A 时）}$$

控制到输出特性曲线见图 3-3。

穿越频率应小于 $f_{sw}/5$，即

$$f_{xo} < 80/5 < 16\text{kHz}$$

设为 10kHz。

为使穿越频率的增益为 0dB，补偿网络的增益为

$$G_{xo} = 20\lg[f_{xo}/f_{fp(hi)}] - G_{DC}$$
$$= 20\lg(10000/225) - 7.7$$
$$= 25.2\text{dB（仅用于博德图）}$$
$$A_{xo} = 18.3\text{（标量增益）}$$

补偿误差放大器零点设在最低的滤波器极点上，即

$$f_{ez} = f_{fp(low)} = 112\text{Hz}$$

补偿误差放大器极点设在电容 ESR 引起的最低的预期零点频率上，即

$$f_{ep} = f_{p(ESR)} = 10\text{kHz（近似值）}$$

已知+5V 电压检测分压器的上电阻值（$R_8 = 12.4$kΩ）。

$$C_3 = \frac{1}{2\pi A_{xo} R_1 f_{xo}} = \frac{1}{2\pi \times 18.3 \times 12.4 \times 10} = 70\text{pF}\text{（取 68pF）}$$

$$R_3 = A_{xo} R_1 = 18.3 \times 12.4 = 227\text{k}\Omega\text{（取 220k}\Omega\text{）}$$

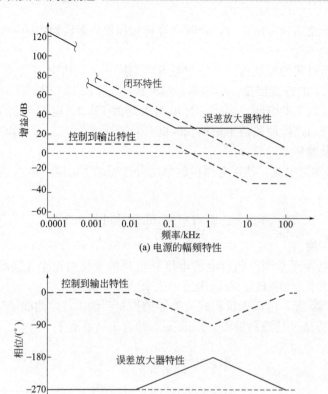

(a) 电源的幅频特性

(b) 电源的相频特性

图 3-3 幅频和相频特性博德图（补偿设计）

$$C_4 = \frac{1}{2\pi f_{ez} R_2} = \frac{1}{2\pi \times 112 \times 220} = 0.065\mu F \ （取\ 0.06\mu F）$$

最终所设计的电路见图 3-4。

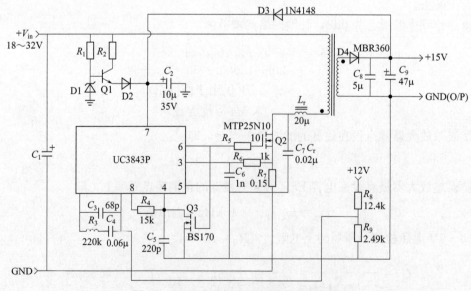

图 3-4 ZVS 准谐振电流型反激式变换器

第三节 通用交流输入、多路输出反激式开关电源设计

这种开关电源可以用于 AC85-240V 输入的电子产品中。这种特殊的开关电源可以提供 25～150W 的输出功率，可以用在办公室小型分组交换机（PBX）等产品中。

一、技术指标

输入电压范围：AC90～240V，50/60Hz

输出： DC+5V，额定电流 1A，最小电流 750mA

DC+12V，额定电流 1A，最上电流 100mA

DC−12V，额定电流 1A，最小电流 100mA

DC+24V，额定电流 1.5A，最小电流 0.25A

输出电压纹波： +5V，±12V：最大 100mV（峰值）

+24V：最大 250mV（峰值）

输出精度： +5V，±12V：最大 ±5%

+24V：最大 ±10%

系统保护和其他一些特性：

低电压输入限制：该电源产品允许最佳输入电压为 AC85（1±5%）V。

微处理器掉电信号：该电源系统在 +5V 输出，端电压低于 4.6（1±5%）V 时，提供一个集电极输出开路的信号。

二、常用技术参数与元件参数的计算

1. "电流参数" 预先估算

① 总的输出功率：$P_o = 5 \times 1 + 2 \times 12 \times 1 + 24 \times 1.5 = 65W$

② 估算输入功率：$P_{in} = P_o/\eta = 65/0.8 = 81.25W$（式中，$\eta$ 为效率）

③ 直流输入电压：

由 AC110V 输入时： $V_{in(L)} = AC90V \times 1.414 = DC127V$

$V_{in(H)} = AC130V \times 1.414 = DC184V$

从 AC220V 输入： $V_{in(L)} = AC185V \times 1.414 = DC262V$

$V_{in(H)} = AC240V \times 1.414 = DC340V$

④ 平均输入电流：

$$I_{in(max)} = P_{in}/V_{in(min)}$$

最大平均电流 $I_{in} = 81.25/DC127$

$$= DC0.64A$$

$$I_{in(max)} = P_{in}/V_{in(max)}$$

最小平均电流 $I_{in} = 81.25/DC340$

$$= DC0.24A$$

【注意】 一次绕组用 #20AWG 导线或采用其他相当规格导线。

⑤ 估算峰值电流：

$$I_{pk} = 5.5P_{out}/V_{in(min)}$$
$$= 5.5 \times 65/127 = 2.81A$$

⑥ 散热　基于 MOSFET 的反激式变换器的经验方法：损耗的 35% 是由 MOSFET 产生，60% 是由整流部分产生。

估计的损耗为 16.25W（效率为 80% 时）。

MOSFET：$\qquad P_D = 16.25 \times 0.35 = 5.7W$

整流部分

$$P_{D(+5V)} = (5/65) \times 16.25 \times 0.6 = 0.75W$$
$$P_{D(\pm12V)} = (12/65) \times 16.25 \times 0.6 = 1.8W$$
$$P_{D(+24V)} = (24/65) \times 16.25 \times 0.6 = 5.4W$$

【注意】　这些损耗产生的热量是在自立式封装散热片的散热范围内——可以去申请耐热合金散热片的样品。

2. 设计前的一些考虑

电路拓扑要用隔离型、多输出的反激式变换器，以满足 UL、CSA 和 VDE 的安全规程。这些方面的考虑将影响到最后的封装、变压器以及电压反馈的设计。

控制器 IC 选用的电流型控制的 UC3843，工作频率为 50kHz。

3. 设计变压器（参考前面章节）

在这种场合下，用得最普遍的是 E-E 型磁芯。对于这种功率等级，用每边约为 1.1in（28mm）的磁芯就足够了。这里选用 Magnetics 公司的 "F" 磁芯材料（3C8 铁氧体软磁材料）。

所选的磁芯（Magnetics 公司）型号为 F-43515-EC 磁芯；PC-B3515-L1 骨架。

① 一次电感最小值为

$$L_{pri} = \frac{V_{in(min)} \partial_{(max)}}{I_{pk} f} = \frac{127 \times 0.5}{2.81 \times 50000} = 452\mu H$$

② 为防止磁饱和所要加的气隙为

$$l_{gap} = \frac{0.4\pi L_{pri} I_{pk} \times 10^8}{A_c B_{max}^2} = \frac{0.4 \times 3.14 \times 0.00045 \times 2.81 \times 10^8}{0.904 \times 2000^2} = 0.044cm = 17mil$$

最接近这个气隙的磁芯是 Al 为 100mH/1000 匝，气隙为 67mil 的磁芯。最后选择的型号是：有气隙的型号为 F-43515-EC-02；没有气隙的型号为 F-43515-EC-00。

③ 一次绕组所需的最大匝数为

$$N_{pri} = 1000\sqrt{\frac{L_{pri}}{A_L}} = 1000 \times \sqrt{\frac{0.452}{100}} = 67.2 \text{ 匝（取 67 匝）}$$

④ +5V 输出绕组所需匝数为

$$N_{sec} = \frac{N_{pri}(V_o + V_D)(1-\partial_{max})_{pri} I_{pk} \times 10^8}{V_{in(min)} \partial_{(max)}}$$
$$= \frac{67 \times (5+0.5) \times (1-0.5)}{127 \times 0.5} = 2.9 \text{ 匝（取 3 匝）}$$

⑤ 其余绕组所需匝数为

$$N_{sec2} = \frac{(V_{o2} + V_{D2}) N_{sec2}}{V_{o1} + V_{D1}}$$

±12V：

$$N_{12V} = \frac{(12+0.9) \times 3}{5+0.5} = 7.03 \text{ 匝（取 7 匝）}$$

+24V：

$$N_{24V} = \frac{(24+0.9) \times 3}{5+0.5} = 13.6 \text{ 匝（取 7 匝）}$$

绕组匝数确定后，再回头检查相应输出端的电压误差：

±12V：11.93V，满足要求

+24V：24.76V，满足要求

⑥ 变压器绕线技术 由于变压器必须满足安全规程要求，这里用交错绕组的方法来绕制，为了满足 VDE 标准，一次侧和二次侧之间用了三层聚酯薄膜带，骨架边缘留了 2mm 的爬电距离，相应绕组的导线线规如下：

一次绕组：♯24AWG，单股

+5V：♯24AWG，4 股

+12V：♯20AWG，2 股

−12V：♯22AWG，2 股

+24V：♯22AWG，2 股

辅助绕组：♯26AWG，单股

4. 设计输出滤波部分

输出整流器。+5V 输出：

$$V_R > V_{out} + \frac{N_{sec}}{N_{pri}} V_{in(max)} = 5 + (3/67) \times 340 > 20V$$

IFWD：$I_F > I_{av} > 1A$，选择 P/N MBR340 肖特基整流二极管。

±12V：设计方法与上面相同，选择 MBR370。

+24V：选择 MUR420。

确定输出滤波器电容的最小值。

+5V 输出：

$$\begin{aligned}C_{out(min)} &= \frac{I_{out(max)} T_{off(max)}}{V_{ripple(desined)}} \\ &= 1.5 \times 18/100 \\ &= 270\mu F\end{aligned}$$

选用两个 10V、150μF 电容。

±12V 输出：

$$C_{out} = 180\mu F$$

选用两个 20V、100μF 电容。

+24V 输出：

$$C_{out} = 180\mu F$$

选用三个 35V、47μF 电容。

5. 设计控制器驱动部分

① 选择功率半导体器件 功率开关管（功率 MOSFET）要求：

$$\begin{aligned}V_{DSS} \geq V_{flbk} &= V_{in(max)} + \frac{N_{pri}}{N_{sec}}(V_{out} + V_d) \\ &= 340 + (67/3) \times (5 + 0.5) > 462V\end{aligned}$$

ID：约等于 I_{pk}，即大于 3A。

选用 IFR740。

选择开关电源控制器 IC。在这个例子中，影响电源控制器 IC 选择的主要因素是：需要有

MOSFET 驱动（图腾柱驱动），单极性输出，能把占空比限制在 50％内，电流型控制。工业上通常选择 UC3845B。

② 设计电压反馈环　电压反馈环要与输入电压和控制器 IC 隔离，可以用光隔离器进行隔离。为了减小光隔离器漂移的影响，二次侧要用到一个误差放大器，这个误差放大器可以用 TL431CP。图 3-5 给出了反馈电路的拓扑。

为了改善输出交叉调整性能，可以对每个正极性输出端都进行检测，这样可以有效地提高每个输出端在负载变化时的响应特性。

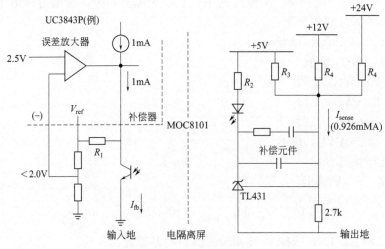

图 3-5　电压反馈电路

这部分的设计从控制 IC 开始，设计时把 UC3845 内部的误差放大器旁路掉，这就意味着光隔离器要能驱动原来由这个误差放大器所驱动的同样的电路。由于误差放大器有一个 1.0mA 的电源，为了使电路工作，TL431 要从光隔离器的 LED 上抽取 1.0mA，所有的控制电流都叠加在这个电流上。假定检测的值是 1mA/V，这样 R_1 的值为

$$R_1 = \frac{5.0}{5.0} = 1.0 \text{k}\Omega$$

R_2（光隔离器 LED 的偏置电阻）为

$$R_2 = \frac{5.0 - (2.5 + 1.4)}{6.0} = 183\Omega（取 180\Omega）$$

检测电流大约取为 1.0mA，这样 R_3 为

$$R_3 = \frac{2.5}{1.0} = 2.5 \text{k}\Omega（取 2.7\text{k}\Omega）$$

实际检测电流为

$$I_{sense} = \frac{2.5}{2.7} = 0.926 \text{mA}$$

现在每设计每个正极性输出端占反馈量的比例，以满足应用要求。+5V 是给微处理器和 HCMOS 逻辑电路供电，其误差要严格控制在 0.25V 以内。而 ±12V 是给运算放大器和 RS232 驱动供电的，这部分电路对电源的变化相对来说不敏感。+24V 输出端只要误差在 ±2V 以内都可以接受，所以各部分检测电流占反馈量的比例如下：+5V 占 70％；+12V 占 20％；+24V 占 10％。

+5V 的检测电阻 R_4 为

$$R_4 = \frac{5 - 2.5}{0.7 \times 0.926} = 3856\Omega（取 3.9\text{k}\Omega）$$

R_5（+12V）

$$R_5 = \frac{12-2.5}{0.2 \times 0.926} = 51295\Omega\,(\text{取}\ 51\text{k}\Omega)$$

R_6（+24V）

$$R_6 = \frac{24-2.5}{0.1 \times 0.926} = 232\text{k}\Omega\,(\text{取}\ 240\text{k}\Omega)$$

补偿器的元件参数在稍后进行设计。

③ 电流检测电阻 接在功率 MOSFET 源极上的电流检测电阻大概为

$$R_{ec} = \frac{V_{ec(max)}}{I_{pk}} = \frac{0.7}{2.81} = 0.249\Omega$$

在测试阶段，如果发现在最小输入电压下，电源无法提供满载功率，就需要减小该电阻值。

设计反馈补偿器：所有电流型开关电源的输出滤波特性都是单极点的，在控制到输出特性中，+5V 输出端的最低滤波极点频率为

$$f_{fp} = \frac{1}{2\pi \times (5/0.75) \times 300} = 79.6\text{Hz}$$

由于+5V 占检测量的比例最大，但它的功率只占到输出功率 65W 中的 5W，所以还要计算输出功率最大的输出端滤波器极点，并根据这个极点来设计补偿器。由于该滤波器极点频率比较低，也使补偿器的零点频率偏低，这样只能提高闭环的相位，但不利于系统的稳定。

$$f_{fp(24)} = \frac{1}{2\pi \times (24/0.25) \times 141} = 11.8\text{Hz}$$

系统的直流增益为

$$A_{DC(max)} = \frac{(340-5.0)^2 \times 3}{340 \times 1 \times 67} = 14.77$$

该增益用分贝表示为

$$G_{DC(max)} = 20\lg 14.7 = 23.4\text{dB}$$

假设由输出滤波电容的 ESR 引起的零点位置大致在 20kHz 处。

现在要安排误差补偿器的极点和零点的位置。在轻载时，输出滤波器的极点可以用一个零点进行补偿。

$$f_{ez} = f_{fp(hight\ load)}$$
$$f_{ep} = f_{z(ESR)}$$

闭环系统的带宽要等于或小于 10kHz。为了达到这个带宽，补偿器所要增加的增益为

$$G_{xo} = 20\lg\left(\frac{10}{11}\right) - 23.4 = 36.6\text{dB}$$

即绝对增益为 63。

接下来是确定补偿器元件的参数。

$$C_1 = \frac{1}{2\pi \times 3.9 \times 63 \times 20} = 32\text{pF}$$

$$R_2 = 3.9 \times 63 = 240\text{k}\Omega$$

$$C_2 = \frac{1}{2\pi \times 11.8 \times 240} = 0.056\text{uF}$$

6. 设计输入 EMI 滤波部分

在这个例子中，EMI 滤波器选用二阶共模滤波器。EMI 滤波器的主要作用是滤除开关噪声和由输入电流线引入的谐波。滤波器的设计是从估计开关频率处所需的衰减量开始的。

假设在 50kHz 处所要达到的衰减量为 24dB，这要求共模滤波器的转折频率为

$$f_c = f_{sw} 10^{\left(\frac{A_{tt}}{40}\right)}$$

式中，A_{tt} 是开关频率处所需衰减量的负 dB 值。

$$f_c = 50 \times 10^{\left(\frac{-24}{40}\right)} = 12.5 \text{kHz}$$

阻尼因数不应小于 0.707，这样可以保证在转折频率处有 -3dB 的衰减量，不会因振荡而产生噪声。另外，由于它全规程中是用电源阻抗模拟网络（LISN）进行测试的，所用的输入阻抗为 50Ω，所以这里假设输入的阻抗也为该值。下面来计算滤波器的共模电感和"Y"联结的电容值：

$$L = \frac{R_L \zeta}{\pi f_c} = \frac{50 \times 0.707}{\pi \times 12.5} = 900 \mu\text{H}$$

$$C = \frac{1}{(2\pi f_c)^2 L} = \frac{1}{(2\pi \times 12.5)^2 \times 900} = 0.18 \mu\text{F}$$

在实际中，电容值并不允许取得这么大，能通过交流漏电流测试的最大电容值是 $0.05\mu\text{F}$，这个值只有计算值的 27%。所以，电感值要增大 360%，以维持转折频率不变。因而电感值要取 3.24mH，阻尼系数也相应变成了 2.5，不过这个值还是可以接受的。

共模滤波电感（变压器）在市场上有现货可以买到，最接近的型号是 E3493。通过这个滤波器的设计，使 500kHz～10MHz 的谐波至少有 -40dB 的衰减量。如果在 EMI 测试阶段中发现还要加滤波器时，可以再加一个三阶的差模滤波器。

最终的幅频和相频特性见图 3-6，电路图见图 3-7。

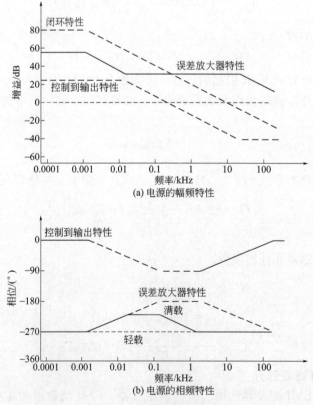

(a) 电源的幅频特性

(b) 电源的相频特性

图 3-6　幅频和相频特性

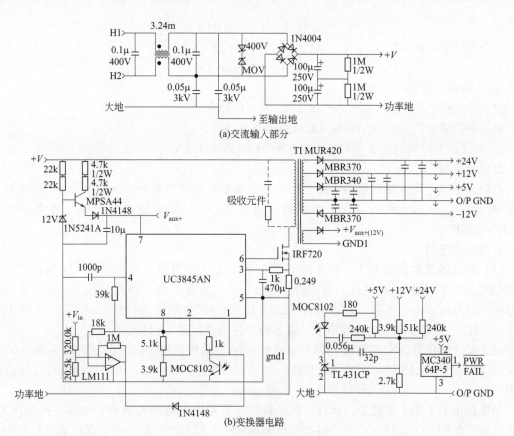

图 3-7 65W 离线反激式变换器

第四节 半桥开关电源变换器设计

这种电源可以在分布式电源系统中应用。它可以为分布式电源系统提供直流 28V 的安全母线电压。这种电源要求交流输入端有一个切换开关，以适应 AC110V 或 AC240V 供电系统，电路总图见图 3-12。

一、技术指标

输入电压范围：AC90～130V，50/60Hz

AC200～240V，50/60Hz

输出电压：DC+28V，最大电流额定值 10A，最小负载电流 1A

输出纹波电压：50mV（峰值）

输出精度：±2%

二、常用技术参数与元件参数的计算

1."电源箱"预先估算

① 额定输出功率：$P_o = 28 \times 10 = 280W$

② 估计输入功率：$P_{in(est)} = 280/0.8 = 350W$

③ 直流输入电压（AC110V 时要用倍压）

AC110V 供电时：$V_{in(low)} = 2 \times 1.414 \times AC90V = DC2354V$

$$V_{in(hi)} = 2 \times 1.414 \times AC130V = DC254.5V$$

AC220V 供电时：$V_{in(low)} = 1.414 \times AC185V = DC262V$

$$V_{in(hi)} = 1.414 \times AC270V = DC382V$$

④ 平均输入电流（直流）

最大平均值：$I_{in(max)} = 350W/DC254.5V = 1.38A$

最小平均值：$I_{in(min)} = 350W/DC382V = 0.95A$

⑤ 估计最大峰值电流 $I_{pk} = 2.8 \times 280W/DC254V = 3.1A$

2. 设计决策

电源采用电流型控制的半桥电路拓扑，为了减小启动时的浪涌，加了一个软启动电路。电源要满足 UL、CSA 和 VDE 安全规程。电源的工作频率定在 100Hz，控制器 IC 选用 MC34025P。

3. 设计变压器

(1) 变压器基本参数设计　磁芯采用 E-E 型，这是因为在所有磁芯中，这种磁芯的绕线面积最大。为了通过 VDE 认证，要加许多绝缘层，这就要求增大绕线面积。双象限正激式变换器中，磁芯可以不加气隙。磁芯材料可以用 3C8（铁氧体软磁性材料）或 "F" 材料（Magnetics 公司）。在这种开关工作频率下，磁芯所产生的铁损是可以接受的。

磁芯尺寸的估算值大约是每一边 1.3in(33mm)。最接近这一尺寸的磁芯型号是 F-43515。这里除了预定 F-43515 外，同时预定比这一尺寸大一号的 F-44317，以防止绕组尺寸超过窗口面积。

如果选用 F-43515 型磁芯：计算一次匝数时，要考虑电源刚开始启动时的一些情况汇报，在刚开始工作的几个毫秒内，整个输入电压都加到一次绕组上。设计时要保证这段时间内变压器不会饱和。变压器要根据最高的环境温度和最大的交流输入电压来进行设计。一次绕组需要的匝数为

$$N_{pri} = \frac{382 \times 10^8}{4 \times 100 \times 2800 \times 0.904} = 37.7 \text{ 匝（取 38 匝）}$$

【注意】　这样，B_{max} 在稳态工作时大约在 1300～1500G 之间。

$$N_{sec} = \frac{1.1 \times (28 + 0.5) \times 38}{(254 - 2) \times 0.95} = 4.97 \text{ 匝}$$

由于 E-E 磁芯不能有小数匝，所以取 5 匝。这样在最小输入电压时得到的最大占空比为

$$\frac{4.95}{5} = \frac{X}{0.95} \quad X = 94\%$$

这个值还是合理的。

对于辅助绕组：

$$\frac{5 \times 12.5}{28.5} = 2.2 \text{ 匝}$$

取 2 匝，因而二次电压变变为 11.4V，这也是可以接受的。

线规：

一次绕组：♯19AWG 或采用其他相当规格的导线。

二次绕组：♯12AWG 或采用其他相当规格的导线。

辅助绕组：♯A28AWG。

(2) 变压器绕线技术　变压器采用交错绕制的方法，一次绕组由 4 股♯22AWG 组成，二次绕组用 5mil 厚、0.5in(12mm) 宽的铜箔。先把一次绕组的两股线绕在骨架上，接着丙绕辅

助绕组，绕好后放上三层 1mil 厚的聚酯薄膜胶带进行绝缘。然后再绕上二次绕组，加一层聚酯薄膜后再绕一次绕组的另外两股线。最后用至少两层聚酯薄膜胶带把绕组包扎起来。这些处理见图 3-8。

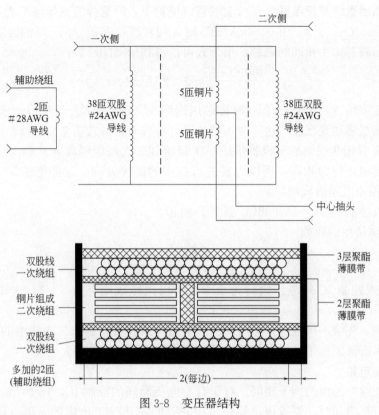

图 3-8 变压器结构

4. 选择功率半导体器件

① 功率开关管：

$$V_{DSS} > V_{in} > DC382V，取 500V$$

$$I_D > I_{in(av)} > 2.75A，取大于 4A$$

选用 IRF730 器件。

② 输出整流二极管：

$$V_R > 2V_{out} > DC56V，取大于 DC70V$$

$$I_{FWD} > I_{out(max)} > 10A，取 20A$$

选用 MBR20100CT 二极管。

5. 设计输出滤波器

(1) 最小输出交流滤波电感值：

$$L_{o(min)} = \frac{(47-28) \times 4.25}{1.4 \times 1} = 57.6uH$$

用 LI^2 的方法确定 MPP 磁环的大小，可以选用 P/N55930A2 磁芯，所绕的匝数为

$$N_{Lo} = 1000 \times \sqrt{\frac{0.0576}{157}} = 19.2 匝（取 20 匝）$$

绕在磁环上的导线的线规全部为 ♯12AWG，也可以用 100 股的编织线，以减小集肤效应。

(2) 最小输出滤波电容值

$$C_{o(min)} = \frac{10A \times 4.25}{0.05(峰峰值)} = 850\mu F$$

用 4 个 $200\mu F$ 铝电解电容并联，这样通过每个电容的纹波电流就小于 3A。

(3) 设计输出直流滤波电感　在可能的直流偏置下，所选择的磁导率不能过分低。这里选择在磁场强度为 $40Oe$（$1Oe = 1000/4\pi A/m$）时，相对磁导率 u_r 大于 60 的磁芯。

选用与上面磁芯大小相同的磁芯，用下式可以得到所需的匝数：

$$N = \frac{400 \times 6.35}{0.4\pi \times 10} = 20.2 \text{ 匝（取 20 匝）}$$

导线的线规要用 ♯12AWG，但这种磁芯用编织线绕制比较容易，所以这里选用编织线。

(4) 设计栅极驱动变压器　这种变压器的设计过程与正激式功率变压器相同。这里选用小的 E-E 磁芯，并且用两层聚酯薄膜胶带把一次绕组和二次绕组隔离开。驱动变压器的电压应力与主变压器的电压应力相同，所以也要进行相应的绝缘处理。这些绝缘带可以防止 MOS-FET 损坏时对控制电路造成影响。

这里用无气隙的 P/N F-418908EC 型 E-E 磁芯。

① 确定一次绕组的匝数

$$N_{pri} = \frac{18 \times 10^8}{4 \times 100 \times 1800 \times 0.228} = 11 \text{ 匝}$$

② 由于输入控制 IC 的电压大约为 15V，所以把匝数比定为 1∶1，这样二次匝数也取 11 匝。

绕制的时候，先绕一次绕组，然后加两层聚酯薄膜胶带，再把二次绕组的两股同时绕上，最后缠上两层聚酯薄膜胶带。所有绕组的导线的线规都用 ♯30AWG。

6. 设计启动电路

开机启动电路与前面的例子相同。对于有小电压滞环的控制 IC，比如 MC34025，启动电路在发生过电流和启动时，要能提供控制 IC 和驱动 MOSFET 所需的全部电流。从主变压器提供一组辅助电压，它比在启动阶段的"调整"电压高，因而在正常工作时切断流过高损耗的集电极电阻的电流。这样在正常工作时，可以减少几瓦的损耗。

晶体管作为一个线性稳压器（大电流限制），集电极上的电阻消耗了大部分的功率。由于在周围环境温度为 +50℃ 时，晶体管消耗的功率大约为 1W，所以要用 TO-220 封装，同时其阻断电压要大于 DC400V。在这里用 TIP50 就足够了。

集电极有电阻的大概值（考虑到电压耐量，要用两个电阻串联）为

$$R_{Coll} = \frac{254}{15} = 16.9k\Omega$$

用两个电阻串联，每个 $8.2k\Omega$。

这些电阻上的功率损耗为

$$P_{D(max)} = \frac{382^2}{16.4} = 8.9W$$

如果用两个 $8.2k\Omega$、5W 的电阻串联，这样损耗就分担在两个电阻上，可以保证电阻不会损坏。

基极电阻为

$$P_{buse} = \frac{254}{0.5} = 508k\Omega \text{（取 510k}\Omega\text{）}$$

同样，为防止电阻因电压损坏（1/4W 电阻，电压为 250V），用两个 $240k\Omega$、1/4W 的电阻。

7. 设计控制电路

整个控制策略为电流型控制。工业上常用的控制器为 UC3525N 或 MC34025P。这些 IC 可以设置成电流型或电压型控制器，这里设置成电流型控制器。

振荡器频率的设置可以参照定时曲线，为了得到 100kHz 的工作频率，R_T 和 C_T 的值为

$$R_T = 7.5k\Omega$$

$$C_T = 2200pF$$

8. 设计电流检测电路

由于半桥电路中无法用电阻检测电流，所以在这个例子中用电流互感器检测主要电流波形。有些变压器制造商用环形磁芯生产用于这种目的的电流互感器。电流互感器的二次绕组有50 匝、100 匝和 200 匝的。要根据控制 IC 工作需要来确定二次电压。电流互感器的输出为

$$V_{CT(sec)} \approx V_{se} + 2V_{fwl} = 1.0 + 2 \times 0.65 = 2.3V$$

选择 100:1 的电流互感器时，二次电流为

$$I_{secn} = (N_{pri}/N_{sec}) \times I_{pri} = 3.1A/100 = 31mA$$

把电流转化成电压所需的电阻为

$$R_{se} = 2.3V/31mA = 75\Omega$$

由于这个斜率补偿电路始终要通过一个电阻接地，为了改善这个电路，这里把电阻分成两部分，一个电阻加在电流互感器的二次侧，另一个加在整流器后，这两个电阻的阻值均为150Ω。当整流二极管导通时，这两个电阻的并联值就和设计的值 75Ω 一致了。在电流的输出端，要加一个前缘尖峰滤波器，为了使滤波器引起的信号延时在合理的范围，这里设计的 RC参数是：电阻 1kΩ，电容 470pF。

9. 斜率补偿器

所有的电流型控制器用在占空比超过 50% 的场合时，在电流波形上要加一个斜率补偿器，否则占空比超过 50% 时，系统会不稳定。通常把振荡器的波形加到电流波形上，使电流波形斜度增加，因而使电流检测的比较器提早翻转。另外，还有个经常被疏忽的问题，就是振荡器的带载能力。这里采用 PNP 管的射极跟随器来提高振荡器的带载能力。这部分电路见图 3-9。

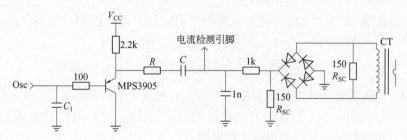

图 3-9 电流斜率补偿器引脚

斜率补偿器的设计只是定性的，最后在试验板上还要进行调整。为使电源系统稳定所加的斜坡电压，可以根据下面式子计算。其中 A_i 是在变压器输出端和电流检测引脚间的降压比。

$$S_e = \frac{V_{sec}(\partial_{max} - 0.18)A_i}{L_o} = \frac{V_{sec}(\partial_{max} - 0.18)N_{sec}N_{ICT}R_{se}}{L_o N_{pri} N_{2CT}}$$

$$= \frac{32 \times (0.94 - 0.18) \times 5 \times 1 \times 75}{58 \times 38 \times 100}$$

$$= 4.1 \times 10^4 V/s$$

在最大的导通时间结束的时候，需要加到电流斜坡信号上的斜坡电压为

$$\Delta V_T = 4.1 \times 10^4 \times 4.25 = 0.174V$$

可以把连在射极跟随器和电流检测滤波电容之间的部分看成是一个电阻分压器。由于引脚⑦要增加一个 0.17V 的电压（通过一个 1kΩ 的电阻），所以加在这一点的电流为 0.17V/1kΩ，也就是 170μA。PNP 管到引脚⑦的耦合电容主要是把振荡波形叠加到电流斜坡中，所以有

$$R_{se}=\frac{V_{ose}}{2I_{se}}=\frac{4.5-2.3}{2\times 170}=6.47k\Omega（取 6.2k\Omega）$$

10. 设计电压反馈环

电压反馈环要使一次侧与二次侧隔离，这里用的是光隔离器隔离的方法。电压反馈电路见图 3-10。

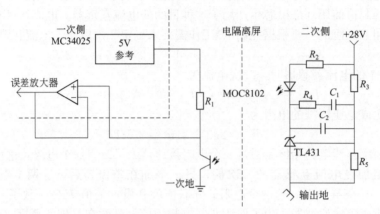

图 3-10　电压反馈电路

MC34025 内部的误差放大器有个图腾柱输出，因此它的输出不容易被屏蔽掉。把这部分当作简单的电压跟随器，误差放大的功能完全由接在二次侧的 TL431 来实现。

电源二次侧中，把通过电压检测电阻分压网络的电流值设置为 1mA（也就是 1kΩ/V）。用最接近的 2.7kΩ 电阻产生的实际检测电流为 0.926mA。这样就很容易计算出上端的电阻 R_3：

$$R_3=\frac{28-2.5}{0.926}=27.54k\Omega（取 27k\Omega）$$

用来给光隔离器和 TL431 提供偏置电流的电阻阻值，由 TL431 工作所需的小电流 1mA 决定。如果流过分支的电流为 6mA，这样偏置电阻 R_5 的阻值为

$$R_5=\frac{28-(2.5+1.4)}{6}=4016\Omega（取 3.9k\Omega，1/4W）$$

在一次侧，光隔离器的输出晶体管是一个共发射极放大器。MOC8102 典型的电流传输比为 100%，误差为 ±25%。当 TL431 完全导通的时候，通过 MOC8102 的电流为 6mA，这时晶体管已经进入饱和状态，所以集电极上的电阻为

$$R_{collector}=\frac{5-0.3}{6}=783k\Omega（取 820\Omega）$$

到这里就完成了无补偿的电压反馈的电路设计

11. 设计电压反馈补偿器

电流型控制、正激式变换器具有单极点的滤波特性，最佳的补偿方法是用单极点、单零点的补偿器。

首先要计算控制到输出的特性。

开环时的系统直流增益为

$$A_{DC}=\frac{V_{in}}{\Delta V_c}\cdot\frac{N_{sec}}{N_{pri}}$$

$$= \frac{382 \times 5}{1 \times 38} = 50.2$$

用分贝来表示系统的直流增益为

$$G_{DC} = 20\lg(A_{DC}) = 34dB$$

电源的负载最轻时，输出滤波器的极点位置最低。负载最轻时，负载的等效电阻为 28V/1A，即 28Ω，这样极点的最低位置为

$$f_{fp} = \frac{1}{2\pi R_L C_o}$$

$$= \frac{2}{2\pi \times 28 \times 880}$$

$$= 6.5Hz$$

控制到输出特性上由于输出滤波电容 ESR 引起的零点位置可以由两种方法来确定：如果电容的数据手册上有 ESR 的确切值，零点位置就可以计算出来；如果没有，就用粗略估计方法来确定。用四个铝电解电容并联，使总的 ESR 只有每个电容 ESR 的 1/4。在这个例子中，把零点位置估计在 10kHz。

误差放大补偿器的极点和零点位置如下：

$$f_{ez} = f_{fp} = 6.5Hz$$

$$f_{ep} = f_{z(ESR)} = 10kHz$$

系统的闭环带宽 f_{xo} 选择 6kHz，当然也可以达到 15～20kHz。但是，在开关频率一半的位置上有一个双重极点，如果太靠近这个位置会减小闭环的相位和幅度裕度。

为了达到设计的闭环带宽，误差放大器所要增加的增益为

$$G_{xo} = 20\lg\left(\frac{f_{xo}}{f_{fp}}\right) - G_{DC}$$

$$= 20\lg\left(\frac{6000}{6.5}\right) - 34$$

$$= 25.3dB$$

把这个值转换成绝对增益为

$$A_{xo} = 10\left(\frac{G_{xo}}{20}\right) = 18.4$$

知道或确定了闭环特性上临界点的值后，就可以计算各个元件的参数。

$$C_2 = \frac{1}{2\pi A_{xo} R_3 f_{ep}}$$

$$= \frac{1}{2\pi \times 18.4 \times 27 \times 4000} = 80pF$$

$$R_4 = A_{xo} R_3 = 18.4 \times 27 = 496.8k\Omega(取\ 510k\Omega)$$

$$C_2 = \frac{1}{2\pi R_4 f_{ez}}$$

$$= \frac{1}{2\pi \times 510 \times 6.5}$$

$$= 0.048\mu F(0.05\ 取\ \mu F)$$

12. 设计整流器和输入滤波器电路

输入滤波电容的大约值用下式计算：

$$C_{in} = \frac{I_{in(av)}}{8f V_{ripple(p-p)}}$$

$$=\frac{1.38A}{8\times120\times20}=72\mu F$$

整流桥上所用的标准整流器件的电流容量要满足在低输入电压时产生的最大平均电流值。这个最大值在前面的电流设计阶段就给出了。所以这个整流器件的导通电流要大于 2A，最小阻断电压为两倍的最高输入电压，也就是 764V。可以选用 1N5406。

13. 设计输入 EMI 滤波器

滤波器选用两阶的共模滤波器。由于工作频率为 100kHz，所以在 100kHz 处所需达到的衰减定为 −24dB。共模滤波器的转折频率为

$$f_e=f_{sw}\times10^{\left(\frac{A_{tt}}{40}\right)}$$

式中，A_{tt} 为在开关频率处衰减的负 dB 值。

$$f_e=100\times10^{\left(\frac{-24}{40}\right)}=256\text{kHz}$$

阻尼系数取不小于 0.707 是比较合适的，这样在转折频率处有 −3dB 的衰减量，就不会因振荡而产生噪声，另外，由于安全规程中是用 LISN 进行测试的，所用的输入阻抗为 50Ω，所以这里假设输入的阻抗也为该值。下面来计算滤器的共模电感和"Y"联结的电容值：

$$L=\frac{R_L\zeta}{\pi f_e}=\frac{50\times0.707}{\pi\times25}=450\mu H$$

$$C=\frac{1}{(2\pi f_c)^2L}=\frac{1}{(2\pi\times25)^2\times450}=0.09\mu F(\text{取 }0.1\mu F)$$

在实际中，电容值并不允许取得这么大，能通过交流漏电流测试的最大电容值是 0.05uF，只有计算值的 50%，所以电感值要增大到 200%，以维持相同的转折频率。这样电感值要取 900μH，阻尼系数也变成了 2.5，不过这个值还是可以接受的。最终的幅频和相频特性见图 3-11，电路图见图 3-12。

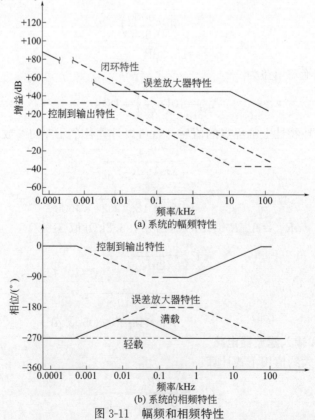

(a) 系统的幅频特性

(b) 系统的相频特性

图 3-11　幅频和相频特性

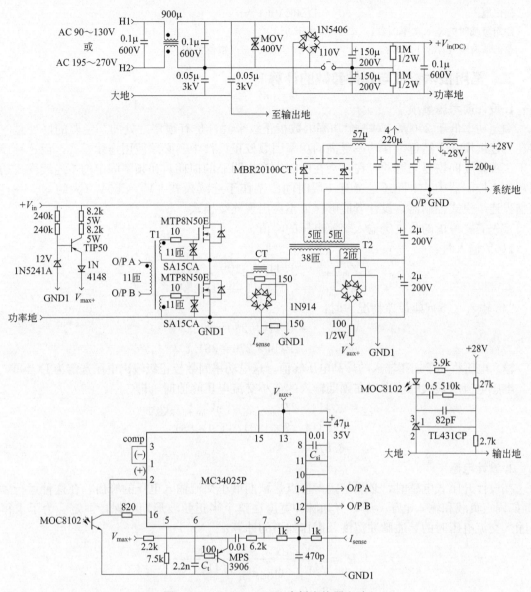

图 3-12 100Hz、280W 半桥变换器电路

第五节 有源功率因数校正（PFC）电路设计

　　这个例子演示了一个 180W 不连续模式升压式功率因数校正电路的设计过程。它的最大输出功率为 200W。这里设计的功率因灵敏校正级能够在世界上任何一个住宅的交流供电系统中工作，也就是说，能够在 50Hz 或 60Hz 下的 85～270V 有效值电压范围内工作，而不需要使用切换跳线。

一、设计指标要求

交流输入电压范围：　　　　　　　85～270V（有效值）

交流供电频率：　　　　　　　　　50～60Hz

输出电压：DC400V±10V

额定负载时的输入功率因数：大于98%

总的谐波畸变率（THD）：低于 EN1000-3-2 数值范围

二、常用技术参数与元件参数的计算

1. 设计前考虑事项

额定功率低于 200W，对一个功率因数校正级来说，是有很多好处的。主要的好处是它能够在不连续模式下运行。在功率更高的功率因数校正设计中，必须使用连续模式，而这种模式由于二极管反向恢复问题的存在，会在电路中产生明显的损耗。在频率固定的不连续模式功率因数校正控制器中，电路还是会有一段时间中工作于连续模式 [$V_{in}<50V$（大约）]。一旦使用临界连续模式控制器，设计者能够保证不会出现连续模式。

首先需要考虑的是决定输入交流电压的峰值。

110V 输入时：

$$V_{in(nom)}=1.414\times110=155.5V$$
$$V_{in(hi)}=1.414\times130=183.8V$$

240 输入（不列颠最差情况）时：

$$V_{in(nom)}=1.414\times240=339.4V$$
$$V_{in(hi)}=1.414\times270=381.8V$$

输入电压将高于期望输入的最高电压峰值。这里功率因数校正级输出电压选定为 DC400V。

电感电流的最大峰值出现在预期输入的最小交流电压峰值时，即

$$I_{pk}=1.414\times2P_{out(rated)}/[\eta V_{in(min)RMS}]$$
$$=(1.414\times2\times180)/(0.9\times85)$$
$$\approx6.6A$$

2. 设计电感

在设计升压式电感时，必须指定参考点是预期最小交流输入电压的峰值。在这种运行条件（例如固定负载和输入电压）下，导通脉冲宽度在整个半正弦波形期间保持恒定。为了求得最小输入交流电压时的导通脉冲宽度，需作如下的计算：

$$R=\frac{V_{out(DC)}}{\sqrt{2}V_{in-AC(min)}}=\frac{400}{1.414\times85}$$
$$=3.3\Omega$$

最大导通脉冲宽度为

$$T_{on(max)}=\frac{R}{f(1+R)}=\frac{3.3}{50\times(1+3.3)}=15.3\mu s$$

升压式电感的上限近似值为

$$L\approx\frac{T_{on(max)}[\sqrt{2}V_{in-AC(min)}]^2\eta}{2P_{out(max)}}$$
$$\approx\frac{15.3\times1.414\times85\times0.9}{2\times180}$$
$$\approx460\mu H$$

电感（变压器）绕组不仅要承受最大平均输入电流，还要承受输出电流。所以，用于绕制线圈的导线规格应为

$$L_{w(max-av)}=\frac{P_{out}}{\eta V_{in(RMS)}}+\frac{P_{out}}{V_{out}}$$

$$=\frac{180}{0.9\times8.5}+\frac{180}{400}$$

$$=2.8\text{A}$$

符合这个平均电流的导线规格是♯17AMG。这里使用三股♯22AWG 导线（加起来等同于导线的截面积），这种线在绕线圈时更具柔韧性，而且有助于减少由于集肤效应引起的绕组交流阻抗。同样，由于在绕组中存在高电压，这里采用 4 层绝缘的方法，减小匝间击穿的危险。

磁芯选择 PQ 类型。主要是考虑到在单级应用中，不同的磁芯类型需要气隙长度是不同的。较大的气隙（＞50mil）将导致额外的电磁辐射到周围环境中，使得 RFI 滤波的难度加大。为了减小气隙，对于给定的磁芯尺寸，需要找到一个具有最大磁芯截面积的铁氧体磁芯。PQ 磁芯具有这种特性。参考由 Magnetics 公司提供的 PQ 磁芯型号为 P-43220-XX（XX 是以 mil 为单位的气隙长度）。

磁芯中所需的气隙近似为

$$l_{gap}\approx\frac{0.4\pi LI_{pk}\times10^8}{A_C B_{max}^2}$$

$$\approx\frac{0.4\pi\times552\times6.6\times10^8}{1.70\times2000^2}$$

$$\approx66\text{mil}$$

通常假设气隙为 50mil。Magnetics 公司可以提供这种气隙的磁芯，而成本仅增加几个百分点。这个气隙条件下，磁芯的自感因数（A_L）估计在 160mH/1000 匝（可使用线性外推法，求其他气隙长度情况下的 A_L）。

电感的匝数是

$$N=1000\times\sqrt{\frac{0.55}{160}}=59\ \text{匝}$$

检查磁芯是否能绕下这么多匝（忽略辅助绕组面积）：

$$\frac{A_W}{W_A}=\frac{59\times0.471}{47}=59\%（可以绕下）$$

设计辅助绕组：辅助的峰值整流输出电压存在频率为 100Hz 或 120Hz 波动，所以控制器的滤波电容需要足够大，以抑制控制器的 V_{CC} 下降，在低输入电压时，辅助绕组的反激式整流电压达到最大值，其值由下式得到：

$$V_{aux}=\frac{N_{aux}(V_{out}-V_{in})}{N_{pri}}$$

交流波形见图 3-13。

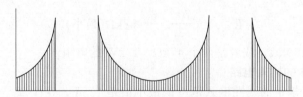

图 3-13　整流后辅助绕组的交流波形

MC34262 有 DC 16V 的浮地驱动钳位，所以为了保持浮地驱动耗散最小，辅助绕组整流电压峰值必须在 16V 左右，由下式决定匝数：

$$N_{aux}=\frac{59\times16}{400-30}=2.5\ \text{匝}$$

考虑到交流低电压运行情况，这里确定绕组为 3 匝。使用单股♯28AMG 加强绝缘电磁线。

将电压纹波减小到 2V 时所需的辅助绕组整流输出滤波电容为

$$C_{aux} = \frac{I_{dd}T_{off}}{V_{ripple}} = \frac{25 \times 6}{2.0}$$
$$= 75\mu F(取 DC20V 时为 100\mu F)$$

最终所设计的电感结构见图 3-14。

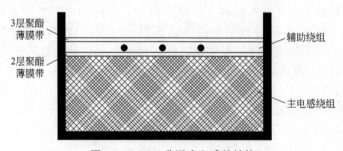

图 3-14　PFC 升压式电感的结构

3. 变压器结构

双绕组变压器首先是在骨架上用三股♯22AMG4 层的电磁线绕 59 匝，再放两层聚酯薄膜带，接着绕 3 匝的辅助绕组，最后放置三层聚酯薄膜带。中间层薄膜带的作用是为了防止由一次、辅助绕组间的高电压而产生的弧光效应。

4. 设计启动电路

这里使用一个无源电阻来启动控制芯片，并提供 MOSFET 的栅极驱动电流。设置两个电阻串联是因为整流输入的 370V 峰值电压接近电阻的击穿电压。启动电阻向 100μF 的旁路电容充电，在辅助绕组的整流峰值电压能够运行控制芯片以前，电容中积累的能量必须能够给芯片提供 6ms 的运行时间。启动滞环电压最小值是 1.75V。检查旁路电容是否足够大，从而在到达关断阀值前启动电路：

$$V_{drop} = \frac{I_{dd}T_{off}}{C} = \frac{25 \times 6}{100}$$
$$= 1.5V(可以)$$

在高压输入线路上保持耗散小于 1W。要达到这个要求，需要确定通过启动电阻的最大电流。

$$I_{start} < \frac{1.0}{270} = 3.7mA$$

总电阻是

$$R_{start} = \frac{270 - 16}{3.7} = 68k\Omega(最小)$$

取总电阻大约为 100kΩ，或者是两个 47kΩ、1/2W 的电阻。

5. 设计电压乘法器的输入电路

乘法器（引脚 3）规定的线性输入范围的最小值是 2.5V。这个值是在最高期望交流输入电压为正弦波峰值（370V）时，分压后输入整流波形的峰值。如选取检测电流为 200μA、分压电阻为

$$R_{bottom} = \frac{2.5}{200} = 12.5k\Omega(取 12k\Omega)$$

实际检测电流是 2.5V/12kΩ=2.08μA

上电阻为

$$R_{top} = \frac{370 - 2.5}{208} = 1.76M\Omega$$

用两个 910kΩ 的电阻串联来实现。

这些电阻的额定功率是 $P = 370^2/1.76 \approx 0.08W$。每个电阻具有 1/2W 的额定功率。

6. 设计电流检测电路

电流检测电阻必须能在低输入交流电压时达到 1.1V 的电流检测极限电压。它的值为

$$R_{CS} = \frac{1.1}{6.6} = 0.17\Omega$$

同时在将输入电流信号加到管脚 4 以前加一个 1kΩ 电阻和 470uF 电容组成的前沿尖峰滤波器。

7. 设计电压反馈电路

对于输出电压分压检测电阻，选择检测电流为 200uA，那么下电阻为

$$R_{bottom} = \frac{V_{ref}}{I_{sense}} = \frac{2.5}{200} = 12.5k\Omega（取 12k\Omega）$$

这样实际检测电流为 2.5/12 = 208。上电阻为

$$R_{upper} = \frac{400 - 2.5}{208} = 1.91M\Omega$$

取额定功率为 1/2W 的 1MΩ 和 910kΩ 两个电阻串联来实现。

电压误差放大器是一个单极点补偿网络，在频率 38Hz 时为单位增益，以抑制电网 50Hz 和 60Hz 的频率。电压误差放大器上的反馈电容为

$$C_{fb} = \frac{1}{2\pi f R_{upper}} = \frac{1}{2\pi \times 38 \times 1.91}$$
$$= 0.0022\mu F（取 0.05\mu F）$$

8. 设计输入 EMI 滤波器

这里使用一个二阶共模滤波器。用于功率因数校正电路的 EMI 设计难点在于，它运行时频率是变化的，运行时的最低频率发生在正弦波的峰值时。在这点上，磁芯完全释放其能量需要的时间最长。由于期望的运行频率是 50kHz，这里将它假定为最小频率。

比较合理的初始值是假定在 50kHz 时需要 24dB 的衰减。这样使共模滤波器的转折频率为

$$f_c = f_{sw} \times 10^{\frac{A_{tt}}{40}}$$

其中，A_{tt} 为以负 dB 形式表示的在开关频率处需要的衰减。

$$f_c = 50 \times 10^{\frac{-24}{40}} = 12.5kHz$$

取阻尼系数不小于 0.707 是比较合适的，这样在转折频率处有 −3dB 的衰减量时不会因振荡而产生噪声。另外，由于认证机构用 LISN 进行测试时，所用的输入线路阻抗为 50Ω，所以这里假设输入的阻抗也为该值。下面来计算滤波器的共模电感和"Y"联结的电容值：

$$L = \frac{R_L \zeta}{\pi f_c} = \frac{50 \times 0.707}{\pi \times 12.5} = 900\mu H$$

$$C = \frac{1}{(2\pi f_c)^2 L} = \frac{1}{(2\pi \times 12.5)^2 \times 900}$$
$$= 0.18\mu F$$

实际情况中，电容值并不允许取得这么大，能通过交流漏电流测试的最大电容值是 0.05μF，这是电容计算值的 27%，所以必须让电感提高 360% 来保证同样的转折频率。将电感变成 3.24mH，最终阻尼系数是 2.5，这是可以接受的。

Coilcraft 公司提供现成的共模滤波扼流圈（变压器），最接近上述值的器件型号是 E3493。这样滤波器在 500kHz 和 10MHz 的频率之间最少有 −40dB 衰减量。如果在后面的 EMI 测试阶段，发现需要附加滤波器，可以在这里加入三级差模滤波器。

功率因数校正电路的最终示意图见图 3-15。

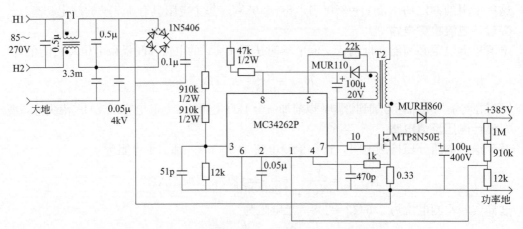

图 3-15　180W 功率因数校正电路示意图（含 EMI 滤波）

9. 印制电路板考虑事项

功率因数校正电路单元将在世界各个地方销售。最严格的安规要求是由德国的 VDE 提出的。因为对于 300V（EMS）交流线路，要求具有 3.2mm 爬电距离或弧光传过表面的距离。这意味着在 H_1 和 H_2（高压和中线）线与它们的整流直流信号之间必须有 3.2mm 的间隔。同样地，在输入共模滤波变压器的绕组之间以及反激式变换器中的电感高低引脚之间也必须有 3.2mm（最小）的表面距离。440V 输出线和其他低压输送线路的间隔必须大于 4.0mm。任何接地线和其他线的距离必须大于 8.0mm。

所有的电流输送线应当尽量粗而短。电流检测电阻的接地点应用为输入、输出以及低电压电路的一个公共接地点。

第六节　单级 PFC 型 LED 灯驱动电路

一、电路基本结构

采用离线式电源开关调整器 TOP250YN 并带单级 PFC 的 75W 恒压/恒流输出反激式 LED 驱动电源电路如图 3-16 所示。该 LED 驱动电源的 AC 输入电压为 208~277V，DC 输出是 24V 和 3.125A。

图 3-16 所示电路的核心器件是 TOP250YN。TOP250YN 是 PI 公司生产的 TOPSwitch-GX 系列中的一种器件，采用 TO-220-TC 封装，内置 PWM 控制电路、保护电路和一个 700V 并带低导通态电阻 RDS（on）的 N 沟道功率 MOSFET，适用于全球通用 AC 线路输入。

在桥式整流器（VD_1—VD_4）输入电路中的共模电感 L_2 和 X 电容（C_1/C_2）组成标准型 EMI 滤波器。共模滤波由 L_1、L_2 和连接在一次侧地与二次侧地之间的 Y 电容 C_9 提供。连接在 VD_1—VD_4 输出端上的 L_3 和 L_4 提供附加的差模滤波，并能提高抗浪涌能力，并联在 L_3 和 L_4 两端的 R_1 和 R_2 有助于减小传导和辐射 EMI。

VD_5、R_3 和 C_4 组成 DC 总线电压钳位电路。R_3 在掉电时为 C_4 放电提供通路，VD_5 在电

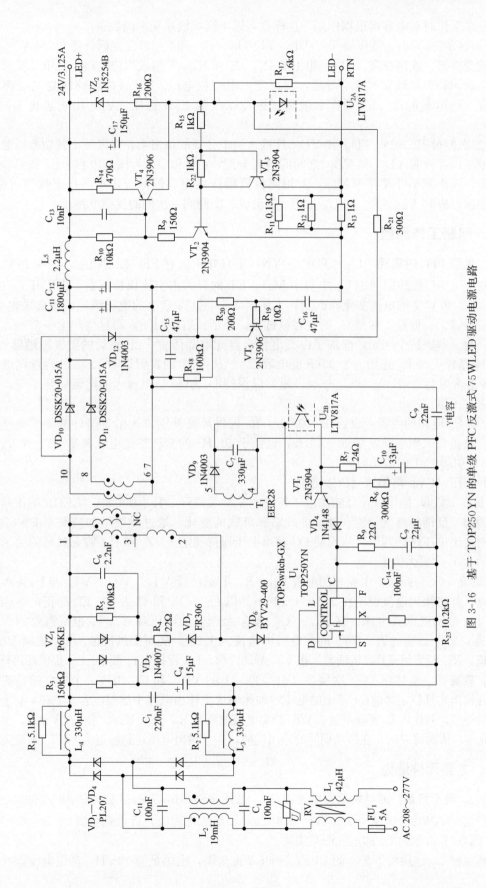

图 3-16 基于 TOP250YN 的单级 PFC 反激式 75WLED 驱动电源电路

路进入稳态工作时对电容起退耦作用，这样就可以不影响线路功率因数。

U$_1$（TOP250YN）、变压器 T$_1$、VD$_{10}$ 和 VD$_{11}$、C$_{11}$ 和 C$_{12}$ 以及光耦合器 U$_2$ 和 VT$_1$ 等组成反激式变换器。连接在 T$_1$ 一次绕组上的 R$_5$、C$_6$ 和 VD$_7$ 等组成钳位电路，稳压二极管 VZ$_1$ 仅在电路启动和负载瞬变时才会导通，并设定上限钳位电压。250ns 的快速恢复二极管 VD$_7$ 用作恢复一些泄漏能量。R$_4$ 用作衰减高频振铃以改善 EMI 性能。VD$_6$ 用于防止 U$_1$ 反向偏置。

T$_1$ 二次侧整流二极管 VD$_{10}$ 和 VD$_{11}$ 连接在两个分开的绕组上，可以减小其功率耗散，提高整流效率，并改善 VD$_{10}$ 和 VD$_{11}$ 之间的电流分配，C$_{11}$ 和 C$_{12}$ 为滤波电容。L$_5$ 和 C$_{17}$ 为后置滤波器，用作减小开关频率纹波，并提高抗器噪扰能力和恒流设定点的稳定性与可靠性，27V 的稳压二极和 VZ$_2$、R$_{16}$ 和 U$_2$、VT$_1$ 等组成二次侧到一次侧的反馈电路。

二、电路工作原理

(1) 单级 PFC 的实现 U$_1$（TOP250YN）本身并不含有 PFC 控制功能，单级 PFC 的实现基于在一个 AC 线路周期内 U$_1$ 中功率 MOSFET 的开关占空比保持不变。由于开关占空比随 U$_1$ 控制引脚 C 上的电流变化而改变，为使流入 U$_1$ 引脚 C 上的电流恒定，则要求电容 C$_5$ 的电容量足够大。但是，如果 C$_5$ 的电容量过大，会延长启动时间，而且会产生一个较大的启动过冲。为了解决这个问题，增加了由光电耦合器光电晶体管 U2B 驱动的射极跟随器 VT$_1$，并在 VT$_1$ 基极上经 R$_7$ 连接一个 33μF 的电容 C$_{10}$。从 VT$_1$ 的发射极看，C$_{10}$ 的容量则增加了 hFE（即电流增益）倍，它与 C$_5$ 一起，便要以保持 U$_1$ 引脚 C 上流入的电流保持不变，从而使开关占空比恒定。

C$_{10}$ 和 R$_6$ 电路的主极点设置在 0.02Hz，R$_7$ 提供环路补偿，并在 200Hz 的频率上产生一个零点。增益交叉频率设置在 30～40Hz，远低于 100Hz 的全波整流电压频率。C$_5$ 和 VD$_8$ 共同确定 U$_1$ 引脚 C 上的启动时间。

(2) 恒压（CV）与恒流（CC）操作

① 恒压（CV）操作。一旦输出电压超过由 VZ$_2$（27V）、R$_{16}$ 和 U2A（LED）的正向电压所确定的值，反馈环路就使能。随 AC 线路和负载的变化，通过反馈增加或减小 PWM 占空比，来对输出电压进行调节，从而使 DC 输出电压保持稳定。VZ$_2$ 和 R$_{16}$ 将无载时的输出电压限制在约 28V 的最大值上。

② 恒流（CC）操作。电流感测电阻 R$_{11}$～R$_{13}$ 和晶体管 VT$_2$、VT$_3$、VT$_4$ 与 U2A 等构成恒流电路，并将输出电流设定在 3.1A（±10%）以上。VT$_3$ 和 U2A 中 LED 的正向电压降为 VT$_2$ 产生一个基极偏置电压。在 R$_{11}$、R$_{12}$、R$_{13}$ 上产生的电压降对 VT$_2$ 也是需要的。一旦 VT$_2$ 导通，VT$_4$ 也会导通，VT$_4$ 的集电极电流流入 U2A，从而提供反馈。R$_{10}$ 限制 VT$_4$ 的基极电流，R$_{14}$ 设置恒流环路的增益。在 VT$_2$ 导通之前，R$_{10}$ 保持 VT$_4$ 截止。C$_{13}$ 提供环路补偿。

(3) 软启动 连接在 T$_1$ 二次绕组（引脚⑩）上的 VD$_{12}$ 和 C$_{15}$ 组成一个独立的整流滤波电源。在输出达到稳定之前，C$_{15}$ 上的电压增加速率比主输出电路中滤波电容 C$_{11}$ 和 C$_{12}$ 上的电压上升快得多，致使 VT$_5$ 迅速导通。VT$_5$ 的集电极电流经 R$_{21}$ 流入 U2A，使 U2B 导通，并对电容 C$_{10}$ 充电，从而可以防止在启动期间的输出过冲。一旦输出电压达到稳定值，VT$_5$ 则被关断。

三、主要元件选型

(1) L$_1$ 用于行高频率共模噪声的滤波 L$_1$ 选用 Fair-Rite Toroid 公司的 5943000201 铁氧体磁芯，用 26AWG（线径为 Φ0.442～0.462mm）绝缘电磁线并行重叠各绕 12 匝，电感量为 42μH，图 3-17 所示为 L$_1$ 的电气图与实物。

共模电感 L$_2$ 选用松下公司的 ELF15N005A 扼流圈，电感量为 19mH，额定电流是 0.5A。

L_3 和 L_4 选用 Tokin 公司的 SBC3-331-511，尺寸为 9mm×11.5mm，电感量为 $330\mu H$，额定电流为 0.55A。输出滤波电感 L_5 选用 Coilcraft 公司的 RFB0807-2R2L，电感量和额定电流分别是 $2.2\mu H$ 和 6.1A。

(2) 变压器的选择 变压器 T_1 采用 TDK 的 EER28 磁芯和 EER28 (⑩引脚) 骨架。磁芯有效截面积 $A_e = 0.821cm^2$，有效通路长度 $L_e = 6.4cm$，骨架绕组宽度 $B_W = 16.7mm$。变压器 T_1 的电气图如图 3-18 所示。

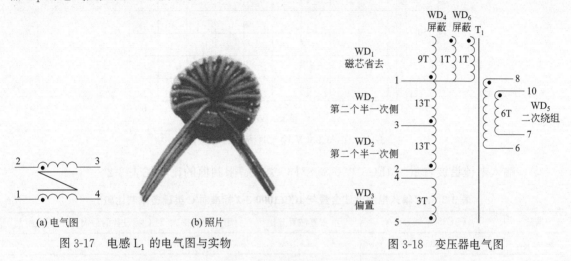

(a) 电气图 (b) 照片

图 3-17 电感 L_1 的电气图与实物

图 3-18 变压器电气图

图 3-18 所示绕组 (WD) 号即为绕制时的顺序号，变压器绕组结构见表 3-1。

表 3-1 变压器绕组结构

绕 组	绝缘电磁线规格	匝 数	说 明
WD_1	26AWG ($\phi 0.45mm$)	9T (三线)	从①脚开始,从左到右缠绕,结束后切断,再绕一层 14.7mm 宽的绝缘带
第一个半一次侧 WD_2	25AWG ($\phi 0.505mm$)	13T (双线)	从②脚开始,到③脚结束,再绕一层 14.7mm 宽的绝缘带
偏置 WD_3	28AWG ($\phi 0.365mm$)	3T	从⑤脚开始,到④脚结束,再绕一层 14.7mm 宽的绝缘带
屏蔽 WD_4		1T (铜带)	从①脚开始,用 14mm 宽的铜箔绕一匝后,再绕一层 14.7mm 宽的绝缘带
二次侧 WD_5	28AWG	6T	从⑧脚和⑩脚开始,从左到右并绕 6 匝,到⑦脚和⑥脚结束,再绕一层 14.7mm 宽的绝缘带
屏蔽 WD_6		1T (铜带)	用 14mm 宽的铜箔从左(不连接)到右绕 1 匝,最后连接到①脚,再绕一层 14.7mm 宽的绝缘带
第二个半一次侧 WD_7	25AWG	13T (双线)	从③脚开始,从左到右到①脚结束,再绕一层 16.7mm 宽的绝缘带

变压器一次侧电感量为 $171\mu H$，漏感≤3uH，谐振频率≥1.2MHz。

(3) 晶体管的选择 VT_1、VT_2 和 VT_3 选用 NPN 型小信号晶体管 2N3904，VT_4 和 VT_5 选用 PNP 型小信号晶体管 2N3906。这些晶体管都采用 TO-92 塑料封装，额定电压/电流为 40V/0.2A。

四、测试数据及电路板布板参考

(1) AC 输入电流谐波含量 在 230V 的 AC 输入电压和满载时的输入电流谐波含量如

图 3-19 所示。

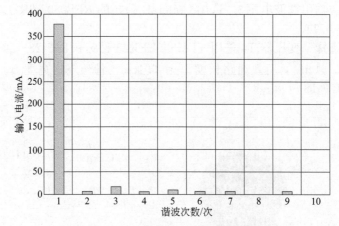

图 3-19 在 AC230V 输入时测得的谐波含量

AC 输入电流谐波含量与 IEC61000-3-2 对 C 类设备限制值的比较见表 3-2。

表 3-2 AC 输入电流谐波含量与 IEC61000-3-2 标准对 C 类设备限制比较

谐波	i_{IN}(AC230V 时)/mA	占基波百分比	IEC 61000-3-2 对 C 类设备的最大允许百分比/%
1	385		
2	2.4	0.62%	2.0
3	15.6	4.05%	29.7
4	2.3	0.60%	$30 \times PF$
5	10.5	2.73%	10.0
6	1	0.26%	
7	8.6	2.23%	7.0
8	0.5	0.13%	
9	6.5	1.69%	5.0
10	0.4	0.10%	

(2) 线路功率因数 在满载和不同 AC 输入电压下的线路功率因数如图 3-20 所示。由该图可以看出，在 AC220V 的输入电压时的功率因数＞0.99，在 270V 的 AC 线路电压下的功率因数也达 0.98，具体见表 3-3。

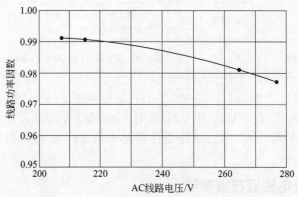

图 3-20 在不同 AC 线路电压下的功率因数

表 3-3　不同输入电压时的功率因数

AC 输入电压/V	功率因数
208	0.992
215	0.992
230	0.990
240	0.988
265	0.982
277	0.978

(3) 系统效率　在满载和室温下，不同输入电压时的效率见表 3-4。

表 3-4　不同输入电压时的效率

AC 输入电压/V	效率/%
208	86.01
215	85.64
230	85.39
240	85.51
265	85.62
277	85.32

(4) EMI 特性　在 AC 230V 输入和满载时，传导 EMI 满足 EN55015B 规定限制，并有＞10dB·μV 的裕量，如图 3-21 所示。

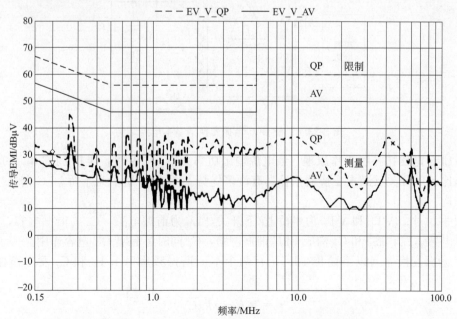

图 3-21　在 AC230V 输入和满载时传导 EMI 限制与测量值

（5）PCB 参考线路　图 3-22 所示为 PCB 线路参考设计图。

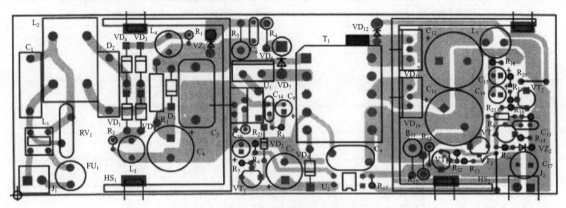

图 3-22　PCB 线路参考设计图

第七节 | 大功率 LED 路灯驱动电源设计　◀◀◀

美国 IR 公司推出的 PLC810PG 单片 IC 是一种集成了光桥驱动器的 PFC 与 LLC 组合控制器。该控制器支持 PFC 和电感-电感-电容（LLC）谐振变换器电路拓扑，适用于 150～600W 的 LED 路灯、32～60in 的 LED TV 电源及 PC 主电源和工作站电源。

一、LLC 谐振变换器工作原理

当电源输出功率大于 150W 时，半桥 LLC 串/并联谐振变换器电路比起单开关反激式变换器拓扑具有许多优势。图 3-23 所示为半桥 LLC 谐振变换器基本电路结构。

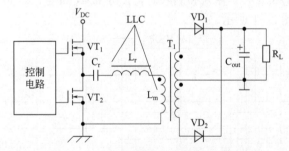

图 3-23　半桥 LLC 谐振变换器基本电路结构

（1）LLC 电路拓扑和工作原理　当电源输出功率大于 150W 时，半桥 LLC 串/并联谐振变换器电路比起单开关反激式变换器拓扑具有许多优势。图 3-23 所示为半桥 LLC 谐振变换器基本电路结构。

在图 3-23 中，VT_1 和 VT_2 为半桥上/下开关，L_1 为谐振电感，C_r 为谐振电容，L_m 为变压器励磁电感。L_r、L_m 和 C_r 构成 LLC 谐振网络，C_r 同时还起隔 DC 电容作用。

LLC 谐振变换器（以下简称 LLC）有两个本征谐振频率。由 L_r 和 C_r 发生谐振的频率 f_r 为

$$f_r = 1/(2\pi\sqrt{L_r C_r})$$

L_r、L_m 和 C_r 发生谐振的频率 f_m 为：

$$f_{\mathrm{m}}=1/\left[2\pi\sqrt{(L_{\mathrm{r}}+L_{\mathrm{m}})C_{\mathrm{r}}}\right]$$

LLC 电路的开关频率为 f_{sw}。在变换器工作在 $f_{\mathrm{m}}<f_{\mathrm{sw}}<f_{\mathrm{r}}$ 频率范围内时，用 SABER 软件进行仿真的主要波形如图 3-24 所示。

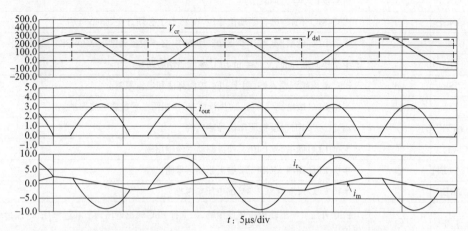

图 3-24 额定负载下 $f_{\mathrm{m}}<f_{\mathrm{sw}}<f_{\mathrm{r}}$ 频率范围内的主要仿真波形

在图谱 3-24 所示波形中，V_{cr} 是 C_{r} 两端的电压，V_{ds1} 是 VT1 漏源电压，i_{out} 为输出电流，i_{r} 和 i_{m} 分别是谐振电流和变压器一次侧励磁电流。

（2）电路的工作过程 可分为两个阶段。

① 传输能量阶段：L_{r} 和 C_{r} 流过正弦电流，并且 $i_{\mathrm{r}}>i_{\mathrm{m}}$，能量通过变压器传递到二次侧。

② 续流阶段：在 $i_{\mathrm{r}}=i_{\mathrm{m}}$ 时一次侧停止向二次侧传送能量，L_{r}、L_{m} 和 C_{r} 发生谐振，整个谐振回路的感抗较大，变压器一次侧电流以相对缓慢的速率下降。

通过合理设计可以使关桥 MOSFET 在零电压开通，变压器二次侧整流二极管在 $i_{\mathrm{r}}=i_{\mathrm{m}}$ 时电流降至零，实现零电流关断，从而降低开关损耗，提高变换器效率。LLC 工作在 $f_{\mathrm{m}}<f_{\mathrm{sw}}<f_{\mathrm{r}}$ 频率范围内时是较为有利的。

在实际的 LLC 电路中，一般是将 L_{r} 合并到变压器一次绕组电感中，谐振电路仅由 C_{r} 和变压器一次侧励磁电感构成。

二、PLC810PG 简介

（1）引脚功能 PLC810PG 采用 24 引脚窄体无铅塑料封装，引脚排列如图 3-25 所示。

表 3-5 列示了 PLC810PG 各个引脚的功能。

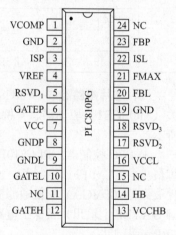

图 3-25 PLC810PG 引脚排列

表 3-5 PLC810PG 引脚功能

引脚			引脚功能
类别	名称	序号	
VCC 引脚	VCC	⑦	IC 内部小信号模拟电路正电源电压输入端
	VCCL	⑯	半桥 LLC 低端 MOSFET 驱动器电源电压输入端
	VCCHB	⑬	半桥 LLC 高端悬浮电源电压施加端

引脚			引脚功能
类别	名称	序号	
GND 引脚	GND	②、⑲	所有模拟小信号回复节点
	GNDP	⑧	PFC(MOSFET)栅极驱动信号地,在 PCB 上必须直接到 GND 端
	GNDL	⑨	半桥 LLC 低端 MOSFET 驱动器回复端,必须连接到低端 MOSFET 源极
其他 引脚	HB	⑭	半桥中间点,同时又是半桥 LLC 高端驱动器回复端
	ISP	③	PFC 电流感测输入端,用于 PFC 控制算法和电流限制
	ISL	㉒	半桥 LLC 级电流感测输入,执行快速/慢速两电平过载电流保护
	GATEP	⑥	PFC(MOSFET)栅极驱动信号输出端
	GATEL	⑩	半桥 LLC 低端 MOSFET 栅极驱动信号输出端
	GATEH	⑫	半桥 LLC 高端 MOSFET 栅极驱动信号输出端
	VREF	④	半桥 LLC 反馈电路 3.3V 的电压参考端
	FBP	㉓	PFC 升压变换器输出电压反馈输入,进行 PFC 输出电压调节和过电压、电压过低及开环保护
	VCOMP	①	PFC 反馈频率补偿元件连接端,内部连接跨导放大器输出,该脚上 0.5～2.5V 的线性电压输入到内部乘法器
	FBL	⑳	半桥 LLC 级反馈输入端,进入该引脚的电流决定 LLC 开关频率
	FMAX	㉑	从该引脚到 VREF 连接一个电阻,设定半桥 LLC 最高频率
	RSVD1	⑤	该引脚必须连接到 VREF 引脚
	RSVD2	⑰	这两个引脚必须连接到 GND 引脚
	RSVD3	⑱	
	NC	⑪、⑮、㉔	不连接端

(2) 芯片电路组成 PLC810PG 芯片集成了连续电流模式（CCM）PFC 控制器和 PFC 开关（MOSFET）驱动器、半桥 LLC 谐振控制器及半桥高、低端 MOSFET 驱动器,如图 3-26 所示。

① PFC 控制器。PLC810PG 的 CCM PFC 控制器只有 4 个引脚（除接地端外）,是目前引脚最少的 CCM PFC 控制器。这种 PFC 控制器主要由运算跨导放大器（OTA）、分立电压可编程放大器（DVGA）和低通滤波器（LPF）、PWM 电路、PFC 电路、MOSFET 驱动器（在引脚 GATEP 上输出）及保护电路组成。PFC 控制器有两个输入引脚,即引脚 ISP（引脚 3）和 FBP（引脚 23）。

FBP 引脚是 PFC 升压变换器输出 DC 升压电压的反馈端,连接 OTA 的同相输入端。OTA 输出可视为 PFC 控制器等效乘法器的一个输入。OTA 在引脚 VCOMP 上的输出,连接频率补偿元件。反馈环路的作用是执行 PFC 输出 DC 电压调节和过电压及电压过低保护。IC 引脚 FBP 的内部参考电压 $V_{FBPREF} = 2.2V$。如果引脚 FBP 上的电压 $V_{FBP} > V_{OVH} = 1.05 \times 2.2V = 2.31V$,IC 则提供过电压保护,在引脚 GATEP 上的输出阻断,如果电压不足,使 $V_{FBP} < V_{INL} = 0.23 \times 2.2V = 0.506V$,PFC 电路则被禁止,如果 $V_{FBP} < V_{SDL} = 0.64 \times 2.2V = 1.048V$,LLC 级将关闭。

PLC810PG 的 ISP 引脚是 PFC 电流感测输入端,用作 PFC 算法控制并提供过电流保护。PFC 的 ISP 引脚上的过电流保护解锁电平是 $-480mV$。

② LLC 控制器。半桥 LLC 谐振控制器的 FBL 引脚是反馈电压输入端。流入引脚 FBP 的

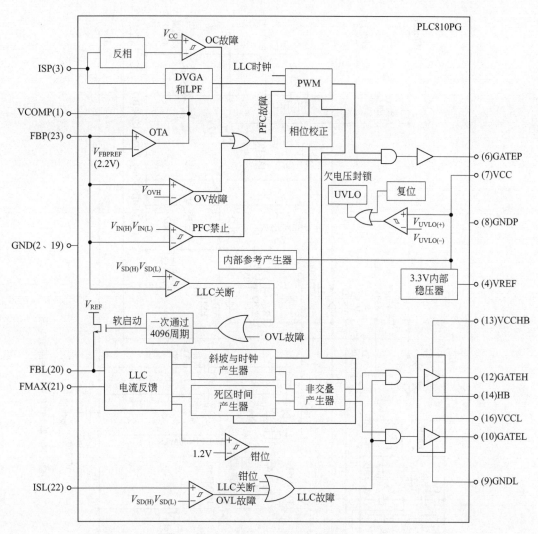

图 3-26 PLC810PG 功能框图

电流越大，LLC 变换器的开关频率则越高。LLC 级最高开关频率由连接在引脚 FMAX 与引脚 VREF（3.3V）之间的电阻设定，可达正常工作频率（100kHz）的 2～3 倍。引脚 FBL 还提供过电压保护。引脚 ISL（引脚 22）为 LLC 有电流感测输入端，提供快速和慢速（8 个时钟周期）两电平电流保护。死区时间电路保护外部两个 MOSFET 不会同时导通，并实现零电压开关（ZVS）。

PFC 和 LLC 频率和相位同步化，从而减小了噪声和 EMI。PFC 电路不需要 AC 输入电压感测作为控制参考，这是区别于其他同类控制器的标志之一。

PLC810PG 的引脚 VCC（引脚 7）导通门限 9.1V，欠电压关闭门限是 8.1V。VCC 电压可选择 12～15V。

三、实际电路分析与原件选择

采用 PLC810PG 控制器的 150W LED 路灯驱动电源电路如图 3-27 所示。该电路的 AC 输入电压范围是 140～265V，DC 输出是 48V/3.125A，线路功率因数 $PF \geqslant 0.97$，在满载时的系统总效率＞92%，PFC 级和 LLC 级的效率均大于 95%。

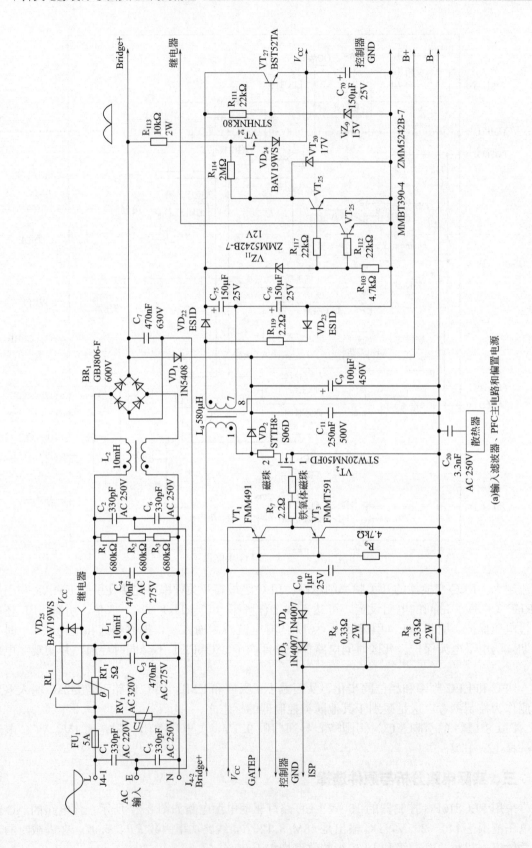

(a)输入滤波器、PFC主电路和偏置电源

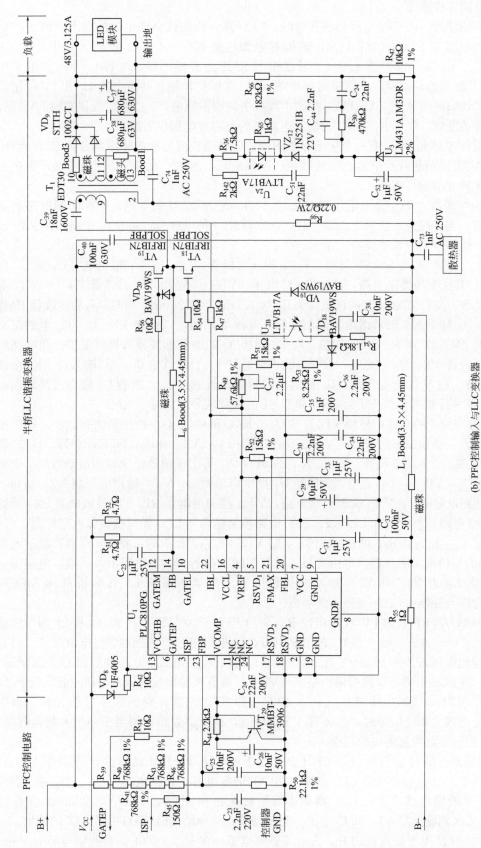

(b) PFC控制输入与LLC变换器

图 3-27 基于 PLC810PG 的 150W LED 路灯电源电路

（1）电路工作原理

①输入滤波器、PFC 主电路和偏置电源。LED 路灯离线式驱动电源的输入电路、PFC 升压变换器功率级和 PLC810PG（U1）的偏置电源电路如图 3-27（a）所示。其中，C_1、C_5、C_3、C_4、C_2、C_6 和共模电感 L_1、L_2 组成输入 EMI 滤波器电路。电容 C_1 和 C_5 用于控制 30MHz 以上频率的共模噪声，同时对接地端（E）起保护作用。共模电感 L_1 和 L_2 控制低频和中频（<10MHz）上的，C_2 和 C_6 控制中频段中的谐振峰值，C_3 和 C_4 提供差模 EMI 滤波。当输入电源关断时，R_1、R_2 和 R_3 为输入电路中的电容放电提供通路。

PFC 升压电感元件 L_4 有一个接地屏蔽铜带，能够阻止静电和磁噪声耦合到 EMI 元件上。PFC 开关 VT2 的散热片经电容 C80 连接到一次侧地时，消除了散热片作用传导噪声源进入到机壳板和保护地端的可能性。

FU_1 为熔断器。RV_1 是过电压保护元件。RT_1 是 NTC 热敏电阻，用作限制电路启动时的浪涌电流。当电路进入正常工作状态时，继电器 RL_1 得电吸合，将 RT_1 短路，使 RT_1 没有功率消耗，能够使系统效率提高 $1\%\sim1.5\%$。

电感 L_4、PFC 开关 MOSFET（VT_2）、升压二极管 VD_2、输入和输出电容 C_7 及 C_9、C_{11} 等构成 PFC 升压变换器主电路，其输出 DC 电压（VB+）是 385V。晶体管 VT_1 和 VT_3 等组成缓冲驱动级。VT_2 栅极串接的铁氧体磁珠（$\Phi3.5mm\times3.25mm$，20Ω）有助于改善 EMI 并提高效率。R_6 和 R_8 是 PFC 级电流感测电阻，在浪涌期间，二极管 VD_3 和 VD_4 上的正向电压降（约 $0.7V\times2$）将 R_6 和 R_8 钳位，对 PLC810PG 的电流感测输入提供保护。在电路启动期间，经二极管 VD_1 对 C_9 充电，浪涌电流不会通过 L_4 引起其饱和。AC 输入经 BR_1 全波整流和 C_7 滤波。在 VT_2 导通期间，C_7 提供大的瞬时电流通过 L_4。电容 C_7 应当选择低损耗聚丙烯型。C_{11} 用于滤波围绕 VT_2、VD_2 和 C_9 上的高频成分，以减小 EMI。

L_4 偏置绕组上的高频信号经 VD_{22}、VD_{23}、R_{119} 和 C_{75}、C_{76} 倍压整流和滤波，作为偏置稳压器的输入。稳压二极管 $VZ_9\sim VZ_{11}$，晶体管 VT_{25}、VT_{27} 和 MOSFET（VT_{24}），二极管 VD_{24}，电阻 R_{103}、R_{112}、R_{117}、R_{113}、R_{114} 和电容 C_{70} 等组成偏置稳压器和启动电路。电流通过 R_{113}、VT_{24}、VD_{24} 对 C_{70} 充电。为控制 U_1 提供启动偏置，VT_{25} 输出电压被 VZ_{10} 钳位。当偏置电源达到稳定值时，VT_{25} 关断启动电路，VT_{26} 接通继电器 RL_1，将热敏电阻 RT_1 旁路。

② PFC 电路控制输入和 LLC 级。PFC 电路控制输入和 LLC 谐振变换器电路如图 3-27（b）所示。电压 V_{CC} 分别经 R_{37} 和 R_{38} 加到 U_1 的 VCC 和 VCCL 引脚，将 U_1 模拟和数字电源分开。U_1 中的半桥高端驱动器供电由自举二极管 VD_8、电容 C_{23} 和电阻 R_{42} 供给。电阻 R_{55} 和铁氧体磁珠 L_7 为 PFC 和 LLC 地系统提供隔离。铁氧体磁珠 L6 在半桥高端 MOSFET（VT10）源极与控制 IC 之间提供高频隔高。

U_1 引脚 GATEP 上的 PWM 输出经 R_{44} 驱动 PFC 开关 VT2。在 R_6 和 R_8 上的电流感测信号经 R45、C73 滤波，输入到 U_1 的 ISP 引脚，以进行 PFC 算法控制和过电流保护。PFC 升压变换器输出电压 VB+（385V）经 $R_{39}\sim R_{41}$、R_{43}、R_{46} 和 R_{50} 分压并经过 C25 滤除噪声，反馈到 U_1 的 FBP 引脚，以执行输出电压（VB+）调节和输出过电压及电压过低（低于 246V 保护）。U_1 引脚 VCOMP 外部 R_{48}、C_{26} 和 C_{28} 是 PFC 控制环路的频率补偿元件。当引脚 VCOMP 上出现大幅度信号时，晶体管 VT_{20} 导通，将 C_{26} 旁路，相当于一个大的负载增加，允许 PFC 控制环路快速响应和转换。

U_1 引脚 GATEH 和引脚 GATEL 上的输出 PWM 信号分别驱动半桥上/下功率 MOSFET（VT_{10} 和 VT_{11}）。电容 C_{39} 是 LLC 谐振电路中的谐振电容，谐振电容（L_r）已经并入到变压器 T_1 的一次激励电感之中，T_1 二次侧串联的磁珠 2 和 3（$\Phi3.5mm\times3.25mm$）用作抑制 EMI。Y_2 二次侧输出经 VD_9 和 C_{37}、C_{38} 整流滤波，为驱动 LED 路灯提供 48V 的输出。

在 T_1 一次绕组下端连接的 R_{59} 为电流感测电阻。在 R_{59} 上的电流检测信号经 R_{47} 和 C_{35}

进行滤波，输入到 U_1 的 ISL 引脚，以提供过电流保护。

48V 的 DC 输出通过 R_{67} 和 R_{66} 检测，经 U_3 和光电耦合器 U_2 以及 R_{54}、C_{77}、VD_{48}、C_{36}、R_{53} 反馈到 U_1 的引脚 FBL，以执行输出电压调节和过电压保护。连接在 U_3 阴极与控制极之间的 R_{70}、C_{44}、C_{24} 和 R_{107}、C_{51} 提供的频率补偿。流入 U_1 反馈引脚 FBL 上的电流越大，LLC 电路的开关频率也就越高。LLC 级的正常开关频率设置在 100kHz，实际工作频率可以在 50～300kHz 范围变化。连接在 U_1 引脚 FMAX 与 VREF 之间的电阻 R_{52} 设定频率上限（可以为 200～300kHz），电阻 R_{49}、R_{53} 和 R_{51} 用来设定下限频率，适当选择 R_{52} 和 R_{53} 的电阻值，可以强制 LLC 级电路在轻载和无载时进入到突发模式操作，并对输出过电压进行保护。在无载时，允许 LLC 级工作在较高的频率上，并给出半桥上/下两个驱动信号足够的非交叠（即死区）时间，以确保半桥功率 MOSFET 在零电压开关（ZVS）操作。

U_1 引脚 VREF 外部连接的 C_{27} 为 LLC 级的软启动电容，软启动时间由 C_{27}、R_{49} 和 R_{51} 共同设定，其数值为 $C_{27}（R_{49}-R_{51}）/（R_{49}+R_{51}）$。

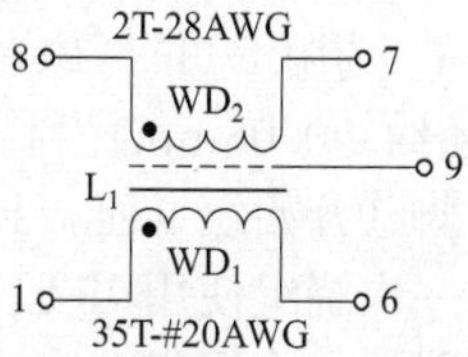

（2）PFC 电感和 LLC 级变压器选择

① PFC 电感 L_4 选择。PFC 升压电感 L_4 电气图如图 3-28 所示。其中 WD_1 为主绕组，作为 PFC 升压电感使用；WD_2 为偏置绕组，用作 U_1 引脚 V_{CC} 上偏置电源电路的高频电压源。

图 3-28 PFC 升压电感电气图

L_4 选用 TDK PQ32/20 磁芯和 12 引脚配套骨架。图 3-29 所示为 PFC 升压电感结构示意图。

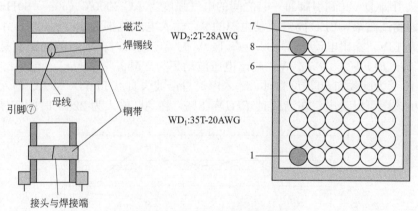

图 3-29 PFC 升压电感结构示意图

L_4 的主绕组 WD_1 使用 20AWG（美国线规，线径约为 $\Phi0.87mm$）绝缘磁导线，从引脚 1 开始，绕 35 匝，到引脚 6 结束，在 100kHz 和 0.4V 时的电感值是 $580\mu H$。

在主绕组外面，用一层 7.5mm 宽的聚酯薄膜覆盖，再绕偏置绕组。

偏置绕组使用 28AWG9（线径约为 $\Phi0.36mm$）磁导线，从引脚⑧开始绕 2 匝，到引脚⑦终止，然后绕 3 层 7.5mm 宽的聚酯膜，屏蔽层使用 6.5mm 宽的薄铜带（型号为 3M 1350F-1），并连接到引脚⑨。

② LLC 级变压器 T_1 选择。LLC 谐振变换器中的变压器 T_1 电气图如图 3-30 所示。图中，WD_2 为一次绕组，WD_1A/WD_1B 为二次绕组。图 3-31 所示为变压器绕组示意图。

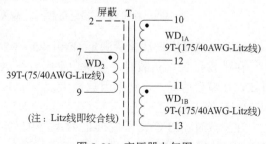

图 3-30 变压器电气图

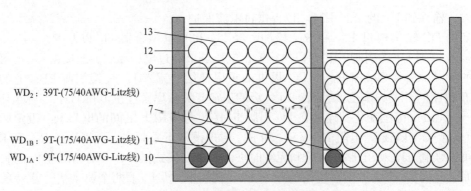

WD₂：39T-(75/40AWG-Litz线)

WD$_{1B}$：9T-(175/40AWG-Litz线)
WD$_{1A}$：9T-(175/40AWG-Litz线)

图 3-31　变压器绕组示意图

T_1 选用 ETD39 磁芯和⑱引脚配套骨架。在制作过程中先绕二次绕组，用 175 股 40AWG（线径约 $\Phi0.08$mm）利兹（Litz）线（即绞合线），从引脚 10 开始绕 9 匝，到引脚⑫结束，再从引脚⑪开始绕 9 匝，到引脚⑬终止，并覆盖 2 层 10.6mm 宽的聚酯膜。

一次绕组使用 75 股 40AWG 的绞合线，从引脚⑦开始绕 39 匝，到引脚⑨结束，再绕 2 层聚酯膜。一次绕组电感值为 820μH（$\pm10\%$）（100kHz，0.4V），漏感为 100μH（$\pm10\%$），谐振频率≥700kHz，将分成两部分的磁芯插入骨架中对接在一起，在磁芯外面用 10mm 宽的铜皮绕一层，并用焊锡将接缝焊牢，再在铜皮与引脚②之间焊接一段铜线（$\Phi0.5$mm），铜皮外部用聚酯膜覆盖。

变压器从引脚①~⑨到引脚⑩~⑱之间的电气强度为 AC 3000V（60s，60Hz）。

(3) 性能测试结果　LED 路灯驱动电源的 AC 输入电压范围为 140~265V，DC 输出电压 V_{out} 典型值为 48V，输出电流为 3.13A。在 140V 的 AC 输入时，V_{out} 的测试值是 45.6V；在 265V 的 AC 输入时，V_{out} 为 50.4V，输出电压波动率为 $\pm5\%$。

图 3-32 所示为满载和 50% 负载时，输入电流总谐波失真（THD）与 AC 输入电压之间的关系曲线。由该图可以看出，在满载时 $THD<8\%$，在 AC 输入为 220V 时的 $THD<6\%$。

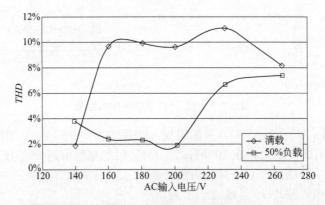

图 3-32　在满载和 50% 负载时，输入电流 THD 与 AC 输入电压的关系曲线

输入电流高次谐波含量满足 IEC61000-3-2 标准限制要求。

在满载和 50% 负载时，线路功率因数与 AC 输入电压的关系曲线如图 3-33 所示。由该图可知，在满载情况下，功率因数最大值>0.99（在 AC 140V 输入时），最小值约为 0.97（在 AC 265V 输入时）。

在满载时，PFC 升压变换器效率>95%，LLC 谐振变换器效率>95%，系统总效率为 91.5%（在 AC 140V 输入时）约 92.7%（在 AC 265V 时），如图 3-34 所示。

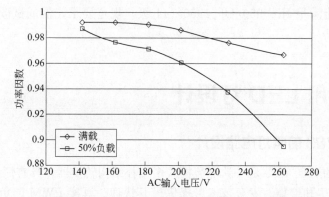

图 3-33 在满载和 50％负载时，功率因数与 AC 输入电压的关系曲线

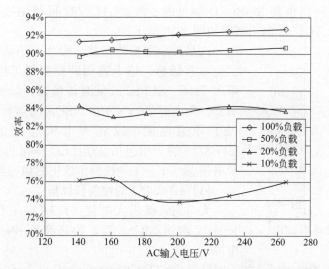

图 3-34 在不同负载下系统效率与 AC 输入电压的关系曲线

电路的传导 EMI 满足 CISPR 22B/EN 5022B 规范要求。图 3-35 所示为传导 EMI 实测曲线及其规范限制值。

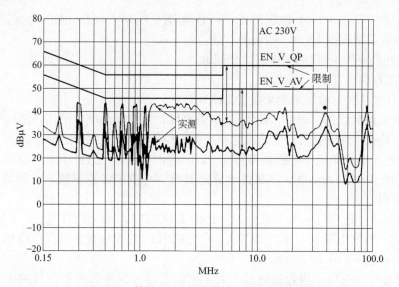

图 3-35 传导 EMI 实测曲线及其规范限制值

电源的安全性能满足 IEC 950/UL 1950（11 级）规范要求，浪涌试验符合 IEC 1000-4-5 的规定。

第八节 车用 LED 灯设计

一、 LTC3783 前照灯电路设计

凌特公司新型的 LTC3783 是一款电流模式多拓扑结构转换器，具有恒流 PWM 调光功能，可驱动大功率 LED 串和群集。专有技术可提供极其快速、真实 PWM 的负载切负，而没有瞬态欠压或过压问题，可以数字化地实现 3000：1 的宽调光比率（在 100Hz 条件下），利用 True Color PWM 调光保证白色和 RGBLED 颜色的一致。LTC3783 可使用模拟控制实现额外的 100：1 调光比率。LTC3783 的引脚图如图 3-36 所示。

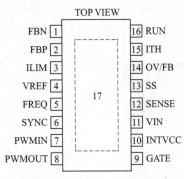

图 3-36 LTC3783 引脚图

这是一个重要的标准，因为人的眼睛对环境光细小的变化非常敏感。这个通用的控制器可以用做升压、降压、降压-升压、SEPIC 或反激转换器，以及作为恒流/恒压调节器。无电感器（NoRSENSE）的运行可使用一个 MOS-FET 导通电阻，以省去电流感测电阻和提高效率。LTC3783 的应用包括高压 LED 阵列和 LED 背光照明，以及电信、汽车、工业控制系统中的稳压器。

（1）LTC3783 的性能和优势

大电流：提供大电流（1.5A），LTC3783 可驱动一个外置 N 沟道 MOSFET，为高亮度和超高亮度 LED 提供电源。

高电压：依据外置电源组件的不同选择，LTC3783 的 3～36V 输入运行和输出电压可以扩展，可轻松驱动 LED 串（串联系列）或 LED 群集（串联＋并联）。

保护：该 IC 集成了必要的精确电流和输出电压调节，以保护高亮度 LED。其他保护包括过压、过流和软启动等。

调光：通过 PWM3000：1 数字调光，可在宽调光比率下保持 LED 的恒定颜色。另外，LTC3783 还具有其他模拟 100：1 的调光功能。

调光功能在高亮度 LED 应用中有 3 个用途：

① 调节 LED 的亮度；

② 当 LED 太热时，通过调光来保护 LED；

③ 通过独立调节红色、绿色、蓝色 LED 的亮度，创造多种颜色的拓扑结构。

LTC3783 具有特殊的电路，使之成为众多拓扑结构中驱动 LED 的理想选择。LTC3783 的一个主要优势在于其简单的单电感器型降压-升压拓扑。此外，LTC3783 的数字 PWM 输入可以用数据方式调节 LED 的亮度。该集成电路还具有一个 PWM 控制器，可驱动第二个 MOSFET 进行亮度调节。

（2）电路组成 前照灯驱动主电路主要是由 LTC3783，MOSFET 管 M_1、M_2，电感 L_1，续流二极管 D_9，检测电阻 R_9，输出电容 C_4 及大功率 LED 串组成的升压型电感式电流控制模式驱动电路。主电路如图 3-37 所示。

通过改变芯片 PREQ 引脚外接电阻的大小来决定芯片的高频控制信号频率 f，GATE 引脚输出一个峰值为 7V 的脉冲信号，它是 PWMIN 引脚接收的 PWM 控制脉冲和芯片 LTC3783

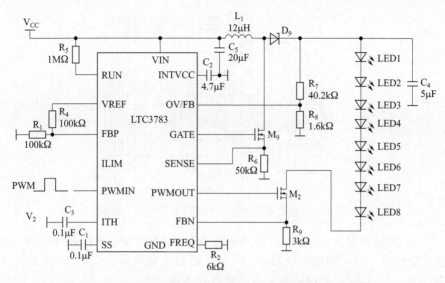

图 3-37 基于 LTC3783 的 LED 汽车前照灯驱动主电路图

高频控制输出脉冲的"与"。GATE 引脚驱动 MOSFET 管 M_1，控制功率 MOSFET 管 M_1 的通断，引起流过电感 L_1 电流的变化，产生一个压降，它与输入电压的和作为输出电压，PW-MOUT 引脚输出一个与 PWMIN 引脚相同的 PWM 控制脉冲信号，驱动 MOSFET 管 M_2，PWM 脉冲的占空比决定 LED 串电流的占空比，进而控制 LED 灯串的亮度，FBN 引脚接收检测电阻 R_9，反馈的电压信号，当输出电流因输入电压发生变化时，调整电路占空比，保持输出电流恒定。

（3）主要参数的计算

① 开关频率 f 的选取　PWM 控制脉冲信号与芯片高频开关控制信号如图 3-38 所示，可以看出两者有如下关系：

$$f=\frac{Nf_{PWM}}{D_{PWM}}$$

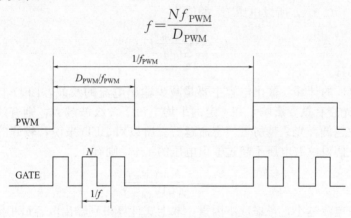

图 3-38 PWM 脉冲与芯片高频开关脉冲关系图

采用 PWM 控制 LED 亮度时，一般为了避免人眼觉察，控制脉冲的频率选择 $f_{PWM}=120Hz$。每个控制脉冲高电平至少要包含 2 个芯片高频开关脉冲，即 $N>2$。为了达到数字化实现 D_{PWM} 为 1：3000 的调光比，选择芯片频率 f 为 1MHz。而芯片开关频率是由连接在芯片 FREQ 上的电阻 R_2 决定的。f 与 R_2 的关系如图 3-39 所示，该设计中选择 $R_2=6k\Omega$。

② 计算电路占空比 D：电路最大占空比计算公式为

$$D_{max}=\frac{V_{OUT}+V_D-V_{IN(min)}}{V_{OUT}+V_D}$$

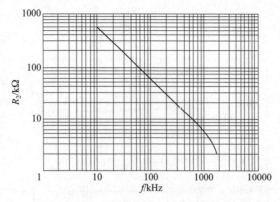

图 3-39 芯片开关频率与 FREQ 外接电阻关系图

式中，V_{OUT} 为输出电压；$V_{IN(min)}$ 为最小输入电压；V_D 为二极管 D4 的正向压降（V）。

最小输入电压为 10V，输出电压为 28.6V，二极管正向压降为 0.4V，由上式计算得到最大占空比为 59%。LTC3783 允许的最大占空经可以达到 90%。

③ 计算了大输入电流：计算最大输入电流的目的是计算其他元件的额定值。输入电流计算公式为

$$I_{IN(max)} = \left(1 + \frac{\chi}{2}\right)\frac{I_{OUT}}{1 - D_{max}}$$

式中，$\frac{\chi}{2}$ 表示纹波平均电流的比值，这里取 $\chi = I_{OUT} \times 20\% = 700mA$；$D_{max}$ 为 59%。计算得出最大输入电流为 1.8A。

④ 输入电感 L_1 的计算：经过电感 L_1 的纹波电流为

$$\Delta I_L = \chi \frac{I_{OUT}}{1 - D_{max}}$$

计算得出 $\Delta I_L = 0.5A$，所以电感 L_1 的值为

$$L_1 = \frac{V_{IN(min)}}{\Delta I_L f} D_{max}$$

算得 $L_1 = 12\mu H$。

⑤ 输出电容 C4 的计算：输出电容主要是减少输出电流的纹波，LED 上流过电流的纹波对 LED 的光效和光衰有重要影响，在一定的平均电流下，纹波越大，则有效值越大，转化成的热量越多，光效越低，光衰越厉害，寿命越短。所以对 LED 来说，较好的驱动电流是纹波很小的直流电流。假设纹波电压不超过输出电压的 1%，则有：

$$C_{OUT} = \frac{I_{OUT(max)}}{0.01 V_{OUT} f}$$

电容越大纹波电流越小，考虑成本因素，取上式计算得到输出电容最小值为 $5\mu C$。为防止产生过多的热量，输出电容应选取低 ESR 值、高耐压的陶瓷电容。

4. MOSFET 管、续流二极管的选取

MOSFET 管漏端电压为输出电压，等于 28.6V，假设用高额定电压的 30% 来计算漏极峰值电压，那么 MOSFET 管漏极的最大电压为 38V。流过 MOSFET 管 M_1 的最大电流 $I_{IN(max)}$ 为 1.8A，M_2 的最大电流为 700mA 左右，一般选取实际电流的 3 倍为 MOSFET 管的额定电流，所以，选取耐压值为 60V，最大正向电流为 7.5A，内部为 11mΩ 的 N 沟道 MOSFET 管，型号为 SI4470EY。

D_9 的电压与 MOSFET 管 M_1 的电压相同，最大电压为 38V，流过 D_8 的电流等于负载输

出电流700mA，所以选择耐压值为40V，最大正向电流为1.16A的肖特基二极管，型号为ZETEX公司生产的ZLLS1000。

这里使用白色LED作为汽车前照灯的光源，这样它们的优越性就可以得到充分展示。这种新系统比通常使用的卤素灯要明亮，与HID前照灯的亮度差不多，但是，考虑到LED光源特有的优越性，比如质量轻、安装深度小、耗能低、寿命更长、没有环境污染等，它们的确更适合作为下一代汽车前照灯系统的光源。此外，白色LED的使用还可以使整个车的设计变得更加灵活。

二、由MAX16832构成的LED汽车前照灯驱动设计

LED照明系统需要借助于恒流供电，目前主流恒流驱动设计方案是利用线性或开关型DC/DC稳压器结合特定的反馈电路为LED提供恒流供电，根据DC/DC稳压器外围电路设计的差异，又可以分为电感型LED驱动器和开关电容型LED驱动器。电感型升压驱动器方案的优点是驱动电流较高，LED的端电压较低、功耗较低、效率保持不变，特别适用于驱动多只LED的应用。在大功率LED驱动器设计中，主要采用开关电容型LED驱动方案，其优点是LED两端的电压较高、流过的电流较大，从而获得较高的功效及光学效率。先进的开关电源技术还能够提高效率，因而在大功率LED驱动中应用广泛，所以当驱动功率较大时，选用开关电容型。本设计由于驱动10只左右的LED，所以选择电感型LED驱动器。

目前，世界上知名的半导体设计企业几乎都有针对LED的恒流驱动芯片，而且芯片功能很全，应用范围相当广，节约了设计人员的时间和精力，缩短了产品的开发时间，大大减少了所需的外部元件数。在驱动芯片和外部元器件的选择上，由于是汽车工业级标准，所以参数要求比较严格，需要-40～125℃的工作温度范围。

1. MAX16832简介

MAXIM公司的MAX16832芯片符合上述要求，作为一种高电压、大功率、恒定电流LED驱动器，MAX16832内置模拟和PWM调光。该LED驱动器集成浮置的LED电流检测放大器以及调光MOSFET驱动器，可大幅减少元件数目，并满足采用高亮度（HB）LED的汽车和通用照明应用的高可靠性要求。

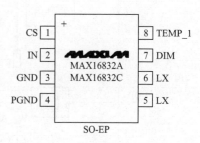

图3-40　MAX16832引脚图

MAX16832A/MAX16832C工作在-40～+125℃汽车级温度范围，采用增强散热型8引脚SO封装。如图3-40所示。MAX16832A/MAX16832C引脚功能如表3-6所列。

表3-6　MAX16832A/MAX16832C引脚功能

引脚号	引脚名	功能
1	CS	电流检测输入。在IN与CS之间连接一个电阻设置LED电流
2	IN	正电源电压输入。通过一个$1\mu F$或更大电容旁路至GND
3	GND	地
4	PGND	功率地
5,6	LX	开关节点
7	DIM	逻辑电平亮度调节输入。拉低DIM,关闭电流调节器;拉高DIM,使能电流调节器
8	TEMP_1	折返式热管理和线性亮度调节输入。如果使用折返式热管理或模拟亮度调节。则用一个$0.01\mu F$的电容
—	EP	电容旁路至GND

MAX16832A/MAX16832C 工作在 -6.5~+65V 输入电压范围，最高工作温度达到 +125℃时，输出电流最高可达 700mA；输出电流可由高边电流检测电阻调节，独特的脉宽调制（PWM）输入可支持较宽的脉冲调节 LED 亮度范围。这些器件非常适合宽输入电压范围的应用。高边电流检测和内部电流设置减少了外部元件的数量，并可提供精度为 ±3% 的平均输出电流。在负载瞬变和 PWM 亮度调节过程中，滞回控制算法保证了优异的输入电源控制和快速响应特性。MAX16832A 允许 10% 的电流纹波，而 MAX16832C 允许 30% 的电流纹波，这两款器件的开关频率高达 2MHz，从而允许使用小尺寸元件。MAX16832A/MAX16832C 提供模拟亮度调节功能，输出电流，通过在 TEMP-I 和 GND 之间加载低于内部 2V 门限电压的直流电压实现这种调节。TEMP-I 还可向连接在 TEMP-I 和 GND 之间的负温度系数（NTC）热敏电阻输出 25uA 电流，提供折返式热管理功能，当 LED 灯串的温度超出指定温度时能够降低 LED 电流。此外，器件还具有热关断保护功能。MAX16832 的内部结构图如图 3-41 所示。

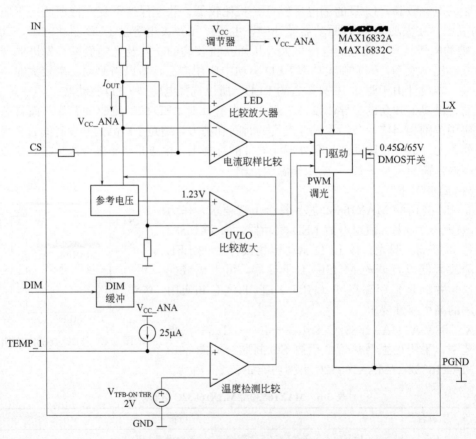

图 3-41　MAX16832 内部框图

从上述分析可知，MAX16832 完全符合汽车前照灯设计要求，该芯片选择不同的外部电路可以工作在升压、降压和降压-升压等多种模式。下面介绍升压模式。开关电源工作在升压模式的工作原理图如图 3-42 所示。

MOSFET 的导通和关断状态将 SMPS 电路分为两个阶段，即充电阶段和放电阶段，分别表示电感中的能量传递状态。充电期间电感所储存的能量，在放电期间传递给输出负载和电容上。电感充电期间，输出电容为负载供电，维持输出电压稳定。根据拓扑结构不同，能量在电路元件中循环传递，使输出电压维持在适当的值。在每个开关周期，电感是电源到负载能量传

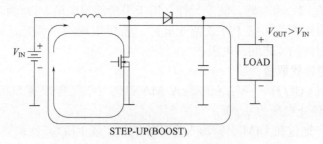

图 3-42　MAX16832 升压电路

输的核心。如果没有电感，MOSFET 切换时，SMPS 将无法正常工作。如图 3-42 所示的升压电路，MOS 管导通期间，电源对电感充电，负载通过电容工作，MOS 管关断期间电感和电源同时给负载供电，达到升压的目的。

2. 电路结构和原理

由 MAX16832C 芯片组成的驱动电路如图 3-43 所示。

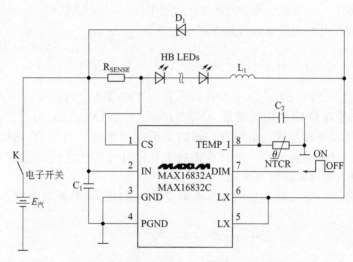

图 3-43　MAX16832C 芯片组成的驱动电路

工作原理：当加一个直流输入电压后，芯片 CS 引脚和 IN 引脚之间会有一个 200mV 的电压，它们之间的 R_{SENSE} 就能确定输出电流值大小，芯片的 LX 引脚是芯片内部一个大功率 NMOS 的漏极，只有当 NMOS 管的栅极上电压为高电平时，NMOS 导通，电路形成一个回路 VIN—RSENSE—LED—L_1。这个回路是电源直接给 LED 供电，并且此过程给电感 L_1 蓄能。当 NMOS 管的栅极电压为低电平时，形成的回路为 L_1—D_1—RSENSE—LED。DIM 引脚可以通过外接一个方波用以调节 LED 亮度；TEMP-I 引脚外接一个热敏电阻，即可实现外部电路的过热关断功能；芯片自身带有低压锁存、过压保护的功能，当输入电压低于 65V 或高于 65V，芯片停止工作；过流保护功能由芯片 CS 引脚与 IN 引脚之间的电压差值反馈实现，当流过 RSENSE 的电流偏大，CS 引脚与 IN 引脚之间的电压增大，由芯片内部反馈电路反馈到 NMOS 的驱动电路，调节 NMOS 的导通时间，使流过 R_{SENSE} 上的电流回到正常状态。

C_1 和 C_2 为输入滤波电容，用于滤出与前一级电路之间连线的干扰信号，确保芯片稳定工作，陶瓷式电容是最好的选择，因为其上一个有高纹波电流额定值、寿命长、良好的温度性能等优点。R_{SENSE} 为电流采样电阻，通过选择不同的值可以调节输出电流的大小，电阻的要求是功率误差越小越好。L_1 为电感，储能元件，用于平滑输出电流。D_1 为肖特基二极管，在电路中起续流作用。DIM 引脚可接 PWM 调光脉冲，若要实现模拟调光，可接电位器，同时要在 DIM 与电压输入引脚 IN 之间接电阻。

3. 各外部元件的设置取值

(1) 欠压锁存（VULO） MAX16832A/MAX16832C 包含带有 500mV 滞回的 UVLO。开启电压为 5.5V，停止电压为 6.0V。

(2) DIM 输入 通过在 DIM 引脚输入 PWM 信号实现 LED 亮度调节。低于 0.6V 逻辑电平的 DIM 输入将 MAX16832A/MAX16832C 的输出强制拉低，从而关闭 LED 电流，若需打开 LED 电流，则 DIM 上的逻辑电平必须高于 2.8V。

(3) 热关断 MAX16832A/MAX16832C 的热关断功能在结温超过 +165℃ 时关断 LX 驱动，当结温降至关断温度门限以下 10℃ 时，LX 驱动器重新打开。

(4) 模拟亮度控制 MAX16832A/MAX16832C 提供了模拟亮度调节功能，当 TEMP-I 的电压低于内部 2V 门限电压时，降低电流。MAX16832A/MAX16832C 通过 TEMP-I 与地之间连接的外部直流电压源，或 25uA 内部电源源在 TEMP-I 与地之间；连接的电阻上的检测电压实现调光。当 TEMP-I 上的电压低于内部 2V 门限电压时，MAX16832A/MAX16832C 将降低 LED 电流。模拟调光电流的设置公式如下：

$$I_{TP} = I_{LED} \left[1 - FB_{SLOPE} \left(\frac{1}{V} \right) \times (V_{TFB\text{-}ON} - V_{AD}) \right]$$

式中，$V_{TFB\text{-}ON} = 2V$；$FB_{SLOPE} = 0.75$；V_{AD} 为 TEMP-I 上的电压。

(5) 折返式热管理和 LED 电流设置 MAX16832A/MAX16832C 具有折返式热管理模式，可在串联 LED 灯的温度超过规定的温度门限时降低输出电流。当 NTC 热敏电阻（热敏电阻与 LED 之间须提供好的导热通路，电器连接置于 TEMP-I 与地之间）的压降低于内部 2V 门限时，这些器件进入折返式热管理模式。

LED 电流由 IN 与 CS 之间连接的检流电阻设置。采用下式计算电阻值：

$$R_{SENSE} = \frac{1}{2} \frac{V_{SNSHI} + V_{SNSLO}}{I_{LED}}$$

式中，V_{SNSHI} 为检测电压门限的上限；V_{SNSLO} 为检测电压门限的下限。这里 $V_{SNSHI} = 0.23V$；$V_{SNSLO} = 0.127V$。经过计算 $R_{SENSE} = 0.571\Omega$，此时 $I_{LED} = 350m$。

(6) 电流调节器工和频率设定 MAX16832A/MAX16832C 利用一个具有滞回的比较器调节 LED 电流。当通过电感的电流上升，并且检测电阻两端的电压达到上限时，内部 MOSFET 关断；当通过续流二极管的电感电流下降，直到检测电阻上的电压等于下限时，内部 MOSFET 再次打开，采用下式确定工作频率：

$$f_{sw} = \frac{(V_{IN} - nV_{LED}) \times nV_{LED} \times R_{SENSE}}{V_{IN} \times \Delta V \times L}$$

式中，n 为 LED 的数量；V_{LED} 为 1 只 LED 的导通压降；$\Delta V = V_{SENSE} - V_{SNSLO}$。这里把 n 设为 10，用于驱动 10 只 LED。

(7) 电感选择 MAX16832A/MAX16832C 的开关频率可达 2MHz。对于空间受限的应用，采用高开关频率有利于降低电感尺寸，采用下式计算电感值，选择最接近的标准值：

$$L = \frac{(V_{IN} - nV_{LED}) \times nV_{LED} \times R_{SENSE}}{V_{IN} \times \Delta V \times f_{sw}}$$

在前面的参数确定的情况下，f_{sw} 决定了 L 的取值，但是这里的 f_{sw} 为一个动态值，根据其动态范围即最高开关频率为 2MHz。设定 L 为 $101\mu H$。最后是输入电压 V_{IN} 的选取，由于上面已经确定了所有参数，接下来 V_{IN} 只要大于 26.4V 即可。当然，最高电压不能超过 60V 的额定最高电压。

至此，电路的主要参数基本设置完成，在设计 PCB 板时需要注意主要耗能器件的散热，如 MAX16832 芯片、功率 MOS 管等，要使其周围的散热环境良好，同时，对外围器件的选择也很重要，应尽量选用汽车工业级器件并保留一定的参数余量。

利用 MAX16832 设计出的 LED 车灯驱动电路，经测试表面满足大功率 LED 的电气性能要求。与其他 LED 驱动电路相比，该电路具有电控制精度高，性能参数稳定，能适应汽车恶劣工作环境等优点。

第四章

多种分立元件开关电源典型电路分析与检修

第一节　串联型调宽典型电路原理与检修　◀◀◀

一、电路原理

以早期设计的一种串联自激式开关电源为例，图 4-1 为松下典型热地串联开关电源电路原理图，此电路主要由电网输入滤波电路、消磁电路、整流滤波电路、开关振荡电路、脉冲整流滤波电路、取样稳压电路、过电流超压保护电路等构成。

(1) 整流滤波和自激振荡电路　图中 D801、D802 是整流桥堆，Q801 为开关管，T801 是开关变压器，Q803 为取样比较管，Q802 为脉宽调制管。当接入 220V 交流电压后先经 D801、D802 全波整流，并经 C807 滤波后，形成约 280V 的直流电压。此电压通过开关变压器 T801 的初级绕组 P1～P2 给开关管 Q801 集电极供电以通过 R803 给 Q801 的基极提供一个偏置。因此 Q801 就导通集电极电流流过 T801 的初级绕组，则使 T801 的次级绕组产生感应电动势。此电动势经 C810 和 R806 正反馈到 Q801 基极，促使 Q801 集电极电流更大，很快使 Q801 趋于饱和状态。先前在 T801 次级绕组中的感应电流不能突变，它仍按原来的方向流动，并对 C810 充电，使 Q801 基极电压逐渐下降。一旦 Q801 基极电位降到不能满足其饱和条件时，Q801 将从饱和状态转入放大状态，使 Q801 集电极电流减少，通过 T801 正反馈到 Q801 基极，使 Q801 基极电压进一步下降，集电极电流进一步减少。这样将很快使 Q801 达到截止状态。随后 C801 便通过 D806、R806 以及 T801 的次级绕组放电，当它放到一定程度后，电源又通过 R803 使 Q801 导通，周而复始地重复上述过程。完成大功率振荡，产生方波脉冲经 T801 变换输出，一旦开关电源开始工作，它就有直流电源输出，行扫描电路开始工作，则由行输出变压器提供的行脉冲将通过 C813、R817 直接加到 Q801 基极，使 Q801 的自由振荡被行频同步。这样既可使开关电源稳定工作，又能减少电源对电视信号的干扰。

(2) 低压供电电路　本电源是串联式开关电源，当 Q801 导通时，电源通过 T801、Q801 和 C814 充电，截止时 C814 对负载放电，即 Q801 是与负载串联的，这样大大降低了 Q801 集

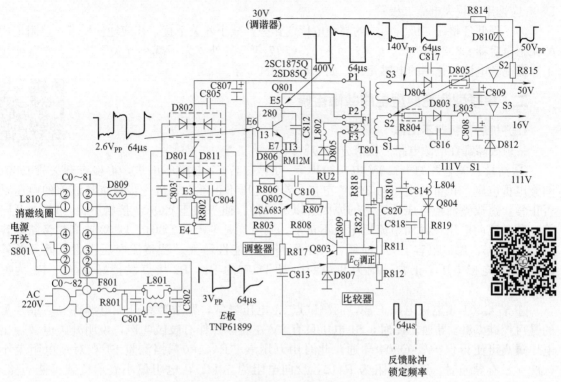

图 4-1　串联型调宽开关电源电路

电极与发射极之间的工作电压，可以选用耐压较低的开关管。在 Q801 截止时，T801 次级绕组产生的感应电动势使 D803 和 D804 正向偏置而导通，经 C808、C809 滤波后得到 57V 和 16V 直流电压，供给负载电路。

(3) 稳压过程　若电网电压上升或负载减轻，使输出直流电压上升，则此增量经 R811 取样后加到 Q803 基极，使 Q803 集电极电流增加，Q803 集电极电压下降，则 Q802 的基极电压也下降。Q802 是 PNP 型晶体管，则集电极电流增加。因 Q802 是并联在 Q801 的发射结上的，则原来流到 Q801 基极的电流被 Q802 分流，因而 Q801 导通的时间缩短，使输出端 C814 的电压下降。同时，D803 和 D804 的导通时间也随着缩短，输出电压下降，使输出电压保持在原来的标称值上。

(4) 保护电路　此电源设有以下保护装置：

① 尖峰脉冲抑制电路　当开关管 Q801 截止瞬间，开关变压器 P1、P2 两端会感应出较高的尖峰脉冲，为了防止 Q801 的基极与发射极之间击穿，这里加了一个 C812 来短路这个尖峰电压。

② 过压保护电路　此电路主要由 L804、Q804、C808、R819 等构成。其中 Q804 为单向可控硅，且此机中使用组合管 HDF814，内部实际是由可控硅和一只稳压二极管构成。当输出电压超过 140V 时，可控硅 Q804 内部的稳压二极管击穿，给可控硅控制级提供触发电压，可控硅就导通，即将开关变压器的正反馈绕组短路，强制开关振荡停振，使开关电源停止工作，从而使后面的电路得到保护。

③ 其他部分　D805 为续流二极管，它与 T801 次级绕组串联。当 Q801 导通时，D805 因处于反向偏置而截止。

当 Q801 由导通转为截止时，T801 各绕组的感应电动势的方向也随着改变，D803 也由截止变为导通。此时，将 Q801 导通时储藏在 T801 的磁能释放出来，继续对负载提供功率。

D805 应选用高频大电流二极管。

为了降低各整流二极管两端的高频电压变化率，减小开关干扰，相应地使用了一些阻尼用的无感电容器 C802～C805、C807、C816、C817 等。另外，为了减小开关干扰，本电路使用了降低高频电流变化率的电感元件，如 L802、L803 等。

二、串联型调宽典型电路故障检修

1. 开机后，机器不工作

一般故障都在电源电路。检修方法如下：

① 测量开关电源的＋113V 电压输出点（S1）。若 S1 电压不正常，再检查开关管 Q801 的集电极电压，正常的电压为 300V 左右。若此电压不正常，则进一步检查整流前的电压是否正常。造成整流前电压不正常的原因有以下几种：插头插座 CO-82 接触不良，L801 开路等。若整流前电压正常而整流后电压不正常，则可能是整流管 D801、D802 或高频旁路电容 C801～C805，滤波电容 C807 损坏，其中短路的可能性最大。若整流电压正常，而开关管 Q801 的集电极电压不正常，则为开关变压器 T801 的 P1、P2 接点没接好或 P1、P2 内部损坏。

② 若 Q801 集电极电压正常，而测试点 S1 电压异常，则故障在开关电源部分，最常见的是可控硅 Q804 导通。此时，S1 电压只有 2V 左右。并伴有吱吱叫声，说明开关电源输出电压过高可使得保护管 Q804 导通。此时用万用表 "R×100" 挡测量 S1 点对地电阻偏小（Q804 没有导通时，正向电阻为 R410，反向电阻为 50kΩ），电阻偏小表示负载可能短路。此时，应切断负载电路，接上一个 400Ω/40W 的假负载（可用 60W、100W、220V 灯泡）。若 S1 点电压恢复正常，则出现这种故障的原因可以在 113V 输出电路查找。点 S1 的输出分别通过 R816、R518、R510、R513、R560 五个电阻通向行激励和行输出的各部分电路。最常见的是，行输出管 Q551 击穿，逆程电容 C556～C559、C565 中有一个短路，C814 短路等。

③ 若保护管 Q804 没有导通，负载也没有短路，使 S1 点的电压仍不正常，则故障在开关电源部分。常见的有 C818 或 C814 短路，R802～R812、R816、L802、L803 或 D805 开路，Q801～Q803 损坏，C808、C809、C812～C818 或 D803～D812 不良等。

④ 若测得点 S1 电压在 60V 左右，而且 R816 两端电压大于正常值 2V，则说明负载部分有故障。

⑤ 开关电源 S1 点电压正常，后边电路不工作，说明后级电路有故障。

2. 烧熔丝 F801

第一步是检查整流滤波电路 D801、D802、C807 等有否短路或 D809 击穿，如有击穿，代换。若未损坏，然后用万用表 R×1 挡测开关管 Q801 极间正反向电阻。若测得 Q801 基极对发射正反向电阻分别为 12Ω 和 170Ω，而集电极对发射极正反向电阻分别为零时，可将电容器 C812 焊下，再重新测量仍为零，可判断是 Q801 管 C 集电极发射极间击穿。代换 Q801，此时开机不再烧熔丝，而且开关变压器 T801 发出连续的叫声，这说明开关电源已工作，但负载电路没有工作。再往下查负载电路。测电源 113V 输出点 S1 对地只有 1V，说明负载电路有短路故障。这时需要关机，用万用表 R×1 挡测量 S1 点对地只有几欧姆，正反向都如此，常见的故障原因是保护管 Q804 击穿。其原因是开关管 Q801 的集电极-发射极击穿时，300V 串过来将 Q804 击穿。

3. 工作一段时间，电源不正常或无输出

此故障一般是元器件工作一段时间后随着温度的升高其特性发生变化所致。

检修步骤是：首选测量 S1 点电压，刚开机时为 113V 左右，但不久便逐渐升高。S1 点的

电压会升到 130V 以上，这显然是开关稳压电源的故障。检修的方法见故障开机后，机器不工作的排除方法。然后再测量＋12V 调压管 Q 的集电极电压只有 0.5V，基极电压 0.5V，发射极电压 0.1V。此时，可怀疑保护电路启动所致。这时，先测量 IC501 的⑥脚电压，若小于 2V，可将 D501 断开。此时，若正常，则说明是稳压管 D501 因输入电压过高而击穿导通，致使保护电路动作，切断了后级供电。

还有一种故障原因是开关稳压电源中调整比较器 Q803 的热稳定性不好。此时测量 Q803 的各极电压：若发射极电压 6V，基极电压 6.6V，均正常，而集电极电压为 90V（正常时为 108V）不正常，则一般是 Q803 损坏，需要代换。

第二节　并联型调宽典型电路原理与检修

一、电路原理

以早期设计的一种典型并联调宽型电源电路为例。此电源电路的特点为：

① 电路简单可靠、维修方便：整个开关电源只使用三只晶体管，元器件少，成本低。而且，因使用自激式电路，开关稳压电源可以独立工作，不受负载电路的牵制，因而，方便了维修与调整。

② 属于自激式并联型调宽的开关稳压电源。

③ 简单可靠的保护电路：它使用了可控硅电路作过压、过流的保护电路。电路元器件少，工作可靠。

④ 两路直流电压输出：开关稳压电源利用脉冲变压器输出两组直流电压，一路为 54V，另一路为 108V。

⑤ 功耗小效率高：因使用了这种开关稳压电源，所以降低了整机功耗（约 65W）。当电网电压在 130～260V 范围内变化时，开关电源都能输出稳定的直流电压。

如图 4-2 所示，此电路由整流滤波电路、自激振荡开关电路（含开关管和脉冲变压器等）、取样和比较放大电路、脉冲调宽电路、保护电路和脉冲整流滤波电路等几部分构成。

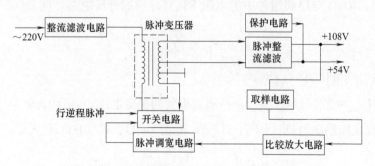

图 4-2　并联型调宽开关电源构成方框图

此电源交流电网电压直接被整流、滤波得到约 260～310V 不稳定的直流电压。这个电压加至开关稳压电路，经稳压后由脉冲变压器次级的脉冲整流滤波电路输出稳定电压。稳压的过程是：从输出的 108V 电压上取样（厚膜组件 CP901），经比较放大（Q902）产生误差电压，再将误差电压送至脉冲调宽电路（Q903），去控制开关管（Q901）的导通时间，以改变输出电压，达到稳压的目的。

图 4-3 是日立典型开关电源的电路图。下面分析此电路的特点和工作原理。

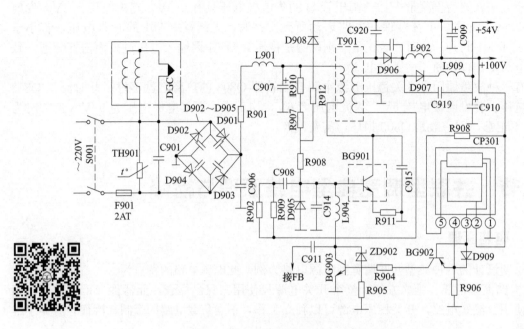

图 4-3　并联型调宽开关电源电路原理图

1. 整流滤波和自动消磁电路

220V 交流电压直接由二极管 D901～D904 构成的桥式整流电路来整流，再经电容 C907 滤波，得到约 300V 不稳定的直流电压作为开关稳压电路的输入电压。电容 C902～C905 有保护整流二极管的作用，而且还用来防止高频载波信号在整流器里与 50Hz 交流电产生调制，若这种调制信号很容易窜入高频通道形成 50Hz 干扰。交流电源线路引入的高频干扰信号可用电容 C901、C906 和电感线圈 L901 来抑制。

2. 取样和比较放大电路

取样电路与基准电压电路由厚膜组件 CP901 构成。比较放大管 Q902 使用 PNP 管。由图 4-4 可以看出，R903 与厚膜组件中的电阻 R1、R2 构成分压电路，使 Q902 基极电位约为

$$U_{b2}=\frac{E_1R_2}{R903+R_1+R_2} \tag{4-1}$$

而 Q902 发射结电位为

$$U_{be2}=E_1-U_{DZ}(U_{DZ} 是稳压二极管的稳定电压，其值约为6.5\text{V}) \tag{4-2}$$

Q902 发射结正向偏压为 $U_{be2}=U_{b2}-U_{e20}$，将式（4-1）、式（4-2）代入 U_{be2} 公式中，可得

$$U_{be2}=E_1\left(\frac{R_2}{R903+R_1+R_2}-1\right)+U_{DZ} \tag{4-3}$$

正常工作时，$U_b<U_{e2}$，$U_{be}<0$，Q902PNP 型晶体管工作在线性放大状态。

3. 自激振荡过程

此开关稳压电源电路是自激型的。由开关管 Q901、脉冲变压器 T901 及其他元件构成自激振荡电路，如图 4-5 所示。这种电路类似于间歇式振荡器，其工作过程如下。

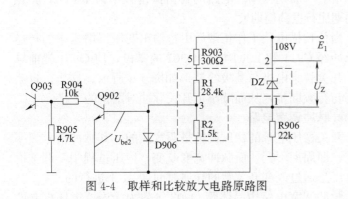

图 4-4 取样和比较放大电路原路图

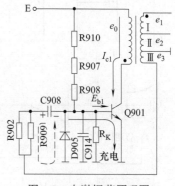

图 4-5 自激振荡原理图

(1) 脉冲前沿阶段 电阻 R910、R907、R908 构成启动电路，开机时给开关管 Q901 提供基极偏置，使没有稳定的直流电压 E 通过偏置电阻给 Q901 注入基极偏置电流，晶体管 Q901 开始导通，产生集电极电流 I_{c1}，这个集电极电流的产生使脉冲变压器初级产生上正下负的感应电压 e_0，经变压器耦合，在次级第Ⅲ绕组上感应出上负下Ⅱ的电压 e_3。e_3 通过电阻 R902、R909 和电容 C908 正反馈至 Q901 的基极，使 Q901 基极电流 I_{b1} 增加，I_{b1} 增加又使 Q901 集电极电流 I_{c1} 增加，因此产生一个正反馈的雪崩过程：

$$I\uparrow\to e_0\uparrow\to e_3\uparrow\to I_b$$

结果使 Q901 很快进入饱和状态，完成了自激振荡的脉冲前沿阶段。Q901 集电极与基极电位变化的情况可参照图 4-5。

(2) 脉冲平顶阶段 因正反馈雪崩过程很快，电容 C908 上的电压变化很小。当 Q901 饱和后，第Ⅲ绕组的感应电压 e_3 通过 R902、R909 对 C908 充电，充电回路如图 4-5 所示。随着对 C908 的充电，使 C908 上建立左正右负的电压，从而使 Q901 基极电位不断下降，基极电流 I_{b1} 不断减小。当 I_{b1} 减少至小于 I_{c1}/β 时，开关管 Q901 由饱和状态转为放大状态，完成了脉冲平顶阶段。这段时间，即 Q901 饱和导通的时间，由 C908 的充电常数来决定：

$$\tau_{充}=C908\cdot(R902//R909+R_{be1}//R_k) \tag{4-4}$$

式中 R 是 Q901 发射结正向导通电阻，R_k 是脉冲调宽电路中晶体管 Q903 的等效电阻。显然，在 $R902$、$R909$、R_{be1}、C908 一定的情况下，R_k 越大，$\tau_{充}$ 越大，脉冲宽度越宽；R_k 越小，$\tau_{充}$ 越大，脉冲宽度越宽；R_k 越小，$\tau_{充}$ 越小，脉冲的宽度就越窄。

(3) 脉冲后沿阶段 当 Q901 进入放大状态后，其基极电流 I_{b1} 减小，导致集电极电流 I_{c1} 减小，脉冲变压器初级产生上负下正的感应电压。经过脉冲变压器耦合，在次级第三绕组感应出上正下负的电压，再通过正反馈，使基极电位减小，进一步下降，因此产生下述正反馈雪崩过程：

$$I_b\downarrow\to I_c\downarrow\to e_0\ 反向\uparrow\to e_3\ 反向\uparrow$$

最后使 Q901 截止，相当于等效开关断开，完成脉冲后沿阶段。

(4) 脉冲间歇阶段 截止后，C908 上所充的左正右负的电压通过电阻和二极管正向导通电阻进行放电。因放电回路电阻很小，则放电时间常数较小，其值为：

$$\tau_{充}=C908(R902//R909+r_D)$$

电容 C908 上电压很快放完，然后由不稳定的直流电压经 R910、R907、R908 向 C908 电容反向充电，至基极电位高于发射极电位 0.6V 时，产生基极电流，形成正反馈过程，使 Q901 饱和，

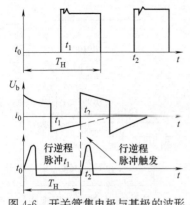

图 4-6 开关管集电极与基极的波形

则开始下一周期振荡。电路的自由振荡频率为 10kHz，其振荡周期比行振荡周期大。

当行扫描电路工作正常后由行输出变压器馈送来的行逆程脉冲经 C911 和 L904 加至 Q901 的基极，使 Q901 提前导通，开关管集电极与基极的波形如图 4-6 所示。这样，自激振荡与行频同步，从而减小了开关脉冲对图像的干扰。

4. 脉冲调宽电路

开关稳压电源的稳压调整是调宽式的，其脉冲信号频率不变，即周期不变。而脉冲宽度改变，稳压过程中，调整输出电压是通过改变开关管的导通时间 T_{ON} 来进行的。

脉冲调宽电路中晶体管 Q903 等效为受误差电压控制的可变电阻，它并联在 Q902 的发射结两端，影响 Q901 的导通时间，即脉冲的平顶时间。

5. 稳压过程

当输出电压 E_1 升高时，根据式 (4-3) 可知 U_{be2} 变得更负，使 Q902 的集电极电流 I_{c2} 增加，通过电阻使 R904 的 Q903 基极电位 U_{b3} 上升，因而使 Q903 的基极电流 I_{b3} 增加，Q903 的集电极电流 I_{c3} 增加，也就是使 Q903 的集电极与发射极间的电阻 R_k 变小。根据公式 (4-4) 可知，R_k 变小将使开关管导通时间即脉冲宽度 T_{ON} 变小，从而使输出电压下降，达到稳压目的。这一稳压过程可表示如下：

$$E_1\uparrow \rightarrow U_{be2}\downarrow \rightarrow I_{c2}\uparrow \rightarrow U_{b3}\uparrow \rightarrow I_{b3}\uparrow \rightarrow I_{c3}\uparrow \rightarrow R_k\downarrow \rightarrow T_{ON}\downarrow (T\ 不变) \rightarrow E_1\downarrow$$

同理，当输出电压下降时，有下述稳压过程：

$$E_1\downarrow \rightarrow U_{be2}\uparrow \rightarrow I_{c2}\uparrow \rightarrow U_{b3}\uparrow \rightarrow I_{b3}\uparrow \rightarrow I_{c3}\uparrow \rightarrow R_k\uparrow \rightarrow T_{ON}\uparrow (T\ 不变) \rightarrow E_1\uparrow$$

6. 供电转换

从电路图 4-3 可以看出，当开机时，开关管 Q901 的基极偏置及脉冲调宽晶体管 Q903 的集电极电压是由整流后的不稳定电压供给的。因这个电压随着电网电压的变化而变化，会影响 Q901 的正常工作，因而需要稳压电源有稳定电压输出时，由稳定电压来供电，即进行供电转换。

当稳压电源输出稳定电压后，脉冲变压器初级直流输入电压高于次级直流输出电压，使二极管 D908 导通，将 P 点电位钳在 100V 左右。供给 Q901 偏置和 Q903 集电极的电压稳定，完成供电转换任务。

7. 脉冲整流与滤波电路

在自激振荡的脉冲后沿阶段，脉冲变压器次级 Ⅰ、Ⅱ 绕组产生感应电压 e_1、e_2，其极性为上正下负。脉冲电压 e_1、e_2 经整流二极管 D906、D907 整流和经滤波电容 C909、C910 滤波后，供给负载电路直流电压，同时将滤波电容充电。这样变压器电感里的能量转给负载并给滤波电容充电。在感应电压消失后，整流二极管 D906、D907 截止，电容 C909、C910 向负载放电，保证继续有电流流过负载。因脉冲频率高，电容 C909、C910 容量较大，使输出电压纹波电压小，电压值平稳。电路中 C920、C912、C913、L902、L903 有高频滤波的防高频辐射的作用，可减小开、关脉冲干扰。

8. 保护措施

此电源电路使用了多种保护措施，以提高安全可靠性，其中保护电路由可控硅 Q704、厚膜组件 CP701 及二极管 D908、R912 等构成。如图 4-7 所示。

(1) 过压保护 当稳压电源输出电压升高，都会引起负载电压升高，严重时会超出安全数值，造成危害。为了防止高压电压过高，设有限制高压的过压保护电路。

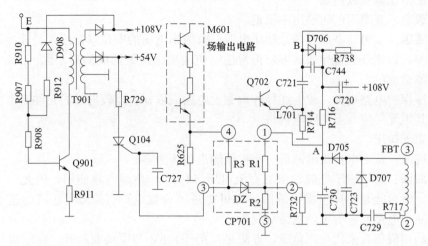

图 4-7　过压、过流保护电路

当高压升高时，负载变压器 T703 的③脚输出脉冲的幅度也按一定比例有所增加。

二极管 D705、D707 与电容 C279 等元件构成倍压整流电路，它将脉冲整流，使 A 点电位上升。厚膜组件 CP701 是保护电路的取样比较电路，C730 两端的电压加至 CP701 的①脚，即加在分压电阻 R1 与 R732 两端。当 A 点电位上升到一定值时，CP701②脚的分压值升高，使稳压二极管 D_Z 击穿，给可控硅 Q704 控制栅极一个正触发信号，使 Q704 导通。因 Q704 导通电阻 R729（1Ω/2W）并联在+54V 直流电压输出的两端，则 Q704 的导通使+54V 直流输出电压被短路，同时+108V 直流输出电压因负载短路下降到+27V 以下。+108V 直流输出电压的下降经二极管 D908 使 P 点电位下降到+27.5V 以下，从而使 Q901 基极电位下降，造成 Q901 无偏流而停止振荡，开关电源停止工作，达到限制高压的目的。

(2) 过流保护　当负载电流太大时，电阻 R714 两端电压增加，B 点电位相应上升。当 B 点电位达到一定值后，二极管 D706 导通，A 点电位上升到使 CP 中的稳压二极管 D_Z 导通，并使可控硅 Q704 导通，这时稳压电源停止工作，起到保护作用。

本机在保护电路起作用后，会听到脉冲变压器发出"吱吱"声。这是因为 Q701 导通后，把脉冲变压器 T901 的次级短路，使 Q901 停振，稳压电源无输出的缘故。但因本机开关电源是自激型的，一旦电源停止工作，可控硅 Q704 便恢复开路状态，稳压电流的自激振荡电路又会开始工作，输出端又产生直流输出电压。当输出的直流电压尚没有完全建立时，过压或过流会使 Q704 重新导通，使 Q901 停止振荡，如此反复循环：自激振荡—停振—自激振荡……，就会使脉冲变压器因这种间歇振荡发出"吱吱"声。这时应将设备关闭。30s 后再打开电视机，若还出现同样现象，说明电路发生了故障。

二、并联型调宽典型电路故障检修

1. 用于彩电电路时有图像、有伴音、但有"吱吱"声

(1) 故障现象：电视机电源接通后机内发出"吱吱"尖叫声。

(2) 故障原因：调试稳压输出的直流电压基本正常。产生"吱吱"声音的原因，对开关式电源来说是因开关稳压电源同步脉冲的耦合元件开路（例：C911 开路）可使开关稳压电源处于自由振荡状态，而且其振荡频率低于行频（12～14kHz 范围内重复变化），所以发出"吱吱"的尖叫声；同时对电视机产生的干扰使图像发生水平方向的扭动。另一种是由滤波电容（C907 或 C909）开路造成的。因滤波电容开路，使输出的纹波电压增加。

2. 电源输出电压偏低或偏高

（1）故障现象：开机后电压输出不稳定。

（2）故障原因：这可能是没有调好稳压电源调整输出电压的电位器，或者是脉冲调宽电路的元件性能变差，致使开关管导通时偏离正常值，使输出电压偏低或偏高，也可能是因取样、比较电路有故障造成的。

当发现过压保护电路损坏，或上述脉冲调宽度电路或取样、比较电路的元件严重损坏。这时为防止损坏其他元件应马上关闭电视机。

3. 稳压电源无输出

（1）故障现象：接通电视机电源后，测稳压输出电压为零。

（2）故障原因：开关稳压电源输出的直流电压（108V）负载电路使用；因此，一般输出不正常的故障，既可能是稳压电源有故障，也可能是主负载电路有故障，还可能是＋12V 直流电压的整流滤波电路或它的负载电路有故障。

我们可以利用假负载来代替原负载，方法是：把＋108V 与原负载断开。在电源与地之间接一只 100W180Ω 左右的大电阻或一只 100W 白炽灯泡即可。这样就可以区别是稳压电源故障，还是负载故障。若用假负载代替原负载电路，测量假负载两端的电压正常，则不是稳压电源的故障，否则是负载电路或稳压电源保护电路的故障。

开关直流稳压电源的故障可能是与交流供电电路有关的元件开路（例如：电源开关损坏不能接通电源，交流熔丝熔断等）或短路（例如：整流二极管短路、滤波电容短路等；开关管损坏；脉冲变压器开路；脉冲调宽晶体管、比较放大管损坏；保护电路中元件损坏造成设备总处于保护状态等）。

第三节　调频-调宽直接稳压型典型电路原理与检修 <<<

一、电路原理

本节以三洋典型机芯电源为例介绍直接稳压电源电路分析及故障检修，此电路广泛应用于电视机及工业设备。开关电源电路的工作原理如图 4-8 所示。

1. 熔断器、干扰抑制、开关电路

FU801 是熔断器，也称为熔丝。彩色电视机使用的熔断器是专用的，熔断电流为 3.14A，它具有延迟熔断功能，在较短的时间内能承受大的电流通过，因此不能用普通熔丝代替。

R501、C501、L501、C502 构成高频干扰抑制电路。可防止交流电源中的高频干扰进入电视机干扰图像和伴音，也可防止电视机的开关电源产生的干扰进入交流电源干扰其他家用电器。

SW501 是双刀电源开关，关闭后可将电源与用电器完全断开。

2. 自动消磁电路

因彩色电视机设有此电路。彩色显像管的荫罩板、防爆卡、支架等都是铁制部件，在使用中会因周围磁场的作用而被磁化，这种磁化会影响色纯度与会聚，使荧光屏出现阶段局部偏色或色斑，因此，需要经常对显像管内外的铁制部件进行消磁。

常用的消磁方法是用逐渐减小的交变磁场来消除铁制部件的剩磁。这种磁场可以通过逐渐变小的交流电流来取得，当电流 i 逐渐由大变小时，铁制部件的磁感应强度沿磁带回线逐渐变化为零。

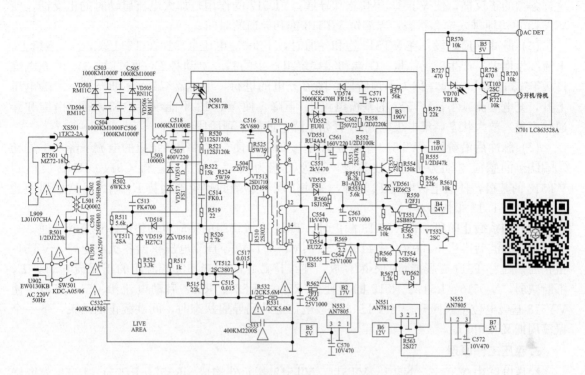

图 4-8　开关电源电路的检测原理图

　　自动消磁电路也称 ADC 电路，由消磁线圈、正温度系数热敏电阻等构成，消磁线圈 L909 为 400 匝左右，装在显像管锥体外。

　　RT501 是正温度系数热敏电阻，也称为消磁电阻。刚接通电源时，若 RT501 阻值很小，则有很大的电流流过消磁线圈 L909，此电流在流过 RT501 的同时使 RT501 的温度上升，RT501 的阻值很快增加，从而使流过消磁线圈的电流 i 不断减小，在 3s、4s 之内电流可减小到接近于零。

3. 整流、滤波电路

　　VD503～VD506 四只二极管构成桥式整流电路，从插头 U902 输入的 220V 交流电，经桥式整流电路整流，再经滤波电容 C507 滤波得到 300V 左右的直流电，加至稳压电源输入端。C503～C506 可防止浪涌电流，保护整流管，同时还可以消除高频干扰。R502 是限流电阻，防止滤波电容 C507 开机充电瞬间产生过大的充电电流。

4. 开关稳压电源电路

　　开关稳压电源中，VT513 为开关兼振荡管，$U_{ceo} \geq 1500V$，$P_{cm} \geq 50W$。T511 为开关振荡变压器，R520、R521、R522 为启动电阻，C514、R519 为反馈元件。VT512 是脉冲宽度调制管，集电极电流的大小受基极所加的调宽电压控制。在电路中也可以把它看成一个阻值可变的电阻，电阻在时 VT513 输出的脉冲宽度加宽，次级的电压上升，电阻小时 VT513 输出的脉冲宽度变窄，次级电压下降。自激式开关稳压电源由开关兼振荡管、脉冲变压器等元件构成间歇式振荡电路，振荡过程分为四个阶段。

　　(1) 脉冲前沿阶段　+300V 电压经开关变压器的初级绕组③端和⑦端加至 VT513 的集电极，启动电阻 R520、R521、R522 给 VT513 加入正偏置产生集电极电流 I_c，I_c 流过初级绕组③端和⑦端时因互感作用使①端和②端的绕组产生感应电动势 E_1。因①端为正，②端为负，通过反馈元件 C514、R519 使 VT513 基极电流上升，集电极电流上升，感应电动势 E_1 上升，这样强烈的正反馈，使 VT513 很快饱和导通。VD517 的作用是加大电流启动时的正反馈，使 VT513 更快地进入饱和状态，以缩短 VT513 饱和导通的时间。

(2) 脉冲平顶阶段　在 VT513 饱和导通时，+300V 电压全部加在 T511③、⑦端绕组上，电流线性增大，产生磁场能量。①端和②端绕组产生的感应电动势 E_1 通过对 C514 的充电维持 VT513 的饱和导通，称为平顶阶段。随着充电的进行，电容器 C514 逐渐充满，两端电压上升，充电电流减小，VT513 的基极电流 I_b 下降，使 VT513 不能维持饱和导通，由饱和导通状态进入放大状态，集电极电流 I_c 开始下降，此时平顶阶段结束。

(3) 脉冲后沿阶段　VT513 集电极电流 I_c 的下降使③端和⑦端绕组的电流下降，①端和②端绕组的感应电动势 E_1 极性改变，变为①端为负、②端为正，经 C514、R519 反馈到 VT513 的基极，使集电极电流 I_c 下降，又使①端和②端的感应电动势 E_1 增大，这样强烈的正反馈使 VT513 很快截止。

(4) 间歇截止阶段　在 VT513 截止时，T511 次级绕组的感应电动势使各整流管导通，经滤波电容滤波后产生+190V、+110V、+24V、+17V 等直流电压供给各负载电路。VT513 截止后，随着 T511 磁场能量的不断释放，使维持截止的①端和②端绕组的正反馈电动势 E_1 不断减弱，VD516、R517、R515 的消耗及 R520、R521、R522 启动电流给 C514 充电，使 VT513 基极电位不断回升，当 VT513 基极电位上升到导通状态时，间歇截止期结束，下一个振荡周期又开始了。

5. 稳压工作原理

稳压电路由 VT553、N501、VT511、VT512 等元件构成。R552、RP551、R553 为取样电路，R554、VD561 为基准电压电路，VT553 为误差电压比较管。因使用了 N501 的光电耦合器，使开关电源的初级和次级实现了隔离，除开关电源部分带电外，其余底板不带电。

当+B110V 电压上升时，经取样电路使 VT553 基极电压上升，但发射极电压不变，这样基极电流上升，集电极电流上升，光电耦合器 N501 中的发光二极管发光变强，N501 中的光敏三极管导通电流增加，VT511、VT512 集电极电流也增大，VT513 在饱和导通时的激励电流被 VT512 分流，缩短了 VT512 的饱和时间，平顶时间缩短，T511 在 VT513 饱和导通时所建立的磁场能量减小，次级感应电压下降，+B110V 电压又回到标准值。同样若+B110V 电压下降，经过与上述相反的稳压过程，+B110V 又上升到标准值。

6. 脉冲整流滤波电路

开关变压器 T511 次级设有五个绕组，经整流滤波或稳压后可以提供+B110V、B2+17V、B3+190V、B4+24V、B5+5V、B6+12V、B7+5V 七组电源。

行输出电路只为显像管各电极提供电源，而其他电路电源都由开关稳压电源提供，这种设计可以减轻行电路负担，降低故障率，也降低了整机的电源消耗功率。

7. 待机控制

待机控制电路由微处理器 N701、VT703、VT522、VT551、VT554 等元件构成。正常开机收看时，微处理器 N701⑮脚输出低电平 0V，使 VT703 截止，待机指示灯 VD701 停止发光，VT552 饱和导通，VT551、VT554 也饱和导通，电源 B4 提供 24V 电压，电源 B6 提供 12V 电压，电源 B7 提供 5V 电压。电源 B6 控制行振荡电路，B6 为 12V，使行振荡电路工作，行扫描电路正常工作处于收看状态。同时行激励、N101、场输出电路都得到电源供应正常工作，机器处于收看状态。

待机时，微处理器 N701⑮脚输出高电平 5V，使 VT703 饱和导通，待机指示灯 VD701 发光，VT522 截止，VT551、VT554 失去偏置而截止，电源 B4 为 0V，B6 为 0V，B7 为 0V，机器处于待机状态。

8. 保护电路

(1) 输入电压过压保护 VD519、R523、VD518 构成输入电压过压保护电路,当电路输入交流 220V 电压大幅提高时,使整流后的 +300 电压提高,VT513 在导通时①端和②端绕组产生的感应电动势电压升高,VD519 击穿使 VT512 饱和导通,VT513 基极被 VT512 短路而停振,保护电源和其他元件不受到损坏。

(2) 尖峰电压吸收电路 在开关管 VT513 的基极与发射极之间并联电容 C517,开关变压器 T511 的③端和⑦端绕组上并联 C516 和 R525,吸收基极,集电极上的尖峰电压,防止 VT513 击穿损坏。

二、调频-调宽直接稳压型电路故障检修

开关稳压电源电路比较复杂,所用的元器件较多,电源开关管工作在大电流、高电压的条件下,因此,电源电路也是故障率较高的电路之一。因电源电路种类繁多,各种牌号电器的开关电源差异较大,给维修带来了一定的难度。尽管各种电源电路结构样式不同,但基本原理是相同的,在检修时要熟练地掌握开关稳压电源的工作原理和电源中各种元器件所起的作用,结合常用的检测方法,如在路电阻测量法和电压测量法等,逐步地积累维修经验,就可以较快地排除电源电路的故障。

以图 4-8 所示开关电源电路检测原理图为例。它属于并联自激型开关稳压电源,使用光耦直接取样,因此除开关电源电路外底盘不带电,也称为"冷"机芯。

检修电源电路时为了防止输出电压过高损坏后级电路、电源空载而击穿电源开关管,首先要将 +110V 电压输出端与负载电路(行输出电路)断开,在 +110V 输出端接入一个 220V 25~40W 的灯泡作为假负载。若无灯泡也可以用 220V 20W 电烙铁代替。

1. 关键在路电阻检测点(电阻检测可扫 372 页二维码学习)

(1) 电源开关管 VT513 集电极与发射极之间的电阻 测量方法:用万用表电阻 R×1 挡,当红表笔接发射极,黑表笔接集电极时,表针应不动;红表笔接集电极,黑表笔接发射极时,阻值在 100Ω 左右为正常。若两次测量电阻值都是 0Ω,则电源开关和 VT513 已被击穿。

(2) 熔丝 FU501 电源电路中因元器件击穿造成短路时,熔丝 FU501 将熔断保护。

测量方法:用万用表电阻 R×1 挡,正常阻值为 0Ω。若表针不动,说明熔丝已熔断,需要对电源电路中各主要元器件进行检查。

(3) 限流电阻 R502 限流电阻 R502 也称为水泥电阻,当电源开关管击穿短路或整流二极管击穿短路时,会造成电流增大,限流电阻 R502 将因过热而开路损坏。

测量方法:用万用表 R×1 挡,阻值应为 3.9Ω。

2. 关键电压测量点

(1) 整流滤波输出电压 此电压为整流滤波电路输出的直流电压,正常电压值为 +300V 左右,检修时可测量滤波电容 C507 正极和负极之间的电压,若无电压或电压低,说明整流滤波电路有故障。

(2) 开关电源 +B110V 输出电压 开关电源正常工作时输出 +B110V 直流电压,供主电路工作。检修时可测量滤波电容 C561 正、负极之间的电压,若电压为 +110V,说明开关电源工作正常;若电压为 0V 或电压低,或电压高于 +110V,则电源电路有故障。

(3) 开关电源 B2+17V、B3+190V、B4+24V、B5+5V、B6+12V、B7+5V 各电源直流输出电压 可以通过测量 B2~B7 各电源直流输出端电压来确定电路是否正常。

3. 常见故障分析

典型并联开关电源系统的常见故障有以下几种。

(1) 开关电源不工作、无输出 开关稳压电源工作状态受微处理器 CPU 控制。因此，出现无输出故障时，其原因可能是：微处理器 CPU 电路中的电源开关控制电路部分有故障，使开关稳压电源不工作，或稳压电源本身有故障引起。

开关稳压电源无输出引起的无输出故障原因有 3 点：

① 开关稳压电源本身元器件损坏，造成开关稳压电源不工作、无输出电压；

② 因开关稳压电源各路输出电压负载个别有短路或过载现象，使电源不能正常启动，造成无电压输出；

③ 微处理器 CPU 控制错误或微处理器出故障，导致开关稳压电源错误地工作在待机工作状态，而造成无电压输出。

由上述分析可知，当出现无输出故障时，多数情况下都会有开关稳压电源无输出电压故障现象。因此，判断无输出故障是因开关稳压电源本身发生故障，还是其他原因使开关稳压电源不能正常工作是维修无输出故障的关键。具体检查方法如下。

打开电视机电源开关，测 B1 电压有无＋130V。无＋130V 时，拆掉 V792 再测有无＋130V，有则问题在 V792 或微处理器 CPU；无则依次断掉各路电压负载，再测＋130V电压。

判定故障位置后，再分别进行修理，就能很快修复机器。

(2) ＋B 输出电压偏低 B1 端的电压应为稳定的 130V，若偏低，则去掉 B1 负载，接上假负载，若 B1 仍偏低，说明 B1 没有问题。

B1 虽低但毕竟有电压，说明开关电源已启振，稳压控制环路也工作，只是不完全工作。这时应重点分析检修稳压控制环路元器件是否良好。通常的原因多为 VD516 断路。换上新元器件后，故障消除。因 VD516、R517 是 V512 的直流负偏置电路，若没有 VD516 和 R517 产生的负偏压加到 VD512 的基极，则 V512 的基极电压增高，V512 导通程度增加，内阻减小，对 V513 基极的分流作用增加，使 V513 提前截止，振荡频率增高，脉冲宽变窄，使输出 B1 电压降低。

另外，如 VD514 坏了，则电压可升高到 200V 左右，将行输出管击穿，然后电源进入过流保护状态而停机，出现无输出故障。在维修此类 B1 电压过高故障时，一定要将 B1 负载断开，以免行输出管因过压损坏。VD514 为 V511 的发射极提供反馈正偏置电压，若 VD514 断路，则 V511 的发射极电压减小，V511 导通电流减小，使 V512 导通电流减小，内阻增加，对 V513 基极分流作用减小，V513 导通时间增长，频率降低，脉冲占空系数增加，可使 B1 电压增加。

在维修电源前弄清电路中的逻辑关系，会给维修带来很多方便。例如，因使用光电隔离耦合电压调整电路，并且误差取样直接取自 B1 电压，若无 B1 电压就无其他电压，因此维修时应首先检测 B1 电压。

(3) 电源开关管 V513 击穿 因 C2951 及 C2951K 型机开关稳压电源设计在正常交流市电变化范围内工作，因此当交流市电电压过低时，V513 电流增大，管子易发热，导致击穿电压下降，加上低压时激励不足，故易损坏开关管 V513。解决办法：可把 R517 由 1k 改为 1.8k；把 R523 由 3.31k 改为 10k 即可。

(4) ＋B 输出电压偏高 这类故障在整机中的表现为：实测＋B 电压远远大于 130V。

在检修时，先断开 130V 负载电路，开机检测 130V 电压端，结果约为 170V，调 RP551，B1 输出电压不变，这说明开关稳压电路已启振，但振荡不受控，已说明开关稳压电源频率调制稳压环路出现故障。

查误差电压取样电路 R551、R552A、RP551 时，较常出现问题有 R552A 开路。代换 R552A 后，趴电压降低到正常值，接上趴电压负载后，故障即可消除。

这是因 R552A 为误差电压取样电阻之一，当 R552A 开路后，V553 基极电压为 0V，发射集电压为 6.2V 左右，故 V553 截止，无电流流过光电耦合器 VD515 二极管部分，使 VD515 截止，从而使 V511、V512 截止，V513 失去控制，导通时间增长，使输出电压增高。因＋B 电压远远高于 130V，行输出级工作时产生很高的逆程脉冲电压，导致 V432 行输出管击穿损坏，产生"三无"故障。

4. 常见故障及排除方法

故障现象 1：待机指示灯不亮，电源无输出。

当出现电源无输出故障时，首先要检测负载是否击穿，电源无输出。经检测没有击穿，测输出级供电端电压不正常，应检查电源电路。检修电源电路时，首先接入假负载，断开 R233 与 T471 的连接，接入一个 220V15～40W 的灯泡，开关稳压电源经过维修后，测量假负载与地线之间的电压为＋110V，可拆下假负载，焊上 R233 与 T471 的连接。

检修程序 1：

① 测量＋B110V 供电端电压为 0V，测量 B2～B7 各电源电压也为 0V。

② 检查电源开关管 VT513 是否击穿损坏，用万用表电阻 R×1 挡测量电源开关管 VT513 的集电极和发射极之间的在路电阻，两次测量都为 0Ω，说明 VT513 已击穿短路。

③ 用在路电阻检测法检查熔丝 FU501 和水泥电阻 R502，这两个元件可能会同时损坏。检测脉宽调整管 VT512，这个元件很有可能损坏。

④ 将损坏的元器件拆下，用相同规格的元器件代换。

检修程序 2：

① 测量＋B110V 供电端电压为 0V，测量 B2～B7 各电源电压也为 0V。

② 检查电源开关管 VT513 是否击穿损坏，用万用表电阻 R×1 挡测量电源开关管 VT513 的集电极和发射极之间的在路电阻，一次测量表针不动，一次测量为 100Ω 左右，说明 VT513 没有击穿损坏。

③ 测量滤波 C507 正、负两端直流电压为 0V，说明整流滤波电路有故障。

④ 检测熔丝 FU501 和水泥电阻 R502 同时开路或其中一个开路。故障原因有：整流二极管 VD503～VD506 其中一只或多只击穿短路，滤波电容 C507 击穿，消磁电阻击穿短路，熔丝质量不佳自动熔断。

⑤ 测量滤波电容 C507 正、负两端电压为 0V，测量熔丝 FU501、水泥电阻 R502 均无损坏，故障原因有：电源开关 SW501 损坏，插头 U902 至整流电路间连线断路，交流电网电源无－220V 电压。

检修程序 3：

① 测量＋110V 输出端为 0V，测量 B2～B7 各电源电压为 0V，测量 VT513 没有损坏。

② 测量滤波电容 C507 正、负两端直流电压为＋300V，正常，这是因为开关电源停振而引起的无输出电压故障。

因开关电源停振，滤波电容 C507 存储的＋300V 电能关机后无放电通路，检修时能给人造成触电危险，因此关机后要注意将电容 C507 放电。放电后也可以在 C507 的正、负极上焊接两个 100kΩ2W 的放电电阻，待开关稳压电源维修好以后再焊下来。

造成自激振荡停振的原因有：

① 启动电阻 R520、R521、R522 开路，振荡器无启动电压。

② 正反馈、元件 R519、R524 开路，电容 C514 开路或失效，无正反馈电压。

③ ＋B110V、B2～B7 各路输出电路出现短路，例如整流二极管击穿、滤波电容击穿短

路、负载短路，使开关变压器 T511①-②端的正反馈绕组电压下降而停振。

④ 调宽、稳压电路出现故障，将正反馈电压短路，故障原因有 VT512、VT511 击穿短路，光电耦合器损坏，VT553 击穿短路及周围相关元件损坏。光电耦合器损坏有时测量不出来，可用相同型号的元件替换。

⑤ 电源开关管 VT513 性能下降，放大倍数降低，可以用型号相同的电源开关管替换试验。

⑥ 对可能造成停振的其他元器件逐一检查，例如限流电阻 R510 开路，二极管 VD516、VD518、VD519 击穿短路，电阻 R511 开路，开关变压器 T511 内部绕组短路等。

检修程序 4：

① 测量＋B 供电端电压为 110V，正常。

② 测量 B5＋5V 电压为 0V，说明故障原因是由无＋5V 电压引起的。

③ 故障原因有：R569 开路，VD554 开路，C564 无容量失效，N553 开路损坏，B5＋5V 负载短路（可用断路法分别断开各负载电路检查）。

故障现象 2： 待机指示灯不亮无输出。经检测负载有击穿元件，拆下负载接入假负载，测量假负载与地线之间电压为＋125～＋175V 左右。

检修程序： 稳压调宽电路出现故障，故障原因有：R555、R552 开路，光电耦合器 N501 开路或损坏，VT511、VT512、VT533、VD561 开路损坏。N501 可以用相同规格型号新件替换试验。

故障现象 3： 开机后待机灯亮，按系统控制键，测系统控制有输出，但电流不工作。

检修程序：

① 测量＋B 电源电压为 0V。

② 故障原因有：滤波电容 C561 无容量失效，整流二极管 VD551 开路。

故障现象 4： 有干扰，用示波器测波大。

故障原因： ＋300V 滤波电容 C507 无容量失效，整流滤波电路输出脉动电压，可用相同规格的电容器替换。

故障现象 5： 输出电压低且不稳。

检修程序：

① 测量＋B 电源供电端电压为 70～90V。

② 检查稳压调宽电路元件如 R553、R556 是否开路，VT555、VD561 是否击穿短路，VT511、VT512、光电耦合器 N501 是否性能不良，可以用相同规格型号新件替换试验。

故障现象 6： 开关稳压电源输出略高或略低于＋110V。

检修程序： 调整 RP551 使输出电压回到＋110V。

【提示】 因开关电源受遥控系统控制，电源受遥控系统控制不启动，在检修相关电路或电源时，如需要电源有输出电压，可先短接控制管 VT552 集电极与发射集，强行开机检修。

第四节　调频-调宽间接稳压型典型电路原理与检修

1. 分立元件微型计算机电源电路原理与故障检修（一）

图 4-9 为长城公司开发生产的开关稳压电源，主变换电路使用自激励单管调频、调宽式稳压控制电路，电路分析如下。

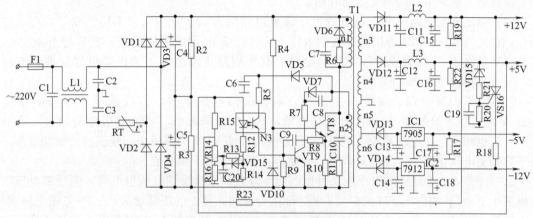

图 4-9　长城 GW-PS60 型微机电源电路

（1）交流输入及整流滤波电路原理　交流输入电路由 C1～C3 及 L1 构成，用于滤除来自电网和电源两方面的干扰。其中 C2、C3 接成共模方式，L1 是共模电感，它们构成的滤波器有一个显著的优点：电源输入电流在电感 L1 上所产生的干扰磁场可互相抵消，相当于没有电感效应，L1 对共模干扰源来说，相当于一个很大的电感，故能有效地衰减共模磁场的传导干扰。

RT 为浪涌电流限制电阻，用于对开机瞬间的充电电流限幅。它具有负温度特性，冷态电阻较大，一旦通电，其基体发热阻值就会很快下降，以减小对交流电压所产生的压降。

VD1～VD4 为整流二极管，它们构成典型的桥式整流电路。C4、C5 为滤波电容，对桥式整流后所得 100Hz 单向脉冲进行平滑滤波。

当接通主机电源开关，220V 交流市电经 C1～C3 和 L1 构成的低通滤波器后，进入整流滤波电路，经 VD1～VD4 整流及 C5 滤波后，输出 300V 左右脉动直流电压为后级开关振荡电路提供电源。

（2）自激式开关振荡电路原理　自激式开关振荡电路主要由 VT8、R6～R11、VD6、VD7、VD10、C7、C8、E10 及 T1 初级 n1、n2 构成。其中，VT8 为振荡开关管，n1 为主绕组，n2 为正反馈绕组，R4、VD10 为启动元件，C8、R7、VD7 为间歇充放电元件。具体工作过程如下。

微机电源接通以后，整流所得 300V 左右的直流高压，便通过 R4 为 VT8 提供一个很小的基极电流输入，晶体管 VT8 开始导通，因 VT8 的放大作用其集电极将有一个相对较大的电流 I_c，此电流流过变压器初级绕组 n1 时，同时会在反馈绕组 n2 上感应出一定的电压，此电压经 VD7、C8、R7 加到 VT8 的基极使基极电流增加，I_c 也以更大的幅度增大，如此强烈的正反馈使 VT8 很快由导通状态进入饱和导通状态，并在变压器各绕组中产生一陡峭的脉冲前沿。

VT8 进入饱和导通状态以后，正反馈过程就结束，间歇振荡器便进入电压和电流变化都比较缓慢的脉冲平顶工作过程。在平顶时，电容 C8 通过 R7、VT8 发射结、R10 进行充电，在充电过程中，电容C8两端电压逐渐升高，加于VT8基极上的电压逐渐减小，注入基极的电流也逐渐减小。与此同时，高频变压器初级绕组电流即V8集电极电流逐渐增加，高频变压器存储磁能。当 $I_b=I_c/\beta$ 时，VT8就开始脱离饱和区，脉冲平顶期结束。

VT8脱离饱和区进入放大区，整个电路又进入强烈的正反馈过程，即在正反馈的作用下，使晶体管很快进入截止状态，在变压器各绕组中形成陡峭的脉冲后沿。

在脉冲休止期，VT8截止。电容C8在脉冲平顶期所充的电压，此时通过VT7进行快速泄放。变压器的储能一方面继续向负载供电，另一方面又通过n1绕组和R6、VD6进行泄放，能量泄放结束后，下一周期又重新开始。

(3) 稳压调整电路原理 电源的稳压调整电路由VT9、VD10、VD15、N3、R9、R12～R16、R23、VR14、C20等构成。其中R15、VR14、R16构成采样电路，其采样对象为+5V和+12V端电压。N3为光电隔离耦合器件，其作用是将输出电压的误差信号反馈到控制电路，同时又将强电与弱电隔离。

① 当+5V和+12V端电压上升时，采样反馈电压上升，但反馈电压上升的幅度小于+5V端电压上升的幅度，则N3耦合更紧，其上的压降减小，VT9基极电流增加，VT9集电极电流也增大。此电流对VT8基极电流分流增大使VT8提前截止，变压器的储能减少，各路平均输出电压也减小，经反复调整，各路电压逐渐稳定于额定值。

② 当+5V和+12V端电压因某种原因而下降时，采样反馈电压也下降，但反馈电压下降的幅度小于+5V端电压下降的幅度，则N3耦合减弱，其上的压降增大，VT9基极电流减小，集电极电流也减小。此电流对VT8基极电流分流减小，结果使VT8延迟截止，变压器的储能增加。各路平均输出电压相应增加，经反复调整，各路电压逐渐稳定于额定值。

电路中VD5在VT8导通时导通，并为N3和VT9基极提供偏压，使VT9工作在放大状态。C6为滤波电容。

(4) 自动保护电路原理 电源的自动保护单元主要设有了+5V输出过压保护电路，此电路由VS16、VD15、R18、1t20、R21、C19等构成。当+5V端电压在5.5V以下时，VD15处于截止状态，VS16因无触发信号处于关断状态，此时保护电路不起作用。

当+5V端电压过高时，VD15被击穿，VS16因控制端被触发而导通，并将+12V端与−12V端短接。此过程一方面引起采样反馈电压下降、N3耦合加强、VT9导通从而使VT8提前截止；另一方面，因+12V端与−12V端短接而破坏了自激振荡的正反馈条件，使振荡停止，各路电压停止输出，保护电路动作。

(5) 高频脉冲整流与直流输出电路原理 电源的高频脉冲整流与直流输出电路主要由开关变压器T次级绕组及相应的整流与滤波电路构成。

由T1次级的n3绕组输出的脉冲通过VD11整流、C11和L2、C15构成的π形滤波器滤波后为主机提供+12V直流电源；

由T1次级的n4绕组输出的高频脉冲经VD12整流、C12与L3、C16等构成的π形滤波器滤波后，为主机提供+5V电源；

由T1次级的n5绕组输出的脉冲电压经VD13整流及C13滤波，再经IC1（7905）三端稳压器的稳压调整后，为主机提供−5V电源；

由T1次级的n6绕组输出的高频脉冲电压经VD14整流、C14滤波，再经IC2（7912）三端稳压器的稳压调整后，为主机提供−12V电源。

2.故障检修实例（可扫二维码直观学习）

① 一开机就烧熔丝。

这种现象多为电源内部相关电路及元器件短路所

输出电压低　　无输出的　　烧保险的
的故障检修　　故障检修　　故障检修

致。其中大部分是由桥式整流堆一桥臂的整流二极管击穿引起的。经检查发现 VD1 短路。代换 VD1 后，加电后仍烧熔丝，进一步检查，发现一个高压滤波电容 C5 顶部变形，经测量发现也已击穿短路，而另一个电容 C6 内阻也变小，代换 C5、C6 电容后，恢复正常。

② 电源无输出，但熔丝完好。

上述现象一般是电源故障所致。检查发现熔丝完好，说明电源无短路性故障。通电测得 T8 集电极电压为 300V，属正常值，说明整流滤波以前电路、开关变压器 T1 的初级绕组正常，而测得负载电压无输出。怀疑负载有短路，电阻法检查各负载输出端和整流二极管负端对地电阻，没有发现有短路，说明故障在自激开关电路。检查启动电路和正反馈电路元件 R7、VD7、C8 等，均正常，继续检查开关管周围元件 VT9、C9、VD10，发现 VD10 已击穿。因 VD10 被击穿，使 VT8 基极对地短路，电源不能工作，出现上述故障。代换 VD10 后，试机，一切正常。

③ 某台兼容微机系统　开机后主机无任何动作，打开主机箱加电，发现电源风扇启转后停止。

用户反映此机型之前工作正常，使用过程中主机突然自行掉电，重新开机时就出现上述故障，初步断定此故障属主机元器件老化毁坏所致。这类故障应首先从电源检查。

先不外加任何负载给主机电源加电，测量±5V、±12V 直流电压，均无输出。然后打开电源盒，没有发现明显的烧毁痕迹，电源熔丝完好。

在电源给主机板供电的+5V 输出端加上 6Ω 负载，加电后各端直流输出电压均正常；给电源+12V 端加上 6Ω 负载，结果同样正常。

由上述分析可知，开关电源无故障，之所以没有输出，可能是若没有负载或负载过大产生自保护引起的。

接着检查主机板，用万用表测量电源输出各端的负载，发现+12V 端负载有短路现象，其他各端负载正常。为了确诊故障，在±12V 端不加负载，其他各端按正常连接的情况下给主机加电，发现能启动 ROMBASIC。而±12V 端接到主机板后，加电出现上述故障，电源无输出，从而证实了前面的判断。

经反复检查主机板电路发现，在+12V 输出端有两个滤波电容 C11、C15，焊下后用万用表测量，测得 C15 滤波电容已被击穿，换上型号相同的电容后，机器正常启动，工作正常。

3.分立元件微型计算机电源电路原理与故障检修（二）

联想型微机分立元件电源主要由自激振荡形成电路、稳压调节电路及保护电路构成，电路原理如图 4-10 所示。

(1) 开关电源的自激振荡电路原理　在图 4-10 中，220V 市电电压经整流滤波电路产生的 300V 直流电压分两路输出：一路通过开关变压器 T1 初级①—②绕组加到开关管 VT2 的漏极（D 极）；另一路通过启动电阻 R1 加到开关管 VT2 栅极（G 极），使 VT2 导通。

开关管 VT2 导通后，其集电极电流在开关变压器 T1 初级绕组上产生①端为正、②端为负的感应电动势。因互感效应，T1 正反馈绕组相应产生③端为正、④端为负的感应电动势。则 T1 的③端上的正脉冲电压通过 C5、R8 加到 VT2 的 G 极与源极（S 极）之间，使 VT2 漏极电流进一步增大，则开关管 VT2 在正反馈过程的作用下，很快进入饱和状态。

开关管 VT2 在饱和时，开关变压器 T1 次级绕组所接的整流滤波电路因感应电动势反相而截止，则电能便以磁能的方式存储在 T1 初级绕组内部。因正反馈雪崩过程时间极短，定时电容 C5 来不及充电。在 VT2 进入饱和状态后，正反馈绕组上的感应电压对 C5 充电，随着 C5 充电的不断进行，其两端电位差升高。则 VT2 的导通回路被切断，使 VT2 退出饱和状态。

开关管 VT2 退出饱和状态后，其内阻增大，导致漏极电流进一步下降。因电感中的电流不能突变，则开关变压器 T1 各个绕组的感应电动势反相，正反馈绕组③端为负的脉冲电压与

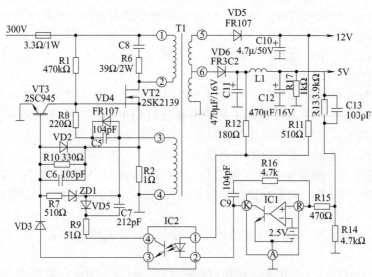

图 4-10　分立元件型微机电源电路原理

定时电容 C5 所充的电压叠加后，使 VT2 很快截止。

　　开关管 VT2 在截止时，定时电容 C5 两端电压通过 VD4 构成放电回路，以便为下一个正反馈电压（驱动电压）提供通路，保证开关管 VT2 能够再次进入饱和状态。同时，开关变压器 T1 初级绕组存储的能量耦合到次级绕组，并通过整流管整流后，向滤波电容提供能量。

　　当初级绕组的能量下降到一定值时，根据电感中的电流不能突变的原理，初级绕组便产生一个反向电动势，以抵抗电流的下降，此电流在 T1 初级绕组产生①端为正、②端为负的感应电动势。T1 的③端感生的正脉冲电压通过正反馈回路，使开关管 VT2 又重新导通。因此，开关电源电路便工作在自激振荡状态。

　　通过以上介绍可知：在自激振荡状态，开关管的导通时间，由定时电容 C5 的充电时间决定；开关管的截止时间，由 C5 放电时间决定。

　　在开关管 VT2 截止时，开关变压器 T1 初级绕组存储的能量经次级绕组的耦合，次级绕组⑤端的脉冲电压经整流管 VD5 整流，在滤波电容 C10 两端产生 12V 直流电压。T1 次级绕组⑥端的脉冲电压经 VD6 整流、电容 C11、C12 及电感 L1 构成的 π 形滤波器滤波后，限压电阻 R17 两端产生 5V 电压，此电压经连接器输入到计算机的主板，为微处理器供电。

　　(2) 稳压控制电路原理　为了稳定电源电路输出端电压，必须使电源电路由自由振荡状态变为受控状态。通过误差采样电路对 5V 电源进行采样，经三端误差放大器 IC1 放大及光电耦合器 IC2 耦合后，控制脉宽调节管 VT3 的导通与截止，从而控制开关管 VT2 的导通时间，以实现受控振荡。因 VT3 的供电电压是由正反馈绕组产生的脉冲电压经限幅后没有经过电容平滑滤波直接提供，则 T3 的导通与否不仅取决于 IC2 内的光电管的导通程度，而且取决于正反馈绕组感应脉冲电压的大小。稳压调节电路的工作过程如下。

　　当开关变压器 T1 的初级绕组因市电电压升高而在开关管 VT2 导通储能增加，在 VT2 截止时，T1 初级绕组存储的较多能量通过次级绕组的耦合，并经整流管的整流向滤波电容释放，当 5V 电源的滤波电容 C11 两端电压超过 5V 时，则经过采样电路 R13、R14 采样后的电压超过 2.5V。此电压加到三端误差放大器 IC1 内电压比较器的同相输入端 R 脚，与反向输入端所接的 2.5V 基准电压比较后，比较器输出高电平，使误差放大管导通加强，使光电耦合器 IC2 的②脚电位下降，IC2 的①脚通过限流电阻 R11 接 12V 电源，同时通过限流电阻 R12 接 5V 电源，则 IC2 内的发光管因导通电压升高而发光加强，导致光电管因光照加强而导通加强，此时即使开关变压器 T1 初级绕组因能量释放而产生①端为正、②端为负的感应电动势，也不能使开关管 VT2 导通，T1 的③端感生的正脉冲电压经 VD5、限流电阻 R9、光电三极管 VT2 的发射极、VD3，使脉宽调节管 VT3 导通，使开关管 VT2 栅极电压被短路而不能导通。当滤波电容 C11 两端电压随着向负载电路的释放而下降时，IC1 内放大管的导通程度下降，使 IC2 内发光二极管的光亮度下降，光电管内阻增大，使 VT3 截止，开关管 VT2 在正反馈绕组产生的脉冲电压激励下而导通，开关变压器 T1 初级绕组再次存储能量。这样，当市电电压升高时，开关电源电路因开关管导通时间缩短可使输出端电压保持稳定的电压值。

反之，当市电电压降低时，则控制过程相反，也能使输出端电压保持稳定。

（3）自动保护电路原理

① 开关管过流保护电路。当负载电路不良引起开关管 VT2 过流达到 0.7A 时，电流在 R2（电路板上标注的是 R7，这与过压保护电路的 R7 重复，笔者将其改为 R2）两端的压降达到 0.7V，则通过 R10 使 VT3 导通。VT3 导通后，开关管 VT2 栅极被短路，使之截止，避免了故障范围的扩大。

② 过压保护电路。当稳压调节电路中误差采样电路不良而不能为开关管 VT2 提供负反馈时，VT2 导通时间被延长，引起开关变压器 T1 各个绕组的脉冲电压升高，则正反馈绕组升高的脉冲电压使 5.6V 稳压管 ZD1 击穿导通，导通电压经 R7 限流后，使脉宽调节管 VT3 导通，则 VT2 栅极被短路，使 VT2 截止。但是，随着正反馈绕组产生的脉冲电压的消失，稳压管 ZD1 截止，VT2 再次导通，此时开关电源产生的现象不是停振，而是输出端电压升高。此电源的过压保护电路只起到限制电压升高到一定范围的目的。这样，升高的供电电压极易导致微处理器过压损坏。为了避免这种危害，此微机电源的尖峰吸收回路又没有安装元件，则在稳压调节电路不良时，输出端电压升高，导致开关管 VT2 尖峰电压升高，使 VT2 过压损坏，从而达到避免微处理器过压损坏的目的。

（4）故障检修实例　某台联想 L-250 型微机电源，开机无直流电压输出。

这类故障应重点检查其电源电路。此开关电源电路不良时，主要的故障是输出端没有电压。通过外观观察有两种情况出现：一种是开关管炸裂；另一种是开关管没有炸裂。

① 开关管炸裂。此电源电路 300V 输入端没有设熔丝或熔丝电阻，则开关管 VT2 击穿短路后，大多产生 VT2、VT3、R2 被炸裂及 ZD1、R7、VD2 等损坏的现象，但主电源电路板上的熔丝一般不熔断。

对于此故障，首先应焊下副电源电路与主电源电路之间的连线，取下副电源电路后，检查开关变压器 T1 的初级绕组是否开路。若 T1 初级绕组开路，因不能购到此型号的开关变压器，则需要代换副电源电路板，才能完成检修工作。若 T1 初级绕组正常，可对副电源电路进行检修。开关管炸裂的第 1 种原因是稳压调节电路不良，使开关管过压损坏；第 2 种原因是市电电压升高的瞬间，稳压调节电路没有及时控制开关管的导通时间，使其被过高的尖峰电压损坏；第 3 种原因是开关管没有安装散热片，则开关管在工作时间过长或负载电流过大时，开关管温度升高，使其击穿电压下降而被击穿。可按以下步骤进行检查。

检查稳压调节电路。因稳压调节电路的误差放大电路使用了 IC1（TlA31），并且稳压调节电路的误差采样放大电路与脉宽调节电路使用光电耦合器 IC2（L9827-817C）隔离，则应防止在检修时出现误判的现象，可使用下面的方法检测稳压调节电路是否正常。

② 开关管没有炸裂。若检查发现开关管没有炸裂，但输出端仍没有电压，大多说明开关电源电路没有启动或启动后因某种原因而不能进入正常振荡状态。

首先测开关管 VT2 栅极对地电压，若电压为 0V，大多说明启动电阻 R1 开路。

测 VT2 栅极对地电压，若为 0.7V，大多说明自激振荡电路不良。应检查是否因输出端整流管 VD5、VD6 击穿，使开关变压器 T1 呈现低阻，破坏了自激振荡的工作条件；检查是否正反馈回路的电容 C5 失容、电阻 R7 开路，使 VT2 没有得到正反馈激励电压而不能进入自激振荡状态；检查保护电路的 5.6V 稳压管 ZD1 是否不良，导致脉宽调节管 VT3 与开关管 VT2 同步导通，使之不能进入振荡状态；检查限流电阻 R2 是否阻值增大，使初级绕组流过的电流过小，使感应电动势电压幅度不够，VT2 得不到足够幅度的激励电压而不能进入自激振荡状态。

4. 双光耦反馈分立元件电源电路故障检修

(1) 电源电路工作原理 此机型芯系列电源系统主要由交流输入及整流滤波电路、主开关稳压电源电路、自动保护电路及遥控开/关机电路等构成。如图 4-11 所示。

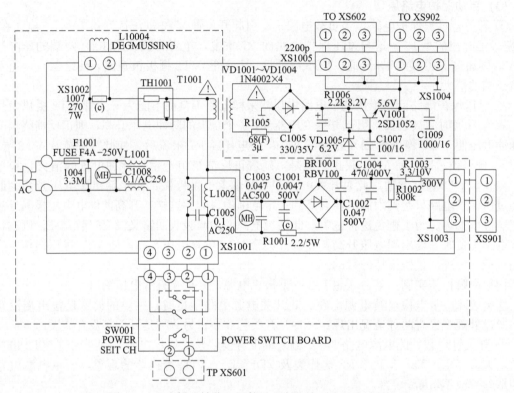

图 4-11 双光耦反馈分立元件机芯交流输入及整流滤波电路

① 交流输入及整流滤波电路 此机型芯的交流输入及整流滤波电路板主要由抗干扰电路 L1001、L1002、C1003、C1005、C1008，整流滤波电路 BR1001、C1004，副电源电路 T1001、VD1001～VD1004、VD1005、V1001 及 C1009 等构成。当接通电源开关时，AC 220V 在机内先经过延迟性熔丝 F1001 (4A)，再进入第一共模滤波器 L1001、C1008。通过电源开关 SW001 进入由 L1002、C1005、C1003 构成的第二共模滤波器。

此机型芯中的两个共模滤波器由电源开关隔离开，这样可减小电源开关通断时所产生的火花。SW001 的第三对触点通过插接件 XS601 接入主电路板，作为 N601 的电源复位开关，以保证在每次开机时 N601⑧输出高电平 (1.5V)，开关稳压电源电路进入正常工作状态。整流滤波电路主要由 BR1001、C1004、R1001 等构成。经两级共模滤波器后，AC220V 电压通过 R1001 进入 BR1001，经整流和 C1004 滤波后产生＋300V 的直流电压（空载时测量）。再通过 R1003 接 1901P1～P4 绕组给开关管 V901 (c) 供电。

② 主开关稳压电源电路（如图 4-12 所示）。

a. 开关管工作过程 当整流滤波板上的 300V 直流电压经接插件 XS901①、开关变压器 T901 的 P1～P4 初级绕组加到开关管 V901 (c)，同时经启动电阻 R901、R902 加到 V901

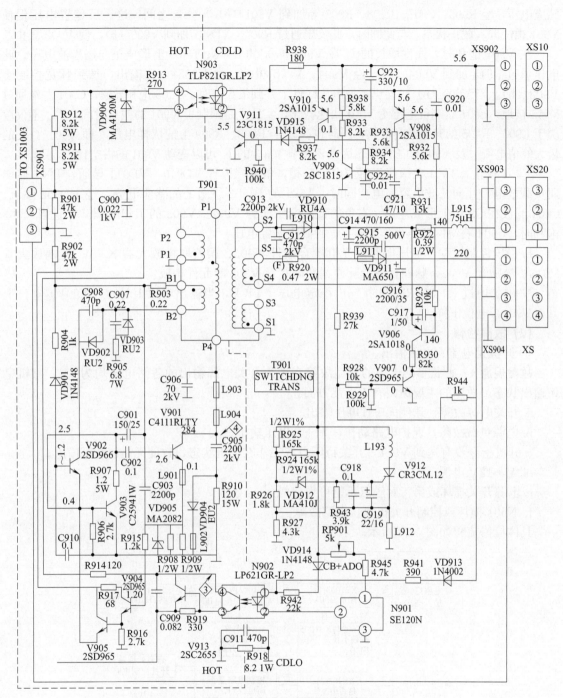

图 4-12 主开关稳压电源电路

（b），并向 C907 充电 V901 导通，V901 的 I_c 流经 1901 初级绕组产生 P1 正、P4 负的感应电势，1901B1-B2 正反馈绕组上的电流经 R903、V901（b）、(e)，R908、R909、VD903 到 B2，形成正反激励电流，使 V901 快速饱和导通。

在 V901 饱和时，V901P1~P4 初级绕组的电流线性增大，T901 次级的感生电压接地端 S1 为正、S2 和 S5 为负，则 VD910、VD911 均反偏截止。

随着 C907 放电电流减小，V901 饱和深度下降，这时 I_b 下降，I_c 下降，在 P1~P4 绕组上可产生 P4 为正、P1 为负的自感电势，经 T901 耦合在 B1-B2 绕组上产生 B2 为正、B1 为负感应电压，经 R905、C907、R908、R909 等加到 V901（e）、（b）之间，这一反偏置电压促使 V901 很快进入截止状态。与此同时，此负压通过 R904、VD901 加到 V902（b），使 V902 截止。

在 V901 饱和时，线性增长的 I_c 在 V901（e）的 R908、R909 上形成正向锯齿波电压，此电压通过 R915 加到 V904（b），经 V904、V905 缓冲，由 V905（e）输出，加到脉宽控制管 V903（b）。当 V903（b）正向锯齿波电压线性上升到最大值时，V903 饱和导通，C901 左端通过 V903 接地，C001 右端负电压使 V901 快速截止，实质上是限制了 V901 的截止时间，T_{on} 不仅取决于 C907、R905 的充电时间常数，同时也决定于 R908、R909 上的取样电压［即 V901（c）的最大峰值电流］及 V903 的工作点。因此，调节 V903 的 I_b 可以变动 V901 的占空比。

V901 截止，T901 次级绕组感应电势反相，整流二极管 VD910、VD911 导通，T901 储能向负载放电，并向滤波电容充电。同时，T901 的 B1-B2 绕组上的感应电势，经 VD902 整流、C901 滤波在 C901 上形成左正、右负的直流电压作为 V902、V903 的工作电压。并且当 V903 饱和时，C901 右端的负压也作为 V901 的截止偏置电压。

b.稳压控制过程　稳压电路由光电耦合器件 N902、误差取样放大器 N901、直耦放大管 V913、激励管 V902，脉冲频率及脉冲宽度调制管 V903 等元件构成。

N901①通过 R945、RP901 接输出稳定电压+140V，当输出电压上升时，N901①电位上升，N902②电位下降。

(2) 故障检修

① 开机无电流、电压输出。

故障现象 1：此机型芯电源的典型故障表现为开关电源输出的各路电压均为 0V，整机呈无输出状态。故障的主要原因有以下几方面：

a.开关电源故障，致使无+B 电压输出。

b.电源负载故障，保护电路动作，无+B 电压输出。

c.开机指令没有送到 V911，开关稳压电源工作在待机状态，致使无+B 电压输出。

d.无+12V 电源。

e.电源开关损坏或第三对触点不能可靠接触。

f.N601 损坏或控制开关机复位电路故障。

具体检修流程如图 4-13 所示。

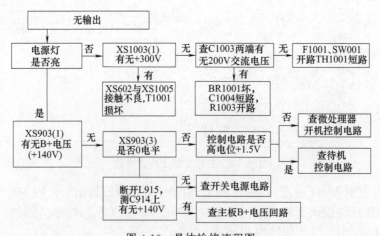

图 4-13　具体检修流程图

故障现象 2：接通电源开机后，面板上的待机指示灯亮，但主机不能开启，整机一直处于待机状态。

这类故障应重点检查其系统控制（本机电路为 N601）的开/关机控制电路。拆开机壳，检测系统控制供电电压和复位电压均正常。将 N601④对地瞬间短路，仍不能启动，说明故障确在控制开关机电路。

先检测 N601⑧电压随遥控开机指令由 0V 上升到 1.5V，说明 N601 控制正常，故障在 N601⑧的外围电路。检查 N903④电压（正常时为 12V）和③电压（正常时为 5.6V）均正常，逐级检查 XS903③、N903②与③的电压变化情况，发现 N903②电位不随遥控开关机指令发生变化，始终为低电平。关机，焊下 V912 检查，发现 V912 已被击穿，代换 V912 后，整机恢复正常。

② 通电后，面板上的待机指示灯发亮，但随着机内发出"吱"的一声后，整机关闭。

检修方法 1： 此机的故障现象为刚开机有"吱"的一声，说明机内的自动保护电路已动作，故障部位大多在电源或负载电路。

拆开机壳，检查机内无明显短路之处，通电检测＋B 电压，万用表的指针刚指到＋100V 即降到 0V，说明电源的保护电路已动作。断开主电源负载，即焊开 L908，接上假负载，再测＋B 仍与上述情况相同，确定故障在主开关电源电路。则断开 R931，开机测量＋B 电压，约为＋1.2V，排除过流保护和主电源初级电路部分故障的可能，确定故障在过压保护电路。静态检查 C929 正极对地电阻，无短路现象。检查 V915 正常，再检查分压电阻 R927～R930，发现 R930 已开路。代换 R930 后，整机恢复正常。

检修方法 2： 测量＋B 电压为 0V（正常为＋130V），断开 L908，接上假负载，再测＋B 电压为 130V，说明故障在负载电路部分。关机，用电阻法检测 V402（c）对地电阻，正反向均为 5Ω。判断 V402（c）外围元件有短路之处，经检查 C420、C416、VD408、C413、C402、C404、C410、C419、C411，发现 C404 严重漏电，代换 C404 后，恢复正常。

③ 接通电源后，有待机指示，瞬间有输出，但即刻进入待机状态。

打开机壳，检查熔丝完好；通电测量＋B 电压为 0V（正常为＋140V）；断开 L908，测量 C929 的正电压，发现刚开机电压超过＋140V，当电压升到约＋160V 时则消失，说明过压保护电路已启动工作，故障部位在其稳压控制电路中。恢复 L908 后再调节 RP901，＋B 电压无变化，测量 N901①、②对地电阻（黑表笔接地）分别为 9kΩ、10kΩ，说明 N901 正常。检查 R934 的阻值正常，测 RP901 阻值已开路，代换 RP901，并接上假负载，调节＋B 至稳定的＋140V 后，恢复正常。

④ 开机后，无输出。

这是典型的电源电路故障。拆开机壳，直观检查发现 F1001 已烧断，查其电路板上没有发现明显的烧坏迹象。则代换 F1001，通电检测 XS1003①电压约为 295V，基本正常。接通 XS1003 与 X01，开机后待机指示灯发亮，但整机仍不工作，说明遥控电路的电源已正常。断开 L908，测量 C929 正极电压为 0V（正常为＋140V）。拔去 XS903，用万用表 R×1kΩ 挡，红表笔接地，黑表笔测量 VD913 阴极对地电阻为 5kΩ，说明此处无短路现象。进一步检查，发现 V901、VD905 已被击穿，V902、V903 已炸裂，R908 烧黑；测量 R908 和 R909 均开路，将上述损坏的元件逐一代换后，通电试机，刚开机发出"吱"的一声，又将 V901、V902 和 V903 烧坏。判断 T901 的匝间短路。试代换 T901 后，恢复正常。

⑤ 通电后，待命指示灯发亮，机内发出"吱吱"叫声，无输出。

由故障表现判断，此时保护电路已启控，致使开关电源停止工作，而其遥控电源及控制电路基本正常。

开机用万用表检测＋B 电压，刚开机时＋B 电压升至 80V，即回至 0V，开关电源停止工作。拔去排插线 XS202，测量电源板 XS903①（即＋B 输出端）的对地电阻，红表笔接地和黑表笔接地均为 4kΩ，说明该电路有元件失效。逐一检查 C926、C927、C929 时，发现 C926 两端对地电阻，正反向电阻均一致，约为 50Ω。拆下 C926 检测无漏电现象。检查与 C926 并联的二极管 VD913 已被击穿，造成＋B 电源输出端交流短路，致使 T901 的 B1～B2 反馈绕组失去感生电压，V901（b）电流下降，V901 只工作在微导通状态，＋B 电压偏低，自动保护电路 V911 动作可使 V901 停振。代换 VD913 后，恢复正常。

⑥ 通电开机后，待命指示灯发亮，电源瞬间后无输出。

开机测量 XS903①电压为 0V（正常为＋140V），说明故障在电源主板上。测量 V901（c）电压为 298V 正常，（b）电压为 0.3V（正常时应为－2V）；进一步测量 V903（b）电压高于 0.6V，而正常开机时应为 0.4V，说明 V903 饱和导通，造成 V901 截止。再检测 N903③、④电压为 0.7V，关机检查 N903③、④已击穿。代换 N903 后，恢复正常。

⑦ 每次接通电源后，需再用遥控器开机，整机才能正常工作，否则一直处于待机状态。

遥控器开机正常，说明故障在其触发开机电路。电源复位开关为电源开关的第三对触点，通过 XS601①、②将 5.6V 电压经 R603、R608 与 V605（b）接通，当按下 SW001 开机时，电源开关（第一、第二触点）先接通，再稍向内按到底时，电源复位开关接通；当手松开时，复位开关即断开，但电源开关因机械自锁仍保持接通。当电源开关接通时，电网 AC 220V 接入，N601㉒得到 5.6V 电压，当复位端④检测到电压后，N601 进入工作状态。当电源开关继续按到底，第三对触点接通时，5.6V 电压通过 R603 向 C03 充电，C603 两端电压很快上升使 V605 导通，因 V605（b）接有限流电阻 R608，则没有饱和，但 U_b 必降低，使 V604 饱和导通，将 V601㉘输出的负极性扫描脉冲经 VD610 送到其⑱。N601 据此信号将电源控制数据初始化为"开"，电源复位有效，并由其⑧输出 1.5V 高电平，使主开关稳压电源正常工作后，第三对触点因手松开而自动断开，V605、V604 仍处于截止状态，电源复位过程结束。

根据以上分析，对此种故障可通过测量 N601⑱电压，来确诊故障的部位。在接通 SW001 的瞬间，N601⑱的直流电压应从 4.3V 降为 1V，然后又回到 4.3V，否则触发开机电路有故障。触发开机电路的故障原因有三：一是 SW001 损坏，电源复位开关不能接通（SW001 漏电时，有时还会造成 N601 控制功能紊乱）；二是插接件接触不良，或连接线开路，或 C603 漏电短路；三是 V604、V605、VD610 不良或损坏。经用电阻法逐一检查，发现 SW001 电源复位开关不能接通，代换 SW001 后，恢复正常。

⑧ 整机电源无输出，且无任何指示。

此机型设有副开关电源电路。整机的待命指示灯（VD631）点亮是由副开关电源中 N904③输出的 5V 电压驱动的，同时主开关电源中 V901（b）的启动电压也是由副开关电源 VD907 负端输出的 20V 电压经 R920 和 R951 降压后供给的。因此，根据故障现象判断是副开关电源无输出造成主开关电源不能启动。常见的原因有三：一是主/副开关电源共用的 AC 220V 输入电路不良；二是副开关电源的负载电路短路控制其停振；三是副开关电源电路有故障。检查发现 V901 已被击穿。因 V901 处于全导通状态，造成 300V 直流电压可通过 V901 分两路进入其他电路，大面积烧坏元件。其中一路经 V901 c-e 结加到 R908、R909 和 VD905 三个元件并联后的两端，并经 R912 供给 V903、V904、V905；另一路经 V901（c）-（b）结、R903、1901 的 B1—B2 绕组与 VD902 加到 V902、V903 以及 N902 内的光敏三极管（c）。因此，当 V901 被击穿时，应检查上述元件是否损坏。经反复检查发现 V902～V905 均被击穿、R903 烧断。代换上述元件后，恢复正常。

⑨ 故障现象为开机后电源指示灯亮，整机不工作，能听到"吱"的一声响。

根据故障现象分析，因能听到"吱"的一声响，说明是自动保护电路动作而导致无输出故障，故障部位应在负载部分或开关稳压电源电路。

开机测＋B，刚开机万用表指针指到＋100V 时，快速返回为 0V，说明故障是开关稳压电源电路保护电路工作造成。断开 L908，开机，故障依旧，确定故障在主开关稳压电源电路部分。断开 R931，开机测量＋B 电压约为＋1.2V，从而排除过流保护和主电源电路有故障的可能性，确定故障在过压保护取样电路。V915（可控硅）导通，使＋B 电压通过 V915、L912、L913 接地。关机，测主电源对地点，无短路现象。检查 V915 正常，说明是过压取样点 A 的电位偏高，致使 VD917 导通，V915 导通，＋B 电压经 V915 接地，故 B 点电位下降，使 V911 饱和导通，即保护控制电路动作，使 V901 停振。检查分压电阻 R927、R928、R929、R930，发现 R930 已开路，代换 R903 后，恢复其他电路，开机后，机器工作正常。

⑩ 故障现象为开机后电源灯亮，机器为待机状态。

根据故障表现判断遥控电源正常，故障应在开关稳压电源电路或行部分电路。检修时测量 XS903①，无＋140V 电压。断开 L908，测量 C929 正极电压，发现刚开机时电压超过＋140V，当电压升到＋160V 时则消失。说明过压保护电路工作，故障在稳压电路的可能性较大。恢复 L908 后，调节 RP901，＋B 电压无变化，故障依旧。测 N901①、②对地电阻（黑表笔接地）分别为 9kΩ、10kΩ，说明 N901 正常。测量 R934 阻值正常，测 RP901 阻值无穷大，焊下 RP901 后检查已开路，代换 RP901 并调节 RP901，使＋B 电压为＋140V。

因 RP901 开路，致使 N901①无电压，则 N902 发光二极管不发光，V906 截止，V902、V903 截止，V901 占空比上升，＋B 电压上升。当此电压上升到一定值时，过压保护电路动作，N903 有光照，使 V903 由截止变为饱和状态，V901 截止。

5. 场效应管电源电路检修

（1）电路工作原理　如图 4-14 所示。

场效应管电源电路由分立元件构成，其主要特点是使用推挽电路充当激励级，使用大功率场效应管。整个电路结构简单，并且启动电流小、稳压范围宽、性能优良。电源工作过程如下。

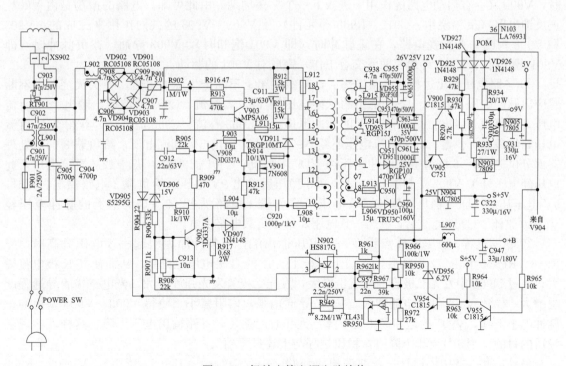

图 4-14　场效应管电源电路检修

① 电源振荡过程。接通电源开关后，220V 交流市电经互感滤波器 L901，一是送至消磁电路，二是送至 VD901～VD904 构成的桥式整流电路。经桥式整流和 R901、C910 滤波后，在 C910 上建立起 300V 左右的直流电压，此电压便是开关电源的直流供电电压。

C910 上的 300V 直流电压一是经开关变压器初级绕组，加到开关调整管 V901 的 D 极（漏极）；二是经启动电路（R902、R916、R913 及 V903 的发射结）加到 V901 的 G 极（栅极）。因 V901 的 G 极获得了电压，故 V901 内部形成导通沟道，V901 导通。

V901 导通后，初级绕组中有电流流过（相当于电流由零开始增大），初级绕组产生上正下负的自感电压，从而使反馈绕组（15～17 绕组）产生下正上负的感应电压，此电压经 C912、R905、V903 的发射结至 V901 的 G 极，使 G 极电压上升。V901 的 G 极电压上升必将导致 V901 导通程度增强，D 极电流跟着上升，初级绕组的自感电压也上升，反馈绕组的感应电压也上升，此电压又经 C912、R905 和 V903 送至 V901 的 G 极，使 V901 的 G 极电压进一步上升，V901 导通程度继续增强。这种正反馈的结果是 V901 很快饱和。

V901 饱和后，C910 上的 300V 电压经 V901 对初级绕组充电，充电电流线性上升，初级绕组继续产生上正下负的自感电压，反馈绕组也继续产生下正上负的感应电压，此电压开始对 C912 充电，C912 上产生左正右负的电压，充电路径为：开关变压器 15 脚—C912—R905—V903 的发射结—R914—R915—R917。随着充电的进行，C912 两端电压越来越高，V901 的 G 极电压越来越小。当 G 极电压小到一定程度时，V901 退出饱和区，进入放大区，此时，D 极电流将随 G 极电压的减小而减小，初级绕组自感电压的极性反转，反馈绕组感应电压的极性也跟着反转（即下负上正），此电压与 C912 的电压（右正左负）串联后，将使 V908 导通，从而使 V901 的 G 极电压很快变负，V901 截止。V901 截止后，电路进入间歇期，此时 C912 开始放电，放电路径为：C912 左端—反馈绕组 15 脚—反馈绕组 17 脚—R917—R915—R914—V908 发射结—R905—C912 右端。随着放电的进行，C912 上的电压逐渐下降，当下降到 0V 时，V901 又会在启动电路的作用下进入下一个振荡周期。由此可知，电路的振荡是由 V901、正反馈电路（反馈绕组、C912、R905 等元件）及 V903、V908 的共同作用来完成的。V903 和 V908 构成一个推挽电路，在正脉冲时（即 V901 饱和时），V903 导通，在负脉冲时（即 V901 截止时），V908 导通。两管交替工作，完成对 V901 的驱动。

② 各路电压输出过程。电路振荡后，初级绕组上不断产生脉冲电压，各次级绕组也不断感应出脉冲电压，其中，1～2 绕组的脉冲电压经 VD955 整流、C965 滤波后，输出 26V 直流电压，给负载 1 供电，3～4 绕组上的脉冲电压经 VD953 整流、C963 滤波后，获得 25V 直流电压，给负载 2 供电。25V 直流电压还经 N904 稳压，输出 5V 直流电压，给负载 3 的微处理器部分供电。8～6 绕组上的脉冲电压经 VD951 整流、C961 滤波后，获得 12V 直流电压，此电压经电子开关 V905 送到 N903，由 N903 稳压后输出 9V 电压，给负载 3 电路供电。同时，9V 电压还经 N905 稳压，输出 5V 电压，给负载 4 电路供电。9～6 绕组上的脉冲电压经 VD950 整流、C960 滤波后，获得 +B 电压，给主负载电路供电。

③ 稳压过程。稳压取样点设在 +B 电压输出端，当某种原因引起 +B 电压升高时，经 R966、RP950 和 R972 取样后，三端比较器 TL431 的 G 极电压也升高，从而使其 K 极电流增大，流过 N902 中发光二极管的电流也增大，发光二极管发光强度增大，光电三极管导通程度也增大，导致 V902 基极电流增大，V902 导通增强，内阻减小，使得 V903、V908 基极的正脉冲电平下降，V901 的饱和栅压也下降，饱和时间缩短，各路输出电压下降，这样就实现了稳压的目的。当 +B 电压下降时，稳压过程与上述过程相反。

另外，此电源中还设有一条前馈稳压环路，由反馈绕组（15～17 绕组）、VD906、R906 等元件构成。当某种原因引起 V901 饱和时间增长而导致输出电压上升时，反馈绕组输出的脉冲幅度也上升，经 VD906、R906 使 V902 导通加强，从而缩短 V901 的饱和时间，这样就可以牵制输出电压的上升。前馈稳压环路只起粗调作用，在输出电压还没有变化时，反馈稳压环路就已经起稳压作用，这样可以有效防止输出电压的瞬时跳动，从而提高电路的稳压速度和稳压精度。

④ 待机控制。正常工作时，系统控制 IC 的 36 脚输出高电平，不影响电源的工作情况。用遥控器关机时，机器进入待机状态，此时系统控制 IC 的 36 脚输出低电平，一是经 VD925、R929 送至 V900，使 V900 截止，V905 也跟着截止，9V 和 5V 输出被切断，LA76931 内部振荡器停止工作；二是 36 脚输出的低电平还要送至 V955，使 V955 截止，其集电极输出高电平，使 V954 饱和导通，从而流过 N902 中发光二极管的电流大大增加，发光强度也大大增强，光电三极管的导通程度也大大增强，进而使 V902 的导通程度也大大增强，V901 的饱和时间大大缩短，各路输出电压大幅度下降（只有正常值的一半左右）。因在待机时，主电路停止工作，故电源处于轻载工作状态。

在待机时，25V 电压下降至 12V 左右，但经 N904 稳压后，仍能输出稳定的 5V 电压供系统 IC 的微处理器部分，使微处理器部分继续工作。

⑤ 保护电路工作过程。此机型设有多路负载过流保护电路。

负载过流保护电路由 VD927、VD926 构成。当 9V 电源负载出现过流（对地短路）时，VD927 导通，VD927 正端变为低电平（相当于待机控制电压变为低电平），机器进入待机状态，整机三无，且不能遥控开机。同理，当 5V 电源负载出现过流时，VD926 导通，机器也会进入待机状态。

V906 和 V904 接成可控硅形式，其特点是：只要 V906 基极受正脉冲触发或 V904 基极受负脉冲触发，两管就会立即进入饱和状态，一旦两管进入饱和状态，即使拆去触发脉冲，两管也会继续处于饱和状态。

当某种原因引起脉冲变压器上的电压大幅度上升时，变压器（T402）⑧脚脉冲幅度也必然大幅度上升，经 VD917 整流，C935 滤波所形成的直流电压也大幅度上升，从而可使 VD915 击穿导通，V906 基极受正脉冲触发，V906 和 V904 飞快进入饱和状态，V904 发射极变为低电平（相当于待机控制电压变成了低电平），机器进入待机状态。

当某种原因引起负载电路过流时，R442 上的电压必上升，此电压经 R421、VD421 触发 V906 基极，使 V906 导通，接着 V906 和 V904 飞快饱和，机器进入待机状态。

由以上分析可知，无论哪种原因引起保护电路动作，机器都将进入待机状态，且用遥控器也无法开机。

(2) 电源电路的检修

① 开机熔丝烧断。出现这种故障时，应重点检查开关调整管 V901 是否击穿、整流二极管 VD901～VD904 当中有无击穿现象，以及滤波电容 C910 有无击穿。除此以外，还应检查交流进线中的滤波电容 C901、C902 等元件以及互感滤波器 L901、L902 绕组间有无短路现象。此类故障常以 V901 击穿或 VD901～VD904 击穿为多见。

② 开机三无，熔丝没有烧，各路输出电压为 0V，这种故障是因电源不振荡造成的，可按如图 4-15 所示的流程进行检修。

③ 输出电压严重下降。引起输出电压严重下降的原因有三个：一是稳压环路有问题；二是系统控制的㊱脚错误地输出了低电平，使电源工作于待机状态；三是保护电路动作，使电源进入待机状态。显然，检修这种故障的关键在于区分上述三种情况。

检修这种故障时，首先应将轻载电路的供电切断，再在＋B 输出端接一只 100W 的照明灯泡作假负载（接在 C947 两端）。然后根据开机后的情况来确定故障所在。具体检修流程如图 4-16 所示。

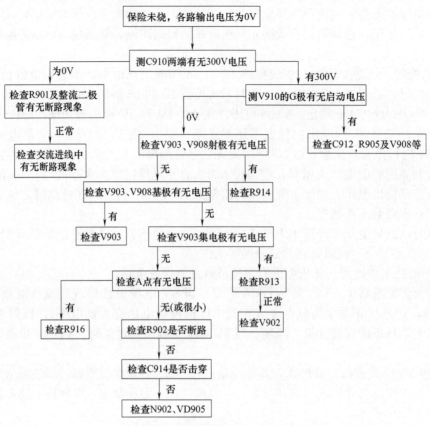

图 4-15　电源电路不起振的检修流程

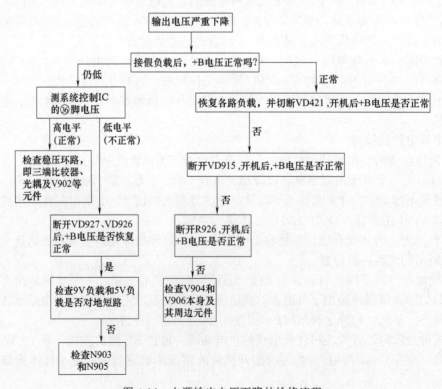

图 4-16　电源输出电压下降的检修流程

④ 说明：电源中的 V901、V903、V908 及 V902 均属难购元件，一旦损坏，很难找到相同型号的管子进行代换，此时可选用参数相同（或非常接近）的管子来替代，如 V901 可以用 BUZ91A、2SK2847、2SK254、NTH8N60 等型号的管子替代；V902 可以用 2SC2060、BC337 等型号管子来替代；V903 和 V908 可分别用 2N5551 和 2N5401 替代，应急情况下还可用 C1815 和 A1015 来替代。

6. 带辅助开关电源电路故障检修

电源系统主要由交流输入电压自动切换与整流滤波电路、主开关电源电路、辅助开关电源（遥控电源）电路、电源控制（待机控制）电路及自动保护电路等单元电路构成（图 4-17）。

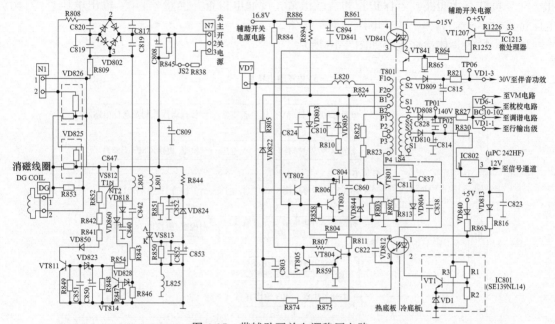

图 4-17　带辅助开关电源稳压电路

(1) 检修方法　带辅助开关电源电路的常见故障表现为：主电源各路输出为零。对此，应首先检查电源电路，若电源电路无问题，则检修电源控制电路。

从前面的电路解析中可知，此机型芯整流滤波电路使用自动电压转换电路，对 220V 和 110V 交流输入能自动转换。在 220V 交流输入状态时，整流电路为桥式整流，输出＋300V 直流电压；在 110V 交流输入状态时，整流电路自动转换成倍压整流，同样输出＋300V 电压供开关稳压电源工作。但是，若自动转换电路损坏或自动转换电路误动作，把 220V 交流输入作倍压整流，则产生的＋600V 电压加到开关稳压电路，使开关稳压电源的开关管击穿损坏，这是本机芯电源部分的一个常见故障。检修时，除了先要修好自动电压转换电路外，对开关稳压电源的晶体管和二极管也要详细检查。可用万用表 R×10 挡在路检查各三极管基极对其另两个极的正反向电阻和二极管的正反向电阻，以初步判断它们的好坏。对有怀疑的元器件，焊下来再检查。

当确认交流输入电压自动切换电路无问题后，接着检查待机电路。主电源开关管 VT801 的偏置电压是＋5V 开关稳压电源提供的，＋5V 电源电路简单，经过检查元器件基本正常后，把万用表置 10V 挡，正、负表笔分别接在 VD886 负端与整机地之间，再按下电源开关，若电压有瞬间指示，说明已启振。这时，若 VD886 负端没有＋8.5V 输出，可分别检查 VD882、VD885、VT882 是否正常。若 VD886 点端的＋8.5V 电压输出正常，IC803 的③脚则有＋5V 输出。

　　若＋5V电压输出正常，但没有光栅，则应检查主开关稳压电源。检查时，把万用表置250V挡，正、负表笔分别接在VD808负端与整机地之间。若开机时此电压比＋140V大得多，要马上关机，重点检查稳压比较集成电路IC801是否正常；若140V输出端电压为零，说明电路没有启振，应重点检查VT801、VT802、VT803、VT804、VT805、VD803和C804等与振荡有关的元器件；若开机时，＋140V电压有瞬间指示，说明电路已启振，应检查保护电路。

　　在保护状态下，VT554、VT555导通，只有红灯亮，但无光栅、无伴音。出现此情况时，在检查保护电路前，首先要判断主电源是否启振，方法如前所述。若VT555集电极电压不为0V，说明保护电路动作。检查保护电路时，可检查各保护管有无击穿短路或＋140V、＋12V和＋30V负载有无短路。若保护管和负载正常，可通电检查并测量＋140V输出电压。＋140V电压正常时，＋12V和＋30V电压一般都正常。

　　以上步骤的具体检修流程如图4-18所示。

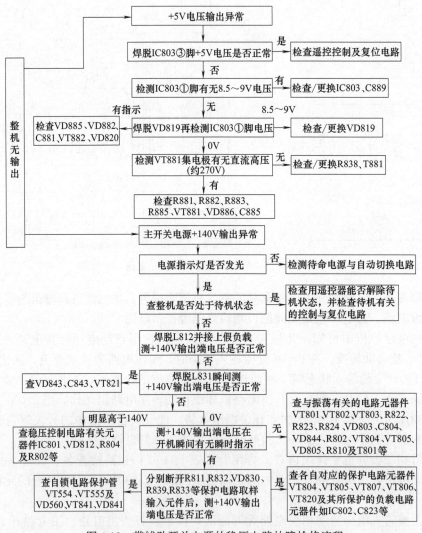

图4-18　带辅助开关电源的稳压电路故障检修流程

(2) 实测维修数据

　　① 三端稳压器IC801（SE139NL14）的实测数据　三端稳压器IC801正常工作时，其各引脚的实测工作电压见表4-1。

表 4-1　IC801 各脚的实测工作电压

引脚序号	1	2	3
工作电压/V	140	9.9	0

② 三端稳压器 IC802（U1PC242HF）的实测数据　三端稳压器 IC802 正常工作时，其各引脚的实测工作电压见表 4-2。

表 4-2　IC802 各脚的实测工作电压

引脚序号	1	2	3
工作电压/V	14	0	12

③ 三端稳压器 IC803（AN78M05LB）的实测数据　三端稳压器 IC803 正常工作时，其各引脚的工作电压见表 4-3。

表 4-3　三端稳压器 IC803（AN78M05LB）引脚的工作电压

引脚序号	1	2	3
工作电压/V	8.5	0	4.9

(3) 故障分析与检修实例

[**实例 1**] 开机后指示灯不亮，无输出。

开机后待命灯不亮，说明遥控电源或其交流输入自动切换电路有问题，应从交流输入电路查起。拆开机壳，发现熔断器（俗称熔丝或保险丝）F801 熔断，在路检查限流电阻 R801、R808、R809，发现 R809 已开路，分析其交流自动切换电路亦有元器件击穿。逐一检测整流桥堆 VD802、晶闸管 VS813、VS812，发现 VD802 有一臂的二极管击穿，其他元器件没有发现异常。在代换 D802、F801、R809 后，拔去 D7 插座，并在 N7①脚、③脚外接 100W 灯泡作假负载，通电发现灯泡能发光，测灯泡两端的电压为 295V，为正常值，因此确定故障是 VD802 本身特性不良所致。再反复检查开关振荡及稳压调控电路，均没有发现问题。则拆去假负载，将电路复原，再通电试机，工作正常。

[**实例 2**] 某台设备接通电源后，整机不通电。

拆开机壳，直观查看，发现熔丝 F801 已熔断，说明电源本身有短路性故障，应先检查整流滤波电路和开关稳压电源的开关管 VT801。具体检查方法如下。

开机检查整流滤波电路中的熔丝电阻 R809，发现已坏。代换熔丝和 R809 后，单独检查整流滤波电路板。当输入 220V 交流电压时，整流输出端有 600V 直流电压，说明自动电压转换电路损坏而误动作。修好自动电压转换电路后，整流滤波电路输出正常，为 +300V 电压。

因整流滤波与自动电压转换电路损坏而误动作，在输入 220V 交流时，倍压整流产生的 +600V 电压加到开关稳压电路，会使开关稳压电源的很多晶体管击穿。经检查，主电源开关管 VT801、稳压放大控制管 VT802 和 VT803、稳压管 VD844 已击穿损坏；R801、R803 已烧断。代换上述元器件后，工作正常。

[**实例 3**] 设备开机后，待命指示灯常亮，不工作。

面板红灯亮，说明 +5V 电压正常，应检查主电源和保护电路。拆开机壳，用万用表电阻挡检查开关管 VT801，发现其正常，检查光电耦合器 VD841 的③脚、④脚发现其导通，说明 VD841 损坏，使开关管 VT801 停止振荡。代换 VD841 后，工作正常。

[**实例 4**] 设备刚开机时，正常工作，但 5min 左右，停机。过几分钟再开机，又重复以上现象。

能正常工作 5min，说明电路的主要部分完好，应重点检查自动保护电路或主电源中是否有元器件虚焊或元器件热稳定性差，导致保护电路动作。

拆开机壳，在故障出现时，测得 +B 为 0V，正常时为 140V，说明保护电路已启控，查

＋140V 过流保护电阻 R827 发现其正常。正常工作时，测 R827 两端电压为 0.3V 左右。测过流保护管 VT806 集电极电压，表针偶尔有摆动，可见 VT806 管的集电极、发射极间有漏电。代换 VT806，整机正常工作。

[实例 5]　某台设备开机后，不工作。

拆开机壳，实测整流滤波输出＋300V 属正常，说明故障发生在主开关电源的开关振荡或稳压控制电路部分，或因遥控电源不良及遥控开/关机控制失灵所致。检查电源无输出且开/关机控制失灵。据此，首先检查遥控电源电路，将万用表置 10V 挡，正、负表笔分别接在 VD886 负端与整机地之间，按下电源开关，电压指示由 1V 左右降为 0V，说明＋5V 开关稳压电源已启振，应检查稳压控制电路。检查发现 VD885 漏电损坏。代换 VD885 后，5V 电压正常，设备正常工作。

7. 双场效应管分立元件电源电路检修

图 4-19 为双场效应管分立元件电源电路原理图，其检修方法如下：

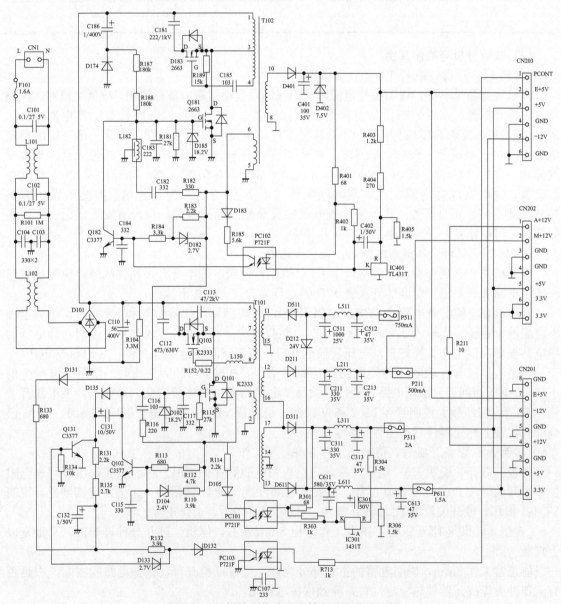

图 4-19　双场效应管分立元件电源电路原理图

（1）检修方法　此机电源电路典型故障为：主、副开关电源无输出。

由开关电源工作原理的分析可知，主开关电源的启动电压依赖副开关电源提供，因此，副开关电源的正常工作是主开关电源正常工作的先决条件。则针对本故障的检修工作应从副开关电源开始。

首先检测电源滤波电容 C110 正端电压，约 300V。说明电源抗干扰电路、整流滤波电路均正常。在接通市电瞬间测得开关管 Q181 的栅极有十几伏电压出现，说明 C186、R187、R188 构成的启动电路无故障。这时应重点检查 Q181、Q183，反馈回路元件 R182、C182、L182，稳压电路及保护电路。

（2）故障检修　故障现象为：电源指示灯亮，但不能开机。

首先检查电源熔丝，没有熔断，断开开关电源各路负载后电源依然无输出，说明故障在电源电路。

测 C110 正端 300V 电压，正常，Q181 的栅极也有十几伏电压，再测 5V 输出端，无短路现象。检查 Q181、Q183，反馈回路均正常。至此，将故障范围缩小在稳压环路及保护电路相关范围之内。

测量发现 Q182 的基极在通电瞬间有少许电压出现，但无法判断此电压的出现是否属于正常现象，还是因 D183、PCI02 支路或 R184 支路异常所引起的。为了较快区分故障部位，决定分别断开稳压环路及保护电路以观察开关电源是否启振，但又考虑到断开上述电路后，若开关电源一旦启振，将会处于失控状态，造成故障的进一步扩大。为此，在 220V 交流输入端，临时串入一只 25W 白炽灯泡作为保护，同时将开关电源输出端接插件 CN201、CN202、CN203 拔掉。

在上述状态下接通电源，串接的灯泡不亮，5V 输出端无电压输出。断开 R185 一端，再通电，故障现象不变，说明故障不在稳压环路。接通 R185，断开 R184 一端，通电后 5V 输出端电压正常，证实故障确实是 R184 支路异常所致。此支路只有 R184、D183、D182，代换 D182（2.7V）和 R184。试机，测得副电源输出电压 5V，正常，表明电源故障已排除。接通电源板各路输出，通电试机，工作正常。

此故障是因 D182 反向漏电电流增大所致。在开关电源启动后，T102⑤-⑥绕组输出电压正常的情况下，D182 误导通，从而引起 Q182 导通，造成副开关电源不启振。副开关电源不工作造成 CPU 无供电电压，不能输出开机高电平，且 C132 两端电压也无法建立，主开关电源无法得到启动所必需的电压，故副开关电源不工作，影响到主开关电源也无法启动工作。

8. 典型分立元件电源电路检修（一）

如图 4-20 所示为典型飞利浦分立元件电源电路原理图，根据结构原理其检修方法如下。

（1）检修方法　此机芯电源电路的设计，可谓环环紧扣。但是，开关电源工作在高频高压的大功率条件下，仍属此机型芯的易损部分。愈是电路设计巧妙，修理也就愈困难。而一般维修人员，在开关管损坏后，换上好的开关管就迫不及待地开机试验，是注定要失败的。因此，无论何种原因造成的 Q156 损坏，必须对电路性能做必要的检查试验，才能通电试机，否则会扩大故障范围。此机芯电源电路典型故障为经常烧开关管，其具体的检修要点如下。

因开关管的击穿，必然涉及其外围电路。因此，当开关管击穿后，可将其拆除暂不代换，在开关管开路的情况下检查 Q146、Q147。Q146 的偏置电路由 R48、D51、C48 构成，对此的检查至关重要。若三者之一在击穿开关管过程中损坏，会造成 Q146 无偏置电压，脉冲调制器失控又可能重新烧坏换上的开关管 Q156。

光电耦合器在此电路中，是次级输出电压控制振荡脉宽的关键器件。若性能变差，也易重新击穿开关管。其次级④脚、⑤脚、⑥脚可按一般 NPN 三极管的检测方式进行判断，然后将万用表 R×100Ω 挡的黑表笔接第⑤脚，红表笔接第④脚。在初级的①脚、②脚用 3V 电源串

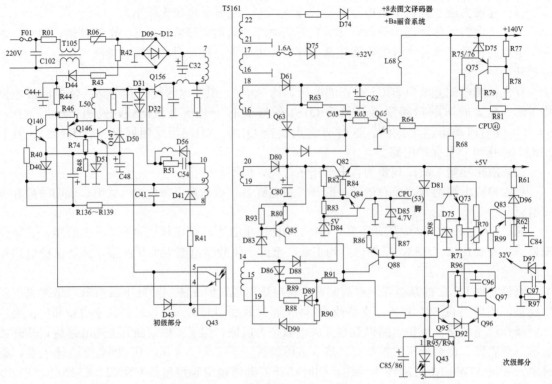

图 4-20　飞利浦典型开关电源电路

入电位器，使其通过的电流在 0.1～10mA 调整，如此时次级的④脚、⑤脚阻值从几十千欧减小到二百欧姆左右时，则说明光电耦合器正常。

经上述重点检查后，可对电路中的高压部分器件进行普遍测试及各次级回路有无短路的测试。对阻值偏低持怀疑的负载回路，可暂时断开。检修流程如图 4-21 所示。

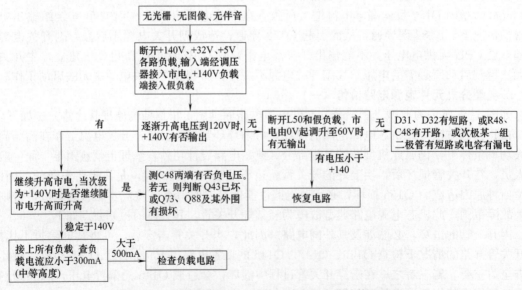

图 4-21　飞利浦典型分立元件开关电源电路检修流程图

检查时需注意，不能用灯泡做假负载。灯泡的冷阻阻值只有 20Ω 左右，会使过流保护的电路造成启动困难。应使用 400Ω 左右、功率在 20W 的电阻。而断开 R50 的目的是为了检查间歇振荡部分是否启振。若不启振，除正反馈回路有故障外，一般是启动电路的元器件损坏，或次级某一绕组的整流、滤波电路有击穿、负载短路现象。进行此项检查，脉宽调制器需断开，最高输入市电应低于80V。在逐渐升高输入电压时，只要次级绕组有输出，即证明间歇振荡部分完好。接入脉宽调制器后，升高电压仍不启振，说明脉宽调制和取样系统有问题。

（2）关键三极管的代换　此机芯电路中的开关管，在图中标注为2SC3793B，机上的实际型号为2SC3973B，其反压为1500V，集电极最大电流为10A。因此，可用BUS14、BUS14A等$I_{cm} \geqslant 10A$的高反压开关管代用。

脉宽调整管Q147（BC368）参数为$V_{ceo} > 20$、$I_{cm} > 1A$，可选用任何一种$I_{cm} > 1A$的低反压管代替，如常见的2SC880等。Q75为高反压PNP管，$B_{ceo} > 200V$，$I_{cm} > 0.5A$，可用2SA920、BF420等代用。电路中的脉冲整流二极管，除电源整流以外，其余的都不能用1N400X系列代用，必须使用快速恢复二极管，其反压按整流电压的2倍以上选用，最大电流按负载电流的4倍选用。

（3）故障分析与检修实例

① 飞利浦典型分立元件电源设备　接通电源，一开机就烧熔丝，整机无法开启。

检修时打开机壳，直观检查，发现熔丝F01已烧，并且管壳开裂发黑。说明机内有严重过流、短路之处。检查开关管Q156没有发现异常，D31和D32也无问题，整流二极管D09～D12均完好，C32也没有发现明显异常。则通电检查，但一通电，新换上去的熔丝又立即熔断，说明开关变压器T5161之前有元器件不良。后使用代换法检查，发现故障是C32内部漏电所致。

② 飞利浦典型分立元件电源设备开机后，无输出。

检修时开机检查，发现熔丝完好。机内无明显短路之处，则通电检查，测得＋B（140V）电压为0V，但Q156的集电极电压为282V，基本正常，说明开关电源没有进入启振工作。反复检查，发现D44开路。代换D44后，整机恢复正常。

9. 典型分立元件开关电源电路故障检修（二）

图4-22所示为康佳典型分立元件开关电源电路原理图。

① 电源指示灯亮，机器不工作。

检修方法1：因电源指示灯亮，表明整流滤波电路正常。测量＋B1电压为65V，处于待机状态。为判断是否保护电路动作，可使开关电源处于待机状态，测量V473、V474U_b均为0V，说明保护电路没有动作。测N601㊲电压为正常值4.6V，V907U_c为4.5V（正常值0V），N903①电压为1.1V（正常值0V）。经过检查V907（c）与（e）之间接近击穿，导致N901内发光二极管发光，使开关电源处于待机状态，代换V907后，工作正常。

检修方法2：检修时打开机壳，测量＋B1电压为40V。根据检修经验当＋B1电压偏离正常值时，误差取样放大电路的故障率较高。因此首先试调V905（b）电位器RP901，＋B1电压不变化，表明RP901损坏，代换后，工作正常。

检修方法3：打开机壳，测量＋B1电压为67V；检查误差取样放大电路，试调电位器RP901，＋B1电压可以变化，但小于正常值105V较多。测量V905（c）基准电压稳压二极管V906两端电压为3.5V（正常值为6.2V），代换VD906，正常工作，VD906特性变化，使V905U_e降低，导致V902内阻变小，对V901I_b的分流作用增加，使V901截止期延长，＋B电压下降。

检修方法4：因电源指示灯不亮，表明故障在开关电源部分或整流滤波部分。测电源滤波电容C901上电压为正常值300V。测稳压输出＋B1电压为0V。关断电源，摸V901发烫。测＋B1输出端对地电阻，结果发现为零。经检查发现，C922被击穿短路，导致＋B1电压为0V，代换C922后，正常工作。

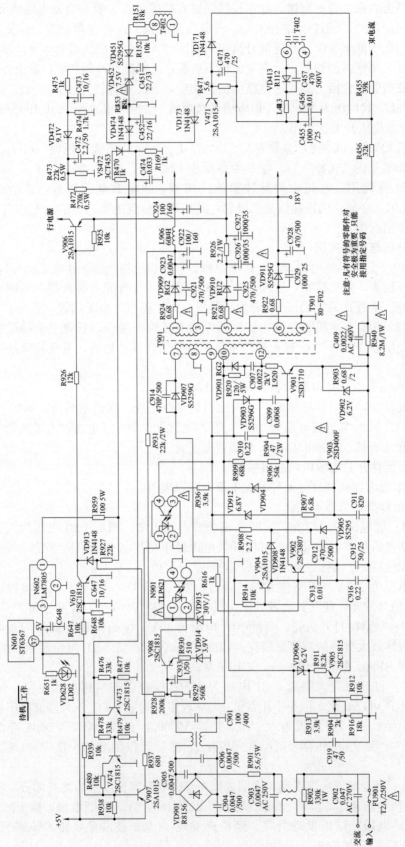

图 4-22　康佳典型开关电源电路原理图

② 故障现象为刚开机时光栅正常，过一会儿光栅闪动，有异常叫声，随着时间的增加，V901 发烫。

首先用在路电阻测量法，检查开关电路各元件，并没发现异常。根据三极管 V901 发烫，估计应为开关变压器 T901 内部有短路现象，试代换 T901 后，正常工作。

③ 开机后无声、无光，也无电源指示。

拆开机壳，测电源滤波电容 C901 上的电压为正常值 300V。测＋B1 电压为 0V。查正反馈回路等没有发现有故障元件。但在测量 V901 U_b 时，V901 起振，输出＋B 电压，过一会儿 V901 又停振。确定故障是 β 变小，使自激励条件不满足，因而不能起振。选用一只 2SD1710 代换 V901 后，试通电，整机恢复正常。

10. 康佳典型机分立元件开关电源电路故障检修

图 4-23 所示为康佳典型机分立元件开关电源电路，故障检修方法如下：

(1) 机芯典型故障分析与检修

① 对冷-热地检修时的主要事项　此机芯的开关电源的地线是悬浮地（热地），与整机的地线（冷地）是分开的。因此，在检修时，除了注意人身安全外，还要注意不能将电源的地线和整机地线直接连接在一起。测量电源系统的工作电压时，负表笔要接在悬浮地线上，避免得出错误的测量结果和判断。

② 检修时的注意事项

a. 在检修时，＋B 输出端的负载电路需要接上假负载，以防止开关变压器产生异常高压，将 V401 击穿。

b. 如发现 V401 击穿，不要急于代换，应查明损坏的原因，待排除故障后，再代换之。

c. 为了避免 X 射线的辐射，＋B 电压必须准确地调整到 135V，其方法是：确认交流电源是 220V/50Hz 后，开启电视机，让电视机接收电视信号，调整亮度、对比度到标准状态，置 AV 状态；在设有蓝屏幕时，画面呈暗状态。用可靠的直充电压表检测电源 PCB 板的 L405 左端的电压。调整 RP401，使＋B 输出到 135V±0.5V（T2987 型机为 140V±1V；T3477 型机为 135V±0.5V）。

(2) 维修数据　检修此机芯电源电路用三极管的实测数据见表 4-4（用 500 型万用电表在康佳 T2987 型机上测得，电阻挡为 R×1kΩ）。

表 4-4　电源电路晶体管实测数据

被测晶体管	V401			V402			V403			V406			V407		
	e	b	c	e	b	c	e	b	c	e	b	c	e	b	c
待机电压/V	0	0	295	0	0	−0.4	−3.7	−3.9	0	0	−1.4	0	0	−0.3	−3.9
工作电压/V	0.21	−0.32	285	0	−0.6	−5.5	−5.6	−5.5	−3.6	0	−4.1	−3.2	0	−0.3	−3.9

被测晶体管	V410			V450			V489			V411		
	e	b	c	e	b	c	e	b	c	e	b	c
待机电压/V	0.04	−0.4	295	0	0.68	0.12	0	0	0	0	0	0
工作电压/V	0.4	−0.4	285	0	0.01	1.09	11.1	0	94.6	0	0.01	4.98

(3) 几种常见故障举例

① 接通电源开机，无光栅，也无伴音。

检修方法 1： 打开机壳检查，发现熔丝 F401 熔断，并且发黑，说明机内有过流元件。进一步检查发现开关管 V401 c-e 结已击穿，仔细检查其他元件，均属正常，判断是因 V401 本身质量不好造成的。代换同型号的 V401 后，正常工作。

检修方法 2： 打开机壳检查熔丝完好，用在路测量法检查电源电路中的有关元件，并没有

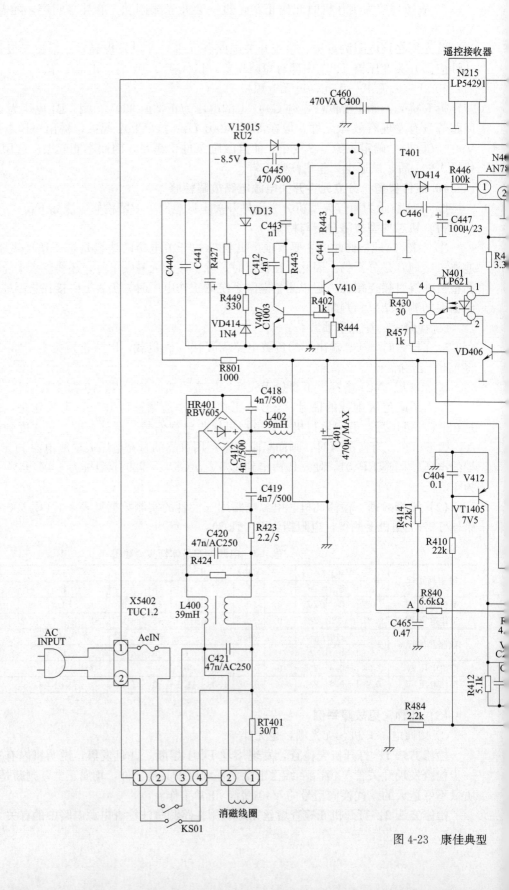

图 4-23 康佳典型

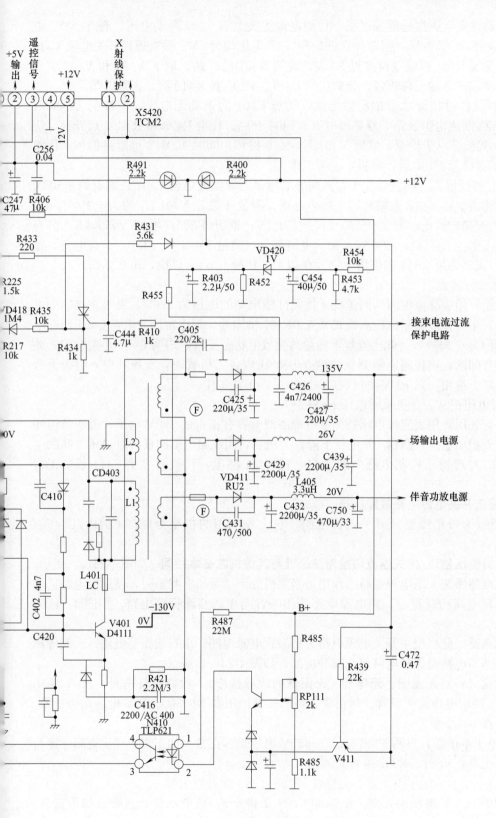

开关电源电路原理图

发现有严重的短路现象，则接通电源试机，检测电源滤波电容 C401 两端电压，有近 300V 电压，V401（c）也有 300V 电压，但 V401（b）和（e）电压均为 0V。检查遥控开关电源 V410 U_c 为 0V，检查发现 R401 两端电位差近 300V，说明 R401 已开路。取下 V410 和 V407 测量都已损坏。进一步检查其他元件正常。分别代换 R401、V407 和 V410 后，正常工作。

检修方法 3： 检修时按故障 2 的检修方法，检查 C401 的正端无电压，正常应为 300V；BR401 完好，R423 限流电阻开路，查热敏电阻 RT401 开路。代换 R423 和 RT401 后开机，烧 F401（3.15A）。关机进一步检查，发现 V401 及 V406 损坏，同时 VD412 也短路损坏，代换 V401、V406、VD4l2 及 F401 后，开机，正常工作。

检修方法 4： 打开机壳，检查熔丝正常；则通电测量电源滤波电容 C401 正端有约＋300V 电压，遥控电源滤波电容 C447 正端有约＋10V 电压。测量开关管 V401 U_c 约为＋300V，U_b 和 U_c 均为 0V，V401 截止；测量 V450（b）有 0.7V；断开 R235，再测 V450（b）仍有 0.7V，估计为保护性自动关机，故障应在保护电路部分。测量 V603（c）R614 上有电压，正常状态应为 0V，关机测量 R611 阻值增大到 MΩ 以上，代换 R611，试机，正常工作。

② 示波器测试绞波大。

检修时首先用万用表交流电压挡测量抗干扰元件输出端的电压为 220V，说明交流输入电路正常。然后用万用表直流电压挡检测桥式整流 BR401 输出端，即电源滤波电容 C401 两端电压为 265V。怀疑 C401 失效，将此电容焊下测量其充放电状态正常，表明 C401 是正常的。此时怀疑整流桥堆有问题，用在路电阻测量法检查 BR401 内各二极管时，发现其中一组为无穷大，说明桥堆损坏。选用一只 RBV406 代换 BR401 后，正常工作。

③ 无负载时电压正常，有负载时电压下降。

打开机壳，首先用万用表直流电压挡测量电源滤波电容有正常的 300V 电压，说明整流滤波电路正常。检查稳压电路，测量＋B 电压下降。关机后，用在路电阻测量法对稳压电路的主要元件进行检查，发现稳压控制电路中的滤波电容 C411 漏电，代换同容量 C411 后，正常工作。

11. 带倍压整流开关电源电路故障检修

如图 4-24 所示为带倍压整流开关电源电路，它主要应用的机型为熊猫 C64P1/C64P5/C64P88 等。

(1) 桥式整流倍压整流/桥式整流切换电路原理与其他机芯基本相同 如图 4-24(a) 所示。

(2) 副电源电路原路 副电源电路的作用是当整机处于"待机"状态时，使遥控电路仍能正常工作。因遥控电路功耗很小，副电源电路使用一种简单的自激振荡电路。如图 4-24(b) 所示。

(3) 主电源电路 此机型主开关电源电路为自激式电源电路，由自激振荡电路、次级输出电路、自动电压调节电路及保护电路等几部分构成。如图 4-24(c) 所示。

(4) 检修方法（针对无光栅、无伴音、无图像的故障检修） 检修时首先测＋140V 输出端滤波电容 C819 两端电压是否正常。如正常，再测三端稳压器 N803①＋10V 电压是否正常。如正常，则应检查 N803 是否失效。

若 N803① 电压不正常，再测 V881（c）＋300V 电压是否正常。如正常，应检查副电源自激振荡回路是否正常，V881、R882 是否失效。

若 V881（c）＋300V 电压不正常，应检查 VD889、R880 是否失效。

若 C819 正极＋140V 电压不正常，则应测 C808 正极＋300V 电压是否正常。如不正常，应检查电源整流电路中桥堆 D804、熔丝 F801 及阻尼电阻 R809 是否失效。

无输出故障检修流程如图 4-25 所示。

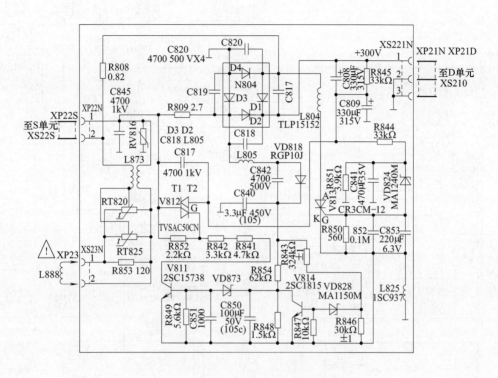

(a) 桥式整流倍压整流/桥式整流切换电路

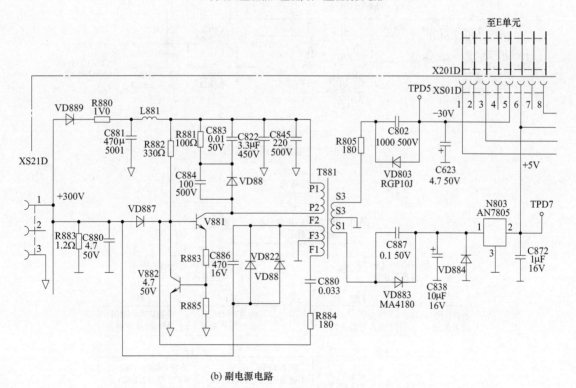

(b) 副电源电路

图 4-24

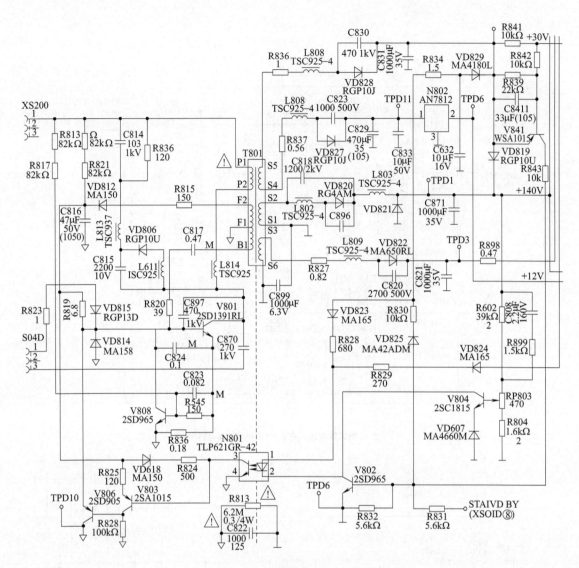

(c) 主电源电路

图 4-24 电源电路原理图

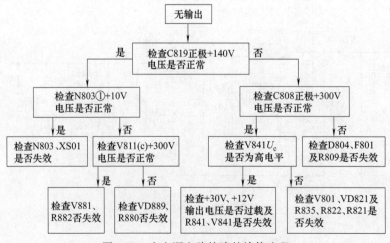

图 4-25 主电源电路故障的检修流程

若电源滤波电容 C808 正极＋300V 电压正常，再测 V841（c）电压是否为高电平。如为高电平，说明电源保护电路动作，这时应检查＋30V 场电源供电电压，及＋12V 小信号电路电源电压负载是否短路。

若 V841（c）不为高电平，说明电源初级电路没有起振，应检查电源自激振荡回路是否失效，VS01 是否击穿，＋140V 过压保护管 VD821 是否击穿，启动电阻 R821、R812 是否失效及保护取样电阻 R835 是否失效。下面分别介绍几种不同故障现象的检修方法。

(5) 故障检修实例

① 无输出，红色指示灯不亮。

检修方法 1： 当出现这种故障现象时，说明＋5V 电源电压及－30V 电源电压没有正常工作，而且主电源也不工作。两种开关稳压电源电路同时出现故障的可能性极小，则推断故障应出在其公共部分，即电源整流滤波、倍压电路出现故障，通过测量＋300V 直流电压点，便可以确定故障出现部位。

检修方法 2： 当出现这种故障现象时，说明整流滤波、倍压整流及辅助开关稳压电源电路已工作。在检修时，应首先检测＋5V 电源电压是否正确，如极低，则检查辅助开关电源电路；如正常则检测 E 板上 XS01D⑧，观察 STAND BY 控制指令是否始终处于低电平不变。若是，则说明遥控系统有故障。若 STAND BY 控制信号可转换为低电平，但依然不开机，说明主电源不工作，通过测量＋140V 电压和＋30V 电压及对地电阻变化，便比较容易判断出故障发生部位。

② 接通电源开机后，面板上的待机指示灯发亮。

检修方法 1： 根据现象说明副开关稳压电源电路工作正常，确定故障是在负载电路或电源电路本身。首先用电阻法测量负载对地电阻值有 51kΩ 正常，检查＋B 输出端的主电源电压为 0V，说明故障是开关稳压电源电路本身的故障。测量整流滤波和 300V 直流电压正常。但测量 V801（c）却无电压，说明这中间电路有开路性的故障存在。检查此线路上元件 R817、R813、XS200 等正常，用导线直接连接整流滤波后的电路，开机，电路恢复正常工作。这时，再次对此电路进行检查，开机并拨动线路上的元件、插件，当拨动 XS21P 时，机器突然工作，对它重新插接后开机，工作正常。

检修方法 2： 根据故障现象分析，因电源红色指示灯亮，说明辅助电源工作。先测＋5V 电源电压是否正常，经测量，此电压正常，说明辅助电源电路工作正常；再检查电路 E 板上 XS01D，观察 STAND BY 控制信号，控制信号始终不变，且为高电平，说明遥控系统有故障。按遥控器上的关机键，此控制信号始终不能转换成低电平，检查提供工作电压的副电源电路，发现其负电压为零；经检查，V881 的（c）、（e）之间已击穿，代换后，工作正常。

检修方法 3： 根据故障现象分析，因红色指示灯亮，说明＋5V 电源正常，即副电源电路工作正常；故障可能出在主电源电路、遥控电路或行扫描电路。

拆开机壳，测主电源无＋140V 电压输出，经过检查 VD821 被击穿，说明＋B 电压过高，故障在自动电压调节电路中。重点检查 N801 周围元件，发现 VD818 失效，使自动电压调节电路失效，V801 导通时间过长，致使＋B 电压超过＋160V 而将 VD821 击穿。代换 VD821 及 VD818 后，试机，工作正常。

③ 故障为开机后，面板上的绿色指示灯亮，关机时可看到光栅闪烁，但故障现象为"三无"。

根据故障现象分析，因绿色指示灯亮，说明＋12V 电压正常，即主电源电路工作基本正常；关机时可看见光栅，说明行扫描电路工作，故障出在副电源电路或遥控电路。拆开机壳，测副电源电路无电压输出，但其＋300V 供电电压正常，说明副电源电路没有起振。当用万用表表笔碰触 V881（b）时，电路起振，确定故障出在启动电路。将 R882 拆下检查，发现

R882 已开路。代换 R882，工作正常。

第五节　多种分立元件开关电源电路原理与检修

一、分立元件调频-调宽间接稳压型典型电路原理及故障分析

如图 4-26 所示为分立元件调频-调宽间接稳压型典型电路，此电源部分可分为主开关电源
和副开关电源。主开关电源属于自激调宽调频并联型。其特点是：电网电压在 150～270V 正
常工作；稳压环路使用间接取样方式，检修时应接假负载；由分立元器件构成，原理复杂，检
修麻烦。

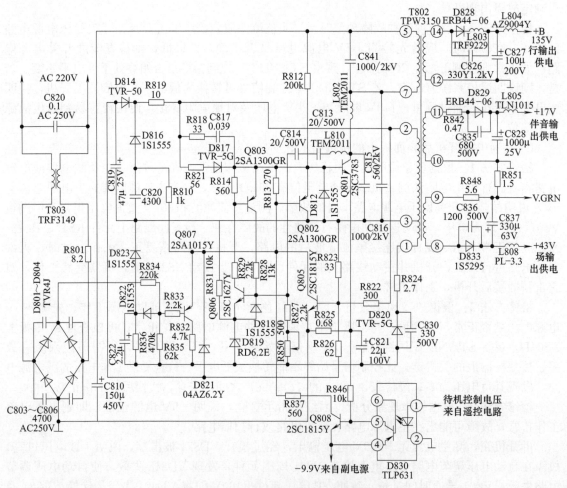

图 4-26　调频-调宽间接稳压型典型电路

1. 电路原理

（1）**自激振荡电路**　整流电路产生的约 280V 直流电压，一路通过 R812 向 9801（b）提
供 0.6V 的启动电压，另一路通过 Q802⑤、⑦一次绕组加到 Q801（c），使 Q801 导通，在
T802②、③正反馈绕组产生②正③负的感生电动势，通过 R818、C817 和 R821、D817 加到
Q801 b-e，使 Q801 迅饱和，其 I_c 增大，T802 贮能，C817 不断充电，使 Q801（b）电位逐渐
下降退出饱和，其 I_c 开始下降，T802②、③正反馈绕组产生②负③正的感生电动势，通过

R818、C817 加到 Q801 b-e，Q801 很快截止，T802 贮存的能量向负载释放，产生各路输出电压，当 T802 贮能释放完毕时，T802 二次绕组各整流二极管截止，处于高电阻状态，此时因 Q801 截止，T802 一次绕组也处于高电阻状态，T802 一次绕组电感与 C841、C816、C815 及分布电容构成的并联谐振电路产生自由振荡，振荡半个周期后，T802 感生电动势极性再次变为②正③负，通过正反馈使 0801 重新导通，不断重复上述过程，形成电源的自激振荡。

(2) 稳压电路 Q801 在截止时，T802①、③取样绕组产生①负③正的感生电动势，通过 D820 整流、C821 滤波，在 C821 上建立−44V 电压，一路经 R850、R827、R828 串联分压后产生−36.8V 电压，加到 Q806（b），另一路经 R831、D819 稳压，产生−37.3V 电压，加到 Q806（e）。当某种原因使+B（+135V）电压升高时，−44V 电压升高，Q806（b）负电压也升高，而 Q806（e）负电压升高的幅度相对更大，其 b-e 正偏增强，Q806（c）负电压增大，又使 Q803 导通增强，C817 充电时间变短，Q801 的饱和导通时间缩短，截止期相对延长，使+B 电压降低到标准值。当某种原因使+B 电压降低时，其调节过程与之相反。

(3) 待机控制电路 正常开机时，光电耦合器 D830 为 0V，其⑤、④截止，Q808（b）为−10.5V，其（e）为−10.6V（由副开关电源提供），Q808 截止，Q802b-e 正偏 0.5V，对 Q801 无影响，电源正常工作。在待机时，D830①为 1.1V，其⑤、④导通，Q808（b）为−9.9V，其（e）为−10.7V，Q808 饱和导通，通过 R837 使 Q802 b-e 正偏 0.75V 而饱和，电源停振无输出。

(4) 软启动电路 开机瞬间，整流电压 280V 通过 R834 加到 Q807（b），并由 D822、D823 导通钳位于 1.2V，而 Q807（e）约为 0V，故 Q807 截止，此时 Q803、Q802 都截止，Q801 启动振荡，由 D820 整流、C821 滤波产生−44V 电压，因 C822 两端电压不能突变，此负电压使 D823 截止，并由 D822、R833 将 Q807（b）电位拉低使其导通，Q802 导通增强，对 Q801（b）分流，使开机瞬间通过 Q801 的冲击电流不致过大，而 C822 被−44V 很快充满电，由 R834 提供电压，D823、D822 导通钳位，送到 Q807（b）的电压又达到 1.2V，Q807 维持在截止状态，Q802 也不再导通，由稳压环路控制 Q801 进入正常工作状态。因 C822 充电极快，故软启动过程也极快，用一般电表是检测不到的。

(5) 保护电路 此电源设有两种保护电路。

① 过电压保护电路 Q801 在截止时，Q802②、③正反馈绕组产生②负③正的感生电动势，一路由 D814 整流、C819 滤波，产生−4.6V 电压，加到 Q821 正极，另一路由 D816 整流、C820 滤波，产生−3.2V 电压，一路加到 D821 负极，另一路经 R810 加到 Q802（b），可见，D821 正常时是截止的。当某种原因（如取样电阻变值）使+B 电压升高较多时，C819、C820 上的负电压都会上升，其中 C820 上的负电压经 RS10 加到 Q802（b），使其导通增强，Q801 导通时间变短，+B 电压降低。因 Q802 b-e 的钳位作用，故 D821 负极的负电压上升量是有限的，这路过电压保护虽然首先起控，但作用很小。当某种原因（如稳压环路失效）使+B 电压大幅度升高时，C819 上的负电压上升幅度很大，D821 负极上的负电压上升幅度相对偏小，D821 击穿导通，Q802（b）负电压明显上升，Q802 更加导通，使 Q801 导通时间不致过长，+B 电压的升高被限定在某范围内，保护电源负载。

② 过电流保护电路 正常时，C819 上的−4.6V 电压经 R826、R823 分压，产生的−1.4V 电压加到 Q805（b），同时 T802②的正反馈脉冲经 R822 也加到 Q805（b），因其幅度不足以使 Q805 导通，故 Q805 处于深度截止状态。当某种原因使电源负载过重时，流过 Q801 的电流会过大，C819 上的电压由−4.6V 下降，Q805（b）的负偏压也下降，由 R822 加到 Q805（b）的正反馈脉冲使 Q805 在 Q801 导通时也导通，Q802 对 Q801（b）的正激励脉冲分流增强，Q801 振荡减弱，电源输出电压降低，既保护了负载元件，又降低了 Q801 的工作电流，使其不致发生热击穿。

2. 故障检修

故障现象 1：通电后红灯亮，按待机键，机内发出吱吱声，无光、无声。

根据故障现象分析，此故障说明主开关电源负载过重。打开机壳，检测+B电压对地已短路。脱焊行输出管 Q404（c），测+B端对地恢复正常值。测 Q404 已被击穿。因怀疑电源稳压失控，故不能直接通电检测，应使用安全检修程序。先不换 Q404，在+B端对地并接 100W 灯泡作假负载，将电源线串入自耦变压器，脱焊 R837，取消待机状态，当电网电压调到 120V 时，+B电压达到 135V 标准值，将电网电压继续调高，+B电压仍继续升高，证明稳压失控。再将电网电压调到 120V，使+B电压调定在 135V。首先测 D820 正极取样电压为 −39V（正常时为 −44V），怀疑滤波电容 C821 失效，在 C821 两端并接 22μF/100V 电容，−44V 立即正常，再调高电网电压，+B电压仍稳定在 135V，证明稳压电路恢复正常，取下 C821 观察，发现已漏液，测其电容量已降到 15pF 左右。C821 电容量减小后取样电压降低，纹波增大，稳压控制失效。此电源虽然设有过电压保护电路，但对+B电压的升高只能起到一定的限制作用，还不能强迫 Q821 停振，+B电压仍可上升到 180V 左右将行输出管击穿。检修时代换 C821 及 Q404 后，工作正常。

故障现象 2：通电后红灯亮，无输出。

根据故障现象分析，此故障一般在电源。打开机壳，测+B电压仅 75V，断开行负载，在+B端对地并接 100W 灯泡，测+B电压仅 15V，证明电异常。再脱焊 R837，取下 Q802，将电源线串入自耦变压器，当电网电压调到 110V 时，+B电压达到 135V，当缓慢调到 220V 时，+B电压始终稳定，证明稳压环路正常，故障在保护环路。此时测 Q807（b）电压为 1.2V，其（e）为 −0.7V，处于正常截止状态，测 Q802（b）电压为 −0.9V（正常时为 −1.4V），测 D814 正极为 −2.8V（正常时为 −4.6V），怀疑滤波电容 C819 失效，在 C819 两端并接 47μF/25V 电容后，D814 正极电压恢复 −4.6V，Q0805（b）电压恢复 −1.4V，焊回 Q802，+B电压仍稳定在 135V，取下原 C819 测量，已无电容量。C819 失效后，Q805（b）负电压下降，过电流保护电路动作，将+B电压拉低。Q802 为过电流、过电压保护接口管，脱焊 Q802 使保护环路失效，既能区分是主稳压环路故障还是保护环路故障，又为保护环路的通电检测创立了条件。检修时代换 C819 后，工作正常。

故障现象 3：当电网电压稍偏低时输出大。

根据故障现象分析，此故障应在电源电路，检修时可在电源线串入自耦变压器，并调到 220V，通电后测+B电压为 135V 标准值，几秒后，随着光栅变亮，+B电压缓慢降到 125V，但机器仍正常，当调低电网电压到 180V 时，+B电压降到 110V，出现故障，故判断为电源带载能力差。其原因有：整流滤波电容失效；开关管（e）限流电阻增大；正反馈过弱；开关管放大倍数偏小；保护环路误动作等。断电测 R825（0.68）正常，将电网电压调到 220V，测整流电压为 270V 不变（正常），取下 Q802，使保护环路失效，故障不变，在 C817 两端并接电容，人为增大正反馈量，+B电压立刻升到 135V，再将电网电压降到 150V，+B电压仍稳定不变，证明故障原因是正反馈过弱，经检测，发现 D817 内部断路。D817 为 Q801 正激励脉冲的辅助通路，失效后使正反馈减弱，电源带载能力降低，Q801 也因欠激励而温升偏高。检修措施为代换 D817 后，工作正常。

二、多种分立元件开关电源电路分析与故障检修

1. 全分立元件变压器并联开关电源电路分析

(1) 电路原理 全分立元件变压器耦合并联型自激式稳压结构，如图 4-27 所示，原理分析如下：

① 抗干扰系统 如图 4-27(b) 所示，由 R801、C801、T801 及 C804、T802 构成两套抗

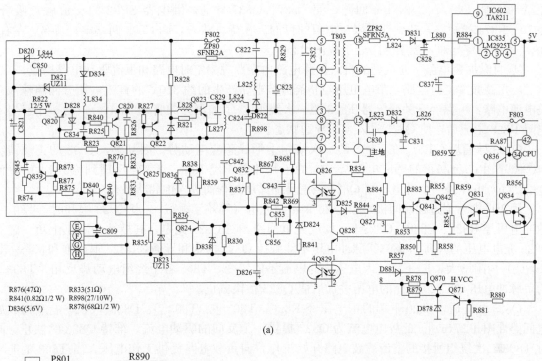

(a)

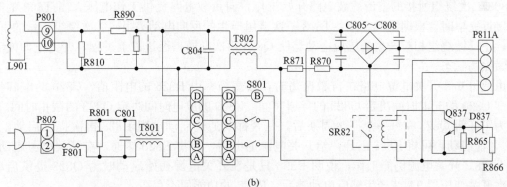

(b)

图 4-27　电源电路图

干扰系统，主要用于滤除市电电网中的高频杂波，防止开关电源电路产生的高频脉冲或电源开关 SB01 在接通/断开瞬间产生的干扰串入市电电网，影响其他用电设备的正常工作。

② 自动消磁电路　由 R890、R810、L901 构成自动消磁电路。其中 R890 为正温度系数热敏电阻，在常温时其电阻值为 18Ω 左右。接通开关后，市电电压经 R890、消磁线圈 L901 构成回路，L901 产生一个强磁场，对显像管荫罩极及其附件进行消磁。当 R890 有电流流过时，R890 温度升高，其电阻值很快增大，流过 L901 的电流急剧下降，使 L901 产生的交变磁场由强变弱，完成对显像管荫罩极的自动消磁。自动消磁电路对显像管荫罩极完成消磁后，维持 R890 高温状态的消磁电流会在 L901 中产生一个很小的交变磁场，对显像管荫罩极充磁，产生不必要的影响。为此，在 L901 两端并接一只大功率电阻 R810（7W/270Ω），使维持 R890处于高温状态的电流大部分经 R810 分流，提高消磁效果。

③ 限流电阻控制电路　因滤波电容 C809（560F）的电容量较大，则在开机瞬间其充电电流较大，很容易使熔断器 FF801、整流堆 D801 等元器件过电流损坏，为此通过 R871、R870限流电阻对充电电流进行限流，但是在开关电源正常工作后，电流在 R871、R870 上产生电压降需消耗功率，且限流电阻容易损坏。为了避免这种危害，设有了限流电阻控制电路。在开关电源处于稳定工作状态后，C809 两端存储约−12V 电压，加到 Q837（e），通过 R866 限流、

6.2V 稳压管 D837、Q837 b-e 回路，使 D837、Q837 导通，继电器 SR82 的交流触点吸合，R870、R871 被短路，达到保护限流电阻的目的。在待机状态，因 C809 两端电压为 6V 左右，D837 不能击穿导通，控制电路处于截止状态。

④ 自激振荡电路　此机型的自激振荡电路由振荡频率定时电路和恒流驱动电路构成。

a. 振荡频率定时电路　市电电压经整流滤波电路产生的约 310V 的直流电压分两路输入开关电源电路：　路经开关变压器 T803 的一次绕组③-①加至开关管 Q823（c）；另一路经启动电阻 R828 限流后，使 Q823 进入初始导通状态。

Q823 导通后，其 I_c 在 T803 的一次绕组上形成感应电动势。因互感，T803 的正反馈绕组⑦-⑨产生⑦负⑨正的感应电动势。⑨的正脉冲电压经 R826、C820 反馈到 Q823（b），使 Q823（b）电压进一步升高，则 Q823 经正反馈雪崩过程而进入饱和状态。

因正反馈雪崩过程时间极短，C820 来不及充电（等效于短路）。当 Q823 饱和时，T803⑨脉冲电压经 R826、C820、Q823 b-e 构成充电回路，对 C820 充电，其极性为下正上负。随着 C820 充电电压的升高，Q803⑨脉冲电压不能维持 Q823 的饱和导通，Q823 退出饱和状态，其（c）-（e）内阻增大，I_c 下降。因电感中的电流不能突变，T803 各个绕组电动势反相，T803⑨的负脉冲电压与 C820 所充的电压叠加后使 Q823 很快截止。

Q823 截止后，C820 下端的正电压经 R826、T803⑨、T803⑦、D839、C820 上端构成放电回路 [图 4-27(a)]。此放电电流为 Q823 提供一个反向的驱动电流，维持 Q823 的截止。同时 T803 二次绕组所接的整流滤波电路开始工作，向负载电路提供工作电压。当 T803 的能量释放接近完毕时，根据楞次定律，T803 一次绕组产生的反向电动势阻碍二次绕组能量的下降。因此，正反馈绕组相应产生的感应电动势使 Q823 再次导通，经过以上过程，开关电源便工作在自激振荡状态。

由此可知，开关电源电路在自激振荡时，振荡频率由 R826 的电阻值、C820 的电容量决定，即 C820 的充电时间决定 Q823 的导通时间，C820 的放电时间决定 Q823 的截止时间。

为了证明 Q823 在每一个振荡周期后，是否都要通过启动电阻 R828 再次提供启动电流，Q823 才能启动，可将 R828 断开，给开关电源通电后，再将 R828 接通，在开关电源启动后，取下 R828，开关电源仍能工作，说明 R828 只是在开关电源初始启动时为 Q823 提供启动电流，在开关变压器 T803 产生感应电动势后，R828 的功能便不存在。

D839 用于在 Q823 截止时，为定时电容 C820 提供放电回路，在 Q823 下一个导通时，为 Q823 提供激励回路，称其为泄放二极管似乎更恰当。当 D839 开路或脱焊时，C820 两端充电电压便通过 Q823 b-e 反向放电，击穿 Q823。

b. 恒流驱动电路　因 T803 一次绕组产生的感应电动势与 Q823 的 I_c 大小有关，而 I_c 又与供电电压高低有关，则当正反馈绕组匝数一定时，若市电电压过低，Q823 便因正反馈绕组产生的脉冲电压较小，造成开启损耗过大而损坏，若市电电压过高，Q823 便因正反馈绕组产生的脉冲电压较高，造成关断损耗过大而损坏。为此，此机型开关电源通过控制正反馈电压的大小来控制正反馈脉冲电压只能在一定范围内变化。

当市电电压低于 160V 时，在 Q823 进入截止状态时，T803⑧产生的脉冲电压经 D820 整流、C821 滤波，因 C821 电容量（1000μF）较大，故相当于一个直流电源。在 Q823 进入下一个导通时，T803⑨被感应的脉冲电压若低于 8.2V（D828 的稳压值 7.5V ＋ Q823 的 U_{be} 0.7V），则 D828 截止，调整管 Q820 导通，C821 经 R822 限流，通过 Q820 c-e 和 Q823 b-e 放电。此放电电压与 T803⑨脉冲电压叠加后，使 Q823 导通。当市电电压高于 160V 时，T803 的正反馈绕组的脉冲电压相对较高，Q803⑨的脉冲电压不但经 R826、C820 反馈至 Q823（b），同时经 R823 限流，使 D828 击穿导通，Q820（b）电压被 D828 钳位在 8.2V，Q820（e）输出 7.5V 驱动电压。此电压与 T803⑨脉冲电压叠加后，为 Q823 提供趋于恒定的导通电流。

关于开关管恒流驱动电路的作用，在市电电压为 220V 时，如将 R823 断开，取消恒流驱动电路的作用，此时给开关电源通电后，有的机器＋B（125V）电压基本正常，有的仅为 70V 左右，说明断开恒流驱动电路后，仅靠 T803⑨产生的脉冲电压是不能保证开关电源电路正常工作的。

⑤ 稳压调节电路　稳压调节电路用于对开关管的导通时间进行控制，以防止开关电源的输出电压因市电或负载电路变化而波动，使开关电源电路能够为负载电路提供稳定的供电电压。

稳压调节电路的误差取样电路设在＋B（＋125V）电压上，稳压调节电路工作过程如下：当市电电压升高或负载变轻，引起开关电源电路输出电压升高时，升高的＋B（＋125V）电压一路经 R843 限流，送到光电耦合器 Q826①，使发光二极管正极电位升高，另一路经 R884 降压，送到三端误差取样放大器 Q827（SE120）①，经 Q827 内的 A1、R2 取样后的电压升高，因 Q1（e）接有稳压管 ZD1，则 Q1 导通加强，使 Q827②输出电位下降，即 Q826 内的发光二极管负极电位下降。则 Q826 内的发光二极管因导通电压升高而发光增强，其光敏三极管因受光加强而内阻减小，负压驱动管 0824、脉宽调节管 Q823 导通加强，Q823 提前截止，T803 因 Q823 导通时间减小而贮能下降，最终使 T803 输出电压下降到规定的电压值。当某种原因使开关电源电路输出电压下降时，其稳压调节电路工作过程与上述相反。

⑥ 负电压驱动电路　为了展宽脉宽调节电路控制的动态范围及降低 Q823 的关断损耗，使用了由 Q824 构成的负电压驱动电路。因 Q824（e）接在 C826 的负极上，则 Q824（e）为－12V 电压。当 Q824 导通时，其（c）相应变为负电压，使 Q822 很快导通，Q823 很快截止，即增大了 Q822 控制的动态范围，避免了 Q823 因关断损耗大带来的危害。

⑦ 保护电路

a. 开关管过电流保护电路　此保护电路由开机瞬间和开机状态转入待机状态瞬间保护电路构成。

当 T803⑨的脉冲电压升高到一定电压值，经 R832、R833 分压后达到 0.7V 时，Q825 导通，Q823 因无驱动电压而截止，避免了开关管过电流损坏。同时，大屏幕彩色电视机为了保证开关电源电路的大功率输出，在开关电源电路进入稳定工作状态后，T803 正反馈绕组输出的脉冲电压经 D824 整流，在 C826 负极产生－12V 的电压。限流加到 Q825（b），使 Q825 截止，避免了 Q825 的误导通，确保开关电源电路的功率输出。

在开机状态转入待机状态瞬间，因 Q829 内的发光二极管、光敏三极管处于工作状态，则 Q839 导通，其（c）输出的电压经隔离二极管 D840 使其饱和导通。C826 负极上的负电压经 R835、R876 分压后，加到 Q825（b）的负电压减小，此时经 R832、R833 分压后的电压可直接使 Q825 导通，提高了过电流保护电路在待机时的灵敏度，避免了因负载几乎处于空载而引起的 Q823I_c 过电流损坏。

b. 延迟导通电路　当 Q823 截止时，T803 向负载电路释放能量，随着能量的下降，T803 的一次绕组与 C824 产生谐振电动势，Q823 若在谐振电压最高时导通，则 C824 上的电压经 Q823 c-e 放电，其放电电流将产生过大的损耗而损坏 Q823。为此，设有了延迟导通电路。

在 Q823 截止时，T803⑧输出的脉冲电压经 D834 整流对 C834 充电，Q823 从截止到放大状态瞬间，C834 上所充的电压经 R840、Q821 b-e 放电，使 Q821 导通，Q823 处于截止状态，当放电电流不能维持 Q821 导通时，Q823 启动，使 Q823 避免了因谐振电压带来的危害。

在 Q823 初始导通时，其 I_c 在 T803 二次绕组产生感应电动势，T803⑧、⑨相应感应出脉冲电压，T803⑧输出的脉冲电压经 D834 整流，对 C2834 充电。当 C834 两端充电电压达到一定电压值时，经 R840、R825 分压后的电压达到 0.7V，Q823（b）为 0V 而截止，避免了 Q823 在启动瞬间因稳压调节电路没有进入工作状态带来的危害。

当 T803⑧、⑦相位相同时，构成开关管延迟导通电路；当 T803⑧、⑨相位相同时，构成脉冲电流限流电路。

c. 过电压保护电路　为了防止市电电压升高或稳压调节电路不良，引起开关管 Q823 过电压损坏。

当市电电压超过 270V，使 C809 两端电压超过 378V 时，T803 输出的脉冲电压大幅度升高。当 T803（e）输出的脉冲电压经 D820 整流、C821 滤波超过 11.7V 时，11V 稳压管 D821 击穿导通，使 Q821 导通，Q823 停止工作，避免了 Q823 因过电压而损坏。

当稳压调节电路不良，引起 Q823 导通时间过长，T803⑨输出的脉冲电压经 D824 整流、C826 滤波超过 15V 时，15V 稳压管 D823 击穿导通，Q8X 导通，Q823 截止，避免了 Q823 因过电压而损坏。

d. 欠电压保护电路　欠电压保护电路用于防止市电电压过低，使开关变压器 T803 正反馈绕组输出的激励电压也过低，造成开关管 Q822 因激励不足而损坏。当市电电压低于 90V 时，经整流滤波的电压低于 126V，此电压经 R868、R869 与 Q824 整流的负电压比较取样后，使 Q832（b）电压为 −0.3V，Q832 导通，其（c）输出的电压使 Q824、Q822 相继导通，Q823 截止，避免了 Q823 因市电过低而损坏。

⑧ 负反馈电阻保护电路　当 Q823 击穿时，310V 电压便击穿 5.6V 稳压管 D36，从而熔断 F802，避免了 R838、R839 因高温而炸裂的危害。

(2) 保护电路　此机型的保护电路（见图 4-28）。

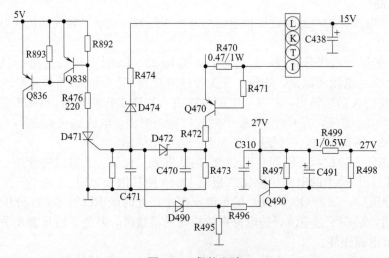

图 4-28　保护电路

a. +B 电源过电流保护电路　当行输出级元器件不良引起+B 电源过电流，在取样电阻 R470 上产生的电压降超过 0.3V 时，Q470 导通，其（c）输出的电压经 R472、R473 分压后，使稳压管 D472 击穿导通，晶闸管 D471 触发导通，Q838 导通，其（c）输出的电压使 Q836 截止，最终使开关电源进入待机状态，避免了故障的扩大。

b. 15V 过电压保护电路　当 C438 两端产生的电压当超过 17V 时，经 R474 限流后，使稳压管 D474 击穿导通，D471 触发导通，开关电源进入待机状态。

c. +27V 过电流保护电路　当电路不良使 27V 电压过电流，在取样电阻 R499 上产生的电压降超过 0.3V 时，Q490 导通，其（c）输出的电压经 R496、R495 分压后，使 12V 稳压管 D490 击穿导通，D471 触发导通，最终使开关电源进入待机状态，避免了故障的扩大。

d. 负载过电流保护电路　当负载击穿短路，引起＋B 电源过电流超过 1A 时，F803 便熔断，避免了对开关电源电路产生的危害。

（3）故障检修

故障现象 1：熔丝 F801 发黑且熔断。

F801 发黑且熔断，说明市电电压整流滤波电路或消磁电路有短路现象。此时可用万用表 R×1Ω 挡在路检查所怀疑的元器件。当测整流堆 D801 内的每个整流二极管的正、反向电阻的电阻值过小或接近 0Ω 时，说明整流二极管或并联的高频滤波电容击穿短路。代换后，即可排除故障。当测 C809（560μF/400V）两端正、反向电阻的电阻值接近 0Ω 时，说明滤波电容 C809 短路，代换后，即可排除故障。当测整流堆 D801、滤波电容 C809 均正常时，说明正温度系数热敏电阻 R890 击穿或热敏性能下降，代换后，即可排除故障。

故障现象 2：熔丝 F802 发黑且熔断。

用万用表 R×1Ω 挡在路测开关管 Q823 c-e 正、反向电阻值，若反向电阻值接近 0Ω，则说明 Q823 击穿短路，稳压管 D836 相应击穿。因熔断器存在一定的惰性，则还应检查其他三极管、二极管是否连带击穿。

焊下 C809 测量，若两端电压不足 200V，则说明 C809 失容，使 C809 两端的直流电压含有大量的纹波，在 Q823 截止瞬间，此纹波电压与 Q823（c）的尖峰电压叠加，击穿 Q823。C809 可用 220μF/400V 电容代换；Q823 可用 2SC4706 或 2SD1887 代换；D836 可用稳压值为 6V 左右的稳压管代换；F802 可用 2A 普通熔断器代换。

若测量 C809 两端电压为 310V 左右，则说明整流滤波电路基本正常，可取下 F803 并断开 L826，在 C831 两端焊一只 60W 灯泡作假负载，用调压器将市电电压调至 100V 左右，观察灯泡是否发光来确定故障部位。

若测输出端电压正常，手摸 Q823 温度过高，则说明 Q823 击穿是因损耗过大引起，应检查导通延迟电路、恒流驱动电路及泄放二极管 D839 是否正常，代换后，即可排除故障。若灯泡发光偏亮且两端电压过高，则说明稳压调节电路有故障，此时用导线短接光电耦合器 Q826③、④后通电，若灯泡发光且两端电压过高，则说明负电压驱动电路或脉宽调节电路不正常。断电后，检查 R841 电阻值是否增大、D824 是否漏电或导通电阻过大、负电压驱动电路 Q824 是否不良、脉宽调节管 Q822 是否开路、相关的电阻是否不良。Q822 可用常见的中功率管 2SA966 代换，D824 可用快速整流管 RG2J 代换，R841 可用 1kΩ/1W 熔断电阻器代换。

若短接 Q826③、④后，灯泡不亮，则说明故障在误差取样电路或接口电路 Q826。用导线将 Q826②对地短接后通电，若灯泡不亮，则说明三端误差取样放大器 Q827 有故障。用 SE120 代换后，即可排除故障。若手边没有 SE120，则可用 S1854 代换，因 S1854 只能保证＋B 电压为 113V，则当需要＋B 电压达到 125V 时，应将 R884 用 12V 稳压管代换，稳压管正极接 Q827。

若将光电耦合器 Q826②与地短接后灯泡不亮，则说明 Q826 或 R843 异常。R843 可用电阻值为 10kΩ/2W 的碳膜电阻或 10kΩ/1W 金属膜电阻代换；Q826 可用 PC817 代换。

故障现象 3：开关变压器输出端电压低。

此故障应重点检查开关变压器初级一侧的保护电路、稳压电路和待机控制电路。对于保护电路可以用断开保护取样元件后，通过测输出端电压进行判断。在断开 Q828（c）后，若输出端电压正常，则说明待机控制电路有故障。在市电电压为 220V 左右时，若断开过电压保护、欠电压保护、过电流保护电路后，输出端电压正常，则检查保护电路。在无原规格的备件时，

R868 可用 270kΩ/1W 的金属膜电阻代换；Q821 可用 2SD400 代换；D821 可用 9V 左右的稳压管代换；Q839 可用 2SA966 代换。

经以上检查后，对输出端电压高于待机电压、低于正常电压的故障，主要应检查恒流驱动电路或三端误差取样放大器 Q827 是否正常。可用其他三端误差取样放大器代换后进行判断。若用 SEl30 代换后，输出端电压升高为 135V 左右，则说明 Q827 损坏，代换后即可排除故障，若电压没有达到代换的三端误差取样放大器的电压，则说明恒流驱动电路有故障。因恒流驱动电路故障会产生在假负载灯泡两端电压正常的特殊现象，故应测量＋B 电源电流的大小，以免误判为行输出电路故障。D820 可用 RG2J 或 RU2A 代换。对输出端电压大于 0V 低于待机电压的故障，可将 Q836（c）与 Q827 的输入端用针头悬空后通电，若输出端电压升高为待机状态时的电压，则说明 Q827 损坏，代换后，即可排除故障。若 Q827 正常，应重点检查 C826、Q824、Q822 等元器件。

2. 东芝型开关电源电路分析

(1) 电路原理

① 电源的启动和开关管 V806 的自激振荡过程　图 4-29 中，T803 是开关变压器，绕组Ⅰ是初级绕组，绕组Ⅱ是正反馈绕组，绕组Ⅲ是取样绕组，绕组Ⅳ、Ⅴ、Ⅵ是次级绕组，V806 是开关管。

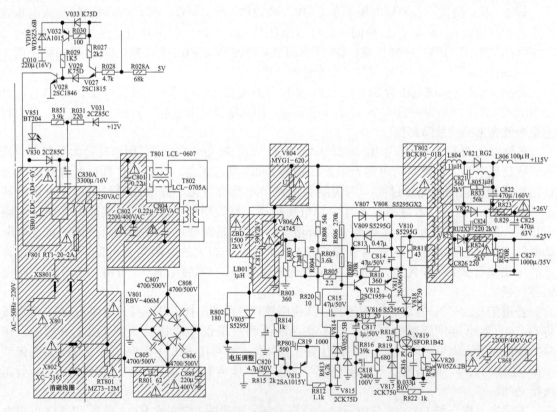

图 4-29　东芝型开关电源电路

经整流、滤波后产生的直流电压Ⅵ，一路经 T803 的初级绕组加到 V806 的集电极，一路经启动电路 R803、R804、R808、R809 加到 V806 导通，其集电极电流 I^2C 流过 T803 的初级绕组，而在初级绕组中产生上正下负的感生电动势Ⅰ，因互感作用，在正反馈绕组，而在初级上正下负的感生电动势Ⅱ，在取样绕组中，则产生上负下正的感生电动势Ⅲ。电动势Ⅱ经 V809、R805 加到 V806 基极，使其 I^2C 进一步增大，这样又使Ⅰ、Ⅱ进一步增强，如此循环产生的强烈正反馈，使 V806 很快进入饱和导通状态。这样电源电压Ⅵ完全加到 T803 的初级绕组上，若忽略此绕组的电阻和 V806 的导通电阻，则流过初级绕组的电流几乎是线性增长的，那么Ⅰ、Ⅱ、Ⅲ基本不变。在 V806 导通过程中，因取样绕组上的感应电动势Ⅲ极性上负下正，上端的负电压通过 R818、R809、钳位二极管 V817，使 C818 右端电位降低 0.7V，又因 C818 上的电压不能突变，因此其左端（即 V812 基极）电位随之下降，使 V812、V811 截止，C814 无法放电，保证开关管 V806 的导通不受 C814 影响。

V806 饱和导通后，电容 C813 在感应电动势Ⅱ作用下不断充电（充电回路为：Ⅱ+C813→R805→R804→R803→地→R811→Ⅱ），这样 C813 上建立起左负右正的电压，使 V806 的基极电位随之下降；同时，电源电压Ⅵ经电阻 R806、R807，以及 V813 的集电极电流经 R812 都对电容 C818 充电，使 V812 基极电压上升，V812、V811 饱和导通，电容 C814 开始放电（放电回路为：C814+→V811→地→R811→绕组Ⅱ→C814），放电结果是绕组Ⅱ上端电位下降，V809 截止，V807、V808 导通，绕组Ⅱ上下降的电位经 V807、V808 至 V806 基极，也使 V806 基极电位下降。因上述两方面原因，使 V806 退出饱和区进入放大区，其集电极电流 I_2C 下降，这样绕组Ⅰ、Ⅱ、Ⅲ中感应出极性相反的电动势（即Ⅰ上负下正，Ⅱ上负下正，Ⅲ上正下负），电动势经导通的 V810 对 C814 充电，在 C814 上建立起上负下正的电压，经 V807、V808 加到 V806 基极，使 V806 基极电位进一步下降，经过强烈的正反馈，开关管 V806 从导通状态变为截止状态。存储在 T803 中的磁能向负载泄放，当能量泄放完时，V806 再次被启动进入下一个振荡周期，如此周而复始地进入稳定的振荡过程。其振荡频率为 16～68kHz。

② 稳定过程　开关电源的稳定过程是通过控制开关管 V806 从导通时间长短来实现。而控制电路是由 V811、V812 及其周围元件构成的脉宽调制电路。

其稳压过程是：设当输入电压升高或负载电流减小，造成输出电压增大，则取样绕组的感应电压随之增大，经 V816 整流，C820 滤波后，从取样电路 R814、R815、RP801 取得的电压也增大，并加到比较放大管 V813 基极，V813 的发射极从基准电路 V814、R813 得到一个更大的上升电压，两个电压经过比较产生的误差电压由 V813 放大从集电极输出，经 R812 到 V812 基极，使 V812、V811 都导通，这时 C814 经 V811 放电（放电回路：C814→V811→地→R803→R804→R805→V807、V808→C814），放电电流在 R803 上的压降使 V806 提前截止，其导通时间缩短，使输出电压下降而恢复到正常值。

当输入电压降低或负载电流增大，造成输出电压减小时，通过以上调整电路使开关管 V806 导通时间加长，使降低的输出电压上升而恢复到正常值。

③ 过压保护电路　此电源的过压保护电路有两个地方：

在整流电路的输出端，并接有压敏电阻 V804，当电路中因外部原因或内部原因产生一个高出正电压许多倍的瞬时电压，并超过了压敏电阻的压敏电压值时，压敏电阻的阻值急剧下降，使流过压敏电阻的电流猛增，整流电路输出的电压被限制在压敏电压值附近，从而保护整流电路免受过高电压的冲击而损坏，当瞬时高压消除后，线路电压恢复正常，压敏电阻恢复到原来的高阻状态，对电路不产生影响。

由可控硅 V819、稳压二极管 V820、电容 C816 构成的保护电路。当误差放大管 V813、脉冲调制管 V811、V812 发生故障时，V806 的导通时间过长，或负载开路及其他原因引起输出电压大幅度升高，当输出电压+115V 端大于 175V 时，T803 的击穿电压 6.2V 时，V820 导通，V819 被触发导通，电容 C815 放电，（放电回路：C815→V819→地→R803→R804→R820→C815），放电电流在 R803 上产生很大的负压使 V806 截止而停振，稳压电路停止工作。同时，因可控硅 V819 导通，V818 随之导通，V811 发射极电压和 V812 集电极电压大幅度下降，V811、V812 停止工作。

④ 过流保护　若因某种原因使整机负载过重造成开关电源需要提供的电流太大，此时正

反馈绕组上的正反馈电压急剧下降，使开关管 V806 停振，从而起到保护作用。

⑤ 对开关管的保护　在开关管集电极与地之间接有 C811、L801、R802、V805 构成的尖峰电压吸收电路，防止 V805 断开瞬间因 T803 漏感、分布电容在 V806 集电极产生过大的感应电压击穿 V806。

⑥ T803 次级整流滤波电路开关变压器 T803 有三组次级：

绕组Ⅳ上的脉冲电压经 V821 整流，C822 滤波，输出＋130V 电压；

绕组Ⅴ上的脉冲电压经 V822 整流，C825 滤波，以及熔丝电阻 R823 输出＋26V；

绕组Ⅵ上的脉冲电压经 V823 整流，C827 滤波，输出＋25V 电压。

在这三组次级电路中，分别接有高频扼流圈 L804、L805、L806，高频滤波电容 C821、C824、C826 构成的抗干扰电路。

（2）电路故障检修　如图 4-30 所示。

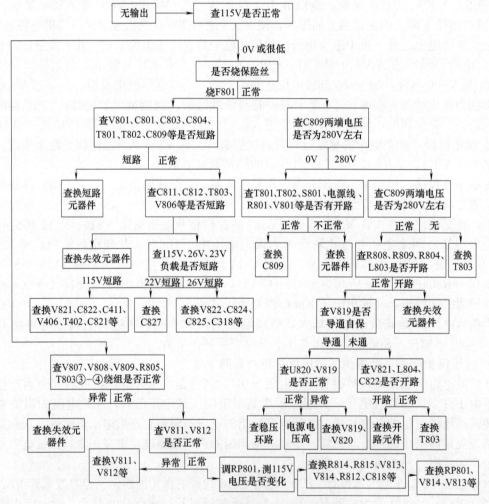

图 4-30　东芝型开关电源电路故障检修

第五章

集成电路自激开关电源典型电路分析与检修

第一节 多种 STR 系列开关电源典型电路分析与检修

一、STR-5412 构成的典型电路分析与检修

1. 工作原理

（1）自激振荡过程 如图 5-1 所示。

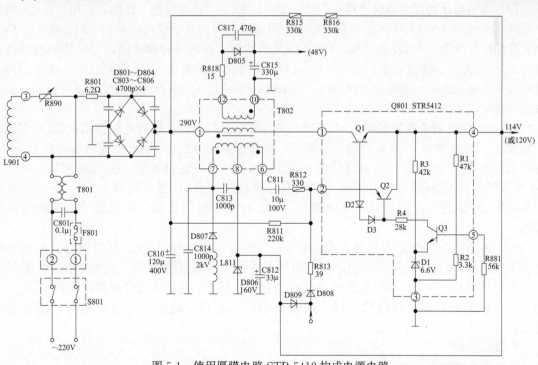

图 5-1 使用厚膜电路 STR-5412 构成电源电路

① 在开机瞬间，脉冲变压器 T802 的①端得到约＋290V 纹波稍大的直流电压，由启动电阻 RB11 送到振荡开关管 Q1 基极，Q1 导通，T802 绕组①—④有电流通过，并不断增加，使绕组产生①端为⊕、④端为⊖的自感电动势。绕组⑥—⑧是正反馈线圈，由同名端知，在⑥端产生⊕、⑧端产生⊖的互感电动势。感应电动势经正反馈元件 C811、R812 加到开关管 Q1 发射结，其发射结正偏，电压加大，Q1 集电极电流增加，使绕组①—④的自感电动势进一步加大，更加大了绕组⑥—⑧的电动势。强烈的正反馈使 Q1 很快进入深饱和导通状态。Q1 饱和导通后，Q1 电流继续线性（近似）增加，自感电动势和互感电动势仍存在，使 C811 逐渐充电，充电极性为左（或下）为⊕、右（或上）为⊖，充电路径是：⑥端、C811、R812、Q1 的发射结，再返回绕组⑧—⑥。充电电压使 Q1 基极电位下降，基极电流减小，Q1 由深饱和导通态逐渐变浅，并最后退出饱和导通状态，回到放大状态。

② Q1 退回放大状态后，基极电流和集电极电流继续减小，T802 绕组①—④产生极性相反的自感电动势，且使绕组⑥—⑧产生极性相反的电动势，使 Q1 基极电流和集电极电流进一步减小，并形成另一个反方向的正反馈过程，很快使 Q1 进入深截止状态。Q1 截止后，其集电极电流消失，已被充电的电容 C811 慢速放电。放电路径是：绕组⑥—⑧、D809、13808 及 R813、R812 等。放电电压使 Q1 基极电位慢速上升，Q1 发射结电压逐渐增加，至 Q1 发射结电压大于 0.6V 时，Q1 由截止状态又回到放大状态，开始进入新周期的振荡过程。由以上分析可见，电源调整开关管 Q1 的饱和导通时间决定于 C811 的充电时间常数值，Q1 的截止时间决定于 C811 的放电时间常数值。调整其时间常数，可以调节振荡周期的长短；调节 C811 的充电时间常数，可以调节 Q1 基极的脉冲宽度，从而调节电源输出端电压值。

(2) 用行逆程脉冲控制行同步　此电源电路的自由振荡频率稍小于行频值。为了提高开关电源的稳定性，减小开关脉冲对图像造成的干扰，对此振荡电路引入了行频同步脉冲。在 Q1 截止状态后期向其基极加入由行输出级引来的行逆程脉冲，可使截止状态提前结束，转为饱和导通状态，保证自由振荡周期稳定于 64s。此后，自激脉冲振荡器转变为行频受控脉冲振荡器。

(3) 输出电压的自动调整过程　T802、D807 和 C812 具有储能、换能器作用。在 Q1 饱和导通时，电网经 T802 的①—④绕组、Q1 的集-射极向机内负载供电，且向 C812 充电，T802 绕组存储部分磁能。在 Q1 截止时，C812 向负载放电，同时将存储于绕组⑦—⑧的能量通过续流二极管 D807、滤波电容 C812 释放，可保证主电源维持输出 114V 直流电压。此外，T802 绕组⑩—⑫也在此时向副电源负载供电，经 R818、C815、D805 行频半波整流滤波电路，给场输出级供电。

(4) Q2、Q3 对电路的影响　R1、R2 构成电阻分压网络，起取样电路作用；Q3 是误差电压放大管；D1 是 6.6～6.7V 的稳压二极管，提供基准电压。Q3 集电极输出误差控制电压，它向 Q2 提供直流偏置电压，此直流偏置电压使 Q2 处于一定的导通状态，Q2 相当于并联在 Q1 发射结的可变电阻，对 Q1 基极电流具有分流作用。当 Q1 处于饱和态时，Q2 的分流作用将缩短 Q1 原饱和导通时间，从而调节 T802 的储能时间长短，进而调节直流输出电压数值。

当某种原因使主电源电压值升高时，R1、R2 分压值将升高，Q3 导通加强，其集电极电压下降，Q2 基极电位下降，引起其发射结电压加大，Q2 导通加强。这时，Q2 集-射极间等效电阻值减小，对 Q1 基极电流的分流作用加大，使 Q1 饱和导通时间缩短，T802 储能时间缩短，输出端直流电压随之下降，起到自动稳压作用。同样可以讨论输出电压下降的情况。

2. 故障检修

此电源电路的典型故障为无输出。

（1）分析及判断　开机后无输出（有些机器能听到"叽叽"叫声）。引起三无的原因有两个：一是电源本身有元器件损坏使 Q9，不能正常工作，电源电路无＋112V、＋43V 电压输出；二是负载短路，引起电源超负荷，保护电路动作而关闭电源，出现无光栅、无伴音的故障现象。

（2）故障检修方法

检修方法 1： 检修时，在主电路板上 Q801 的脚（即 C812 的正极）测量有无＋112V 的直流电压是第一步。若此处无＋112V 电压，可接着测量 T802①脚的直流电压是否为＋300V 左右。若 220V 电源插头至 T802①脚之间有开路，此时所测得此脚电压为 0V。这时应观察 F802（2A）熔丝是否正常。如正常，故障可能是：电源线开路，电源开关 SD 失灵，T802①脚脱焊，D801～D804 脚开路，T801 开路。若 F801（2A）熔丝熔断，就应测 T802①脚对地电阻，若电阻明显减小，则为 Q801 击穿，T802 内部短路，C810 漏电严重；如上述元件正常就看是否击穿 D801、D802、D803、D804、C803、C804、C805、C806 等。

检修方法 2： 若 Q801①脚电压测得为＋300V，而输出电压＋112V 仍为零或很低。就是 Q801 内部线路有故障，或者是 Q801②脚无正的行逆程脉冲加入，或是电源负载电路引起 Q801 损坏。Q801 是型号为 STR-5412 的 STR 厚膜集成电路，内封装的大功率开关三极管 Q3 在使用中最容易损坏。此管损坏，一般为（b)-(e)结击穿，即②、④脚短路，使 F801 熔断。

若 Q801①脚电压测得为 300V，而输出电压＋112V 仍为零或很低，还有一个原因是 Q801②脚无正极性的脉冲输入。常见的故障部位是 R813、D803 开路、T461⑤脚脱焊等。另外，电源电路无＋11V 的输出也经常是负载电路的故障所导致的。

二、 STR-5941 构成的典型电路分析与检修

1.电路原理

（1）交流输入及倍压整流和桥式整流自动转换电路原理　如图 5-2 所示，特点是交流输入及倍压和桥式整流转换电路，它使用了厚膜组件 IC601（STR-80145）。

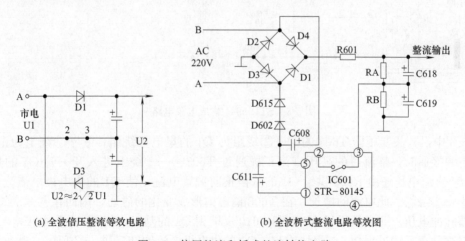

(a) 全波倍压整流等效电路　　(b) 全波桥式整流电路等效图

图 5-2　倍压整流和桥式整流转换电路

图 5-2 中，市电输入经 D615、D602 半波整流及 C608 滤波后，此直流电压加在 IC601②脚、⑤脚之间，对市电电压进行取样。若输入交流电压低于 145V 时，C608 上的整流电压较低，使 IC601 内部的双向晶闸管导通，使 IC601 的②脚、③脚连通，将整流电路变成全波倍压整流，其等效电路如图 5-2(a) 所示，此时，桥堆中的另两只二极管 D2、D4 无正向导通而截止。交流电的正、负半周分别通过 D1 和 D3 向 C618、C619 充电。但因 C618、C619 的容量取值较大（820μF/250V），在二极管截止时来不及放电完毕，则在两只电容串联电路上取出的将

是交流电压有效值 22 倍的直流输出。其实际输出值，随负载增大或电容容量减小，会低于此值。

当 IC601②脚、⑤脚之间的取样电压高于或等于 145V 时，C608 上的整流电压较高，使 IC601 内部的双向晶闸管关断，IC601 的②脚、③脚断开电路，恢复成普通全波整流状态。为了使此状态下的 C618、C619 电压平衡，因此在电容器上加入均压电阻 RA 和 RB，其总阻值相当于每只电容上并入 330kΩ 电阻。用多只串阻串、并联的目的，是增加可靠性，同时也相对减小了大功率电阻的体积。

（2）主开关稳压电源电路原理

① 开关电路的自激振荡过程　此自激振荡电路由厚膜电路 IC602 内的①脚、②脚、③脚的大功率开关管 Q1 和开关变压器 T603 构成。这部分电路的简化结构图如图 5-3 所示。

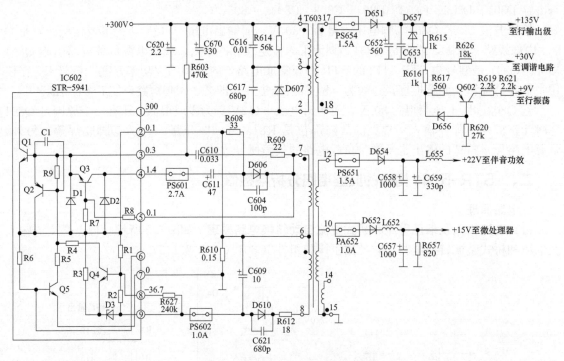

图 5-3　STR-5941 构成电源电路

图 5-3 中，开关变压器 T603 的④—②绕组为 Q1 的集电极绕组；⑥—⑦绕组为正反馈绕组。当电源接通时，整流后的高压直流正极通过 T603④—②绕组进入开关管 Q1 的集电极。同时 300V 直流电压还由 R603 供给 Q1 的基极正向偏置电流，使 Q1 的集电极电流流过 T603 的初级④—②绕组。此电流的增长，在 T603 磁芯内形成变化的磁通，因而在⑥—⑦绕组上感应出反馈脉冲电压。此电压通过 R609 和 C610 反馈到 Q1 的基极，使 Q1 的集电极电流进一步增长。因这种正反馈过程使 Q1 很快饱和。Q1 的集电极电流饱和后进入平顶区，磁通无变化。反馈绕组⑦—⑥通过 C610、R609 及 Q1 的基极、发射极继续向 C610 充电，使 Q1 的饱和状态下降进入放大区，因 Q1 集电极电流减小，T603 的④—②绕组产生的感应电动势反相，正反馈绕组⑦—⑥的电动势也跟着反相，⑦—⑥绕组的负电压，通过 C610 反馈到 Q1 的基极，Q1 很快截止。Q1 截止后，C610 通过 R609、⑦—⑥绕组、D1 放电，Q1 的基极电位回升，再加上 R603 的启动作用，使开关电路的自激振荡进行下一个周期的振荡。

在上述过程中，脉冲平顶阶段的宽度（脉冲持续期）取决于 C610 的放电时间常数和 T603 的参数。在此设定的脉冲宽度，为电路的最大脉宽。在开关电源中，决不允许 Q1 在额定输入电压时，工作于最大脉宽，否则 Q1 会因功耗过大而损坏。这也是开关电源的脉宽调制器不能开路的原因。在 Q1 截止时，T603 释放磁场能量使次级产生感应电压，向负载提供能量。在前述过程中，R609 的作用是可以调整正反馈量，使市电在上限时的反馈电压不致使 Q1 产生过饱和，以免产生存储效应，增大 Q1 的损耗，而导致损坏。

② 稳压控制电路原理　此机芯的主开关稳压电源的稳压控制电路由 T603 的⑧—⑥绕组、D610、C609 及 IC602 内部的 Q4、Q2 等元器件构成。从图 5-3 中可知：开关变压器 T603 的⑧—⑥绕组为专用取样绕组。根据 T603 的⑧端的相位可以看出，此处的二极管 D610 为负极性整流器。在开关管导通时，D610 同时导通，其整流电压在 C609 上的压降正比于 Q1 的导通时间。以此电压作为取样电压，可以有效地控制开关管的振荡脉宽。开关管的脉宽不同，T603 的磁场存储能量也就不同，从而达到稳定次级电压的目的。这种取样方式，取样电压与开关电源主负载电压输出端并没有直接联系。输出电压的稳定，是靠次级绕组和⑧—⑥绕组的互感联系的，一般称之为间接取样方式。具体稳压调控过程如下。

取样绕组 T603 的⑧—⑥输出的反馈脉冲经 D610 整流、C609 滤波后，再经 R1、R2 分压送入误差放大管 Q4 的基极。Q4 的发射极电压由 R3 降压，经 D3 稳定在 6.2V。

当输出电压升高时（此电路中以 C609 负极作为测试基准点），C609 两端电压也升高。经 R1 和 R2 分压的 Q4 的基极电位升高，使集电极电流增大，Q2 的基极电流也同时增大，使脉宽调制管 Q2 的内阻减小。对 Q1 的基极的分流作用增强，使振荡脉冲提前截止，减小了脉冲宽度，使次级输出电压降低。若输出电压降低时，则稳压过程与上述相反。

③ 限流电阻的自动控制电路原理　此机型芯的输入电源变动范围限定在市电 110～240V。当电源电压愈低时，Q1 的振荡脉宽也愈宽，其集电极的平均电流也必然愈大。当市电直接接入整流、滤波电路中时，因市电内阻是很低的，则在电源接通的瞬间，滤波电容的充电电流也极大。经实测证明，220V 的桥式整流器用 470μF/400V 的滤波电容，在电源开启的瞬间，其充电电流峰值达 18A（与当地市电内阻、整流管的正向电阻及负载特性相关）。如此大于正常工作电流达 20 倍的冲击电流，既会损坏机内电源开关、熔丝、整流桥堆，也易使滤波电容受损。同时，对电网也不利。因此，在这种电路中，都在整流器与市电输入之间或者整流输出与滤波电容间，接入 2～10Ω 限流电阻，它有效地限制了滤波电容的最大充电电流。

2. 故障检修

故障现象 1： 开机后无输出，但熔丝完好。

开机经测试，IC602①脚有直流 300V 高压，其他各脚均为 0V，说明是开关电源停振。引起停振有两种可能：一是启动电阻 R603 断路（R603 在此机型属易损件）；二是负载有短路，使电源保护性停振。经检测，+135V 电压输出端对地阻值为 0Ω，过压保护二极管 D657 击穿。D657 击穿也有两种可能：一是 D657 本身偶然性损坏；二是开关电源失控使输出电压过高而击穿。这种情况下，切忌勿在不接入 D657 时再度开机，以免造成更大的损失。正确的处理方式是：拔出开关电源的输出插头 CN650，将 L852 断开一头，以切断行输出供电。然后在 D657 处接入 330Ω15W 假负载电阻，将开关电源初级以调压器接入市电，在调到 160V 电压下观察 +135V 电压输出。若发现输出电压大于 135V，且随初级电压调整而升高，证明开关电源已失控。

经检查，发现 R612、D606、C609 完好，证明 IC602 内部的误差检测放大部分已坏。代换IC602 后，重新按上述方法检测正常，恢复电路，电视机正常工作。

故障现象 2： 当接通电源开关时，有消磁冲击声，但随后出现的就是无输出现象。

检修方法 1： 根据故障现象判断，可能是电源部分故障，打开机壳，检查得知交流市电输入熔丝 F601 正常。在关机状态下测量 C607、C610 两端在路电阻，没有发现短路现象，开机通电测量 C607、C610 两端有 +300V 的高压，测 IC602 的①脚对地电压也是 +300V，说明高压反馈电路正常；测量 IC602③脚、④脚电压为 0.1V，⑤脚电压约为 0.05V，而⑧脚、⑨脚的两个负端偏置电压分别只有−3V 和−4V、5V，显然大大偏离正常值；测得＋B 电压为 0V，＋22V 输出端电压为 3V，＋14V 输出端电压为 1.2V，再用交流电压挡测量＋B 输出绕组端约有 4V 的交流电压。根据这些测试结果可初步判断在＋B 的供电回路中很可能发生短路故障，若此部位短路会在开关变压器 T603 中产生电感反射效应，随后启动保护电路，反馈到 IC601 的控制端⑨脚，迫使 IC601 内部开关调整管停振，使之进入全面截止状态，关机测 3 路稳压输出端对地电阻，当测到 C652、C653 两端在路电阻为 0Ω 时，果然＋B 输出端对地短路接通电源后，负载的检修顺序是：将＋B 回路中对地短路的开关元器件焊下检查，当焊下 D657 保护稳压二极管时，短路现象消失，测量 D657 已击穿短路（这是一只稳压值为 140V 的高压稳压管，用来防止＋B 过高而损坏行扫描电路）。

将新的 D657 焊上后，再检测一次在路电阻全部正常，开机在＋B 电源电路中，其他元器件出现击穿损坏也能造成开关稳压电源电路进入截止保护状态，如＋B 端滤波电容 C652、C653 及 C899、Q802 等击穿都会形成＋B 对地短路，迫使保护电路启动。

检修方法 2：根据故障现象判断，故障应发生在开关稳压电源电路。检修时打开机壳，首先检查电源进线熔丝 F601 发现完好，说明消磁、抗干扰、整流、滤波、限流等电路无短路性故障。开机测 C607 或 C610 两端有约 300V 电压，再测 IC601①脚开关调整管集电极对地有 300V 电压，说明直流高压反馈回路正常。接着测 IC601 其他脚对地电压均为 0V，显然此开关稳压电源电路处于停振状态。但根据上述检查说明 IC601 内部并没有发生短路现象，但不排除发生开路损坏，但也可能时由于 IC601 外围振荡偏置电路发生故障，使 IC601 正常工作的条件受到损坏。为此再关机测得 IC601 各脚对地的正反向电阻阻值为 15kΩ 和 17.5Ω，正常时正反向电阻应为 1～5kΩ 左右，说明此点对地不正常。

从前面的电路解析中可知，其第③脚是 IC601 内部开关调整管基极引出脚，与外围直流通路相关联的 R603 是偏置电阻。测得 R603 的在路电阻值大于标称值 470kΩ，显然不符合规定，说明已开路为无穷大。换上一只 0.5W/470kΩ 电阻后，再测量正反向电阻，基本正常，通电开机，机器恢复正常。

故障现象 3：经常出现间断无规律无输出故障，有时开机时机器振动，稍后恢复正常。

出现此故障应首先怀疑开关稳压电源电路出故障，但因故障并非一直发生，图像、伴音在某一时间内仍处于正常状态。出现这类故障有一种可能是某部位、某元器件接触不良造成，如印制板上的焊点与元器件管脚之间产生虚焊等现象；另一种可能是机器微处理器控制指令出错，误送出暂停关机指令，使机器出现无输出。为此先观察此机型在接通电源后出现无输出现象时，在荧光屏正面下方的待机指示灯是否亮，观察结果不亮，说明不是电视机的微处理控制器出现故障，而可能是开关稳压电源电路中出现间断性接触不良。关机后拆开后盖，将主电路板拉出使印制板线路面向上。首先用万用表测量 IC601 各脚焊点对地正反向在路电阻，当测到①脚、③脚时，就发现①脚、③脚焊点上各有明显的裂纹，用手轻微移动，所测的各点均正常，可以判断产生间断性的无输出的原因就是该焊点的裂纹造成的。因这两个焊点正是连接 IC602 内部开关调整管的集电极和发射极，正常工作时有较大脉冲电流通过，而 IC602 作为发热元器件被紧紧固定在散热片上，其管脚受热便只能向电路板焊点端部位延伸，关机后冷却又产生收缩移位，长期使用便形成裂纹而产生间断性故障。对其重焊后，开机一段正常工作。

故障现象 4：接通电源后既无光栅，也无伴音。

打开机壳，直观检查，发现：熔丝 F601 熔断，滤波电容 C619 击穿，C618 漏液，IC601②脚、③脚已直通。经进一步检查，发现 IC602①脚、②脚也击穿。代换上述元器件后，接通电源，再一次烧毁上述元器件。

由所烧的元器件范围来看，属于进线电压自动转换系统的故障造成 IC601、C608、C618、C619、IC602 击穿损坏。因在国内市电低至 130V 以下的情况极少见，进线电压自动转换电路一般不会动作。在不动作时击穿 IC601 内部的晶闸管，有两种可能：一是取样电路故障；二是 IC601 内部自然损坏。经检查，主要原因是 C608 电容无容量。

在 220V 市电下，C608 失容，交流市电经 D615、D602 整流后为 50Hz 脉动波。其直流成分仅为交流电有效值的 0.45 倍，即 IC601 取样电压已低于其转换阈值（145V），则其内部晶闸管导通，使电路作倍压整流状态。此时加在 C618、C619 上的电压最大值都近似为进线电压的 2 倍，即 310V，从而可使耐压 250V 的 C618、C619 超压而击穿。在通电瞬间，整流电压为两电容上的电压之和，达 600V，这又使 IC602①脚、②脚内开关管击穿。C619 的充电电路内无任何限流元器件，击穿后短路电流极大，使 IC601 内部的晶闸管过流损坏。

综上所述，当发现在市电 200V 使用此机型时损坏 IC601 等元器件，应先修好开关电源后不接入 IC601，在全波整流状态使此机型正常工作。若要代换 IC601，应在没有接入前在此机型工作情况下测试 IC601②脚、⑤脚之间的整流电压（即 IC601 的取样电压），应为市电有效值的 2 倍，否则 D615、D602、C608 三者中有一只有问题。另外，凡是有此电路的机型，切忌使用接触不良的电源插座，也不能在没有关断电源时插、拔电源插头。

此机型代换 C608 和两只厚膜电路后，再查电源外围，发现 R614 已烧毁。代换后，开机一切正常。为了以后不再造成如此重大的损失。C608 用两只 $1\mu F/400V$ 电容并联使用，以增加其可靠性。

三、 STR-D6601 构成的典型电路分析与检修

1. 电路原理

电路原理分析如图 5-4 所示。

(1) 启动及振荡过程 电源开关接通后，AC 220V 电压经 D901～D904 桥式整流、C906 滤波，变为不稳定的直流电压 U_A（如图 5-4 所示），经开关变压器 T901 的一次绕组 L1 加到 IC901③。同时，交流电源经 R903、R904、ZD907、D914 分压整形后加到 IC901②，Q1 的 I_{b1} 增大，L1 中有 I_{c1} 流过，L1 产生自感电动势 U1，因互感作用，L2 产生感生电动势 U2，经 Q901、D905 和 L902 加到 IC901②，使 Q1 很快饱和导通，造成强烈的正反馈。为防止电网电压较高时 U2 随 U1 升高，造成 I_{b1} 过大，损坏 IC901，由 Q901、R930、ZD904、D913 等构成稳压电路，使儿保持稳定，确保 Q1 导通。

U2 通过 R906 和 D907 向 C905 充电，因 ZD901 的稳压作用，在 C905 两端产生 5V 左右的直流电压加到 IC901④、⑤。

IC903④、⑤内部光敏三极管 c、e 间内阻 R_x 与 R909 并联，R_x 与 C909 决定了 Q1 导通时间的长短。U2 通过 R_x 向 C909 充电，C909 两端电压逐渐上升，IC901①电压逐渐下降，当①电压比④电压低 0.7V 左右时，Q3 导通，使 Q2 导通，Q1 的 I_{b1} 被 Q2 分流，I_{b1} 减小，使 I_{c1} 减小，L1 产生的感生电动势 U1 反向，L2 产生的感生电动势 U2 也反向，使 Q1 很快截止，完成一个振荡周期。

在 Q1 导通时，若电网电压较高，则 U_A 较高，U1 和 U2 也随之变高，C909 充电电流变大，IC901①电压比④电压低 0.7V 左右的时间变短，开关脉冲变窄，振荡频率变高。反之，开关脉冲变宽，振荡频率变低。

在 Q1 截止时，开关变压器 T901 二次绕组 L3 产生的感应电压为 U3，经 D909 整流，在 C911 上产生＋B 电压（＋111V）。L903 用于滤除高频干扰。同样，L4 产生的感应电压通过 910 整流，在 C912 上产生＋B1，电压（＋15V）。Q907 用于保护 IC901，当冲击脉冲或电路异常使 U2 过高时，接在工 L2③的 ZD905 反向导通，使 Q907 导通，IC901①电位降低，Q3 导

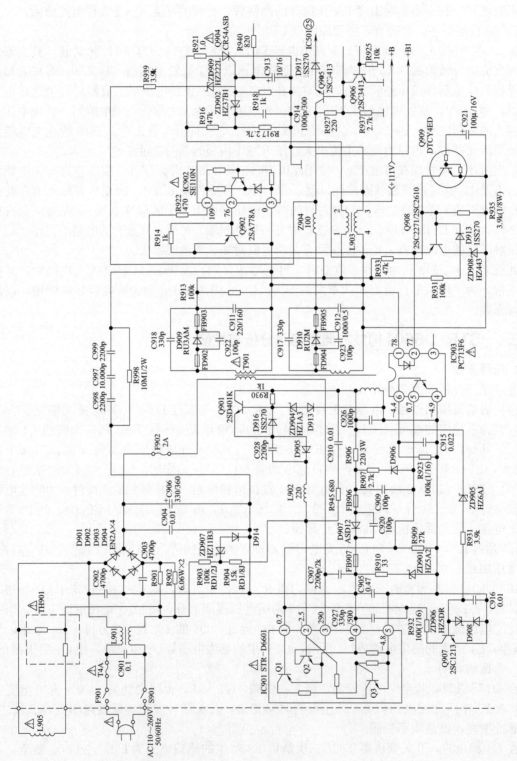

图 5-4 STR-D6601 构成电源电路

通，Q1 截止，达到保护 IC901 的目的。

（2）稳压原理 此稳压电路由取样放大电路 IC902、Q902 和光电耦合器 IC903 构成。当电网电压升高或负载减轻造成＋B 电压上升时，IC902①电压上升，IC902②电压下降，Q902I_c 增大，IC903 中的发光二极管驱动电流加大，IC903 中的光敏三极管（c）、（e）间的电阻 R_x 减小，C909 充电时间常数减小，IC901 的 Q1 提前截止，＋B 电压下降。反之，＋B 电压上升，从而达到稳定＋B 电压的目的。

（3）保护电路 此机型的保护电路主要由晶闸管 Q904、ZD902、ZD909、R921 等构成。当＋B 电压过高，超过 130V 时，ZD902 击穿导通，Q904 随之导通，＋B 电压经 R921、Q904 接地，T901 的 L3 绕组近似短路，L2 的感应电动势也近似短路，Q1 截止，电源停振，起到保护作用。

同理，当＋B1 电压过高时，ZD909 击穿，保护电路动作。此保护电路还受行输出电路的过电流、过电压信号控制，用于保护行输出电路。

2. 故障检修

故障现象 1： 无输出。

检修方法 1 检修时打开机壳检查熔丝 F902 已熔断，IC901 击穿。产生此故障的原因主要有以下几点：

① IC901②外围的正反馈元件严重短路，使开关管导通瞬间冲击电流过大，引起 IC901 内的 Q1 短路；

② IC901①、⑤外接稳压调整电路有开路性故障，使回路电流偏小，引起稳压控制电路误动作，＋B 电压急剧上升，击穿 IC901；

③ ＋B 电压整流元器件 D909、C911 等短路或漏电；使稳压控制电路检测到的＋B 电压偏低而引起误动作；负载严重短路。

检修时可用电阻法逐一检查可疑元件，当检查到 R922 时发现 R922 电阻值由正常的 470Ω 增大为 10kΩ，说明 R922 已变质，导致 IC903①、②的电流下降，＋B 电压上升，熔断 F902，击穿 IC901。检修更 R922、F902、IC901 后，正常工作。

检修方法 2： 打开电视机外壳检查发现熔丝 F902 已熔断，IC901 击穿。代换后，开机电路恢复正常工作，检测各处电压均正常，用绝缘锤轻轻敲击电源处后，又重复出现上述故障现象。因此判断此故障是因电路中有虚焊造成的。经仔细检查，发现 D909 正端虚焊，使稳压控制电路检测到的＋B 电压偏低，引起误动作。检修时代换 F902、IC901 再将 D909 焊牢后，正常工作。

检修方法 3： 打开机壳观察线路板发现 F901 熔断，而 F902 完好。代换 F901 后开机，又随即熔断，说明故障在＋300V 整流电路。因 F902 完好，说明开关电源电路基本正常。测量电源滤波电容 C906 两端电阻值为 0Ω。怀疑此电容已击穿，用同容量的 $100\mu F/400V$ 的电解电容代换 C906 后，开机恢复正常。

检修方法 4： 根据故障现象分析此故障应在电源电路，检修时打开机壳，检查熔丝没有断，且开机瞬间测得＋B 电压过高，分析是因此现象引起的保护电路动作，而造成开关电源的稳压控制电路损坏。此开关电源的 IC901①外接由 IC903、C909、R909、C905 等构成的自动稳压调整电路。IC903 将＋B 的波动点压负反馈至此 IC901①、⑤两端，通过改变 IC901 内部开关管 Q1 的导通时间进行自动稳压。IC903 外围任何元件开路都会引起＋B 电压失控。开机时用万用表监测＋B 电压，发现＋B 电压瞬间升至 200V 以上后保护电路动作。逐一检查 IC903①、②输入端的 R913、R922、Q902、IC902 等均正常，但 IC903④、⑤输出端之间正反向电阻均为无穷大，说明 IC903 损坏。代换 IC903（PC713F6）后，开机电视机恢复正常。

故障现象 2： 输出电压低。

根据故障现象分析输出电压低的原因有：

① +B 电压偏低或高压太高。先测+B 电压只有 85V。因此机型在待机状态下+B 电压只有 65V，故从遥控开/关控制电路入手检查。

② 检测+15V 电压正常，说明遥控开机信号已加到 Q903（b），Q906 截止，Q908 导通，使+B 电压钳位在+85V。经仔细检查发现 Q909 c-e 开路，代换 Q909 后，开机电视机恢复正常。

故障现象 3：开机可以听到振荡启动声，输出电压由高—低—高—低，如此反复。

根据故障现象分析，这是开关电源临界振荡的典型现象，用万用表实测+B 电压在+70V 左右摆动。

根据原理分析，IC901②外接正反馈起振电路，当开关管 Q1 导通时，L2 绕组产生正反馈电压，一路经 C910、R905 直接加至 IC902②，另一路经 Q1、R903、ZD904、D916 等构成的串联稳压电路加到 IC902②。这两路正反馈元件若开路，都会减弱正反馈作用；引起振荡不足。开机测量 IC901②及 Q901 各极电压，与正常值比较相差太大，而且发现在测量 Q901（c）电压时，出现正常的光栅。用手在元件侧按 Q901，发现 Q901（c）松动，说明此脚有虚焊现象。重新焊好，开机电视机恢复正常。

故障现象 4：开机指示灯一闪一闪地点亮。

根据故障现象分析，当指示灯 D1122 一闪一闪地点亮，说明+B1 电压一定偏低且不稳定。由开关电源产生的+15V 电压给指示灯 D1122 供电，在测量指示灯+B1 电压时，在 0～30V 之间摆动，说明故障在振荡回路或稳压回路。

按先易后难的原则先检查振荡电路的 R905、C910、D905、Q901、D916、ZD904、R903 等，均没有发现异常。再检查 IC903①、②输入端的 R913、R922、Q902 等，也无异常。最后怀疑 IC902 和 IC903 不良。在用万用表 10kΩ 挡正反向测量 IC903④、⑤间内阻时，发现指针都有明显的摆动。代换 IC903 后，开机恢复正常。

故障现象 5：开机约 3s 指示灯亮一次。指示灯亮时可以听到电源的启动声。

检修时用万用表测+B 电压，指示灯不亮时为 0V，指示灯亮时为 70V 左右。检查 R905、C910、Q901、IC903 等，均没有异常。怀疑是开关变压器 T901③-④的正反馈绕组局部短路，是正反馈电压偏低，振荡异常所致，代换同型号的开关变压器 T901 后，电源各路电压输出正常。

故障现象 6：当用遥控器开机时，不能用遥控关机。

根据故障分析，当遥控关机时，低电平信号加到待机接口管 Q909（b）使 Q909 截止，Q908 导通，这时 IC903②被钳位在 6V 左右，Q902 截止，IC902 失去作用，流过 IC903 内的发光二极管的电流增加，+B 电压从 111V 降至 85V。出现此故障时，测+B 电压只有+50V，Q908（c）电压只有 0.2V（应为 6V）。在路检查 Q909、Q908、ZD908，发现 ZD908 正反向电阻均为 0Ω。拆下 ZD908 检查，其正反向电阻均正常。

分析上述检修过程及对检修位置上的认识，此机型元件使用了插脚，元件脚在铜箔侧被弯曲，ZD908 负端与地线铜箔相碰而短路。当总电源关机时，因 Q908 始终截止，故 ZD908 没有工作，对电路无影响。当遥控关机时，Q909 截止，Q908 饱和导通，Q908（c）被钳位在 0V（应为 6V），流过 IC903 内的发光二极管的电流更大，引起+B 电压进一步下降，+15V 电源电压进一步下降，+5V 电压也下降，使遥控电路 IC1101 不能正常工作。

四、 STR-D6802 构成的典型电路分析与检修

如图 5-5 所示为使用厚膜电路 STR-D6802 构成电源电路，此开关电源电路主要由厚膜块 Q803（STR-D6802）、开关变压器 T802、光电耦合器 Q802（PCI20FY2 或 PCI23FY2）和

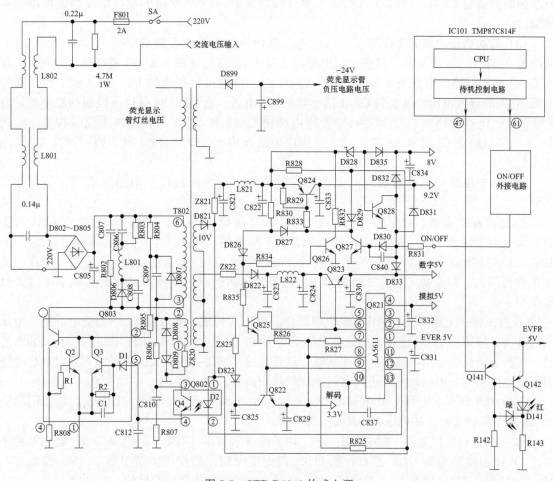

图 5-5　STR-D6802 构成电源

Q821 (LA5611) 等构成。其中 LA5611 是一种多用途稳压控制集成电路。其电源电路原理及故障检修方法如下：

1. 电路原理分析

（1）启动及振荡电路　此电源的启动电阻为 R804、R805，而正反馈电路则主要由 C809、D807 及 T802①—②绕组的正反馈绕组等构成。

接通电源后，220V 交流电压经 D802～D805 整流、C805 滤波得到 300V 左右的直流电压。此电压分成两路：一路经 T802 的初级⑥—③绕组加到 Q803 的③脚内开关管 Q1 的集电极；另一路经 R804、R805 电阻加到 Q803 的②脚内 Q1 管的基极，为 Q1 提供启动电压，使其启动工作。

（2）稳压控制电路的工作原理　稳压控制电路主要由 Q821 内取样比较电路、Q802、R825 和 Q803 内的 D1、Q3 等构成。

当 220V 交流电压升高或负载变轻时，开关电源输出电压上升，其中：D821 负极供电端输出的电压（约 10V）一方面加到 Q821 的⑩脚，为 Q821 供电；另一方面经 R825 加到 Q821 的⑩脚内控制放大器反相输入端作为取样电压，使 Q821 的⑩脚的输出电压下降，导致加在 Q802 内发光二极管 D2 两端的电压增大，D2 发光变强，Q802 内光电二极管 Q4 导通程度随之变大。此时，通过 T802 的②脚-R806，Q802 的③—④脚→Q803 的⑤脚＋D1，Q3 的 b-e 结→Q803 的①脚→地→Z820→T802 的①脚的电流增大，使 Q3 导通程度增大，即 Q3 对 Q1

管基极的分流量加大，导致 Q1 管的饱和导通时间缩短，T802 次级的输出电压因此回落至正常值。

(3) 二次稳压电路的工作原理　此电源二次稳压电路的核心是 Q821。除由 Q824、D835 输出的 9.2V 和 8V 电压外，其他稳定电压均直接由 Q821 输出或由 Q821 进行稳压控制。直接由 Q821 输出的稳定电压有数字 5V（由 Q821 的①脚输出）和模拟 5V（由 Q821 的④脚输出）。它们的输入电压均是加到 Q821 的⑤脚的 6V 电压。由 Q821 进行稳压控制的稳定电压有数字 5V 稳压和解码 3.3V。数字 5V 稳压电路由 Q823 和 Q821 的⑥脚内电路等构成。解码 3.3V 稳压电路由 Q822 和 Q821 的⑦—⑨脚内电路等构成，改变 R827 电阻值可调节 3.3V 电压高低。

(4) 保护电路的工作原理　此电源的保护电路可分为初级保护电路和次级保护电路两部分。

① 过流保护电路　此电路由 Q2、R1（两者均在 Q803 内）、R808 等构成。当 Q1 过流引起其发射极电流变大，则过流检测电阻 R808 两端的电压增大，这一电压经 R1 加至 Q2 基极，使 Q2 导通，对 Q1 基极的电流进行分流，导致 Q1 提前截止，使 Q1 发射极电流回落至正常范围内，以避免 Q1 长时间工作在大电流状态而造成过流损坏，从而实现了限流式过流保护。

② 过压保护电路　此电路由 D808、D809、Z820 等构成。若 T802①—②绕组的感应电压因故升高，导致经 D808 整流后形成的电压大于 D809 击穿电压 5.6V 时，D809 击穿，Z820 熔断，切断了正反馈电路，从而保护性断电，以避免故障的进一步扩大。因开关电源过载也可能引起此电路动作，因此此电路还具有过载保护作用。

③ 尖峰电压吸收电路　此电路由 D806、C808、C806、R803 和 L801 构成。其作用是吸收 Q1 集电极的尖峰脉冲电压，以防 Q1 被击穿。

④ 次级过热保护电路　此电路由 Q821 内的温度限制器（TSD）等电路构成。若因某种原因使 Q821 温度升高至 130℃左右，则 Q821 内温度限制器启控，切断了数字 5V、模拟 5V、4V（即解码 3.3V）及 5.7V（即数字 5V）电压，以实现过热保护的目的。

⑤ 次级过压保护电路　此电路由 D828 和带阻晶体管 Q828 等构成。其作用是保护负载免受高压冲击。

若开关电源稳压电路失控引起 9.2V 电压增大到 11V 时，则 D828、Q828 导通，使加到 Q827 基极的开/关机控制电压变为 0V 的低电平，Q827 截止，其集电极呈 9.2V 高电平。此高电平分为 3 路：一路使 D829 截止，导致 9.2V 电压经 R828 降压得到 6.3V 高电平，并加至 Q821 的②脚，强制切断由 Q821 输出的模拟 5V 和数字 3.3V 电压；另一路使 Q824 管截止，切断了 9.2V 和 8V 电压；还有一路使 D827 截止，导致 9.2V 电压经 R830、D826、R835 使 Q825、Q826 导通，分别切断数字 5V 电压和接通假负载电路。

⑥ 次级短路保护电路　此电路主要由短路检测二极管 D831～D833 构成。若 9.2V 和 8V 或数字 5V 电压负载电路发生短路，则对应的短路检测二极管导通；使开/关机控制电平变低，强制切断各路受控电路，以实现待机保护。

⑦ 次级假负载电路　此电路由 R832、Q826 构成。它受控于开/关机控制电平。开机时，D827 导通，D826、Q826 均截止，R832 不接入开关电源负载电路。待机时，D827 截止，D826、Q826 导通，R832 接入 9.2V 电源电路，作为一个轻负载，以防止电源出现故障。

(5) 电源指示灯控制电路的工作原理　此电路主要由微处理器 IC101（TMP87C814F）的⑰脚内电路及其外接的 Q141、0142、D141 等构成。

① 待机状态　在此状态时，微处理器 IC101 的⑰脚输出高电平，此信号加到 Q141 管基极，使其截止而 Q142 管导通。EVER 5V 电压经 Q142 管导通的发射极、集电极间加到 D141

内待机红色指示灯正端，使之导通点亮，以示处于待机状态。

② 开机状态　在开机后，IC101 的㊼脚输出低电平，使 Q141 导通，EVER 5V 电压经 Q141 的发射极、集电极间使 D141 内开机绿色发光二极管导通发光；同时加到 Q142 管基极，使之截止，导致 D141 内待机红色指示灯熄灭，以示整机处于正常工作状态。

2. 故障检修

故障现象 1：通电并开机，VFD 显示屏不亮，无图像。无伴音，此时若操作功能键，均无作用。

检修方法 1：根据故障现象，怀疑此机型电源电路有故障。通电检测主滤波电容 C805（电解电容），正极电压为 300V 直流电压，正常；然后测量厚膜块 Q803④脚电压，在开机瞬间电压无跳变，为 0V，说明此机型开关电源停振。进一步测 Q803②脚和①脚电压，均远离正常值，再查厚膜块 Q803 外接元件，均正常。由此判断厚膜块 Q803 已损坏。代换同型号厚膜块 Q803 后通电试机，机器工作恢复正常。

检修方法 2：当通电后，用万用表测得 Q821 的②脚直流电压为 6.2V，说明电源电路工作在 OFF 方式，应重点检测 IC101 的㉛脚 ON/OFF 控制电路。把电阻 R831 断开之后，测得输入电压为 2.8V，据此说明 IC101 已发出控制指令。依次检测 D829、D830、Q827，均正常，断开+9.2V 过压保护电路 D828、D831、D832 与数字+5V 短路保护的 D833，电源电路工作正常，但数字+5V 都无输出，此机型 Q823 的发射极输出+5V 电压受两路控制，它既受 Q821 的⑥脚控制，又受 Q825 控制。估计本例故障是由 Q821 或 Q825 不良引起的。检查 Q821 与 Q825，发现 Q821 的 c-e 结已短路，代换同规格 Q821 后重新通电试机，机器工作恢复正常。

检修方法 3：检修时首先用万用表测得主滤波电容 C805 正端电压为 300V，正常。再测得厚膜块 Q803 的④脚电压为 0.12V，且 R808 两端有正常的 0.12V 压降，说明开关电源启振工作，故障可能在电源二次回路。在此机型电源二次回路当中，尤以保护集成块 Q821 为检修重点。Q821 内部设有了过热保护电路，当其表面温度超过 130℃时，便会使 TSD 电路启控，切断①脚 REG1、④脚 REG2、⑥脚 REG3 以及⑨脚 ERR、AMP2 输出，从 Q821 的①脚稳压器输出的+5V 电源送到 CPU，当+5V 电源不正常时便会产生上述故障现象。

分别对厚膜块 Q821①脚、④脚、⑥脚、⑨脚进行检查，实测①脚电压为 5V，⑤脚电压为 5V、8V，正常，怀疑保护厚膜块 Q821 内+5V 稳压器已损坏。代换同型号保护厚膜块 Q821 后通电试机，机器工作恢复正常。通电测得主滤波电容 C805 正极电压为 300V 直流电压，正常，然后测得厚膜块 Q803 的④脚电压在开机瞬间无跳变为 0V，说明此机型开关电源停振。因此应重点检查启动电阻 R804、T801 的②—①正反馈绕组以及所接元件 D807、C809、R805。

若这些元件均正常，试悬空光电耦合器 Q802 的③脚，开机电源能启振工作，经测量，发现光电耦合器 Q802 的④脚和③脚击穿。代换同型号光电耦合器 Q802 后重新通电试机，机器工作恢复正常。

检修方法 4：检修时打开机器上盖找到电源电路板，直观观察熔丝 F801，已熔断发黑，据此确定故障部位在电源一次回路上。

检测一次回路上易损元件主滤波电容 C805、整流二极管 D802～D805 以及 Q803 的③脚与④脚开关管集电极、发射极是否击穿短路，查看过流检测电阻 R808，无烧焦痕迹，说明故障在 C805 与 D802～D805。测量发现 C805 已击穿，D803 也已击穿损坏。代换同型号 C805、D803 后，通电试机，机器工作恢复正常。

检修方法 5：检测 F801 与厚膜块 Q803 的③脚与④脚开关管集电极、发射极是否击穿。从检修经验来分析，造成开关管被烧的原因错综复杂，如滤波电容 C805 击穿或失效之后，造成

＋300V 直流电压带有大量的纹波成分，此成分等效在开关管基极上则会有较大幅度的正反馈脉冲。当电源在启动振荡时，开关管基极所加的正反馈电压会使集电极电流猛升，当过流保护电路与脉宽调制电路还没有反应过来时，瞬间浪涌电流会使开关管击穿损坏，代换厚膜块 Q803 与 F801 之后，在过流检测保护电阻 R808 上串入一电流表，通电，表现电流有微抖动现象，对电流表微抖动这一现象进行分析，可能是此机型脉宽调制电路有问题。

电源接头接调压器，缓慢调节交流 220V，同时在电源＋9.2V 端测得其电压能随交流电压变化而变化，然后又测得 Q821 的⑫脚电压不随交流电变化而变化，至此确定故障出在 Q821 的⑨脚至⑬脚内，即＋9.2V 误差放大器已损坏。代换 Q821，恢复电流检测保护电阻 R808 之后，工作正常。

若 Q821⑨脚至⑬脚内误差放大器损坏，也可用分立元件代替损坏电路。若当地市电不稳时，也可把 R808（0.68Ω）改为 1.0～1.2Ω。

故障现象 2：通电开机，面板上功能键和遥控器均不起作用，屏幕显示"00"。

根据故障现象分析，因开机后显示屏能够点亮，说明 CPU 在复位后进入正常工作。至于所有操作键不起作用，问题应出在 ON/OFF 控制电路、保护功能（排除 TSD 保护）电路或伺服系统 3 路供电（模拟 5V、数字 5V、＋9V）中的任意一路。

打开机盖，用万用表测得稳压保护厚膜块 Q821 的②脚电压为 6.2V，处于 OFF 方式。再查 R828、D829 良好，由此说明故障在 Q827 输入电路。测得 Q827 基板电压为 0.3V，ON 方式对应饱和导通电压为 0.7V，又经测量接插件 CN801③脚电压（1C101 的⑥脚输出 ON 高电平）为 2.8V，正常。再查 R831 和 D830，发现 D830 内部不良。代换同型号 D830 后通电试机，机器工作恢复正常。

故障现象 3：通电开机能正常，但工作 30min 后自动关机，冷却后再开机故障重复出现。

由故障可知，是某些元件过热引起电源保护所致。电源保护主要与 Q803 及其外围元件有关，用手摸各有关元件发热情况，发现 Q822（2SC3852）很烫手，推断可能是 Q822 不良。代换 Q822 后通电试机，机器工作恢复正常。

故障现象 4：接通电源，显示屏显示正常，按面板上按键与遥控器上按键，机器均无反应。

当显示正常时，说明电源电路工作正常，同时系统控制电路也能复位工作，因此应重点检查 ON/OFF 方式转换电路。

通电后，用万用表测得保护厚膜块 Q821 的②脚电压为 6.2V，处于 OFF 工作方式，检查 R828 与 D829，结果发现 R828 已损坏开路。代换同规格电阻 R828 后重新通电试机，机器工作恢复正常。另外，电阻 R831 变质也会引起本例故障。

五、 STR-S5741 构成的典型电路分析与检修

如图 5-6 所示为使用厚膜电路 STR-S5741 构成电源电路。

1. 电路原理分析

（1）主开关电源电路原理 图 5-6 中，整个电路以电源厚膜块 IC601 为核心，因此开关稳压电路中的振荡、缓冲、开关脉冲的频率、基准稳压、脉宽调控和自动保护待机主要环节均由一块厚膜块完成。

图 5-6 中，C601、T601 及 C602 构成双向线路滤波器，对输出的交流市电电压进行净化过滤，抑制各种对称、非对称性参数干扰侵入开关稳压电源电路，同时也防止开关稳压电源电路本身所产生的高频杂波进入市电电网，对其他用电设备造成不必要的危害。TPC 消磁控制器件 THP601、R601 和消磁线圈构成消磁回路，使彩色电视机在每次开机瞬间能对大屏幕显像管作有效的消磁。C603～C606、D601 及 C607、C620 构成抗干扰桥式整流和滤波电路，当输

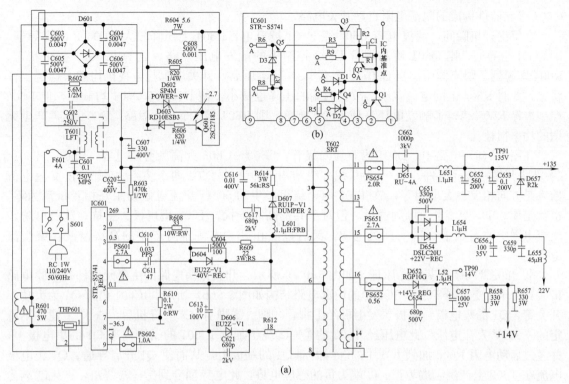

图 5-6　STR-S5741 构成电源电路

入市电电压为交流 220V 时，经整流、滤波可得到＋300V 直流脉动电压。R604、R605、R606、D602 及 Q601 构成稳压限流电子控制电路，使开关稳压电源电路在冷机下开机不致产生过大的冲击电流，以平稳缓和的状态进行电源通断的切换；R603 是偏置电阻，为 IC601 提供正向偏置电压；T602 是开关变压器，它与 IC601、C610 构成互感式 LC 振荡回路，产生开关脉冲振荡，又作为能量转换装置将开关稳压电源电路的能量输出，并将开关稳压电源电路的接地与整机的接地隔离，避免主电路板接入市电电网。D604、C604 及 C611 构成一40V 负偏置电压钳位整流电路，以确保开关振荡波形为单向方波，提高稳压效率；C616、C617、R614 及 D607 构成峰压钳位滤波电路，抑制 T602 初级绕组中存在的等效电感分量，通过开关脉冲电流级产生反峰电压，用以保护 IC601 中开关调整管不被集电极回路接入的感性负载产生的反峰电压损坏；R612 是熔丝电阻与 D606、C621 及 C613 构成随机动态偏置电压整流电路，通过 IC601 内部提供的稳定基准电压和直流控制放大器，对开关调整管饱和导通状态进行控制，以获得稳定的电压输出。T602 的次级输出绕组⑪—⑬经 D651 和 C662 高频整流和 L651、C652 及 C653 滤波去耦，得到＋135V 的＋B 电压，为行输出电路作工作电源，正常的工作电流为 600～800mA，D657 是＋135V 过压保护装置，防止＋135V 输出过压。次级输出绕组⑮—⑯的⑮端经 D654、C651 高频整流和 L654、C656 和 C659 滤波，得到 22V 辅助电压，供电视机的伴音功放电路作工作电源，正常的工作电流为 1.2A 左右；次级绕组⑮—⑯的⑯端经 D652、C654 高频整流和 L652、C657 滤波及 R658、R657 平衡输出后得到＋14V 辅助电压，供整机的遥控接收和微处理器系统使用，正常工作电流约为 450～550mA。

① 限流电阻自动开关电路原理　在开关电源的整流滤波电路中，因滤波电容的容量一般都比较大，则在开机瞬间有很大的冲击电流，常使熔丝及整流二极管损坏。为了避免这种故障发生，除使用延迟式熔丝 F601 外，整流电路还接有限流电阻 R604。此电阻是一只大功率水泥电阻，可限制开关瞬间产生的大电流冲击，但是当滤波电容 C607 已经充有＋300V 电压后，R604 发热，将使电路产生较大的功率损耗。为解决以上矛盾，电源电路设有了由 D602、

Q601 等元器件构成的限流电阻自动开关电路。

在每次开机瞬间，滤波电容 C607 经 R604 被充电，R604 上压降较大使 D603 击穿导通，则 Q601 也导通，则 Q601 使晶闸管 D602 控制极的触发电压短路，故 D602 处于截止状态，R604 即起到了限流作用。当 C607 已充有 +300V 电压后，开关电源与电视机均进入稳定工作状态，此时 R604 上的电流减小，故其两端的压降也减小，使 D603 与 Q601 均截止，但 D602 控制极经 R605 获得了触发电压，使 D602 导通，则 R604 被 D602 所短路，D604 不再产生无谓的功率损耗。

在图 5-6(a) 电路中，D601 为整流二极管，C603～C606 为高频旁路电容，C601、T601、C602 为共模滤波元器件。T601 为双线并绕结构，即流过 T601 两个绕组中的 50Hz 交流电流始终是方向相反、大小相等，故 T601 两个绕组产生的 50Hz 交流电磁场刚好相互抵消为零，也就是使 50Hz 交流电流顺利通过。但对于共模高频干扰，T601 呈现极大感抗，这既可防止交流电网中的高频干扰进入开关电源，又可以阻止开关电源本身产生的高次谐波污染交流电网。

② 开关管间歇振荡电路原理　如图 5-6(a) 所示，开关振荡电路的主要元器件是厚膜电路 IC601 和开关变压器 T602，IC601 的内部电路结构如图 5-6(b) 所示。IC601 内部 Q1 为大功率开关管，Q1 的集电极、基极、发射极经①脚、②脚、③脚引出来。开机后，C607 上建立不稳定的 +300V 直流电压，此电压经 T602 的④—②绕组加到 IC601 的①脚内部 Q1 的集电极上，并经过启动电阻 R603 加到 IC601 的③脚内部 Q1 的基极上，从而使 Q1 开启导通。Q1 集电极电流在 T602 上产生④端为正、②端为负的感应电势，此电势耦合到⑦—⑥绕组，产生⑦端为正、⑥端为负的感应电势，反馈电势再经 R609、C610 加到 Q1 的基极，从而使 Q1 的电流进一步增大，强烈的正反馈使 Q1 很快进入饱和状态。

在开关管 Q1 饱和时，T602 的④—②绕组中的电流线性增大，此时 T602 负载绕组中的整流管 D651、D652、D654 均截止，T602 建立与④—②绕组中的电流平方成正比的磁场能量。要维持开关管 Q1 继续呈饱和状态，单靠开启电阻 R603 给 Q1 的基极提供电流是远远不够的，必须让正反馈电流不断经 C610 充电后从 IC601 的③脚注入 Q1 基极，C610 不断地被充电又使得 C610 左端电位变负，即 IC601③脚内部 Q1 的基极电位变负，这将引起正反馈电流减小，最后将难以继续维持开关管的饱和状态。

一旦开关管 Q1 退出饱和，则 T602 的④—②绕组中的电流将减小，可使 T602 各绕组中感应电势极性全相反。T602 的⑦端相对于⑥端为负的电势再次经 R609、C610 反馈到 Q1 的基极，可使 Q1 很快进入截止状态。

在开关管 Q1 截止时，T602 负载绕组中的整流管 D651、D652、D654 均导通，并分别在滤波电容 C652、C657、C656 上建立 +135V、+14V、+22V 的直流电压，此时也属于 T602 磁场能量释放的过程。当然，开关管 Q1 截止期会很快结束的，若此时 C610 经 R609、T602 的⑦—⑥绕组及 IC601 的②脚、③脚内接的 D1 管放电，而且 R603 中的开启电流也给 C610 反向充电，这些因素都使得 Q1 的基极电位很快回升，Q1 将再次导通，并进入下一个周期的间歇振荡过程，振荡频率为 70～140kHz。

IC601 内部的 Q3 管及 IC601 的④脚、⑤脚外围电路的作用是改善对开关管 Q1 的正反馈激励条件。在开关管 Q1 截止时，T602 的⑦端相对于⑥端为负的电势，经 IC601 的⑤脚、②脚内接的 R7、R8 分压后使 Q3 截止，但此时 D2 与 D604 导通，C611 被充上左正右负的电压。在 Q1 由截止向饱和转换的瞬间，T602 的⑦端相对于⑥端为正的电势，经 R7、R8 分压后使 Q3 导通，此时 C611 放电。通过 C611 的放电，增加了对开关管 Q1 的饱和激励，特别是可缩短开关管 Q1 由截止状态向饱和状态转换的过渡时间，从而减小了开关管的功率损耗。

③ 稳压控制电路原理　此机芯的稳压电路由 IC601 内部的 Q2、Q4 及其⑧脚、⑨脚外围

元器件构成。T602 的⑥—⑧绕组为稳压取样绕组，此绕组上的电势经 D606 整流，在滤波电容 C613 两端建立起约 43V 的取样电压。C613 两端电压加到 IC601 的②脚、⑨脚，经 IC601 的②脚、⑨脚内接的 R1、R2 取样及 R3、D3 基准后，使误差放大管 Q4 正常工作。若主电压高于＋135V，则 C613 两端的取样电压也必须随着偏高，此时误差放大管 Q4 导通程度增大，从而引起稳压控制管 Q2 的电流也增大，Q2 将对开关管 Q1 基极的正反馈电流构成更多的分流，开关管 Q1 饱和期将自动缩短，输出的主电压也将自动下降到＋135V 的标准值。反之，若主电压低于＋135V，经过与上述相反的稳压过程，同样可使主电压回升到＋135V 的标准值。开关电源主电压的高低由 IC601 内部取样电阻 R1、R2 决定。

当输入市电电压升高时，动态负载轻或其他原因使得次级⑩—⑩绕组输出电压在大于＋135V 时，反馈电压⑥—⑧绕组产生的随机感应电势也升高，经 D606 整流、C613 滤波后形成的动态偏置电压变大，与 IC601 内部提供的基准电压作比较后，将产生的负载误差电压送往直流放大器，形成一个与 IC601 内部开关调整管发射极正向偏置电压反相的钳位直流电压，使推动开关调整管的反馈激励脉冲频率变高、脉宽变窄、振幅变小，开关调整管饱和导通的时间缩短，流经变压器 T602 初级的脉冲电源宽度减小，次级输出感应电势相应减小，输出电压相应减小；反之，次级输入市电电压降低，动态负载变重或其他原因使得次级⑩—⑩绕组输出主电压在低于 135V 时，反馈电压⑥—⑧绕组产生的随机感应电势减小，经 D606 整流、C613 滤波后产生的动态偏置电压也变小，与 IC601 第⑨脚内部提供的基准电压比较后，将产生正误差电压经直流放大器放大，形成一个与 IC601 内部开关调整管发射结正向偏置电压同相的叠加电压，使推动开关调整管振荡的反馈激励脉宽增加，振荡频率周期变长，流过变压器 T602 初级绕组的脉冲电流宽度增大，次级输出绕组中感应电势增强，输出电压上升，得到相对稳定的电压输出。

(2) 自动保护电路原理　当输入的交流市电电压超过 110～240V 的范围或负载出现短路等非正常情况时，T602 的⑥—⑧反馈电压绕组内部将呈现很大的感应电压，经 D606、C613 整流与滤波后，产生一个较大的动态偏置电压入送入 IC601⑨脚，经与 IC601 内部开关调整全面截止的钳位反偏电压来抵消产生脉冲振荡的正反馈信号，IC602 内部调整管截止，T602 次级输出绕组中感应电势消失，并保持至切断电源为止。若在故障没有排除的情况下开机，只要保护电路正常工作，IC602 立即进入保护状态，无任何电压输出，以此避免故障范围扩大。大屏幕彩色电视机在开机瞬间会产生较大的冲击电流，这是对彩色电视机各部件电路元器件能带来危害的不安全因素。因此必须采取有效的措施来加以防范。

此机芯电源系统还设有限流式延时电子开关控制电路来防止冲击电流。其工作原理如下。

当市电电压经整流桥堆 D601 直流输出的负端不直接接电源地，而是经限流电阻 R604 与此并联的限流电子开关电路接地时，即开关稳压电源电路所需要的工作电流都在经过限流电阻和限流电子开关所构成的回路，开机瞬间因限流电子开关在关闭状态，整机工作电流不能从电源接地，而通过限流电阻 R604 限制在额定的范围内。随着工作电流的逐渐稳定，R604 两端的电压降低亦逐渐拉大，致使直流触发控制稳压管 D603 导通，电子触发开关管 Q601 的发射结因获得正向偏压而导通，集电极输出触发电压至电源无触点开关即直流单向晶闸管 D603 的控制板，使 D602 被触发导通而成为整机工作电源的电路。电子开关电路是以 R604 为 Q601 的集电极电阻，C608 为抗干扰电容，R606 为 Q601 基极隔离电阻。电子限流开关被触发导通后，能将导通状态一直保持到关机切断电源为止，重新开机，接通电源时再重复一次限流过程。电源本身的保护过程如下。

此机芯的开关电源的保护措施比较完善，首先是设有 PS601、PS602、PS651、PS652、PS654 熔丝电阻，其次是在 T602 的④—②绕组上并联 D607、C616、C617、R614 元器件，以吸收 T602 的④—②绕组的尖峰反电势，从而避免开关管 Q1 被击穿。IC601 内部的 Q5 为保护控制管，R610 为开关管 Q1 过流检测电阻，若开关管射极电流过大，则 R610 两端的压降也会很快增大，R610 上电压经 IC601 第②脚内接的 R6 电阻加到 Q5 的基极，则 Q5 立即导通，Q2 也导通，从而起到过流限制保护作用。IC601 的⑥脚为保护控制输入脚，若在其⑥脚、⑦脚之间加 0.7V 保护检测输入电压，则 Q5 导通并引起 Q2 导通，从而达到保护目的。

2. 故障检修

故障现象 1：通电开机后，电源无输出。

检修方法 1：根据故障现象分析此故障在电源电路，检修时，因待机指示灯 D013 在每次开机瞬间应闪亮一下，D013 的供电电压是由开关电源输出的+14V 经 IC001 稳压成+5V 后提供的，故应重点检查 D013 供电情况。测得 D013 正极电压为 0V，再测得 IC001 的①脚也没有 14V 电压输入，而测 IC601 的①脚 300V 电压，发现正常，但 IC601 其余各脚电压均为 0V。怀疑开启电阻 R603（470kΩ）开路，即使 IC601 不工作，但 R603 将 300V 电压加到 IC601 的③脚，③脚也应该有 0.7V 左右的电压。查 R603 果然开路，代换 R603，工作正常。

检修方法 2：根据故障现象 1 重点检查 D013 供电电压，当测量 IC601 的①脚时，无 300V 电压，再测电源板上 C607 两端，也无 300V 电压，因而是整流滤波电路有故障。查交流电输入电压，结果正常，整流管 D601 也正常，最后发现限流电阻 R604 开路，代换 R604（5.6Ω/7W）后试机，但 1min 后又出现无输出，重新检查 R604 发现再次烧断。分析原因，R604 再次烧断可能与晶闸管 D602 有关，若当电视机进入正常工作状态后，D602 导通使 R604 被短路，R604 不再消耗功率，若 D602 仍截止的话，则使通过 R604 的电流很大而烧断。再查 D602 的控制极触发电阻 R605（820Ω/0.25W），发现已开路。代换 R605、R604 后，故障完全排除。

检修方法 3：根据故障现象分析，此故障应在电源电路。打开机壳，用万用表测量开关变压器初级的④端无 300V 电压，查出电源整流板熔丝 F601 熔断后发黑，这说明电路有严重短路。测滤波电容 C607 对地电阻为 0Ω，则严重短路被证实。拔去电源整流板 F—4 接插头，再测得 C607 对地电阻很大，这说明短路发生在主印制板厚膜电路 IC601。测得 IC601 内部开关管 Q1 的集电极、发射极、基极所对应的①脚、②脚、③脚之间电阻值均为 0，这说明 IC601 内部开关管已击穿。代换 IC601 后，接通电源试机，电视机恢复正常。

故障现象 2：机内发出"吱吱"叫声。

打开机壳，测得开关变压器初级的④脚电压为 300V 正常值，再测得+135V 输出端电压变为 0V，显然开关电源没工作。测出 IC601 的①脚电压为正常值 300V，但其他各引脚上的电压与图纸所标的电压值相差很大，如⑧脚电压为−3V，⑨脚电压为−4.5V，这说明开关电源并不是完全停止间歇振荡，若完全停止振荡，则⑧脚、⑨脚均应为 0V。估计是开关电源负载端有短路故障。关机测量+135V、+22V、+14V 电压负载端对地电阻，发现+135V 负载端对地电阻为 0Ω，再深入检查发现是负载有元件已击穿。代换后工作正常。

故障现象 3：在开机瞬间，待机指示灯能闪亮一下随后不工作。

根据此故障现象，判断电源与扫描电路均能够正常工作，故障可能发生在微处理器 IC002 待机控制电路。测得 IC002 的㊶脚为 5.0V 高电位，且按遥控器上的"待机"键也不能使 IC002 的㊶脚转为 0V 低电位。再测出 IC002 的㉛脚与㉜脚连接的 10MHz 时钟振荡电路工作正常，但测得㉝脚的复位电压由 5.0V 变成 2V 左右。IC00233脚的 5.0V 电压是由 IC001④脚提供的，而 IC001 是+5V 稳压电路，显然 IC001 内部已局部损坏。代换 IC001 后工作正常。

故障现象 4：开机后，机器无输出。

根据故障现象分析，此故障应在电源或负载系统，此时打开机壳，检查电源板上的市电进线熔丝 F601，发现已烧坏，而且熔丝内壁发黑，说明开关稳压电源电路已发生严重短路故障。用万用表电阻挡测量 C601，没有发现短路，说明 C601、T601、C602 和消磁控制 THP601 元器件基本正常；再依次逐个检测 C603～C606 4 个抗干扰电容的在路电阻，没有发现短路且都有反向阻值，表明这 4 个电容和 D601 整流桥堆基本正常；然后测量 C607、C620 两端的电阻，发现电阻为 0，没有丝毫放电现象，说明故障可能是：C607 及 C620 本身击穿短路；整流滤波后的高压反馈电路回路中有短路。焊下 C607、C620，检测正常，说明短路部位是后面高压反馈回路。由电路图可知，整流滤波后＋300V 直流高压经 T602 初级②—④绕组至 IC602 的①脚，即开关调整管的集电极，而 T602 初级绕组线圈对地短路的可能性极小，用万用表直接测量 IC602 的①脚、②脚间正反向电阻，测得阻值为 0Ω，再测其①脚、③脚与②脚、③脚间电阻均为 0Ω，很显然 IC602 的内部开关调整管 3 个极之间已全部击穿。代换一块新的 IC601，焊回电路板后测其①—⑨脚对地正反向在路电阻，完全正常，将 C607、C620 焊回电路板后，再将 IC601 外围元器件在路电阻和 3 路稳压输出端对地的正反向在路电阻作一检测，无异常后，换上一只 4A 熔丝再通电试机，工作正常。

故障现象 5：一接通交流电源就立即熔断熔丝。

根据故障分析，因刚开机就烧熔丝，说明机内有严重过流元器件。拆开机盖检测，整流器输出端无短路现象，但整流桥堆 D601 两只二极管击穿。

因检测整流输出无短路现象，可以认为开关电源部分完好。经检测 R604 没有坏，证明 IC602 的开关管并没有击穿，烧熔丝的原因是桥堆击穿形成的交流短路。换上两只二极管后，用调压器将市电降低至 180V，开机一切完好。

据此现象分析，二极管是因滤波电容充电电流过大造成的。因此机型有充电限流电阻短路控制，若 D604 短路或 D606 开路造成 Q601、D602 一直导通，电源开启瞬间，R601 已被短路，高电压突然加到滤波电容上，其充电电流可达几十安培，整流二极管在大电流冲击下，立即损坏。

经检查，引起此机型中 D606 开路、造成 Q601 截止、晶闸管 D602 一直处于导通状态的原因是稳压二极管 D603 损坏。用调压器调低电压可以开机，调低电压的同时也加大了电源内阻，减小了充电电流。代换 D603 后，开机一切正常。

六、 TR-S6308/6309 构成的典型电路分析与检修

如图 5-7 所示为使用厚膜电路 STR-S6308/6309 构成电源电路，它是日本三肯公司的产品，其内部电路基本相同。

故障现象 1：开机后三无，电源指示灯不发光。

根据故障现象分析，此故障应在电源系统。检修时开机测电源电路板连接器 P404③＋B电压为 0V，脱焊 LB01，断开行输出电路直流供电，并在＋B 电压输出端外接一只 100W 灯泡作假负载再开机，发现外接灯泡不发光，说明开关电源没有工作。再检测 C810 两端电压为 310V，说明电网电压整流滤波电路工作正常。接着测 IC801③直流电压为 0V，说明振荡启动电路元件不良，使 Q1 无启动电压输入。再测 D815 两端电压为 16V（正常），由此推断启动电阻 R804 开路损坏。关机断电后拆下 R804 测试，此电阻确已开路损坏，代换 R804 后开机，外接的灯泡仍不发光。分别检测 IC801 各引脚直流电压，发现除①有 310V、③有 0.5V、⑧有 0.5V 外，其余引脚电压均为 0V，由此分析，开关电源振荡电路确没有起振，但振荡启动电路已提供正常的启动电压，且 R810 正常。开关电源不振荡的原因只有振荡正反馈电路存在开路故障或 IC801 内部电路损坏两种可能。断电后首先在路检测正反馈电路元件 R807、C812 及 T803 反馈绕组①—②，在拆下 C812 进行定量测试时，发现其电容量只有 200pF（正常时为 0.033μF）。检修时代换 C812 后开机，外接灯泡发出稳定的红光，此时测开关电源＋B 电压为 145 V（正常）。关机后拆去假负载，恢复原电路试机，整机工作恢复正常。

故障现象 2：开机后三无，电源指示灯不发光。连续按压遥控器上的待机控制键，电源指

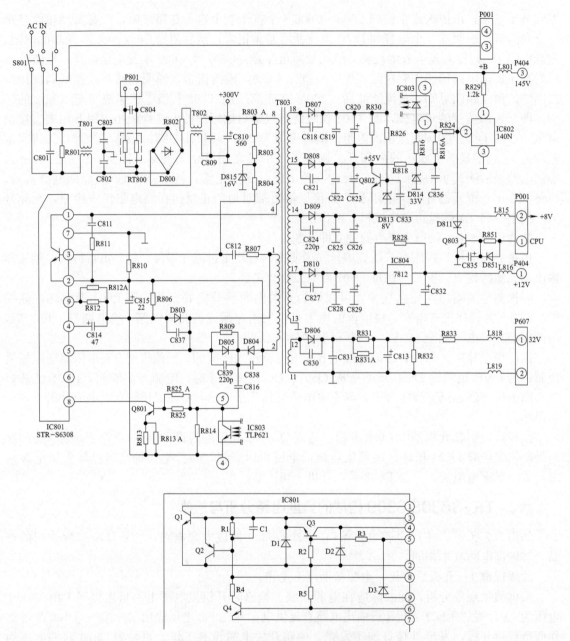

图 5-7　STR-S6308/6309 构成电源电路

示灯发光变化受控正常。

　　根据故障现象，因电源指示灯在待机状态时能发光指示，说明开关电源振荡电路已起振。指示灯发光受控变化正常，说明遥控电路工作正常。为了缩小故障范围，开机测＋B电压为145V（正常），说明开关电源振荡及稳压控制电路均已正常工作，故障是因行输出电路没有工作或行扫描电路工作异常。测行输出管 Q421（c）电压为145V（正常），测 Q421（b）电压为0V，说明行输出电路没有工作。继而测行激励管 Q411（b）电压也为0V，说明行振荡电路没有输出激励脉冲信号。而行振荡电路要正常工作，其首要条件是 IC201（LA7685）㉜有约8V的直流电压输入。测 IC201㉜电压为1.6V，此电压是由开关电源输出的12V电压经D270、R281、C212降电压滤波后形成的，再测开关电源电路板连接器 P404①电压仍为1.6V，说明故障源在开关电源12V电压形成电路。

关机后脱焊 L816 引脚，断开 12V 电源负载电路，再开机测 12V 稳压器 IC804 输出端外接的滤波电容 C832 两端电压仍为 1.6V，此时测 C829 两端电压为 15.6V（正常），据此确定故障在 IC804 或 C832。断电后拆下可疑元器件，测试 C832，没有发现漏电或击穿现象，由此判断 IC804 内部电路损坏。检修时代换 IC804 后试机，工作正常。

故障现象 3：开机后三无，电源指示灯不发光，按压遥控器上的待机控制键无反应。

根据故障现象分析，此故障应出在电源电路，检修时打开机器后盖，检查开关电源电路板，发现交流熔断器与 300V 滤波电容及＋B 电压输出端 C820 外壳均已炸裂。交流熔断器外壳炸裂，说明电网电压输入电路存在过电流故障；大电容量滤波电容外壳炸裂，说明电网电压整流滤波电路存在过电压故障；C820 外壳炸裂，说明开关电源输出的直流电压过高。

在通电之前，检查电网电压输入电路的 R802 与 IC801①、③内接的 Q 极间电阻，发现 R802 已开路，IC801①-②已击穿短路，接着测 IC801②外接 R810 也已开路，在路测 IC801 其他引脚对热地端正反向电阻，与正常电阻值比较，无明显差异，在路分别检测开关电源二次绕组各直流电压形成电路的整流滤波元器件与行输出电路有关元器件，发现 Q421 击穿损坏，行输出供电限流电阻 R417 开路损坏，其他元器件均正常。

代换上述已查出的损坏元器件，断开行输出直流供电，在连接器 P404③、②外接一只 60W 灯泡作假负载，并在灯泡两端接一只万用表监测＋B 电压，然后瞬时开机，发现外接灯泡发出很亮的白光，同时观察到万用表指示的电压值升到 250V 以上，说明开关电源稳压控制电路不良，使开关电源输出电压过高，应重点检查由 IC802、IC803、Q801 及 IC801 等构成的稳压控制电路。用一只 100Ω/1W 的电阻并接在 IC803③、④间，模拟光敏三极管等效电阻变小，再开机，发现外接灯泡发光变暗，观察外接电压表指示电压值明显变小，说明 IC803③、④以后的稳压控制电路均正常，故障在 IC803 及其光敏三极管以前的取样误差放大电路。拆除 IC803③、④间的外接电阻，用一短路线跨接在 Q803（c）、（e）间，模拟开关电源处于待机控制状态，再开机，发现外接灯泡发光仍很亮，电压表指示的＋B 电压值仍高于 250V，由此确定故障在 IC803 及其周围电路。断电后分别检测 IC803 及其外接元件，发现 IC803①外接 R818 开路。检修时代换 R818 后，拆除 Q803 外接的短路线，开机后观察外接电压表指示的电压值为 145V，关机拆除假负载，恢复原电路，试机，整机工作恢复正常。

故障现象 4：开机瞬间电源指示灯闪亮一下后即熄灭，按压遥控器无效，电源指示灯发光变化受控正常。

根据故障现象分析，因开机瞬间，电源指示灯能瞬时发光且受控正常，说明开关电源电路与遥控电路均正常。开机测开关电源＋B 输出端电压为 145V（正常），说明开关电源主要电路工作正常。测开关电源其他几组直流输出端电压，发现 12V 输出端电压只有 4V，其他输出端电压均正常。

此机型开关电源输出的 12V 电压由开关变压器 T803 二次绕组输出电压经 D810 整流、C829 滤波，形成约 15V 直流电压，再经 Q804、D812 构成的串联稳压电路稳压后产生。测 C829 两端电压为 14.8V（正常），再测 12V 稳压管 D812 两端电压为 4.5V（正常时为 12V），检查 R828、D812、C832，发现 R828 电阻值变大至 5kΩ 以上，C832 已严重漏电，其顶部已经轻微微鼓起。检修时代换 R828、C832 后，再恢复原电路，整机工作恢复正常。

故障现象 5：开机后三无，待机指示灯闪亮一下即熄灭，按压遥控器上的待机控制键无效，待机指示灯发光变化受控正常。

根据现象因待机指示灯在开机瞬间能闪亮一下，说明开关电源振荡电路能起振；待机指示灯发光变化受控正常，说明遥控系统及待机控制电路均正常。由此推断故障在开关电源及其主要负载电路。开机测＋B 输出端直流电压为 70V，且不稳定（正常值为 145V）。关机后脱焊

L801，在＋B输出端外接一只60W灯泡作假负载再开机，发现外接灯泡发出较暗的红光，测灯泡两端直流电压为80V，仍然过低，据此确定故障在开关电源稳压控制电路中。按下遥控器上的待机键，在待机指示灯发光时，测外接灯泡两端电压为25V，说明待机状态时开关电源输出的直流电压正常，开关电源稳压控制电路中的IC803、Q801、IC801等均良好，故障只能在取样误差放大电路IC802（SE140）。检修时代换IC802后，开机测＋B输出端电压为145V（正常），关机后拆去假负载并恢复原电路再开机，整机工作恢复正常。

故障现象6：开机后无输出，待机指示灯不发光。

根据现象因开机后待机指示灯不发光，说明开关电源没有工作。观察熔断器F801已熔断且管壁发黑，说明电网电压整流滤波电路、消磁电路及开关振荡电路中有元件短路引起F801过电流熔断。用万用表及R×1Ω挡在路检测IC801①、②、③内接开关管Q1，已击穿损坏。引起Q1击穿损坏的原因有：电源负载电路有过电流或短路故障；电网电压过高；稳压控制电路失控；Q1（c）外接尖峰脉冲吸收电路不良。先代换IC801，并在IC801①与T803④之间串接一只2A的交流熔断器，以保护Q1不会再次过电流损坏，在＋B电压输出端外接一只万用表进行监测，瞬时开机，电压表指示为145V（正常），屏幕上同时有正常的图像出现，说明电源负载电路及稳压控制电路正常，推断故障在Q1（c）外接的保护电路元件C811、R811，断电后将其分别拆下测试，发现C811已开路。检修时代换C811并恢复原电路后，连续工作试机，工作正常。

故障现象7：开机后不工作，面板上的红色电源指示灯不亮。

根据现象因开机后红色电源指示灯不亮，说明开关电源没有工作。打开后盖，检查交流熔断器F801正常。开机测量＋B输出端电压，发现开机瞬间有约10V的跳变，说明开关电源振荡电路能起振。故障原因可能是电源过载使机器进入保护状态。先关机测负载开关管（c）的对地电阻近似0Ω。为了判断负载开关管击穿的原因，再断开负载供电电路中的L903，并在C917两端接入假负载，开机测＋B输出端电压，发现在开机瞬间＋B电压高达210V，说明是开关电源稳压控制电路工作异常，使＋B输出电压过高，击穿行输出管。

试用调压器将电网电压调至90V左右，再开机测＋B电压为165V，且不稳定，此时分别测IC901⑨、⑧电压，分别为－8V，4V、＋0.2V（正常时分别为－8.6V、－0.6V），说明IC901⑧与＋B输出端之间的稳压控制电路有故障。

测Q901各极电压，发现其（b）、（e）均为正电压，（c）为负电压（正常时均为负电压），Q901（b）电压受光电耦合器IC902内光敏三极管的导通电流控制。检修时代换IC902，＋B输出端电压由165V下降为150V，缓慢调高电网电压，＋B输出端电压均能稳定在150V左右。断电后拆去假负载，恢复原电路，开机试验，整机工作恢复正常。

七、 STR-S6709构成的典型电路分析与检修

如图5-8所示，为使用厚膜电路STR-S6709构成电源电路，IC803为取样比较误差电压放大集成电路，Q802、Q803为遥控关机控制管。在稳压、遥控关机及保护电路中分别使用D803、D811、D836光耦合管，使电路除开关电源电路IC802外，均为冷底板电路，安全性能好，这还使得视频/音频端子不必使用光耦合管。此电源还有一个与众不同的特点是，IC802既是主开关电源电路，又是遥控电路的辅助电源电路，在收看状态时主路输出电压为＋142V，在待机状态时主路输出降为30V。电路简单可靠，稳压范围宽，可适应在110～220V交流输入电压下正常工作。

1.电路原理分析

(1) 主开关稳压电源电路原理 如图5-8所示。

图5-8中，当交流电源开关S801接通后，220V交流电经熔丝送至低通滤波器，再加入

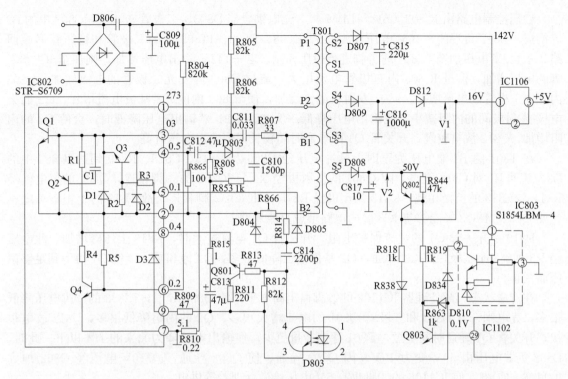

图 5-8　STR-S6709 构成电源电路

D806 进行桥式整流，然后在滤波电容 C809 上产生约 300V 的脉动直流电压。此电压一路经开关变压器 T801 的 P1—P2 端和 IC802 的①脚加到开关管 Q1（在 IC802 内部）集电极；另一路经偏置电阻 R805、R806 加到 Q1 基极，使开关管 Q1 导通。R807、C811 是振荡启动电路的正反馈电阻、电容，T801 的 B1—B2 绕组是反馈绕组。B1—B2 绕组产生的正反馈电压经 R807、C811 加到开关管 Q1 基极，使 Q1 很快饱和导通。Q1 饱和导通后，放大能力降低，使集电极电流线性增大到最大。B1—B2 绕组同时也为 C811 充电，使 Q1 基极电位逐渐下降，Q1 退出饱和区，进入放大区，Q1 集电极电流减小。P1—P2 绕组感应电动势反相，B1—B2 绕组感应电动势也反相，同样因正反馈的结果，使 Q1 截止。Q1 截止时，T801 的 B2 端输出的正脉冲经 R866、R865 和 D2、C812、D803，到达 B1 端，对电容 C812 充电。这时 B2 端正脉冲还经 R2 加到 Q3 基极，使 Q3 导通，对 C811 充电。充电过程使 C812 左端电压和 C811 左端电压逐渐升高。当 B2 端电压下降时，因正反馈，又使 Q1 饱和导通。Q1 导通后，B1 端正脉冲经 R3 加到 Q3 基极，使 Q3 导通。这时，C812 上电压经 Q3、Q1、R808 放电（C812 上电压还会经 R865、R808 放电）。随着 C812 放电，Q1 基极电位逐渐降低，Q1 电流减少，因正反馈，使 Q1 不断地截止或导通。因此，C811、C812 是决定振荡周期的电容，它与充放电回路元器件的电阻值决定了振荡周期的大小。

IC802 的①脚、②脚间的 C810、R853 使开关管 Q1 集电极的脉冲电压不会太高，对 Q1 起保护作用。

B1—B2 绕组间的 R814、D804 对 B1 端、B2 端间的脉冲起阻尼作用，使其间的正脉冲不会太高，以保护振荡元器件。B1 端脉冲为负时，负脉冲经 D805、C814、R813 加到 Q801 基极，加速稳压放大管 Q8SOl 和稳压控制管 Q3 导通，加速稳压过程的建立。

开关管 Q1 集电极输出的脉冲电压经 T801 耦合到次级，由 D807、D808 和 D809 整流分别得到＋142V、＋50V 和＋16V 电压。电路设计为：开关管 Q1 导通时，整流管 D807、D808、D809 截止；Q1 截止时，D807、D808、D809 导通。

稳压控制电路由 IC803（S1854LBM-4）、光电耦合器 D803、三极管 9801 和 IC802 中的 B2 等构成。D812 负端的＋16V 电压经 R818、D838、D803、IC803 内的三极管和稳压管形成回路。＋142V 电压加至 IC803 的①脚进行稳压控制。若＋142V 输出电压增加，则加至 IC803① 脚的电压增加，流过 IC803 内三极管电流增大，流过 D803 内发光二极管的电流增加，D803 内光电三极管的电流增加，9801 发射极电流增加，使 IC802 内的 Q3 基极电流增加，Q2 的集电极 发射极间的内阻减小，使输出电压降低。反之，＋142V 输出电压降低时，会使 Q3 的内阻增加，C812 放电较慢，开关管 Q1 的导通时间较长，使输出电压升高。

在 T801 的 B2 端电压为正时，脉冲电压经 R866 及 R815、C813、R809 到达 IC802 中的 D3，流回 B1 对 C813 充电。因 Q801 的发射极经 R1 与 IC802 的③脚相连，Q801 的集电极经 R811 与 C813 的负极相连，C813 的正极经 R815 与 IC802②脚相连，故 C813 的上正下负电压 就使 Q801、D803 等能够与 IC802 内电路形成直流通路。

R810 是开关管 Q1 的过流保护电阻。开关管 Q1 电流过大时，R810 上压降增加，此电压 经 R5 加到 Q4 基极，使 Q4 导通，Q2 基极电位降低很多，Q2 饱和导通，使 Q1 得不到足够偏 压而截止。

在待命状态，微处理器 IC1102 的㉙脚输出高电平，使 Q803 导通，IC803 的②脚电压降低 很多，光电耦合器 D803 和三极管 Q801 的电流增大很多，Q2 的内阻降低很多，C812 放电很 快，开关管 Q1 导通时间更短，T801 存储能量更少，使输出电压降为原来的 1/4 以下。此时，D808 负端电压由 50V 变为 10V。因 Q803 导通，使 Q802 导通，故 10V 电压经 Q802 加到 IC1106 的①脚，使 IC1106 的③脚仍有 5V 电压给微处理器等供电。

在正常工作时，IC1102 的㉙脚输出低电平，Q803 截止，Q802 截止，D812 负端的＋16V 电压经 IC1106 稳压得到＋5V 电压给微处理器等供电。

(2) 电源厚膜块 IC802 过流保护电路原理 如图 5-8 所示，当电源厚膜块 IC802 内开关管 Q1 导通时，发射极电流经 R810（0.22Ω）到地。当 Q1 发射极脉冲电流峰值达 2.7A 时，R810 上峰—峰值压降为 0.6V，经 IC802 内电阻 R5 加到过流保护管 Q4 的基极，使 Q4 导通，而同时导致 Q2 导通，这使将 Q1 正反馈基极电流分流，Q1 导通变窄，限制了 Q1 的过流。

2. 典型故障检修

故障现象 1：通电开机后，整机没有任何反应。

这是典型的电源故障。打开机壳，首先直观检查，发现熔丝 F801 已熔断。代换 F801 后，断开 R805、T801 的 P1 端，通电检测＋300V 输出端电压，正常。再用万用表电阻挡检测 IC802 的①脚与地之间的正反向电阻，实测为 0Ω，说明 IC802 内部开关管已击穿损坏。再检查其他元器件没有发现异常。检修时代换 IC801 后，将原焊开的元器件重新焊好，试通电，整机恢复正常，工作正常。

故障现象 2：开机后主机面板上的待命指示灯常亮，按键无效。

根据故障现象分析，因待命灯亮，说明＋5V 待机电源已有输出，由前面的电路解析中可知，此机型的＋5V 电路和＋142V 等电压的电路共用一个开关振荡电路。靠开关管导通时间的长短来使机器工作于正常状态或待命状态。红灯指示，说明有＋5V 输出；主电器不工作，可能是＋142V 等电压还不正常。应先检查电源控制电路：通电检查＋142V 输出端只有＋30V，＋16V 端为＋3V，＋50V 端为＋8V，说明电视机处于待命状态。检查微处理器 IC1102 的④脚电压为 1V，而正常工作时此电压应为 0.1V。断开电源控制管 Q803 基极，则有＋142V 输出。检查与微处理器有关的复位电路和存储电路的电压正常，可见是微处理器 IC1102 损坏，使其㉙脚输出电压不对。代换微处理器 IC1102 后，机器正常工作。

故障现象 3：开机后待命指示灯发亮，但约 3s 后，自动熄灭。

　　根据故障特征判断，此机型的电源或＋B 负载有问题。拆开机壳，首先检查电源电路。经检查发现，此机型整流后的＋300V 电压正常，稳压电源输出的＋B 电压在开机瞬间升至＋30V 后又降回到 0V。初步判断是，稳压电源能工作但负载有短路。当脱开负载，稳压电源各输出电压都正常，检查相关一些元器件都没有发现问题，代换负载元件后，工作正常。

　　故障现象 4：插上电源按下电源开关 S801 后，无输出。

　　根据故障现象剖析此机型的电路结构特点，确定故障在电源电路。打开机壳，直观察看，发现交流熔丝和熔丝电阻都已烧断且稳压集成电路 IC802 的①脚、②脚间短路，说明 IC802 内部的 Q1 已击穿。上述元器件换新后，在路检查稳压电源和保护电路的其他晶体管、二极管正常，开机后仍然没有＋142V 电压输出。详细检查振荡电路元器件，发现 R815（电阻值为 1Ω）开路。换新后，＋142V 等电压输出正常，工作正常。

　　故障现象 5：在使用过程中，输出电压消失。

　　根据故障现象及维修经验，应首先检查电源电路。检修时开机壳，直观察看，熔丝完好，则通电使用动态电压法进行检查。通电，则开关稳压电源的各路输出端均无电压输出。而＋300V 脉动直流电压正常。为判定故障范围，试脱掉负载再开机测得主输出电压为正常值＋142V 左右，说明电源基本正常。对地电阻，没有见明显直流短路现象，试换负载元件后机器工作正常。

　　故障现象 6：接通电源时，待机指示灯发亮，但瞬间即自动熄灭，整机无输出。

　　根据故障特征结合此机型的电路分析，确定故障在电源或其保护电路部分。对比使用假负载法先检查电源电路。

　　打开机壳，首先断开开关稳压电源的各路负载，并在主电源输出＋B（＋142V）端即 C815 两端接上一只 60W/80Ω 左右的电阻，然后接通电源，在开机的瞬间监测 C815 两端的＋142V 电压，若正常，说明开关电源可正常工作。检查 Q805、Q831、R834、R835 均正常。检查到 D825 时，发现已经击穿。分析：因 D825 短路，较大的电流使 D811 内发光二极管的 PN 结烧断呈开路状态，从而使 D811 内光电三极管总处于截止状态，导致 Q827 的基极电位上升，基极电流增大，使 Q827 饱和导通，继而引起 Q826、Q804 管饱和导通。Q804 的饱和导通使 IC802 的内部 Q1 基极的引脚（IC802 的③脚）近似于接地，迫使开关电源停振。换上新的 D825 和 D811 后，电视机恢复正常。若 D811 内发光二极管性能不良，也会引起同样故障。

　　故障现象 7：在正常收看过程中，按下遥控发射器上的"开/关机"键关机（直流关机），让整机处于待命状态后，若需正常工作时，再重新打开电源开关，整机不能正常工作。

　　此种现象是一例奇怪的故障。由此机型的电路结构特点及前面的电路解析中可知，它可以进行直流关机，若只是无法直流开机，则待命控制电路应视为基本正常。仔细观察故障现象，发现在待命状态时，电源指示灯也熄灭了，这是不正常的。详细分析电路，在机器处于待命状态时，测得微处理器 IC1102 的电源电压稍高于 1V，说明微处理器的＋5V 电源不正常，则无法再次开机。接着测得＋5V 稳压集成块 IC1106 的①脚输入电压为 3V 多，正常情况下，机器在待命状态时，此脚电压应为 8～12V。当 IC1102 的㉙脚发出高电平待命指令时，三极管 Q803 导通，二极管 D810 因负极电位下降也导通。这样，光电耦合器 D803 的②脚电位跟着下降，其内部导通电流上升，使其④脚电位降低，Q801 随之导通，通过厚膜块 IC802 的③脚，使其内部开关管基极电流下降，导通时间缩短，电源输出电压大幅度下降，机器处于待命状态。这时开关变压器 T801 的 S5 端绕组的脉冲经 D808 整流、C817 滤波，输出约 10V 的直流电压。因 Q803 导通，Q802 也导通，这样 10V 的电压便通过 Q802 的集电极、发射极加到 IC1106 的①脚。由 IC1106 稳压后从③脚输出＋5V 电压，作为 CPU 在待命时的电源。

　　根据以上分析，测得 Q802 的集电极电压为 3V 多，接着追踪测量电容 C817 正端电压为 11V，说明故障是因 Q802 没导通，才使得其集电极电压不正常。经过检查电阻 R844 阻值正常，怀疑 Q802 损坏，拆下一测，发现其 b-e 结已开路。试换新管，一切正常。

此机器在待机状态时，电源并不完全停振，而是处于弱导通状态（开关管）。整机电源各路电压大幅下降，微处理器电源端仍有＋5V 供电，原理见前面的电路解析。

故障现象 8：在收看过程中，电网突遭雷击停电，待电网恢复供电后，开机时，输出断续工作电压。

检修时根据现象初步判断为开关电源故障所致，应重点检修其电源电路。打开机壳，直观检查，熔丝 F801 完好，其他元器件亦无异常。试通电，有轻微的焦味，立即关机。查出焦味是由限流保护管 Q831 的偏置电阻 R833 发出的。进一步检查，发现行过流保护取样电阻 R834、R835 已开路。再查 R834 的后端（即＋142V 输出端）对地电阻为 0Ω，取 0.5W/1Ω 电阻两只代换后通电，又出现断续供电现象。为防止烧坏负载电路部分有关元器件，断开负载＋142V 供电回路，并接入 220V/40W 灯泡作假负载，通电检查＋142V 电压在＋100～140V 间变化，说明此故障是因过压保护引起的。同时，亦证明过压保护电路是正常的。检查三端自动电压调整集成电路 IC803（型号为 S1854BM-4），发现其②脚电压在＋100～140V 间变化（其①脚接在主电源＋142V 输出端，③脚接地），正常时，其②脚输出电压约 12.8V，且随着＋142V 主电源的高低而反向变化，通过光电耦合器 D803 的负反馈控制作用，达到稳定输出电压的目的。由以上分析可知，S1854BM-4 已损坏故造成电压失控过高，此元器件目前国内难以买到，仿制代换后工作正常。

从上述检修过程可知：本机最初故障是因 IC803 损坏造成过电压，而进入过压保护状态。因此保护不同于晶闸管保护，则当电压因保护而下降时又能自动恢复，之后再次保护，如此便出现断续供电现象。形成的很高自感电动势将造成行输出管 Q501 击穿短路、过流保护取样电阻烧毁等，当出现断续供电故障时，应断开行电路而换上假负载试机维修，以防故障范围扩大。

故障现象 9：接通电源开机后，面板上的待机指示灯一闪即灭，整机不工作。

根据故障现象分析此故障应在电源电路，打开机壳后，测得＋142V 输出端在开机瞬间为＋20V 后降为 0V。接着用万用表测得保护控制管 Q804 基极电压为 0.7V，说明电路处于保护状态。经检查，Q826 发射极电压为 0.8V，Q827 基极电压为 0.7V，说明它们都已导通。在开机瞬间，测得光电耦合器 D836 发射极端（B 点）电压瞬间升高后降为 0V，这当然使保护电路启控。

关机后，用万用表在路检查 D836 的三极管 c-e 结间电阻，负表笔接集电极，正表笔接发射极，用 R×10Ω 挡实测为 300Ω，正常值应为 10kΩ 左右，取下 D836，测得 D836 已损坏。代换 D836，整机工作正常。

故障现象 10：开机时只见待命灯一闪即灭，整机既无光栅，也无伴音。

检修时，打开机壳检查，没有发现元器件异常。则在＋B 电压（142V 端）接上假负载使用动态电压法进行检查。开机后，＋142V 输出端电压升至 40V 后突然降为 0V。说明开关稳压电源已启振，然后突然降为零，可能是保护电路故障所致。对此，具体检修步骤与方法如下。

在按下电源开关的同时，测出保护管 Q805 基极电压有变化，说明此保护电路工作。检查与之有关的＋142V 过流保护管 Q831 集电极在开机瞬间无电压，取出＋142V 过压保护稳压管 D831（MA4100H，稳压值 10V），用（R×1kΩ）挡检查其反向电阻时，阻值不是无穷大，万用表的表针有摆动，说明此稳压管已损坏。代换 D831 后，＋142V 电压输出正常。

八、 STR-8656 构成的典型电路分析与检修

STR-8656/8653 共有 5 个引脚，其中①脚为内部场效管漏极功率输出端；②脚为内部场效管源极引出端；③脚为内部电路参考接地端；④脚为启动控制电压输入端；⑤脚为电流反馈

和稳压控制信号输入端口。STR-8656 的引脚功能与测试数据如表 5-1 所示。

开关电源电路如图 5-9 所示。STR8656G 与 STR5653G 脚位功能完全相同，但内置功率开关管的输出功率不同。STR-8656G 的输出功率可达 200W 左右，STR-5653G 的输出功率约为 120W，在应急修理时可用 STR-8656G 替代 STR-5653G，但 STR-5653 不能替代 STR8656G。与 STR-8656G 和 STR-5653G 配套的外围电路参数也有差别。例如，STR-5600G/8600G 系列集成电路④脚外接的启动电容 C961 可根据电源启动情况在 $37\sim100\mu F$ 之间选择。当 C961 容量下降或漏电时，将导致开关稳压电源无法进入工作状态，造成无输出故障。

表 5-1　STR-8656 的引脚功能与测试数据

引脚	符号	功能	电流电压/V		
			正常开机	待机	自由听
1	D	漏极	310	315	312
2	S	源极	0.05	0	0.05
3	GND	地	0	0	0
4	VIN	电源输入	32	32	32
5	OCP/FB	反馈/过流保护	2.4	0.35	0.35

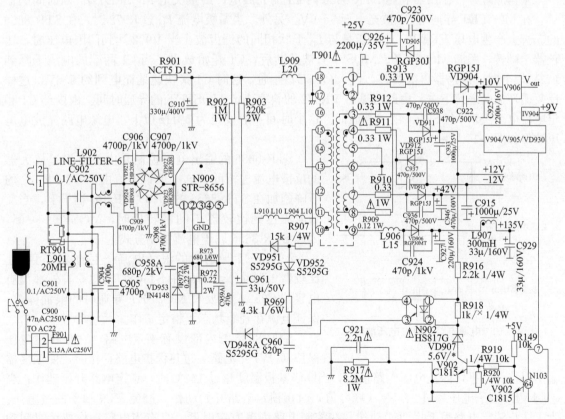

图 5-9　STR-8656 电路图

当接通外部 220V 交流电源时，交流电压经分立元件桥式整流，R901NCT5 负温热敏电阻限流，C910（$330\mu F/400V$）滤波后，得到约＋300V 的脉动直流电压，然后分成三路向开关稳压电源提供原动力。

第一路＋300V 电压经 R903（200k/2W）接入 STR-8656 的④脚作为启动电源，在④脚外接电容 C961（33μF/50V）的作用下，④脚输入电压 V_{IN} 缓慢上升，当 V_{IN} 达到 16V 时，启动电路动作，STR-8656 内部的振荡器开始工作，并通过驱动器使场效应管进入开关工作状态。开关电源启动后，开关变压器的⑮—⑰绕组产生的感应电压经 VD947 整流后，向 STR-8656 的④脚提供正常工作电源。当④脚 V_{IN} 降到 10V 以下时，低电压禁止电路动作，关闭了场效应管的漏极输出，开关电源回到启动前的状态。

启动电路中的 R903 的阻值要保证在交流输入电压最低时能够向电源电路提供 500μA 以上的电流。R903 的阻值一般可取 180～220kΩ，R903 的阻值太大，限制了 C961 的充电电流，使开关电源启动时间变长，甚至无法启动。同理，对 C961 的容量值也要有合适的取值范围，对一般电源而言，C961 可取 22～100μF，C961 的容量太大，会使启动时间变长；太小，则会使电压纹波增大。若 C961 漏电或 R903 开路将导致开关稳压电源无法进入启动程序，导致整机不工作故障。

第二路+300V 电压电感 L909 接入开关变压器的⑬—⑩组，其中开关变压器⑩脚经电感 L904、L910 与 STR-8656 的①脚 MOSFET 开关管漏极相连，通过 MOSEFT 开关管的导通与截止，实现开关变压器各绕组间的能量交换。

第三路+300V 电压由 R902 送到 STR-8656 的⑤脚，并由 R902、R973、R972 分压，为⑤脚提供初始基准电压。STR-8656 的⑤脚既是振荡器控制信号输入端，又是过电流保护检出端。

基本原理是：振荡器利用 STR-8656 内 C1 的充放电，产生决定 MOSFET 开/断时间的信号。在 MOSFET 导通时 C1 被充电至 5～6V。另外，当漏极电流 I_D 过 R972 时，在 STR-8656 的⑤脚上产生电压 VR972，此电压是与 I_D 形状相同的锯齿波。当 V972 达到门限电压时，比较器 1 翻转，关断 MOSFET。MOSFET 被关断后，C1 开始放电，当 C1 两端的电压下降到 1.2V 以下时，振荡器再次翻转，使 MOSFET 导通，这时 C1 又快速地充电到约 5.6V，这样反复循环振荡继续下去。由此可见由 VR972 的斜率决定 MOSFET 的导通时间。由内部 C1 和定电流电路决定 MOSFET 的关断时间。这个时间一般设定为 50Hz 以上，电源电路充放电电压波形如图 5-10 所示。

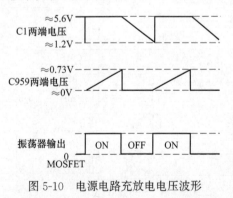

图 5-10 电源电路充放电电压波形

STR-8656 的输出电压控制是由流过误差放大器的反馈电流进行的，这一反馈电流由 R973、R972 的压降施加在 STR-8656 的⑤脚 OCP/FB 端子上，当反馈电流达到比较器 1 的翻转值时，MOSFET 关断，因此 STR-8656 属于电流控制方式。

MOSFET 导通时的浪涌电流产生的噪声可能使比较器 1 误动作，因此在 STR-8656 的⑤脚外部设有电容器 C959，以吸收 MOSFET 导通时的浪涌噪声，保证电源在轻载状态下稳定工作。

STR-8656 的内部设有锁定电路，它是在过电压保护（OVP）电路、过热保护电路动作时，使振荡器输出保持低电平，停止电源电路输出。当厚膜基板温度超过 140℃时，锁定电路开始动作；当④脚 VIN 端子电压超过 37.5V（峰峰值）时，锁定电路开始动作，避免 VIN 端子的过电压。为了防止锁定电路因干扰而误动作，在控制电路内藏有定时器，只有当电路动作持续时间约 8s 以上时，锁定电路才开始动作。锁定电路解除的条件是 VIN 端子的电压低于 6.5V，通过关断交流电源再启动可以解除锁定状态。

STR-5600G/8600G 系列开关稳压电源中①脚外接的 C958（680pF/2kV）也是维持开关电源稳定输出的重要元件。对于轻负载可取 680pF，大负载可取 1000pF，C958 容量太小时难以抑制尖峰干扰信号，但 C958 容量太大时，功耗大，易造成器件损坏。

如图 5-10 所示，开关电源的次级有六路整流直流电压输出。第一路由 VD905、C926 为主体构成的整流滤波电路输出＋25V 直流电压。

第二路由 VD911、C939 为主体构成的整流滤波电路输出＋12V 直流电压，又分成三条支路：一支提供正供电；二支为光电耦合器提供工作电流；三支的输出受 V904 开关控制。

第三路由 VD912、C945 为主体构成的整流滤波电路输出－12V 直流电压。

第四路由 VD913、C946 为主体构成的整流滤波电路输出＋42V 直流电压。

第五路由 VD904、C925 为主体构成的整流滤波电路输出＋10V 直流电压，分成二条支路。第一分支直接连接 VD906（LA7805）①脚，从 N906③脚输出＋5V 直流电压经 V112、VD107 稳压后为主芯片及系统控制电路提供 3.3V 工作电源；＋5V 直流电压还为 VCT3801 的③脚（I/O 接口供电）、存储器 N104、遥控接收、按键输入、复位、指示灯等电路提供工作电源。第二分支路经 V906 开关控制后，向 N905①脚提供电源，N905 输出的＋5V 电压为主芯片 VCT3801 的⑮、⑮脚提供模拟电路工作电源，经 V106、VD103 稳压后为 VCT3801 的⑤脚提供 3.3V 数字电路电源。＋5V 电压还为高频调谐器⑦脚提供工作电源。

第六路由 VD906、C927 为主体输出＋B 电压，为主负载电路提供电源。

九、 STR-S6708A 构成的典型电路分析与检修

1. 220V 整流滤波及自动消磁电路

图 5-11 中 220V/50Hz 的交流电源电压经过电源开关 SW801、电源熔丝 F801 以及由 R801、C801、T801、C802 等构成的脉冲干扰抑制电路，进入桥式全整流电路。

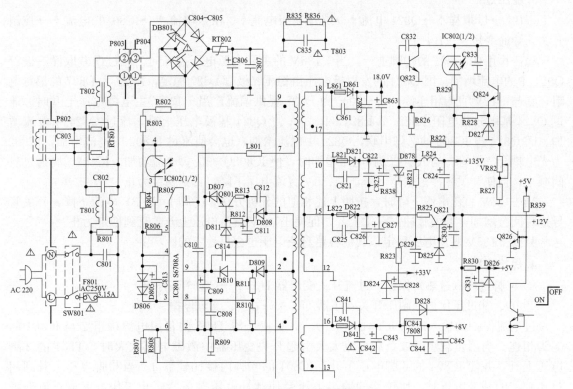

图 5-11 变频式开关电源电路

RT801（热敏电阻）与消磁线圈并联在输入交流电源两端。每次开机时，热敏电阻的冷电阻很小（大约为几欧姆），则消磁线圈中流过很大的交流电流，由此形成的交变磁场进行消磁处理；当热敏电阻中流过很大的电流时，热敏电阻热电阻瞬间增大（大约可达几百千欧姆），

消磁线圈接近开路，对电源电路的影响可以忽略不计。

2. 开关振荡及输出整流器

由桥式整流器 DB801 输出的脉冲电压，经 R802 限流、C807、C806 平滑滤波，由开关变压器的⑨—⑦脚绕组，加到 IC801（S6708A）的①脚，IC801 的①脚接开关功率晶体管的集电极。与此同时，电源输入端电压经 DB801 整流、R803、R804 限流，对 C809 充电，开关串源电路通过 IC801 的⑨脚开始启动。当⑨脚电压达到 8V 时，完成了开关电源的启动。同时通过集成电路内部的预调整电路，使开关电源的振荡电路开始工作。脉冲振荡电压经过 IC801 内部的均衡驱动电路，由④、⑤脚输出开关脉冲，经过外电路 R806、C813、D805、D806，加到 IC801 的③脚，IC801 的③脚为功率开关晶体管的基极。在开关脉冲的作用下，开关时而导通，时而截止，在开关变压器的初级绕组⑨—⑦脚上激起高频开关脉冲，并在开关变压器次级绕组上感应出脉冲电压，经过各自不同的直流稳压电源，供给整机各部分使用，并维持各部分电路正常工作。其中：

① +135V 为高电压主电源，主要为行扫描输出电路和行激励电路（Q401、Q402）供电。

② +12V 电源电压主要供 IC604、CPU 负位电路使用，经降压及稳压后还可以形成 5V、8V 直流电源。

③ +18V 电源电压主要供伴音输出电路 IC602、IC603 供电。

另外，行扫描输出电路还要产生场扫描及视放电路需要的 +14V、+45V 及 +200V 直流电压。

3. 稳压过程

+B↑→U 取样↑→Q824 电流↑→光耦初级电流↑、次级电流↑→IC801⑰电流↑→控制开关管导通变短→+B↓。

稳压作用在 IC801 的⑦脚进行，当 +135V 的主要电源电压过高时，流过误差取样三极管 Q824 中的电流增加。因 Q824 的发射极电压由稳压二极管 D827 稳定，R827 为 D827 的偏置电阻，它与 +12V 直流相连接，由 +12V 为 D827 提供偏流。当 +135V 主电源电压上升时，通过 Q824 基极分压电阻 R822、VR821、R827，使 Q824 基极电压上升，流过 Q824 中电流增加。因 Q824 与 IC802 的②脚串联，Q824 中电流增加，也会使流过 IC802 中电流增加，IC802 为光电耦合二极管。当 IC802②脚电路增加时，使 IC802④—③脚电流增加，IC802③脚通过时间减小，促使开关脉冲占空比下降，+135V 直流电压下降，直到稳定为止。

当 +135V 直流电压下降时，按照上述相似的分析方法，⑦脚 I（F/B）电流下降，开关管导通时间会增加，开关脉冲占空比上升，促使 +135V 直流电压上升，直到稳定为止。

只要 +135V 直流电压稳定，其他各路直流电压也会是稳定的。

4. 保护电路

① ⑥脚过流（过热）保护，过流开关变压器 U②↑→U⑥↑，停振。

② ⑧、⑨过压保护：超压开关变压器 U②↑→U⑧、⑨，停振。

过电流保护的输入端为 IC801 的⑥脚。开关变压器 T803 的备用电源绕组 2 与 IC801 的⑥脚相连。当因负载短路或负载电流太大引起开关变压器中激磁电流太大时，T801 的 2 脚电压上升，并使 IC801 的⑥脚电压上升。IC801 的⑥脚内接比较器 4。当⑥脚电压上升到超过比较器的基准电压时，比较器的输出电压会使脉冲电压振荡器停止工作，完成过流保护功能。

IC801 内部电路中设有过热保护电路。当集成电路内部的温度超过 +150℃时，过热保护电路通过锁存电路能使均衡驱动器停止工作，开关脉冲无输出，开关电源会停止工作。

IC801 内部同样设有过压保护电路。当输入交流电压过高时，通过开关变压器 T803 中的电压上升，启动绕组 1 和备用绕组 2 中电压上升。从图 5-11 可以看出，启动绕组 1 和备用绕组 2 中电压上升，会引起 C809 两端电压上升，C809 接 IC801 的⑨脚，当⑨脚 VIN 电压超过一定门限电压后，过压保护电路起作用。通过过压保护电路，或门电路、锁存电路，同样能使用均衡驱动级停止工作，起到过压保护作用。

待机控制管为 Q827，其基极接超级单片 TDA9380/83 的①脚。当机器正常工作时，Q827 基极为低电平，则 Q827 截止，Q827 的集电极接 Q827 基极。当 Q827 截止时，使 Q826 导通，Q823 截止。当机器处于待机状态时，待机控制输出高电平，使 Q827 导通，Q826 截止，Q823 导通，则流过 IC802 的电流因 Q823 的导通而增加。因 I（F/B）电流上升，开关导通时间下降，开关脉冲占空比下降，开关变压器感应电压下降，IC801⑧脚 VINH 下降，开关电源变为间歇振荡器，输出电压下降。

第二节　KA 系列开关电源典型电路分析与检修

一、 KA-5L0380R 构成的电源典型电路分析与检修

KA-5L0380R 构成的开关电源电路因电路简洁、性能稳定等优点，广泛应用于各种家用电器及商用电器中。

1. KA-5L0380R 构成电源电路分析

KA-5L0380R 构成电源电路如图 5-12 所示，此开关电源电路主要由集成电路 U501（5L0380R）、开关变压器 T501、光电耦合器 U502、三端取样放大器 U503（HA174）、三端稳压器 U504（7805）等构成。

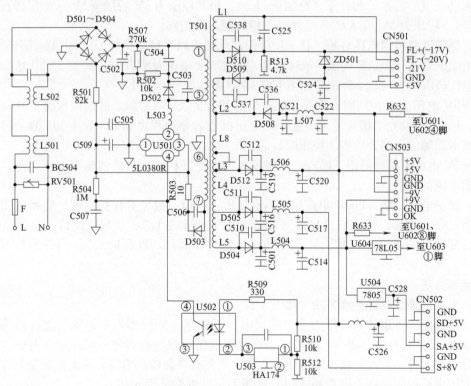

图 5-12　KA-5L0380R 构成电源电路

(1) 220V 输入电路分析 交流市电经电源开关，通过电源熔丝 F 后，经两级抗干扰滤波电路滤除电网中的各种噪波干扰（同时也防止本机电源工作时产生的谐波干扰窜入电网形成污染）后，得到较纯净的正弦波电压加到桥式整流滤波电路，经过 D501～D504 整流、C502 滤波后获得平滑的直流电压。

(2) 启动电路分析 通电后，在 C502 两端形成的约 300V 电压通过开关变压器 T501 的初级①—③绕组和电感 L503 加到 U501 的②脚；同时，交流 220V 电源还经 R501 降压及 C505、C509 滤波后，向 U501 的③脚提供一个启动电压，使 U501 内部电路开始工作。电路启动后，开关变压器 T501 的⑥—⑦绕组上感应电动势经过二极管 D503 整流、电阻 R503 限流、电容 C506 滤波后加到 U501 的③脚，保证电源电路稳定的正常工作。

(3) 开关变压器输出电路分析 由开关变压器 T501 次级绕组 L1 中的感应电压经 D510 整流、C525 滤波后获得显示屏灯丝电压 FL＋、FL－，再经接插件 CN501 加至显示屏灯丝；由 L2 绕组感应电压经 D509 负向整流、C524 滤波后得到约－21V 直流电压，通过接插件 CN501 加至显示屏阴极。

由 T501 开关变压器 L8 绕组的感应电压经 D508 负向整流及 C521、L507、C522 构成的 π 形滤波电路滤波后产生－12V 直流电压。

由 T501 开关变压器 L3 绕组的感应电压经二极管 D512 整流及 C519、L506、C520 构成的 π 形滤波电路滤波后得到＋5V 电压，分别通过接插件 CN501、CN503、CN502 加至显示屏电路、激光头组件板及主板上。同时此电压也是稳压调整控制的取样电压。

由 T501 开关变压器 L4 绕组的感应电压经二极管 D505 整流及 C516、L505、C517 构成的 π 形滤波器后得到＋8V 电压，通过接插件 CN502 加至后级电路。

由 T501 开关变压器 L5 绕组的感应电压经二极管 D504 整流及 C501、L504、C514 构成的 π 形滤波器后得到＋9V 电压。此电压分成多路：一路从 CN503 接插件输出；另一路经 R633 电阻至 U601、U602 的⑧脚；第 3 路加至 U604，经其稳压为 5V 后加至 U603 的①脚；第 4 路加至 U504，稳压为 5V 后从 CN502 接插件输出至后级电路。

(4) 稳压调整控制电路分析 稳压调整控制电路由精密稳压器件 U503、光电耦合器 U502 和取样电阻 R510、R512 等构成。取样电压取自 D512 整流及 C519、L506、C520 滤波后的电压，此电压经 R510、R512 分压后加至 U503 的①脚。

当＋5V 电压因某种原因升高时，经过取样后加到 U503①脚上的电压也将上升，③脚电压下降，U502 内发光二极管发光增强，光电三极管的导通程度加大，使 U501 的④脚电位下降，输出电压随之下降，达到了稳压的目的。

当＋5V 电压因某种原因下降时，上述控制过程正好相反，最终使输出电压上升，达到了稳定输出电压的目的。

(5) 保护电路分析 U501 集成块内具有过压、欠压、过流等保护功能。尖峰电压抑制电路主要由 C503、D502、C504、11502 等构成。用于消除在 U501 集成电路内开关管从导通到截止时，开关变压器 T501 初级①—③绕组产生的尖峰高压，以保护 U501 内开关管不至于击穿损坏。

2. 检修方法

(1) 无输出烧熔丝的检修方法 如图 5-13 所示。

(2) 输出电压不正常的检修方法 输出电压不正常主要使用电压跟踪法进行检修，检修时，若 0308 的②脚电压不正常，则可从②脚利用电压跟踪法查到输入端，哪点电压不正常查换哪部分电路元件。若次级输出端电压不正常，则先查各路输出电路，输出电路没问题，利用电压跟踪法由后级向前级一直查到 0308，哪级不正常查换哪级元件。

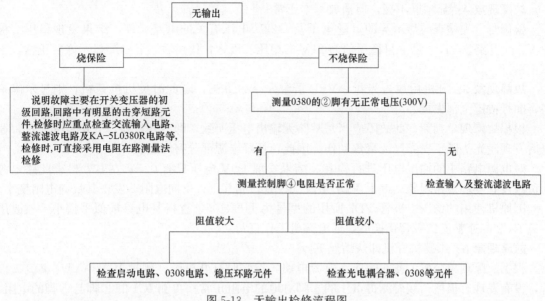

图 5-13 无输出检修流程图

3. 检修实例

故障现象 1：开机后不能插放，并且显示屏无显示。

根据故障现象判断此故障应在电源电路。打开机盖，测量±12V、+5V、±8V 输出端的电压，均无输出，测量其桥式整流电路，没有见异常，进一步检查其电源变压器，发现其初级绕组开路，代换电源变压器后，工作正常。

故障现象 2：开机后，显示屏不亮，全部按键失效。

此故障也应在电源系统，即开盖检查熔丝 F，没有烧毁，但测得 CN501、CN502、CN503接插件各电源输出端电压均为 0V，说明电源电路没有启振工作。

通电再测 U501 的②脚，有正常的+300V 左右直流电压，③脚有正常的 19.8V 启动电压。关机后，用在路测量法检查电源各负载电路阻值均正常；经进一步检查，发现 U501 各脚对地电阻均与正常值相差较大，将其拆下测 U501 的开路电阻值并与表 5-2 所列的正常值进行比较，两者相差较大，说明其已损坏，重换一块新的 U501 后，工作正常。

故障现象 3：遭雷击后，再开机无任何反应。

检修时开盖检测发现：熔丝 F 已熔断，U501 短路性损坏，U502 的③脚、④脚击穿短路，U503 损坏。U503 的实测维修数据见表 5-2。

表 5-2 厚膜电路 KA-5L0380R 的实测维修数据

引脚号		电阻值/kΩ	工作电压/V	引脚号		电阻值/kΩ	工作电压/V
红笔	黑笔			红笔	黑笔		
2	1	40	2.45	1	2	10.8	
2	1	12		3	2	8.5	3.6

将损坏的元器件逐一换新。如光电耦合器（光电耦合器 U502 的型号为 HS817，如无原型号管代换，可用同为④脚的 PC817、PCI23、TLP621 等光电耦合器代换）；集成块 HA174 等（可用 TIA31、SE140N、LM431 等直接进行代换）。对各元器件逐一检查无误后，拔掉 CN501、CN502、CN503 接插件后开机，测得各输出电压正常，再插上 CN501、CN502、CN503 后通电开机，整机工作正常，工作正常。

故障现象 4：显示屏不亮，但播放基本正常。

检修时，先检查与显示屏的灯丝电压及 −22V 电压有关的电路元件，结果发现稳压二极管 VD11 开路。VD11 是一只稳压值为 21V 的稳压二极管，代换后，显示屏显示恢复正常，工作正常。

故障现象 5：开机后放入光盘，VFD 屏显示 NODISC，若此时关机再开机，则显示屏不亮，面板按键全部失灵。

根据故障现象判断，此故障应当是某路无输出电压所致，即打开机盖，先不放入光盘，通电后发现激光头既不发光又无聚焦动作。因此，怀疑电源部分有问题。

对电源电路中的输出电压进行检查，结果发现 +9V 电压只有 0.5V 左右，检查此路电源的负载没有发现短路现象。拆下 VD7 整流二极管，测其正、反向电阻，发现其反向电阻变小。

因原机使用的稳压二极管 VD7 所用的型号为 HER105，查得其电参数似乎偏小，故改用一只 RU2 高速整流二极管代换后，通电试机工作正常。

故障现象 6：影碟机开机即烧熔丝 F1。

根据故障现象分析，此故障应在电源电路，检修时打开机壳，测量 VD1～VD4 整流二极管，没有发现有损坏；接着测得 IC1 的④脚对地的电阻正常；再测 IC1 的②脚与①脚的电阻，发现其正、反向电阻均较小，显然是 IC1 内部的开关管已短路损坏。

重换 P1、IC1 后，开机 F1 又烧断，检查发现是 IC1 的④脚对地短路。检查其他元件，没有见损坏，将 C5、VD5 重换新件，再次代换 F1、IC1 后，工作正常。

对换下的 C5、VD5 用万用表进行检查，没有见异常。屡损 IC1 的原因是 C5、VD5 的某一项性能指标欠佳而造成对尖峰脉冲吸收不净，从而导致 IC1 损坏。

故障现象 7：开机时，VFD 显示屏特别亮。随之"啪"的一声响，很快关机。

开盖直观检查，发现 C3 滤波电容炸开漏液，检查其他元件没有发现异常。将接插件 XSCN501、XSCN502、XSCN503 拔下，用手摸各元件外表面上的温度，结果发现 C5 电容温度稍高，将其拆下对其进行检查，发现其漏电电阻只有 10kΩ 左右。

将 C3、C5 重换新件后，开机瞬间速测 +8V、+5V，电压正常，将拔下的 XSCN501、XSNS02、XSCN503 重新插好后，通电试机，一切正常。

故障现象 8：通电即烧 F1 熔丝。

打开机壳直观检查，发现 P1 严重发黑且 C1 电容爆裂，检测 VD1～VD4，均已短路损坏。估计是进线电压异常升高所致。

进一步对其他相关元件进行检查，没有发现异常，确认无隐患元件后，将已损坏的元件换新后试机，工作正常。

故障现象 9：通电开机后有"吱吱"叫声，但整机不能工作。

检修时，通电测得 ICI②脚上有约 300V 电压，但测③脚电压只有 12V（正常为 19V 左右）。怀疑启动电路中有元件损坏。关机后用在路电阻测量法，逐一对 R16、R15、R14、R17、CE2 进行检查，没有发现有损坏，拆下 CE2 进行检查，发现其有漏电现象存在。重换一只 47μF/50V（原机使用 47μF/25V，其耐压值偏低）电解电容后，通电试机，工作正常。

故障现象 10：通电开机，显示屏不亮无输出。

根据故障现象分析，这种故障多是电源电路没有工作或工作异常引起的。

检修时开盖检查，发现熔丝 F301 没有熔断，由此说明后级电路无短路现象，可以通电进行检查。通电开机，测得电源滤波电容 C303 两端电压约 305V，说明市电输入电路、整流滤波电路工作基本正常。

再测量集成电路 U301，②脚电压约 305V，③脚启动电路电源供电端电压几乎为零。检查启动电阻 R301、R302，结果发现 R302 已断路，重换新件后试机，机器均恢复，工作正常。

二、KA7552 构成的电源典型电路分析与检修

如图 5-14、图 5-15 所示为应用厚膜电路 KA7552 构成的电源电路，此电源电路主要由集成电路 PIC1（KA7552）、开关管 PQ1、脉冲变压器 PT1、三端取样集成电路 PTC3、光耦合器 PIC2 等组成。

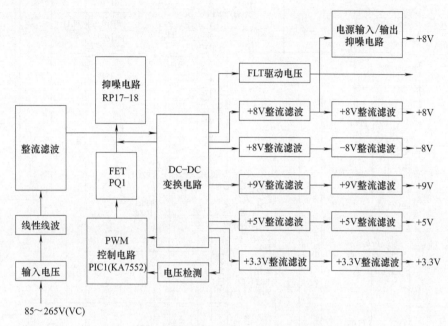

图 5-14　应用厚膜电路 KA7552 组成电源电路组成框图

1.电路原理

（1）KA7552 的工作原理

① 电路特点　KA7552 是 FAIRCHILD 公司生产的开关电源控制集成电路，采用 8 脚 DIP 或 SOP 两种封装方式。内部结构如图 5-16 所示。具有多种保护功能，且外接电路简单，多用于进口 VCD 影碟机、传真机、打印机和显示器等电子设备的开关电源上。KA7552 工作电压范围为 10～30V，可以直接驱动功率 MOSFET，驱动电流最大可达±1.5A，驱动脉冲最大占空比为 70%；工作频率范围 5～600kHz，容易得到较高的变换效率，减小电源的发热量；在锁定模式中有过压切断功能；具有完善的过流、过载、欠压保护电路和软启动电路，待机时电流仅为 90kA。

② KA7552 各引脚功能

a.①脚用于外接，决定⑤脚的通/断控制频率的电阻，与⑦脚的外接电容 PC13 一起实现检测。

b.②脚断开（OFF）电压为 0.75V。若 F/B（反馈）端电压降至小于 0.75V，则输出负载电压为 0V，开关电源次级输出电压为 0V。

关断（Shut-off）电压为 2.8V。若反馈电压大于 2.8V，则⑧脚电位升高；若⑧脚电位超过 7V，则整个开关电源进入关断状态。

该脚最大负荷电压为 2.3V。

c.③脚电位若高于 0.24V，则立即保持⑤脚输出 PWM 信号的占空比（但当此脚电位为 0.24V 时，则不能保持），即占空比限制场效应管 PQ1 的电流经过 PR22、PR21 分压后输入到本脚，目的是限制 PQ1 的过流。

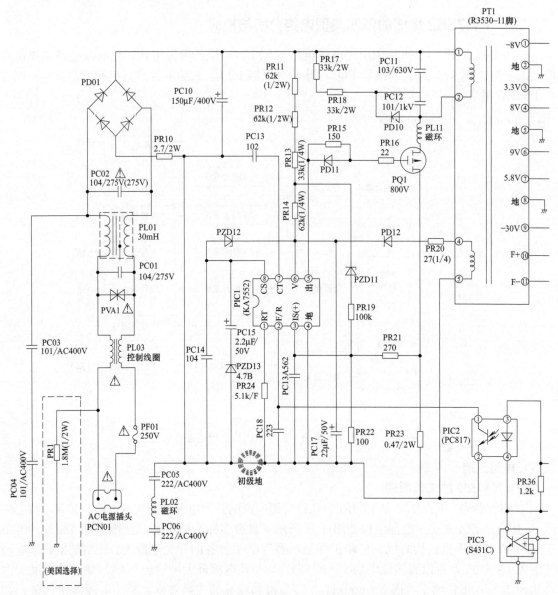

图 5-15　应用厚膜电路 KA7552 组成电源电路

　　d. ④脚为接地端。

　　e. ⑤脚为通/断控制脉冲输出端。

　　f. ⑥脚为供电脚。当此脚电压超过 16V 时，IC 功能启动；若此脚电压低于 8.7V 时，则 IC 从工作状态进入停止工作状态；当此脚电压为 10～12V 时，IC 进入正常工作状态。

　　g. ⑦脚为通/断频率决定端。

　　h. ⑧脚为断开（OFF）电压为 0.42V；接通（ON）电压为 0.56V；正常工作电压为 3.6V；关断（Shut-off）电压为 7V；最大负荷电压为 2.3V。OS 电位调定：将电容器接至 OS 端（PCI4）。ON/OFF 控制：若 CS 电位大于 0.56V，则 IC 开始工作；若电位小于 0.42V，则 IC 停止工作。在正常工作状态时，保持电压为 3.6V。关断方式：若 CS 电位高于 7V，则关断，起到过载保护的作用。Shut-off 功能：当 IS、F/B 和 CS 端都正常工作时起作用。软启动：在最初启动时开关保护。在最初启动时，反馈电位为内部 3.6V（最大负荷）；在最大负荷时，由于开关上的过流，造成 PQ1 被击穿损坏；CS 端和 F/B 端一起设定负荷；将 PC14 接至

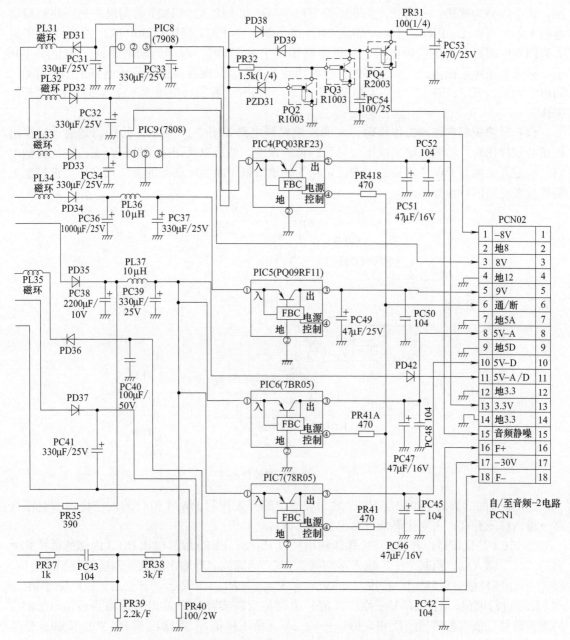

图 5-16　应用厚膜电路 KA7552 开关电源控制集成电路

CS 端上，并于最初启动时设定充压时间；在正常工作周期的最初启动时，通过 PC14，用逐步增大电压的方法来增大负荷。

（2）市电输入电路的工作原理　220V 交流电压经电源插头 PCN01，通过保险管 PF01，进入由 PL03、PC01、PL01、PC03、PC04 组成的共模滤波器，共模滤波器具有双重滤波作用，既可滤除由交流电网进入机内的各种对称性或非对称性干扰，又可防止机内开关电源本身产生的高次谐波进入市电电网而对其他电气设备造成的干扰。共模滤波后的交流电压经 PD01 组成的桥式整流电路整流，经 PCIO（150μF/400V）滤波得到约 300V 直流电压。PVA1 对来自电源输入端的浪涌进行隔阻，以保护开关电源；PR10 对电源插头插上的瞬间产生的过流进行限制，以避免过流对 PD01 的损坏。

（3）启动与振荡电路的工作原理　由 PD01 整流、PCIO 滤波后得到 300V 左右的直流电压。该电压分为两路：一路经开关变压器 PT1 的①—②绕组加到 PQ1 的漏极；另一路经启动电阻 PR11、PR12、PR13、PR14 加至 PIC1 的⑥脚，为 PIC1 提供启动电压。另外，PIC1 的⑥脚内部电路具有欠压保护作用，当供电电压低于 8.7V 时，内部启动电路处于停止工作状态，振荡电路停止振荡。此时⑥脚的工作电压约为 12V。从电源接通到集成电路工作的启动时间由 PR11、PR12、PR13、PR14 和 PC17 确定。当 PIC1 的⑥脚电压大于 16V 时，PIC1 开始工作。

(4) 反馈控制电路的工作原理 电源反馈控制电路如图 5-17 所示，其作用是通过对输出稳压的取样比较，检测到输出稳压偏离目标值的误差，然后以此误差反馈到开关占空比控制电路以决定开关控制 PWM 信号的占空比，从而使输出稳压向消除误差的方向改变。反馈控制电路各功能电路的特点如下。

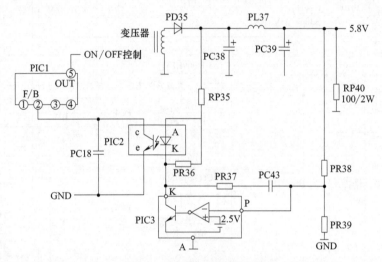

图 5-17　电源反馈控制电路

① PIC1 的②脚的电位决定 PIC1 的⑤脚输出的开关控制 PWM 信号的占空比：占空比升高→输出稳压升高；占空比降低→输出稳压降低。

② PIC3 是比较器，其将 5.8V 稳压输出经过 PR38、PR39 取样输出 PIC3 内部的运算放大器的"—"输入端，而其"+"输入端则接 2.5V。运算放大器输出端就是两者进行相减的值，即 $[-(稳压样值-2.5V)]$。若按"$5.8V=[(R_{PR38} \times R_{PR39})/R_{PR39}] \times 2.5V$"关系对 PR38 和 PR39 进行取值，则（2.5V－稳压样值）值就是反映实际稳压输出值偏离目标值（5.8V）的误差信号，该误差信号经反相，即 $[-(2.5V-稳压样值)]$ 后输出至 PIC3 的 K 脚。于是可得到如下关系：

若稳压输出的实际值为 5.8V 时，该电压经取样后送到 PIC3 的 P 脚的样值电压为 2.5V，运算放大器输出电压将等于 0V，因此 PIC3 的 K 脚的电压 U_K 也为 0V；

若实际值低于 5.8V，则 PIC3 的 P 脚输入的样值电压将小于 2.5V，运算放大器输出电压将大于 0V，因此 PIC3 的 K 脚的电压 U_K 将小于 0V；

若实际值高于 5.8V，则 PIC3 的 P 脚输入的样值电压将大于 2.5V，运算放大器的输出电压将小于 0V，因此 PIC3 的 K 脚的电压 U_K 将大于 0V，作为控制信号从 PIC3 的 K 脚输出。

③ 占空比控制信号形成电路 PIC2。PIC2 的 K 脚与 PIC3 的 K 脚相连，而从 PIC2 的内部电路及其外接电路得到如下关系，即流过 PIC2 内部二极管的电流：

$$I_{AK} = (U_A - U_K)/[(R_{PR36} \times R_D)/(R_{PR36} + R_D)] = (U_A - U_K) \times (R_{PR36} + R_D)/(R_{PR36} \times R_D)$$

式中，R_D 是二极管的正向电阻。

PIC2 的 c 极、e 极间的电压 U_{ce} 正比于 I_{AK}。

从上面得到的实际电压与 U_K 的关系可知：实际值低于 5.8V 时，I_{AK} 将大于正常值（对应实际电压为 5.8V 时的 I_{AK} 值），U_{ce} 将增大，即 PIC1②脚电压增大，PIC1 的⑤脚输出 PWM 信号的占空比增大，开关变压器输出将增大，即稳压输出提高；若实际值高于 5.8V 时，I_{AK} 将小于正常值，U_{ce} 将减小，即 PIC1 的②脚电压将减小，PIC1 的⑤脚输出 PWM 信号的占空比减小，开关变压器输出将减小，即稳压输出降低。

PR35、PR36 作用是防止 5.8V 稳压输出过度减小；PR37、PC43 作用是防止 PIC3 振荡（用于相位校正）；PC18 用于调节反馈响应率。

综合稳压反馈控制电路各功能电路的以上特点，可得到其具体功能过程如下。

当稳压输出端因负荷增加或交流输入端的电压降低时，稳压输出端的实际输出值将降低（低于 5.8V），则有：PIC3 的 P 脚输入电压低于 2.5V→PIC3 的 K 脚电压 $U_K<0$→I_{AK}↑→U_{ce}↑（即 PIC1 的②脚的电压↑）→PIC1 的⑤脚输出 PWM 信号的占空比↑→开关变压器输出↑（即稳压输出↑）→稳压输出值将由低向高趋向 5.8V 的目标值。

当稳压输出端因负荷减小或交流输入端的电压升高时，稳压输出端的实际输出值将升高（高于 5.8V），则有：PIC3 的 P 脚输入高于 2.5V→PIC3 的 K 脚电压 $U_K>0$→I_{AK}↓→U_{ce}↓（即 PIC1 的②脚电压↓）→PIC1 的⑤脚输出 PWM 信号的占空比↓→开关变压器输出↓（即稳压输出↓）→稳压输出值将由高向低趋向 5.8V 的目标值。

2. 故障检修

(1) 检修思路及对故障的判断方法　当电源无输出时，应先测 PIC1⑥脚上的约 11.66V 电压及 VT PFET1 漏极上的 300V 左右电压是否正常。前者电压不正常应查 PR12、PR11 是否有开路，后者应查整流滤波电路，如 PVD1、PCE1、PR75、PR4 等元器件。

电源电路 PIC1 的实测维修数据见表 5-3。

表 5-3　PIC1 的实测维修数据

引脚序号	引脚功能	工作电压/V	在路电阻/kΩ	
			红测	黑测
1	振荡器外接时基电阻	1.07	6.2	6.2
2	稳压反馈输入	0.87	6.3	8.6
3	过流(+)取样检测	0.03	0.2	0.2
4	接地端	0	0	0
5	驱动脉冲输出	0.40	5.1	26
6	电源	11.66	3.6	10
7	振荡器外接时基电容	1.99	5.7	8.1
8	软启动和 ON/OFF 控制	3.83	6.0	19

(2) 故障检修

① 通电后无待机电源指示，整机无任何动作。

根据故障现象分析，此故障应在电源电路，检修时可开机检查，发现保险管未熔断，但发现+5V 电源整流管 PVD9 击穿，更换后故障依旧。检查开关管 VTPFET1，正常，驱动集成块 PIC1 的⑤脚无驱动电压到开关管 VTPFET1。在检查 PIC1 外围电路无故障情况下更换 PIC1，故障排除。

a. 电源无输出故障的检修　电源无输出的检修思路如图 5-18 所示。

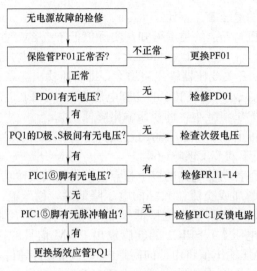

图 5-18　电源无输出故障的检修

b. 间歇性工作故障的检修　间歇性工作的检修思路如图 5-19 所示。

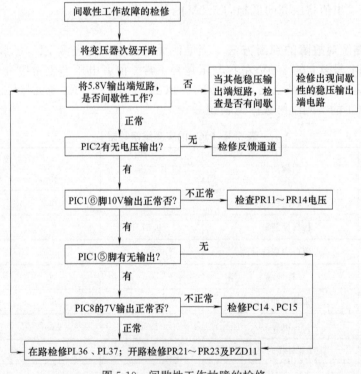

图 5-19　间歇性工作故障的检修

② 通电开机，按面板上各按键，机器无任何反应。

由于该机采用独立的开关电源，估计是开关电源出现故障，因无电压输出，整机不能工作。打开机壳，检查电源部分，发现开关管 PQ1 被击穿，保险管 PF01 烧断。更换 PQ1、PF01，加电检查，发现电源输出电压不稳定，几分钟后，PQ1、PF01 再次损坏。由于电源输出电压不稳定，因此判定反馈回路有元件损坏。仔细检查反馈回路中的元件，发现电容 PC14 漏电。更换同规格电容后，通电试机，机器工作恢复正常。

第三节　其他系列开关电源典型电路分析与检修 <<<<

一、TDA16833构成的电源典型电路分析与检修

如图5-20所示为使用厚膜集成电路TDA16833构成的开关电源电路原理图，此电路用他激式并联型开关电源电路，由集成电路IC3（TDA16833）、开关变压器T1（XD9102-K4 BCK2801-39）、光电耦合器IC1（SFH615A-3）、二端精密可调基准电源稳压器件IC2（LM431）等构成。集成电路TDA16833内集成有振荡器、脉宽调制（P97M）比较器、逻辑电路于一体，具有过载限流、欠压锁定、过热关断及自动重启等完善的保护功能。主要应用于先科AEP-627型VCD机的开关电源中。

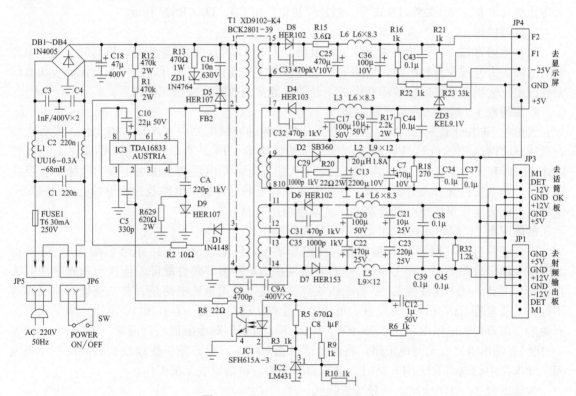

图5-20　TDA16833开关电源电路

1. 电路原理

交流220V市电经接插件JP5、JP6、电源开关SW控制经熔丝FUSE1（T630mA/250V）后送入由C1、L1、C2、C3、C4构成的低通滤波抗干扰网络。此低通滤波网络能起到以下两方面作用：一是消除电网中高频干扰成分对开关电源的干扰，二是抑制开关电源产生的高频脉冲对电网的污染。经滤波后的市电再经DB1～DB4四只二极管整流、C18滤波后形成300V左右的直流电压，此直流电压被分成两路：一路经高频开关变压器n的初级①—②绕组、过流熔丝电阻FB2后加到IC3（TDA16833）的⑨、⑤两脚；另一路经启动电阻R12、R1降为11V左右的启动电压加到IC3的⑦脚，使IC3内部控制电路启动，电源电路开始工作。开关变压器的③—④绕组感应的电压经过D1、R2、C10半波整流滤波后产生的直流电压被送入IC3的⑦脚，为IC3提供稳定的工作电源，IC3开始工作，使开关管处于高频开关状态，在开关变压器

T1 的初级绕组产生周期性变化的电流，各次级绕组产生感应电压，其中开关变压器的次级⑤—⑥绕组感应电压为显示屏提供灯丝电压；⑦—⑧绕组感应电压经 D4 整流，C17、L3、C19 构成的滤波器，产生−25V 电压供显示屏工作；⑨—⑩绕组感应电压经 D2 整流，C13、12、C7 构成的 V 型滤波器滤波，产生+5V 工作电压供给 L 板；绕组感应电压经 D6 整流，C20、14、C21 构成的 V 型滤波器滤波后产生−12V 直流电压；⑬—⑭绕组：感应电压经 D7 整流，CX、15、C23 滤波产生+12V 直流电压。此机型稳压过程如下：当+5V 或输出电压升高时，通过取样电阻 R6、R10 分压后加到 IC2 的③脚的电压也相应升高，流过 IC2 的③、②脚电流增大，光电耦合器 IC1①、③脚内所接的发光二极管亮度增加，③、④脚内光敏三极管内阻减小，电流增大，其③脚电压降低，使 IC3②脚电位降低，IC3 内振荡脉冲输出减少，通过脉宽调整，使得开关变压器 T1 次级电压降低，从而达到稳压的目的。反之，当输出电压降低时其控制过程与上述相反。开关变压器 T1 的初级①—②绕组上接有反峰脉冲抑制保护电路，由 C16、D6、ZD1、R13 构成。作用是消除开关管从饱和状态转变为截止状态时，开关变压器初级绕组产生的瞬间反峰电压，从而防止集成块 IC3 内开关管过压击穿。过压保护电路由 CA、D9、R629 构成。

2. 故障检修

(1) 检修方法　因开关电源工作于高电压、大电流状态，故障率较高，检修时为防止电源电路故障扩大并波及其他电路，应将电源电路板与主板连接排线断开，若接通电源后各次级均无直流电压输出，就可确定故障在电源。开关电源常见故障及检修方法如下。

故障现象 1：熔丝熔断且严重变黑。

若熔丝 FUSE1 烧断且管内发黑，表明开关电源的初级电路中有严重短路元件。应重点检查低通滤波网络中的电容是否漏电、击穿。滤波电容 C18 是否击穿短路，桥式整流二极管 DB1～DB4 有无击穿短路，IC3 内部开关管有无击穿等，用电阻测量法很快查出故障部位及故障元件。当 IC3 内部开关管击穿时，还应着重检查反峰脉冲抑制电路及过压保护电路。损坏严重时有可能会连带损坏光电耦合器 IC1 及基准稳压电源 IC2。

故障现象 2：熔丝完好，显示屏不亮，整机不工作。

若熔丝没有断，T1 次级各组均无直流电压输出，应通过测量 C18 电容两端有无 300V 直流电压来确定故障部位。若无 300V 电压，表明前级电路有开路性故障，应重点检查电源开关是否接触不良，抗干扰线圈 L1 是否断线或焊接不良，桥式整流电路是否有二极管断路或焊接不好，滤波电容 C18 是否已无容量，可用电压检查法逐级检查；若有 300V 电压，则关闭电源开关后，用万用表电阻 R×1k 挡查 IC3、IC1、IC2 各引脚对地阻值，若正常，再用 R×1 挡查 T1 次级各输出电路有无对地短路，将测试结果相对照，可很方便快捷地找到故障所在。当电源启动电路中的电阻 R12 刚开路时，电路会因失去启动电压也无法工作。

故障现象 3：电源输出电压升高或降低。

遇此故障应重点检查稳压调整控制部件 IC2 和光电耦合器 IC1 以及+5V、+12V 支路上的滤波电容、电阻等元件是否良好。

故障现象 4：显示屏不亮，但机器能工作。

应检查灯丝电压、阴极负电压和数据线端口电压等。

(2) 故障检修实例

检修实例 1：整机不通电，显示屏不亮。

测得滤波电容 C18 两端有 300V 直流电压，而集成块 IC37 脚无 11V 左右的启动电压。关机后放掉 C18 上的电压，再用电阻挡检测启动电阻 R12、R1，经过检查为 R12 电阻开路所致，换上同规格电阻后整机工作恢复正常。

检修实例 2：熔丝熔断且严重发黑。

熔丝熔断说明开关变压器初级电路有严重短路性故障。分别检测桥式整流电路的 4 只二极管，发现 DB1 已击穿短路，用同规格整流二极管代换后装上熔丝，开机工作正常。

检修实例 3：熔丝熔断发黑。

查启动电阻 R12、R11 正常，测集成块 IC3④、⑤脚及②、⑦脚的电阻值与正常测试数据有较大差别，故判断集成块 IC3 已损坏。将其换新后，再测电阻值与正常测试数据无异。检查其他电路元件无异常，通电试机正常。另外当滤波电容 C18 容量下降时，有时也会引起 TDA16833 集成块屡损，在检修时应予注意。

检修实例 4：开关电源有"吱吱"叫声。

开关电源有"吱吱"尖叫声，通常说明开关电源有自激反馈，一般情况下，电容变质容易诱发此类故障的发生。元件代换就是解决此类故障的最好方法。对开关电源初级振荡电路各可疑电容器进行逐个代换，当代换到电容 C5 时，"吱吱"叫声消失。检修中发现，当过压保护电路电容 CA 软击穿时，开关电源会出现一种轻微的"啪啪"声。注意在检修时应区别对待。当出现故障时，测得开关电源次级各组输出电压有轻微波动现象。关机后重新开机，各组输出电压有时可能自动恢复正常。怀疑电源开关有拉弧现象，用万用表 R×1 挡测量电源开关两触点间的阻值，在数十欧至十几欧之间忽高忽低地变化，说明开关已损坏，经用同规格新开关代换后，整机工作恢复正常。

二、 TEA2280 构成的典型电路分析与检修

1. 电路原理

如图 5-21 所示为使用厚膜电路 TEA2280 构成的电源电路原理。

(1) 电源电路特点

① 接上电源后，其开关电源电路即进入等待状态，3 个输出端（+B 即+130V、+24V、+12V）就有电压输出。

② 遥控微处理器的电源取自开关电源的+12V 输出端，因此待命时主开关电源始终处于工作状态，开关机只是控制行振荡电路供电电源。

③ 因无电源开关，其消磁电路由行输出工作后的+30V 电压降为+12V 后，通过 QR001、RL001 控制。

④ 因使用了开关电源专用集成电路 IC801 和开关电源取样电路 IC802，使此电源具有较宽的输入电压适应范围、稳定的电压输出、完善的过压及过流保护。

(2) 主开关电源电路原理　接通电源开关，220V 市电经抗干扰电路 C801、L801、C802后，分两路：一路经主整流电路 D802 整流及 C806、C807 滤波后，变为 300V 直流，通过开关变压器 T801 的⑩—⑬绕组加到电源开关管 Q801 的集电极；另一路经 D821 整流，R800、R806 降压，经过 R812、R810 加到开关集成电路 IC801 的⑯脚、⑮脚，为 IC801 提供启动工作电压。IC801 内部具有开关振荡和完善的电压调整、电流调整等逻辑处理电路。IC801 得到启动电压后，内部振荡电路启动，从⑭脚输出脉冲电压，经 D850～D853 及 C817 加到开关管 Q801 的基极，使开关管进入开关工作状态，Q801 的脉冲电流在 T801 中产生感应电势，在其⑰—⑱绕组产生感应电压，由⑰端的电压分 3 路输出：一路经 R813 送入 IC801 的②脚，作为正反馈电压，对 IC801 内的振荡频率和波形进行校正；另一路经 R809、D809 向 C820 充电，经 R819、R821、VR801 分压后，送入 IC801 的⑤脚，为其内部误差放大器提供取样电压，调节 VR801 可调整输入到⑥脚的取样电压，达到调整输出电压的目的；第三路经 D811、D826整流及 C813、C814 滤波后，向 IC801 的⑮脚、⑯脚提供工作电压。此时，启动电路中的热敏电阻 R800 因受热而阻值增大，使 D807 的正极电压下降到低于负极电压而截止，启动电路关闭。电源启动后，处于待命状态，IC801 使 Q801 导通时间很短，处于小功率输出状态，T801的 3 个输出端的电压都较低。此时，+12V 输出端输出+8.5V 左右电压，经稳压后，为微处

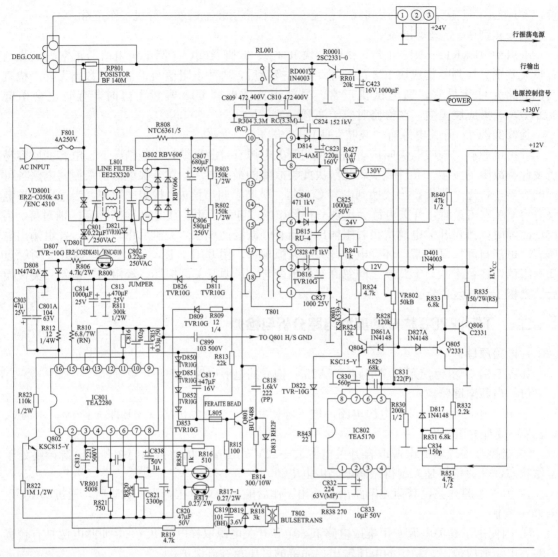

图 5-21　TEA2280 构成电源电路

理器 RIC01 提供+5V 工作电压。此时 RIC01 的电源控制端⑩脚输出低电位，分两路：一路经 D827A 使 Q805 截止、Q806 饱和导通，其集电极电位下降到 0.7V，行振荡电路 IC501 的⑩脚无工作电压而停振，整机不工作；另一路经 D861A 使 Q804 和 Q803 截止，使取样电路 IC802 无工作电压而停止工作，整机处于待机状态。

（3）待机控制电路原理　当按下开机按钮后，RIC01 的⑩脚输出高电平：一路通过 D827A 使 Q805 导通、Q806 截止，其集电极电压上升为+11.5V，通过 R260 加到 IC501 的⑩脚使行振荡电路得到工作电压而启振，行扫描电路工作，行输出级为其他电路提供高、中、低电压，使整机进入工作状态；另一路经 D861A 使 Q804、Q803 导通，+12V 电压经 Q803、D822、R843 加到取样电路 IC802 的②脚，使 IC802 进入工作状态。这时，T801 输出的+130V 电压经 VR802、R828、R832 分压后送入 IC802 的⑤脚，行扫描脉冲经 R851、C834、D817 进入 IC802 的⑧脚，这两个电压经 IC802 比较、误差放大、逻辑控制后从③脚输出脉宽控制电压，经 T801 输出的脉冲宽度，并与行扫描同步，使 Q801 的导通时间延长，进入大功率输出状态，T801 3 个输出电压上升到额定值，并保持稳定，以满足各电路需求。调节 VR802 可调整开机后的直流电压。此电源的电压，适应范围较宽，当市电在 110～240V 变化时，实测 F801 处的整机电流在 0.9～0.4A 之间变化，而 T801 的输出电压基本不变。

(4) 过流过压保护电路原理

① 过压保护　此电源电路设有两路过压保护电路：

a. 在 IC801 的⑯脚内部设有过压检测保护电路，开关电源启动后，T801 的⑰端感应电压经 D811、D826、R812 向 IC801 的⑯脚提供工作电压，此电压间接反映了输出电压的高低，当⑯脚电压高于 16V 时，其内部保护电路启动，使开关电源停止工作。

b. 由 Q802 可完成过压保护任务，即当某种原因输出电压过高时，T801 的⑰端感应电压经 R809、D809 向 IC801 的⑥脚提供的取样电压也升高，此电压通过 R822 使 Q802 导通，将 IC801 内部振荡电路中的⑪脚对地短路，使 IC801 停振，将电源关闭。

② 过流保护　电流调整保护电路设在 IC801 的③脚及外围电路。整机电流的大小直接反映在 Q801 开关管的电流上，Q801 的电流在发射极电阻 R817 上形成电压，此电压经 R816、R850 分压输入 IC801 的③脚，经③脚内部电流限制电路检测放大后，控制 Q801 的工作状态，达到电流调整和过流保护的目的。

2. 故障检修

故障现象 1： 通电源开机后，无输出。

检修方法 1： 根据故障现象，当出现上述故障时，应首先检查熔丝 F801 是否熔断，若已熔断，说明就此开关电源电路中有严重的短路现象。常见的有 Q801、C806、C807 击穿或 C801、C802 短路。如熔丝完好，可通电试机并按如下程序检查。

先检查待机是否正常。若不正常，可能是电源本身的故障，也可能是负载短路造成电源电路停振。检修时，可先检查三个输出端对地电阻，排除负载对地短路的可能。如负载正常，接着检查整流滤波后的 300V 电压，若此电压不正常，应检查整流滤波电路的故障。若 300V 正常，应检查启动电路、正反馈电路、脉宽调整电路。

若待机正常，但按开机键不能开机，应检查系统控制电路的＋5V 电压电路及待机脚是否有高电平输出，如有高电平，应查 Q805、Q806 行振荡电路控制电路的故障。

检修方法 2： 根据故障现象判断，此故障应在电源电路，检修时都可开机检查，发现电源熔丝烧断且内部发黑，经检查系 Q801 击穿。此管输出功率大，要求高，$P_{cm}=150W$，$I_{cm}=15A$，$V_{cbo}=1000～1500V$。如无 BUV488，可用 2SC4111 代替，也可用性能完全相同的两只 2SC1403 并联后代替。但要注意散热和绝缘。代换后，为了稳妥，避免故障扩大，用调压器降压供电。在电压从 110V 升到 220V 时，机子仍不启动。检查启动和正反馈电路没有见异常。当电压升到 210V 时，只听"啪"的一声，熔丝熔断。停电测量，新换上的开关管再次击穿。仔细检查 IC801 对地参数，发现 IC801 的⑮脚、⑭脚对地电阻偏低，正向测 6kΩ，反向测 5kΩ，且这两脚对地电阻相等。断定⑮脚、⑭脚之间电路击穿，失去脉宽放大作用，使启动电压从⑮脚直通⑭脚加到 Q801 的基极，正向偏压过大，集电极电流剧增而将其烧坏。换 IC801 和 Q801 后，工作正常。

故障现象 2： 接通电源开机后，面板上的待命指示灯发亮，但无论是遥控还是面板键控均不能开启主机。

这类故障应检查电源开/关机控制电路。测得微处理器 POWER 的㉒脚＋5V 电压正常。按开机键，其⑩脚有高电位输出，查得 Q805 也已导通，但 Q806 的集电极电压为 0V。检查发现 R825 已断、Q806 击穿。分别代换 R825 和 Q806 后，正常工作。

故障现象 3： 开机后，无输出。

拆开机壳检查，发现熔丝没有断，开关电源输出端的 3 个输出端对地电阻正常，整流后＋300V 也加到了 Q801 的集电极。检查启动电路，发现 D808 两端电压仅 3.5V。检查发现 R800、R806 阻值正常，怀疑 D808 稳压值下降，使 IC801 不能启动。代换后，正常工作。

另外，此机型 R800 是热敏电阻，通电后，阻值剧增，切断启动电压，若断电后马上再通电，因 R800 阻值较大，往往不能启动，应等几分钟后，再通电开机。

故障现象 4：通电开机后，电压输出不稳。

根据故障现象判断应是开关电源的 3 个直流输出电压不稳所致。检查 IC802 及外围元器件没有见异常。当检查和调整 VR802 时，输出电压变化不稳，怀疑 VR802 阻值不稳，接触不良。代换后正常工作。

第六章

集成电路他激式开关电源电路原理与检修

第一节 单管他激式开关电源典型电路分析与检修 <<<

一、STRG5643D 构成的开关电源电路原理与检修

1. 电路原理

如图 6-1 所示为应用厚膜集成电路 STRG5643D 构成的开关电源电路，此电路是日本某公司生产的新型电源厚膜集成电路。它内含启动电路、逻辑电路、振荡器、高精度误差放大器、激励电路、大功率 MOS 场效应管，并具有过压、过流等保护功能。具有启动电流小、输出功率大、外接元件少、保护功能完善、工作可靠、功耗低等优点。

(1) 启动与振荡过程 接通电源后，220V 交流市电通过由 C901、R901、L901、C902、C963 和 C964 构成的低通滤波电路处理后，分两路输出：一路送到受控消磁电路；另一路经负温度系数热敏电阻 NR901 限流，D901～D904 桥式整流，在滤波电容 C907 两端产生 300V 左右直流电压。此电压经开关变压器 T901 初级绕组（⑦—⑤绕组），送到 IC901①脚（内部功率场效应管的漏极）。同时，调整管 Q923 集电极 C 输出的 72V 电压，经 R932、D905、R913 降压限流后加至 IC901 的④脚，并对电容 C916 进行充电。当充电到 16V 的启动电压后，内部振荡器开始工作。输出脉冲信号经内部驱动放大后，推动开关管导通截止，并向开关变压器注入脉冲电流，IC901 自馈绕组的感应电压经 D911 整流、C916 滤波，获得 32V 的直流电压，开机时由 Q923 集电极 C 提供的开启电压，使电源 IC901 正常工作。

(2) 稳压原理 此开关电源使用初级取样方式进行稳压，输出电压的电压控制以 IC901④脚得到的 32V 为取样电压。当某种原因使电源输出电压升高时，T901⑬脚得到的感应电压也将随之升高。此电压使 IC901⑭脚电位上升，IC901④脚电位的变化经 IC901 内的控制电路处理后，使振荡器输出的开关脉冲占空比变小，从而使电源输出电压下降到正常值。反之亦然。

(3) 锁频电路 行扫描电路未工作时，主开关电源的工作频率取决于 IC901 的⑤脚外接元件参数的大小；行扫描电路工作后，行输出变压器 T402 锁频绕组产生的脉冲电压，经 R914 限流、D916 限幅后，加至 IC901 的⑤脚。这个脉冲电压使主电源的振荡频率由自由状态进入

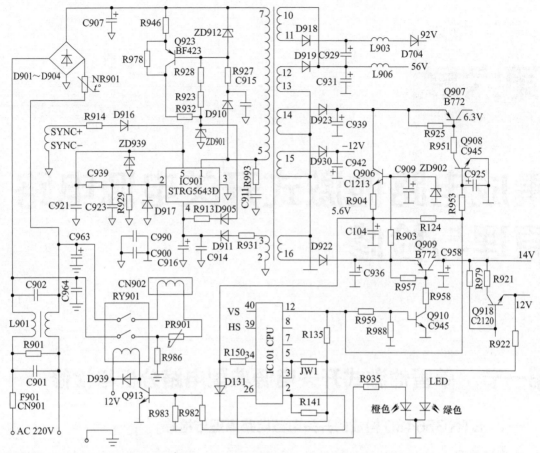

图 6-1　应用厚膜集成电路 STRG5643D 构成的开关电源电路

到与行频同步状态。这样就避免了主电源电路与行扫描电路因频率不同而互相干扰。

（4）保护电路

① 防浪涌保护：由于初级电源滤波电容 C907 的容量较大，为防止开机瞬间的浪涌电流烧坏桥式整流二极管，保护电源开关管在电源启动时免遭过流冲击。开关电源的输入回路中，串接了负温度系数热敏电阻 NR901。刚接通电源时，NR901 为冷态，阻值为 6Ω 左右，能使浪涌电流限制在上述元件允许的范围内，电源启动后阻值近似等于零，对电路没有影响。

② 尖峰脉冲吸收：R993、C911 构成的尖峰脉冲吸收回路，用来吸收 IC901 初级产生的反峰高压，防止 IC901 内场效应开关管被击穿。

③ 过压保护电路：当市电电压超过 270V 时，经整流滤波的 300V 电压也将随之升高，经 D910、R927、R928、R923 分压后的电压也将随之升高。此升高的电压将 ZD901 反向击穿后与地构成回路，从而避免了 STRG5643D 过压损坏。

④ 过流保护：过流保护电路由 R939、R929 构成。当某种原因造成 IC901 内开关管漏极电流过大时，在过流检测电阻 R929 两端产生的压降增大，此电压经 R939 反馈到⑤脚，若数值超过额定值，过流保护电路启动，场效应管截止，避免过流带来的危害。

（5）节能控制电路　此显示器在主机电源管理信号（VESA DPMS）工作状态有两种。

① 正常工作状态：当计算机主机工作在正常状态时，由显卡输入的行、场同步信号送到 CPU 的⑨、⑩脚，被 CPU 检测识别后，输出高电平信号。一方面加到 Q910 的基极，使 Q910、Q909 相继导通，为行、场扫描及消磁等电路供电；另一方面加到 Q908 的基极，使 Q908、Q907 相继导通，为显像管灯丝提供 6.3V 的电压。这样，整机受控电源全部接通。此

时，12V 电压经 R922 限流后，加至 LED 内的绿色指示灯控制端，使绿色指示灯发光，表明显示器处于正常工作状态。

② 节能状态：当鼠标、键盘长时间不工作时，操作系统中的显示器电源管理功能就会停止向显示器输出行/场同步信号。CPU 检测到这一变化后，输出的控制信号变为低电平，Q910、Q909、Q908、Q907 相继截止，切断二次电源振荡芯片 TDA9116 以及显像管灯丝的供电，屏幕呈黑屏。此时，CPU 输出的控制信号为高电平，经 R935 限流后加至 LED 内的橙色指示灯控制端，使橙色指示灯发光，表明此机型工作在节能状态。

2. 故障检修

(1) 开关电源各次级无输出电压　可按下述步骤检查：

① 先测 IC901①脚 300V 左右电压是否正常。若无 300V 电压，则说明 220V 交流输入端至 IC901 两脚间存在开路现象。此时主要查熔丝 F901、负温度系数热敏电阻 NR901 是否开路；L901，开关变压器 T901⑦、⑤引脚是否虚焊。

② 上述检查均正常，可再查 IC901④脚有无 16V 启动电压。若没有，可查稳压二极管电容 C916、C914 是否击穿，限流电阻 R913 是否开路。若 IC901④脚电压在 11～15.5V 间反复跳变，⑤脚电压在 0.5V 以下，则表明厚膜块 IC901 基本正常。应检查开关电源各输出端是否存在短路；若 IC901④脚电压在 11～15.5V 间反复跳变，⑤脚电压远远高于正常值 0.5V，则表明故障由过流保护电路引起，应重点检查过流检测电阻 R929 是否阻值变大或开路。

(2) 开关电源各次级输出电压低，稳定不变或不停跳变　应首先检查过流保护电路各元件，如易损件 R929 是否阻值变大。若无异常，可判定 IC901 出现故障。

(3) 开关电源始终处于节能状态　可通过电源指示灯发光状态进一步确定故障部位。若指示灯发光为橙色，说明同步信号输入电路不良；若指示灯发光为绿色，说明节能控制电路或微处理器电路异常。

3. 检修实例

(1) 指示灯为绿色，无显示　根据故障现象，再结合开机有无高压启动声，进一步确定故障的部位。若开机瞬间显像管无高压启动声，说明行扫描电路没有工作；若开机瞬间显像管有高压启动声，说明亮度控制电路、显像管电路异常或过压、过流保护电路动作，加电后显像管灯丝发光正常，但显像管无高压启动声，说明行扫描电路没有工作。测行、场扫描集成块供电端㉙脚有 11.5V 电压，说明供电电路正常。接着，测 IC401 的行激励电压输出端④脚没有激励电压输出，怀疑微处理器（CPU）与行、场扫描集成电路之间的 FC 总线不正常。用万用表测 IC40130、31 脚电压，发现测量电压指针不微微抖动，说明 CPU 不良。测 CPU 的⑤脚电压为 5V，正常应为 5.4V。断开 JW1 后，再测其反向电阻为 35Ω，正常应为 220Ω，说明 CPU 损坏。代换后，工作正常。

(2) 全无　出现此类故障，一般是主电源电路、微处理器电路或节能控制电路异常。检查 F901 正常，说明主电源电路没有过流现象。测主电源电路输出端电压为 0V，说明开关电源没有启动，测 IC901 的①脚电压为 300V，说明整流滤波电路正常。测 IC901 的供电端④脚没有电压，说明启动电路或 IC901 异常。断电后，测 IC901 的④脚对地阻值正常，怀疑限流电阻 R913 开路，焊下检查，已开路。代换后，恢复正常。

二、 STR-M6831AF04 构成的典型电路分析与检修

如图 6-2 所示为应用厚膜电路 STR-M6831AF04 构成的彩色电视机电源电路，其电路原理及故障检修方法如下。

1. 电路原理

(1) 主开关电源电路原理　接通电源并开机后，首先副电源工作，微处理器 CPU 得电，

其②脚输出低电平，控制接口管 Q805 截止，Q802 导通，继电器 RL801 线圈通电，控制电源接通，经整流桥堆 LD803 整流，电源滤波电容 C814 滤波得到约 300V 脉冲直流电压，再经开关变压器 T802 的初级绕组①—②端加至 IC802 的①脚（内部为场效应管漏极），交流市电经 D807 半波整流、R807 及 R810 限流、C820 滤波、稳压器 D812 稳压后，加至 IC802 的⑤脚（内接启动电路）和光电耦合器 D831 中的光电管。使 IC802 内部振荡器启振，并输出开关信号，经放大后推动开关管工作，伸得开关变压器次级的整流滤波电路输出各路直流电压供负载使用。其中＋140V 主电压反馈至取样比较集成电路 IC804（SE140N）的①脚，并经 R844 加至光电耦合器 D831 的发光二极管正极，使电源输出电压恒定。

当某种原因使负载变轻（图像变暗、声音变小）可使电源输出电压上升时，则通过光电耦合器中发光二极管的电流上升，发光强度增大，使光电三极管的导通内阻变小，致使 IC802 的⑥脚电压下降，振荡器的振荡频率变低，即振荡器输出的开关脉冲占空比变小，电源输出电压下降，反之亦然。

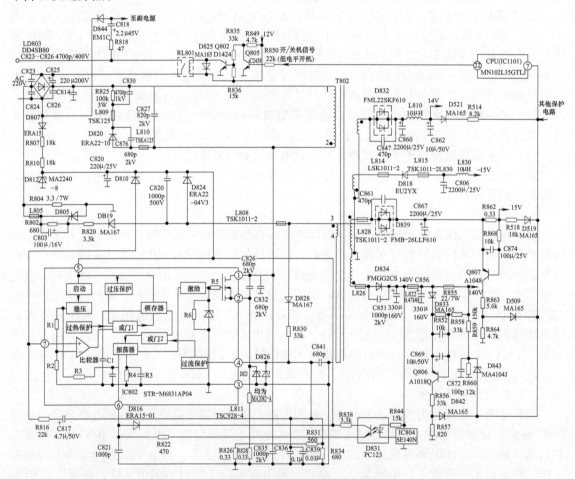

图 6-2　STR-M6831AF04 构成电源电路

(2) 自动保护电路原理

① 市电过压保护电路　当某种原因使市电输入电压过高时，会导致 IC802 的⑤脚输入电压超过过压保护电路启动的阈值电压（27V）。则⑤脚内接的过压保护电路动作，发出关机信号，使振荡器停振，开关管因无激励信号而停振。

② 开关管输出过流保护电路　当机内负载短路或开关电源次级整流滤波电路发生短路时，会使 IC802 内的电源开关管输出电流超过极限值，则与开关管源极相串联的 R826、R828 上端

电压上升，R831 右端电压也上升，IC802 的④脚电压必大于过流保护的阈值。则 IC802 内部过流保护电路启动，发出关机信号，使开关管停止工作。

③ 开关管过热保护电路 当彩色电视机因某种原因使 IC802 温度过高而达到某一极限值时，IC802 芯片内部的过热保护电路启动，发出关机信号，使振荡器停振，电源无输出。

④ 失控保护电路 当开关电源的稳压环路发生开路故障而失去控制时，其电源输出电压会大幅度上升。同时，开关变压器③—④绕组的感应电压也会上升许多，致使经 D824 整流、C820 滤波后的电压上升，导致 IC802 的⑤脚电压大于过压保护电路动作电压，使开关电源停振。同时绕组③端感应电压还可经 D828 整流、R830 加至 IC802 的④脚，使内部过流保护电路动作。这样，即使过压保护电路发生故障，也不会使故障扩大。实际上 IC802 的⑦脚（初级取样电压输入）也是保护信号输入端。当机器输出过压或过流，而恰好为上述 IC802 内部过压、过流保护电路失效时，由上述分析得知，其 IC802 的④脚电压会突然升高，则 C817 正极电位会相应升高，并通过 R816 加至 IC802 的⑦脚，使内部的电压比较器有电压输出（即关机信号），振荡器停振，整机得以保护。

为了避免电源突然接通时产生的浪涌电流损坏整流桥堆 LD803，在整流桥堆的负极对地串入 R804。在电源工作时，开关变压器的③—④绕组产生的感应电压经 D819 整流、C803 滤波、R820 电阻分压后加至晶闸管 D805 的 G 极，并使其触发导通，从而使限流电阻 R804 被短路，以消除机器工作时电流通过 R804 产生的热损耗。为了避免开关管截止时产生的数倍于工作电压的尖峰脉冲击穿开关管，还设有了由 C827、C835、L809、L810、C826、C830、C832、C876、D820、R825 等元器件构成的尖脉冲吸收电路，以确保开关管安全。

⑤ +140V 输出过压保护电路 当+140V 输出过压时，稳压管 D843 击穿，致使 CPU 的⑦脚（保护关机信号输入端）输入电平升高，则其②脚输出高电平，继电器 RL801 失电，触点断开，切断交流输入，整机得以保护。

⑥ +140V 输出过流保护电路 当+140V 负载过重或短路而引起+140V 输出过流时，取样电阻 R852 两端压降增大，使控制管 Q806 的 e-b 结压降（正偏电压）大于 0.7V，则 Q806 导通，约+140V 电压经 R856、R857 分压后的高电平，经 D842 加至 CPU 的⑦脚，CPU 保护电路启动，使其④脚输出高电平，整机得以保护。

⑦ +15V 过流保护电路 +15V 负载短路，会引起 15V 输出过流，这将使取样电阻 R862 两端压降增大，致使 Q807 的 e-b 结偏压大于 0.7V，Q807 导通，则 15V 电压经 R863、R864 分压后的高电平经 D509 加至 CPU 的⑦脚，使保护电路动作，切断交流输入。

⑧ +15V、+14V 输出过压保护电路 +15V 输出过压时，高电平会通过 R518、D519 加至 CPU 的⑦脚。同样，+14V 输出过压时，高电平会通过 D521、R514 加至 CPU 的⑦脚，致使保护电路启动，使交流输入被切断。

2. 故障检修

故障现象 1： 二次开机后红、绿指示灯不停闪烁，并听到继电器吸合与释放时发出的"嗒嗒"声。

根据故障现象分析此故障是因电源保护电路启动造成的，即电源输出过压、过流、第二阴极电压过高、保护元器件不良而引起 CPU 保护电路动作所致。检修时首先断开行输出管集电极连线，在+140V 输出端对地并接一只 100W 灯泡后试机，灯泡点亮，且+140V 电压正常，不再有"嗒嗒"声。则怀疑是因过流而引起保护。经察看，发现高压帽周围有很多灰尘污垢（此机在建筑工地工棚中使用，环境潮湿且灰尘大），因此怀疑是高压过流。经清洗显像管第二阳极、高压帽和烘干处理，再用 704 硅胶封固后试机，故障消失。

故障现象 2： 电源电路不启动，故障现象为无光、无图、无声，红色指示灯也不亮。

检修方法 1： 根据故障现象分析，是因开关电源没工作造成的。首先检查电源输入熔丝

F801 没有断，测量 IC802 的①脚有 300V 电压，但④脚、⑦脚电压为 0V。因此，说明故障不是 IC802 内保护电路动作造成的。再查⑤脚电压也为 0V，显然故障点应在电源启动电路。顺藤摸瓜，发现启动电阻 R807 已断路。用 1W/18kΩ 电阻代换（原为 0.5W/18kΩ）后，工作正常。

　　检修方法 2：据用户反应，此故障是因雷击所致。经检查发现电源熔丝 F801 已烧黑，这说明电源存在严重短路。经检测，发现整流桥堆 LD803 有一臂击穿，代换后通电，熔丝再次熔断。显然，电源还存在短路故障。再测 IC802 的①脚、②脚电阻几乎为 0。断开①脚与外围电路连线，再测①脚对地电阻仍为 0Ω。由此说明，IC802 内部场效应开关管已击穿。代换 IC802 后再试机，电源电路仍不能启动。进一步检测发现，启动电路稳压管 D812 已击穿。代换后工作正常。

三、　TDA4161 构成的典型电路分析与检修

　　如图 6-3 所示为应用厚膜电路 TDA4161 构成电源电路，其电源系统主要由主开关电源电路、电源系统控制电路和自动保护电路等部分构成。

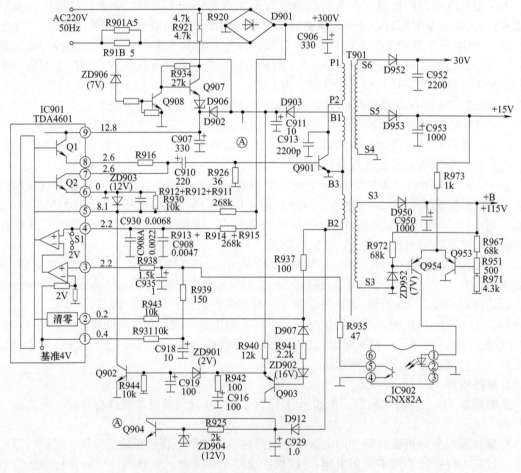

图 6-3　TDA4161 构成电源电路

1. 电路原理

　　其主开关电源电路主要由集成块 IC901（TDA4601）构成，此电路是一种他激式变压器耦合并联型开关电源，稳压电路使用光电耦合器使底板不带电。此开关电源不但产生＋B（＋115V）直流电压给行输出级供电，还产生＋5V 直流电压给微处理器控制电路供电。微处

理器通过切断对振荡器的＋12V供电来实现遥控关机功能。

① 开关电源的启动 如图 6-3 所示，当接通开关后，220V 交流电经 D901 桥式整流，在滤波电容 C906 上产生＋300V 的直流电压，此电压经开关变压器 T901 的 P1—P2 绕组加到开关管 Q901 的集电极。与此同时，220V 交流电经 R920、R921、Q907、D906 半波整波及滤波，在滤波电容 C907 上产生开启直流电压。当 C907 上的电压达到 12.8V 时，IC901 内部产生 4V 基准电压。4V 电压从 IC901 的①脚输出经 R931、C918 充电，再经 R939、R938 加到 IC901 的③脚。当③脚电压达到 2V 时（刚开机时要靠 IC901 的③脚电压达到 2V 来驱动，后由②脚信号触发），IC901 内部的逻辑电路被触发，IC901 从⑧脚输出驱动脉冲，经 C910 耦合使开关管 Q901 导通。

② 开关管 Q901 截止与饱和工作过程 当 Q1 被启动导通后，Q901 集电极电流流过 T901 的 P1—P2 绕组，产生 P1 为正、P2 为负的感应电势，经耦合到正反馈绕组产生 B2 端为正、B3 端为负的反馈电势。正反馈电势加到 IC901 的②脚，一方面使⑧脚输出更多的驱动电流使 Q901 饱和；另一方面，IC901 的④脚内部的 2V 钳位开关 S1 断开，④脚电压由 R913、R914、R915、C908 决定的时间常数上升。当④脚电压从 2V 上升到 4V 时，使⑧脚无输出，Q901 也截止，此时④脚内部开关 S1 闭合，④脚又被钳位在 2V。另外，⑦脚内部 Q2 在⑧脚无输出时导通，以便使 Q901 在饱和时积聚的载流子快速释放，以加快 Q901 截止速度而减小功耗。

当 Q901 截止后，反馈绕组 B2—B3 的感应电动势 B2 端相对 B3 端为负，B2 端负电压加到 IC901 的②脚，使 IC901 的⑧脚无输出，以维持 Q901 截止。此时 T901 的 P2—P1 绕组与 C913、C906 构成振荡回路，当半个周期过后 T901 的 P1 绕组感应电势是 P1 端为正、P2 端为负，耦合到 B2—B3 绕组，使 B2 端为正，反馈到②脚，使 IC901 的⑧脚重新输出驱动脉冲，Q901 重新导通。

Q901 的工作频率为 16～76kHz，在 Q901 饱和导通时，T901 负载绕组 D950、D952、D953 整流管均截止。在 Q901 截止时，T901 负载绕组中的 D950、D952、D953 均导通，则建立＋B、＋30V、＋15V 直流电压输出。

③ 稳压控制电路原理 稳压电路由 Q953、Q954、IC902（CNX82A）构成。Q953、Q954 构成误差取样放大电路，R972、ZD952 为 Q954 基极提供 7V 基准电压，R967、R965、R971 为取样电阻，IC902 为光耦合管。

假如因负载电流变化或交流输入电压变化等原因使＋B 电压升高，则 Q953 基极电位升高，Q953 电流减小，Q954 电流增大，IC902 光电管电流增大，IC901③脚的电位下降，IC901 的④脚电位升到不足 4V 就能使其⑧脚输出驱动电流停止，Q901 饱和期 T_{on} 缩短，T901 磁场能量减小，＋B 电压自动降到标准值。

另外，当交流电压变化时，还能够经 IC901 的④脚的 R913、R914、R915 直接稳压。如交流电压升高，则＋300V 经 R913、R914、R915 给 C908 充电加快，④脚电压由 2V 上升到 4V 所需的时间缩短，Q901 饱和期 T_{on} 缩短，从而可使＋B 电压降低而趋于稳定。因此，这个过程的响应时间较短。

④ TDA4601 各引脚作用 如表 6-1 所示。

表 6-1 TDA4601 各引脚作用

引脚	各引出脚功能
①	集成电路内部 4V 基准电压输出端
②	正反馈输入端，T901 反馈绕组 B2—B3 电动势的正负变化从其②脚输入，继而通过⑧脚驱动 Q901 工作
③	稳压控制输入，③脚电压升高时，输出端＋B 电压也升高
④	在 Q901 截止时，④脚内部 S1 开关连通，此脚电压被钳位在 2V 上。在 Q901 饱和时，＋300V 经 R913、R914、R915 给 C908 充电，使④脚呈三角波形状上升

引脚	各引出脚功能
⑤	保护输入端。当⑤脚电压低于 2.7V 时,保护电路动作,⑧脚无输出。在正常情况下,+300V 经 R910、R911、R912、R930 分压后,使⑤脚有 8.1V 电压,此时 T901 的 B2 端负电势幅度下降,C916 经 Q903 无法导通,C916 上所充电电压使 ZD901、Q902 导通,IC901 的⑤脚电压降到 2.7V 以下,保护电路动作
⑥	接地脚
⑦	在启动输出脉冲开始前,对耦合电容 C910 充电,作为 Q910 启动时的基极电流供应源。当 Q901 截止时,吸出 Q901 基极积累的载流子,以便使 Q901 截止瞬间的功耗减小
⑧	Q901 的驱动脚
⑨	集成电路 IC901 供电脚。此脚电压供应为 6.7V 时,Q901 的驱动停止。启动时的电压由 R920、R921、Q907、D906 提供。启动后,由 T901 的 B1—B3 绕组的脉冲经 D903、C911 整流滤波后的电压经 D902 给⑨脚供电,C911 上的电压使 ZD906、Q908 导通,Q907 被截止。当交流输入为 8V 以下时,D903 的供电也显得不够,此时由 D912、C929 对 T901 的 B2 端电势进行整流滤波,再经 ZD904 稳压及 Q904 缓冲后,作为⑨脚供电电压

2. 故障检修

故障现象 1:通电开机后,待机指示灯亮,无主电压输出。

由故障现象分析,故障应在电源或行扫描电路。打开机壳,观察机内无明显异常元器件,并发现显像管的灯丝不亮。用万用表测量 IC501 的㉔脚,输出电压为零,再测量 Q7902 的集电极、K 极间电压,发现大于 0.6V,说明故障在扫描电路。分别断开 Q7902 触发信号支路来判断哪一电路存在故障。当断开 D712 后,Q7902 的 G 极、K 极间电压消失,并且屏幕出现水平一条亮线,说明故障在垂直扫描电路。用示波器观察 IC501 的⑩脚场激励信号波形正常,用万用表 R×100 挡测量 IC601 各引脚对地正反向电阻值,发现 IC601 的②脚对地电阻值比正常值小得多,进一步检查有关外围电路元器件,没有发现异常情况,故判断 IC601（μP1498H）损坏。代换后,工作正常。

故障现象 2:接通电源开机,整机无输出,电源指示灯不亮。

根据故障现象分析,此类故障应着重检查其电源或负载电路。先检查其电源,打开机壳,发现熔丝完好。通电测开关管 Q901 的集电极有 290V 电压,但 PB④端与 PB①端间的电压为 0V,则拨去 PB 接插件,再测得 PB④端、①端间的电压仍为 0V,测 C952、C953 两端电压,结果也为 0V,因此判断电源的振荡启动电路没有启振。测得 IC901 的⑨脚电压为 0.8V（正常时应为 7~12V）,断电后测启动电路电阻 R920、R921、R934、R914 等,发现均正常,将 IC901 的⑨脚焊开,通电测得 C907 两端电压有 11.8V,由此分析故障为 IC901 不良。选一块新的 TDA4601 代换 IC901 后,工作正常。

故障现象 3:在使用过程中,突然无输出,开壳查看,熔丝 F901 已熔断,代换同规格（4.2A）熔丝后,开机即熔断。

根据故障现象分析,此类故障应着重检查此机型的主开关电源电路,从前面的电路解析中可知,开机即烧熔丝 F901,通常是主开关电源中的开关管 Q901 击穿,或整流桥堆 D901 中有二极管击穿。若是开关管 Q901 击穿,则应查明 Q901 击穿的原因,一般是饱和期过长引起。如 IC901④脚的电容 C908 和充电电阻 R915、R913 开路,IC901③脚的电压偏高将引起开关管饱和期过长。若保护电路 Q906 晶闸管来不及保护,则开关管 Q901 击穿。经检查,发现故障系 Q901 的 c—e 结击穿所致,选用一只新的 2SD1959 三极管代换 Q901 后,工作正常。

故障现象 4:接通电源后,整机无任何反应。

检修方法 1:分析故障原因,故障应出在电源电路。打开机壳,直接观察发现熔丝 F901 完好,通电试机,测得+B 输出为零,焊开 R977 并拨去 PB 接插件后,再开机测+B 电压,结果仍然为 0V，说明振荡电路没有启振。测 IC901 的⑨脚电压为 12.2V，其⑤脚电压为 0.16V，判断 IC901 内部基极电流放大电路停止工作，或其自身不良。焊开 Q902 的集电极，再测 IC901 的⑤脚电压上升到 6.6V，此时 C950 两端有＋125V 电压输出，顺路检查 IC901 的⑤脚外接的保护电路的元器件，发现 Q902 已击穿。选用一只新的 3DG130C 三极管代换 Q902 后，工作正常。

检修方法 2：按前述的检修方法，先检查其电源电路，通电测电源滤波电容 C906 两端，300V 正常，测量 IC901 的⑨脚也有 12V 电压，但其⑤脚电压为 0V，焊下 Q902 的集电极，再测得 IC901 的⑤脚仍为 0V。由于 IC901 第⑤脚的电压在开机后是通过整流输出的直流高压（C906 两端的电压）经 R911、R910 与 R930 分压获得的，其电压为 0V，说明 R911、R910 与其中之一开路。在路检查，发现 R911 已开路，选用一只 0.5W/120kΩ 电阻代换 R911 后，工作正常。

检修方法 3：打开机壳，发现熔丝 F901（T4.0A）已烧断，说明开关电源电路有明显短路现象。检查开关管 Q901。发现其 b-e 结和 b-c 结已击穿，其他各元器件无明显异常。代换 Q901 后，工作正常。

检修方法 4：打开机壳，熔丝 F901 完好，测得整流、滤波电路输出的脉动直流电压为 ＋300V，正常，说明故障在开关电源的启动电路中。通电使用电压法，测量 IC901 的⑨脚电压为 0V，正常时为 11.8V。测量 IC901 的⑨脚对地电阻无明显短路现象。检查电阻 R920、R921、R934、R913、R915，发现 R920（1.5kΩ/0.5W）电阻开路。代换 R920 后，工作正常。

检修方法 5：打开机壳，熔丝 F901 熔断，且 IC901 明显炸裂，测量 Q901，发现已明显击穿，检查启动电路的相关元器件，发现无异常。代换 IC901、Q901 和 F901 后，工作正常。

故障现象 5：接通电源开机，面板上的电源指示灯亮一下即自动熄灭，无输出。

根据故障现象分析，并开机后，其面板上的待机指示灯亮，说明开关电源的振荡电路已启振，故障可能在其负载电路中。因此临时拔下插件 PB，测量＋B 电压，一开始为 196V，但立即变为 0V。说明故障在开关电源的稳压控制电路。检查 IC902、Q954、Q953 及 ZD952 等，发现 Q954 损坏。代换 Q954 后，工作正常。

故障现象 6：接通电源开机，面板上的待命指示灯发亮，但随即熄灭，接着又发亮，周而复始，整机不能正常工作。

根据故障现象分析，判断此故障应在电源电路。检修时，临时拔下 PB 插件，测得＋B 电压在 37～110V 波动。用万用表测量 Q902 的基极电压，发现其在 0～0.6V 波动，检查开关电源电路中的保护元器件 Q902、ZD901 及 Q903，发现 ZD901 漏电。选用一只稳压二极管代换 ZD901 后，工作正常。

四、 TDA16846 构成的典型电路分析与检修

如图 6-4 所示为使用厚膜集成电路 TDA16846 构成的开关电源电路，此电路与场效应开关管构成的电源电路，具有结构简单、输出功率大、负载能力强、稳压范围宽、安全性能好等特点。

1. 电路原理

（1）各引脚及外接电路说明

①脚：此脚与地之间接有一并联 RC 网络，能决定振荡抑制时间（开关管截止时间）和待机频率。

②脚：启动端，兼初级电流检测。②脚与开关变压器初级绕组之间接电阻，与地之间接电容（或 RC 串联网络）。在⑬脚输出低电平时，②脚内部开关接通，②脚外部电容放电至

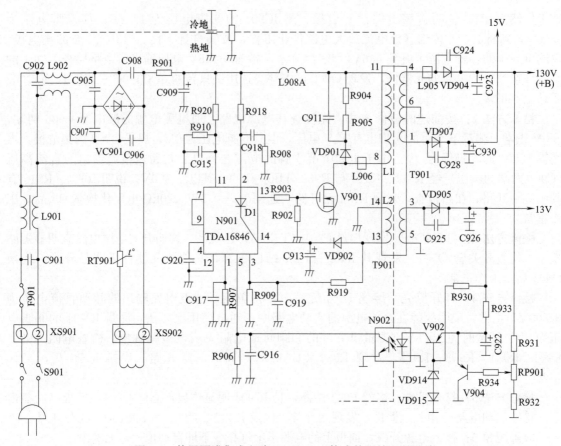

图 6-4　使用原膜集成电路 TDA16846 构成的开关电源电路

1.5V；在⑬脚输出高电平时，②脚内部开关断开，②脚外部电容被充电，②脚电压上升，当②脚电压上升至控制值时，⑬脚电压立即跳变为低电平，使开关管截止。

③脚：此脚为误差放大器的输入端，同时还兼过零检测输入。当③脚脉冲幅度超过 5V 时，内部误差放大器会输出负脉冲，并使④脚电压下降，开关电源输出电压也自动下降。当③脚脉冲幅度低于 5V 时，内部误差放大器输出正脉冲，使④脚电压上升，开关电源输出电压也上升。③脚脉冲还送至过零检测器 ED1，当③脚电压低于 25mV 时，说明有过零现象出现，过零检测器输出高电平，开关管重新导通。

④脚：用于软启动，内接控制电压缓冲器（BCV），外接软启动电容。开机后的瞬间，内部 5V 电源经 R2 对④脚外部电容充电，④脚电压缓慢升高，BCV 的输出电压也缓慢升高。BCV 输出电压提供给接通时间比较器（ONTC），控制开关脉冲的宽度，使场效应开关管的饱和时间逐渐增加至稳定值，从而使各路输出电压也缓慢上升至稳定值，实现软启动。软启动不但有利于保护电源电路中的元器件，也有利于保护负载。

⑤脚：光电耦合输入端，通过对输出电压进行取样，将输出电压的变化信息送入⑤脚，可以完成稳压控制。因③脚已经具备稳压功能，若再使用⑤脚，则电路的稳压特性会更好。

⑥脚和⑩脚：误差比较器的输入端，常用于故障检测。当⑥脚电压大于 1.2V 时，内部误差比较器 2 会输出高电平，⑬脚会停止脉冲输出。当⑩脚电压大于 1V 时，内部误差比较器 1 会输出高电平，⑬脚会停止脉冲输出。

⑦脚：若在⑦脚与地之间接一并联 RC 网络，则电路工作于固定频率模式，⑦脚外部 RC 时间常数决定频率的高低。若从⑦脚输入同步脉冲，则电路工作于同步模式。若⑦脚接参考电压（即接⑨脚），则电路工作于频率自动调整模式。

⑨脚：此脚输出 5V 参考电压，若在此脚与地之间接一电阻（51kΩ），则⑥脚内部误差比较器 2 能有效工作。

⑪脚：此脚用于初级电压检测，以实现过压和欠压保护。当⑪脚电压小于 1V 时，内部 PVC 电路输出高电平，进而使开关管截止，实现欠压保护。若⑪脚电压高于 1.5V，内部 PVA 电路输出低电平，可使开关管饱和时间缩短，各路输出电压下降，从而达到过压保护的目的。

⑬脚：此脚输出驱动脉冲，此脚经过一个串联电阻与电源开关管相连。

⑭脚：此脚用于启动供电，启动后，将由开关变压器的一个绕组向⑭脚提供供电电压。⑭脚所需的启动电流很小，仅为 100μA。当⑭脚电压达到 15V 时，内部电路启动。启动后，只要⑭脚不低于 8V，则电路均能正常工作。若⑭脚电压低于 8V，则内部 SVC 电路（供电电压比较器）输出低电平，这可使⑬脚输出低电平，开关管截止，电路进入保护状态。若⑭脚电压高于 16V，内部 OVER 电路（过压比较器）输出高电平，进而使⑬脚输出低电平，开关管截止，电路进入保护状态。

(2) 电源电路分析

第一，交流输入及整流滤波　220V 交流市电经电源开关及互感滤波器 L901 后，一方面送至消磁电路，使得每次开机后的瞬间，对显像管进行一次消磁操作；另一方面经互感滤波器 L902 送至桥式整流器 VC901，经 VC901 整流后，再由 R901、C909 进行 RC 滤波，在 C909 上形成 300V 左右的电压。

第二，振荡过程　C909 上的 300V 电压经 R918 送至②脚，再经②脚内部二极管 D1 对⑭脚外部的 C913 充电，C913 上的电压开始上升，约 1.5s 后，C913 上的电压上升至 15V，内部电路启动，并产生开关脉冲从⑬脚输出，送至场效应开关管 V901，使 V901 开始工作。V901 工作后，开关变压器初级绕组上会不断产生脉冲电压，从而使各次级绕组上也不断产生脉冲电压。各次级绕组上的脉冲电压分别经各自的整流、滤波电路处理后，输出 130V（＋B 电压）、15V 和 13V 直流电压，给相应的负载供电。④脚上接有软启动电容，电路启动后，因④脚外部电容（C920）的充电效应，使得⑬脚输出脉冲的宽度逐渐展宽，最后稳定在设计值，各路输出电压也逐步上升至稳定值。这样，就会大大减小开机瞬间浪涌电流对开关管及负载的冲击，提高了电源的可靠性。电路启动后，⑭脚所需的电流会大大增加（远大于启动电流），②脚电压会下降至 1.5～5V 之间，无法继续满足⑭脚的供电要求。此时，由开关变压器 L2 绕组上的脉冲电压经 VD902 整流、C913 滤波后，得到 12V 左右的直流电压来给⑭脚供电，以继续满足⑭脚的需要。①脚外部 RC 电路决定开关管的截止时间，在开关管饱和期内，内部电路对 C917 充电，C917 被充电至 3.5V，在开关管截止时，C917 经 R907 放电，在 C917 放电至阈值电压之前（阈值电压的最小值为 2V），开关管总保持截止。

第三，稳压过程　TDA16846 外部设有两条稳压电路，第一稳压电路设在③脚外部，第二稳压电路设在⑤脚外部。

第一稳压电路的工作过程如下：当某种原因引起输出电压上升时，开关变压器 L2 绕组上的脉冲幅度也上升，经 R919 和 R909 分压后，使 3 脚脉冲幅度高于 5V，经内部电路处理后，使④脚电压下降，从而可使⑬脚输出脉冲的宽度变窄，V901 饱和时间缩短，各路输出电压下降。若某种原因引起各路输出电压下降时，3 脚的脉冲幅度会小于 5V，此时，⑬脚输出的脉冲宽度会变宽，V901 饱和时间增长，各路输出电压上升。通过调节 R919 和 R909 的比值，就可调节输出电压的高低。③脚还兼过零检测输入，当③脚脉冲由高电平跳变为低电平（低于 25mV）时，说明有过零现象出现，⑬脚输出脉冲就从低电平跳变为高电平，使开关管重新导通。

第二稳压电路的工作过程如下：当某种原因引起 130V 输出电压上升时，V904 基极电压也上升，从而使 V902 的射极电压升高，而 V902 基极电压又要维持不变，结果使 V902 导通增强，N902 内发光二极管的发光强度增大，光电三极管的导通程度也增强，⑤脚电压下降，经内部电路处理后，自动调整⑬脚输出脉冲的宽度，使脉冲宽度变窄，V901 饱和时间缩短，各路输出电压下降。若某种原因引起 130V 电压下降，则稳压过程与上述相反。调节 RP901 就可调节 130V 输出电压的高低。

值得一提的是，这两条稳压电路不是同时起作用的，内部电路总是接通稳压值较低的那一条稳压电路，由它完成稳压控制，而稳压值较高的那一条稳压电路被阻断。例如，③脚外围的稳压电路能将＋B 电压稳定在 135V，而⑤脚外围的稳压电路能将＋B 电压稳定在 130V，此时，内部电路就使用⑤脚外部的稳压电路，由它完成稳压控制，并将输出电压稳定在 130V 上。

第四，保护过程。⑪脚用于初级过压和欠压保护，C909 上的 300V 电压经 R920 和 R910 分压后，加至⑪脚。当电网电压过低时，C909 上的 300V 电压也过低，从而使⑪脚电压小于 1V，此时，内部的 300V 电压也升高，并使⑪脚电压高于 1.5V，经内部电路处理后，会使⑪脚输出脉宽度变窄，进而使 V901 饱和时间缩短，输出电压下降，实现过压保护。

⑭脚具有次级过压、过流保护功能。当某种原因引起各次级绕组脉冲幅度过高时，⑭脚电压必大于 16V，经内部电路处理后，停止⑬脚的脉冲输出，V901 截止，从而实现次级过压保护。当负载出现短路时，⑭脚电压会小于 8V，经内部电路处理后，停止⑬脚的脉冲输出，V901 截止，从而实现了次级过流保护。

⑥脚和⑩脚是两个保护端口，可用于故障检测，但本机没有用这两个脚。另外，②脚外部 RC 网络时间常数变小时，会使 C918 充电加快，V901 的饱和时间缩短，各路输出电压下降，严重时，还会使⑭脚电压小于 8V，并导致保护。

2. 故障检修

(1) 开机三无，熔丝没有烧，C909 两端无 300V 电压　这种故障发生在 300V 滤波以前的电路中，一般是因交流输入电路中有断路现象或限流电阻 R901 断路所致。

(2) 开机三无，C909 两端有 300V 电压，但各路输出为 0V　这种故障一般是因电源没有启动或负载短路引起的，应先测量⑭脚电压，再按如下情况进行处理。

① 若⑭脚电压为 0V，应检查 2 脚外部启动电阻 R918 是否断路，⑭脚外部滤波电容 C913 是否击穿，⑭脚外部整流二极管 VD902 是否击穿，N901 内部 D1 是否断路等。

② 若 14 脚电压低于 15V，说明启动电压太低，导致电路不能启动。应检查 R918 阻值是否增大太多，C913 是否漏电，C918 是否击穿，VD902 是否反向漏电等。

③ 若⑭脚电压在 15V 以上，说明启动电压已满足启振要求，②脚和⑭脚外部电路应无问题。此时，应重点检查④脚外部软启动电容 C920 是否击穿，若当④脚外部软启动电容击穿后，开关管会总处于截止状态。若④脚外部电容正常，应检查 N901 本身。

④ 若⑭脚电压在 8～15V 之间摆动（摆动一次约 1.5s），说明电路已启振，故障一般发生在＋B 电压形成电路或负载上。应对＋B 电压整流滤波电路进行检查（检查 VD904、C924、C923 等元件），若无问题，则检查行输出电路。

(3) 开机三无，熔丝烧断　这种故障现象在实际检修中屡见不鲜，并且检修难度较大。因故障体现为烧熔丝，说明电路中有严重短路现象。应对交流输入电路中的高频滤波电容、桥式整流电路以及并在其上的电容、300V 滤波电容 C909、开关管 V901 等元件进行检查，检查这些元件中有无击穿现象。当出现反复击穿开关管 V901 时，应重点对 R918、C918、R908 及 C920 等元件进行检查。R918 虽为启动电阻，但它还有另一个重要作用，即当电路启动后，它与 C918、R908 所构成的电路将决定开关管的饱和时间。当 R918 或 R908 阻值变大或 C918 漏电时，C918 电压上升速度会变慢，即②脚电压上升速度变慢，开关管饱和时间会延长。因开关管饱和时，其集电极电流线性上升，这样，当开关管饱和时间延长后，流过开关管的电流会过大，从而导致开关管烧坏。

C920 为软启动电容，当它失效后，就会失去软启动功能，开机后，开关管 V901 的饱和时间会立即达到设计值，从而导致开机的瞬间，开关管所受的冲击增大，开关管被击穿的可能性也增大。

当出现击穿开关管的故障时，不要急于代换开关管。应先将开关管拆下，再通电测量⑭脚电压。若⑭脚电压在 8～15V 之间摆动，并且摆动一次约为 1.5s，则说明 TDA16846 工作基本正常；若摆动一次所需时间过长，则说明②脚外部电路有问题，等排除②脚外部元件故障后，再装上新的开关管。

(4) 输出电压过低 输出电压过低，说明开关管饱和时间缩短，引起的原因有如下几种。

②脚外部电容容量下降，导致充电变快，使开关管饱和时间缩短，输出电压下降。

①脚外部 RC 网络决定开关管的截止时间，当其外部电阻 R907 变大时，RC 时间常数会增大，C917 放电时间变长，从而使开关管截止时间变长，输出电压下降。

⑪脚下偏电阻 R910 阻值变大时，会使⑪脚电压高于 1.5V，经内部电路作用后，开关管饱和时间会缩短，输出电压会下降。

(5) 输出电压过高 输出电压过高，说明开关管饱和时间增长，引起的原因是稳压电路不良。本电源是靠第二稳压电路来稳定＋B（＋130V）电压的，当第二稳压电路失效后，第一稳压电路会接着起稳压作用。因第一稳压电路稳压设有值高于第二稳压电路，从而会使输出电压升高。因此，当出现输出电压过高故障时，只需检查第二稳压电路（N902、V902、V904 及其周边元件）。

需要注意的是： 在第二稳压电路失效后，若第一稳压电路也失效，则③脚会检测不到过零点，从而使开关管饱和时间延长，输出电压大幅度上升，结果既损坏开关管，也损坏负载。

(6) 检修时应注意的问题

① 若出现开关管 V901 击穿时，则检查 VD904、C923 等元件。在检修中，经常出现这些元件连带击穿的现象。

② ⑪脚静态电压往往设在 1.5V 以下，但当电路工作后，⑪脚电压会受内部电路的影响，从而使静态电压上叠加有脉冲电压，故用万用表测量⑪脚电压时，测得的电压值会高于 1.5V，检修时，不要以此作为判断电路是否产生过压保护的依据。

③ 检修电源时，不必带假负载，以免引起误判。

④ 开关管为场效应管，不能用三极管替代。当开关管损坏后，可选用 2SK1794、2SK727、BUZ91A、2SK3298、2SK2645、2SK2488 等型号的管子替换。

五、 STR-83145 构成的典型电路分析与检修

1. 电路原理

电源电路原理如图 6-5 所示。此机芯的开关稳压电源电路使用并联他激式调频稳压电源，其工作范围为 85～276V，工作频率的变化取决于输入电压与负载的变化，正常的开关频率为 225kHz。

(1) 交流输入电压检测及整流切换电路原理 此机芯的交流输入电压检测及整流滤波电路是由 7110（STR83145）来完成的。7110 检测外部输入电压的变化，从而控制其内部开关的导通与截止，来改变桥式整流及倍压整流的工作状态。当外部输入的交流电压低于 165V 时，整流电压为普通的桥式整流电路工作状态；若交流输入电压在 165V 以下，则处于倍压整流状态。

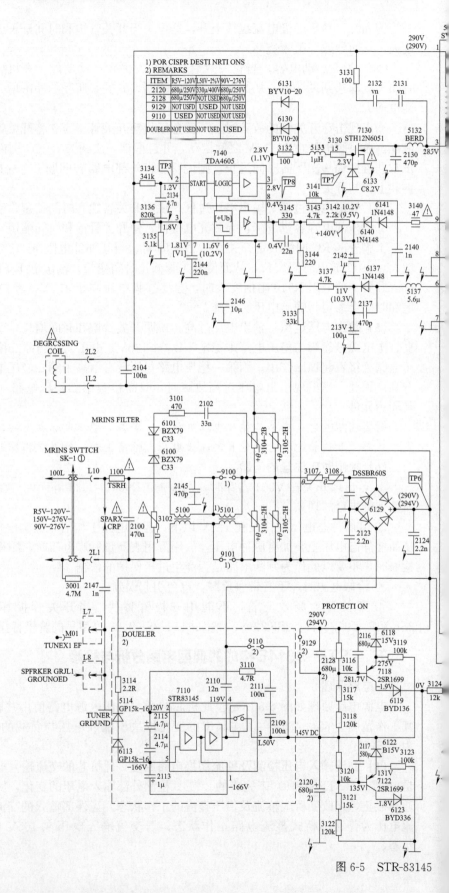

图 6-5 STR-83145

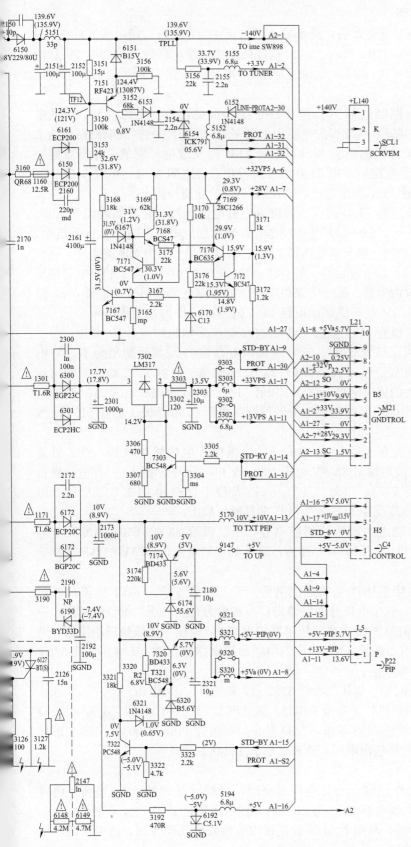

构成电路

(2) 开关稳压电源电路原理

① 开关振荡过程　当接通交流电源后，外部输入的交流 220V 电压，经电感元件 5100、5101 构成的抗干扰电路后，再经 6129、2128、2120 构成的整流滤波电路输出约为 300V 脉动直流电压，此电压经开关变压器 5130 的①—③绕组加至 MOS 场效应管 7130（STH12N6051）的 D 极。

当外部输入的交流电压另一路经电阻 3133 降压、电容 2048 滤波后，变为约 11.0V 的电压供振荡集成电路 7140（TDA4605）的⑥脚的电压为 11.0V 时，其内部的振荡电路便开始工作。其振荡电路由 7140 的②脚外接的电阻 3134、电容 2134 的充放电来完成。振荡波形经 7140 内部的逻辑电路、波形整形电路后，由 7140 的⑤脚输出，经电阻 3132、电感 5133、电阻 3130 后，加至 MOS 场效应管 7130 的集电极，以控制 7130 的导通与截止。

在 7130 导通时，因开关变压器 5130 的①—③绕组中有电流流过，在次级绕组⑧—⑨、⑥—⑦、⑭—⑮、⑬—⑮、⑪—⑩、⑯—⑱产生感应电势，但因感应电势使整流二极管反偏，而无整流电压输出。当 7130 截止时，因开关变压器 5130 初级绕组①—③中无电流流过，在次级绕组⑧—⑨、⑥—⑦、⑭—⑮、⑫—⑮、⑬—⑮、⑪—⑩、⑯—⑱中产生与原感应电势相反的电势，使整流二极管正向偏置而导通。⑥—⑦绕组中产生的感应电势经整流二极管 6137 整流、电容 2139 滤波后输出约 11.0V 电压供集成电路 7140 的⑥脚，作为其工作电压。⑭—⑮绕组中产生的感应电势经整流二极管 6190 整流、电容 2192 滤波后输出约 −7.4V 电压。⑮—⑬绕组中产生的感应电势经整流二极管 6300、6301 整流，电容 2301 滤波后输出约 17.7V 电压。⑮—⑫绕组中产生的感应电势经整流二极管 6172、6171 整流、电容 2173 滤波后输出约 10.0V 电压。⑪—⑩绕组中产生的感应电势经整流二极管 6160、6161 整流、电容 2161 滤波后输出约 32.6V 电压。⑯—⑱绕组中产生的感应电势经整流二极管 6150 整流、电容 2151 滤波后输出约 140V 的 +B 电压。

② 稳压控制电路原理　开关变压器 5130 的⑪—⑩绕组中产生的感应电势，经二极管 6160、6161 整流及电容 2161 滤波后输出 32.6V 电压。32.6V 电压分两路输出：一路直接供负载使用；另一路经三极管 7168、7171、7169、7170、7172 及稳压管 6170 构成 28.0V 的稳压电路后，输出 28.0V 电压，此电压受控于三极管 7167 的导通与截止。

开关变压器 5130 的⑬—⑮绕组中产生的感应电势，经二极管 6300、6301 整流及电容 2301 滤波后，由稳压集成电路 T302（LM317）稳压，输入 13.5V 电压，13.5V 的电压受控于三极管 7303 的导通与截止。

开关变压器 5130 的⑫—⑮绕组中产生的感应电势，经二极管 6172、6171 整流及电容 2173 滤波后，输出 10V 的电压。这个电压分 3 路输出：一路作为直通电压，供负载使用；一路经三极管 7174、稳压二极管 6174 构成串联稳压电路输出 5.0V 电压，供微处理器使用；另一路经三极管 7321、7320，稳压二极管 6320 构成的串联稳压电路输出 5.0V 电压，此 5.0V 电压受控于三极管 7322 的导通与截止。

同时，−7.4V 电压经电阻 3192、稳压二极管 6192 后，输出 −5.0V 电压。

(3) 待机控制电路原理　当整机处于待命工作时，微处理器 7222（TMP87CM36N-325A）的⑩脚输出低电平 0V，加到三极管 7233 基极，7233 截止，三极管 7167、7303、7322 相继导通，造成无 28.0V、13.0V、5.0V 输出电压，使整机处于待机状态。

(4) 自动保护电路原理

① 外部输入交流保护　当外部输入交流电压过高时，经桥式整流器 6129 整流、电容 2128、2120 滤波后的电压升高，如电容 2128 与 2120 的分压电压超过 250V 时，三极管 7118、7122 相继导通，三极管 7126 导通，晶闸管 6127 控制极因有触发电压而导通，造成整流输出电压短路接地，使熔丝 1100 熔断。

② 过载保护　当负载过重，造成开关稳压电源电路的绝缘栅场效应管产生过流时，开关变压器 5130 的⑦—⑥绕组产生的感应电势将减小，整流输出电压下降，集成电路 7140 的⑥脚电压下降。若⑥脚电压下降为 1.2V 时，在 7140 内部的振荡器停止工作，绝缘栅场效应管 7130 截止。

③ ＋B 保护过压保护　＋B 电压升高时，因三极管 7151 的发射极接有稳压二极管 6151，其发射极电压升高量比基极大，三极管 7151 导通，三极管 7167、7303、7322 导通，使整机处于待机状态。

④ 直流输出过压保护　当直流输出电压升高时，在开关变压器⑥—⑦绕组中的感应电势升高，整流、滤波输出电升高，如集成电路 7140 的⑥脚电压大于 16.0V 时，7140 内部振荡器停止工作，绝缘栅场效应管 7130 截止。

⑤ 冲击波吸收电路　当 MOS 场效应管 7130 截时，将产生过量的反峰脉冲。若没有设有吸收电路，过量的反峰脉冲将损坏 MOS 场效应管 7130。冲击吸收电路由电阻 3131、电容 2131、2132 及二极管 6131 构成。当场效应管 7130 截止瞬间在 D 极产生的尖峰电压通过电阻 3131、①—③绕组对电容 2131、2132 充电和放电，从而吸收此尖峰脉冲。

2. 故障检修

① 接通电源开机后，无输出。

检修方法 1：检修时，首先打开机器后盖，观察法发现熔丝 1100 熔断，高压保护元器件 3102 已损坏，观察熔丝的内壁，没有发现有发黑现象，判断此故障是由外部电压输出过高所造成的。继续检查开关管 7130 及滤波电容 2124 均正常后。代换熔丝 1100 及 3102，接通电源，工作正常。

检修方法 2：根据故障现象分析，因接通电源后，屏幕无反应，电源指示灯也不亮。确定故障在电源系统，此时打开机壳，发现熔丝已熔断。代换 1100 后接通电源，继续检查开关管 7130 已击穿。代换 7130 及 1100 后接通电源，工作正常。

检修方法 3：检修时，首先打开机壳，检查熔丝 1100 及开关管 7130，发现均已损坏。代换 1100 及 7130 后，接通电源，发现 1100 及 7130 再次损坏。再次代换 1100，此时暂不装 7130 这个元器件，接通电源用示波器测量 7140 的②脚、⑤脚波形，发现②脚有正常的振荡波形，而⑤脚却无波形输出，判断 7140 已损坏。同时代换 7140、7130 后，工作正常。

检修方法 4：检修时，打开机壳，首先检查熔丝 1100 及开关管 7130，发现均已损坏。代换熔丝 1100 后，用示波器测 7140 的②脚、⑤脚的波形，发现②脚没有振荡波形。检查电阻 3134，发现其电阻值为无穷大。代换 3134 后，接通电源，再次测量其②脚、⑤脚波形，恢复正常。关闭电源，装上 7130 元器件后，接通电源工作正常。

② 开机后无输出。

检修方法 1：根据故障现象因开机后红色指示灯亮，说明开关稳压电源电路工作基本正常。最先确定故障是在微处理器电路。经测量微处理器工作正常。测量开关稳压电源电路次级整流输出电压，发现无＋B 电压输出。检查开关变压器 5130 的⑯—⑱绕组，发现⑱端有一虚焊现象。重新焊接后，通电开机，工作正常。

检修方法 2：打开机壳后，首先检测＋B 输出电压即滤波电容 2152 两端的电压为 140V，属正常；测量三极管 7174 的发射极的电压，发现也正常。怀疑故障是在微处理器电路 7222 上，但测量 7222 的⑩脚电压发现正常，且三极管 7233 集电极电压为 0.3V，也正常，故确定故障是在保护电路上。测得 7151 的集电极电压为 112V，正常时应为 0V，测得 7151 的基极、发射极电压分别为 124.3V 及 124.5V。检查 7151 时，发现其集电极与发射极已击穿。代换 7151 后，通电开机工作正常。

③ 接通电源开机后，面板上的绿色指示灯亮，机器不工作。

根据故障现象且因绿色指示灯亮，说明开关电源电路工作基本正常。最初确定故障是在行输出电路上，但接通电源后，发现显像管灯丝亮，说明行振荡电路工作基本正常。按压"POWER"键不起作用，利用遥控器操作也不起作用，故怀疑故障是在微处理器上。测得7222的㊷脚电压为0V，测得三极管7174的发射极电压为0V，测得其基极电压也为0V。检查6174稳压二极管，发现已击穿短路。代换6174后工作正常。

④ 开机后，面板上的绿色指示灯亮，但整机不工作。

检修时即接通电源，测量三极管7174的发射极电压，发现为0V，测量7174的集电极电压，发现也为0V，检查熔丝1171，发现已开路，检查得知整流二极管6172完好，代换1171后工作正常。

六、 TEA1522构成的电源典型电路分析与检修

如图6-6所示为使用TEA1522构成电源电路，其内部集成了振荡电路、偏置电路、逻辑电路、限流电路和过压、过流、欠压、过热保护电路，并集成了启动电路和一个高压MOSFET功率开关管，使用8脚双列直插式封装结构。由它构成的开关电源具有适应市电电压变化范围宽、效率高、功耗低、辐射小等优点，且电路简洁。

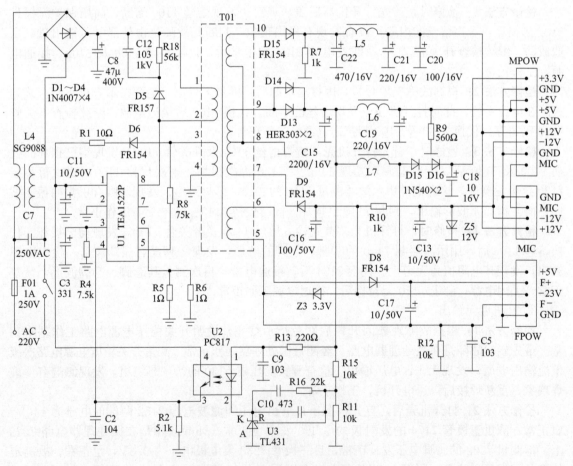

图6-6 TEA1522构成电源电路

1.电路原理

此机型电源电路由输入电路、整流电路、单片开关电源集成电路TEA1522P、取样与耦合

电路、脉冲变压器及输出电路等构成。

(1) 输入与整流与滤波电路　220V 交流市电通过熔丝 F01 后，进入由 C7、L4 构成的抗干扰电路，一方面滤除交流电网中的高频干扰成分；另一方面抑制开关电源本身产生的高频噪波干扰外部用电设备。

(2) 电源启动与振荡电路的工作原理　在滤波电容 C8 两端形成的约＋300V 直流电压，经开关变压器 T01 的①—②绕组加至 U1 的⑧脚（即内部场效应开关管的漏极和启动电路），内部各功能电路开始工作。U1 启动工作后，内部振荡器产生的振荡脉冲信号经激励放大后送至内部场效应开关管的栅极，使场效应开关管工作于交替导通与截止的高频开关状态。U1 的振荡频率主要由③脚外接振荡定时元件 C3、R4 决定。

当 U1 内场效应开关管导通后，开关变压器 T01 的反馈③—④绕组的感应电压经二极管 D6 整流、C11 滤波后形成约 14V 的直流电压，一路加至 U1 的①脚供其做工作电压，另一路加至光电耦合器 U2（PC817）的④脚，提供光电耦合器工作电压。

(3) 稳压控制电路的工作原理　此机型稳压控制电路主要由开关集成电路 U1、光电耦合器 U2、精密稳压器件 U3（TL431）及取样电阻 R15、R11 等构成。

当 TL431 的 R 端（参考极）的电压升高（或降低）时，将导致 K 端（阴极）电位下降（或升高），稳压过程如下。

当某种原因使开关变压器次级各组输出电压升高时，经 R15、R11 分压后加至 U3 的 R 端电位也升高，使得 U3 的 K 端电位下降，U2 的①脚、②脚内接发光二极管导通能力增强，其受控端④脚、③脚（集电极、发射极）导通量增加，使 U1 的④脚电压随②脚升高，U1 内场效应开关管导通时间缩短，这可使＋5V 和其他各组输出电压下降至正常值。若开关电源各组输出电压下降，则调节作用与此相反。

(4) 保护电路的工作原理

① 尖峰电压吸收回路　C12、R18、D5 构成开关管保护电路，用来吸收 T01 初级产生的尖峰高压，防止 U1 内场效应开关管被击穿。因 U1 内场效应开关管在截止瞬间，开关变压器 T01 的①—②绕组上会产生尖峰脉冲高压，此尖峰脉冲很容易使 U1 内的开关管击穿。

② 过流保护　U1 的⑥脚内接场效应开关管源极和内部保护电路，⑥脚外接的 R5 和 R6 为源极上的取样电阻。当外因致使流经 U1 内场效应开关管 D 极、S 极的电流增大时，流过取样电阻 R5、R6 的电流也相应增大，其两端压降增加，即⑥脚电位升高。当⑥脚电位上升至约 0.7V 时，U1 内部保护电路动作，集成电路内部振荡电路停振，各输出电压消失，达到过流保护的目的。

③ 过压保护　当交流输入电压过高或稳压电路失控造成输出电压偏高时，开关变压器 T01 反馈绕组③—④上感应电压必然也升高，由 D6 整流、C11 滤波后加到 U1 的①脚的电压升高，当超过 20V 启控电压后，U1 内部振荡电路停振，使整个电源无输出，实现过压保护。

④ 欠压保护　若交流输入电压过低，开关变压器 T01 反馈绕组③—④上感应电动势随之下降，由 D6 整流、C11 滤波后加至 U1 的①脚的电压也下降，当低于 10V 时，U1 内部振荡电路停振，实现欠压保护。

(5) 输出电路的工作原理　开关变压器 T01 次级⑧—⑨绕组产生的感应电压经 D13、D14 整流和 C15 滤波后得到＋5V 直流电压，此电压分为 4 路：第 1 路经 L6、C19 滤波后从接插件 MPOW 的③脚、④脚输出至一体化板，为驱动电路 BA5954FP、视频编码电路 AV3169、音频 DAC 电路 DA1196 以及 RF 放大电路 MT1336 提供工作电压；第 2 路经 L7 后再经 D15、D16 两只二极管降压产生＋3.3V 直流电压，从接插件 MPOW 第①脚输出至一体化板，为 MT1369 提供工作电压。此 3.3V 电压在一体化板上再次分为两路：一路直接送 MT1369 的＋3.3V 供电端，另一路经一只二极管降压，产生＋2.5V 电压，加至 MT1369 的＋2.5V 供端；第 3 路从接插件 FPOW 的①脚输出，送至前面板，为操作显示电路 PT6319LQ 提供工作电压和为电源指示灯提供工作电压；第 4 路+5V 电压经 R13 降压后供给光电耦合器 U2 中发光二极管做工作电压，同时还经 R15、R11 分压后供给 U3 的 R 极做参考电压。

T01 的⑧—⑩绕组上产生的感应电压经 D15 整流及 C22、L5、C21、C20 滤波后得到+12V 左右直流电压，此电压分为两路：一路从接插件 MPOW 的⑥脚输出，送至一体化板为 5.1 声道模拟音频放大电路（三块双运放 C4558）提供工作电压，另一路从接插件 MIC 的④脚输出至话筒板，为卡拉 OK 前置放大电路供电。

T01 的⑦—⑧绕组上产生的感应电压经 D9 整流、C16 滤波后得到−23V 左右电压，此电压分为两路：一路从接插件 FPOW 的③脚输出，供给操作显示电路 PT6319LQ；另一路经 R10 降压、Z5 稳压后得到−12V 电压，经接插件 MPOW 的⑦脚和插排 MIC 的③脚输出至一体化板，为 5.1 声道模拟音频放大电路（三块双运放 C4558）提供工作负电压。

T01 的⑤—⑥绕组上产生的感应电压经 D8 整流、C17 滤波后得到 2V 左右直流电压，此电压经 FPOW 的②脚（F+）、④脚（F−）送至面板显示电路，做荧光屏显示的灯丝电压（F+、F−）。

2. 故障检修

(1) 市电稍低就不工作 根据故障现象，分析为开关电源稳压性能下降所致。当故障出现时检测开关电源各路输出电压，发现+5V 输出端为+4.5V，+3.3V 输出端为+2.9V，其他几路输出电压也有所下降。

先检测开关电源集成电路 U1 的⑧脚电压，为正常的 300V，说明整流滤波电路无问题，开关电源输出电压偏低，故障一般在稳压控制电路，应重点检查 TL431、光电耦合器 PC817、取样分压电路中的 R15、R11 以及 U1 的④脚（反馈信号引出端）外接元件。经仔细检查，最后查出 R2（5.1kΩ）的阻值已变大为 13kΩ 左右。用 5.1kΩ 电阻代换后，在市电为 180V 左右时仍可正常读盘并播放，此时测+5V、3.3V 输出端电压，分别为+4.8V、+3.2V，其他各路电压也恢复正常。

(2) 接通电源后电源指示灯亮（但亮度较弱），整机不工作 通电后测开关电源各路输出电压，5V 输出端为+2.2V。+3.3V 输出端为+1V，+12V 输出端为+5.8V，其他几路输出电压也为正常电压的一半左右。测 U1 的⑧脚电压约为 300V 正常。怀疑是电源负载过重造成输出电压严重下降，但测量开关电源各路电压输出端对地阻值又基本正常，分析故障不在负载电路，应在开关变压器 T01 初级一侧，测 U1 各脚电压，发现①脚电压为 9V（正常应为 14V），④脚电压为 0V（正常应为 3V），检查替换①脚、④脚外接元件 D6、R1、C11、C2、R2，均无效，后又替换 PC817、TL431，仍未排除故障。最后当用 330pF 瓷片电容替换 C3（标称值 331pF）后，各路输出电压恢复正常。后用数字万用表测量取下的 C3，已无电容量。C3 与 R4 为 U1 的③脚外接的振荡电路定时元件，C3 失效后，将导致 U1 内部振荡电路产生的振荡频率严重偏离正常值，最终使各路输出电压降低，导致机器无法工作。

七、 TOP212YAI 构成的电源典型电路分析与检修

如图 6-7 所示为使用厚膜电路 TOP212YAI 构成电源电路。

1. 电路原理

(1) 电源输入及抗干扰电路的工作原理 交流 220V 市电经熔丝 FU1 送入由 CX1、LF1 构成的抗干扰滤波网络，一是消除电网中高频脉冲对开关电源的干扰，二是抑制开关电源产生的高频脉冲对电网的污染。

(2) 整流滤波电路的工作原理 市电经 VD1～VD4 和 C1 构成的桥式整流和滤波电路后，

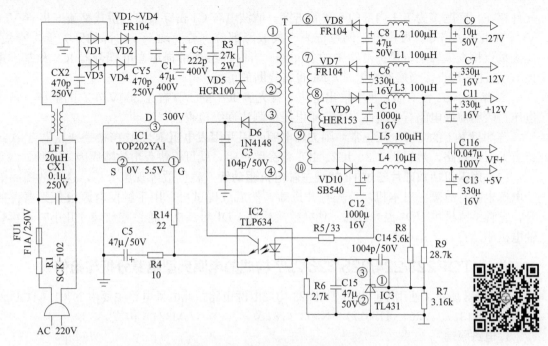

图 6-7　TOP212YAI 构成电源电路

形成约 300V 的直流电压，再经开关变压器 T 的初级①—②绕组送到开关集成电路 IC1 的③脚（D 极）。

(3) 开关振荡电路的工作原理　进入 IC1 的③脚内的电压，由连接在 D 极和 G 极之间的内部电流源为集电极提供电流，并对控制极①脚外接电容 C5 进行充电。当电压上升到 5.7V 时，内部电源关断。振荡器、脉冲宽度调制器、驱动电路开始工作，使开关管处于开关状态，在开关变压器 T 的初级绕组产生周期性变化的电流，各次级绕组产生感应电压。

(4) 稳压电路的工作原理　此电路由光电耦合器 IC2、三端精密可调基准电源 IC3 及外围元件构成。开关变压器 T 的 ③—④绕组是控制绕组，产生的感应电压经 VD6 整流、C3 滤波作为光电耦合器 IC2 的电源。

当＋5V 或＋12V 输出电压升高时，通过取样电阻 R8、R9、R7 分压后加到 IC3 的①脚的电压也相应升高，流过 IC3 的③脚、②脚间的电流增大，光电耦合器 IC2 内发光二极管亮度增加，光电三极管内阻减小、电流增大，IC1 的①脚的控制电流增大，而其③脚输出的脉宽变窄，输出电压下降，达到稳压的目的；反之，当输出电压降低时，控制过程与上述过程正好相反。

(5) 保护电路的工作原理

① 过流保护　当电源发生过流时，IC1 的③脚（D 端）电流也会增大，使电流限制比较器的输出电压经 RS 触发器加到控制门驱动器，直到下一个时钟开始。

② 过热保护　当 IC1 的结温超过 135℃时，过热保护电路开始工作，关闭开关管的输出，达到过热保护的目的。

③ 尖峰电压保护电路　在开关变压器 T 的初级①—②绕组接有尖峰电压保护电路，由 C2、R3、VD5 构成，目的是消除开关管从饱和状态转为截止状态时，在绕组的下端产生的瞬间尖峰电压，避免尖峰电压叠加在原直流电压上，将 IC1 内的开关管击穿。

2. 故障检修

(1) 根据熔丝通/断故障的判断

① 熔丝 FU1 烧断且管内发黑　熔丝 FU1 烧断且管内发黑，表明电源电路中有严重短路

元件存在，问题多为 IC1 内部的开关管击穿，滤波电容 C1 击穿短路，桥式整流二极管 VD1～VD4 有击穿短路等。可用电阻测量法来查找故障部位。若发现 IC1 内部的开关管击穿短路，还应重点检查尖峰电压保护电路中的各元件。有时还会连带损坏光电耦合器 IC2 和基准电源 IC3，应注意检查。当熔丝烧黑时，R1 也有烧断的可能。

② 熔丝 FU1 没有断，但无输出电压　首先测 IC1 的③脚有无 300V 左右的电压，若无此电压，表明前级电路有开路性故障，用电压检测法逐级检查。

若测得 IC1 的③脚电压正常，则关闭电源，用万用表电阻 R×10 挡检查变压器 T 次级绕组有无对地短路，然后测 IC3、IC2、IC1 各在路电阻，就可很快查出故障原因。

(2) 影碟机播放碟片超过 1h 就烧主轴电机驱动管　根据故障现象分析，这类故障一般属于电源电路有故障。对本机，首先打开机盖，然后放碟试机，用手触摸电源板各元器件的温升，发现整流桥堆 VD1 温升过高。代换整流桥堆 VD1 后试机，连续播放碟片几小时不再烧主轴电机驱动管，工作正常。

八、 TOP223/224/225/226/227 构成的电源典型电路分析与检修

如图 6-8 所示为使用厚膜电路 TOP223 构成电源电路，此电源电路主要由 N301（TOP223）、V301（KA431）、V304（HS617）、N303（7812）、N302（LM324）构成。

1. 电路原理

(1) 电源输入及抗干扰电路的工作原理　220V 交流市电经电源开关 XP301、交流熔丝 F301（1.6A/250V）后进入由 C328、L301、L302、C332、C331、C330 等构成的抗干扰电路，此电路的作用有两个：一是滤除交流市电中的干扰噪波成分；二是抑制开关电源本身产生的高频尖峰脉冲电压进入市电网，以免干扰其他电器的正常工作。

(2) 启动电路的工作原理　经滤波及抗干扰处理后的 220V 交流市电经 VD301～VD304 整流，再经 C301 滤波后在其正端得到＋300V 左右的直流电压。电路中由 VD306（瞬变电压抑制二极管）、VD305（阻尼二极管）、R304、C302、C326 等构成尖峰脉冲电压抑制电路，主要用于抑制开关变压器 T301 自耦产生的尖峰脉冲电压，从而保护 N301 内开关管不被击穿损坏。整流滤波后的＋300V 电压经开关变压器 T301 的①—③绕组后加至开关电源集成电路 N301 的 D 极（即③脚），由其内部电路完成开关电源的启动过程。当开关电源正常启动后，T301 的④—⑥绕组感应脉冲电压经 VD315 整流、C309 滤波并经 V304 后加至开关电源集成块 N301 的 G 极（即①脚），为内部芯片提供正常工作所需的偏流。

(3) 稳压控制电路的工作原理　电路中 N302 为四运算放大器，它的①脚、②脚、③脚控制外接电源调整管 V302，若改变 ②脚外接电阻 R307 的阻值，可调整 V302 的输出电压。N302 的⑤脚、⑥脚、⑦脚控制外接电源调整管 V303，若改变⑥脚外接电阻 R310 阻值，可使 V303 的输出电压发生变化。

当外因致使 T301 次级各绕组输出电压上升时，经 R314、R313 取样的电压升高，精密取样集成电路 V301 的 R 极电压升高，经其内部电路处理后自动调低 K 极电位，光电耦合器 V304 的发光管负极电位降低，其电流增大，亮度增强，导致 V304 内部光电接收三极管集电极、发射极内阻减小，加至开关管电压升高，经其内部电路处理后自动降低开关管的导通量，T301 各绕组感应电动势下降，最终达到使输出电压趋于稳定的目的。当 T301 次级输出电压过低时，其稳压过程则与上述相反。

(4) 二次稳压输出电路的工作原理　由开关变压器次级⑩—⑮绕组感应的交流脉冲电压经 VD307、C322、L303 整流滤波后得到＋7.3V 电压，此电压分为两路：一路经限流电阻 R315（560Ω）加至 V304，为其内部发光管提供工作电源；另一路经接接插件 XP303 后加至解码板供给驱动电路做工作电压。

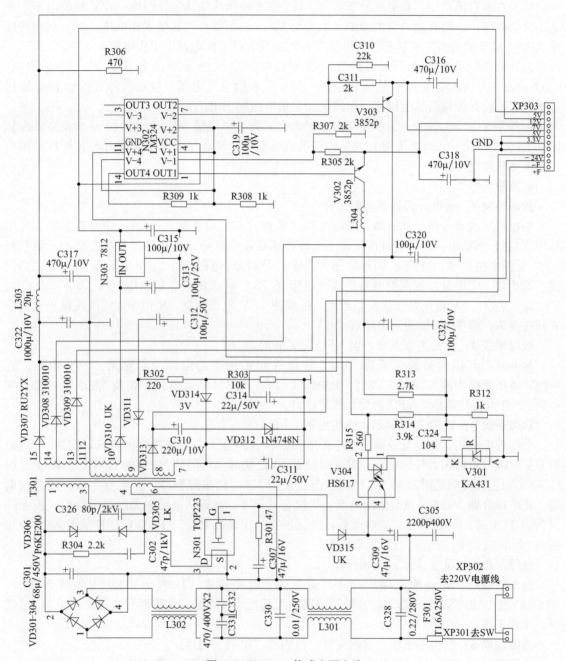

图 6-8　TOP223 构成电源电路

由开关变压器次级⑩—⑭绕组感应的交流脉冲电压经 VD308、C321 整流滤波后得到 5.6V 左右的直流电压也分为两路：一路经取样电阻 R313、R312 后加至精密取样集成电路 V301 的 R 极，为其提供取样电压；另一路经 L304 后加至 V302 的集电极，经其稳压后从发射极输出 +5V 电压，此电压经接插件 XP303 后加至解码板，供给各芯片做工作电压。

由开关变压器次级⑩—⑬绕组感应的脉冲电压，经 VD309、C320 整流滤波后得到 +4.3V 左右的直流电压，此电压直接加至 V303 的集电极，经其稳压后从发射极输出 +3.3V 电压并经接插件 XP303 后加至解码板，供给解码芯片做工作电压。

由开关变压器次级⑩—⑫绕组感应的交流脉冲电压经 VD310、C313 整流滤波后得到

＋14V 左右的直流电压，此电压经三端稳压块 N303 稳压后从其③脚输出＋12V 直流电压，此电压分为两路：一路直接加至电源调整集成块 N302 的④脚，供其做工作电压；另一路经接插件 XP303 加至解码板并经其转接后供给音频放大及卡拉 OK 电路做工作电压。

由开关变压器次级⑨—⑪绕组感应的交流脉冲电压经 VD311 反向整流、R302 限流、C312 滤波和 VD314、VD312 稳压后得到－24V 左右的直流电压，经接插件 XP303 的⑩脚送至解码板，经其转接后加至键控板供给荧光显示屏做阴极电压。

由开关变压器次级⑧—⑦单独绕组感应的交流脉冲电压经 VD313、C310 整流滤波后在接插件 XP303 的⑫—⑪脚间得到 13.5V 左右的直流电压，此电压加至解码板并经其转接后供给显示屏做灯丝电压。

2. 故障检修

故障现象 1：通电开机机器不能工作。

根据故障现象分析，此故障在电源电路。检修时首先检查熔丝 F301，如没有熔断。可用万用表检测＋5V 电压，若表针摆动说明电源高压及振荡电路基本正常；若没有摆动，则判断 N301 保护电路启动，则检查 VD306 是否损坏。用 47kΩ 电阻与 0.22μF/1.6kV 电容并联后代换，若无效，说明是过流保护电路启动，故障在 T301 次级电路，依次断开 VD308、VD309、VD310，观察＋5V 电压是否恢复，当断开哪级使＋5V 电压恢复，则说明此路电压输出电路中有元件损坏，致使 N301 过流电路启动。

故障现象 2：整机工作正常，但 VFD 屏无显示。

检修时用万用表测量电源板 XP303 接插件相关端子的电压，发现无－24V 电压。查－24V 电压回路中的 VD311、C312、R302、C314、VD314 等元器件，发现 R302 已开路。用一只 220Ω 电阻代换后，VFD 屏显示恢复正常。

故障现象 3：VFD 屏无显示，整机也不工作。

根据现象分析，判断此故障应在电源电路。首先测开关电源各路输出电压，均为 0V，说明开关电源没有启振。仔细检查，发现熔丝 F301 已烧断，再测量 N301 的 D 极（③脚）、S 极（②脚）间正、反向电阻发现已呈短路状态。说明 N301 已击穿损坏。再检查尖峰电压抑制电路、光电耦合器 V304 及负载输出端等，均没有见异常。在确认电路中无隐患元件后，换上一只新的 TOP223 及 1.6A/250V 熔丝后，恢复正常。在修机中，TOP223 可用性能更高的 TOP 系列 224Y、225Y、226Y、227Y 来代替。

故障现象 4：通电即烧 F301 熔丝。

通电即烧熔丝，说明电路中存在严重短路。首先检查 VD301～VD304，发现 VD301、VD304 两只二极管均已短路。检查确认电路中无其他元件短路，代换两只二极管及 F301 后试机，工作正常。

故障现象 5：整机不工作，熔丝完好，机内有"叽叽"响声。

检修时，用观察法看到 C320 有漏液现象，经检查发现 C320 漏电严重，用一只 100μF/10V 电解电容代换后试机。

故障现象 6：熔丝完好，但无电压输出，整机不工作。

打开机壳，用万用表直接检查发现光电耦合器 V304 损坏，V304 的型号为 HS617，换上一只新的光电耦合器后试机，工作正常。

故障现象 7：各组输出电压均偏低。

根据故障现象分析，判断此故障在电源电路，首先测量接插件 XP303 的 7V 电压，偏低，再测 12V、5V、3.3V 等各组电压，发现无 3.3V 电压，经检查发现 C316 有漏电现象，拆除并用一只新的 470μF/16V 电解电容焊上后，工作正常。

九、　UPC194G 构成的典型电路分析与检修

如图 6-9 所示为使用厚膜电路 UPC194G 构成电源电路，此厚膜电路构成的单端正激型开关电源结构。此电源电路主要应用于 DUPRINTER-3060 型自动制版印制机中。输入电压：AC 170～252V 50/60Hz　输出电压：+22V 电流；8A 输出功率：约 180W。

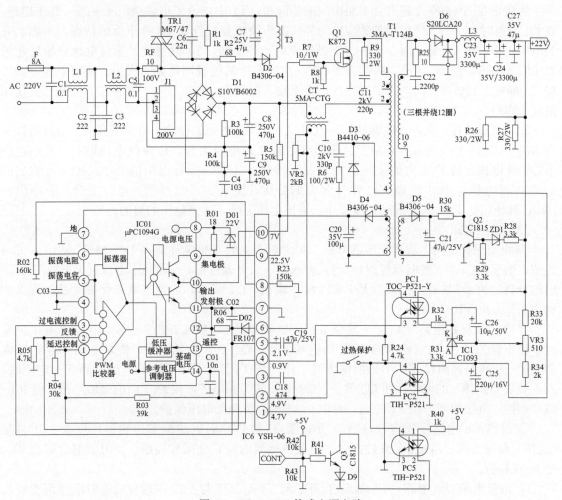

图 6-9　UPC194G 构成电源电路

1. 电路原理

(1) 电路工作过程　脉宽调制器 μPC1094C（IC01）及其外围元件封装于厚膜组件 IC6（YSH-06）内。市电经整流、滤波后的约 280V 的不稳定直流高压，通过 R5 对电解电容 C20 充电，其充电电压（约 5.2V）送到 IC6⑨，经 IC6 内的 R01 加至 IC01⑧，作为 IC01 的待命工作电源。当 CPU 发出 POWERON 指令时，CONT 端由高电平跃变为低电平，Q3 截止，光电耦合器 PC5 内的光敏三极管呈高阻状态，IC01⑩（遥控）电位由 0.1V 上升至 4.7V，其内部振荡器起振，由 IC01⑩输出脉宽调制（PWM）脉冲，经 IC6⑩、限流电阻 R7，加至 Q1（MOSFET）栅极，用于驱动其通断。市电经整流、滤波后的约 280V 的不稳定直流高压还通过取样变压器 CT 一次绕组、开关变压器 T1 一次绕组②—③—①、Q1 漏、源极到地，产生线性变化的电流及自感电动势。T1⑤—⑥绕组所感应的互感电动势经 D4 整流、C20 滤波，向 IC01⑨馈送一个幅度值约 22.5V 的直流电压，作为 IC01 正常工作时的电源。在 Q1 导通时，T1 二次绕组⑨—⑩感应的电动势经 D6 内的整流二极管整流、L3 滤波，向电解电容 C23、C24

和 C27 充电，并向负载提供电能。

在 Q1 截止时，L3 自感电动势反向，通过 D6 内的续流二极管继续向 C23、C24 和 C27 充电，并向负载提供能量。为了防止开关电源启动时其输出电压对负载的冲击，此电路设有了由 C18、R03、R04 构成的延迟控制电路，使 IC01⑩输出的 PWM 脉冲逐渐上升至稳态，实现电源的软启动。正常工作时 PWM 脉冲周期约 20μs、幅度值约 7V。

为防止 T1 因占空比超过 0.5 而出现磁芯饱和，T1 中增设了退磁绕组④—②，其作用是：在 Q1 导通时，④—②绕组中的感应电动势使高压快恢复二极管 D3 处于反偏状态，不影响开关电源工作。当 Q1 截止时，④—②绕组感应电动势反向，T1 漏感使其感应电动势幅度超过直流输入电压，使 D3 导通，将蓄积于 T1 一次绕组中的能量回送到一次侧。使用上述方法可将 Q1 漏极上的最高反向电压限制在两倍直流输入电压内，同时使 T1 磁芯在下一个开关周期前充分退磁。

(2) 稳压过程　此开关电源的稳压过程如下：当某种原因使输出电压升高时，通过取样电路 R33、VR3、R34 的取样，精密稳压器 IC1 的 R 端电位上升，K-A 间电流增大，K 端电位下降，光电耦合器 PC1 内的发光二极管发光增强，光敏三极管电阻值变小。IC01⑭输出的 4.9V 基准电压经 PC1 光敏三极管与 R05 的分压，使 IC01②（反馈）电位上升，⑩输出的 PWM 脉冲脉宽变窄，Q1 导通程度变小，输出电压下降，达到稳压的目的。

(3) 保护电路

① 电流保护电路　取样变压器 CT 二次绕组产生的互感电动势经 D02 整流、C19 和 C02 滤波，馈至 IC01③（过电流控制）。当某种原因（如负载过重）引起 Q1 电流过大，使 IC01③电位升高到约 2.5V 时，IC01⑩无 PWM 脉冲输出，Q1 截止，实现过电流保护。过电流保护动作工作点由 VR2 设定。

② 欠电压保护电路　T1⑦—⑧绕组感应电动势经 D5 整流、C21 滤波，在输出电压正常时，稳压管 ZD1 使 Q2（b）为高电平而饱和导通，Q2（c）为低电平，使光电耦合器 PC2 内的光敏三极管呈高阻状态，不影响电源的工作。当 T1⑦—⑧绕组输出电压下降到一定值时，ZD1 拉低 Q2（b）的电位，使 Q2 截止，Q2（c）转为高电子，使 PC2 内的光敏三极管将 IC01⑬（遥控）电位拉低为 0.1V 左右，使 IC01 停振，实现欠电压保护。

③ 过热保护电路　固定在场效应功率管 Q1 散热片附近的温度传感器，并接在 IC01⑬（遥控）与地之间。当 Q1 温升过高时，温度传感器内的双金属片接触，IC01⑬电位降为 0V，使 IC01 停振。

④ 浪涌电压吸收电路　R9 与 C11、R6 与 C10、R25 与 C22 等构成的吸收电路用于吸收 Q1、D3、D6 在通断工作时因寄生电感、寄生电容的存在产生的浪涌电压。

2. 故障检修

其故障现象为：受控电源电压无输出，其他非受控电源电压（如+5V、+12V、−12V）输出正常。

根据故障现象分析，检修时首先检测 CONT 端子电平变化是否正常。操作设备面板按钮，CONT 端子由 8V 跃变为 3V，说明 CPU 已发出 POWERON 指令，但输出电压为 0V，说明故障在电源组件。在脱机状态下检修电源组件，须采取如下措施：断开 R40，使光电耦合器 PC5 内的光敏三极管呈高阻状态，IC0113 处于高电平；在电源输出端并联接入 8 组约 22Ω/1A 的合金电阻丝作为假负载。

检测主开关电路及各保护电路相关元器件，没有见异常。实测 IC6⑨为 5.2V（正常值约 22.5V），②约 0.2V（正常值约 4.9V），⑩为 0V（正常值约 7V）。显然，故障在 IC6。代换新的 IC6 后，工作正常。

十、 TEA2262 构成的开关电源电路分析与维修

如图 6-10 所示为应用厚膜集成电路 TEA2262 构成的开关电源电路，此电路主要是以 PWM 控制芯片 TEA2262 为核心构成的变压器耦合、并联型、他激式开关电源电路。

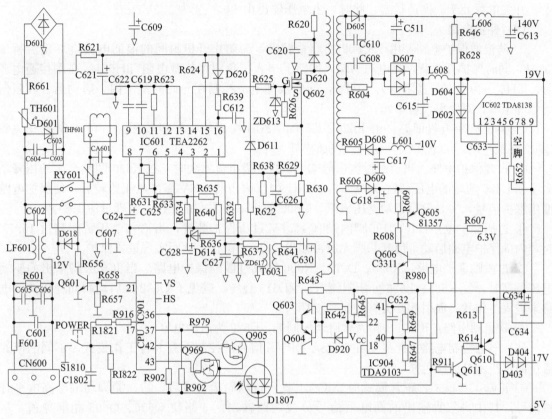

图 6-10　应用厚膜集成电路 TEA2262 构成的开关电源电路

1. 电路原理

(1) 干扰抑制与整流滤波电路　220V 交流电压经 R601、LF601、C601～C606 滤除交流电压中的高频干扰信号后，分三路输出：一路送入受控消磁电路；另一路经限流电阻 R621、D601 全桥整流，在 C621 两端建立启动电压。

(2) 消磁电路　消磁电路受微处理器 IC901 的控制，由三极管 Q601、继电器 RY601 及其外围元器件构成。主电源开始工作后，开关变压器次级绕组输出的 19V 电压，经 IC602 稳压后 12V 电压加在继电器的两端。在开机瞬间，微处理器 IC901 消磁控制端 21 脚输出 3s 高电平控制信号，经 R658 使 Q601 导通，12V 电压使继电器 RY601 吸合，消磁电路工作 3s，完成消磁。

(3) 脉宽调制电路　300V 的直流电压经开关变压器 T601 的初级绕组，送开关管 Q602 的 D 极。同时，市电压经 R621 限流，对电源控制芯片 IC601（TEA2262）供电端滤波电容 C621 充电。当 IC601 的⑮和⑯脚充电电压达到 103V 左右时，IC601 启动。IC601 启动后，其 14 脚开始输出驱动脉冲，Q602 开始为 T601 提供脉冲电流，其反馈绕组产生感应电压，经 D611 整流、C621 滤波，向 IC601 的⑥和⑯脚供电，以取代开机时由 R621 提供的开启电压，T601 次级绕组向各级负载供电。

(4) 稳压控制电路　电源稳压电路由 IC904（TDA9103）、Q603、Q604、T603 加入 IC601（TEA2262）②脚内部比较器共同完成：当市电电压升高或负载变轻，引起 T601 输出

端电压升高时，经取样电阻 R646、R628、R647 分压后，加到 IC9049⑩脚的电压升高。通过内部电路，控制 IC9042②脚输出脉冲的占空比下降＋推挽输出管 Q603、Q604。极的脉冲占空比下降→IC601 的②脚电压下降→IC601③脚输出电压的占空比下降→Q6022 的导通时间缩短→T601 的储能量下降，最终使输出端电压下降到规定值。反之亦然，若 IC6012 脚无脉冲输入，开关电源处于弱振荡状态。此时，主电压输出由 140V 变为 100V 左右。

(5) 保护电路

① 防浪涌保护电路：由于 C609 的容量较大，为防止开机瞬间的浪涌电流烧坏整流桥堆 D601，同时保护开关管，在电源的输入回路上串入了负温度热敏电阻 TH601。在刚接通电源时，TH601 为冷态，其阻值为 1011Ω，能使浪涌电流控制在允许的范围内。启动后，其阻值近似等于零，对电路没有影响。

② 尖峰脉冲吸收回路：由 R620、C620、D610 构成的尖峰吸收回路，可以避免开关管 Q602 在截止时因 D 极的尖峰电压过高而损坏。

③ 过渡保护电路：当负载过流引起 Q602 的 S 极电流增大时，在 R630 两端产生的压降增大。当 C626 两端的电压超过 0.6V 时，与 IC601③脚内的 0.6V 基准电压比较后，使保护电路输出保护信号，可是没有驱动电压输出。Q602 截止，电源停止工作，实现过流保护。

④ 过压保护电路：IC601⑯脚内设有 15.7V 过压保护装置，当输入电压瞬间超过 15.7V 时，内部保护电路启动，使其⑨脚无脉冲输出。Q602 截止，从而实现过压保护。

⑤ 过激励保护电路：R625、D613、R626 构成过激励保护电路。当 IC601 脚输出的驱动电压过高时，经 R625、B626 分压限流后被 ZD613 稳压，避免了 Q602 因启动瞬间稳压调节电路末进入工作状态而引起开关管过激励损坏。

⑥ 软启动电路：IC601⑨脚为软启动控制端，C622 为启动电容。

(6) 节能控制电路 此显示在 VESA DPMS 信号的控制下有 3 种工作模式，不同的模式通过面板指示灯的颜色显示。

① 正常工作模式：正常模式时，IC901 收到行场同步信号后，㊱、㊲脚均输出高电平开机信号。其中，㊱脚输出的高电平信号分成两路输出：一路使 Q606、Q605 相继导通，从 Q605 集电极输出的电压经 R607 限流，为显像管灯丝提供 6.3V 电压。另一路使 Q611、Q610 相继导通。从 Q601 集电极输出的电压经 D403、D404 降压，为场输出电路提供 17V 电压。②脚输出的高电平信号加到稳压控制集成电路 IC602④脚，控制 IC602 从⑧脚输出 12V 电压为负载供电，而从 IC602⑨脚输出的 5V 电压不受④脚控制，保证微处理器电路在节能时正常工作。这样，整机受控电源全部接通，电源指示灯呈绿色。

② 待机/挂起模式：待机/挂起模式时，因 IC901 没有行或场同步信号输入，则它的节能控制为高电平，④脚为低电平；㊱脚为高电平时，显像管灯丝依然点亮；㊲脚为低电平时，IC602⑧脚无 12V 电压输出，致使行/场扫描等电路因失去供电而停止工作。此时，电源指示灯为橙色。

③ 关闭模式：主机关机后，无行/场同步信号输出，微处理器检测到这一变化后，㊱、㊲脚输出的控制信号变为低电平。㊲脚为低电平后，受控 12V 电压消失，小信号处理电路因失去 12V 电压而停上工作。而㊱脚为低电平时，Q606、Q605、Q611、Q610 相继截止，切断显像管灯丝及场输出电路的供电，显示器进入关闭模式。此时，电源指示灯为橙色并处于闪烁状态。

2. 故障检修

故障现象 1：开机全无。

对这类故障应重点检查其电源电路。查熔丝 F601 完好无损，测主电源电路输出端电压为 0V，测 C609 两端电压为 300V，测 IC60115、⑯脚无电压（正常时⑮脚为 15V 左右，⑯脚为

14V 左右）。断电后，测 IC601⑮、⑯脚对地电阻正常，怀疑是启动电阻 R621 开路。经检查确已开路，代换后工作正常。

故障现象 2：开机有时正常，但有时烧熔丝。

烧熔丝说明交流输入电路可能有短路现象；烧熔丝没有规律性，说明电源输入回路有不稳定的元器件。查找不稳定的元件，可使用分段切割检测法。具体检修步骤如下：取下桥堆 D601，给显示器加电仍烧熔丝，再断开消磁电路，通电试机，不烧熔丝，代换消磁电阻后工作正常。

故障现象 3：指示灯为绿色，无显示。

通电后显像管灯丝发光正常，但显像管没有高压启动声，说明显像管灯丝及其供电正常，是节能控制、行扫描电路或行输出电源电路异常。测 IC904 供电端⑱脚电压时，发现电压为 0V，说明供电电路异常。测 IC602（TDA8138）的控制端④脚为高电平，其②脚有 13V 输入，说明 IC602 或其负载异常。断开 IC602 的输出端⑧脚后，测 IC602⑧脚电压仍为 0V，怀疑 IC602 内部异常。处理方法是：把 TDA8138②、④和⑧脚剪断悬空，外接一只三端稳压器，选用 KA78R12，代用四端稳压器的输入端接②脚，输出端接⑧脚，受控端接④脚，接地端接③脚，然后固定在原散热片上。

故障现象 4：开机瞬间有高压启动声，但随即消失，指示灯为绿色。

为确定故障在开关电源还是在负载电路，用万用表监测 C611 两端的电压。加电开机，结果发现 C611 两端的电压由 160V 多瞬间变为 102V，说明开关电源电路存在问题。经分析：当电压输出过高时，会导致 IC904 内部 X 射线保护电路动作。关闭⑧脚脉冲输出，使 IC601②脚无脉冲输入，进可使开关电源处于弱振荡状态，从而达到高压保护的目的。因此，应重点检查稳压调节电路。经检查发现取样电阻 R646 阻值由 56kΩ，变为 70kΩ。代换后工作正常。

集成电路 IC601 引脚功能、电压、电阻值见表 6-2。

表 6-2 集成电路 IC601 引脚功能、电压、电阻值

引脚	功能	电压/V	对地电阻/kΩ	
			正测	反测
1	开关变压器初级磁检测端	0.28	12	13.4
2	开关稳压脉冲输入	−0.045	1	1
3	开关管过流检测端	0.02	0.5	0.5
4	地	0	0	0
5	地	0	0	0
6	误差取样电压输入端	2.9	10.5	11
7	误差取样放大器输出端	1.1	13.6	16
8	过载检测积分电容器	0	12	18
9	软启动时间控制	0.8	12	15
10	振荡器定时电容	2.2	13	14
11	振荡器定时电阻	2.4	13.4	13.9
12	地	0	0	0
13	地	0	0	0
14	输出 PWM 驱动脉冲	1.8	8.9	10.4
15	输出级电源	15.2	8.1	140
16	控制电路的供电端	14.0	10.4	68

十一、 L6565 构成的开关电源电路分析与检修

如图 6-11 所示为应用厚膜集成电路 L6565 构成的开关电源电路。

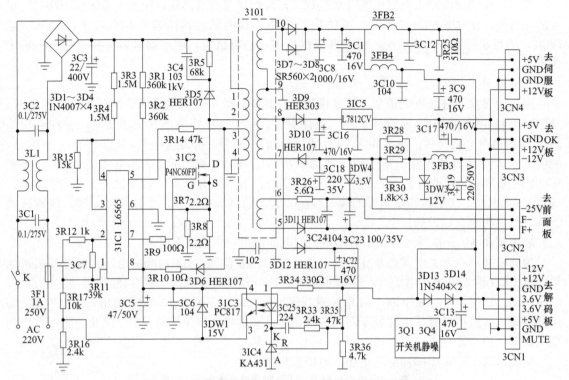

图 6-11   应用厚膜集成电路 L6565 构成的开关电源电路

1. 电路原理

(1) 输入电路、启动与振荡电路   接通电源开关，220V 交流电压经电源开关 K、熔丝 3F1 后进入由 3C1、3L1、3C2 构成的滤波器，滤除交流电压中的高频干扰后，再经 3D1～3D4 整流、3C3 滤波，在 3C3 两端产生 280V 左右的直流电压。整流滤波电路产生的约 280V 直流电压分三路输入开关电源电路：第一路经开关变压器 3T01 初级①—②绕组加到开关管 3IC2 的漏极 D；第二路经启动电阻 3R1、3R2 降压、限流，对电源控制芯片 3IC1（6565）⑧脚启动端滤波电容 3C5 充电；第三路经 3R3、3R4、3R15，分压后加到 3IC1 的③脚。当 3C5 两端电压达到 14V 时，为 3IC1⑧脚提供启动工作电压，3IC1 内部各功能电路开始工作，内部振荡器形成振荡，使⑦脚输出开关管激励脉冲。此激励脉冲经 3R9 送到开关管 3IC2 的栅极 G，开关电源电路完成启动过程。开关电源启动后，开关变压器反馈绕组③—④感应的脉冲电压经 3D6 整流、3R10 限流、3C5 滤波、3DW1 稳压后得到 16V 左右的直流电压。此电压一路直接加至 3IC1⑧脚，取代启动电路为 3IC1 提供工作电压；另一路加至光电耦合器 3IC3（PC817）的④脚，并与后级电路共同构成输出电压的自动稳压调节电路。

(2) 稳压控制电路   稳压控制电路主要由 3IC1、光电耦合器 3IC3、精密可调基准三端稳压器件 3IC4（KA431）以及取样电阻 3R35、31R36 等构成。当因某种原因引起输出电压升高时，+5V 电压也会随之升高，这样取样电阻 3R35、3R36 分压处的电压值也会随着升高，即 KA431 控制端 R 点电压升高，使得流过 KA431 的 K-A 端的电流增加，光电耦合器 3IC3 内部的发光二极管因电流增大而发光增强，致使 3IC3 内的光敏三极管因光照加强而导通加强，其发射极间的内阻变小，导致 3IC1①脚的电压升高，3IC1 内部电路控制⑦脚输出脉冲的占空比

减小，使开关管 3IC2 导通时间缩短，此时开关变压器储能下降，最终使输出电压降到规定值。若开关电源的输出电压降低，其稳压过程与上述相反。

（3）输出电路　开关变压器 3T01 次级⑩—⑨绕组产生的感应电压经 3D7、3D8 整流，3C8、3FB2、3FB4 滤波后得到 5V 直流电压，此电压分为五路：第一路经排插 3CN4 送至伺服板，为 RF 放大电路 MT1366F、伺服与数字信号处理电路提供工作电压；第二路经排插 3CN3 送卡拉 OK 电路板，为延时混响电路提供工作电压；第三路经插 3CN1 送至解码板；第四路送开关电源稳压控制电路，为光电耦合器 3IC3、精密稳压器件 3IC4 提供工作电压和取样电压；第五路经 3D13、3D14 降压，3C13 滤波后得到直流 3V、6V 电压，经 3CN1 送至解码板，为解码芯片 ES4318F 提供主工作电压。由 3T01 次级⑧—⑨绕组感应的脉冲电压分为两路：一路经 3D12 整流、3C22 滤波形成约 16V 直流电压，并加到由 3Q1、3Q4 构成的静噪电路并产生静音控制（MUTE）信号，此信号经排插 3CN1 送至解码板，用于控制音频输出电路，以实现开/关机时静音；3T01⑧—⑨绕组感应的脉冲电压另一路经 3D9 整流、3C16 滤波后得到约 16V 的直流电压，此电压经三端稳压器 3IC5（L7812CV）稳压得到 12V 电压，此电压又分为三路，一路经排插 3CN4 送至伺服板（为驱动电路提供工作电压），一路经排插 3CN3 送至卡拉 OK 电路板（为话筒前置放大电路 KIA4558P 提供正工作电压），另一路经排插 3CN1 送至解码板，为音频放大集成块提供正工作电压。由 3T01 次级⑦—⑨绕组感应的脉冲电压经 3D10 整流、3C18 滤波后得到-25V 电压，此负电压一路经排插 3CN2 送至前面板，为显示屏提供阴极电压；另一路经降压，并经 3DW3 稳压，3FB3 和 3C19 滤波得到-12V 电压后再分为两路，一路经排插 3CN3 送至卡拉 OK 电路板，为话筒信号前置放大电路提供负工作电压，另一路经排插 3CN1 送至解码板，为音频放大集成块提供负工作电压。3T01 次级⑤—⑥绕组感应的交流脉冲电压经 3D11 整流后得到约 3V 的脉动直流电压，此脉动直流电压再叠加上-25V 电压后（经 3DW4 送来的负电压），形成 F+、F-电压，由排插 3CN2 送至前面板，为显示屏提供灯丝电压。

（4）保护电路

① 尖峰吸收电路：为防止开关管 3IC2 在截止时 D 极感应脉冲电压的尖峰将 3IC2 D-S 极击穿，设有了由 3D5、3R、3C4 构成的尖峰吸收电路。

② 欠压保护：当 3IC1⑧脚的启动电压低于 14V 时，3IC1 不能启动，其⑦脚无驱动脉冲输出，开关电源不能工作。当 3IC1 已启动，但负载过重（过流）时，其反馈绕组输出的工作电压低于 12V 时，3IC1⑧脚内部的欠压保护电路动作，3IC1 停止工作，⑦脚无脉冲电压输出，避免了 31C2 因激励不足而损坏。

③ 过流保护：开关管源极（S）的电阻 3117、3118 为过电流取样电阻。若因某种原因（如负载短路）引起 3IC2 源极电流增大，会使过流取样电阻 3R7、3R8 上的电压降增大，使 3IC1④脚电流检测电压升高，当此脚电压上升到 1V 时，⑦脚无脉冲电压输出，3IC2 截止，电源停止工作，实现过电流保护。

2. 检修方法

（1）熔丝 3F1 熔断　若熔丝 3F1 熔断，且玻璃管内壁变黑或发黄，则说明电源电路存在短路，应检查市电输入电路中 3C1、3L1、3C2 以及整流滤波电路中 3D1～3D4、3C3 是否短路，或开关管 3IC2 的 D-S 有无击穿。若开关管 3IC2 击穿，还要检查 3R7、3R8 和尖峰脉冲吸收电路中的 3D5、3R、3C4 是否开路、损坏。

（2）3F1 正常，但各输出电压为 0V　3F1 正常，但各组输出电压为 0V，说明开关电源没有启动工作，应检查 3IC2 的 D 极是否有 280V 左右的电压。若 3IC2 的 D 极无电压，则检查电源开关 K、3L1、3D1～3D4 等器件有无虚焊、开路；若 3IC2 的 D 极电压正常，则进一步测量电源控制集成块 L6565⑧脚在开机瞬间是否有 16V 启动电压。若无启动电压，则应检查启动电阻 3R1，3R2 是否开路，3C3 是否击穿或 L6565⑧脚对地是否击穿。

(3) 输出电压偏高或偏低 若开关电源各输出电压偏高或偏低，则是自动稳压电路有故障，一般是取样电压反馈网络出现故障，应重点检查 3IC3、3IC4 及其外围元件是否正常，最好同时代换 3IC3、3IC4，因两元件同时损坏的概率较大。另外，对输出电压过低故障，还需检查 3D6、3R10 是否开路损坏，以及 L6565 本身是否性能变差。

3. 故障检修

故障现象： VFD 屏不亮，也无开机画面。

检修方法 1： 观察熔丝 3F1 已熔断且发黑，判断开关电源有严重短路。测量发现场效应开关管 3IC2 D—S 极间正反向阻值为 0Ω，说明已击穿，电流取样电阻 3R7、3R8 也烧糊开路。当开关管被击穿时，不能简单代换后就盲目通电，而应对尖峰吸收电路中的 3D5、3C4、3R5 及电源控制集成块 L6565、光电耦合器 PC817、稳压器 KA431 等进行全面检查。先测量各关键点电阻值基本正常，后又分别焊下 3D5、3C4、3R5、PC817、KA431 检查，没有发现有明显问题，但为了稳妥，还是将 3C4、PC817，KA431 全部代换。试机，VFD 屏点亮并正常显示字符，接上电视后也有了开机画面，且读盘、播放正常。

检修方法 2： 开盖检查，熔丝 3F1 完好无损，加电后先测电源各组输出电压，+5V 输出端电压在 0.5～1V 间波动，+3.6V 输出端电压也在 0.5～1V 间波动，+12V 输出端电压在 7～10V 间波动，−12V 输出端电压在 −9～7V 间波动。各路输出电压过低且波动大，说明开关电源重复工作在启动、停止状态，故障原因主要有两点，一是电源的负载太重或短路，引起开关电源保护；二是自馈电路异常。断电后测各路负载对地阻值均正常，可排除负载过重或短路的可能，应重点对电源的初级侧电路进行检查。通电后测开关管 3IC2 漏极 D 电压为 283V 正常，但栅极 G 电压在 0～0.2V 间波动。进一步测量 3IC1⑦脚电压在 0～0.2V 间波动（正常应为 2.6V），⑧脚电压为 12V 且表针抖动（正常为 15.4V），①、②、③、⑤脚电压也异常。因 3IC1 多个脚的电压不正常，故怀疑此集成块损坏，但在断电后测各脚对地阻值又没发现有明显的问题，决定还是先检查外围元件。最后查出反馈电路中的 3R10 阻值变大为几十千欧。用 10Ω 电阻代换 3R10 后试机，机器恢复正常工作。

检修方法 3： 开盖检查，熔丝没有熔断，加电后测电源各路输出电压均为 0V。断电后测各路负载对地阻值正常，无短路现象，判断开关电源没有启振工作。在通电状态检测开关管 D 极电压为正常值 285V，而 G 极电压为 0.3V 异常。测量 L6365 各脚电压异常，其中⑦脚为 0.3V，⑧脚为 1.1V（正常为 15.4V）。⑥脚是 V_{CC} 电源端，此脚电压过低时内部各功能电路不能工作：检查与此脚有关联的元件，查启动电阻 3R1、3R2 和滤波电容 3C5、3C6 均正常，自馈电路中的 3T01③—④绕组、3136、3R10 也正常，再分别焊开 3DW1、31C3 检测，发现 3DW1 正反向电阻均为 0Ω，用 15V 稳压二极管代换 3DW1 后试机，工作正常。

十二、 KA3842 构成的电源典型电路分析与检修

KA3842/UC3843 是 UC384X 系列中的一种，它是一种电流模式类开关电源控制电路。此类开关电源控制电路使用了电压和电流两种负反馈控制信号进行稳压控制。电压控制信号即我们通常所说的误差（电压）取样信号；电流控制信号是在开关管源极（或发射极）接入取样电阻，对开关管源极（或发射极）的电流进行取样而得到的，开关管电流取样信号送入 UC3843，既参与稳压控制，又具有过流保护功能。若电流取样是在开关管的每个开关周期内都进行的，因此这种控制又称为逐周（期）控制。

UC384X 主要包括 UC3842、UC3843、UC3844、UC3845 等电路，它们的功能基本一致，不同点有三：第一是集成电路的启动电压（⑦脚）和启动后的最低工作电压（即欠压保护动作电压）不同；第二是输出驱动脉冲占空比不同；第三是允许工作环境温度不同。另外，集成电路型号末尾字母不同表示封装形式不同。主要不同点如表 6-3 所示。

表 6-3 UC384X 系列主要不同点

型号	启动电压/V	欠压保护动作电压/V	⑥脚驱动脉冲占空比最大值
UC3842	16	10	
UC3843	8.5	7.6	
UC3844	16	10	50%～70%可调
UC3845	8.5	7.6	50%～70%可调

从表 6-3 可以看出，对于使用 UC3843 的电源，当其损坏后，可考虑用易购的 UC3842 进行替换，但因 UC3842 的启动电压不得低于 16V，因此，替换后应使 UC3842 的启动电压达到 16V 以上，否则，电源将不能启动。

与 UC384X 系列类似的还有 UC388X 系列，其中，UC3882 与 UC3842、UC3883 与 UC3843、UC3884 与 UC3844、UC3885 与 UC3845 相对应，主要区别是⑥脚驱动脉冲占空比最大值略有不同。

另外，还有一些使用了 KA384X/KA388X，此类芯片与 UC384X/UC388X 相对应的类型完全一致。

如图 6-12 所示为使用 KA3842/UC3842 构成的开关电源电路。

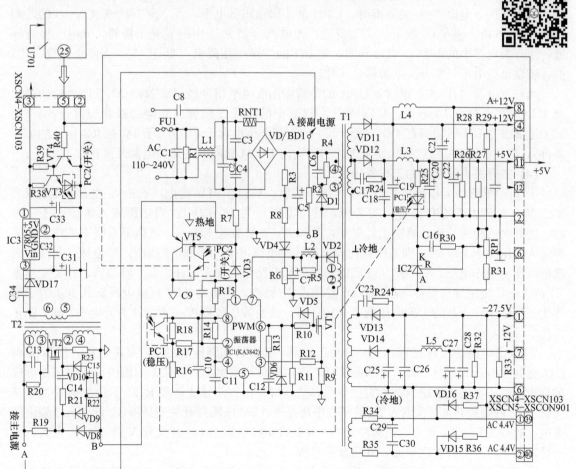

图 6-12 KA3842/UC3842 构成的开关电源电路

1. 电路原理

(1) 交流电压输入及整流滤波电路的工作原理 此部分电路与其他机型电路类同，即由电网交流 220V 电压经熔丝 FU1、抗干扰线圈 L1 及开机限流电阻 RNT1 后送入桥堆 VDBD1，经 VDBD1 整流、C5 滤波后产生约 300V 的直流电压，分别送到主开关电源和副开关电源（A、B 端）。

(2) 副开关电源电路的工作原理 副开关电源电路主要由 T2、VT2 等构成。+300V 左右电压经开关变压器 T2 的①—③绕组加到场效应管 VT2 漏极，同时也经启动电阻 R19 加到 VT2 栅极，使 VT2 微导通，随着①—③绕组电流的增加，反馈②—④绕组的感应电压经 C14、R21 反馈到 VT2 栅极，使 VT2 很快饱和导通，同时对 C14 充电。VT2 饱和后电流不再变化，②—④绕组上的感应电压消失，C14 上被充电电压经②—④绕组、VD8、R21 放电，使 VT2 栅极电位降低退出饱和区，导通电流减小，②—④绕组产生的感应电压，又使 VT2 栅极电位很快降低，VT2 很快截止。然后又重复导通、截止过程，进入自动开关工作状态。

VD9、R22、C15 构成控制电路，控制 VT2 的导通时间，稳定次级输出的电压。开关变压器 T2 的次级⑤—⑥绕组的脉冲电压经 VD17 整流、C31 滤波后，再经 IC3（7805）稳压后形成 +5V 电压，通过 XSCN4—XSCN103 的③脚送到 U701 微处理器。

(3) 主开关电源的通/断控制电路的工作原理 接通电源后，副开关电源即产生了不受控的 +5V 电压给系统微处理器 U701 供电。

当没有按下电源"开/关"键时，U701 的④脚输出低电平，经 XSCN4—XSCN103 的⑤脚送到 VT4 基极，使 VT4 截止、VT3 导通，光电耦合器 PC2 中的发光二极管、光电三极管导通，主开关电源中的 VT5、VD3 导通，使 IC1 的①脚电压降低（低于 1V）而停止振荡，IC1 的⑥脚输出低电平，主开关电源停止工作。

当按下电源"开/关"键时，U701 的㉕脚输出高电平指令经 XSCN4—XSCN103 的⑤脚送到 VT4 基极，使 VT4 导通、VT3 截止，PC2 中的发光二极管、光电二极管均截止，VT5、VD3 也截止。IC1 的⑦脚有工作电压，IC1 的①脚电压也大于 1V（大于 1V 是 IC1 振荡的工作条件），IC1 中振荡电路启振，使 IC1 的⑥脚输出 PWM 脉冲，主开关电源开始正常工作。

(4) 主开关电源电路的工作原理

① 启动电路的工作原理 当按下电源开关后，VT5、VD3 截止，+300V 左右电压经 R3、R8、VD4 加到 IC1 的电源输入端⑦脚，其启动电压为 16～34V。当⑦脚输入电压小于 16V 时，则其内的施密特比较器输出低电平，⑧脚无 5V 基准电压输出，其内部电路不工作。当⑦脚输入电压大于 16V 时，则施密特比较器翻转输出高电平，基准电路输出 5V 电压，一路送内部电路作为工作电压，另一路从⑧脚输出送外部电路作为参考电压。IC1 启动后，开关变压器 T1 的①—②绕组感应脉冲电压经 VD2 整流、C7 滤波，产生的 14V 直流电压送到 IC1 的⑦脚作为工作电压，若此时⑦脚电压低于 +10V 时，施密特比较器再一次翻转为低电平，IC1 停止工作。

② 振荡电路的工作过程 IC1 启动工作后，IC1 的⑧脚输出的 5V 参考电压，经 R14 对 C11 充电并加到 IC1 的④脚，内部振荡器工作，振荡频率由 R14、C11 的值决定。振荡器形成的锯齿波电压在集成电路内部调宽处理后，从⑥脚输出驱动脉冲，经 R13、R10、VD5 加到开关管 VT1 的栅极 G，开关管 VT1 的漏极电压是 +300V 电压经开关变压器 T2 的④—③绕组送来的，故开关管 VT1 导通。正脉冲过后，IC1 的⑥脚电压为 0，开关管 VT1 截止，直到下一个脉冲到来，开关管再次导通，并重复此过程。

③ 稳压调节电路的工作原理 稳压控制电路主要由接在 +12V、+5V 输出回路中的光电耦合器 PC1 中的发光二极管、IC2（KA431ZTA）、RP1 等构成的电压检测电路构成，通过控制 PC1 中的光电三极管的导通程度来控制 IC1 的输出脉宽进行稳压。PC1 中的光电器与 R18

并联接在 IC1 的⑧脚，IC1 的⑧脚基准电压便经光电三极管和 R18、R16 分压，经 R17 送入 IC1 的②脚。PC1 的导通程度决定了 IC1②脚的电压。IC1②脚是误差放大器的反向输入端，其正向输入端电压是⑧脚 5V 基准电压在 IC1 内经两个相同阻值的电阻分压而获得＋2.5V 电压。IC1 的①脚是误差放大器的输出端，通过并联的 C9、R15 连接到误差放大器的反向输入端②脚。这是一个完全补偿式放大器，其特点是开环直流电压增益较高，闭环后稳定性较强。

当 IC1 的②脚电压升高时，经电压放大后，①脚电压下降，RS 触发端的 R 端电压随之下降，IC1 的⑥脚输出的脉冲宽度变窄；反之，⑥脚输出的脉冲宽度加宽。当因某种原因使＋5V、＋12V 电压升高时，通过取样电阻 R29、RP1、R31 分压后，加到 IC2 的 R 端的电压升高，流过其 K 极、A 极的电流增大，光电耦合器 PC1 内发光二极管亮度加强，其光电三极管电流增大，使 IC1 的②脚电压升高，IC1 的⑥脚输出的脉冲宽度变窄，开关管 VT1 导通时间缩短。T1 的传输能量降低，次级输出电压降低，使输出电压稳定。反之，当输出电压降低时，控制过程与此相反。

④ 保护电路的工作原理　主开关管电源中设有过流、过压、欠压保护及＋5V 短路保护电路。开关管 VT1 源极 R9（0.42Ω/1W）为过流取样电阻，因某种原因（如负载短路）引起 VT1 源极电流增大，R9 上的电压降增大，使 IC1 的③脚电流检测电压升高。当此电压大于 1V 时，IC1 的⑥脚无脉冲输出可使 VT1 截止，电源停止工作，实现过流保护；当电源输出电压过低时，开关变压器 T1 的①—②绕组感应出的电压也降低，经整流滤波后加到 IC1 的⑦脚电压随之降低，当低于 10V 时自动关闭 IC1 的⑥脚的输出脉冲，以实现欠压保护。IC1 的⑦脚内设 34V 稳压电路，以防⑦脚电压过高而烧毁电路，从而实现过压保护。主开关电源正常工作后，其＋5V 电压经 B40 接到 VT4 基极，维持副开关电源中 VT4 的导通。当主开关电源中＋5V 电路出现过载或短路时，VT4 基极电位降低，使主开关电源停止工作，从而保护主开关电源电路和整机电路。只有在排除了＋5V 负载上的故障后，主开关电源才能正常工作。

⑤ 二次整流滤波电路的工作原理　T1 次级绕组产生的脉冲经整流滤波后产生了＋12V、－12V、＋5V、－27.5V 等几种电压。其中±12V 送到各音频电路。＋12V 还送到电机驱动电路，同时经过由 VD702、VD703、VD704、VD705 构成的稳压控制电路稳压成＋8V 电压，给机芯伺服控制 U762（KA9258）供电。＋5V 电压送到音频 CD 及各数字电路，5V 电压还经 VDOT 稳压成 3V 电压，作为 MPEG 解码器的工作电压。－27.5V 电压加到显示/操作微处理器 U701，为 VFD 荧光显示驱动电路供电。最后一个绕组的脉冲电压经 R34、R35 输出交流 4.4V 电压，经 XSCN5～XSCON901 的①脚、②脚及㊳脚、㊵脚为 VFD 显示屏供电。因荧光显示管的灯丝又是阴极，应该保持负压，故－27.5V 还经 VD15、VD16 叠加在灯丝电压上，将灯丝钳位在－27.5V。

2. 故障检修（可扫二维码看视频学习）

故障现象 1： VFD 屏无显示，整机不工作。

检修方法 1： 打开机盖，首先检查其电源电路，测得接插件 XSCN4—XSCN103 上只有非受控电源＋5V 电压，无受控的＋5V 和＋12V 电压输出，也无－27.5V、－12V 和 AC 4.4V 电压输出，说明故障在主电源电路、电源通/断控制电路或系统控制电路部分。

电动车充电器以　充电器控制　充电器无输出
TL3842 为核心　电路检修　启动电路检修
的电路原理

（图 9-2）

接着检查电源通/断控制电路，测量 XSCN4—XSCN103⑤脚的控制电压，在按下电源开关时有高电平输入，说明系统控制微处理器工作正常，故障在电源通/断控制电路。测量控制管 VT3 的各脚电压，测得其基极脉冲始终为低电子。在没有接通电源开关时，VT4 因无控制高电平输入而截止，VT3 的基极为高电平而导通，其发射极的输出电流使 PC2 光电耦合器中的发光二极管和光电器导通，主电源停振而不工作；接通电源开关时，VT4 导通使 VT3 的基极变为低电平，VT3 截止，PC2 也不工作，主电源电路开始工作。

经上述分析，焊下 VT3，接通电源开关主电源能正常工作，各输出电压正常，判断是 VT3 或 VT4 有问题。经检测发现 VT3 正常而 VT4 的 c-e 结软击穿。代换 VT4 后，整机播放正常。

检修方法 2：根据故障现象分析，首先检查系统控制电路和电源电路。用万用表测量微处理器 U701 的⑫脚，有＋5V 工作电压。在操作电源开关的同时测 VT4 的基极，有高电平控制信号输入，电源指示灯点亮，但无受控 5V 输出电压，表明微处理器工作正常，故障在电源控制电路或主开关电源电路。

检查主开关电源电路，测场效应开关管 VT1 的漏极，有＋300V 的电压，说明电源的整流滤波电路正常。测得 IC1 的⑥脚输出电压为零，其①脚电压始终低于＋1V，而⑦脚有＋16V 的供电电压，说明开关电源没有振荡，故障在电源控制电路。经检查，VT3 的 c-e 结击穿，使 PC2 始终导通，主开关电源不能工作。代换 VT3 后，机子恢复正常工作。

检修方法 3：检修时打开机盖，用万用表检测电源的几路输出电压，即±12V、±5V、AC 4.4V 等，均输出为零。检查电源线及变压器，均正常。在检修中发现，当按下电源开关键时，U701 的㉕脚输出高电平，经 XSCN4—XSCN103 的⑤脚送入 VT4 的基极，使 VT4 导通、VT3 截止，PC2 中的发光二极管和光电器均截止，VT5、VD3 也截止，IC1 的⑦脚有工作电压，IC1 的①脚电压大于 1V，IC1 中的振荡电路进行振荡，IC1 的⑥脚输出 PWM 脉冲，主开关电源便进入工作状态。当＋5V 电路出现过负荷或短路时，VT4 的基极电位降低，主开关电源便停止工作，从而保护主开关电源电路和整机电路。因此，只有在排除＋5V 负载上的故障后，主开关电源才能正常工作。

当检测＋5V 输出电路时，发现 C20（1000μF/10V）电解电容已严重漏电，导致主电源电路停止工作。代换 C20 后试机，恢复正常。

故障现象 2：因总烧熔丝而不能工作。

打开机壳，检查副开关电源 VT2 场效应开关管，其 3 个极均击穿短路，并将二极管 VD8、VD9、VD10 烧坏。代换新的 TCM80A 型场效应开关管后，工作正常。

因场效应管 TCM80A 在市场上难以买到，用其他场效应管代换也难以启振，因此，可以通过此电路的方法解决。方法是用一只双 12V/3W 小变压器和 3 只 1N4001 二极管，构成全波整流电路。将原底板上 VT2 和 R19 拆除，次级边断开 VD17。变压器的原边 220V 端并接在 C2 两端，整流输出的"＋、－"端分别对应接在 C31 的"＋、－"极上。没有做任何调整，只将变压器和整流板做必要的固定，接通电源开机，整机恢复正常。

故障现象 3：VFD 显示屏不亮，整机也不能工作。

检修方法 1：当出现故障时，闻到机内有焦糊味，开盖检查时，观察 F301，也已烧焦，焦糊味就是从此处散发出来的。为防止机内仍有短路元件存在，用万用表测 VD301～VD304 整流桥堆，发现其有一臂的正、反向电阻均较小，显然已经损坏。

经确认机内再无短路元件存在后，换上一只同规格的整流桥堆和新的熔丝，装上后试机，VFD 显示屏显示正常。

检修方法 2：根据故障现象分析，此故障可分以下几步完成。

a. 首先检查整流滤波电路输出的电压。测 C307 两端的约 300V 电压基本正常。

b. 测场效应开关管 V310 漏极，发现无正常的约 300V 稳定电压。断电后，测 N301 的⑥脚、④脚之间电阻，呈开路状态。

c. 分析开关变压器 T301 初级开路损坏有可能是其他元件短路所致。经对电源板上各相关元件进行检测，结果发现开关管 V310 的漏极、源极与控制极间短路。

d. 经检查确认其他元件再无损坏后，重换新的开关管与开关变压器焊好，通电开机，显示及其他各功能均恢复正常，正常工作。

检修方法 3：通过现象分析，这是一种典型的电源没有工作故障，应重点从开关电源处入手检查。

a. 检测电源整流滤波电容 C307 两端直流电压约为 300V 左右，场效应管 V310 漏极上直流电压约为 300V，但其栅极电压为 0V。

b. 测量集成块 N301 的⑥脚输出端对地（⑤脚）电压为 0V，正常值约为 1.2V，进一步测量其⑦脚电源端电压，也为 0V。由此说明，N301 没有工作，问题可能出在启动电阻上。

c. 检查启动电阻 R326（180kΩ/2W），发现其已开路。重换新件后，显示屏显示正常。

故障现象 4：220V 交流电压下降到 170V 以下时，此机会自动进入停机保护状态。

此机工作电源范围较宽，其下限值可低至 90V 左右。当 AC220V 电压下降到 170V 左右就不能播放，显然是不正常的，此机故障可能是脉宽调制电路失控引起的。

检修时首先将机子电源插头插入 AC 电压调压器电源输出插座上，并将调压器电压调到 220V 左右；然后将影碟机置于正常重放 DVD 碟片状态，调节调压器的电压使其缓慢下降，当此电压下降到 172V 左右时，影碟机自保。此时测量 V304 的③脚或②脚上的 5V 电压，下降到 4.1V 左右。当将交流电压升高时，此电压又会上升。由此可见，开关电源稳压功能确已失效，问题出在误差放大电路。查误差放大控制电路的具体方法如下。

首先切断电源，检查误差放大控制电路中的取样电阻 R312、R313、R314 电阻值，没有发现问题。再测量误差比较放大器 V301 的①脚与②脚、②脚与③脚间的在路电阻，没有发现有异常现象。接着检测光电耦合器 V304 的①脚与②脚、③脚与④脚间的电阻，结果发现其①脚与②脚内发光二极管正向电阻在 8～12kΩ 变动，显然不正常。检测结果见表 6-4。重换一只新的同型号的光电耦合器装上后，调节交流供电电压到 95V 左右时，整机仍可正常工作，此时说明故障已被排除。

表 6-4　厚膜电路 KA3842/UC3842 实测数据

		检测数据	
引脚号		1 脚与 2 脚	3 脚与 4 脚
开路电阻	红测	45～60Ω	300～500Ω
	黑测	∞	∞

故障现象 5：指示灯和 VFD 屏均不亮，整机不工作。

检修方法 1：检修时打开机盖，发现熔丝 FP1 熔断；检查整流二极管及滤波电容，元件良好；测量场效应管 VP1 漏-源极间已击穿。将 VP1 的 D 极断开，换上熔丝，通电后测量 CP6 正端电压有 285V，表明整流滤波电路工作正常；测得 TP1 的⑤—③绕组直流电阻也正常。根据前述原理分析，及 VP1 损坏的原因主要有：电源脉宽调制电路因某种原因而失效；开关管过流保护电路因故失控；开关管过压保护电路因故失控；VP1 集成电路内的 OSC 振荡器工作异常。

首先断开 VP1 栅极电阻 RP6，在 VP1 的⑦脚加上＋12V 直流电源，用示波器观察 UP1 的⑥脚 PWM 脉冲波形正常；又在 RP17 与 RP15 公共端加上 5V 可调直流电压，在±1V 范围内慢慢调节 5V 电压，在示波器上看到 VP1 的⑥脚的 PWM 脉冲宽度随电压升高而变窄，随电压降低而增宽；在 BP11 上加 0.7V 电压，观察 VP1 的④脚 OSC 停振，⑥脚无 PWM 脉冲调制信号波形出现。由此判断 VP1 本身工作基本正常，问题出在其外围电路。

检查开关管浪涌电压限制保护电路中的 DP1、CP7、RP2，结果发现开关二极管 DP1 开路。换上同规格的开关二极管和场效应管后开机工作正常。

检修方法 2：检修时打开机壳，观察熔丝 FP1 完好，加电测量 VP1 漏极电压为 285V 左右，源极电压为 0V。根据电路工作原理，VP1 启振后，漏极电流会在 RP12 上产生一个很小的电压降，开机瞬间，电压表指针会出现跳动，若指针静止在零刻度处，则意味电源本身没有振荡能力。

判断方法为，在电容 CP8 正端与地之间加上＋12V 直流电压，VP1 进入正常振荡状态，关闭＋12V 供电，电源仍能维持工作，显然故障出在电源启动电路。检查启动电阻 RP3，发现其电阻值已增大为 1MΩ 以上，用一只 180kΩ 电阻代换后，整机工作恢复正常，工作正常。

检修方法 3：根据故障现象 2 的检修方法，检查整流滤波无问题，当接通电源后，测量场效应管 VP1 源极电压时，发现万用表指针出现瞬间正向摆动，随即又返回零刻度处。表头指针摆动，说明开关电源已经启振，随即回零则是负载出现过流或短路，VP1③脚内的 OEP 保护电路启控，强制 OSC 停振、VP1 截止，实现过流保护。测得过流检测电阻 RP12 为标称值 1Ω；逐一测量 A＋5V、D＋5V、±12V 和＋12V 4 路负载在路电阻，测得 D＋5V 负载电阻只有几欧，断开插接件 JP3⑥脚，再测，仍只有几欧；对整流滤波电路中的 DP6、CP24、CP25、CP19、CP20、CP38 进行检查，结果发现滤波电容 CP25 已击穿。换上一只新的同规格电容后，工作正常。

故障现象 6：开机播放正常，约 20s 后自动停机。

检修时当出现自动停机后，测量开关管 VP1 源极电压为 0V，说明开关电源处于停振状态。检查伺服系统＋12V 供电同路中的熔丝电阻 RFP1，无问题，显然＋12V 供电负载不存在热泄漏或过流；逐一断开－25V 和－12V 回路中的 DP8、＋12V 回路中的 DP7 和 D＋5V 回路的 DP6，开机后开关管 VP1 仍然会停振，由此可判断热稳定性变差的失效元件应在电源一次回路中。

检修中对所怀疑的元器件如电容、二极管、三极管、晶振和集成电路芯片等应作进一步检查。对于直流-交流变换器中的可疑元器件，如 CP8、CP9、DP2（使提供给 UP1 的工作电源电压下降，造成 REG 电路关闭）、CP14（热漏电会使 UP1④脚的锯齿波电压幅度下降或停振）、OSC 振荡器 UP1 和场效应管 VP1 也进行检查。方法是：对可疑的元件进行加热处理，结果发现电容 CP9 被预热后故障提前出现。代换此电容后，工作正常。

故障现象 7：当市电电压下降幅度较大时不能正常工作。

在此电源工作电压范围下限值可达到 90V，故出现低压不能播放的故障，一般都是由脉宽调制电路失控造成的。检查误差取样检测电路中的 RP16、RP17、UP3、UP2，发现 VP2 的①—②脚内发光二极管正向电阻以增大到 10k。换上一只新的光电耦合器后，正常工作。

故障现象 8：插上电源后，无任何反应。

检修方法 1：根据故障现象，判断此故障应在电源系统，检修时应重点检查电源电路。打开机盖，取下电源屏蔽盖，发现熔丝 F501 熔断，测量 ICN501，⑦脚上的电压为 16V、④脚上无振荡波形、⑧脚上的电压为 5V 电压，③脚上的电压为 0.7V，②脚上的电压为 1.6V。怀疑 ICN501 损坏，试代换 ICN501 及 F501 后，工作正常。

检修方法 2：打开机盖，根据故障现象 1 的前级分析检修没有发现异常，经进一步检查，发现电源板上的 R516、V501 和 VD512 击穿，ICN501 有烧焦的痕迹，判断机内有电路短路或过流之处。经进一步检查，发现 R507 开路。根据原理分析，当 R507 开路后，电源过流检测电路失控，ICN501 的⑥脚输出的斜升电压不能下降，最后使 V501 的导通时间延长而损坏；同时，ICN501 的⑥脚内部放大器的导通能力增强，以致电流过大而损坏。代换 R516、V501、VD512、R507 和 ICN501 后，试通电，工作正常。

检修方法 3：打开机盖检查，发现熔丝完好，则通电检查，通电测量电源滤波电容 C505 两端电压为 310V，属正常值，开关管 V501（即场效应管）的漏极电压为 310V，其余两极电压为 0V。

进一步检查限流电阻 R516，没有发现异常，但测得 ICN501 的各脚电压均为 0V，说明电路没有启振。顺路检查启动电路，发现启动电阻 R501 已开路，代换后，开机，可播放碟片，经播放了几分钟后，故障又重复出现。经检查发现 R501 正常，又查得 C506、R517、VD505 也正常。切断电源后，立即用手摸 ICN501 的表面，感觉烫手，判断 ICN501 有问题，代换 ICN501 后，再通电开机，连续播放 4h，均能正常工作。说明此机型 ICN501 损坏是其故障原因，而 R501 损坏是故障导致的结果。

检修方法 4：打开机盖，断掉开关电源的负载电路，测量 ICN501 的⑥脚至⑨脚电压，发现其⑥脚电压只有 6.7V，说明＋11V 电压形成电路有故障。检查＋11V 电压形成电路中 C511、C512、C525、V507，发现 V507 正向电阻已变大。代换 V507 后，工作正常。

故障现象 9：通电后按功能键有相应动作，但 VFD 屏无显示。

检修时从现象上来看，此故障不是 VFD 屏损坏，就是其供电电压异常有问题。打开机盖，测量 XS501 的④—②脚电压，发现其④脚、③脚间电压只有 0.1V，而正常应为 3.7V 电压，据此判断 3.7V 电压形成电路中有故障。分别检查 3.7V 电压形成电路的 T503、V502、V503、VD514、ICN504，发现 ICN501 已损坏。代换 ICN501，试机工作正常。

故障现象 10：开机工作约 20min 发生停机，停机时 VFD 屏无显示。

此类故障说明电源电路中有元件热稳定性差的现象。打开机盖检查，测得开关管 V501 的漏极电压为 310V，正常，又测得 ICN501 的⑦脚电压为 16V，也正常，但测量 ICN501 的④脚，却无振荡信号输出，说明 ICN501 已停止振荡。断电后，检查 ICN501、ICN503，发现 ICN501 表面温度很高，据此怀疑 ICN501 热稳定性能不良。试代换 ICN501 后，试机，工作正常。

故障现象 11：接通电源后，面板指示灯不亮，按"开机/待机"键不能开机。

检修方法 1：接通电源后首先测量电源滤波电容 C307 两端电压，无＋300V 电压，检查发现交流熔丝 F301 已熔断，分析应该是整流滤波部分有短路现象。断电后测 C307 正端对地电阻，为 0Ω，判定已短路。拆下 C307 测量，并没有短路，但已无充、放电作用。再测线路板上 C307 两端电阻，仍为 0Ω，断开 C307 至开关管之间的铜箔连线，测得线路板上 C307 两端电阻仍为 0Ω，判定 VD301～VD304 整流管中有短路。逐一检测发现 VD301、VD302 已短路，为稳妥起见，将 VD301～VD304 整流管全部用正品 1N4007 代换，再用同参数电容代换 C307，然后检测电源板上各关键点对地阻值，正常。装上 F301 熔丝后试机，电源指示灯点亮，按"开机/待机"键，开机恢复正常。

检修方法 2：打开机壳，首先测电源滤波电容 C307 两端电压，无＋300V。检查熔丝 F302，已熔断。查电容 C307 及整流二极管 VD301～VD304，均正常。在路测开关管 V310，已击穿短路，观察发现脉冲调制集成电路 N301 表面已偏黄，显然已损坏。再查 N301 外围元件，发现 R332（22Ω）、R336（330Ω）、R316（1.3Ω）已开路。经用同规格正品元件代换上述元件后，检测电源板各关键点对地电阻无误后试机，电源指示灯点亮，按"开机/待机"键能正常开机并读碟。

检修方法 3：根据故障现象判断，怀疑电源部分有问题。检查整流滤波电路无问题，因此机型电源部分是使用由 UC3842 驱动功率 MOS 管构成的他激式开关电源。

用万用表测 N301，⑦脚电压只有 6V，⑧脚为 0V，怀疑 N301、R326、C306 有问题。关机测电阻，发现 N301 的⑦脚对地正反向电阻只有 300Ω 左右，与正常时电阻 145kΩ 相差甚远。再分别查 R326、C306，没有发现问题。初步判断 N301 损坏。当 N301 的⑦脚电压为 16V 时，发现 N301 发烫，电流远大于正常的工作电流（20mA），进一步确定为 N301 损坏。用同型号 UC3842 代换 N301 后重新通电试机，机器工作恢复正常。

故障现象 12：影碟机接通电源开关 S，显示屏不亮，整机不能工作。

检修方法 1：检修时打开机壳，首先测量电源整流滤波电容 C205 两端直流电压，有＋290V 左右，而场效应管 VT201 漏极（D）上直流电压为 0V。测量集成块 ICN101 的⑥脚输出端电压为 0V，而正常值为 1.1V。进一步测量 ICN101 的⑦脚电源端电压，为 0V，表明 ICN101 没有工作。检查启动电阻 R212（100kΩ/2W），已断路，代换后试机，显示屏点亮，工作正常。

检修方法 2：打开机盖后，闻到有焦味，观察熔丝 F1 已熔断且严重变黑，压敏电阻 RT201 也已烧焦，发出焦味，表明市电电网电压曾上升很多，致使压敏电阻电流剧增，烧毁了压敏电阻 RT201，导致熔丝熔断且严重变黑。代换熔丝及压敏电阻 RT201，这时不能盲目开机，必须进一步检查后级电路中有无其他元件也被高电压损坏。

用数字万用表二极管挡测量 4 只整流二极管，发现其中有一只二极管压降为 0V，正常时，二极管两端压降应为 0.6V 左右。代换已损坏的二极管。再测量其他元件，没有明显短路。试机，指示灯亮，显示屏点亮，播放正常。

检修方法 3：打开机盖，观察熔丝，已熔断且严重变黑，光电耦合器 ICN202 已裂开，测量场效应管 VT201，已明显击穿。代换熔丝 F1，焊下已损坏的场效应管 VT201。用数字万用表二极管挡测得 4 只整流二极管两端压降正常。接通电源开关 SA，测量电容 C205 两端直流电压，有约+290V。再测量 ICN101 的⑦脚电源供电端，电压约 16V，表明启动电阻 R212 正常。代换场效应管 VT201 及光电耦合器 ICN202 后试机，电源指示灯不亮，显示屏仍不亮。

进一步检查发现 VT201 源极（S）上的过流取样电阻 R201（0.5Ω/2W）已断路，代换后，再试机，显示屏点亮。测量 T203 次级各绕组输出端电压，恢复正常。

检修方法 4：接通电源开关 SA，测得整流滤波电容 C205 两端直流电压约+290V，电源集成块 ICN101 的⑦脚电源供电端电压约 16V，ICN101 的⑧脚基准电压端只有 1.2V（正常值 5V），ICN101 的⑥脚输出端电压为 0V（正常值为 1.1V），ICN101 的④脚振荡电路端电压为 0.3V（正常值 0.9V 左右），ICN101 的①脚补偿输出端电压为 0.4V（正常值 2.8V），ICN101 的②脚反相输入端电压为 0.3V（正常值 2.6V）。表明 ICN101 只有⑦脚电压基本正常，其余各引脚电压均偏低，说明 ICN101 没有进入正常工作状态。分析原因有两点：一是集成块本身有故障；二是集成块外围元件有故障。

检查发现 ICN101 的④脚振荡定时电容和电阻正常，ICN101 的③脚电容 C211 正常，R203、C212 正常。怀疑集成块 ICN101 损坏，用 KA3842 代换 ICN101 后试机，显示屏亮，播放正常。

十三、 MC44603P 构成的典型电路分析与检修

如图 6-13 所示为应用厚膜电路 MC44603P 组成电源电路，采用此电路的主要机型有飞利浦 29PT4423/29PT4428/29PT4528/29PT446A/29PT448A 等，下面分析其工作原理及故障检修思路。

(1) 主开关稳压电源电路原理 此开关电源主要由振荡电路 IC7520 及其外围元器件构成。场效应管 V7518 的开关控制脉冲取决于控制集成电路 IC7520 内部产生并从③脚输出的脉冲。而 IC7520 又是受触发启动才进入正常工作的。IC7520 的内部结构功能如图 6-14 所示。

在正常情况下，IC7520 的⑩脚产生 40kHz 的锯齿波电压，此频率决定于其⑩脚外接的 C2531 及⑩脚外接的基准电阻 R3537。具体振荡过程如下：交流 220V 电压经 R3510、D6510 限幅，R3530、C2542、D6504 构成的半波整流电路整流，使 C2542 上形成启动性直流电压，该直流电压经 R3529 加到 IC7520 的①脚。一旦其①脚直流电压达到 14.5V，则 IC7520 开始振荡工作，并从其③脚输出开关脉冲，使开关管 V7518 正常工作。

当 V7518 受到 IC7520 的③脚输出的驱动脉冲而进入导通状态后，开关变压器 T5545 初级④—③绕组产生线性增长的电流，并将 300V 电源提供的能量储存在 T5545 中。当 IC7520 的③脚输出的驱动脉冲由高电平变为低电平后，V7518 截止，储存在 T5545 中的能量通过次级

绕组经 D6550、D6560、D6570 等整流、C2551、C2561、C2571 滤波后，向负载提供相应平滑的直流电压。该电源输出端主要可分 5 路输出：①正常工作时，＋VBATT 端的输出电压，对 29 英寸机而言是 140V，在待机状态＋VBATT 端输出电压相应提高 20～10V，＋V_{RATT} 端主要是向行输出级及调谐系统供电；②＋15V-SOUND 输出端向伴音功放级供电；③＋13V 输出端为伴音处理电路供电；④＋8V 输出端向小信号处理电路供电，在待机状态时，＋8V 端电压下跌为 1.9V 左右；⑤＋5V-STDBY 输出端向控制电路供电。具体工作过程如下。

① 开关电源的触发启动　控制集成电路 IC7520 的电源是由①脚引入的。当电视机接通电源后，220V 市电电源的一路通过触发电阻 R3510、R3530、R3529 连至 IC7520 的①脚，触发 IC7520。在触发期间，当 IC7520 的③脚输出高电平脉冲后，V7518 导通，随之 T5545 绕组①—②两端也感生电压。当 D6540 整流后的电压达到约 12V 时，D6541 导通，同时 V7510 饱和导通，此后 IC7520 的①脚将不再由触发回路供电，改由 D6541 这一路供电。

在启动过程中，IC7520 内部振荡频率逐步增加至正常频率 40kHz，其内部振荡频率受⑩脚外接电容 C2531 及⑩脚 R3537 控制。IC7520 内部的脉冲占空比取决于⑩脚外接的电容 C2530，电源启动过程中 C2530 被充电，故脉冲占空比开始是最低值，随后缓慢增大。该电源的启动过程是慢启动，亦称软启动。

② 控制电路原理　在此电源机芯中，IC7520 控制 V7518 导通时期的全部工作，它主要通过 3 种模式进行检测控制。

a. 稳压控制过程。开关变压器 T5545 的①—②绕组与次级绕组极性相同，在 V7518 截止时段，D6537 导通向 C2537 充电，其两端的直流电压也就反映了次级输出电压的高低，通过 R3538、R3539 和可调电阻 R3540 分压后送到 IC7520 的⑩脚的内部误差电压放大器的输入端，经内部电路的转换使③脚输出的脉冲占空比得到控制。⑩脚电压也随之下降，导致 IC7520 的⑩脚内部误差电压增大，使内部比较器输出的高电平增大，③脚输出的高电平时间也将延长，V7518 的导通时间随之延长，因此输出电压升高，此时内部电路被校正。这使得⑩脚的反馈电压与内部 2.5V 基准电压产生新的平衡，结果形成新的脉冲占空比。反之亦然。

b. 检测初级电流以控制次级输出电压和最大初级电流。IC7520 的⑦脚用于检测流过开关管 V7518 的最大电流。⑦脚电流检测电压取自 R3518 的两端，此电压的大小与流过 V7518 的电流成正比。⑦脚内部为 1V（直流）时，开关电源的初级电流的最大值受到限制。另外在负载超过规定最大功率的情况下，此时的初级电流将超过最大值，这时开关电源进入过载保护状态。

c. 去磁控制避免开关变压器磁饱和。IC7520 的⑧脚内部去磁模块用来对开关变压器去磁，它是在开关脉冲的间歇时期产生振荡电压，由⑧脚送到开关变压器中实现去磁功能。⑧脚的去磁功能是在能量封存于开关变压器期间中断 IC7520 的③脚输出，将 V7518 的开通时刻延迟至去磁操作完全结束。由此可见 V7518 的导通瞬间，其电流、电压均可受到调控。

(2) 开关电源的待机控制电路原理　此机芯电源电路的待机控制由微处理器 IC7600 的⑦脚、V7565、IC7560 等元器件组成。在收看状态，IC7600 的④脚输出低电平，使 V7565 截止，IC7560 有 8V 电压输出；在待机状态，IC7600 的⑩脚输出高电平，V7565 导通，IC7560 输出电压由 8V 降至 2V，包括行振荡电路在内的所有小信号处理电路均停止工作，整机无光栅、无伴音。具体控制过程如下。

微处理器发出的待机命令 STANDBY 是一高电平，三极管 V7565 由截止变为导通，此时＋8V 输出端电压下降为 2V 左右，电视机的小信号处理电路不再获得供电，行扫描电路停止工作，导致开关电源负载急剧减轻。此时 IC7520 通过次级输出电压的反馈，检测到负载减轻到确定的阈值，使开关电源由正常 40kHz 的工作频率进入 20kHz 的降频工作模式，即待机工作模式。此时＋VBATT 输出端电压对于 29 英寸彩电由正常 140V 上升为约 150V。＋13V 输出也有上升，但经 V7563 等组成串联稳压电路，输出＋5V 不变，为微处理器提供正常的工作电压。

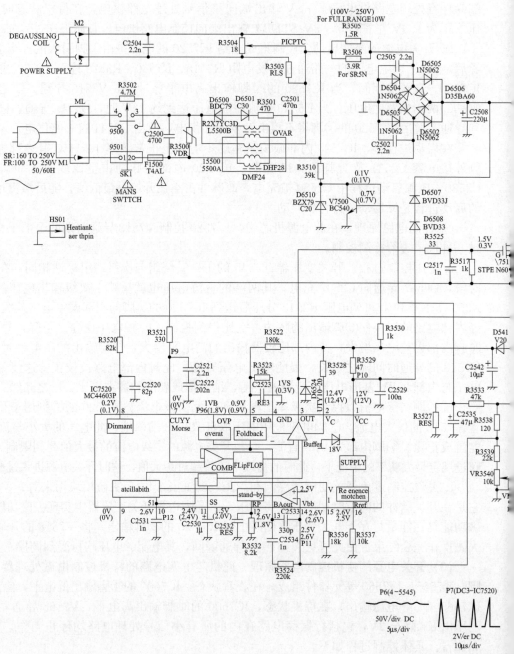

图 6-13 应用厚膜电路

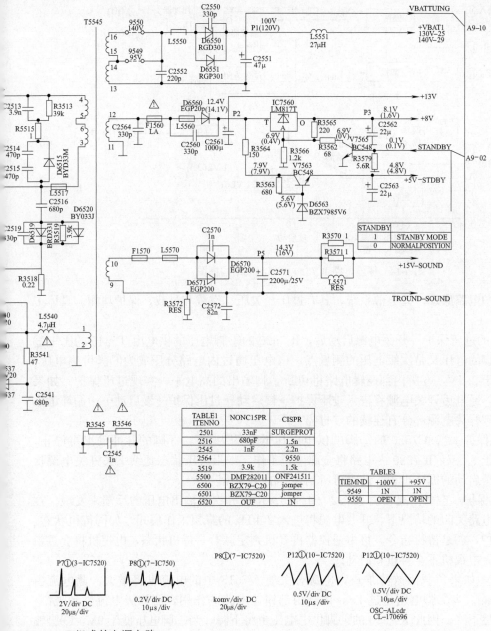

MC44603P 组成的电源电路

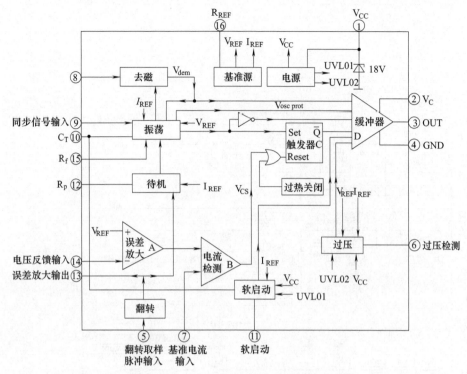

图 6-14   厚膜电路 IC7520 内部组成结构框图

（3）自动保护电路原理   此电源系统，具有过压、欠压、空载和过载，保护功能。具体工作过程如下。

① 次级电压的过压保护   开关电源启动后，IC7520 的①脚电压的供电由 T5545 的①—②绕组提供，且①脚的电压又是次级电压的测量点，该电压通过内电路分压成为⑥脚可测电压。一旦⑥脚电压高于 2.5V，⑥脚内部逻辑电路将切断③脚输出的高电平，实现过压保护。如果过压故障未排除，通电后开关电源将进入过压保护→慢启动→过压保护→慢启动……循环工作过程，此时可听到开关电源部分有连续的"打嗝"声。

② 次级欠压保护   当 IC7520 的①脚的供电电压低到约为 9V，③脚的脉冲输出将停止，一旦①脚电压低于 7.5V，IC7520 内电路将全部停止工作。如果欠压状态延续下去开关电源将进入欠压保护和慢启动的循环过程，此时可听到连续的"打嗝"声。

③ 次级空载保护   空载情况可由 IC7520 通过初级电流和次级输出电压的反馈来发现。在负载小信号处理电路关闭的情况下，开关电源将进入 20kHz 的降频工作模式，如同待机状态。电视机是空载保护，还是待机指令，可由遥控器再开机判定。若是待机状态，电视机将会重新启动，若为空载，电视机不会再重新启动。

④ 过载保护   如果负载因故障加重，电源开关管 V7518 中的电流也将增大，此电流由 IC7520 的⑦脚检测。当⑦脚电压超过 1V，因其内部钳位电路的作用，使初级电流受到限制，次级输出电压必然下降，因此 IC7520 的①脚供电电压也将下降，当①脚电压低于 9V，③脚输出脉冲停止。以上两种控制原理的结果，在过载的情况下，次级电压将迅速下降，亦称之为翻转原理。翻转点可通过 IC7520 的⑤脚外接元器件调节。若过载故障未排除，通电后将进入翻转和慢启动的循环工作，可听到机器发出连续的"打嗝"声。

⑤ 其他保护电路   由于电源开关管 V7518 栅极有杂散电感的存在，在 IC7520 的③脚输出脉冲变化的过程中，会产生一个负极性尖峰脉冲进入③脚内部电路，容易损坏 IC7520。为此在③脚外接一只二极管 D6524，将产生的负尖峰脉冲短路，起到保护 IC7520 的作用。对于

IC7520 的③脚处接的 R3525、R3517、C2517 的作用是限制 V7518 的栅极、源极间控制电压的最高电平，保护 V7518。另外 T5545 初级④—③绕组外接的有关电容、电阻、电感、二极管起阻尼作用，防止 V7518 由导通转为截止的瞬间，T5545 初级绕组感应尖峰脉冲电压击穿 V7518。V7518 漏极、源极外接的电容、电阻和二极管，也起同样的作用。

(4) 脉冲整流滤波电路原理　此机芯电源共有 5 组电压输出：主输出电压即＋B 电压为＋140V，它是由 T5545 的⑯—⑬绕组输出的脉冲经 D6550、D6551、C2551 整流滤波后获得，主要供给行输出级及调谐系统供电；T5545 的⑫—⑪绕组输出的脉冲经 D6560、C2561 整流后得到约＋13V 的直流电压，＋13V 给伴音处理电路供电；＋13V 再经 IC7560 稳压成 8V 给行振荡等小信号处理电路供电；＋13V 又经 V7563、D6563 稳压成＋8V 给微处理器控制电路供电；T5545 的⑩—⑨绕组输出的脉冲经 D6570、D6571、C2571 整流滤波后，得到＋15V 直流电压给伴音电路给供电。

(5) 故障检修

故障现象 1：接通电源后，整机呈"三无"状态。

根据现象分析，这是典型的电源故障。打开机壳，直观检查，发现保险管 F1500（T4AL）熔断，T5545 次级的各路输出均为 0V。采用电阻法，检测其关键点的对地电阻，发现 P6 端的对地正反向电阻均为 0Ω，顺路检查，发现 D6506 击穿。更换后，故障排除。

故障现象 2：开机后，面板上的电源指示灯发亮，但既无光栅，也无伴音。

打开机壳，检测＋B 电压为 0V（正常时应为 140V 左右），P2 端电压为 11.4V（正常为 13V），P4 端电压为 4.6V（正常值为 5V）。由于＋B 电压明显异常，因此从＋B 电压形成电路查起。遂断开电感 L5551，再检测 P1 端仍为 0V，说明＋B 电压的负载无问题，故障在开关电源本身。经反复检查，发现故障是 L5550 开路所致。用一只 1.5A 保险管临时代换 L5550 后，并焊好 L5551，试通电，＋B 恢复正常，故障排除。

十四、 TA1319AP 构成的电源典型电路分析与检修

如图 6-15 为使用厚膜电路 TA1319AP 构成电源电路。

1. 电路原理

此电源电路开关电源分别输出 3.3V、5V、6V、8V、±9V、12V、−31V 电压，其中 5V电压分成两组。向数字电路供电的 V_{DD} 5V，内设二次串联稳压电路，使输出电压更稳定。同时开关电源还向显示屏提供 6.8V 的灯丝电压。因此电源由主机 CPU 发出高电子开机指令控制，则电源进线不设立电源开关，此种关机方式不仅控制开关电源次级 9V、V_{DD} 5V，而且还控制开关电源初级驱动控制系统改变其工作状态，使关机状态下 CPU 处于待命状态，开关电源功耗自动减小。此电源电路主要由他激式驱动控制集成电路 Q802（TA1319AP）、开关管Q801、脉冲变压器 T802、三端取样集成电路 Q821、光电耦合器 Q803、Q804 构成，具体电路如图 6-15 所示。

(1) 开关工作原理　此开关电源使用集成电路 TA1319AP，它使用他激式驱动控制结构，其内部有独立的振荡器、PWM 比较器、触发器、调宽驱动控制器等。脉宽控制器由内部分压电阻引入基准电压，取样系统设计使用分流电阻控制方式，即光电耦合器隔离的取样控制电路。受触发器控制的输出缓冲级使用两管构成对称的输出级，其中一只输出管输出正极性驱动脉冲，另一管在脉冲截止期导通，因此可直接驱动 MOSFET 开关管。若用于驱动双极型开关管，则要外设截止加速电路。Q802 内部还设有小电流启动电路，启动电流小于 1mA，可以使用 2W 电阻取自市电整流器。TA1319AP 内部通过触发器和电压比较器还可以实现输入欠压、过压保护及开关管过流保护。输入欠压通过内设可控稳压电路对启动电压进行检测，当启动电流为 1mA，启动电压小于 12V 时，内部驱动脉冲将被关闭。过压、过流保护由外电路对输入

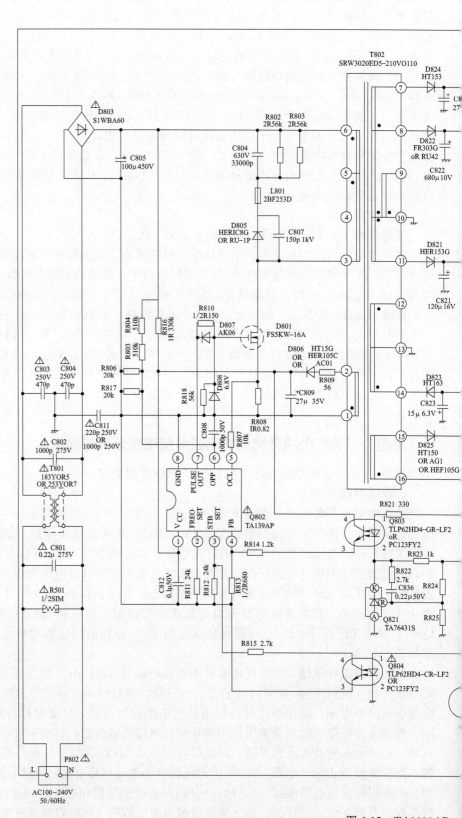

图 6-15 TA1319AP

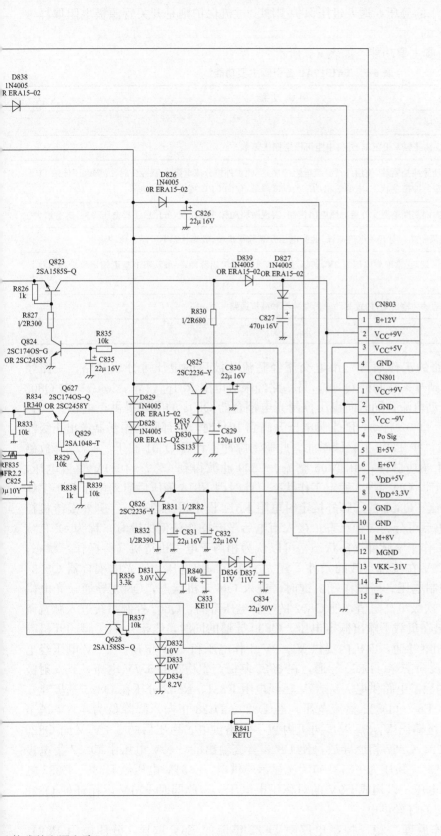

构成的电源电路

市电整流电压进行 100：1 的分压，送入过压保护引脚。过流保护则是开关管源极电阻取样通过 PWM 系统限制开关管的。

（2）TA1319AP 各引脚主要功能 如表 6-5 所示。

表 6-5　TA1319AP 各引脚主要功能

引脚	引 脚 功 能
①	电压输入端，为 12～18V
②	FREQSET 为内部振荡器频率设定端，外接电阻可设定振荡频率
③	STBSET 为内部驱动脉冲控制端，使用外接分流电阻控制，当此脚外接分流电阻小于 3kΩ 时，③脚电压低于 1V，使内部驱动电路处于窄脉冲振荡状态，电源输出功率大幅度降低，仅向 CPU 提供 3.3V 电压
④	FB 为反馈控制端，内部基准电压受外接分压电阻控制，实现对驱动脉冲的控制，分压后④脚电压降低，脉宽增大
⑤	OCL 为开关管过流限制端。对开关电流取样，此脚电压升高脉宽减小，极端状态下可停止脉冲输出
⑥	OPP 为过压保护输入端，正常取样电压为 3V，若超过 4.5V 则关断输出脉冲，一般从市电整流输出端分压取样，对市电升高进行检测
⑦	PULSE OUT 为驱动脉冲输出端，内置驱动输出缓冲器和灌流通路
⑧	公共接地端

（3）启动及振荡电路的工作原理 市电交流经整流滤波后的电压可分成两路，一路经 T802 初级⑥—③绕组加到开关管漏极 Q801，另一路经限流电阻 R816（1W/330kΩ）向 Q802 的①脚提供 1mA 左右启动电流，同时向稳压控制光电耦合器 Q803 的④脚提供正电压。C812 为旁路电容，电源接通后 Q802 启动，随①脚电压升高到 12V 时，内部驱动振荡器送出正级性脉冲使开关管 Q801 导通，在 T802 上存储磁能。此驱动脉冲正程后 Q801 截止，T802 释放磁能，在其①—②绕组产生感应脉冲，由 D806 整流、C809 滤波得到 15.9～16.1V 直流电压，形成 Q802①脚的工作电压，Q802 进入稳定工作状态。此时因 R816 降压后启动电压低于工作电压，R816 中无启动电流。Q802 的②脚外接定时电阻 R811 设定振荡频率，③脚外接待机控制电路。此机型接入市电后可分为 3 种状态。接入市电后没有操作任何按键时，称为 OFF 状态，但开关电源初级已工作于窄脉冲振荡状态，可以认为相当于电视机待机（待操作）状态，而且次级 12V、E5V、E6V 在接近空载的条件下建立了额定输出电压，使光电耦合器 Q803、Q804 发光二级管接通控制电压。当操作开机键时，进入 ON 开机状态，Q803 导通，光电耦合器 Q804 初级被短路，次级呈高阻值，使 Q802 的③脚电压升高，Q802 控制系统进入脉宽调制稳压状态，各次级绕组在负载下输出额定电压。Q830 导通的同时，CN801 的④脚的开机高电平还使 Q824、Q823 相继导通，向机内提供 V_{CC} 9V 工作电压和 +8V 电压。+9V 电压经电阻 R830 使稳压管 D835 反向击穿，D830 导通，在 0825 基极产生稳定的 5.7V 电压，其发射极输出 V_{DD} 5V 电压向机内数字电路供电。V_{DD}5V 还经电阻 R831、R832 分压在 Q826 基极建立 4.1V 电压，Q826 导通。E6V（D822 整流电压）经 D829、D828 正向压降降低为 4.8V 送至 Q826 集电极，由其发射极输出 V_{DD}3.3V，向机内数字电路供电。稳压后的 3.3V 又向 Q829 发射极提供正电压，Q829、Q827 相继导通，使 D823 整流输出的 −40V 电压由 Q827 集电极输出，经稳压管 D831～D834 稳压为 −31V 向荧光显示屏供电，−31V 电压经 D836、D837 电平移位还输出 V_{CC} −9V 电压，以构成 ±9V 的对称供电电压。与此同时 −31V 电压还使 Q828 导通，以接通荧光数码管的灯丝供电。

（4）稳压电路的工作原理 稳压控制电路对 D822 整流的 E6V 取样，分压电阻 R824、R825 的取样电压为 2.5V，送入 Q821（TA6431S）的控制极。当 E6V 电压升高时，Q821 的

A-K 极电流增大，Q803 内发光管亮度增强，次级内阻减小，Q802 的④脚电位升高，驱动脉冲占空比减少，使输出电压降低。

2. 故障检修

故障现象 1：VFD 显示屏不亮，所有键功能均失效。

根据故障现象分析，这种故障一般是因开关电源一次回路没有工作引起的。此时，可先检查 F801（1.6A）熔丝是否熔断。如熔断，且观察到熔丝内有发黑的烧痕，则说明电源进线电路有短路元件存在，应检查 C801、C802、C803、C804 是否击穿短路，T801 电感线圈是否有短路现象，D803 整流桥中 4 个二极管中是否有击穿现象，C805 电容是否严重漏电或击穿短路。

如检查 F801 熔丝完好，应进一步检测以下两个关键点的电压来确定故障原因。

关键点一：Q802 的①脚上的 16V 左右直流电压。此电压的高低反映了整流滤波电路的工作状态。如测得电压为 0V，应检查 T802 变压器⑥—③绕组是否虚脱焊，线圈是否开路；如电压偏低较多，应检查 C805 电容是否开路或失效，

关键点二：Q802 的④脚上的 2.4V 电压。此电压的高低反映了控制电路的工作状态。如此电压不正常，应检查 R813、R814、R815 以及 Q803、Q804 内的光电三极管是否损坏。

故障现象 2：VFD 显示屏可亮，但不能播放。

因 VFD 显示屏所需的供电取自开关电源，VFD 可点亮，说明开关电源已进入正常工作状态，问题多出在与播放有关的电路及其供电电路上，主要应检查接插件 CN803 的①脚至③脚上的 +5V、+12V、+9V 供电是否正常。

故障现象 3：开机，电源指示灯及显示屏均不亮，整机不工作。

根据故障现象分析，估计电源电路有故障。引起电源电路故障的原因有：一是构成开关电源电路的元器件损坏；二是开关电源输出部分有短路。

打开机壳，检查电源电路，熔丝 F801 完好，测主滤波电容 C805，有直流电压，证实开关电源整流滤波电路无故障。进一步检查发现开关管 Q801 损坏，代换后，恢复电路，通电试机，发现开关电源仍不能启振。对此部分电路进行细查，没发现异常，怀疑开关电源输出部分有短路导致开关电源停振。对开关变压器 T802 次级电路及其负载进行检查，发现 D821 正、反向电阻均为 2.4Ω，怀疑它已击穿短路。将它从电路上焊下，测量其已短路损坏。代换后，通电试机，电源指示灯及显示屏均能点亮，放入 DVD 碟片试机播放，图像伴音、均佳，工作正常。

十五、 TDA4161 构成的典型电路分析与检修

如图 6-16 所示为应用厚膜电路 TDA4161 构成电源电路，其电源系统主要由主开关电源电路、电源系统控制电路和自动保护电路等部分构成。

1. 电路原理分析

其主开关电源电路主要由集成块 IC901（TDA4601）构成，此电路是一种他激式变压器耦合并联型开关电源，稳压电路使用光电耦合器使底板不带电。此开关电源不但产生 +B（+115V）直流电压给行输出级供电，还产生 +5V 直流电压给微处理器控制电路供电。微处理器通过切断对振荡器的 +12V 供电来实现遥控关机功能。

（1）开关电源的启动　如图 6-16 所示，当接通开关后，220V 交流电经 D901 桥式整流，在滤波电容 C906 上产生 +300V 的直流电压，此电压经开关变压器 T901 的 P1—P2 绕组加到开关管 Q901 的集电极。与此同时，220V 交流电经 R920、R921、Q907、D906 半波整波及滤波，在滤波电容 C907 上产生开启直流电压。当 C907 上的电压达到 12.8V 时，IC901 内部产生 4V 基准电压。4V 电压从 IC901 的①脚输出经 R931、C918 充电，再经 R939、R938 加到

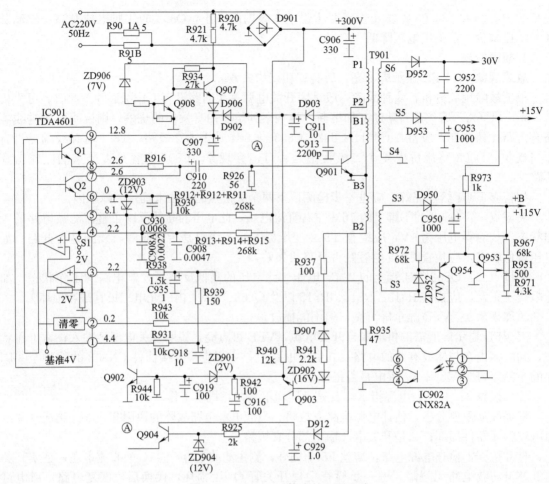

图 6-16　TDA4161 构成的电源电路

IC901 的③脚。当③脚电压达到 2V 时（刚开机时要靠 IC901 的③脚电压达到 2V 来驱动，后由②脚信号触发），IC901 内部的逻辑电路被触发，IC901 从⑧脚输出驱动脉冲，经 C910 耦合使开关管 Q901 导通。

（2）开关管 Q901 截止与饱和工作过程　当 Q901 被启动导通后，Q901 集电极电流流过 T901 的 P1—P2 绕组，产生 P1 为正、P2 为负的感应电势，经耦合到正反馈绕组产生 B2 端为正、B3 端为负的反馈电势。正反馈电势加到 IC901 的②脚，一方面使⑧脚输出更多的驱动电流使 Q901 饱和；另一方面，IC901 的④脚内部的 2V 钳位开关 S1 断开，④脚电压由 R913、R914、R915、C908 决定的时间常数上升。当④脚电压从 2V 上升到 4V 时，使⑧脚无输出，Q901 也截止，此时④脚内部开关 S1 闭合，④脚又被钳位在 2V。另外，⑦脚内部 Q2 在⑧脚无输出时导通，以便使 Q901 在饱和时积聚的载流子快速释放，以加快 Q901 截止速度而减小功耗。

当 Q901 截止后，反馈绕组 B2—B3 的感应电动势 B2 端相对 B3 端为负，B2 端负电压加到 IC901 的②脚，使 IC901 的⑧脚无输出，以维持 Q901 截止。此时 T901 的 P2—P1 绕组与 C913、C906 构成振荡回路，当半个周期过后 T901 的 P2—n 绕组感应电势是 P1 端为正、P2 端为负，耦合到 B2—B3 绕组，使 B2 端为正，反馈到②脚，使 IC901 的⑧脚重新输出驱动脉冲，Q901 重新导通。

Q901 的工作频率为 16～76kHz，在 Q901 饱和导通时，T901 负载绕组 D950、D952、D953 整流管均截止。在 Q901 截止时，T901 负载绕组中的 D950、D952、D953 均导通，则建立＋B、＋30V、＋15V 直流电压输出。

(3) 稳压控制电路原理　稳压电路由 Q953、Q954、IC902（CNX82A）构成。Q953、Q954 构成误差取样放大电路，R972、ZD952 为 9954 基极提供 7V 基准电压，R967、R965、R971 为取样电阻，IC902 为光耦合管。

假如因负载电流变化或交流输入电压变化等原因使＋B 电压升高，则 Q953 基极电位升高，Q953 电流减小，Q954 电流增大，IC902 光电管电流增大，IC901③脚的电位下降，IC901 的④脚电位升到不足 4V 就能使其⑧脚输出驱动电流停止，Q901 饱和期 T_{on} 缩短，T901 磁场能量减小，＋B 电压自动降到标准值。

另外，当交流电压变化时，还能够经 IC901 的④脚的 R913、R914、R915 直接稳压。如交流电压升高，则＋300V 经 R913、R914、R915 给 C908 充电加快，④脚电压由 2V 上升到 4V 所需的时间缩短，Q901 饱和期 T_{on} 缩短，从而使＋B 电压降低而趋于稳定。因此，这个过程的响应时间较短。

(4) TDA4601 各引脚作用　如表 6-6 所示。

表 6-6　TDA4601 各引脚作用

引脚	各引出脚功能
①	集成电路内部 4V 基准电压输出端
②	正反馈输入端，T901 反馈绕组 B2—B3 电动势的正负变化从其②脚输入，继而通过⑧脚驱动 Q901 工作
③	稳压控制输入，③脚电压升高时，输出端＋B 电压也升高
④	在 Q901 截止时，④脚内部 S1 开关连通，此脚电压被钳位在 2V 上。在 Q901 饱和时，＋300V 经 R913、R914、R915 给 C908 充电，使④脚呈三角波形状上升
⑤	保护输入端。当⑤脚电压低于 2.7V 时，保护电路动作，⑧脚无输出。在正常情况下，＋300V 经 R910、R911、R912、R930 分压后，使⑤脚有 8.1V 电压，此时 T901 的 B2 端负电势幅度下降，C916 经 Q903 无法导通，C916 上所充电电压使 ZD901、Q902 导通，IC901 的⑤脚电压降到 2.7V 以下，保护电路动作
⑥	接地脚
⑦	在启动输出脉冲开始前，对耦合电容 C910 充电，作为 Q910 启动时的基极电流供应源。当 Q901 截止时，吸出 Q901 基极积累的载流子，以便使 Q901 截止瞬间的功耗减小
⑧	Q901 的驱动脚
⑨	集成电路 IC901 供电脚。此脚电压供应于 6.7V 时，Q901 的驱动停止。启动时的电压由 R920、R921、Q907、D906 提供。启动后，由 T901 的 B1—B3 绕组的脉冲经 D903、C911 整流滤波后的电压经 D902 给⑨脚供电，C911 上的电压使 ZD906、Q908 导通，Q907 被截止。当交流输入为 8V 以下时，D903 的供电也显得不够，此时由 D912、C929 对 T901 的 B2 端电势进行整流滤波，再经 ZD904 稳压及 Q904 缓冲后，作为⑨脚供电电压

2. 故障检修

故障现象 1：接通电源开机，无输出。

根据故障现象分析，此类故障应着重检查其电源或行扫描电路。先检查其电源，打开机壳，发现熔丝完好。通电测开关管 Q901 的集电极有 290V 电压，但 PB④端与 PB①端间的电压为 0V，则拔去 PB 接插件，再测得 PB④端、①端间的电压仍为 0V，测 C952、C953 两端电压，结果也为 0V，因此判断电源的振荡启动电路没有启振。测得 IC901 的⑨脚电压为 0.8V（正常时应为 7～12V），断电后测启动电路电阻 R920、R921、R934、R914 等；发现均正常，将 IC901 的⑨脚焊开，通电测得 C907 两端电压有 11.8V，由此分析故障为 IC901 不良。选一块新的 TDA4601 代换 IC901 后，工作正常。

故障现象 2：在使用过程中，无输出，开壳查看，熔丝 F901 已熔断，代换同规格

（4.2A）熔丝后，开机即熔断。

根据故障现象分析，此类故障应着重检查此机型的主开关电源电路，从前面的电路解析中可知，开机即烧熔丝 F901，通常是主开关电源中的开关管 Q901 击穿，或整流桥堆 D901 中有二极管击穿。若是开关管 Q901 击穿，则应查明 Q901 击穿的原因，一般是饱和期过长引起。如 IC901④脚的电容 C908 和充电电阻 R915、R913 开路，IC901③脚的电压偏高将引起开关管饱和期过长。若保护电路 Q906 晶闸管来不及保护，则开关管 Q901 击穿。经检查，发现故障系 Q901 的 c-e 结击穿所致，选用一只新的 2SD1959 三极管代换 Q901 后，工作正常。

故障现象 3： 接通电源后，整机无任何反应。

检修方法 1： 分析故障原因，故障应出在电源电路。打开机壳，直观察看，熔丝 F901 完好，通电试机，测得＋B 输出为零，焊开 R977 并拔去 PB 接插件后，再开机测＋B 电压，结果仍然为 0V，说明振荡电路没有启振。测 IC901 的⑨脚电压为 12.2V，其⑤脚电压为 0.16V，判断 IC901 内部基极电流放大电路停止工作，或其自身不良。焊开 Q902 的集电极，再测 IC901 的⑤脚电压上升到 6.6V，此时 C950 两端有＋125V 电压输出，顺路检查 IC901 的⑤脚外接的保护电路的元器件，发现 Q902 已击穿。选用一只新的 3DG130C 三极管代换 Q902 后，工作正常。

检修方法 2： 按检修方法 1，先检查其电源电路，通电测电源滤波电容 C906 两端，300V 正常，测量 IC901 的⑨脚也有 12V 电压，但其⑤脚电压为 0V，焊下 Q902 的集电极，再测得 IC901 的⑤脚仍为 0V。从前面的电路解析中可知，IC901 第⑤脚的电压在开机后是通过整流输出的直流高压（C906 两端的电压）经 R911、R910 与 R930 分压获得的，其电压为 0V，说明 R911、R910 有其中之一开路。在路检查，发现 R911 已开路，选用一只 0.5W/120kΩ 电阻代换 R911 后，工作正常。

检修方法 3： 打开机壳，发现熔丝 F901（T4.0A）已烧断，说明开关电源电路有明显短路现象。检查开关管 Q901。发现其 b-e 结和 b-c 结已击穿，其他各元器件无明显异常。代换 Q901 后，工作正常。

检修方法 4： 打开机壳，熔丝 F901 完好，测得整流、滤波电路输出的脉动直流电压为＋300V，正常，说明故障在开关电源的启动电路中。通电使用电压法，测量 IC901 的⑨脚电压为 0V，正常时为 11.8V。测量 IC901 的⑨脚对地电阻无明显短路现象。检查电阻 R920、R921、R934、R913、R915，发现 R920（1.5kΩ/0.5W）电阻开路。代换 R920 后工作正常。

检修方法 5： 打开机壳，熔丝 F901 熔断，且 IC901 明显炸裂，测量 Q901，发现已明显击穿，检查启动电路的相关元器件，发现无异常。代换 IC901、Q901 和 F901 后，工作正常。

故障现象 4： 接通电源开机，面板上的电源指示灯亮一下即自动熄灭，机器不工作。

根据故障现象分析，并开机后，其面板上的待机指示灯亮，说明开关电源的振荡电路已启振，故障可能在其负载电路中。因此临时拔下插件 PB，测量＋B 电压，一开始为 196V，但立即变为 0V。说明故障在开关电源的稳压控制电路。检查 IC902、Q954、Q953 及 ZD952 等，发现 Q954 损坏。代换 Q954 后，工作正常。

故障现象 5： 日立 CMT2988P 型彩色电视机，接通电源开机，面板上的待命指示灯发亮，但随即熄灭，接着又发亮，周而复始。

根据故障现象分析，判断此故障应在电源电路。检修时，临时拔下 PB 插件，测得＋B 电压在 37～110V 波动。用万用表测量 Q902 的基极电压，发现其在 0～0.6V 波动，检查开关电源电路中的保护元器件 Q902、ZD901 及 Q903，发现 ZD901 漏电。选用一只稳压二极管代换 ZD901 后工作正常。

第二节 双管推挽式开关稳压电源典型电路分析 与检修

一、 STR-Z3302构成的典型电路分析与检修

如图 6-17 所示为使用厚膜电路 STR-Z3302 构成的电源电路，其电源系统使用电源厚膜块构成的半桥式开关电源结构。

1. 电路原理

此电源电路设计新颖，输出功率大，开关振荡和稳压控制使用大功率电源厚膜块 Q801（STR-Z3302）构成，属半桥式开关稳压电源（也称之为电流谐振式开关稳压电源）。前面所介绍的电源电路是单端变换式开关稳压电源，其最大输出功率一般不超过 200W，而这种半桥式开关稳压电源的最大输出功率可达 700W 左右。半桥式电源电路中的开关管使用两只大功率的 MOS 场效应管，工作于推挽状态，因此开关管的实际耐压不要求很高。直流输出电压的稳压控制使用光电耦合器，同时待机控制也使用光电耦合器，因此，电源系统中冷、热底板相互隔离，比较安全。并且稳压范围宽，可达 90～245V。设计有待机控制电路，因此开关电源在待机状态下处于间歇振荡状态，故其功耗较小。

2. 单元电路的结构及原理分析

（1）整流滤波及消磁电路原理 按下电源开关 S801 接通电源后，交流市电通过熔丝 F801 后进入由 C801、T801 及 C813 和 C814 构成的低通滤波器，经电源滤波后一路输送至消磁电路，另一路再经限流电阻 R812、R813 输送至整流滤波电路。220V 交流电压经 D810 桥式整流和 C810 滤波后，在 C810 上形成 300V 左右的脉动直流电压。

从图中可以看出，在限流电阻 R812、R813 两端并联了继电器开关 SB81，刚开机时，SR81 线圈无电流而处于断开状态，R812 和 R813 起到了限流作用。开机后，行输出电路输出的二次电源给 SR81 线圈加上 12V 直流电压，则 SR81 线圈中有电流流过，因此 SR81 的控制开关关闭，这时 R812 和 R813 不起限流作用，以免产生消耗功率。R801 为 C801 提供放电回路，以免关机后 C801 所充电压无法放掉。L805、C806、C805 及 L806 可滤除高频干扰。

（2）开关振荡电路原理 此电源的开关振荡电路以大功率电源厚膜块 Q801 为核心构成。Q801 的内部电路主要由开关管振荡、逻辑、过压保护、过热保护、过流保护及延时保护等部分构成。

Q801 使用单列直插式 19 引脚。其各脚的主要作用为：①脚为半桥式电源电压输入端；②脚为空脚；③脚为 MOS 场效应管触发输入端；④脚为 MOS 场效应管触发激励输出端；⑤脚为空脚；⑥脚为控制部分的接地端；⑦脚为外接振荡定时电容端；⑧脚为稳压和待机控制信号输入端；⑨脚为外接定时电容端；⑩脚为外接软启动电容端；⑪脚为延时关断电容连接端；⑫脚为控制部分电源电压的输出端；⑬脚为低端触发激励输出端；⑭脚为过流检测输入端；⑮脚为低端 MOS 场效应管触发输入端；⑯脚为半桥接地端；⑰脚为空端；⑱脚为半桥驱动输出；⑲脚为高端触发激励自举升压端。具体工作过程如下。

当接通电源后，交流 220V 电压经 R861 给 C877 充电，充电电流从 D801 中流过，从图 6-17 可知，这实际上是一个半波整流电路，因此，便在 C877 上形成大约 40V 的直流电压，此电压送至 Q801 的⑫脚，作为其启动电路的工作电压，使开关电源启动工作。

当开关电源正常工作以后，T862 的②—③绕组的电势经 D864、C868 整流与滤波后，在 C868 上形成约 40V 的直流电压。此电压再经 Q872、D872 稳压成 16.8V 给 Q801 的⑫供电，以取代开机初始状态时由 D801 和 R861 及 C877 形成的 15.7V 启动电压。当 Q801 正常工作

	T801
2555DE /50XHE	TRF3173
2555DC /50XP	TRF3196
2655DE /50XH	TRF3173
2665DH /50XH	TRF3196
2655DC /50XP	↓

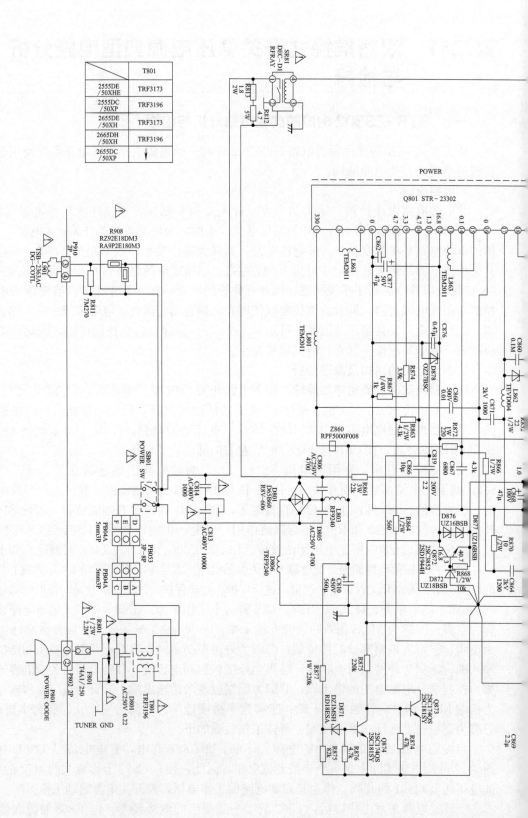

图 6-17　STR-Z3302 构

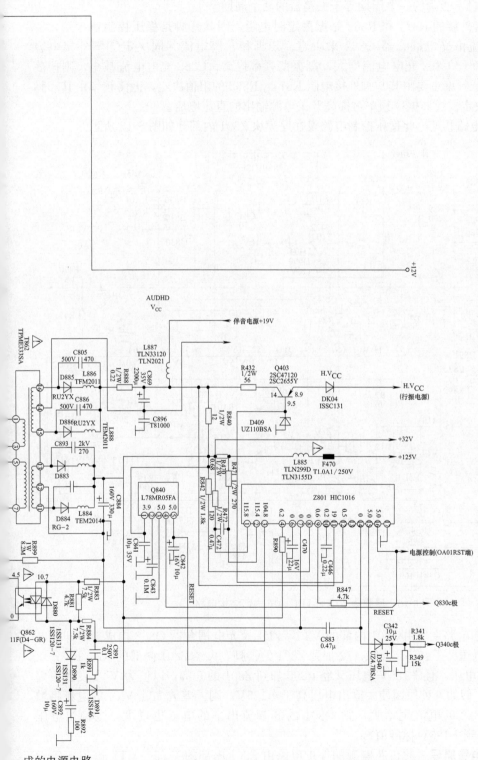

成的电源电路

后，若其⑩脚的启动电压降到 7.6V 时，Q801 才停止工作。

在 Q801 的⑦脚外接的 C862 为振荡电容，当 C862 充电时，高端 VT1、低端 VT2 交替工作，当 C862 放电时，高、低端两个大功率 MOSFET 均截止。因高、低端两个功率管 VT1、VT2 交替导通，故触发激励的一个周期等于振荡器的两个周期。

在 Q801 的⑨脚外接的 R874 和 R862 是振荡定时电阻，因其⑧脚是稳压控制输入端，故从⑧脚流出来的电流由光电耦合器 Q862 来决定。⑧脚和⑨脚电流共同决定⑦脚外接电容 C862 充电电流的大小。C862 充电电流增大，则振荡频率提高；C862 充电电流减小，则振荡频率降低。振荡最低频率主要由其⑨脚外接电阻 R874//R862 的阻值决定，振荡频率由其⑧脚外接的 R864 电阻决定。提高振荡频率可提高开关电源输出的直流电压。

（3）稳压控制电路原理 此稳压控制电路设在厚膜块 Z801 内部，如图 6-18 所示。

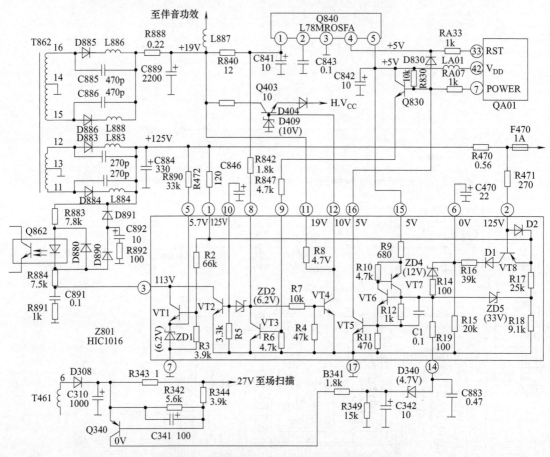

图 6-18　厚膜集成电路 HIC1016 内部结构电路

图中，稳压控制电路主要由 Z801 内部的 VT1、ZD1 及光电耦合器 Q862 构成。由开关电源输出的直流＋B 电压即＋125V，经 R472 加到 Z801 的①脚，再经 Z801 内部的 R2、R3 分压为其 VT1 提供取样电压，且＋125V 电压又经 R890 加到 Z801 的⑤脚，以便为 VT1 发射极提供 6.2V 基准电压。假如某种原因使主输出电压高于＋125V，则误差放大管 VT1 的电流将增大，光电耦合器 Q862 的电流也增大，则 Q801 的⑧脚流出来的电流也增大，主输出电压＋125V 会自动回降到＋125V 标准值。

（4）自动保护电路原理 此机芯电源的保护电路由 Z801 内部的 VT5～VT8 和 ZD5 等元器件构成，VT6 与 VT7 构成模拟晶闸管电路，VT6 与 VT7 一旦触发导通后，只有关机才能使 VT6 与 VT7 恢复截止。VT6 与 VT7 导通又将引起 VT5 饱和导通，而 VT5 饱和导通又会引起 Q830 截止，则整机处于待机受保护状态。此电源系统的保护单元主要有以下几种。

① 软启动保护电路原理　软启动电路可防止突发性的冲击电流激励 MOS 功率开关管，软启动设在 Q801 的⑩脚，⑩脚与⑧脚之间跨接了 R863 电阻，且⑩脚外接电容 C859。开机时，C859 电容两端电压的建立只有一个过程，从而使开关电源的启动有一个缓慢延时的过程，这就可防止冲击电流损坏 MOS 功率开关管。

此机芯电源的软启动软切换保护电路由光电耦合器外围的 D890、D891、C892、R892 元器件构成。每次开机前，因 C892 上的电压为 0V，则开机后，+125V 电压经 R883、Q862、D890 对 C892 的充电有一个过程，充电初始阶段光电耦合器 Q862 的电流很大，当 C892 充电完毕，则由 Z801 中误差放大管 VT1 来控制 Q862 内部发光二极管电流的大小。开机后开关电源工作状态是逐渐增强的，这就是软启动。另外，从待机状态切换到收看状态，C892、R892 具有状态软切换功能，即 Z801 中的待机控制管 VT2 突然截止后，光电耦合器 Q862 的电流不会突然减小，若 C892 又被充电，只有当 C892 上的电压从几十伏充电到几百伏以上时，电源才能进入正常收看状态。

当从初始状态切换到待机状态时，+125V 主输出电压将减半，因 D890 反偏截止，C892 只能经 D891 很快放电，以便在下次开机时，C892 仍具有软切换功能，C892 若不能很快放电，则下次马上开机时，C892 就不能起到切换功能。若将 D890 短路，则从收看状态切换到待机状态时，因 Z801 内部待机控制管 VT2 饱和导通，C892 将经 VT2 放电，使 VT2 饱和导通时不会立即使光电耦合器 Q862 电流突增，造成从收看状态到待机状态的切换也是一种软切换，这是不允许的。若待机后，行扫描很快停止工作，开关电源也应马上工作在相应的低频间歇振荡状态。

② 延迟关断控制电路原理　延迟关断电路的作用是：当电路出现异常现象时，使开关电源停止工作，从而起到保护作用。当下列情况发生时，延迟关断电路将发生动作。

a. 低电压保护。低电压保护由 Q873、Q874、D871 等构成。当交流电压在 110～245V 正常范围内时，D871 反向击穿导通，并引起 Q874 饱和而 Q873 截止，此时 Q801 的⑪脚电压不受影响。当交流电压远低于正常值时，D871 截止，则 Q874 也截止，同时使 Q873 导通，此时 Q801 的⑪脚对地电压小于 0.35V，则 Q801 停止工作。

b. 过流保护。Q801 的⑭脚为过流保护检测输入端，C870 上的电压经 C864、R870 耦合及 R866、C867 平滑滤波后加到⑭脚，当过流发生的电压超过门限电压时，延时开关使电路停止工作。⑭脚还经 11872 与 300V 电压相连，故当电压异常升高时，它经 R872、R866、R870 分压后使其⑭脚的电压超过门限电压，同样能起到保护作用。

c. 过压保护。Q801 的⑫脚有过压保护检测功能，当其⑫脚的启动电压超过 22V 时，过压保护使 Q801 工作停止。

（5）热断路保护原理　当 Q801 内部温度超过 150℃时，热断路电路使 Q801 停止工作。

（6）+B 输出端过压和过流保护电路的原理

① +B 输出过压保护。+B 输出端电压即+125V 主电压经 R471 加到 Z801 的②脚，然后经 Z801 内部 R17、R18 分压加到 ZD5 的负极。若+125V 输出端的电压上升到+146V 时，ZD5 被击穿导通，并引起模拟晶闸管 VT6、VT7 导通，VT5 也饱和导通，则 Q830 截止，整机处于待机保护状态。

② +B 电压输出回路过流保护。R470 为过流检测电阻，若+B 输出端的负载过流时，则 R470 两端的压降就过大，此压降使 VT8 导通，VT8 射极电流经 D1、R16 给其⑥脚外接的电容 C470 充电，当 C470 上电压升高到 12V 以上时，ZD4 击穿导通，并引起模拟晶闸管 VT6、VT7 导通，VT5 也饱和导通，则 Q830 截止，整机处于待机保护状态。

3. 故障检修

故障现象 1：接通电源开机后，待机指示灯不亮，且机内无继电器吸合声。

根据故障现象判断，开关电源的次级输出电压均为 0V。按其电路解析中可知，此故障不是开关电源有问题，就是其负载短路有问题，强制开关电源次级电压降为 0V。

通过以上分析，检修时打开机壳，首先测 Q801 的①脚电压为 0V，说明其整流滤波电路有问题。分别检查 F801、R812、R813、D801、C810 及 860 等，发现 Z860、D875 均开路，但其他元器件没有见异常。代换 Z860 和 D875 后，整机恢复正常，工作正常。

故障现象 2：接通电源后，电源指示灯不亮，但继电器不吸合，即主机不能启动，但面板上的待机指示灯亮。

根据故障现象判断，此机型始终处于待机状态。首先测得＋B 电压为 56V 左右。说明此机型确实处在待机状态。检查微处理器 QA01 的⑦脚外接的待机控制接口各元器件，没有发现异常。判断应出在行输出电路或电源电路。检测 Q501（M52707SP）的⑨脚电压为 0V，正常时应为 8V，仔细检查此电路中元件，发现 Z801 不良。代换 Z801 后，电视机恢复正常。

故障现象 3：接通电源开机后，既无光栅，也无伴音，继电器吸合后又释放，电源指示灯每隔 0.5s 左右闪烁一次。

根据故障现象分析，此机型电源次级保护电路动作或误保护时，保护信号将送入微处理器 QA01 的⑦脚，作为微处理器进行故障自检的依据。QA01 收到此信号后，其⑧脚便输出开/关信号驱动电源指示灯以 0.5s 间隔交替闪烁。因此，由故障表现判断，此机型的电源次级保护电路动作。对此应重点检查其电源次级保护电路或其负载电路。因开机瞬间防开机冲击继电器 SR81 能吸合，说明行输出电路没有出现严重短路故障，Z801 自身无问题。若 Z801 内的等效晶闸管有问题，则继电器会出现继电器来不及吸合，保护电路就已动作。另外在开机瞬间监测＋B 电压，亦没有见过压现象。据此判断此故障是机内保护电路误动作所致。

检修时，将 Z801 的⑯脚从电路板上焊开，试通电，整机能启动，并能收到电视节目。说明上述判断正常，对此重点检查保护电路。测得 Q340 各极电压均接近 27V，拆下 Q340、R342、C341 检查，发现 Q340 的 c-e 结击穿。代换 2SA1015 后，工作正常。

二、 STR-Z4267 构成的典型电路分析与检修

如图 6-19 所示为电源使用厚膜电路 STR-Z4267 构成的电源电路。

1. 电路原理

（1）厚膜电路 Q801 的结构　Q801 是日本三肯公司的一种新型推挽式开关电源厚膜集成电路。其内部电路结构方框如图 6-19 所示。

从图中可以看出，Q801 与普通开关电源厚膜块的最大不同之处是内部含有两只大功率绝缘栅场效应管，工作于推挽状态。故自身功耗小、效率高、输出功率大（理论值可达 700W，而普通单只开关管式厚膜块最大功率一般不超过 250W）。Q801 内部还含有启动电路、逻辑电路、振荡控制电路、振荡器、激励电路和过压、过流、过热等保护电路。Q801 各脚功能如下：①脚高端开关管漏极；②脚空；③脚为控制电路接地；④脚为稳压/待机信号输入；⑤脚振荡电路外接定时元器件；⑥脚为软启动延迟元器件；⑦脚为振荡器最低振荡频率设定；⑧脚为电源启动端；⑨脚为激励电路电源；⑩脚为过压保护检测输入；⑪脚为过流保护检测输入；⑫脚为半桥接地；⑬脚空；⑭脚为半桥驱动输出；⑮脚激励自举升压。

（2）开关振荡电路原理　接通电源开关 S801 后，市电经 R810、R812、R813 等限流后加至桥堆 D801 整流、C810 滤波后获得约 300V 直流电压，然后经保护器 Z860、电感 L861 加至 Q801①脚。同时经 R861 给电容 C877 充电，充电电流从 D801 的一臂（左下臂）通过，这实际上是一个半波整流电路，在 C877 上形成约 17V 直流电压后被送至 Q801 的⑧脚。Q801 内

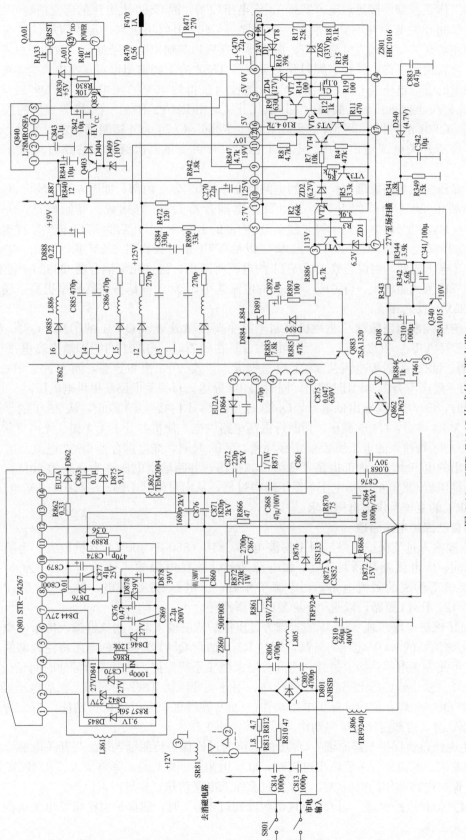

图 6-19　STR-Z4267 构成的电源电路

部振荡器工作受⑥脚外接延迟电容 C869 正端电压控制。因 C869 上电压的建立需要一定时间，故在通电瞬间开关电源并不立即启振，而是要等 C869 上电压达到一定数值后，振荡器才工作，以避免对开关管造成大电流冲击。振荡器工作后，其输出脉冲经整形、激励级放大后推动推挽式开关管轮流工作，并经⑭脚向开关变压器 T862 的④脚输出电流。在电流为 0A 时，其②—③绕组的感应电压经 D864 整流、C868 滤波后获得约 40V 直流电压，经 Q872、D876 等稳压成 16.8V，给 Q801 的⑧脚供电，以取代开机时由 D801、R861、C877 等提供的约 17V 的启动电压。Q801 的⑦脚、⑤脚外接元件 R857、R856、C870 为外接振荡器定时元件，提高振荡频率可提高开关电源输出电压。电源工作后，开关变压器次级输出各路直流电压供负载使用。

(3) 稳压控制电路原理 稳压控制电路设在厚膜块 Z801 内部，如图 6-19 所示。其稳压控制电路主要由 Z801 内部的 VT1、ZD1 及光电耦合器 Q862 等构成。其原理是：+B 电压（125V）经 R472 加到 Z801 的①脚，经 Z801 内部的 R2、R3 分压后为 VT1 提供取样电压，同时 125V 电压又经 R890 加到 Z801 的⑤脚，以给 VT1 发射极提供 6.2V 基准电压。若某种原因，使+B 电压变低，则误差放大器 VT1 的电流将减小，流过光电耦合器 Q862 的电流下降，其中光电三极管内阻增大，Q801④脚流出的电流减小，Q801 内部振荡器频率提高，输出电压回升至 125V。反之相反。

(4) 待机控制电路原理 此待机控制电路主要由微处理器 QA01 的⑦脚、Q830 及 Z801 内部的 VT3、VT4、ZD2、VT2 等元器件构成。在收看时，QA01 的⑦脚输出高电平（5V），Q830 导通，Q830 发射极电流从 Z801 的⑨脚流入，使 VT3 饱和导通，而 VT4、ZD2、VT2 截止（VT2 截止不会影响稳压控制），同时 Q403 导通，行振荡电路获得供电电压。

待机时，QA01⑦脚输出低电平，Q830 截止，Z801 内接 VT3 截止，从 Z801 的⑧脚输入的电压使 VT4 导通，Q403 截止，切断行振荡电路供电，使机器处于无光栅、无声音状态。同时由 Z801 的⑧脚输入的电压使 ZD2 击穿导通，VT2 导通，光电耦合器 Q862 电流大增，Q801 的④脚流出的电流大增，内部振荡器变为低频振荡，各路输出电压降为原来的 50%，这样可以使五端稳压器 Q840 的①脚电压不至于降得过低，从而可使其④脚、⑤脚仍有 5V 电压输出，以满足 CPU 的复位及供电电压要求。

(5) 自动保护电路原理

① 电源输入过流保护电路 因主滤波电容 C810（560μF/400V）容量较大，为防止在接通电源瞬间，大电流损坏桥堆 D801 和电源熔丝，故在电源输入回路串入了 L806、R810、R812、R813 等构成的限流电路。当电源工作后，继电器 SR81 得电，触点①、②闭合，将 R810、R812、R813 短路，以避免不必要的功率损耗。

② 过压保护电路原理 Q801 的⑩脚为过压保护检测输入端。当机器输入的市电电压过高时，D801 整流后的 300V 电压将升高，则经 R872 加至 Q801 的⑩脚的电压将使内部的比较器有输出，可使振荡电路停振。另外，当开关电源稳压系统失控，使开关管导通时间延长，输出过压时，开关变压器各脚上感应电压将升高，则开关变压器 T862 的⑥脚上感应电压经 C864、R866 加至 Q801⑩脚，使内部保护电路动作。Q801⑧脚也兼有过压保护功能，当⑧脚启动电压大于 22V 时，内部过压保护将动作，使电源停止工作。

③ 主电路过流保护电路原理 Q801 的⑩脚为过流保护检测输入端。当开关电源本身因短路或其他原因引起内部开关管输出过流时，取样电阻 R889 上的压降将增大，使 Q801 的⑪脚电压大于保护电路动作的阈值电压，致使过流保护电路动作，整机得以保护。

④ 过热保护电路原理 当 Q801 内部温度超过 150℃时，热保护电路将发出关机信号，使振荡器停止工作。

⑤ +B（125V）电压过压保护电路原理 +B 主电压经 R471 加到 Z801 的②脚，再经

D2、R17、R18 分压后加到 ZD5 负极。当＋B 电压过高时，ZD5 被击穿导通，并引起模拟晶闸管 VT6、VT7 导通，VT5 也导通，Q830 的基极被迫为低电平，致使 Q830 截止，整机处于待机保护状态。

⑥ ＋B 输出过流保护电路原理　R470 为过流检测电阻。＋B 电压即＋125V 输出过流时，R470 两端压降就过大，此压降将使 Z801 内的 VT8 导通。VT8 集电极电流经 D1、R16 向Z801 的⑥脚外接电容 C470 充电。当 C470 上电压升高到 12V 以上时，ZD4 击穿导通，引起模拟晶闸管 VT6、VT7 导通，VT5 也导通，致使 Q830 截止，整机处于待机保护状态。

2. 故障检修

故障现象 1：通电后无输出。

打开机壳，用万用表测量开关电源各路输出电压均为 0V，再测得电源滤波电容 C810 两端为 300V 电压，而 Q801①脚却没有 300V 电压。经进一步的检查，发现保护器 Z860 已开路，同时稳压管 D875（9.1V）也开路。因没有 Z860 的原型号器件，试用 $0.27\Omega/0.5W$ 熔丝电阻替换，并代换 D875 后试机，工作正常。

故障现象 2：通电后电源指示灯每隔 0.5s 闪烁一次。

根据故障现象分析，此故障是电源输出过压或过流而引起保护电路动作的特殊现象。因开机瞬间能听到防冲击继电器 SR81 吸合的声音，表明负载电路没有出现严重短路，同时取样、稳压、保护厚膜电路 Z801 也无问题。否则 SR81 还没来得及吸合，保护电路就已经动作。在开机瞬间检测 125V 电压正常，因此说明机器存在过流或误保护故障。试断开 Z801⑯脚后通电，机器能出现图像，显然这是保护电路误动作，而场保护电路最值得怀疑。经检查 Q340（2SA1015）各极电压几乎都为 27V，无疑为 Q340 击穿。代换 2SA1015 后，显示恢复正常。

故障现象 3：开机后，只是待机指示灯亮，不能二次启动。

根据故障现象分析，此故障应出在电源系统，打开机壳，用万用表测量＋B 输出端电压，只有 60V 左右，但 CPU⑦脚则为高电平。分析应为保护电路动作所致。试断开 Z801⑯脚后开机，发现光栅正常，125V 电压恢复。插上信号，图像、声音良好，故障原因显然是保护电路误动作。经过检查 Z801 外围的 R471、R343、R342、Q340、D340 等均没有发现异常，故判断 Z801 内部损坏。代换新的 HIC1016 电路后，显示恢复正常。

三、　KA3524 构成的电源典型电路分析与检修

1. 电路原理

(1) 结构特点　此集成电路是专为开关电源研制出来的振荡控制器件（图 6-20）。使用 16脚双列直插式塑料封装结构，由一个振荡器、一个脉宽调制器、一个脉冲触发器、两只交替输出的开关管及过流保护电路构成，其内部方框图如图 6-21 所示。

① 基准源。从 KA3524 的⑩脚输出 5V 基准电压，输出电流达 20mA，芯片内除非门外，其他部分均由其供电。此外，还作为误差放大器的基准电压。

② 锯齿波振荡器。振荡频率由接于⑥脚的 RT 和⑦脚的 CT 来决定，其大小近似为 $f=1/R_T \times C_T$ 在 CT 两端可得到一个在 $0.6 \sim 3.5V$ 变化的锯齿波，振荡器在输出锯齿波的同时还输出一组触发脉冲，宽度为 $0.5 \sim 5\mu s$。此触发脉冲在电路中有两个作用：一是控制死区时间。振荡器输出的触发脉冲直接送至两个输出级的或非门作为封闭脉冲，以保证两组输出三极管不会同时导通，所谓或非门又称非或门，其逻辑关系为：输入为 1（高电平），输出为 0（低电平）；输入全部为 0，输出为 1。二是作为触发器的触发脉冲。

③ 误差放大器。基准电压加至误差放大器的②脚同相输入端。电源输出电压经反相到①脚反相输入端，当①脚电压大于②脚电压时，误差放大器的输出使或非门输出为零。

④ 电流限制电路。当④脚与⑤脚之间的电位差大于 20mV 时，放大器使⑨脚电位下降，

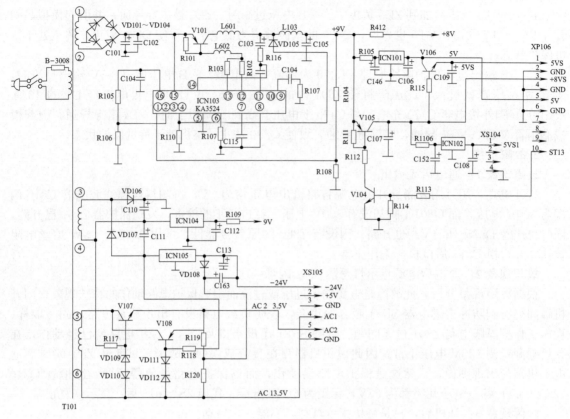

图 6-20　KA3524 构成的电源电路

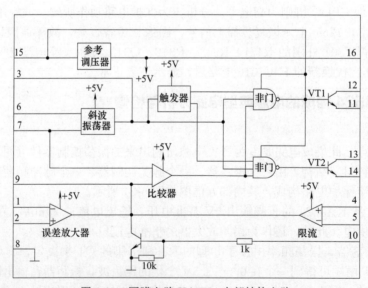

图 6-21　厚膜电路 KA3524 内部结构电路

迫使输出脉冲宽度减小，限制电流增加，此电路可作为保护电路使用，应用时通常是将⑤脚接地、④脚作为保护电路输入端。

⑤ 比较器。⑦脚的锯齿波电压与误差放大器的输出电压经过比较器比较，当 CT 电压高于误差放大器输出电压时，比较器输出高电平，或非门输出低电平，三极管截止；反之，CT 电压低于误差放大器输出电压时，比较器输出低电平，使三极管导通。

⑥ 触发器。经触发脉冲触发，触发器两输出端分别交替输出高、低电平，以控制输出级或非门输入端。两个或非门各自 3 个输入端分别受触发器、振荡器和脉宽调制器的输出脉冲的控制。

⑦ 输出三极管。由两个中功率 NPN 管构成，每管的集电极和发射极都单独引出。

(2) 振荡电路的工作原理　220V 交流市电经电源插头、开关、熔丝加至电源变压器 T101 初级，其次级有 3 组线圈。由①—②绕组感应电压经 VD101～VD104 整流、C101 滤波后，得到 14V 左右的电压：一路加至开关管 V101 的发射极；另一路加至脉宽调制器 ICN103 的⑮脚，为内部的或非门电路和基准稳压器供电。基准稳压器输出＋5V 电压，为 ICN103 内部供电，振荡器开始振荡（振荡频率由⑥脚、⑦脚元件 R107、C115 决定，振荡频率约 100kHz），并输出时钟脉冲触发器，触发器分频后的脉冲同时送到两个或非门电路，分别由 ICN103 的⑫脚、⑬脚轮流输出低电平（因⑪脚、⑭脚接地），V101 导通能力增强，电感 L103 左端感应电压为正，故续流二极管 VD105 截止，V101 集电极输出的电压对电容 C105 充电，经 R104、R108 取样后的①脚电压开始上升，当①脚电压超过 2.5V 时，误差放大器输出使或非门输出电流立即降为零，ICN103 内的 VT1、VT2 管同时截止，⑫脚、⑬脚为高电平，使 V101 管截止，储能电感 L103 放电，L103 左端感应电压为负，续流二极管 VD105 导通，为 L103 提供放电回路，再次给 C105 充电，L103 中磁场能量释放给 C105，使 C105 上的＋9V 直流电压更加平滑。

(3) 过流保护电路的工作原理　此机型设有过流保护电路，因某种原因造成负载短路时，流过过流电路 R110、VD105 的电流就要减少，ICN103 的④脚电压上升，当④脚电压超过 0V 时，电流限制电路启控输出触发信号到或非门电路，关断其输出，使 V101 管截止，从而防止因负载过流而烧坏开关管 V101。

(4) 电源输出电路的工作原理　串联稳压开关电源输出的＋9V 电压，分 3 路输出：一路经 R142 降压得到＋8V 电压，为 AV 电路供电，这一路电压属不受控电源；另一路经 R105 限流、C146 滤波、ICN101 三端稳压块稳压为 5V 电压后，为系统控制微处理器、VFD 显示及操作电路供电，此路电压也属不受控电源；第三路经 V105 为伺服驱动电路、电机驱动电路供电，同时此电压还经三端固定稳压集成电路 ICN102 稳压为 5V 后，为卡拉 OK 等模拟电路供电。这一路电压为受控电源，受由 V104、V105、V106 等构成的开机/待机控制电路控制。当开机时，系统控制微处理器 ICN204 的④脚为高电平，V104、V105、V106 导通，才有 3 组电源电压 5VS、＋8VS、5VS1 输出；反之，则处于待机状态。

(5) 低压整流电源电路的工作原理　由 T101 变压器次级③—④绕组感应的交流电压，正半周时 VD106 导通，对 C110 充电，负半周时，VD107 导通，对 C111 充电，C110 两端电压经三端稳压集成电路 ICN104 稳压为－9V 电压，为 AV 输出电路供电。C110 与 C111 串联后两端电压经三端稳压块 ICN105 稳压为－24V 电压，为 VFD 显示电路供电。

由 T101 变压器⑤—⑥绕组感应的交流电压，经 V107、V108、VD109～VD112 及 VD108，再叠加上－24V 的直流电压后，输出两个交流 3.5V 的电压，为 VFD 荧光显示屏灯丝做供电电压。

2. 故障检修

打开电源，刚开始时正常工作约过 15min 后，图像开始跳动不停。停机 0.5h 后，再重放，又重复上述故障现象。

根据故障现象分析，这种故障一般是某个电子元件的热稳定性不良所致。打开机盖，首先测量电源电路的＋5V、＋8V 电压，发现当出现故障时，＋5V 电压不稳，时高时低，怀疑 ICN101 有故障。检测外围元件均没有发现异常，证明 ICN101 性能已变差。代换一新的 ICN101 后，接通电源试机，恢复正常。

四、工控设备用 TL494 构成的电源典型电路分析与检修

1. 电源原理

(1) 主变换电路原理 TL494 ATX 电源在电路结构上属于他激式脉宽调制型开关电源（图 6-22），220V 市电经 BD1～BD4 整流和 C5、C6 滤波后产生＋300V 直流电压，同时 C5、C6 还与 Q1、Q2、C8 及 T1 原边绕组等构成所谓"半桥式"直流换电路。当给 Q1、Q2 基极分别馈送相位相差 180°的脉宽调制驱动脉冲时，Q1 和 Q2 将轮流导通，T1 副边各绕组将感应出脉冲电压，分别经整流滤波后，向微机提供＋3.3V、＋5V、＋12V、−5V 直流稳压电源。THR 为热敏电阻，冷阻大，热阻小，用于在电路刚启动时限制过大的冲击电流；D1、D2 是 Q1、Q2 的反相击穿保护二极管，C9、C10 为加速电容，D3、D4、119、1110 为 C9、C10 提供能量泄放回路，为 Q1、Q2 下一个周期饱和导通做好准备。主变换电路输出的各组电源，在主机没有开启前均无输出。

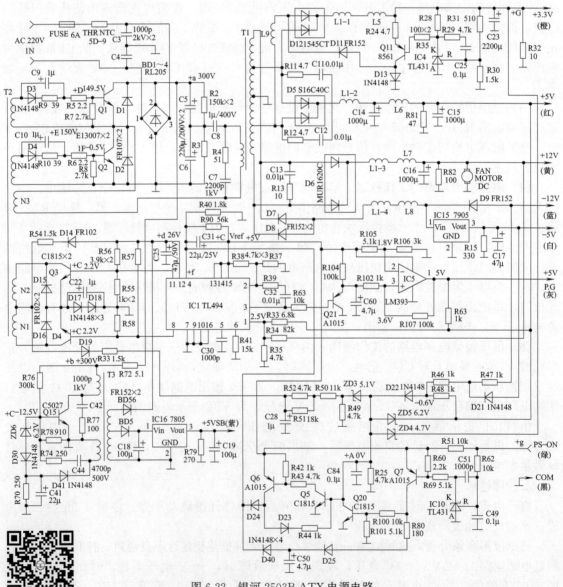

图 6-22　银河 2503B ATX 电源电路

(2) 辅助电源　整流滤波后产生的＋300V 直流电压还通过 R72 向以 Q15、T3 开关元件构成的自激式直流辅助电源供电，R76 和 R78 用来向 Q15 提供起振所需（＋）初始偏流，R74 和 C44 为正反馈通路。此辅助源输出两路直流电源：一路经 IC16 稳限后送＋5VSB 电源，作为微机主板电源监控部件的供电电源；另一路经 BD56、C25 整流滤波后向 IC1 及 Q3、Q4 等构成的脉宽调制及推动组件供电。正常情况下，只要接通 220V 市电，此辅助电源就能启动工作，产生上述两路直流电压。

(3) 脉宽调制及推动电路　脉宽调制由 IC1 芯片选用开关电源专用的脉宽调制集成电路 TL494，当 IC1 的 V_{CC} 端⑫脚得电后，内部基准电源即从其输出端⑭脚向外提供＋5V 参考基准电压。首先，此参考电压分两路为 IC1 组件的各控制端建立起它们各自的参考基准电平：一路经由 R38、R37 构成的分压器为内部采样放大器的反相输入端②脚建立＋2.5V 的基准电平，另一路经由电阻 R90、R40 构成的分压器为"死区"电平控制输入端④脚建立约＋0.15V 的低电平；其次，Vref 还向 PS-ON 软开/关机电路及自动保护电路供电。在 IC1⑫脚得电，④脚为低电平的情况下，其⑧脚和⑪脚分别输出频率为 50kHz（由定时元件 C30、R41 确定），相位相差 180°的脉宽调制信号，经 Q3、Q4 放大，T2 耦合，驱动 Q1 和 Q2 轮流导通工作. 电源输出端可得到微机所需的各组直流稳压电源。若使④脚为高电平，则进入 IC1 的"死区"，IC1 停止输出脉冲信号，Q1、Q2 截止，各组输出端无电压输出。微机正是利用此"死区控制"特性来实现软开/关机和电源自动保护的。D17、D18 及 C22 用于抬高推动管 Q3、Q4 射极电平，使得当基极有脉冲低电平时 Q3、Q4 能可靠截止。

(4) 自动稳压电路　因 IC1②脚（内部采样放大器反相端）已固定接入＋2.5V 参考电压，同相端①脚所需的取样电压来自对电源输出＋5V 和＋12V 的分压。与②脚比较，＋5V 或＋12V 电压升高，使得①脚电压升高，根据 TL494 工作原理，⑧、⑪脚输出脉宽变窄，Q1、Q2 导通时间缩短，将导致直流输出电压降低，达到稳定输出电压的目的。当输出端电压降低时，电路稳压过程与上述相反。因＋3.3V 直流电源的交流输入与＋5V 直流电源共用同一绕组，这里使用两条措施来获得稳定的＋3.3V 直流输出电压：

① 在整流二极管 D12 前串入电感 L9，可有效降低输入的高频脉冲电压幅度。

② 在＋3.3V 输出端接入并联型稳压器，可使其输出稳定在＋3.3V。此并联型稳压器由 IC4（TL431）和 Q11 等构成。TL431 是一种可编程精密稳压集成电路，内含参考基准电压部件，参考电压值为 2.5V，接成稳压电源时其稳压值可由 R31 和 R30 的比值预先设定，这里实际输出电压为 35V（空载），Q11 的加入是为了扩大稳定电流，D11 是为了提高 Q11 的集电极-发射极间工作电压，扩大动态工作范围。

(5) 自检启动（P. G）信号产生电路　一般微机对 P. G 信号的要求是：在各组直流稳压电源输出稳定后，再延迟 100～500ms 产生＋5V 高电平，作为微机控制器的"自检启动控制信号"。本机 P. G 信号产生电路由 Q21、IC5 及其外围元件构成。当 IC1 得电工作后，③脚输出高电平，使 Q21 截止，在 Vref 经过 R104 对 C60 充电延时后，发射极电压可稳定在 3.6V，此电压加到比较器 IC5 同相端，高于反相端参考电压（由 Vref 在 R105 和 R106 上的分压决定，为 1.85V），因此比较器输出高电平＋5V，通知微机自检启动成功，电源已准备好。

(6) 软开/关机（PS-ON）电路　微机通过改变 PS-ON 端的输入电平来启动和关闭整个电源。当 PS-ON 端悬空或微机向其送高电平（待机状态）时，电源关闭无输出；送低电平时，电源启动，各输出端正常输出直流稳压电源，PS-ON 电路由 IC10、Q7、Q20 等元件构成，当 PS-ON 端开路软关接通（微机向 PS-ON 端送入＋5V 高电平）时，接成比较器使用的 IC10（TIA31）因内部基准稳压源的作用，输入端 R 电压为 2.5V，输出端 K 电压为低电平，Q7 饱和，集电极为高电平，通过 R80、D25、D40 将 IC1④脚上拉到高电平，ICI 无脉冲输出，与此同时，因 Q7 饱和，Q20 电饱和，使得 Q5 基极（保护电路控制输入端）对地短路，禁止保护信号输入，保护电路不工作。当将 PS-ON 端对地短路或软开机（微机向 PS-ON 端送低电平）时，IC10 的 R 极电压低于 2.5V，K 极输出高电平，Q7 截止，D25、D40 不起作用，IC1④脚电压由 R90 和 R40 的分压决定，为 0.15V，IC1 开始输出调宽脉冲，电源启动。此时 Q20 处于截止状态，将 Q5 基极释放，允许任何保护信号进入保护控制电路。

(7) 自动保护电路　此电源设有较完善的 T1 一次绕组过流、短路保护电路，二次绕组+3.3V、+5V 输出过压保护，−5V、−12V 输出欠保护电路，所有保护信号都从 Q5 基极接入，电源正常：工作时，此点电位为 0V，保护控制管 Q5、Q6 均截止。若有任何原因使此点电位上升，因 D23、R44 的正反馈作用，将使 Q5、Q6 很快饱和导通，通过 D24 将 IC1④脚上拉到高电平，使 IC1 无脉冲输出，电源停止工作，从而保护各器件免遭损坏。

2. 检修方法

在没有开盖前可进行如下检查：首先接通 220V 市电，检查+5VSB（紫）端电压，若有+5V 可确认+300V 整流滤波电路及辅助电源工作正常；其次，将 PS-ON（绿）端对 COM（黑）端短路，检查各直流稳压输出端电压，只要有一组电压正常或风扇正常运转，可确认电源主体部分工作正常，故障仅在无输出的整流滤波电路。此时若测得 P.G（灰）端为+5V，也可确认 P.G 电路正常。上述检查若有不正常的地方，需作进一步检查。下面按照电源各部分工作顺序，给出一些主要测试点电压值。检查时可对照原理图按表 6-7、表 6-8 顺序测试，若发现某一处不正常，可暂停往下检查，对不正常之处稍加分析，即可判断问题所在，待问题解决后方可继续往下检查。检查位置中的 a、b、c……各点，均在电路中标明，请对照查找。

表 6-7　PS-ON 开路时的检查顺序

检查位置	*a	*b	*c	*d	*e	*f	*g
电压值	300V	300V	−12.5V	15～26V	5V	>3V	>3V
主要可疑元件	DB1-4	R72	T3 Q15R74C44	R76 BD56	IC1	D25D40Q7IC10	R61R62

表 6-8　PS-ON 对地短路后的检查顺序

检查位置	*A	*B	*C	*D	*E	*F	*G
电压值	<0.2V	0.15V	2.2V	149.5V	150V	−0.5V	3.3V
主要可疑元件	Q5 及保护取样	Q6	IC1C30R41	Q1Q2R2R3	Q1Q2R2R3	Q1Q2R2R3	IC4Q11R30R31

3. ATX 电源辅助电路

ATX 开关电源中，电源的辅助电路是维系微机、ATX 电源能否正常工作的关键。其一，辅助电路向微机主板电源监控电路输出+5VSB 待机电压，其二，向 ATX 电源内部脉宽调制芯片和推动变压器一次绕组提供+22V 左右直流工作电压。只要 ATX 开关电源接入市电，无论是否启动微机，其他电路可以有待机休闲和受控启动两种控制方式的轮换，而辅助电路即处在高频、高压的自激振荡或受控振荡的工作状态，部分电路自身缺乏完善的稳压调控和过流保护，使其成为 ATX 电源中故障率最高的部分。

(1) 银河银星-280B ATX 电源的辅助电路（图 6-23）　整流后的 300V 直流电压，经限流电阻 R72、启动电阻 R76、T3 推动变压器一次绕组 L1 分别加至 Q15 振荡管 b、集电极，Q15 导通。反馈绕组产生感应电势，经正反馈回路 C44、R74 加至 Q15 基极，加速 Q15 导通。T3 二次绕组感应电势上负下正，整流管 BD5、BD6 截止。随着 C44 充电电压的上升，注入 Q15 的基极电流越来越少，Q15 退出饱和而进入放大状态，L1 绕组的振荡电流减小，因电感线圈中的电流不能跃变，L1 绕组感应电势反相，L2 绕组的反相感应电势经 R70、C41、D41 回路对 C41 充电，C41 正极接地，负极负电位，使 ZD3、D30 导通，Q15 基极被很快拉至负电位，Q15 截止。T3 二次绕组 L3、L4 感应电势上正下负，BD5、BD6 整流二极管输出直流电源，其中+5VSB是主机唤醒ATX电源量控启动的工作电压，若此电压异常，当使用键盘、鼠标、网络远程方式开机或按机箱板启动按钮时，ATX电源受控启动输出多路直流稳压电源。截止时，C44电压经R74、L2绕组放电，随着C44放电电压的下降，Q15基极电位回升，一旦大于0.7V，Q15再次导通。导通时，C41经R70放电，若C41放电回路时间常数远大于Q15的振荡周期时，最终在Q15基极形成正向导通0.7V，反向截止负偏压的电路，减小Q15关断损耗，D30、ZD3构成基极负偏压截止电路。R77、C42为阻容吸收回路，抑制吸收Q15截止时集电极产生的尖峰谐振脉冲。此辅助电源无任何受控调整稳压保护电路，常见故障是R72、R76阻值变大或开路，Q15、ZD3、D30、D41击穿短路，并伴随交流输入整流滤波电路中的整流管击穿，交流熔丝炸裂现象。隐蔽故障是C41因靠近Q1散热片，受热烘烤而容量下降，导致二次绕组BD6整流输出电压在ATX电源接入市电瞬间急剧上升，高达80V，通电瞬间常烧坏DBL494脉宽调制芯片。这种故障相当隐蔽，业余检修一般不易察觉，导致相当一部分送修的银河ATX开关电源没有能找到故障根源，从而又烧坏新换的元件。

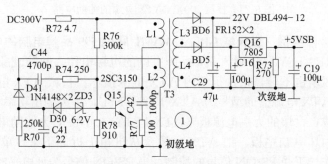

图 6-23　银河银星-280B ATX电源的辅助电路

（2）森达 Power98 ATX 电源的辅助电路（图 6-24）　自激振荡工作原理与银河ATX开关电源相同。在T3推动变压器次绕组振荡电路中增加了过流调整管Q2。Q1自激振荡受Q2调控，当T3一次绕组整流输入电压升高或二次绕组负载过重，流经L1绕组和Q1发射极的振荡电流增加时，R06过流检测电阻压降上升，由R03、R04传递给Q2基极，Q2基极电位大于0.7V，Q2导通，将Q1基极电位拉低，Q1饱和导通时间缩短，一次绕组由电能转化为磁能的能量储存减少，二次绕组整流输出电压下降。而Q1振荡开关管自激振荡正常时，Q2调整管截止。此电路一定程度上改善了辅助电源工作的可靠性，但当市电上升，整流输入电压升高，或T3二次绕组负载过重，Q2调整作用滞后时，仍会烧R01、R02、Q1、R06元件，有时会损坏ZD1、D01、Q25等元件。

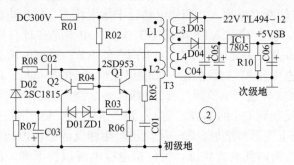

图 6-24　森达 Power98 ATX电源的辅助电路

（3）技展 200XA ATX 电源的辅助电路（图 6-25）　其一次绕组边同上述两种电路；一次绕组边增加了过压保护回路。工作原理如下：若T3二次绕组输出电压上升，由R51、R58分压，精密稳压调节器Q12参考端Ur电位上升，控制端Uk电位下降，IC1发光二极管导通，光敏三极管、发射极输出电流流入调整管 Q17 基极，Q17 导通使振荡开关管 Q16 截止，从而起到过压保护作用，D27、R9、C13 构成 Q16 尖峰谐振脉冲吸收回路，C29、L10、C32 构成滤波回路，消除＋5VSB 的纹波电压。

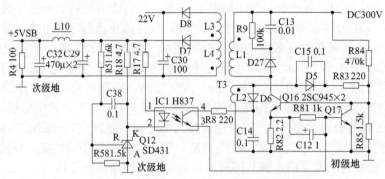

图 6-25　技展 200XA ATX 电源的辅助电路

（4）ATX 电源检修实例（以长城 GREAT WAMJ 飓风 599 品牌电脑的电源电路为例）　图 6-26 所示为长城 GREAT WAMJ 飓风 599 品牌电脑的电源电路。故障现象为开机后电源指示灯不亮，电源散热风扇也不转，估计机箱内 ATX 电源损坏。长城 ATX 电源盒体积小巧，飓风 599 电脑使用的 ATX 电源盒的型号为 ATX-150SE-PSD，最大输出功率为 150W，其内部由大小两块电路板构成，大块的为主电源板（ATX-PS3A），小块的为辅助电源板（PS3-1）。为了便于检修和防止损坏电脑主板，把 ATX 电源盒从机箱上拆卸下来，单独对其检修。ATX 电源的主电源板工作与否受 PS-ON 信号的控制：当 PS-ON 信号为低电平时，主电源板工作输出各种电压；当它为高电平时，各功率管均处于截止状态，无电压输出。故当单独对 ATX 电源检修时应使 PS-ON 信号处于低电平，即用一个 100Ω 电阻人工短路绿色线（G-ON）与黑色线（G-ND），＋5V 输出端（红色线）与地之间接一个 10Ω/10W 电阻作假负载。打开电源盒，发现主电源板上的熔丝 F1（5A/250V）发黑开路，其原因不外乎是桥式整流器损坏和主滤波电容击穿，再就是主变换电路中功率开关管击穿损坏。测量整流桥堆 BD（KBP206）AC 输入端短路，测量其他主功率开关三极管、输出二极管等易损件均正常，换上熔丝 F1 和整流桥堆 BD 后通电仍无电源输出，但不再烧熔丝。在 C3（330μF/220V）的负极（V－）和 C4 的正极（V＋）两点测有 300V 直流电压，散热风扇还是不转，说明 ATK 电源的确损坏。测待命电源（紫色线＋5VSB）电压为零，说明辅助电源不正常，而辅助电源是主电源能否正常工作的前提条件，它提供待命电源 STAND BY＋5V，同时还为脉宽调制型开关电源集成电路 TL494 等提供工作电源，只要没有切断交流输入，即使电脑处于休眠状态，辅助电源仍然一直工作。辅助电源输出 5V 电压为零，就会导致 ATX 电源不工作。此电源是一种自激式开关电源，主要由开关管 Q8 和控制管 Q9 及开关变压器 T3、光电耦合器 IC5、精密电压基准集成电路 IC6 等构成。300V 左右的直流电压经 T3 初级的①—②绕组加到 Q8 的集电极，同时又经启动电阻 R29 进入 98 的基极，这时 Q8 导通，电流通过 T3 初级①—②绕组时，反馈绕组③—④感应电动势经 D13、C21、R27 电反馈到 Q8 的基极，使 Q8 进一步导通，Q8 很快进入饱和状态，当 Q8 饱和导通后，其集电极电流不再增加，③—④绕组产生相反的感应电动势并电反馈到 Q8 的基极，Q8 退出饱和状态重新回到放大状态，可使集电极电流很快下降，最终使 Q8 退出放大状态进入截止状态。如此周而复始，电源进入了自由振荡状态，同时在 T3 的次级的两绕组感应到的电动势经 D17 和 D18 整流后输出两组电源 B1＋（＋5VSB）和 B2＋（＋12V）。其稳压工作过程如下，当 B1＋电压因某种原因升高时，经电阻 R74 和 R75 分压后，则使 IC6 的 R 端电压升高，其 K 端的电压下降，IC5 内部的光电二极管发光增强，脉宽调制管 Q9 的基极电位升高、集电极电位下降，Q8 基极电位下降，从而使 Q8 的导通时间缩短。T2 次级各绕组下降到标准值。反之若因某种原因使 B1＋电压下降，上述变化过程恰好相反，从而使 B1＋电压输出稳定。经检测，此故障电源的 D11、Q8 击穿且 R30 开路，代换后，辅助电源两组电源已有电压输出，同时主电源板也有电压输出了。

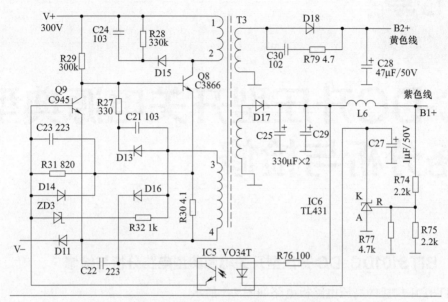

图 6-26　长城 GREAT WAMJ 飓风 599 品牌电脑的电源电路

计算机 ATX 电源电路检修实例可扫二维码看线路检修视频。

无输出的　　烧保险的
故障检修　　故障检修

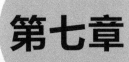

第七章

DC-DC升压型开关电源典型电路分析与检修

一、 BIT3101DC-DC 升压型开关电源典型电路分析与检修

由 BIT3101 构成的高压电路板电路如图 7-1 所示。

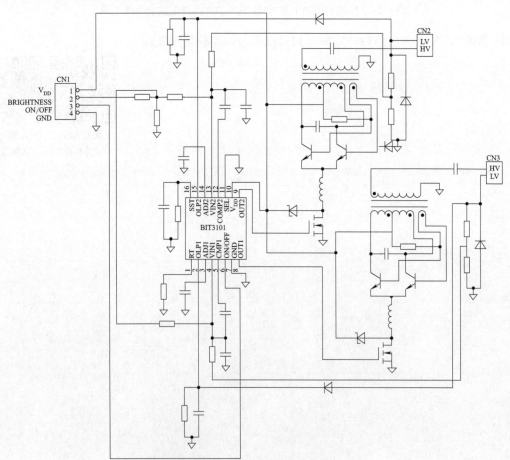

图 7-1　BIT3101 构成的高压电路板电路

从图 7-1 中可以看出，这是一个典型的"PWM 控制芯片＋Royer 结构驱动电路"高压电路板电路。图中的 BIT3101 是 PWM 控制 IC，其引脚功能见表 7-1。

表 7-1　BIT3101 引脚功能

引脚号	符　号	功　　能
1	RT	外接定时电阻
2	OLP1	电压检测输入，若此脚电压小于 0.325V，将关闭 OUT1 输出
3	ADJ1	误差放大器 1 的参考电压调整脚
4	VIN1	误差放大器 1 反相输入
5	COMP1	误差放大器 1 输出
6	ON/OFF	开启/关断控制
7	GND	地
8	OUT1	PWM1 输出
9	OUT2	PWM2 输出
10	V_{DD}	供电电压
11	SEL	软启动选择，一般接地
12	COMP2	误差放大器 2 输出
13	VIN2	误差放大器 2 反相输入
14	ADJ2	误差放大器 2 的参考电压调整脚
15	OLP2	电压检测输入，若此脚电压小于 0.325V，将关闭 OUT2 输出
16	SST	软启动和灯管开路保护

二、　BIT3102DC-DC 升压型开关电源典型电路分析与检修

BIT3102 与 BIT3101 工作原理类似，主要区别是，BIT3101 为互相独立的两个通道，而 BIT3102 则为单通道，由 BIT3102 构成的高压电路板电路如图 7-2 所示，这也是一个"PWM 控制芯片＋Royer 结构驱动电路"高压电路板电路。

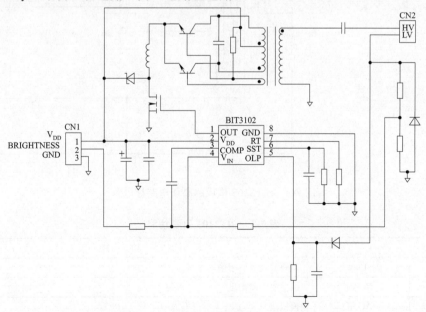

图 7-2　由 BIT3102 构成的高压板电路

图 7-2 中，PWM 控制 IC BIT3102 引脚功能见表 7-2。

表 7-2　BIT3102 引脚功能

引脚号	符号	功能
1	OUT	PWM 输出
2	V_{DD}	供电电压
3	COMP	误差放大器输出
4	V_{IN}	误差放大器反相输入
5	OLP	电压检测输入，若此脚电压小于 0.325V，将关闭 OUT 输出
6	SST	软启动和灯管开路保护
7	RT	外接定时电阻
8	GND	地

三、 BIT3105DC -DC 升压型开关电源典型电路分析与检修

由 BIT3105 构成的高压电路板电路如图 7-3 所示。从图 7-3 中可以看出，这是一个典型的"PWM 控制芯片＋全桥结构驱动电路"高压电路板。BIT3105 是 PWM 控制 IC，其引脚功能见表 7-3。

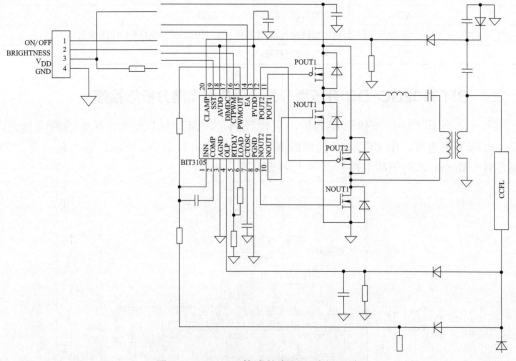

图 7-3　BIT3105 构成的高压电路板电路

表 7-3　BIT3105 引脚功能

引脚号	符号	功能
1	INN	误差放大器反相输入
2	COMP	误差放大器输出
3	AGND	模拟地
4	OLP	灯管电流检测脚

引脚号	符　号	功　　能
5	RTDLY	外接电阻,用于确定输出脉冲的延迟时间
6	LOAD	若 OLP 脚检测到灯管电流,此脚变为悬浮状态
7	CTOSC	外接电容,用于设置灯管工作频率
8	PGND	驱动电路地
9	NOUT2	N 沟道场效应管输出 2
10	NOUT1	N 沟道场效应管输出 1
11	POUT1	P 沟道场效应管输出 1
12	POUT2	P 沟道场效应管输出 2
13	PVDD	驱动电路电源
14	EA	开启/关断控制
15	PWMOUT	PWM 输出
16	CTPWM	灯管开路保护
17	DIMDC	亮度控制
18	AVDD	模拟电源
19	SST	软启动
20	CLAMP	过电压钳位

第八章

PFC功率因数补偿型开关电源典型电路分析与检修

第一节 PFC 功率因数补偿型开关电源电路构成及补偿原理 <<<

一、 PFC 功率因数补偿型开关电源电路构成及特点

传统开关电源输入电路普遍采用二极管整流或相控整流方式，不仅在电网输入接口产生失真较大的高次谐波，污染电网，而且使网侧的功率因数下降到 0.6 左右，浪费能源。科学技术和现代经济的飞速发展使越来越多的电气设备入网，谐波干扰对电网的污染日趋严重。为此，发达工业国家率先引入功率因数校正技术（PFC），来实现"绿色能源"革命，并制定 IEC555-2 和 EN60555-2 等国际标准，限制入网电气设备的谐波值。在 2003 年欧盟对中国出口电子产品的反倾销中，电源的谐波辐射（环保）的功率因数（节能）就是一个重要的考核指标。

长期以来，开关型电源都是使用桥式整流和大容量电容滤波电路来实现 AC/DC 变换的。因滤波电容的充、放电作用，在其两端的直流电压出现略呈锯齿波的纹波。滤波电容上电压的最小值与其最大值（纹波峰值）相差并不多。根据桥式整流二极管的单向导电性，只有在 AC 线路电压瞬时值高于滤波电容上的电压时，整流二极管才会因正向偏置而导通；当 AC 输入电压瞬时值低于滤波电容上的电压时，整流二极管因反向偏置而截止。也就是说，在 AC 线路电压的每个半周期内，只是在其峰值附近，二极管才会导通（导通角约为 70°）。虽然 AC 输入电压仍大体保持正弦波波形，但 AC 输入电流却呈高幅度值的尖峰脉冲，如图 8-1 所示。这种严重失真的电流波形含有大量的谐波成分，引起线路功率因数严重下降。

功率因数校正的方法有两种：一是无源 PFC 电路，即通过大电感和电容耦合来扩大整流元件的导通角，但很难实现 $PF=1.0$ 的单位功率因数校正；二是采用有源 PFC 电路，它的优点是能让电网输入端电流波形趋近正弦波，并与输入电网电压保持同相位，而且校正后的功率因数达到 $PF=0.99$ 值。

高频有源功率因数校正 PFC 技术的核心是通过对交流电压进行全波整流滤波、DC/DC 变

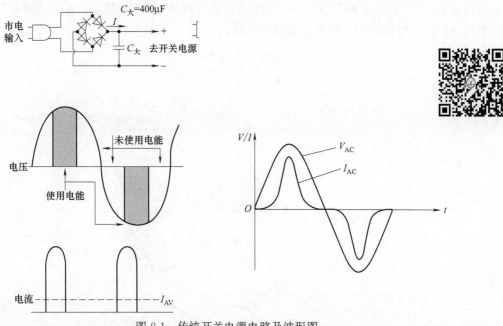

图 8-1　传统开关电源电路及波形图

换、取样比较控制，使输入电流平均值自动跟踪全波直流电压基准，保持输出电压稳定，并将畸变的窄脉冲校正成正弦波，提高单位输入功率因数。

它与传统开关电源的根本区别在于：不仅反馈输出电压取样，而且反馈输入平均电流；电流闭合环的基准信号为电压环误差取样与全波整流电压取样之积。

二、 PFC 功率因数补偿型开关电源电路补偿原理

PFC 方案完全不同于传统的"功率因数补偿"，它是针对非正弦电流波形而采取的提高线路功率因数，迫使 AC 线路电流追踪电压波形的瞬时变化轨迹，并使电流与电压保持同相位，使系统呈纯电阻性的技术措施。

为提高线路功率因数，抑制电流波形失真，必须使用 PFC 措施。PFC 分无源和有源两种类型，目前流行的是有源 PFC 技术。有源 PFC 电路一般由一片功率控制 IC 为核心构成，它被置于桥式整流器和一只高压输出电容之间，也称作有源 PFC 变换器。有源 PFC 变换器一般使用升压形式，主要是在输出功率一定时，有较小的输出电流，从而可减小输出电容器的容量和体积，同时也可减小升压电感元件的绕组线径。有源 PFC 电路的基本结构与效果如图 8-2(a) 所示。

图 8-2(b) 所示为双级式 PFC 电路，电路由升压 PFC 和 DC/DC 变换器组合而成，中间母线电压稳定在 400V 左右，前级完成升压和功率因数校正，后级实现降压输出与电位安全隔离。这种结构 PFC 对输入电流波形的控制采用乘法器，典型 IC 有 MC33262p、MC34261、MIA821、UC3842 等。

PFC 电路方框原理如图 8-2(c) 所示，由储能电感 L、场效应功率开关管 T、二极管 D2 构成升压式（Boost）变换器。整流输入电压由 R2//R1 分压检测取样送到乘法器；输入电流经检测同时加到乘法器；输出电压由 R4//R3 分压检测取样与参考电压比较，经误差放大也送到乘法器。在较大动态范围内，模拟乘法器的传输特性呈线性。当正弦波交流输入电压从零上升至峰值期时，乘法器将 3 路输入信号处理后输出相应电平去控制 PWM 比较器的门限值，然后与锯齿波比较产生 PWM 调制信号加到 MOSFET 管栅极，调整漏、源极导通宽度和时间，使它同步跟踪电网输入电压的变化，让 PFC 电路的负载相对交流电网呈纯电阻特性（又称 RE

电阻仿真器）；结果流过 DC/DC 一次回路感性电流峰值包络线紧跟正弦交流输入电压变化，获得与电网输入电压同频、同相的正弦波电流。

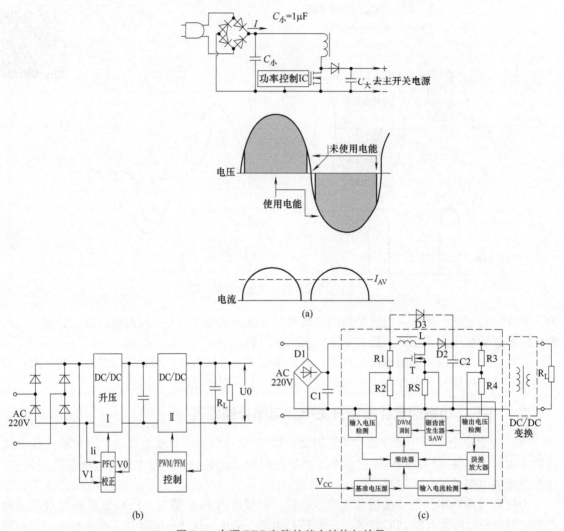

图 8-2 有源 PFC 电路的基本结构与效果

第二节 | 多种 PFC 开关电源典型电路分析与检修 ◀◀◀

一、 L6561+ L5991 构成的开关电源典型电路分析与检修

1. 电路原理

由 L6561＋L5991 组合芯片构成的开关电源方案中，L6561 构成前级有源功率因数校正电路，L5991 构成开关电源控制电路，相关电路如图 8-3 所示。

（1）L6561 介绍 L6561 内部电路框图如图 8-4 所示，引脚功能如表 8-1 所示。

（2）整流滤波电路 220V 交流电压经 L1、R1、CX1、LF1、CX2、LF2、CY2、CY4 构成的线路滤波器滤波、限流，滤除 AC 中的杂波和干扰，再经 BD1、C3 整流滤波后，形成一直流电压。因滤波电路电容 C3 储能较小，则在负载较轻时，经整流滤波后的电压为 300V 左

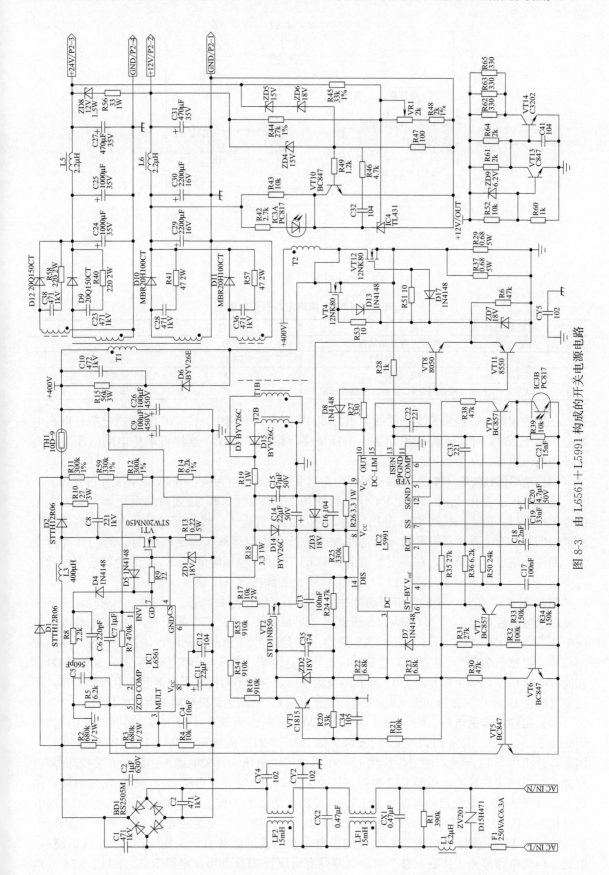

图 8-3　由 L6561+L5991 构成的开关电源电路

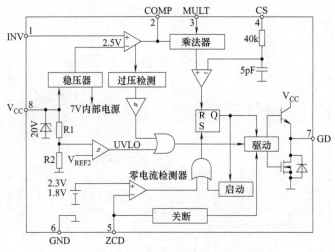

图 8-4　L6561 内部电路框图

表 8-1　L6561 集成电路引脚功能

脚位	引脚名	功　　　能	脚位	引脚名	功　　　能
1	INV	误差放大器反相端输入	5	ZCD	零电流侦测
2	COMP	误差放大器输出	6	GND	接地
3	MULT	乘法器输入	7	GD	驱动脉冲输出
4	CS	利用电流侦测电阻,将电流转成电压输入	8	V_{CC}	工作电源

右;在负载较重时,经整流滤波后的电压为 230V 左右。电路中,ZV201 为压敏电阻,即在电源电压高于 250V 时,压敏电阻 ZV201 击穿短路,熔丝 F 熔断,这样可避免电网电压波动造成开关电源损坏,从而保护后级电路。

(3) 功率因数校正 (PFC) 电路　PFC 电路以 IC1 (L6561) 为核心构成,具体工作过程如下:

输入电压的变化经 R2、R3、R4 分压后加到 L6561 的③脚,送到内部乘法器。输出电压的变化经 R11、R59、R12、R14 分压后由 L6561 的①脚输入,经内部比较放大后,也送到内部乘法器。L6561 乘法器根据输入的这些参数进行对比与运算,确定输出端⑦脚的脉冲占空比,维持输出电压的稳定。在一定的输出功率下,当输入电压降低,L6561 的⑦脚输出的脉冲占空比变大;当输入电压升高,L6561 的⑦脚输出的脉冲占空比变小。

驱动管 VT1 在 L6561 的⑦脚驱动脉冲的控制下工作在开关状态。当 VT1 导通时,由 BD1 整流后的电压经电感 L3、VT1 的 D-S 极到地,形成回路;当 VT1 截止时,由 BD1 整流输出的电压经电感 L3、D2、H11、C9、C26 到地,对 C9、C26 充电。同时,流过 L3 的电流呈减小趋势,电感两端必然产生左负右正的感应电压,这一感应电压与 BD1 整流后的直流分量叠加,在滤波电容 C9、C26 正端形成 400V 左右的直流电压,这样不但提高了电源利用电网的效率,而且使得流过 L3 的电流波形和输入电压的波形趋于一致,从而达到提高功率因数的目的。

(4) 启动与振荡电路　C9、C26 两端的 400V 左右的直流电压经 R17 加到 VT2 的漏极,同时经 R55、R54、R56 加到 VT2 的栅极。因稳压管 ZD2 的稳压值高于 L5991 的启动电压,因此,开机后 VT2 导通,通过⑧脚为 L5991 提供启动电压。开关电源工作后,开关变压器 T1 自馈电绕组感应的脉冲电压经 D15 整流,R19 限流,C15 滤波,再经 D14、C14 整流滤波,加到 L5991 的⑧脚,取代启动电路,为 L5991 提供启动后的工作电压,并使⑧脚与 C14 两端电压维持在 13V 左右,同时 L5991④脚基准电压由开机时的 0V 变为正常值 5V,使 VT3 导通,VT2 截止,启动电路停止工作,L5991 的供电完全由辅助电源(开关变压器 T1 的自馈绕组)取代。启动电路停止工作后,整个启动电路只有稳压管 ZD2 和限流电阻 R55、R54、R56 支路消耗电能，从而启动电路本身的耗电非常小。

L5991启动后，内部振荡电路开始工作，振荡频率由与②脚相连的 R35、C18 决定，振荡频率约为 14kHz，由内部驱动电路驱动后，从 L5991 的⑩脚输出的电压经 VT8、VT11 推挽放大后，驱动开关管 VT4、VT12 工作在开关状态。

(5) 稳压控制　稳压电路由取样电路 R45、VR1、R48，误差取样放大器 IC4（TL431），光电耦合器 IC3 等元器件构成。具体稳压过程是：若开关电源输出的 24V 电压升高，经 R45、VR1、R48 分压后的电压升高，即误差取样放大器 IC4 的 R 极电压升高，IC4 的 K 端电压下降，使得流过光电耦合器 IC3 内部发光半导体二极管的电流加大，IC3 中的发光半导体二极管发光增强，IC3 中的光敏半导体三极管导通增强，这样 L5991⑤脚误差信号输入端电压升高，⑩脚输出驱动脉冲使开关管 VT4、VT12 导通时间减小，从而输出电压下降。

(6) 保护电路

① **过压保护电路**　过压保护电路由 VT10、ZD4、ZD5、ZD6 等配合稳压控制电路构成，具体控制过程是：当 24V 输出电压超过 ZD5、ZD6 的稳压值或 12V 输出电压超过 ZD4 的稳压值时，ZD5、ZD6 或 ZD4 导通，半导体三极管 VT10 导通，其集电极为低电平，使光电耦合器 IC3 内的发光半导体二极管两端电压增大较多，导致电源控制电路 L5991⑤脚误差信号输入端电压升高较大，控制 L5991 的⑩脚停止输出，开关管 VT4、VT12 截止，从而达到过压保护的目的。

② **过流保护电路**　开关电源控制电路 L5991 的⑬脚为开关管电流检测端。正常时开关管电流取样电阻 R37、R29 两端取样电压大约为 1V（最大脉冲电压），当此电压超过 1.2V 时（如开关电源次级负载短路时），L5991 内部的保护电路启动，⑫脚停止输出，控制开关管 VT4、VT12 截止，并同时使⑦脚软启动电容 C19 放电，C19 被放电后，L5991 内电路重新对 C19 进行充电，直至 C19 两端电压被充电到 5V 时，L5991 才重新使开关管 VT4、VT12 导通。若过载状态只持续很短时间，保护电路启动后，开关电源会重新进入正常工作状态，不影响显示器的正常工作。若开关管 VT4、VT12 重新导通后，过载状态仍然存在（开关管电流仍然过大），L5991 将再次控制开关管截止。

2. 电路检修

如图 8-5 所示。

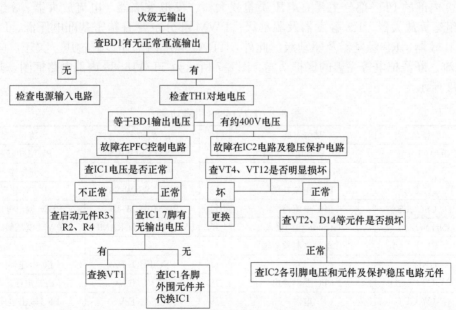

图 8-5　L6561＋L5991 电源故障检修

二、 TDA16888+ UC3843 构成的开关电源典型电路分析与检修

1. 电路原理

由 TDA16888+UC3843 构成的开关电源电路如图 8-6 所示。

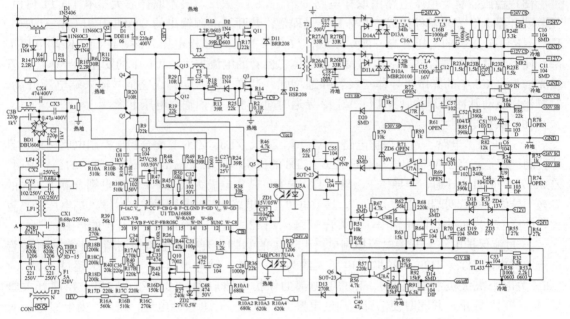

图 8-6　由 TDA16888+UC3843 构成的开关电源电路

(1) 主开关电源电路　主开关电源电路以 U1（TDA16888）为核心构成，主要用来产生 24V 和 12V 电压。TDA16888 是英飞凌公司推出的具有 PFC 功能的电源控制芯片，其内置的 PFC 控制器和 PWM 控制器可以同步工作。PFC 和 PWM 集成在同一芯片内，因此具有电路简单、成本低、损耗小和工作可靠性高等优点，这也是 TDA16888 应用最普及的原因。TDA16888 内部的 PFC 部分主要有电压误差放大器、模拟乘法器、电流放大器、3 组电压比较器、3 组运算放大器、RS 触发器及驱动级。PWM 部分主要有精密基准电压源、DSC 振荡器、电压比较器、RS 触发器及驱动级。此外，TDA16888 内部还设有过压、欠压、峰值电流限制、过流、断线掉电等完善的保护功能。图 8-7 所示为 TDA16888 内部电路框图，其引脚功能如表 8-2 所示。

表 8-2　TDA16888 引脚功能

脚位	引脚名	功　　能	脚位	引脚名	功　　能
1	PFCIAC(F-IAC)	AC 输入电压检测	11	PWM CS(W-CS)	PWM 电流检测
2	Vref	7.5V 参考电压	12	SYNC	同步输入
3	PFC CC(F-CC)	PFC 电流补偿	13	PWM SS(W-SS)	PWM 软启动
4	PFC CS(F-CS)	PFC 电流检测	14	PWM IN(W-IN)	PWM 输出电压检测
5	GND S(G-S)	Ground 检测输入	15	PWM RMP(W-RAMP)	PWM 电压斜线上升
6	PFC CL(F-CL)	PFC 电流限制检测输入	16	ROSC	晶振频率设有
7	GND	地	17	PFC FB(F-FB)	PFC 电压环路反馈
8	PFC OUT(F-GD)	PFC 驱动输出	18	PFC VC(F-VC)	PFC 电压环补偿
9	V_{CC}(W-GD)	电源	19	PFC VS(F-VS)	PFC 输出电压检测
10	PWMOUT(W-GD)	PWM 驱动输出	20	AUX VS(AUX-VS)	自备供电检测

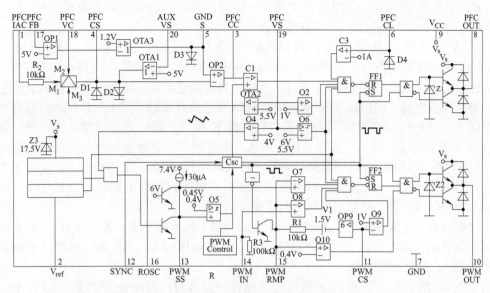

图 8-7 TDA16888 内部电路框图

① 整流滤波电路 220V 左右的交流电压先经延迟熔丝 F1，然后进入由 CY1、CY2、THR1、R8A、R9A、ZNR1、CX1、LF1、CX2、LF4 构成的交流抗干扰电路，滤除市电中的高频干扰信号，同时保证开关电源产生的高频信号不窜入电网。电路中，THR1 是热敏电阻器，主要是防止浪涌电流对电路的冲击；ZNR1 为压敏电阻，即在电源电压高于 250V 时，压敏电阻 ZNR1 击穿短路，熔丝 F1 熔断，这样可避免电网电压波动造成开关电源损坏，从而保护后级电路。

经交流抗干扰电路滤波后的交流电压送到由 BD1、CX3、L7、CX4 构成的整流滤波电路，经 BD1 整流滤波后，形成一直流电压。因滤波电路电容 CX3 储能较小，则在负载较轻时，经整流滤波后的电压为 310V 左右；在负载较重时，经整流滤波后的电压为 230V 左右。

② PFC 电路 输入电压的变化经 R10A、R10B、R10C、R10D 加到 TDA16888 的①脚，输出电压的变化经 R17D、R17C、R17B、R17A 加到 TDA16888 的⑩脚，TDA16888 内部根据这些参数进行对比与运算，确定输出端⑧脚的脉冲占空比，维持输出电压的稳定。在一定的输出功率下，当输入电压降低，TDA16888 的⑧脚输出的脉冲占空比变大；当输入电压升高，TDA16888 的⑧脚输出的脉冲占空比变小。在一定的输入电压下，当输出功率变小，TDA16888 的⑧脚输出的脉冲占空比变小；反之亦然。

TDA16888 的⑧脚的 PFC 驱动脉冲信号经过由 Q4、Q15 推挽放大后，驱动开关管 Q1、Q2 处于开关状态。当 Q1、Q2 饱和导通时，由 BD1、CX3 整流后的电压经电感 L1、Q1 和 Q2 的 D、S 极到地，形成回路；当 Q1、Q2 截止时，由 BD1、CX3 整流滤波后的电压经电感 L1、D1、C1 到地，对 C1 充电，同时，流过电感 L1 的电流呈减小趋势，电感两端必然产生左负右正的感应电压，这一感应电压与 BD1、CX3 整流滤波后的直流分量叠加，在滤波电容 C1 正端形成 400V 左右的直流电压，不但提高了电源利用电网的效率，而且使得流过 L1（PFC 电感）的电流波形和输入电压的波形趋于一致，从而达到提高功率因数的目的。

③ 启动与振荡电路 当接通电源时，从副开关电源电路产生的 $V_{CC}1$ 电压经 Q5、R46 稳压后，加到 TDA16888 的⑨脚，TDA16888 得到启动电压后，内部电路开始工作，并从⑩脚输出 PWM 驱动信号，经过 Q12、Q13 推挽放大后，分成两路，分别驱动 Q3 和 Q11 处于开关状态。

当 TDA16888 的⑩脚输出的 PWM 驱动信号为高电平时，Q13 导通，Q12 截止，Q12、

Q13 发射极输出高电平信号，控制开关管 Q3 导通，同时，信号另一支路经 C5、T3，控制 Q11 导通，此时，开关变压器 T2 存储能量。

当 TDA16888 的 10 脚输出的 PWM 驱动信号为低电平时，Q13 截止，Q12 导通，Q12、Q13 发射极输出低电平信号，控制开关管 Q3 截止，同时，信号另一支路经 C5、T3，控制 Q11 也截止，此时，开关变压器 T2 通过次级绕组释放能量，从而使次级绕组输出工作电压。

④ 稳压控制电路　当次级 24V 电压输出端输出电压升高时，经 R54、R53 分压后，误差放大器 U11（TL431）的控制极电压升高，U11 的 K 极（上端）电压下降，流过光电耦合器 U4 中发光二极管的电流增大，其发光强度增强，则光敏三极管导通加强，使 TDA16888 的③脚电压下降，经 TDA16888 内部电路检测后，控制开关管 Q3、Q11 提前截止，使开关电源的输出电压下降到正常值；反之，当输出电压降低时，经上述稳压电路的负反馈作用，开关管 Q3、Q11 导通时间变长，使输出电压上升到正常值。

⑤ 保护电路　过流保护电路：TDA16888 的③脚为过流检测端，流经开关管 Q3 源极电阻 R2 两端的取样电压增大，使加到 TDA16888 的③脚的电压增大，当③脚电压增大到阈值电压时，TDA16888 关断⑩脚输出。

过压保护电路：当 24V 或 12V 输出电压超过一定值时，稳压管 ZD3 或 ZD4 导通，通过 D19 或 D18 加在 U8 的⑤脚电位升高，U8 的⑦脚输出高电平，控制 Q8、Q7 导通，使光电耦合器 U5 内发光二极管的正极被钳位在低电平而不发光，光敏三极管不能导通，进而控制 Q5 截止，这样，由副开关电源产生的 $V_{CC}1$ 电压不能加到 TDA16888 的⑨脚，TDA16888 停止工作。

（2）副开关电源电路　副开关电源电路以电源控制芯片 U2（UC3843）为核心构成，用来产生 30V、5V 电压，并为主开关电源的电源控制芯片 U1（TDA16888）提供 $V_{CC}1$ 启动电压。

副开关电源电路如图 8-8 所示，UC3843 控制芯片与外围振荡定时元件、开关管、开关变压器可构成功能完善的他激式开关电源。UC3843 引脚功能见表 8-3。

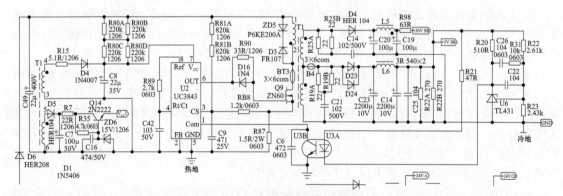

图 8-8　副开关电源电路

表 8-3　UC3843 引脚功能

脚位	引脚名	功　能	脚位	引脚名	功　能
1	Com	误差输出	5	GND	地
2	FB	误差反相输入	6	OUT	驱动脉冲输出
3	CS	电流检测，用于过流保护	7	V_{CC}	电源输入
4	Rt/Ct	外接定时元件	8	Ref	5V 基准电压

① 启动与振荡电路　由 D6 整流、C49 滤波后产生的 300V 左右的直流电压一路经开关变压器 T1 的 1—2 绕组送到场效应开关管 Q9 的漏极（D 极）。另一路经 R80A、R80B、R80C、R80D 对 C8 充电，当 C8 两端电压达到 8.5V 时，UC3843 的⑦脚内的基准电压发生器产生 5V 基准电压，从⑧脚输出，经 R89、C42 形成回路，对 C42 充电，当 C42 充电到一定值时，C42

就通过 UC3843 很快放电，在 UC3843 的④脚上产生锯齿波电压，送到内部振荡器，从 UC3843 的⑥脚输出脉宽可控的矩形脉冲，控制开关管 Q9 工作在开关状态。Q9 工作后，在 T1 的 4—3 反馈绕组上感应的脉冲电压经 R15 限流，D4、C8 整流滤波后，产生 12V 左右直流电压，将取代启动电路，为 UC3843 的⑦脚供电。

②　稳压调节电路　当电网电压升高或负载变轻，引起 T1 输出端＋5V 电压升高时，经 R22、R23 分压取样后，加到误差放大器 U6（TL431）的 R 端电压升高，导致 K 端电压下降，光电耦合器 U3 内发光二极管电流增大，发光加强，导致 U3 内光敏三极管电流增大，相当于光敏三极管 ce 结电阻减小，使 UC3843 的①脚电压下降，控制 UC3843 的⑥脚输出脉冲的高电平时间减小，开关管 Q9 导通时间缩短，其次级绕组感应电压降低，5V 电压输出端电压降低，达到稳压的目的。若 5V 电压输出端电压下降，则稳压过程相反。

③　保护电路　欠电压保护电路：当 UC3843 的启动电压低于 8.5V 时，UC3843 不能启动，其⑧脚无 5V 基准电压输出，开关电源电路不能工作。当 UC3843 已启动，但负载有过电流使 T1 的感抗下降，其反馈绕组输出的工作电压低于 7.6V 时，UC3843 的⑦脚内部的施密特触发器动作，控制⑨脚无 5V 输出，UC3843 停止工作，避免了 Q9 因激励不足而损坏。

过电流保护电路：开关管 Q9 源极（S）的电阻 R87 不但用于稳压和调压控制，而且还可作为过电流取样电阻。当因某种原因（如负载短路）引起 Q9 源极的电流增大时，R87 上的电压降增大，UC3843 的③脚电压升高，当③脚电压上升到 1V 时，UC3843 的⑥脚无脉冲电压输出，Q9 截止，电源停止工作，实现过电流保护。

（3）待机控制电路　开机时，MCU 输出的 ON/OFF 信号为高电平，使加到误差放大器 U8 的②脚电压为高电平，U8 的①脚输出低电平，三极管 Q6 导通，光电耦合器 U5 的发光二极管发光，光敏三极管导通，进而控制 Q5 导通，这样，由副开关电源产生的 $V_{CC}1$ 电压可以加到 TDA16888 的⑨脚。待机时，ON/OFF 信号为低电平，使加到误差放大器 U8 的②脚电压为低电平，U8 的①脚输出高电平，三极管 Q6 截止，光电耦合器 U5 的发光二极管不能发光，光敏三极管不导通，进而控制 Q5 截止，这样，由副开关电源产生的 $V_{CC}1$ 电压不能加到 TDA16888 的⑨脚，TDA16888 停止工作。

2. 常见故障检修

副电源 3843 电路故障检修在第六章第一节十二中已讲过，本节主要讲解 PFC 电源 TDA16888 电路检修，如图 8-9 所示。

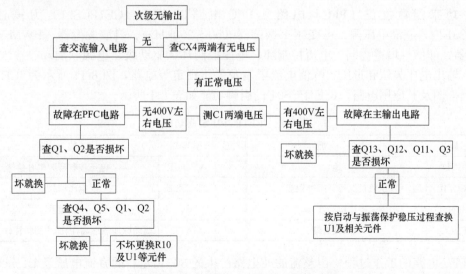

图 8-9　PFC 电源 TDA16888 电路检修图

三、 ICE1PCS01+ NCP1207 构成的开关电源典型电路分析与检修

1. 电路原理

ICE1PCS01＋2XNCP1207 组合芯片方案中，ICE1PCS01 构成前级有源功率因数校正电路，两片 NCP1207 分别构成＋12V 和＋24V 开关电源，这两组电源都引入了同步整流技术。下面以使用 ICE1PCS01＋2XNCP1207 组合芯片的 TCLLCD3026H/SS 液晶彩电为例讲解，相关电路如图 8-10 所示。

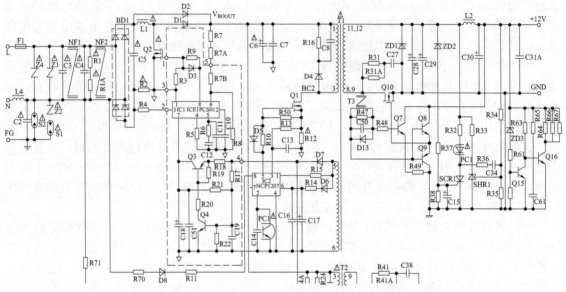

图 8-10 由 ICE1PCS01＋2XNCP1207 构成的开关电源电路

(1) 整流滤波电路 220V 左右的交流电压先经延迟熔丝，然后进入由 Z1、Z2、Z4、C2、C3、C4、R1、R1A、L4、NF1、NF2 等构成的交流抗干扰电路，滤除市电中的高频干扰信号，同时保证开关电源产生的高频信号不窜入电网。经交流抗干扰电路滤波后的交流电压送到由 BD1、C5 构成的整流滤波电路。220V 市电先经 BD1 桥式整流后，再经 C5 滤波，形成一直流电压，送往功率因数校正电路。

(2) 功率因数校正（PFC）电路 PFC 电路以 IC1（1CE1PCS01）为核心构成。ICE1PCS01 内含基准电压源、可变频率振荡器（50～250kHz）、斜波发生器、PWM 比较器、RS 锁存器、非线性增益控制、电流控制环、电压控制环、驱动级、电源软启动、输入交流电压欠压、输出电压欠压和过压、峰值电流限制及欠压锁定等电路，图 8-11 所示为 ICE1PCS01 内部电路框图及其应用电路，ICE1PCS01 的引脚功能如表 8-4 所示。

表 8-4 ICE1PCS01 引脚功能

脚位	引脚名	功 能	脚位	引脚名	功 能
1	GND	地	5	VCOMP	电压控制环频率补偿端
2	ICOMP	电流控制环频率补偿端	6	VSENSE	电压取样输入
3	ISENSE	电流检测输入	7	V_{CC}	电源
4	FREQ	频率设有端	8	GATE	驱动脉冲输出端，内部为图腾柱(推挽)结构

① PFC 电路的工作过程 由整流滤波电路产生的 300V 左右的直流电压经 L1 分为两路：一路加到 MOSFET 开关 PFC 电路进入正常工作状态，从⑧脚输出 PWM 脉冲，驱动 Q2 工作

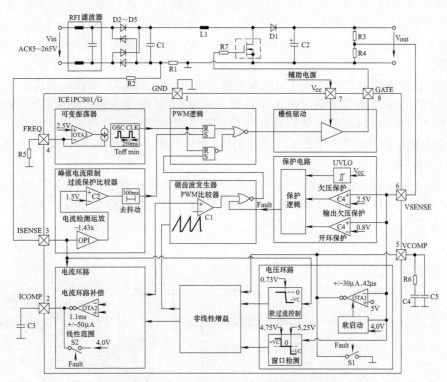

图 8-11　ICE1PCS01 内部路框图及其应用电路

在开关状态（开关频率在几十千赫到 100kHz）。当 Q2 饱和导通时，由 BD1 整流后的电压经电感 L1、Q2 的 D-S 极到地，形成回路。当 Q2 截止时，由 BD1 整流输出的电压经电感 L1、D1、D2、C6 到地，对 C6 充电，同时，流过 L1 的电流呈减小趋势，电感两端必然产生左负右正的感应电压，这一感应电压与 BD1 整流后的直流分量叠加，在滤波电容 C6 正端形成 400V 左右的直流电压，不但提高了电源利用电网的效率，而且使得流过 L1 的电流波形和输入电压的波形趋于一致，从而达到提高功率因数的目的。

② PFC 电路的稳压过程　PFC 输出电压稳压控制调整过程如下：C6 正端的直流电压由 R7、R7A、R7B 和 R8 分压后，加到 ICE1PCS01 的⑥脚内部误差放大器，产生误差电压通过⑤脚外接 RC 网络进行频率补偿和增益控制，并输出信号控制斜波发生器对内置电容充电，调整 ICE1PCS01 的⑧脚驱动脉冲占空比。当因某种原因使 PBOOST 电压下降，⑥脚反馈电压就会减小，经内部控制后，使 ICE1PCS01 的⑧脚输出驱动方波占空比增大，升压电感 L1 中存储能量增加，PBOOST 电压上升至 400V 不变。

③ PFC 保护电路

a. 输入交流电压欠压保护电路　ICE1PCS01 的③脚为输入交流电压欠压检测端，当③脚电压小于阈值电压时，⑧脚输出驱动脉冲占空比很快减小，控制 ICE1PCS01 内电路转换到待机模式。

b. 输出直流电压欠压和过压保护电路　ICE1PCS01 的⑥脚为输出电压检测端，当输出电压 PBOOST 下降到额定值的一半（即 190V）时，经 R7、R7A、R7B 和 R8 分压后，加到 ICE1PCS01 的⑥脚的反馈电压小于 2.5V，ICE1PCS01 内部自动转换到待机模式。另外，当输出电压 PBOOST 电压超出额定值 400V 的 5% 时，将导致反馈到 ICE1PCS01 的⑥脚电压会超出门限上值 5.25V，ICE1PCS01 内部自动转换到待机模式。

c. 欠压锁定与待机电路　ICE1PCS01 的⑦脚内部设计有 UVLO 电路，若加到⑦脚 V_{CC} 的电压下降到 10.5V 以下，UVLO 电路就被激活，关断基准电压源，直到此脚电压上升至 11.2V 电源才能重新启动。利用 UVLO 锁定功能，借助⑦脚外接 Q3、Q4 构成的控制电路，在待机时将 ICE1PCS01 的⑦脚 V$_{CC}$ 电压下拉成 10.5V 以下，就可以关断有源功率校正电路，降低待机功耗。

（3）12V 开关电源电路　12V 开关电源电路以 IC2（NCP1207）为核心构成。NCP1207 是安森美公司生产的电流模式单端 PWM 控制器，它以 QRC 准谐振和频率软折弯为主要特点。QRC 准谐振可以使 MOSFET 开关管在漏极电压最小时导通，在电路输出功率减小时，可以在不变的峰值电流上降低其工作频率。通过 QRC 和频率软折弯特性配合，NCP1207 可以实现电源最低开关损耗。

NCP1207 内含 7.0mA 电流源、基准电压源、可变频率时钟电路，电流检测比较器、RS 锁存器、驱动级、过压保护、过流保护和过载保护等电路，其电路如图 8-12 所示，引脚功能如表 8-5 所示。

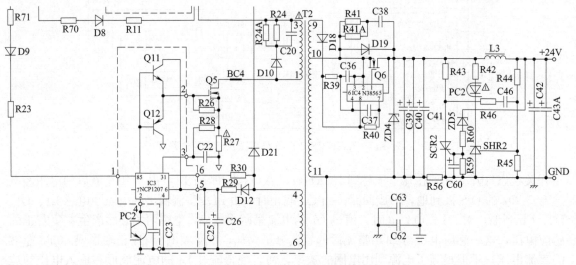

图 8-12　NCP1207 电路图

表 8-5　NCP1207 引脚功能

脚位	引脚名	功　能	脚位	引脚名	功　能
1	DEMAG	初级零电流检测和过压保护输入	5	DRIVE	驱动脉冲输出
2	FB	电压反馈输入	6	V$_{CC}$	电源
3	CS	电流检测输入	7	NC	空
4	GND	地	8	HV	高压启动端,内容设 7mA 高压电流源

①　启动与振荡电路　C6 两端的 400V 左右电压通过开关变压器 T1 的 1—3 绕组加到 MOSFET 开关管 Q1 漏极；同时，220V 交流电源由 R70 限流和 D8 整流后，加到 IC2（NCP1207）⑧脚，IC2 的⑧脚内部高压电流源产生的 7.0mA 电流通过内部给 IC2 的⑥脚外接电容 C16 充电，当充电电压上升到 12V 时，基准电压源启动，为控制电路提供偏置电压，时钟电路触发 RS 锁存器输出 PWM 脉冲，从 IC2 的⑤脚输出，控制 Q1 工作在开关状态。

②　稳压控制电路　稳压电路控制过程如下：当 12V 电源因某种原因使此输出端电压升高时，经取样电阻 R34、R35 分压后加到三端误差取样集成电路 SHR1 的 R 端的电压升高，K 端电压下降，光电耦合器 PCI 内发光二极管亮度加强，其光敏三极管电流增大，ce 结内阻减小，IC2 的②脚电位下降，IC2 的⑤脚输出的脉冲宽度变窄，开关管 Q1 导通时间缩短，其次

级绕组感应电压降低，12V 输出端电压降低，达到稳压的目的。若 12V 输出端电压下降，则稳压过程相反。

③ 同步整流电路　现代电子设备常常要求低电压大电流（例如 12V，数十安）供电，这就要求开关电源中整流器件的正向导通电阻与压降必须极小（mΩ、mV 数量级），以提高电源效率，减少发热。

早先开关电源使用快恢复开关二极管作输出整流器件，其正向压降为 0.4～1V，动态功耗大，发热高，不适宜低电压大电流输出电路。20 世纪 80 年代，国际电源界研究出同步整流技术及同步整流器件 SR。SR 是一个低电压可控开关功率 MOSFET，它的优点是：正向压降小，阻断电压高，反向电流小，开关速度快。

SR 在整流电路中必须反接，它的源极 S 相当于二极管的阳极 A，漏极 D 相当于二极管的阴极 K，驱动信号加在栅极与源极（GS）间，因此，SR 也是一种可控的开关器件，只有提供适当的驱动控制，才能实现单向导电，用于整流。

对于本机，同步整流电路由 Q7、Q8、Q9、Q10 等构成，其中，Q10 是整流器件 SR。开关变压器 T1 的 11—8 绕组通过 T3 的初级绕组与 Q10 串联，有电流流过时产生驱动电压，经 T3 耦合后，产生感应电压，经 Q7 缓冲和 Q8、Q9 推挽放大后，送到 Q10 的 G 极，驱动 SR 器件 Q10 与电源同步进入开关工作状态。正常工作时，开关变压器 T1 的 11—8 绕组中感应的脉冲信号与 Q10 漏极输出的脉冲信号叠加后，经 L2 给负载提供直流电流。因 Q10 为专用同步整流开关器件，其导通电阻小，损耗甚微，因此，工作时不需要加散热器。

④ 保护电路　开关管 Q1 截止时，突变的 D 极电流在 T1 的 1—3 绕组激发一个下正上负的反向电动势，与 PFC 电路输出直流电压叠加后，其幅度达交流电压峰值的数倍。为了防止 Q1 在截止时其 D 极的感应脉冲电压的尖峰击穿 Q1，此机型开关电源电路设有了由 D4、C8、R16 构成的尖峰吸收电路。当开关管 Q1 截止时，Q1 的 D 极尖峰脉冲使 D4 正向导通，给 C8 快速充电，并通过 R16 放电，从而将浪涌尖峰吸收。

当 12V 电压升高超出设定阈值时，稳压管 ZD2 雪崩击穿，晶闸管 SCR1 导通，光电耦合器 PCI 中发光二极管流过的电流很快增大，其内部光敏三极管饱和导通，IC2 的②脚电位下拉成低电平，IC2 关断驱动级，其⑤脚停止输出驱动脉冲，从而达到过压保护的目的。

输入电压过电压保护电路：开关变压器 T1 的 5—6 反馈绕组感应脉冲经 R15 加到 IC2 的①脚，由内置电阻分压采样后，加到 IC2 内部电压比较器同相输入端，反相端加有 5.0V 门限阈电压。当输入电压过高时，则加到比较器的采样电压达到 5V 阈值以上，比较器翻转，经保护电路处理后，关闭 IC2 内部供电电路，开关电源停止工作。

过流保护电路：开关管 Q1 源极（S）的电阻 R12 为过电流取样电阻。因某种原因引起 R12 源极的电流增大时，过流取样电阻上的电压降增大，经 R13 加到 IC2 的③脚，使 IC2 的③脚电压升高，当⑧脚电压大于阈值电压 1.0V 时，IC2 的⑤脚停止输出脉冲，开关管 Q1 截止，从而达到过流保护的目的。

需要说明的是，IC2 的⑧脚内部设有延时 380ns 的 LEB 电路，加到 IC2 的⑧脚峰值在 1.0V 以上的电压必须持续 380ns 以上，保护功能才会生效，这样可以杜绝幅度大、周期小的干扰脉冲造成误触发。

(4) 24V 开关电源电路　24V 开关电源以 IC3（NCP1207）为核心构成，产生的 24V 直流电压专为液晶彩电的逆变器供电。24V 开关电源也使用 PWM 控制器 NCP1207，除在开关管 Q5 栅极的前级增加了 Q11、Q12 构成的互补推动放大电路之外，其稳压控制环电路与＋12V 电源电路结构相同。

24V 开关电源次级回路中的同步整流电路以 IC4（N3856）为核心构成，N3856 是典型 PWM 控制器，具有功耗低、成本低、外围电路简洁等优点。N3856 芯片内部集成有基准电压源、OSC 振荡器、PWM 比较器、电流检测比较器、缓冲放大以及驱动电路等。N3856 引脚功能如表 8-6 所示。

表 8-6　N3856 引脚功能

脚位	引脚名	功　　能	脚位	引脚名	功　　能
1	GATE	PWM 驱动信号输出端	5	DRAIN	电流检测输入
2	P GND	驱动电路地	6	A OUT	内部电流检测放大器输出端
3	GND	控制电路地	7	RT/CT	外接定时电阻和定时电容
4	BIAS	偏置电压输入	8	V_{CC}	电源

　　开关电源的工作后，开关变压器 T2 的 9—11 绕组感应脉冲由 D18 整流，加到 IC4 的⑧脚和④脚，内部 OSC 振荡电路起振，产生振荡脉冲，经缓冲和驱动放大后，从 IC4 的①脚输出，驱动 SR 整流器件 Q6 进入开关状态。因 IC4 的⑦脚设有工作频率与一次回路振荡频率一致，因此，在电源开关管 Q5 导通时，T2 的 3—1 绕组储能，同步整流器件 Q6 截止；在电源开关管 Q5 截止时，IC4 的①脚输出高电平，驱动整流开关管 Q6 导通。T2 的 10—11 绕组感应脉冲由 Q6 同步整流和 C39～C41、L3、C42 滤波后，产生 24V 电压为逆变器供电。

2. 电路故障检修

如图 8-13 所示。

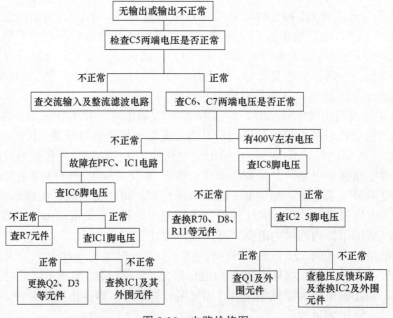

图 8-13　电路检修图

第九章

应用型开关电源检修实例

第一节 电动车充电器原理分析与故障检修 ◂◂◂

一、通用型电动车充电器的结构原理与检修

1. 工作原理

电动车充电器实际就是一个开关电源加上一个检测电路，目前很多电动车的 48V 充电器都是采用 KA3842 和比较器 LM358 来完成充电工作，原理如图 9-1 所示。

220V 交流电经 LF1 双向滤波 VD1—VD4 整流为脉动直流电压，再经 C3 滤波后形成约 300V 的直流电压，300V 直流电压经过启动电阻 R4 为脉宽调制集成电路 IC1 的⑦脚提供启动电压 IC1 的⑦脚得到启动电压后（⑦脚电压高于 14V 时，集成电路开始工作），⑥脚输出 PWM 脉冲，驱动电源开关管（场效应管）VT1 工作在开关状态，电流通过 VT1 的 S 极-D 极-R7-接地端，此时开关变压器 T1 的 8—9 绕组产生感应电压经 VD6，R2 为 IC1 的⑦脚提供稳定的工作电压，④脚外接振荡阻 R10 和振荡电容 C7 决定 IC1 的振荡频率，IC2（TL431）为精密基准压源，IC4（光耦合器 4N35）配合用来稳定充电电压，调整 RP（510 欧半可调电位器）可以细调充电器的电压，LED1 是电源指示灯，接通电源后该指示灯就会发出红色的光。VT1 开始工作后，变压器的次级 6—5 绕组输出的电压经快速恢复二极管 VD60 整流，C18 得到稳定的电压（约 53V）。此电压一路经二极管 VD70（该二极管起防止电池的电流倒灌给充电器的作用）给电池充电，另一路经限流电阻 R38、稳压二极管 VZD1、滤波电容 C60，为比较器 IC3（LM358）提供 12V 工作电源，VD12 为 IC3 提供的基准压经 R25、R26、R27 分压后送到 IC3 的②脚和⑤脚。

正常充电时，R33 上端有 0.18～0.2V 的电压，此电压经 R10 加到 IC3 的③脚，从①脚输出高电平，①脚输出的高信号分三路输出，第一路驱动 VT2 导通，散热风扇得电开始工作，第二路经过电阻 R34 点亮双色二极管 LED2 中的红色发光二极管，第三路输入到 IC3 的⑥脚，此时⑦脚输出低电平，双色发光二极管 LED2 中的绿色发光二极管熄灭，充电器进入恒流充电阶段。当电池电压升到 44.2V 左右时，充电器进入恒压充电阶段，电流逐渐减小。当充电电流减小到 300～500MA 时，R33 上端电压下降，IC3 的③脚电压低于②脚，①脚输出低电平，双色发光二极管 LED2 中的红色发光二极管熄灭，三极管 VT2 截止，风扇停止运转，同时 IC3

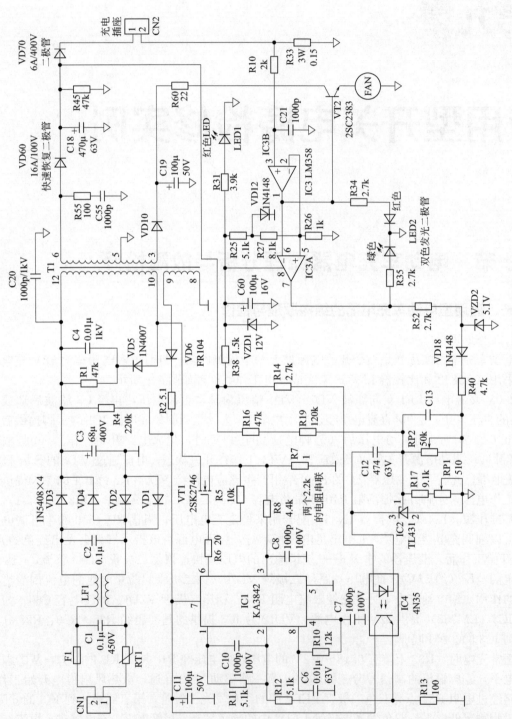

图 9-1　通用型电动自行车充电原理图

的⑦脚输出高电平，此高电平一路经过电阻 R35 点亮双色发光二极管 LED2 中的绿色发光二极管（指示电已经充满，此时并没有真正充满，实际上还得一两小时才能真正充满），另一路经 R52、VD18、R40、RP2 到达 IC2 的①脚，使输出电压降低，充电器进入 300～500MA 的涓流充电阶段（浮充），改变 RP2 的电阻值可以调整充电器由恒流充电状态转到涓流充电状态的转折流（200～300MA）。

2. 常见故障检修

(1) 高压电路故障　该部分电路出现问题的主要现象是指示灯不亮。通常还伴有保险丝烧断，此时应检查整流二极管 VD1—VD4 是否击穿，电容 C3 是否炸裂或者鼓包，VT2 是否击穿，R7、R4 是否开路，此时更换损坏的元件即可排除故障。若经常烧 VT1，且 VT1 不烫手，则应重点检查 R1、C4、VD5 等元器件；若 VT1 烫手，则重点检查开关变压器次级电路中的元器件有无短路或者漏电。若红色指示灯闪烁，则故障多数是由 R2 或者 VD6 开路，变压器 T1 线脚虚焊引起。

(2) 低压电路故障　低压电路中最常见的故障就是电流检测电阻 R33 烧断，此时的故障现象是红灯一直亮，绿灯不亮，输出电压低，电瓶始终充不进电，另外，若 RP2 接触不良或者因振动导致阻值变化（充电器注明不可随车携带就是怕 RP2 因振动阻值变化），就会导致输出电压变化，若输出电压偏高，电瓶会过充，严重时会失水，最终导致充爆；若输出电压偏低，会导致电瓶欠充，缩短其寿命。

二、 TL494 与 LM324 构成的新型三段式充电器原理与检修

1. 电路工作原理

恒流、恒压和浮充是三段式充电的三个必须阶段，对 48V 蓄电池而言，可以这样来描述其充电过程：在充电开始时保持一个充电电流 1.8～2.5A，此时充电电压逐渐上升——即恒流充电阶段；当充电电压上升到 58.5～59.5V 时，立即保持这个充电电压不变，此时充电电流逐渐下降——即恒压充电阶段；当充电电流下降到 400～500mA 的转换电流时，充电器立即转 55.5～56.5V 的小电流充电——即浮充阶段。

三段式充电是一个自动充电的过程，要实现对充电电流和电压的自动控制，在电路的输入和输出之间必须有一个闭环的反馈回路，通过对输出电流和电压的反馈取样，再经过控制电路对信号的处理输出控制信号去调整输入端的工作状态，从而达到自动控制的目的。下面以 TL494 为中心组成的一款充电器为例来解说三段式充电的控制和转换过程（见图 9-2）。

220V 交流电经 D1—D4 整流、C5 滤波得到 300V 左右直流电，此电压给 C4 充电，经 TF1 高压绕组、TF2 主绕线、V2 等形成启动电流，TF2 反馈绕组产生感应电压，使 V1、V2 轮流导通，因此在 TF1 低压供电绕组产生电压，经 D9、D10 整流，C8 滤波，给 TL494、LM324、V3、V4 等供电。此时输出电压较低，TL494 启动后其⑧脚、⑪脚轮流输出脉冲，推动 V3、V4，经 TF2 反馈绕线激励 V1、V2，使 V1、V2 由自激状态转入受控状态。TF2 输出绕组电压上升，此电压经 R29、R27 分压后反馈给 TL494 的①脚（电压反馈），使输出电压稳定在 41.2V 上。R30 是电流取样电阻，充电时 R30 产生压降，此电压经 R11、R12 反馈给 TL494 的⑮脚（电流反馈），使充电电流恒定在 0.8A 左右。另外充电电流在 D20 上产生压降，经 R42 到达 LM324 的③脚，使②脚输出高电压点亮充电灯。同时⑦脚输出低电压，浮充灯熄灭，充电器进入恒流充电阶段。而且⑦脚低电压拉低 D19 阳极的电压。使 TL494 的①脚电压降低，这将导致充电器最高输出电压达到 44.8V，当电流电压上升至 44.8V 时，进入恒压阶段。

当充电电流降低到 0.3～0.4A 时 M324 的③脚电压降低，①脚输出低电压，充电灯熄灭。同时⑦脚输出高电压，浮充灯点亮。而且⑦脚高电压抬高 D19 阳极的电压，使 TL494 的①脚电压上升，这将导致充电器输出电压降低到 41.2V 上，充电器进入浮充。

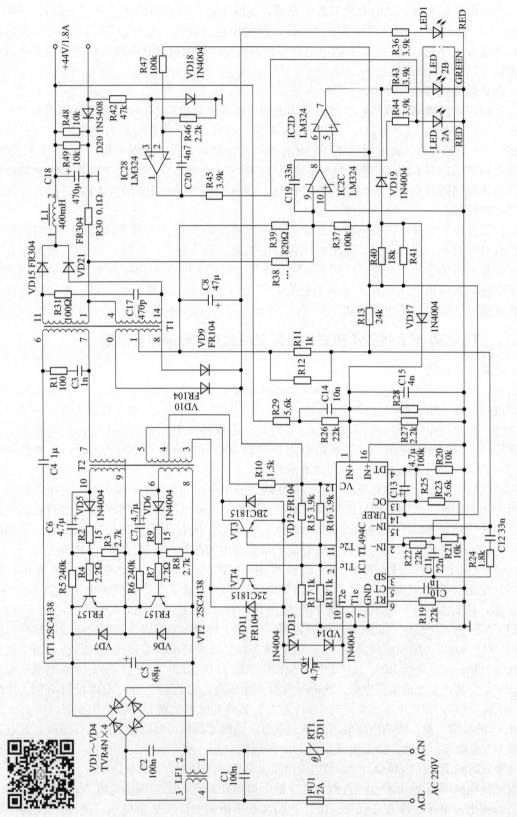

图 9-2 新型三段式充电器电路原理图

图 9-2 中的电流检测分别通过 R13、R31 等利用充电电流流过 R29 产生的压降为 IC1 内 AMP2 电流误差放大器和 IC2 内比较器 1 提供充电电流检测的取样电压，因整机地接输出负极，所以从电源地（即 C6 负端）取得的电压为负电压，充电电流越大，在 R29 上产生的压降越大，由电源地取得的负电压就越大；图中 IC1 的 AMP2 电流比较器的⑯脚接地，⑮脚电压由 R13 引入电流检测负电压和由 R14 接+5V 引入的正电压叠加而成，当⑮脚叠加电压为正时，AMP2 输出低电平，对输出脉宽无控制作用，为负时 AMP2 输出高电平，使输出脉宽受控减小直至为 0；在 IC2 的比较器 1 中，其③脚接地，②脚电压由 R31 引入的电流检测负电压和由 R35 接+5V 引入的正电压叠加而成，当 IC2 的②脚电压为正时，比较器 1 输出低电平，LED2 充电灯（橙色）灭，充满灯（黄色）亮，散热风扇停转；为负时，比较器 1 输出高电平，LED2 充电灯亮，充满灯灭，散热风扇转动；在设计时由于 R35（100kΩ）比 R14（24kΩ）大很多，只有当充电电流下降到 400~500mA 时，才能使 IC2 的②脚叠加电压为正，这时 IC2 的比较器 1 输出低电平，使充满灯亮，散热风扇停转，预示充电即将完成。

图 9-2 中的电压检测 B 点通过 R29、C15、R27 直接接于输出正极上，输出端的电压变化通过这 3 个元件反馈到 IC1 的①脚，AMP1 电压误差放大器的②脚外接固定电压 3.25V，①脚电压由电压检测 B 点引入的输出端取样电压和由 D18 提供的电压叠加而成，当①脚电压大于②脚的 3.25V 时，AMP1 电压误差放大器输出高电平，使输出脉宽减小直至为 0，反之对输出脉宽无限制作用。

（1）充电器空载　当充电器不接蓄电池处于空载时，输出电压因空载而升高，输出电流为 0，R29 上的压降为 0；电流检测 A 点引入的电压和由 R14 引入的正电压使 IC1 的⑮脚的叠加电压为正，AMP2 输出低电平，对输出脉宽无限制作用；电流检测 C 点引入电压和由 R35 引入的正压叠加使 IC2 的②脚电压为正，IC2 比较器 1 输出低电平，使 LED2 充电灯（橙色）灭，U5 截止，散热风扇停转，使 IC2⑥脚电压降低，比较器 2 输出高电平，使 LED2 的充满灯（黄色）亮，同时 D17 因 IC2 的⑦脚电压升高而截止，D18 导通向 IC1（1）脚提供一个正电压；另外，电压检测 B 点电压因输出空载而升高，这两路电压的叠加使 IC1①脚电压大于②脚，于是 AMP1 输出高电平使输出脉宽减小，振荡减弱，输出电压降低，之后，又通过电压检测 B 点引入使 IC1①脚电压降低，当①脚电压低于②脚 3.25V 时，AMP1 又输出低电平，对输出脉宽无限制作用，振荡加强，又使输出电压升高，如此反复，使空载电压保持在 55.5~56.5V（与设计有关）上。

在充电器空载中，因输出电流为 0，R29 上压降为 0V，此时由电流检测 A 点引入的电压和由 R14 接+5V 引入的正电压在 IC1⑮脚上的叠加电压始终为正，AMP2 输出低电平，在空载时对输出脉宽无限制作用。

（2）恒流充电　当充电器接上蓄电池时，输出电压因接上负载而下降，充电电流经充电器正极流向蓄电池并回到充电器负极，再经过 R29 流向电源地，会在 R29 上产生一个压降，因而会在 C6 的负极上（电源地）产生一个负电压，由于在充电前期充电电流远大于 400~500MA，而 R35（100K）阻值很大，所以电流检测 C 点引入负电压和由 R35 引入的正电压不足以使 IC2 的②脚电压为正，因而在恒流充电阶段，IC2 的比较器 1 始终输出高电平，这个高电平使 LED2 的充电灯（橙色）亮，U5 导通，散热风扇转动，使 IC2⑥脚电压为高电平，IC2 比较器 2 输出低电平，使 ED2 充满灯（黄色）灭，同时 D17 因 IC2⑦脚电压降低而导通，D18 截止，停止向 IC1 的①脚提供一个正电压，另外，电压检测 B 点引入的电压因输出电压下降而降低，这两组电压的下降使 IC1①脚电压在恒流充电阶段始终低于②脚，因而在恒流充电阶段 AMP1 始终输出低电平，对输出脉宽无控制作用。

电流检测 A 点引入的负电压随着充电电流的增加而越来越大，和在 IC1⑮脚 R14 的引入正电压叠加，当叠加的结果使IC1⑮脚电压变为负时，因IC1⑯脚接地，AMP2输出高电平，使输出脉宽减小，振荡减弱，充电电流减小，之后，电流检测A点引入的负压也减小，当减小到使IC1⑮脚电压为正时，AMP2又输出低电平，对输出脉宽无控制作用，振荡加强，充电电流又增大，如此反复，使充电电流保持在1.8～2.5A上（与设计有关），可以看出恒流充电实际上是一个动态恒流的过程。

(3) 恒压充电 随着恒流充电的进行，充电电压逐渐上升，当到时间T1，即充电电压上升至58.5～59.5V（与设计有关）时，由于电压检测B点引入的电压上升，最终使IC1的①脚电压大于②脚的3.25V，AMP1输出高电平，使输出脉宽减小，振荡减弱，输出电压降低，之后，电压检测B点引入的电压也降低，当IC1的①脚电压低于②脚后，AMP1又输出低电平，对输出脉宽无控制作用，振荡加强，输出电压上升，如此反复，使输出电压稳定在58.5～59.5V（与设计有关）上，这实际上也是一个动态恒压的过程。

此过程中因充电电流仍高于400～500MA，所以IC2②脚叠加电压仍维持负电压，IC2内比较器1输出高电平，LED2的充电灯维持点亮，U5导通而散热风扇维持转动，IC2内比较器2输出低电平，LED2的充电灯维持灭，D17导通，D18截止，降低了IC1①脚的电压，使输出脉宽的受控时间变短而使输出电压维持在58.5～59.5V的较高水平上。

在恒压充电阶段，充电电流下降得比较快，电流检测A点引入的负电压因充电电流下降而减小，它与R14引入的正电压在IC1⑮脚上的叠加电压始终为正，因而在恒压充电阶段AMP2始终输出低电平，失去对输出脉冲的控制作用。

(4) 浮充（电） 随着恒压充电接近尾声，充电电流逐渐减小，R29上的压降也逐渐减小，到400～500MA（与设计有关）即时间T2时，电流检测C点引入的负电压和由R35引入的正电压在IC2②脚的叠加电压已经不能维持负电压，从而使IC2的②脚电压大于③脚，IC2内比较器1输出低电平，使LED2的充电灯（橙色）灭，U5截止，散热风扇停转，同时使IC2⑥脚电压下降，使IC2⑤脚电压大于⑥脚，IC2内比较器2输出高电平，使LED2的充满灯（黄色）亮，D17因IC2⑦脚电压升高而截止，D18导通，从而抬高IC1①脚电压，使电压检测点B引入的电压在较短的时间内就可以使IC1①脚电压大于②脚，也就是使输出脉宽受控的时间变长了，此时输出电压略低于59.5V而稳定在55.5～56.5V上（与设计有关）。

在浮充电阶段，因充电电流小于400～500MA，R29上的压降已经变得很小了，因而电流检测A点引入的负电压和由R14引入的正电压在IC1⑮脚上的叠加电压始终为正，所以在浮充电阶段，IC1内的AMP2始终输出低电平，失去对输出脉宽的控制作用。

浮充电阶段和空载时的工作状态是基本相同的，不同的是，浮充电阶段它不仅要向蓄电池提供一个浮充电压，还提供一个400～500MA的浮充电流。

下面列举了一些厂家设计的电动车充电器参数：

参数	24V12A·h	36V12A·h	48V12A·h	48V20A·h	48V24A·h
恒流电流值	1.8A	1.8A	1.8A	2.25A	2.5A
恒压电压值	29.5V	44.4V	58.5V	59.5V	59.5V
转换电流值	300MA	400MA	400MA	450MA	500MA
浮充电压值	27.5V	41.4V	55.5V	55.5V	56.5V

2. 电路检修（可扫二维码看视频学习）

首先要排除短路故障，特别是主振荡电路的短路故障，遇到电流和电压检测电路上的电阻损坏时一定要用阻值和误差精度相同的电阻替换，否则可能改变恒流、恒压转换电流或浮充参数，使蓄电池充不满电或黄色灯不亮进不了浮充电阶段。

(1) 外接 12V 电压检查充电器电压、电流及控制电路好坏　不接

220V 和蓄电池，先用一支高亮度 LED 跨接在 C7、C8 的两个正端
上，用外接 12V 直流电压加在 C6 两端，如果控制电路 IC1、U3、
U4 及磁芯变压器 T1 工作正常，可以看见此时 LED 发出明亮的光；
然后先检查 IC1 内 AMP1 电压误差放大器的好坏，用镊子端接 IC1 的①和⑭脚，人为使 IC1①
脚电压高于②脚，这时 AMP1 输出高电平，使输出脉宽减小直至为 0，此时可以看见 LED 熄
灭，说明 IC1 内的电压误差放大器 AMP1 正常；再来检查 IC1 内 AMP2 电流误差放大器的好
坏，因 IC1⑯脚接地，要使 AMP2 输出高电平，必须在 IC1⑮脚上加上负电压，怎么办呢？用
一个很简单的方法，即用机械表的 100Ω 挡，黑表笔接地，或数字表的二极管测试挡，红表笔
接地，再用机械表的红表笔或数字表的黑表笔去碰 IC1 的⑮脚，因接上表笔时，⑮脚为负电
压，AMP2 输出高电平，使输出脉宽减小直至为 0，此时可以看见 LED 由亮变灭，说明 IC1
内电流误差放大器 AMP2 正常。

(2) 接上 220V 输入而不接蓄电池，解除充电器空载状态的方法　所测得的不接蓄电池充
电器空载时的输出电压实际上就是充电器的浮充电压，此值一般为 56.5V，说明浮充电压正
常，怎样不接蓄电池而解除充电器的空载状态呢？还是用如前所述的万用表方法。当用机械表
的红表笔或用数字表的黑表笔去碰 IC2 的②脚时，就相当于在 IC2 的②脚上加了一个负电压，
此时 IC2 内的比较器 1 输出高电平，使 LED2 的充电灯（橙色）亮，U5 导通，散热风扇转动，
使 IC2⑥脚电压升高，IC2 内的比较器 2 输出低电平使 LED2 的充满灯（黄色）灭，同时 D17
因 IC2⑦脚电压下降而导通，D18 截止，降低了 IC1①脚电压，此过程实际上就是人为进入了
恒压充电状态，正常的话，此时输出电压应由空载时的 55.5～56.5V 上升到 58.5～59.5V。

(3) 接 220V 测试 IC1 内电流误差放大器 AMP2 的好坏　用前面的方法人为使 IC1⑮脚电压
为负电压，此时 AMP2 输出高电平，使输出脉宽减小直至为 0，这时的输出电压由 55.5～56.5V
变为 53.5V。经过上面的简单测试，可以证明电路的电流、电压检测和控制电路基本正常。

在购买电动车充电器时，最好的方法是对比它给出的充电参数，对充电器进行参数测试，
但在购买时可能没有很多的时间去测试，实际上用上面的方法就可以测试充电器的浮充电压和
恒压充电阶段的充电电压了，要测试恒流阶段的充电电流和浮充电的转换电流必须要借助专门
的仪器，不过对于在购买充电器或维修时的简单测试已经足够了。

三、TL494、HA17358 和 CD4011 构成的电动车充电器电路原理与检修

(1) 电路原理　电路如图 9-3 所示，充电器属于自励启动、他励工作的脉冲型开关电源，
所用的集成电路有 TL494、HA17358 和 CD4011。该充电器的工作过程说明如下。

① 整流滤波电路。市电 220V 电压经过熔断器 FU1（2A），由 C1—C4 和 T1 滤除市电中
的高频杂波后，再经过 VD1—VD4 桥式整流、C5 滤波，最后在电容 C5 两端得到 300V 左右
的直流电压。

② 自激启动电路。300V 电压通过电容 C6，变压器 T2 的 1—2 绕组、T4 的 2—4 绕组，
加到 VT4 的集电极，并由启动电阻 R9、限流电阻 R10 向 VT4 提供导通电压，使 VT4 导通与
地构成闭合回路。电流在 T4 的 2—4 绕组形成②脚负、④脚正的电压，在 T4 的⑤—③脚形成
⑤脚正、③脚负的电压。这时⑤脚电压经过 VD11 整流、R8、R11 分压后，通过限流电阻 R10
使 VT4 进一步导通，形成一个雪崩过程，直到 VT4 进入饱和导通状态。通电时 T4 的①—②
脚形成一个①脚负、②脚正的电压，使 VT3 得不到正向偏压而截止。这时 VT4 的激励电流开
始向 C12 充电，C12 两端充电电压不断上升，使流过 VT4 的 be 结的电流逐渐减小，使 VT4
退出饱和状态，VT4 的 ce 结的电流减小，由于电感中的电流不能突变，所以在 T4 和 T2 的各

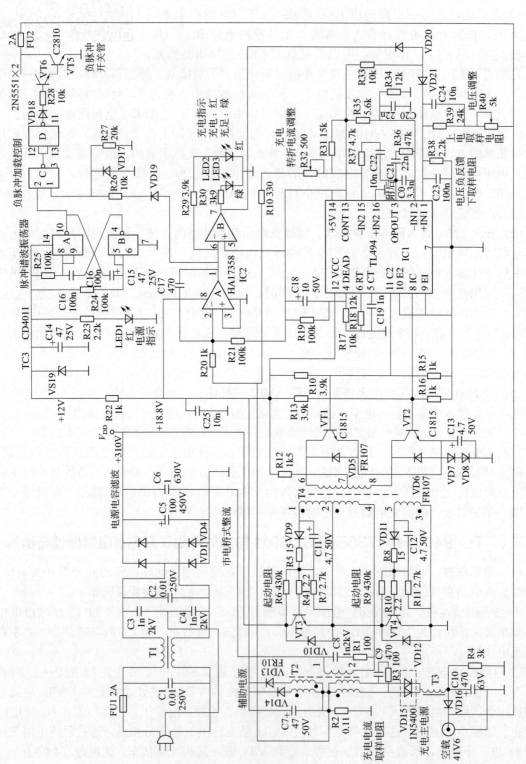

图 9-3　TL494+HA17358 充电器电路

个绕组上产生反相电压，T4 的 3—5 端形成的反向电压使 VT4 迅速截止，T4 的①—②脚产生①脚正、②脚负的电压，通过 VD9、R5、R11 使 VT3 导通。300V 电压通过 VT3 的 ce 结，T4 的 2—4 绕组，T2 的 1—2 绕组对 C6 充电并形成闭合回路，VT3 截止，VT4 再次导通，重复以上过程，形成自激振荡。这时 T2 的次级绕组通过 VD13、VD14 全波整流，C7 滤波产生＋18.8V 左右的电压。

③ 他激工作电路。C7 两端的＋18.8V 电压加到 TL494 的⑫脚供电端，通过 TL494 的内部基准电路形成＋5V 基准电压，该电压为 TL494 内部的振荡器、比较器、触发器、误差放大器等提供工作电压，并由⑭脚输出，振荡器由内部电路和外围定时元件 R18、C19 组成。它工作后产生锯齿波脉冲电压，该电压作为触发信号，控制 PWM 比较电路并产生矩形激励脉冲，再由 RS 触发器产生两个极性相反的对称激励信号。该信号放大后由 IC1 的⑧脚、⑪脚输出。⑧脚和⑪脚输出的激励脉冲信号通过 VT1、VT2 放大后再由 T4 耦合，驱动开关管 VT3、VT4 交替导通，从而使开关管进入他励式工作状态。开关电路进入稳定工作状态后，T2 的次级绕组产生的脉冲电压，经过 VD13、VD14、VD15 全波整流在 C7 和 C10 的两端分别产生稳定的＋18.8V 和 41.6V 的电压。

其中，41.6V 通过隔离二极管 VD16 不仅给蓄电池充电，同时通过 R39、R40 分压为 TL494 的误差放大器提供一个比较取样电压（该电压可通过调整 R40 大小来调节）。VD6、VD5、VD10、VD12 和 VT1—VT4 的 ce 结两端并联有阻尼二极管，以保护 VT1—VT4 不被过高的反峰电压击穿。VD7、VD8 组成温度补偿电路，避免因温度过高而影响 VT1、VT2 的工作状态。T2 的初级绕组上并联 C8 和 R11 共同形成阻尼电路，避免 T2 进入多谐振荡状态。VD9、R5、VD11 和 R8 为钳位电路，分别为 C11、C12 在开关管截止期间提供快速放电回路。

④ 脉冲放电电路。为消除蓄电池的硫化现象，延长蓄电池的使用寿命，该充电器设计了脉冲放电电路，对硫化的蓄电池具有脉冲修复作用。该电路由 IC3（CD4011）、VT5（负脉冲开关管）和其他元件组成。

IC3 的非门 A、B 和 C15、C16、R24、R25 组成多谐振荡电路，输出高电平为 3ms，低电平为 1250ms 的振荡脉冲。该振荡脉冲输入 IC3 的②脚对反相器 C 进行控制，IC3 的①脚受控于 IC2 的①脚。在充电状态时，IC3 的①脚为高电平，反相器 C 输出放电控制脉冲，经非门处理后驱动 VT5 和 VT6 组成的达林顿管放大后，实现脉冲放电。

⑤ 稳压控制电路。当市电电压降低或负载过重引起输出电压降低时，C10 两端的电压经 R40、R39 取样后输入到 TL494 的①脚，与 IC1 的②脚输入的参考电压比较后，使 TL494 内部的误差放大电路输出低电平控制信号，通过 PWM 比较器和 RS 触发器处理，并倒相放大后使 TL494 的⑧、⑪脚输出的激励脉冲信号占空比增大，VT3、VT4 的导通时间延长，开关电源的输出电压升高到标准电压。同样，当输出电压升高时，控制过程则相反。TL494 的②脚的参考电压由⑭脚基准 5V 电压通过 R35 提供。

⑥ 充电控制电路。充电控制电路由 IC1（TL494）内部的误差放大器、IC2（HA17358）、取样电阻 R2（0.11Ω）和发光二极管 LED2、LED3 等元件组成。

其中 R2 为充电取样电阻，它串联在 T2 的次级绕组与接地端间，在充电过程中，流经 R2 的充电电流在 R2 的两端形成上负、下正的取样电压。该电压一路通过 R20 加到 IC2 的②脚的反相输入端，另一路由 R10、R32 加到 TL494 的⑮脚，同时⑭脚输出的＋5V 电压并通过 R31 加到 IC1 的⑮脚。

充电初期，由于蓄电池电压较低，充电电流大，在稳压控制电路的作用下，开关管导通时间加长。在 R2 两端形成的电压较高。R2 两端的电压一方面使 TL494 的⑮脚输入负压，使 TL494 内部的误差放大器输出低电压，确保 TL494 的⑧、⑪脚输出的激励信号占空比较大，开关管导通时间长，实现大电流充电。另一方面，因 IC2 的③脚接地，电压为 0V，当 IC2 的

②脚输入负压时，IC2 的①脚输出高电平，经 R39 限流后驱动充电红色指示灯发光。同时 IC2 的⑥脚为高电平，①脚输出低电平，绿色指示灯不发光。

充电过程中蓄电池两端电压逐渐升高，当蓄电池电压上升到 41.6V 时，被 R40、R39 取样后，使 TL494 的①脚输入的电压高于②脚的参考电压，误差放大器输出高电平控制电压，经 PWM 比较输出后，使 TL494 的⑧、⑪脚的激励信号变为低电平，使 C10 两端电压维持在 41.6V 左右，对蓄电池进行恒压充电。这时仍有一定的充电电流，R2 的两端仍存在一定的电压，电路仍处于充电状态。

当蓄电池所充电压不断升高时，充电电流将不断减小。当充电电流降低到转折电流时，R2 两端的负压降低，TL494 的⑭脚输出的 5V 电压通过 R31 使 TL494 的⑮脚电压高于⑯脚的参考电压，TL494 内误差放大器输出高电平控制电压，经 PWM 比较输出后，最终使 TL494 的⑧、⑪脚输出低电平激励脉冲，同时 IC2 的②脚也为高电平，①脚输出变为低电平，红色指示灯熄灭，而⑦脚输出高电平，绿色指示灯点亮，充电器进入涓流充电状态。

⑦ 保护控制电路

a. 欠电压保护。欠电压保护电路由 IC1（TL494）内部集成电路，通过供电脚⑫脚的电压高低判定是否启控。若⑫脚电压低于 4.9V，内部的欠电压保护电路启动，IC1 停止工作，实现欠电压保护。

b. 软启动保护控制。IC1 的④脚与+5V 输出⑭脚之间的电容 C18 在开机瞬间两端电压为 0V。+5V 通过 R17 对其充电，充电过程中，R17 的右侧即 IC1 的④脚电压有一个从高到低的变化过程，通过内部的比较器处理后，控制 IC1 输出的脉冲激励信号，该信号占空比从小到大，经 VT1、VT2 驱动放大，T4 耦合来控制开关管 VT3、VT4 的导通时间，避免开关管 VT3、VT4 在开机瞬间因过激励而损坏，从而实现了软启动保护。

2. 常见故障检修

故障现象 1：充电器无输出电压，指示灯不亮

故障原因：

① 元器件损坏。

② 操作不当，导致充电器无输出电压，如电源插头未插好，交流电源无电等。

③ 充电器的电源线断裂或充电器内部有元器件开焊或虚焊。

检修方法：

① 首先排除操作不当引起的故障。

② 检查充电器外接引线和线路板是否有断裂或开焊现象。

③ 检查 FU1 熔断器是否完好，若烧断，可检查线路滤波电路（C1、C3、C4、T1），整流二极管 VD1—VD4，滤波电容 C5、C6 及开关管 VT3、VT4 等是否击穿短路。

④ 若熔断器完好，可测量 C5 两端是否有 300V 左右电压。若没有 300V 电压，则检查整流滤波电路是否有元件损坏。若 300V 电压正常，可在开机瞬间测量开关管 VT3 的基极有无启动电压。若无启动电压，应检查 R6 和 VT3；若有启动电压，应按下一步骤操作。

⑤ 检查开关变压器 T2、T4 所接的二极管是否损坏。若二极管正常，应检查 VD9、C11、R5、R41 是否完好。若这些元件都未损坏，应排查 R8、VD11、C12、R10、VT4，即可找到故障所在。

故障现象 2：电源指示灯显示正常，接上蓄电池后电源指示灯熄灭而不能正常充电

故障原因：上述现象表明该故障电源能启动，但不能进入他励式工作状态，说明开关电路正常，估计 TL494 未工作或激励脉冲放大电路异常。

检修方法：

① 首先检查激励信号放大管 VT1、VT2 的基极是否有激励脉冲信号。若有激励脉冲信

号，应检查 R12、VT1、VT2，若没有信号，则检查 TL494 及外围电路。

② 检查 TL494 的⑫脚供电电压，因电源指示灯能点亮说明辅助电源电路基本正常，若⑫脚无电压，应重点检查供电线路到 TL494 的⑫脚是否有断线或虚焊现象。若⑫脚电压偏低，可脱开 TL494 的⑫脚再进行测量。若⑫脚电压升高，则表明 TL494 损坏；若电压仍较低，则检查 C7、VD14、VD13。若 TL494 的⑫脚供电电压正常，应检查 TL494 的⑭脚是否有＋5V 输出电压。若⑭脚没有＋5V 电压输出，则表明 TL494 损坏；若⑭脚有＋5V 电压，检查电容 C18、R18、C19。若上述元件正常，应更换 TL494。

故障现象 3：充电器显示充电，但蓄电池充不进电

故障原因：

① 蓄电池损坏，不能进行正常充、放电。

② 充电器输出电压偏低，不能向蓄电池提供正常的充电电流，表明稳压控制电路异常。

检修方法：

① 首先排除蓄电池故障，若蓄电池完好，应按②、③检查。

② 检查二极管 VD15、VD14、VD13 是否正常，若不正常应更换新品。若以上二极管正常，应检查电流取样电阻 R2 的阻值是否变大，若不正常，可用同型号新电阻代换试验。

③ 若检查以上元件都正常，可测量充电器空载电压是否正常。若电压恢复正常，应检查电容 C10；若空载电压仍偏低，应检查 C19、C6。若电容 C19、C6 正常，则表明 TL494 损坏。

故障现象 4：负脉冲充电电路不工作

故障原因：负脉冲充电电路是为消除蓄电池的硫化现象而设计。引起该电路不工作的主要原因有熔断器 FU2 熔断，负脉冲开关管 VT5、VT6 损坏（VT5、VT6 为达林顿管，一般情况下不会同时损坏），IC3 及其外围电路元件损坏，不能输出放电控制脉冲电压。

检修方法：

① 检查熔断器 FU2 是否熔断。若 FU2 熔断，应测量 VT5、VT6 是正常击穿，一般 FU2 熔断是因 VT5、VT6 击穿引起。

② 若 FU2 熔断器完好，应测量 IC3（CD4011）的③脚是否有放电控制脉冲电压。若 IC3 的③脚有控制脉冲电压，应检查 IC3 的⑪脚有无脉冲信号。若 IC3 的③脚无放电控制脉冲，应更换 IC3；若有放电控制脉冲电压，应检查 VD18、R28、VT6、VT5。

③ 若 IC3 的③脚没有放电控制脉冲电压，先测量 IC3 的 14 脚有无 12V 供电电压，再检查 IC3 的①脚电平高低。若是低电平，应检查 VD19、R26、VD17；若是高电平，应检查 R24、R25、C15、C6。若以上检查无故障，最后更换 IC3 即可使电路恢复正常。

四、场效应管及高增益误差放大器 TL431 构成的充电器电路原理与检修

1. 电路原理

充电器电路如图 9-4 所示。该充电器由开关场效应管 VT1，开关变压器 T1、IC1（光电耦合器）、IC2（LM358）、IC3（78L05）和三端误差放大器 IC4 等组成，它属于自励振荡式开关电源电路。

该充电器主要由整流滤波电路、自励振荡开关电路、稳压电路、充电指示电路和＋5V 供电电路等组成。

（1）整流滤波电路　市电 220V 电压经 FU1、RT 送到 C1、L1 组成的线路滤波电路滤除电网中的高频杂波后，由 VD1—VD4 桥式整流、C2 滤波得到＋300V 左右的电压。RT 为负温度系数热敏电阻，防止开机瞬间的冲击电流过大而对元器件损坏。

（2）自激振荡开关电路　300V 电压一路经开关变压器 T1 的 L1 绕组加到开关管 VT1 的 D 级（漏极）；另一路由启动电阻 R3、R4 限流，加到 VT1 的 G 极（栅极），使 VT1 开始导

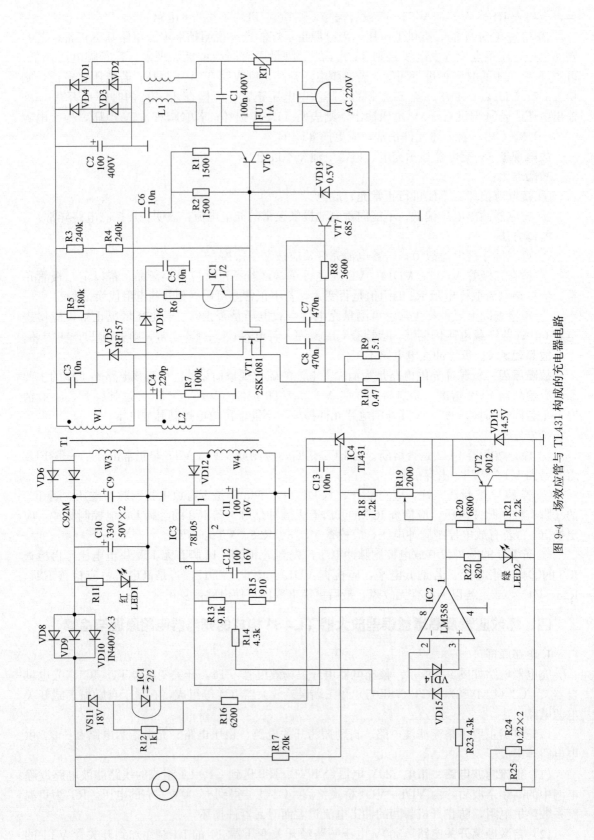

图 9-4 场效应管与 TL431 构成的充电器电路

通。300V 通过 T1 的 L1 绕组，VT1 的 DS 极，R9、R10 到地，形成闭合回路。回路电流在 L1 绕组上产生上正下负的电动势，在 T1 的 L2 绕组上同样产生一个上正下负的电动势。该电动势通过 C6 和 R2 到 VT1 的 G 极，形成正反馈回路，使 VT1 饱和导通。当 VT1 的 G 极电压升高到 VD19 的击穿电压后，VD19 击穿，VT1 截止。VT6 导通后将 L2 绕组的剩余电荷释放，然后 VD19 恢复原始状态，而 VT1 再次导通，形成自励振荡。其中 VT6、VD19 用来调整振荡脉冲脉宽。

(3) 稳压电路和+5V 供电电路 这时，开关变压器的次级绕组产生各自的电压，L4 绕组通过 VD12 整流，C11 滤波后由三端稳压器 IC3 稳压输出+5V 电压向 IC2 的⑧脚供电。同时由 R13、R15 分压，通过 R14 到 IC2 的②脚，给 IC2 提供一个基准参考电压。

同时，L3 绕组产生的脉冲信号经 VD6 整流，C9、C10 滤波，得到 44V 左右电压，该电压通过 R11 限流向 LED1 红色电源指示灯供电，使其发光。同时脉冲信号经 VD8～VD10 输出到充电器端口，又经 VS11 为 IC1（光耦发光管）供电。R17、R18、R19 为 IC4 提供取样电压。L2 绕组上产生的脉冲信号经 VD16 整流、R6 限流后给 IC1 感光管供电。当输出电压升高时，不仅 IC1 发光管两端电压升高，而且经 R17、R18、R19 调整后的电压也升高，同时向 IC4 提供的电压也升高，经 IC4 放大后，流过 IC1 的电流增大，使 IC1 发光程度增强，感光管导通程度上升，VT7 的导通时间延长，使 VT1 的导通时间缩短，从而降低了输出电压。

当输出电压降低时，调整过程正好相反。通过调整 R19 的阻值可改变取样电压的大小，进而调整充电器的输出电压。

(4) 充电控制电路 充电控制电路主要有 IC2（LM358）、稳压控制充电电流取样电阻 R25、R24 等元件组成。

当充电器向蓄电池充电时，取样电阻 R24、R25 产生一个上负下正的电压，该电压经 R23 接到 IC2 的同相输入③脚。初期因蓄电池电压较低，开关电源需要对蓄电池进行大电流充电，开关管的导通时间较长，在 R24、R25 两端产生的压降较大，这时 IC2 的③脚为低电平，①脚为高电平，VT2 因反偏而截止。IC4 通过 VD13 对地导通，导通电流较小而 IC1 发光管的发光程度也较弱。

随着充电时间的增长，蓄电池两端的电压不断升高，通地稳压电路的控制，充电器进入恒压充电状态。当蓄电池经过长时间恒压充电后，蓄电池两端电压逐渐上升到 44V 左右，此时充电的电流减小到转折电流，R24、R25 两端的压降降低到不足以使 IC2 的③脚电位高于②脚的比较电压，于是 IC2 的①脚输出低电平，充电指示灯 LED2 熄灭。VT2 导通。此时，IC1 内发光管通过 IC4、VT2 的 ce 结对地导通，发光管发光程度大幅提高，感光管对 VT7 提供较大导通电流，使 VT7 导通时间延长。最后，开关管 VT1 的导通时间缩短，输出电压降低，充电器进入涓流充电。

当负载过大或市电电压过高时，VT1 的源极串接电阻 R9、R10 两端产生的压降超过 0.6V，VT7 导通，迫使 VT1 截止，避免 VT1 过流损坏。

2. 充电器常见故障与检修技巧
顺泰充电器电路如图 9-4 所示。
故障现象 1： 充电器无输出电压
故障原因：
① 市电整流滤波电路异常，导致无+300V 左右的电压输出。
② 自励振荡开关电路未工作，开关管 VT1 一直处于截止状态。
③ 主电压整流滤波电路故障。
检修方法：
① 先检查交流电源有无 220V 电压，接着检查熔断器 FU1 是否烧毁。
② 若熔断器烧毁发黑，则表明后级有短路现象，应重点检查电容 C1、电感 L1、二极管

VD1—VD4、电容 C2 和开关管 VT1 有无短路现象。

③ 若熔断器 FU1 完好，应检查电容 C2 两端有无＋300V 左右的直流电压，若 C2 两端无 300V 左右电压，则检查负温度系数热敏电阻 RT 是否烧毁，电感 L1 是否开路。二极管 VD1—VD4 同时开路的可能性不大，最后观察电路板有无断裂或开焊现象。

④ 电容 C2 两端若有＋300V 左右电压，在开机瞬间测量开关管 VT1 的 G 极是否有启动电压，若没有启动电压，应检查启动电阻 R3、R24、VT7、VD19。

⑤ 若 VT1 的 G 极在开机瞬间有启动电压，应测量 VT1 的 D 极是否有＋300V 左右电压，否则，应检查电容 C2 正端到开关变压器 T1 的 L1 绕组之间的线路和 L1 绕组本身是否损坏。接着测量 L1 绕组到开关管 VT1 的 D 极之间是否有开路现象。

⑥ 若 VT1 的 D 极电压正常，应检查电阻 R9、R10 是否开路（VT1 击穿会导致 R9、R10 电阻烧毁，更换 VT1 后会出现电源不启振。）同时检查开关变压器的绕组上所接的二极管是否异常，接着检查 C6、IC1。若以上检查正常，更换 VT1 即可排除故障。

故障现象 2：充电器输出电压过高

故障原因：

① 输出电压取样电路故障。

② 脉宽控制电路异常。

③ 光电耦合器 IC1、三端误差放大器 IC4（TL431）等反馈电路元件异常。

检修方法：

① 首先检查取样电路中的上取样电阻 R17 是否正常，若 R17 开路，会直接造成充电器输出电压升高，然后检查光电耦合器 IC1 发光管回路中的 VS11、R16、VD13 是否异常。若无异常，应对 IC4（TL431）采取代换法，即可作出判断。

② 如以上元件都正常，应考虑脉宽调整部分电路，首先将光电耦合器 IC1 更换掉（在输出电压过高的故障案例中，光电耦合器损坏占有一定比率），然后检查 VD16、R6、C5 等光电耦合器热电端的供电元件，最后检查 VT7 是否损坏。若 VT7 击穿，会造成电源不启振，但 VT7 断路不导通，会导致充电器输出电压升高。

故障现象 3：充电器输出电压过低

故障原因：充电器输出电压过低和输出电压过高的故障现象相反，输出电压过高和过低故障修理是一个逆向的修理过程，出现故障的部位大致相同，具体如下：

① 输出电压取样电路异常。

② 脉宽控制电路异常。

③ 光电耦合器 IC1、三端误差放大器 IC4 等元件异常。

④ 充电控制电路和副电源＋5V 供电电路异常，导致充电器一直工作在涓流工作状态。

检修方法：

① 首先观察绿色充电指示灯 LED2 是否发光。若不发光，则表明 IC2 的①脚为低电平，VT2 导通，充电器工作在涓流充电状态，同时排除因蓄电池故障引起该现象后进行下一步操作。

② 测量 IC2 的⑧脚是否有 5V 供电。若⑧脚没有 5V 电压。应检查 IC3（78L05）的①脚和③脚电压（①脚应为 12V 左右，③脚为 5V）。若 IC3 的①脚无 12V 电压输入，应检查 VD12、C11 和开关变压器 T1 的 L4 绕组是否正常。若 L4 绕组断路，可从主电源滤波电容 C9 正端接一个 2kΩ 左右的电阻到 C11 正极，并对地接 12V 稳压二极管。若有 12V 电压输入而无 5V 电压输出，应排除 C12 漏电和负载短路可能后，更换 IC3（78L05）。

③ 若 IC2 的⑧脚 5V 电压正常，应检查 R15、R23、VD14、VD15。若 IC2 的⑧脚无 5V 电压，应更换 IC2 试验。

④ 若绿色充电指示灯亮，应测量二极管 VD13 的正端电压是否正常，该正端电压若没有

14.5V 电压，则检查 VD13、VT2 是否击穿或 R20 开路引起 VT2 一直导通。

⑤ 检查取样电路下取样电阻 R18、R19 有无开路或阻值增大。

⑥ 测量 VS11、IC4（TL431）是否击穿。

⑦ 检查光电耦合器受光管是否击穿，R9、R10 阻值是否变大。

⑧ 检查 V16 是否击穿，VT7、VD19 是否漏电。

五、工频晶闸管降压变压器充电器电路原理与检修

1. 电路原理

充电器电路如图 9-5 所示，该充电器主要由电源变压器、电压比较器 LM339、晶闸管和其他元件构成。其特点是电路简单，输出电流大，功率也较大，但其稳定性能不如其他开关电源型充电电路。

（1）电压转换　220V 市电经熔断器 FU 加到电源变压器 T 的初级绕组两端，T 的次级绕组产生 44V 左右的交流电压，经 VD5～VD8 桥式整流后得到 100Hz 的脉冲直流电压。一路经晶闸管 SCR1、FU1 给蓄电池充电；另一路经 R12 和 LED1（绿色发光二极管，用于电源指示）供电；第三路通过 VD1、R3 限流，VS11 稳压、C2 滤波产生 12V 直流电压，该电压不仅为 IC1（LM339）提供工作电压，还通过 R4 限流，VS12 稳压产生 3V 的基准电压，向 IC1 的 10 脚供电，该电压同时通过 R6 向 IC1 的⑤脚（比较器 1 同相输入端）提供参考电压。

（2）充电控制　充电初期，蓄电池的端电压较低，晶闸管 SCR1 阴极电位被拉低，经 R9、R1、R2 获得的取样电压由 C1 滤波加到 IC1 的④脚（电压比较器 1 反相输入端）。由于该电压低于 IC1 的⑤脚下的参考电压，使 IC1 的②脚输出高电平。这时具有一定幅度的脉动直流电压经 VD4、R16、R17 将 VS14 击穿并加到 VT2 的基极，使 VT2 导通，随之 VT1 也导通。这时 VT1 的 ce 结流过 VD2、R21 向晶闸管控制极供电，由于晶闸管导通可向蓄电池充电。

这时因蓄电池电压较低，充电电流大，电流在取样电阻 R23 两端形成左正右负的电压，该电压通过 R10、R8 使 IC1 的⑥脚输入负压，由于⑦脚接地，IC1 内部电压比较器经①脚输出高电平。该电平一路输入到 IC1 的⑪脚使其电位超过⑩脚，⑬脚输出高电平，LED2 因得不到导通电压不能正常发光。另一路经 R7 加到 IC1 的⑤脚，确保②脚输出高电平。

经过一段时间的恒流充电，蓄电池的端电压慢慢升高到 43.5V 后，经 R9、R1、R2 取样的电压使 IC1 的脚电压高于⑤脚，②脚输出低电平。这时，经过 R17 的脉冲电流减少，VD14 导通时间缩短，VT2、VT1 的导通时间也相应缩短，通过晶闸管的充电电流减少，充电器开始进入涓流充电。

这时，取样电阻两端的压降大大降低，电容 C4 两端的电压经 R11、R8 加到 IC1 的⑥脚使其变为高电平，①脚输出低电平使⑤脚、⑪脚电压降低。⑤脚电压降低可确保②脚维持低电平。当⑪脚电压降低到低于⑩脚电压并使⑬脚输出低电平时，LED2 红色指示灯点亮。

（3）晶闸管的软启动保护　IC1 的⑨脚对地外接电解电容 C4。在开机瞬间，C4 两端电压为零，R5 阻值较大，不能迅速对 C4 充电。而 R23 右端的负压通过 R10、R11 将⑨脚变为负电平，⑭脚为低电平。晶闸管导通时间缩短，充电电流较小，随着 C4 两端电压不断升高，⑨脚逐渐变为高电平，⑭脚也变为高电平，晶闸管导通时间延长，充电电流加大。该过程可避免晶闸管在开机瞬间过激励损坏，从而实现了软启动控制。

2. 小羚羊充电器常见故障检修技巧

小羚羊充电器电路如图 9-5 所示。

故障现象 1：充电器无输出电压

故障原因：

① 使用不当，充电器未与 220V 交流电连接好。

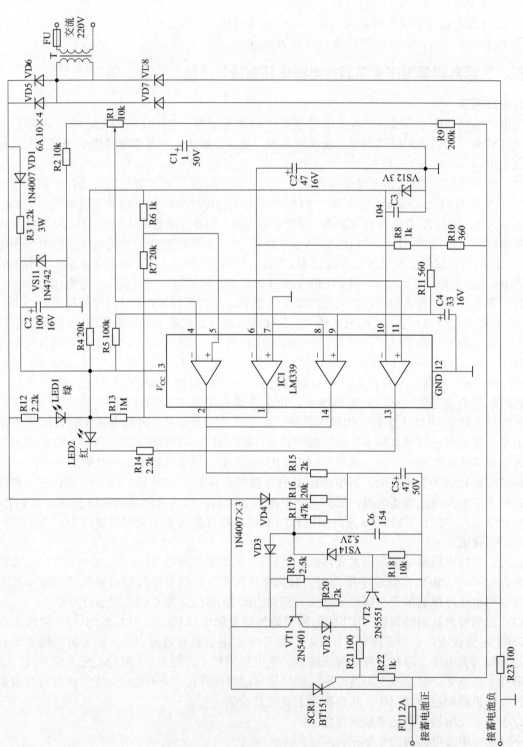

图 9-5　工频晶闸管充电器电路

② 元器件损坏。

③ 充电器电源线断裂或内部有元器件开焊或线路板受外力引起断裂。

检修方法：

① 首先排除操作不当造成的故障。

② 检查充电器引线及线路板是否断裂和元器件是否开焊。

③ 检查熔断器 FU 是否熔断，若熔断器熔断，更换前先检查工频变压器 T、整流二极管 VD5—VD8 和晶闸管 SCR1 是否击穿短路。

④ 若 FU 完好，应检查绿色发光管 LED1 是否发光。若 LED1 不发光，应检查工频变压器 T、整流二极管 VD5—VD8。

⑤ 若 LED1 发光，应检查 FU1 熔断器是否完好，否则更换 FU1，检查蓄电池。

⑥ 若 FU1 也完好，更换 SCR1 后是否有输出电压。若仍没有电压，检查 VD4、R16、R17、C5、C6、VD14 是否完好。若上述元件都正常，应检查 VT1、VT2、VD2、R20、R21。

故障现象 2：充电器充电电流不受控

故障原因：

① 市电电压过低或变压器匝间短路，引起变压次级绕组输出的交流电压偏低，使充电路不受控。

② LM339 及其外围元件构成的充电控制电路异常。

③ VT1、VT2、SCR1、VS14 等元件组成的稳压电路异常。

检修方法：

① 首先检查市电 220V 电压是否正常，若 220V 电压正常，应检查变压器 T 的次级绕组输出电压是否偏低。

② 检查 IC2 的②脚是否为高电平。若为高电平，应检查 VT2、VT1、SCR1、VS14。若 IC1 的②脚不为高电平，应检查 IC14、⑤脚电压，若⑤脚电压大于④脚，接着检查⑨脚电压。若 IC1 的⑨脚电压为低电平。应检查 R5、C4。若为高电平，应检查电容 C5 是否漏电。若 C5 正常，应更换 IC1（LM339）。

③ 若 IC1 的⑤脚电压低于④脚，应检查输出电压下的取样电阻 R1、R2 的阻值是否升高，若正常，则检查 VS12、C3、R6、R7。

故障现象 3：充电器不能进入浮充状态

故障原因：

① 蓄电池已充满电，但充电控制电路异常，不能正常切换到浮充状态。

② 蓄电池损坏，不能正常充放电。

③ 稳压电路性能不良，引起输出电压偏高，使充电电流一直高于转折电流。

检修方法：

① 检查蓄电池是否正常，否则更换蓄电池。

② 测量充电器输出电压是否大于正常值，若电压偏高，应测量输出电压取样电阻 R9、R1，同时测量电阻 R15、R22、R18、二极管 VS14 是否正常；若上述元件都正常，则检查 VT1、VT2、SCR1 和 IOC1（PL339）。

③ 若充电器输出电压正常，应检查充电电流取样电阻 R23 阻值是否增大。若 R23 正常，应检查 R11 是否开路，C2 是否漏电。若都正常，应替换 IC1（LM339）即可排除故障。

故障现象 4：充电器充电后，红色指示灯亮，而蓄电池充不进电

故障原因：充电器红灯亮表明已进入浮充状态。

① 蓄电池本身已充满电。

② 蓄电池未与充电器连接好或蓄电池损坏。

③ 熔断器 FU1 熔断造成无充电电压输出。

④ 充电控制电路异常，引起充电器通电后进入浮充状态。

检修方法：

① 检查蓄电池是否充满电。若蓄电池处于待充电状态，应检查充电器充电接口是否正确连接到蓄电池上。

② 检查蓄电池是否损坏，可测量其两端是否有正常电压，即可判断蓄电池是否有故障。

③ 查看充电器输出端的熔断器 FU1 是否熔断。若熔断可更换 2A 熔断器，应充电测试是否正常。若熔断器再次熔断，则表明有过流现象，应重点检查 SCR1 是否击穿，VT1、VT2、VD14 是否损坏。

④ 因充电器红色浮充指示灯亮，表明 IC1 的⑪脚电压低于⑩脚。若⑪脚电压高于⑩脚，应检查 IC1 并测量 R13 是否开路。若 R13 正常，则表明 IC1 的①脚输出低电平，⑥脚应为高电平。接着测量 IC1①脚、⑥脚电压。若⑥脚为高电平，应检查电阻 R10；若⑥脚为低电平而①脚也为低电平，应检查 IC1（LM339）。

六、 SG3524 半桥式整流他励式开关电源充电器电路原理与检修

1. 电路原理

KGC 充电器属于半桥式整流蓄电池启动和他励式开关电源。其电路如图 9-6 所示。该电路主要由市电整流滤波电路，开关变压器 T1、T2、T3，开关管 VT1、VT2、PWM 脉宽调整 IC2（SG3524），充电控制器 IC1（LM324）等部分组成。

(1) 市电整流滤波电路 市电交流 220V 经 FU（熔断器）—R1（压敏电阻）—VD1—VD4 桥式整流—R2 限流保护—C1、C2 滤波—R3 两端产生＋300V 电压。其中 R1 为市电过压保护电阻，当市电电压过高时击穿而将熔断器熔断，保护后级电路。R2 为负温度系数热敏电阻，常温下为 9Ω 左右，通电后阻值可下降到 0Ω 左右，它串联在供电线路中，可有效限制开机瞬间 C1、C2 充电时产生大电流冲击。

(2) 主电源电路 本充电器与其他充电器电路的最大区别是启动方式不同。即充电端口接蓄电池，充电器充电后无法启动，必须依靠电池的残余电压经过 L1、VD11、R36 接到辅助电源整流输出端，给 IC2（SG3524）的供电端⑮脚供电电源才能启动。

IC2 得到供电后，基准电源产生＋5V 基准电压给内部振荡器、比较器、误差放大器、触发器等供电，并由⑯脚输出。IC2 的⑥、⑦脚外接的定时元件 R21、C7 与 IC2 内部振荡器开始振荡产生锯齿波脉冲电压。该电压控制 PWM 比较电路产生矩形激励脉冲，再由 RS 触发器产生两个极性相反并对称的激励信号，经内部两个驱动管 VTA、VTB 放大后从⑫、⑬脚输出。然后通过 T1 耦合，T1 次级绕组产生的电压分别由 C9、R23、C10、R26 输送到 VT1、VT2 的基极，驱动开关管 VT1、VT2 轮流导通。在 VT2 截止、VT1 导通期间，＋300V 经过 VT1 的 ce 结，开关变压器 T3、T2 的初级绕组到滤波电容 C2 对地形成闭合回路。回路电流在 T2 初级绕组产生上负下正的电动势，在 T3 的初级绕组上产生左负右正的电动势，在 VT1 截止、VT2 导通期间，C2 两端的电压经 T2、T3 的初级绕组，VT2 的 ce 结对地放电。放电电流在 T2 初级绕组产生上正下负的电动势，在 T3 初级绕组上产生左正右负的电动势。通过 VT1、VT2 交替的导通、截止，在 T2、T3 的次级绕组产生相应的脉冲电压，经过整流滤波后向各自的负载供电。

T2 的次级绕组 L2 上感应的脉冲电压，经 VD18、VD17 整流，C8 滤波，产生＋18V 左右的电压，代替蓄电池向 IC2、IC1 等电路供电。T2 的次级绕组 L3 上产生的脉冲电压一路经 VD12 半波整流、R37 限流使充电指示灯 LED1 点亮。另一路由 VD9 全波整流，L1、C2 滤波产生主电源电压，给蓄电池充电。

T3 的次级绕组产生的脉冲电压经过 VD10、C11 整流滤波产生的功率电流取样电压再通

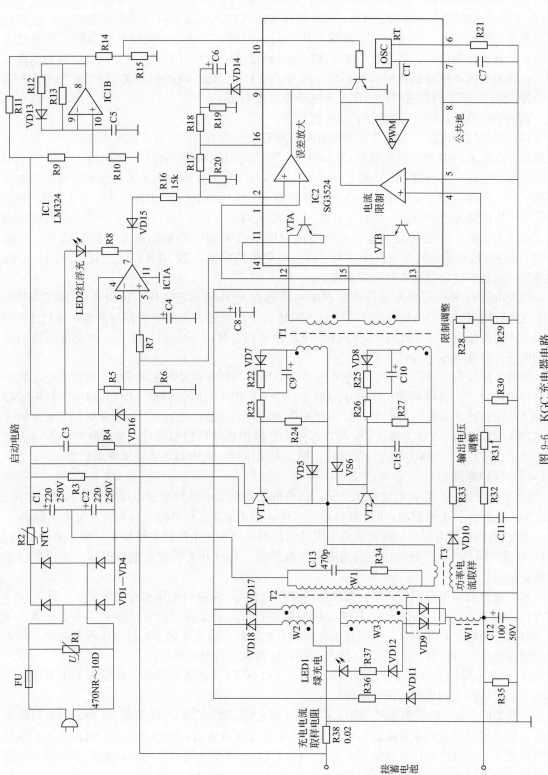

图 9-6 KGC 充电器电路

过 R33、R28、R29 分压输送到 IC2 的④脚，进行充电电流控制。

(3) 稳压控制电路 当市电电压升高，或其他原因造成主电源滤波电容 C12 两端电压升高时，C12 两端的电压经 R32、R31、R30 取样后输送到 IC2 的①脚与②脚的基准电压进行比较放大输出误差电压。因电容 C12 两端电压升高，引起 IC2 的①脚电压高于②脚。误差放大器输出低电平控制信号，经过 PWM 脉宽控制电路使激励脉冲的占空比减小，通过驱动电路放大，由开关变压器耦合到次级，然后经 C9、R23、C10、R26 输送到开关管 VT1、VT2 的基极，使 VT1、VT2 的导通时间缩短，从而降低输出电压。

输出电压降低，则是一个反向控制过程。

(4) 充电控制电路 充电器开始充电时，因蓄电池初始电压较低，充电电流较大。在充电电流取样电阻 R38 左侧产生较高的压降，后经 R7 加到 IC1 的⑤脚使其为高电平，IC1 的⑦脚输出高控制电压，红色灯 LED2 截止不发光。而 VD15 也因反偏而不导通，使 IC2 的②脚电压不受影响，同时因充电电流较大，在开关变压器 T3 的初级绕组流过的电流也加大。T3 的次级绕组产生的脉冲电压升高，经过 VD10、C11 整流滤波，R33、R28、R29 取样后的电压也升高。这时 IC2 的④脚变为高电平，经 IC2 内部的电流限制电路输出高电平控制信号，通过 PWM 电路处理使激励脉冲空比增大，再由驱动电路放大，T1 耦合，使开关管 VT1、VT2 的导通时间延长，以保证大电流恒流充电。

当充电进行到一定程度后，蓄电池端电压逐渐升高到额定电压。该电压经 R32、R30、R31 取样后使 IC2 的①脚电压高于②脚参考电压，由误差放大器低电平控制信号，通过 PWM 电路处理使激励脉冲占空比减小，进而使开关管 VT1、VT2 导通时间缩短，使充电器输出设定的电压，对蓄电池进行恒压充电。

随着恒压充电的进行，蓄电池的电压进一步升高，充电电流则逐渐减小。当充电电流减小到转折电流时，在 R38 两端产生的压降减小，经 R7 加到 IC1 的⑤脚。此时⑤脚电压低于⑥脚的参考电压，使⑦脚输出低电平，红色浮充电流指示灯 LID2 点亮。VD15 导通后，IC2 的②脚基准电压经 R16、VD15 被拉低，使误差放大器输出低电平控制信号，激励脉冲的占空比减小，开关管 VD1、VD2 的导通时间缩短，输出电压下降，充电器进入涓流充电状态。

(5) 保护电路

① 欠电压保护。若蓄电池电压过低，供电电路向 IC2 的⑮脚输出电压低于 8V，此时 IC2 内部的欠电压保护电路启动，IC2 被迫停止工作，避免 IC2 工作异常，从而实现欠电压保护。

② 过电压保护电路。为预防充电器因稳压控制电路或充电控制电路异常时使开关管 VT1、VT2 导通时间过长，导致输出各组的电压大幅升高，造成开关管或蓄电池损坏，而设置过电压保护电路。

当各绕组的输出电压过高时，辅助电源滤波电容 C8 两端的电压超过预定电压。此电压通过 VD16 向 IC1 供电，再经 R9、R10 分压取样加到 IC1 的⑩脚，此时⑩脚电压高于⑨脚，于是⑧脚输出高电平，经 R14、R15 分压后加到 IC2 ⑩脚，使 IC2 内部的过电压电路启动，停止激励脉冲输出，开关管 VT1、VT2 停止工作，从而实现过电压保护。

③ 软启动保护。为防止开机瞬间开关管 VT1、VT2 因过激而损坏，故设置了由 IC2 的⑨脚内外围元件构成的软启动保护电路。

开机瞬间，IC2 的⑨脚通过 VD14 对电容 C6 充电。此时⑨脚电压随着 C6 两端的电压同步上升，因⑨脚是误差放大器的输出端，⑨脚电压从低到高增加，必然导致 IC2 输出的激励脉冲信号脉宽从 0 逐渐正常，从而使开关管 VT1、VT2 的导通时间由短到长，避免开机瞬间过激励损坏。以上过程就是软启动保护过程。

2. KGC 充电器常见故障检修技巧

KGC 充电器电路如图 9-6 所示。

故障现象 1：充电器无电压输出，绿色充电指示灯也不亮

故障原因：

① 无市电 220V 电压输入。

② 未接入蓄电池或蓄电池供电电路有故障。

③ 充电器内部元器件损坏。

检修方法：

① 接入蓄电池在充电器不接 220V 市电时，观察 LED2 红色浮充指示灯是否点亮。若红灯不亮，则表明蓄电池未向充电器提供启动电压，应检查蓄电池电压是否偏低，充电端口是否与蓄电池连接良好。接着检查 C12 两端是否有电压（即等同于蓄电池两端电压），同时检查 L1、VD11、R36 有无开路，电容 C8 是否短路。

② 若红色指示灯显示正常，应检查熔断器 FU 是否完好。若熔断器熔断，接着检查压敏电阻 R1 是否击穿（市电电压过高时，R1 击穿后使熔断器熔断对后级电路进行保护）。若压敏电阻 R1 完好，应排查整流管 VD1—VD4，滤波电容 C1、C2，开关管 VT1、VT2 是否短路。

③ 若熔断器完好，应测量电阻 R3 两端是否有＋300V 电压。若 R3 两端无＋300V 电压，应检查 R2 是否开路。检查 R1 两端是否有 220V 交流电压。若无交流 220V 电压，则表明充电器未正确接入市电或电源插头到熔断器之间有断线。

④ 若 R3 两端的＋330V 电压正常，应测量 IC2 的①、⑬脚是否有激励脉冲输出，若无激励脉冲输出，应测量 IC2 的⑩脚电压是否为高电平。若 IC2 的⑩脚为高电平，则表明充电器过压保护，应对充电器进行串联灯泡限流供电，然后脱开 IC2 的⑩脚，强制关闭过压保护，再次测量 C12 两端电压，若 C12 两端电压过高，应检查稳压电路的取样电阻 R31、R32 阻值是否值变大。若 R31 和 R32 正常，应检查 IC2（SG3524）。若 C12 两端电压正常，应检查 R10、R11、R12、R13、R15、VD13、C5、IC1。

⑤ 若 IC2 的⑩脚为低电平，应检查 IC2 的⑨脚外接软启动电容 26 和⑥、⑦脚外接振荡器定时元件 R21、C7。若 C6、C7、R21 都正常，应检查 IC2（SG3524）是否损坏。

⑥ 若 IC2 的⑫、⑬脚有激励脉冲信号，应检查开关变压器 T1、T2、T3 是否正常，最后检查 R23、C9、R26、C10 和 VT1、VT2。

故障现象 2：充电时红色指示灯亮，充电器一直处于浮充状态

故障原因：充电器红色浮充指示灯亮，表明电路工作在浮充状态。

① 蓄电池已充满电，本充电器启动时需要蓄电池供电，故不存在充电器与蓄电池连接异常的原因。有可能因蓄电池损坏而使其内阻过大，导致充电电流增大，但在蓄电池两端能检测到电压。

② 充电器输出电压偏低。

③ 充电控制电路异常。

检修方法：

① 测量蓄电池的端电压。若电压较高，应对蓄电池进行放电处理，观察放电时间以判断蓄电池是否损坏。放电电流的大小一般以蓄电池标注为准。如 C2 10AH 放电电流 5A，也可根据骑行时间和路程来判断。

② 若蓄电池正常，可断开二极管 VD15 一端，使充电器强制退出涓流充电，然后测量 C12 两端电压。若 C12 两端电压正常，则表明故障点在充电控制电路，应检查 LM324，电阻 R7、R6 和电容 C4。

③ 若电容 C2 两端电压较低，则检查整流电路中的 VD9、VD17、VD18、C8、C12 是否正常。若正常，应检查输出电压下取样电阻 R30 阻值是否变大。

④ 若 R30 阻值正常，应测量 IC2 的④脚电压是否过低，若④脚电压过低，应查 VD10、

R33、R28、C11；若 IC2④脚电压正常，应检查其⑨脚电压；若⑨脚电压偏低，应检查 C6、IC2。

⑤ 若 IC2 的⑨脚电压正常，应检查 VT1、VT2 和其外围元件。

⑥ 最后，更换 IC2（SG3524）试验。

故障现象 3： 充电十几个小时后，充电器红色指示灯不亮，不能切换到浮充状态

故障原因：

① 蓄电池已充满电，但充电控制电路异常，不能切换到涓流充电。

② 蓄电池损坏，不能正常充放电。

③ 充电器输出电压偏高，但未达到保护电压充电电流不能下降到转折电流值。

检修方法：

① 首先测试蓄电池的充放电是否正常，排除因蓄电池损坏引起的故障。

② 测量充电器的输出电压是否偏高，若输出电压高出正常值，应检查稳压 IC2 的②脚参考电压是否偏低，若参考电压正常，应检查 IC2（SG3524）。若参考电压偏低，应测量 R17 阻值是否正常。若正常，应检查 IC2。

③ 若充电器输出电压正常，应首先检查充电电流取样电阻 R38 阻值是否增大而引起取样电压升高，并造成蓄电池充不满电。若 R38 阻值正常，应检查 IC1 的⑥脚电压，若⑥脚电压偏低，应检查电阻 R5 是否开路。若 R5 正常，应替换 IC1（LM324）。

七、LM393、TL431、TL3842 电路原理与检修

1. 电路原理

充电器电路如图 9-7 所示。它主要由开关场效应管 VT1、开关变压器 T2、电源控制 IC1（TL3842）、充电转折电流鉴别比较器 IC2（LM393）、三端误差放大器 IC3（TL431）和光电耦合器 IC4 等元件构成，其电路工作原理如下。

(1) 整流滤波电路 充电器接通电源后，市电 220V 电压经过 FU 熔断器，由 C1、C2、T1 组成线路滤波器滤除市电电网中的高频干扰信号，经 VD1—VD4 组成的桥式电路整流，C2 滤波后即在 C12 的两端产生＋300V 左右的直流电压。

(2) 开关电源电路 ＋300V 电压一路经开关变压器 T2 的 L1 绕组到达开关管 VT1 的 D 极，另一路经启动电阻 R1 到电源控制 IC1 的⑦脚（供电脚），提供 18V 左右的工作电压。IC1 内部的＋5V 基准电压发生器向振荡器、误差放大器等供电并由⑧脚输出。IC1 的④脚外接 R12、C5 与内部振荡器开始工作，在 C5 两端产生锯齿波脉冲信号。该信号经由 IC 内部的 PWM 调制器产生矩形脉冲激励信号，放大后从 IC1 的⑥脚输出由 R6 限流后，接到开关管 VT1 的 G 极，控制开关管 VT1 工作在开关状态，开关变压器 T2 的其他绕组开始输出交流电压。

T2 的 L2 绕组输出的交流电压经 R3 限流，VD5、C8 整流滤波后得到 20V 左右的高压侧辅助电源，一路向 IC1 的 7 脚供电，另一路向光电耦合器 IC41/2 供电。

T2 和 L3 绕组输出的主电压，经 VD7、VD8、C10 整流滤波后得到＋44V 左右的充电电压。一路经继电器 J 接到充电插座，另一路由 R14 降压，并经稳压管 VS9 将电压以 12.3V 左右，形成低压侧的辅助电源。第三路向由 R24、R25、R21、RV1 和 R26、IC4 2/2（发光端）、IC3 三端误差放大器组成的稳压控制电路供电。

(3) 稳压控制 当负载过大或市电电网电压较低时，C10 两端电压降低，光电耦合器 IC4 发光管两端电压降低，R24、R25、R21、RV1 分压后的取样电压降低，经 IC3 放大后使 IC4 发光管负极电位升高，发光程序降低，感光管导通程度降低，IC1 的②脚的电位也降低，使 IC1 输出的激励脉冲脉宽加大，VT1 的导通时间延长，从而提高开关电源的输出电压。

若充电器输出电压过高，是一个相反的控制过程。

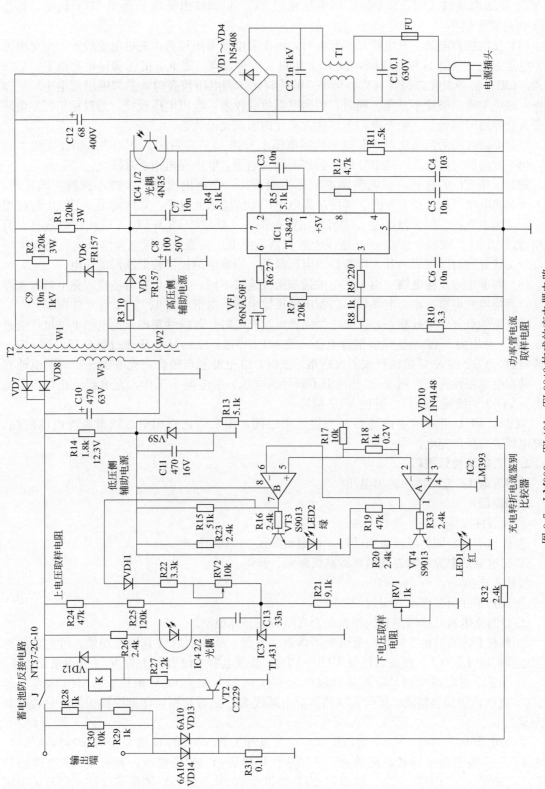

图 9-7　LM393、TL431、TL3842 构成的充电器电路

VT1 导通时，R10 两端形成一定的电压，由 R8、R9、C6 去除干扰脉冲后加到 IC1 的③脚。当 VT1 导通电流过大时，IC1 的③脚电压超过 1V，⑥脚输出低电平而使 VT1 截止，防止 VT1 因过流而损坏。

(4) 充电控制电路 充电器开始充电时，由于蓄电池电压较低，充电电流较大，充电电流取样电阻 R31 上端形成较高压降，经 R32 加到 IC2 的③脚，使 IC2 的①脚输出高电平，VT4 导通，LED1 红色发光二极管点亮。当 IC2 的⑥脚比⑤脚电压较高时，⑦脚输出低电平，VT3 截止，绿色发光二极管不发光。同时，因为电源负载较重，输出电压较低，通过稳压控制电路使开关管导通时间延长，使充电器工作在大电流的恒流充电状态。

经过一段时间的恒流充电，蓄电池两端电压上升到 44V 左右时，开始进入恒压充电。这时，仍有较大的充电电流，故 IC2 的③脚依旧是高电平，红色充电指示灯发光。

随着恒压充电的进行，蓄电池两端电压不断升高，充电电流进一步减小到转折电流时，R31 两端的电压不足以使 IC2 的③脚维持高电平，①脚输出低电平，VT4 截止，LED1 红灯熄灭。同时因 IC2 的⑥脚为低电平，⑦脚输出高电平，一路使 VT3 导通，LED2 绿灯点亮。另一路通过 VD11、R232、RV2 到三端误差放大器，使 IC4 发光管负极电位降低，发光程度增强，开关管导通时间缩短，开关电源输出电压降低，为蓄电池提供较低的涓流充电。

(5) 防蓄电池反接电路 由于蓄电池插座极性连接不同，为防止蓄电池接入充电器时极性接反，而烧毁充电器，本充电器设有防蓄电池反接电路，由继电器 J、VT2 等元件构成。

继电器触点处于常开状态，当充电器向蓄电池充电时，若极性正确，蓄电池上的极柱通过 R28、R29 分压向 VT2 基极提供偏置电压，使 VT2 导通，＋44V 电压通过继电器线圈，R27 限流电阻，VT2 的 ce 结接地形成闭合回路。这时，继电器触点吸合，充电器开始对蓄电池充电。若蓄电池极性接反，则 VT2 基极得不到导通电压，继电器不工作，充电器停止对蓄电池充电。VD12 为续流二极管，避免 VT2 损坏。

VD13、VD14 串接在蓄电池负极与接地端之间，用来防止充满电后因蓄电池电压较高，对充电器进行反向充电。

2. 常见故障检修技巧

故障现象 1：充电器无输出电压

故障原因：

① 元器件损坏。

② 操作不当，如电源插头未插好，市电插座无 220V 交流电。

③ 充电器的电源线断裂或内部线路板断裂、开焊。

检修方法：

① 首先排除因操作不当引起的故障。

② 目测充电器外接线路和线路板是否有断裂或开焊现象。

③ 察看 FU 的器是否完好，若熔断器熔断并发黑，则表明后级有短路现象，可检查线路滤波电路 C1、L1、C2，整流二极管 VD1—VD4，滤波电容 C12 和开关管 VT1 是否击穿短路。

④ 若 FU 熔断器完好，应测量滤波电容 C12 两端有无＋300V 电压。若 C12 两端没有＋300V 电压，应检查整流二极管和线路滤波电感线圈 L 是否开路，印制线路板铜箔是否有断裂现象。

⑤ 若电容 C12 两端＋300V 电压正常，应测量开关管 VT1 的 G 极是否有脉冲激励信号。若 VT1 的 G 极有激励脉冲，应检查 VT1 的 D 极是否有 300V 电压，若有 300V 电压而且 R10、VD6 完好，应更换 VT1；若 VT1 的 D 极没有 300V 电压，应测量 C12 正端经开关变压器 L1 绕组到 VT1 的 D 极之间线路是否开路，一般 L1 绕组不易断路，焊盘脱焊可能较大。

⑥ 若 VT1 的 G 极无激励脉冲信号而限流电阻 R6 完好，应测量 IC1（TL3842）的⑦、⑧

脚电压。若 IC1 的⑦脚无 20V 左右的电压供电，应检查启动电阻 R1、滤波电容 C7、C8。若以上检查都正常，应脱开 IC1 的⑦脚再测；若电压上升到 64V 左右，应更换 IC1。

⑦ 若 IC1 的⑦脚有 18V 电压，而⑧脚无＋5V 电压输出，则表明 IC1 损坏，应更换 TL3842。

⑧ 若 IC1 的⑧脚有＋5V 电压，应检查其④脚外接电阻 R12、电容 C5 是否正常。若正常，应检查光电耦合器 IC4 是否击穿。若 IC4 正常，应更换 IC1。

故障现象 2：充电器输出电压过高

故障原因：充电器输出电压过高，表明稳压控制电路出现异常，应主要检查以下两项：

① 输出电压取样电路。

② PWM 脉宽调整电路。

检修方法：在光电耦合器发光管负极对地端接 30V 稳压管，观察电压是否降低。若电压降低，应检查输出电压上取样电阻 R24、R25。若 R25、R24 阻值正常，应更换 IC3（TL431）。若经上述检查电压仍然过高，可短接 IC4 光敏管的正、负极，再次观察电压是否降低。若电压降低，应检查 R26 和光耦合器。若上述检查后电压仍较高，应检查 R4、R8、R9、C6 是否正常。若都正常，应更换 IC1（TL3842）。

> **【特别提醒】**　在维修充电器时，应取下熔断器，在熔断器座上串联 40～100W 的白炽灯（功率大小可视充电器正常输出电压高低而定，输出电压高则选用的灯泡功率要大一些）。其作用是：可通过灯泡限流降压来保护开关电源，也可通过观察灯泡的亮度判断充电器工作是否正常。

开机瞬间灯泡亮一下随之进入微亮或熄灭状态，表明开关电源基本正常（若电源未起振，也会出现该现象，可观察指示灯或测量输出电压来判断）。若灯泡亮度极高和灯泡直接接 220V 无较大差别，则表明开关电源有严重短路现象。若灯泡始终发光较强，表明开关电源的稳压控制电路异常或开关电源有过电流现象。根据不同的灯泡亮度，可迅速找到故障根源。

故障现象 3：充电器输出电压较低

故障原因：

① 稳压控制电路异常。

② ＋44V 电源整流管特性不良，电流取样电阻 R31 阻值增大，造成电源内阻增大带负载能力差。

③ 蓄电池过放电导致蓄电池两端电压过低，充电电流过大引起输出电压降低。

④ 充电控制电路异常使充电器工作在涓流充电状态，故输出电压较低。

检修方法：

① 先断开 VD11，观察输出电压是否恢复正常，若输出电压恢复正常，表明充电控制电路异常。应测量 IC2（LM393）的①脚电压，若为高电平应更换 IC2；若 IC2 的①脚为低电平，应测量 R19、R32 是否开路。若 R19、R32 正常，更换 IC2。也可根据充电指示灯判断，若红灯亮，绿灯灭，表明充电控制电路基本正常；若红、绿灯同时亮，表明 IC2 损坏；若是红灯灭，绿灯亮，表明进入涓流充电状态，应检查 R32 和 IC2；若红绿灯都不亮，则表明低压侧辅助电源＋12V 电压异常，但不会引起主电源电压降低。

② 断开 VD11 后，若输出电压仍较低，应检查电压取样电阻 R21、RV1 的阻值是否增大。用新 TL431 代换 IC3 看电压能否恢复正常。

③ 测量开关变压器各绕组外接二极管，防反充电二极管 VD13、VD14，滤波电容 C10、C8 是否正常，同时测量充电电流取样电阻 R31 阻值是否变大，开关管 S 极所接电阻 R10 阻值是否异常。

④ 断开 R4①脚，测量输出电压是否变高（通电时间要短，因为输出电压可能较高），若输出电压升高，则表明 R11 开路或光电耦合器损坏。

⑤ 若断开 R4 后电压不变，应更换 IC1（TL3824）。

故障现象 4：充电器指示灯亮，但接上蓄电池时不充电

故障原因：

① 蓄电池与充电器未正确连接。

② 防止蓄电池反接电路异常。

③ 充电控制电路异常。

检修方法：

① 检查蓄电池与充电器间的连线是否良好。接上蓄电池后，充电器不接电源，测量 R30 两端是否有上正下负的电压，若有电压表明连接良好。若 R30 两端的上负下正的电压，表明蓄电池极性接反。若没有电压，则检查连接线和插头。

② 充电器通电后，应听到继电器吸合声，若没有声音，表明防蓄电池反接电路异常。

③ 检查蓄电池电压上取样电阻 R28，继电器控制管 VT2，限流电阻 R27，继电器 K。

若通电后有继电器的吸合声，则表明充电器已对蓄电池充电。若充电器红灯不亮，而绿灯亮，表明充电器处于涓流充电状态。若蓄电池并处于满电状态，应检查 R32、R19 和充电控制器 IC2（LM393）。

第二节 | LCD 液晶显示器中电源检修实例

LCD 液晶显示器电源包括两部分，一部分为低压电源电路，另一部分为高压电源电路，本节以海信 2264 电源板为例讲述电源电路原理与检修。海信 2264 电源板正面图如图 9-8 所示，背面图如图 9-9 所示，电源整体框图如图 9-10 所示。

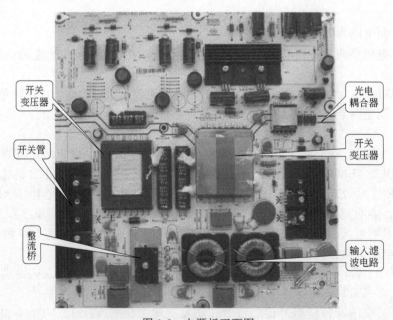

图 9-8　电源板正面图

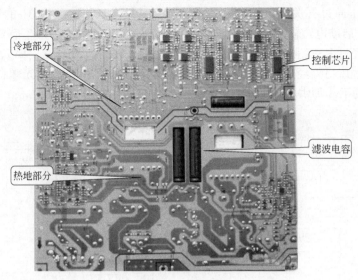

图 9-9　背面图

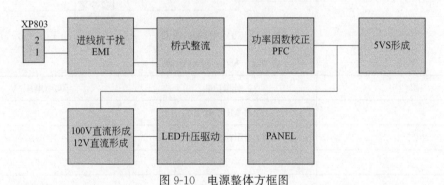

图 9-10　电源整体方框图

一、电源输入、滤波、整流部分电路

220V 电压经过保险管 F802，压敏电阻 RV801 过压保护，进入由 L807、C802、C803、C804、L806 等组成的进线抗干扰电路，滤除高频干扰信号后的交流电压通过 VB801、C807、C808 整流滤波后，得到一个 300V 左右的脉动直流电压。进线抗干扰、整流滤波部分如图 9-11 所示。

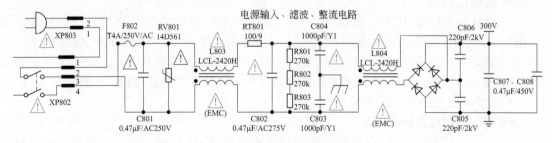

图 9-11　进线抗干扰、整流滤波部分

二、待机 5VS 电路

1. 待机 5VS 的形成原理

本机 5V 待机电压由 N831（引脚功能见表 9-1）和外围元器件组成，电路原理图如图 9-12

所示，PFC 端电压通过开关变压器 T901 的初级绕组 1～3 端加到 N831 的第⑦脚和第⑧脚（MOS 管的 D 极.启动电流输入端）N831 开始工作。T901 各个绕组产生感应电压，4 端和 5 端绕组感应电压经过 R837 限流、VD832 整流、C835 滤波后，为 N831 第⑤脚提供 20V 直流工作电压，20V 电压另外经过待机控制信号 PS-ON 控制三极管 V832、光耦合器 V916 后，为 PFC 电路 N810 的第⑧脚供电。

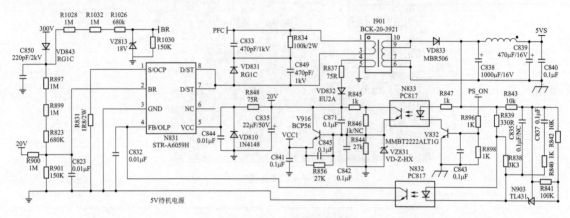

图 9-12　5V 电路原理图

表 9-1　N831 引脚功能

脚位	引脚功能	实测电压/V
1	内部 MOS 漏级端	0
2	欠压检测输入	6.3
3	地	0
4	取样反馈输入端	1.1
5	供电	18
6	空	/
7	内部 MOS 漏极端	380
8	内部 MOS 漏极端	380

2.5V 的稳压电路

T901 次级绕组经过 VD833 整流，C838、L831、C839 组成的 T 型滤波器滤波后，形成 5VS 电压。5V 稳压电路由取样电阻 R843、R842、R841 及 N903，光耦合器 N832 组成。当 5V 电压升高时，分压后的电压加到 N903 的 R 端，经内部放大后使 K 端电压降低，光耦合器 N832 导通增强，N831 的第④脚反馈控制端电压降低，经内部电路处理后，控制内部 MOS 管激励脉冲变窄，使 5VS 降到正常值。

3.5V 的欠压和过流保护电路

N831 的第①脚是内电路 MOS 管源极通过外接电阻 R831 接地，也是内电路的过流检测端，电流大时起到保护作用。N831 的第②脚是欠电压检测输入端，电阻 R897、R899、R823、R901 组成市电电压检测电路，电阻 R900 和 R901 组成 20V 电压掉电检测，当负载加重或者其他原因引起 20V 电压下降时，电阻 R900 和 R901 的分压也随之下降，当降到电路设计的阈值时，电路保护，停止工作。

三、待机控制、功率因数校正 PFC 电路

图 9-13 为功率因数校正 PFC 部分电路，表 9-2 为（NCP33262）引脚功能。

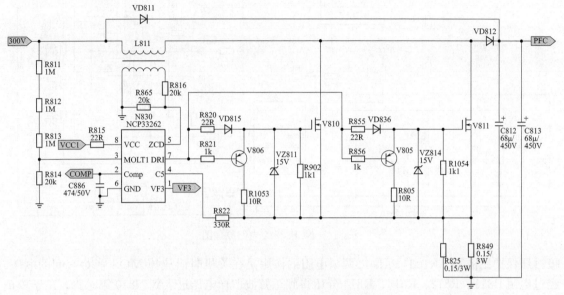

图 9-13　功率因数校正 PFC 部分电路

表 9-2　NCP33262 引脚功能

脚位	引脚功能	实测电压/V
1	反馈检测输入端	2.5
2	软启动	2.1
3	波形采样	1.4
4	电流检测	0
5	过零检测	3.6
6	地	0
7	脉宽波形输出	4.4
8	供电	17

1. PFC 的形成

本机的 PFC 电路由储能电感 L811、PFC 整流管 VD812、N810（NCP33262）及其外围元件组成。当主机发出开机信号后 V_{CC} 经过 R815 限流 VZ812 稳压，C814、C816 滤除杂波加到 N801 的第⑧脚后，经内部电路给软启动脚第②脚外接电容充电，电平升高后 PFC 电路进入工作状态，将整流后的 300V 电压变换为整机所需 380V 的 PFC 电压。

2. PFC 详细工作过程

NCP33262 电路原理图如图 9-14 所示。各分级电路如图 9-15～图 9-17 所示。

N810 的第⑦脚输出斩波激励脉冲经过灌流电路加到斩波管 V811、V810 的 G 极，在激励信号的正半周激励脉冲分别经过 R895、VD816、R820、VD815 加到两只 MOS 管的 G 极，使 V811、V810 导通。在激励信号的负半周，脉冲经过 R836 和 R821 加到 V805、V806 的 B 极，V805、V806 导通，MOS 管的 G 极电压快速释放，斩波管截止。VZ814 和 VZ811 是斩波管 G

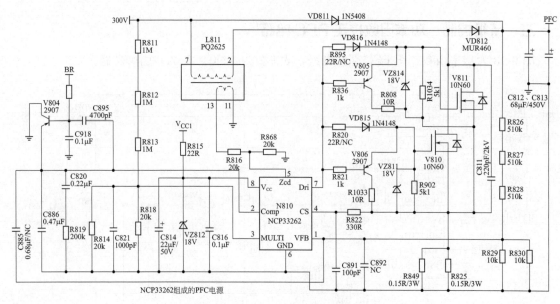

图 9-14 NCP33262 电路原理图

极过压保护二极管。R1034、R902 两只电阻的作用是在关机时泄放掉 MOS 管 G-S 间的电压。经过电阻 R811、R812、R813、R814 分压得到正弦波取样电压进入到 N810 第③脚，用于校正第⑦脚输出脉冲波形。由于此电源工作在 DCM 状态，储能电感 L811 次级绕组 11～13 端感应的电压经 R816 和 R868 分压后为 N810 第⑤脚提供过零检测信号，控制 PFC 电路内部斩波信号的开启和关断。

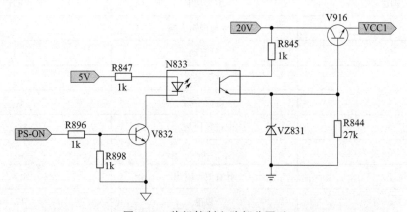

图 9-15 待机控制电路部分图示

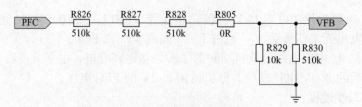

图 9-16 PFC 取样反馈电路部分图示

3. PFC 电压的稳压

电阻 R826、R827、R828、R805、R829、R830 组成 PFC 电压取样反馈电路，分压后的取样电压送到 N810 的第①脚，经内部误差放大电路比较后，调整第⑦脚激励脉冲的输出占空

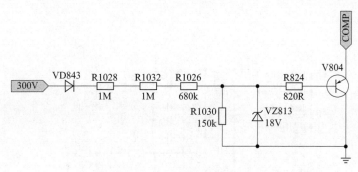

图 9-17 市电输入检测部分图示

比，控制斩波管的导通时间，以达到稳定 PFC 电压的目的。

4. PFC 的过流保护

电阻 R849、RR825 为 PFC 电路过流检测电阻，如果出现电源负载异常过重时，MOS 管过大的电流流经 R825、R849、R825、R849 上的压降就会升高，升高的电压经过 R823 加到 N810 的第④脚，N810 停止工作，起到保护作用。

5. PFC 市电欠压保护

N810 的第②脚是软启动端，该脚外接三极管 V804 接市电欠压保护电路，当市电电压过低时，由 R1028、R1032、R1026、R1030 组成的市电电压分压取样电压为低电平，V804 导通，④脚电平为低电平芯片停止工作。

四、 100V 直流形成电路

220V 交流经过整流滤波，进行功率因数校正后得到 400V 左右的直流电压送入由 N802（NCP1396）组成的 DC-DC 变换电路，如图 9-18 所示，分解电路如图 9-19～图 9-21 所示。

PFC 电压经过 R874、R875、R876、R877 分压后送入 N802 第⑤脚进行欠压检测，经运算放大输出电流，开机同时第⑫脚得到 $V_{CC}1$ 供电，软启动电路工作，内部控制器对频率、驱动定时等设置进行检测，正常后输出振荡频率。第④脚外接定时电阻 R880；第②脚外接频率钳位电阻 R878，电阻大小可以改变频率范围；第⑦脚为死区时间控制，可以在 150ns～1μs 之间改变；第①脚外接软启动电容 C855；第⑥脚为稳压反馈取样输入；第⑧脚和第⑨脚分别为故障检测脚。当 N802 的第⑫脚得到供电，第⑤脚的欠压检测信号也正常时，N802 开始正常工作，$V_{CC}1$ 加在 N802 第⑫脚的同时，$V_{CC}1$ 经过 VD839、R885 供给倍压脚第⑯脚，C864 为倍压电容，经过倍压后的电压为 195V 左右。

从第⑪输出的低端驱动脉冲通过电阻 R860 送入 V840 的 G 级，VD837、R859 为灌电流电路。第⑮脚输出的高端驱动脉冲，通过拉电流电阻 R857 送入 V839 的 G 级，VD836、R856 为灌电流电路。当 V839 导通时，400V 的 VB 电压流过 V839 的 D-S 级及 T902 绕组、C865 形成回路，在 T902 绕组形成下正上负的电动势，次级绕组得到的感应电压，经过 VD853、C848 整流滤波后得到 100V 直流电压，为 LED 驱动电路提供工作电压。次级另一路绕组经过 R835、VD838、VD854、C854、C860 整流滤波后得到 12V 电压。次级另一绕组经过 VD852、C851、C852、C853 整流滤波后也得到 12V 电压，如图 9-20 所示。

同理，当 V840 导通、V839 截止时，在 T902 初级绕组形成上正下负的感应电动势耦合给次级，由 R863、R864、R865、R832、R869、N842 组成的取样反馈电路通过光耦合器 N840 控制 N802 第⑥脚，使其次级输出的各路电压得到稳定，由 C866、R867 组成取样补偿电路。

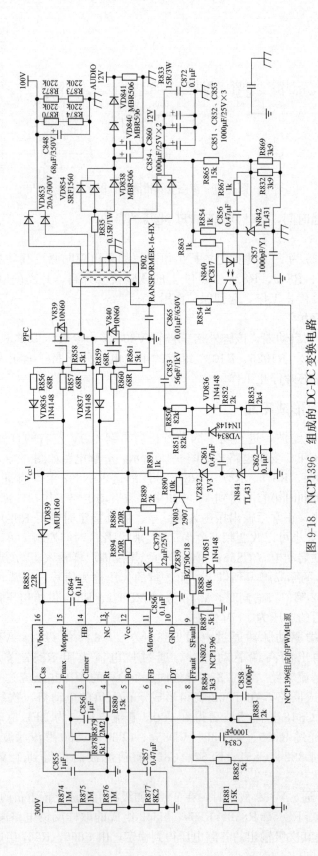

图 9-18　NCP1396 组成的 DC-DC 变换电路

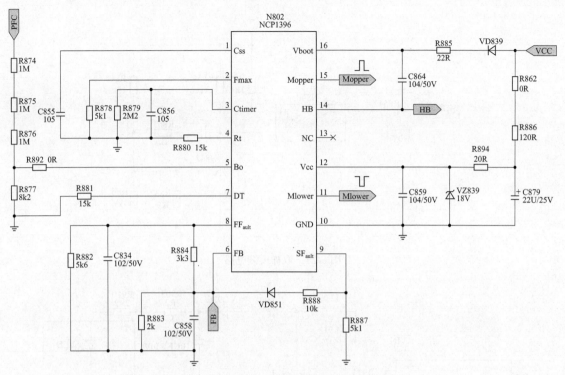

图 9-19　NCP1396 部分图示

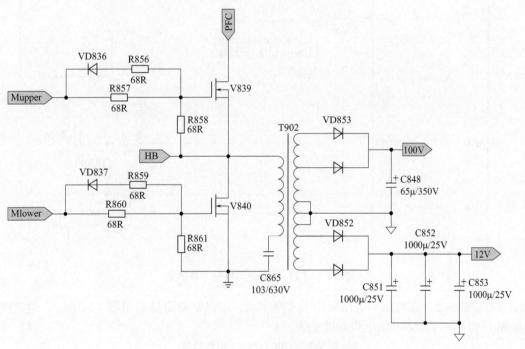

图 9-20　100V、12V 直流形成部分图示

五、LED 背光驱动电路

LED 背光驱动部分采用 OZMicro 公司的 OZ9902 方案。OZ9902 为双路驱动芯片，本电路

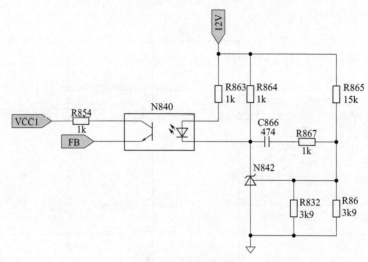

图 9-21　取样反馈电路

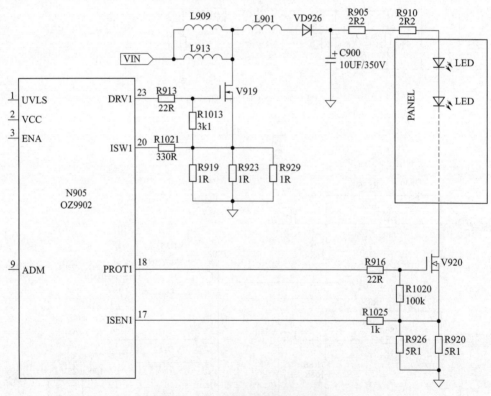

图 9-22　LED 背光驱动电路方框图示

采用 2 片 OZ9902，也就是本电路采用了 4 路驱动。单路驱动简易图如图 9-22 所示，电路原理图如图 9-23 所示，OZ9902 引脚功能见表 9-3。

表 9-3　N906 OZ9902 引脚功能

脚位	引脚功能	实测电压/V
1	LED 输入电压欠压保护检测	5.1
2	OZ9902 的工作电压输入	12
3	芯片的 ON/OFF 端	5.2

脚位	引脚功能	实测电压/V
4	基准点压输出	5
5	芯片工作频率设定和主辅模式设定	1
6	同步信号输入/输出,不用可以悬空	0
7	第一通道的 PWM 调光信号输入	3.5
8	第二通道的 PWM 调光信号输入	3.5
9	模拟调光信号输入,不用可以设定为 3V 以上	2.6
10	保护延时设定端	0
11	第一通道软启动和补偿设定	1.8
12	第二通道软启动和补偿设定	1.8
13	第二通道 LED 电流取样	0.3
14	第二通道 PWM 调光驱动 MOS 端	12
15	第二通道过压保护检测	2.1
16	第二通道 OCP 检测	0
17	第一通道 LED 电流取样	0.3
18	第一通道 PWM 调光驱动 MOS	12
19	第一通道过压保护检测	2.1
20	第一通道 OCP 检测	0
21	地电位	0
22	第二通道升压 MOS 驱动	3.4
23	第一通道升压 MOS 驱动	3.5
24	异常情况下信号输出	0

1. 驱动电路升压过程

驱动芯片 OZ9902 第②脚得到 12V 工作电压,第③脚得到高电平开启电平,第⑨脚得到调光高电平,第①脚欠压检测到 4V 以上的高电平时,OZ9902 开始启动工作,从 OZ9902 的第㉓脚输出驱动脉冲,驱动 V919 工作在开关状态。

① 电路开始工作时,负载 LED 上的电压约等于输入 VIN 电压。

② 正半周时,V919 导通,储能电感 L909、L913 上的电流逐渐增大,开始储能,在电感的两端形成左正右负的感应电动势。

③ 负半周时,V919 截止,电感两端的感应电动势变为左负右正,由于电感上的电流不能突变,与 VIN 叠加后通过续流二极管 VD926 给输出电容 C900 进行充电,二极管负极的电压上升到大于 VIN 电压。

④ 正半周再次来临,V919 再次导通,储能电感 L909、L913 重新储能,由于二极管不能反向导通,这时负载上的电压仍然高于 VIN 上的电压,正常工作以后,电路重复③、④步骤完成升压过程。

R919、R923、R929 组成电流检测网络,检测到的信号送入芯片的⑳脚 ISW11,在芯片内部进行比较,来控制 V919 的导通时间。

R909、R911、R914 和 R924 是升压电路的过压检测电阻,连接至 N905 的第⑲脚的内部基准电压比较器。当升压的驱动电压升高时,其内部电路也会切断 PWM 信号的输出,使升压电路停止工作。

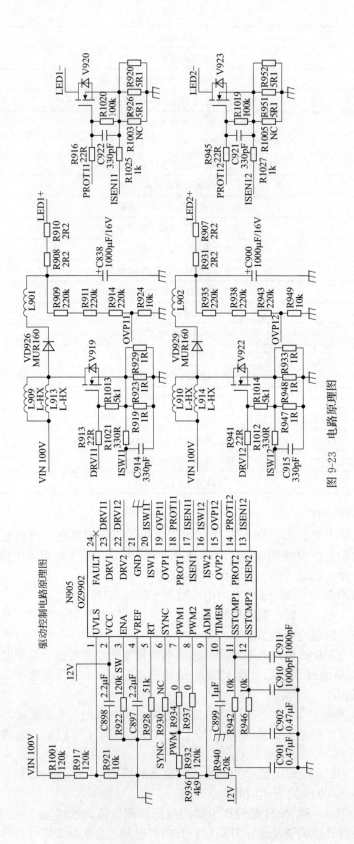

图 9-23 电路原理图

　　在 N905 内部还有一个延时保护电路，即由 N905 第⑩脚的内部电路和外接的电容 C899 组成。当各路保护电路送来起控信号时，保护电路不会立即动作，而是先给 C899 充电。当充电电压达到保护电路的设定阈值时，才输出保护信号，从而避免出现误保护现象，也就是说只有出现持续的保护信号时，保护电路才会动作。

2. PWM 调光控制电路

　　调光控制电路由 V920 等电路组成，V920 受控于⑦脚的 PWM 调光控制，当第⑦脚为低电平时，第⑱脚的 PROT1 也为低电平，V920 不工作。当第⑦脚为高电平时，第⑱脚的 PROT11 信号不一定为高电平，因为假如输出端有过压或短路情形发生，内部电路会将 PROT1 信号拉为低电平，使 LED 与升压电路断开。

　　R920、R926、R1025 组成电流检测网络，检测到的信号送入芯片的第⑰脚 ISEN1，第⑰脚为内部运算放大器＋输入端，检测到的 ISEN1 信号在芯片内部进行比较，来控制 V920 的工作状态。

　　第⑪脚外接补偿网络，也是传导运算放大器的输出端，此端也受 PWM 信号控制，当 PWM 调光信号为高时，放大器的输出端连接补偿网络。当 PWM 调光信号为低时，放大器的输出端与补偿网络被切断，因此补偿网络内的电容电压一直被维持，一直到 PWM 调光信号再次为高电平时，补偿网络才又连接放大器的输出端。这样可确保电路工作正常，以及获得非常良好的 PWM 调光反应。

　　其他三路电路工作过程同上，这里不在阐述。

六、故障检修实例

故障现象 1： 不定时三无。

　　分析检修：因该机不定时出现三无现象，大部分时间可以正常工作，无规律可循，有时几天出现一次。当故障出现时，测得无 5VS 电压，确定故障在 5V 产生电路。检测 5V 电路，N831（STR-A6059H）检测数据如下：①脚：0V；②脚：6.2V；③脚：0V；④脚：开机瞬间有摆动随后 0V；⑤脚：8～10V 摆动；⑦、⑧脚：300V。

　　从检测结果可知，N831 启动后因④脚电压降低进入保护状态锁定电路无输出。能引起④脚电压降低进入保护状态的原因只有 5VS 稳压控制电路和④脚外围元件。对稳压控制电路相关元件在路检测正常，因为其大部分时间能正常工作，故从故障形成机理和统计的角度看，这类故障多与元件性能参数不良或自身特性变差有关，怀疑④脚外接电容 C832 不稳定漏电所致，试更换 C832，长时间试机未见异常，故障排除。故障点实物图如图 9-24 所示。

故障现象 2： 开机一分钟后屏幕二分之一处发黑。

　　分析检修：由于故障现象是半面亮光发黑，因此判断是一组背光驱动电路异常所致。开机检查，测得 LED4＋、LED4－输出端子电压为 195V，而 LED3＋、LED3－输出端子只有 108V。从电路图中可以看出，V925 和 V926 这组输出未能正常升压形成 LED 所需的电压要求。什么原因会造成此故障呢？

　　① 没有正常的驱动信号送至 V925，使 V925 处于截止状态而形成不了升压。

　　② 开机瞬间已有驱动信号驱动了 V925，并形成升压过程，但由于 LED 负载异样使反馈信号异常，迫使驱动块保护，而停止输出驱动信号，从而使 V925 截止输出，升压停止。

　　为了验证这个问题，再次监测 LED3＋、LED3－电压时，发现其开机电压瞬间会达到 300V。从欧姆定律不难看出，当负载减轻时，电流则会减小，电源此时处于空载状态，电压自然会上升。由此判断此故障是由于 LED 灯组断路而使输出电压过高引起的保护。更换屏后故障排除。实物检测点如图 9-25 所示。

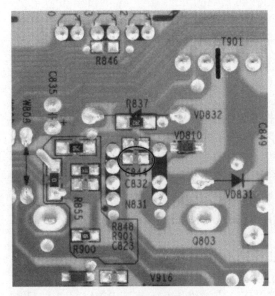

图 9-24　故障实测点

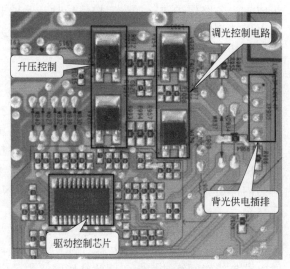

图 9-25　调光电路故障实测点

第三节　工控及计算机 ATX 开关电源原理与维修

计算机开关电源典型电路主要有 TL494 与 LM339 组合、KA7500B 与 LM339 组合、TL494 与 MJC30205 组合，电路大同小异，集成电路可互换使用。

一、KA7500B 与 LM339 组合的计算机 ATX 开关电源电路原理与检修

本节以市面上最常见的 LWT2005 型开关电源供应器为例，详细讲解 ATX 开关电源的工作原理和检修方法。

计算机电源的主要功能是向计算机系统提供所需的直流电源。一般计算机电源所采用的都是双管半桥式无工频变压器的脉宽调制变换型稳压电源。它将市电整流成直流后，通过变换型振荡器变成频率较高的矩形或近似正弦波电压，再经过高频整流滤波变成低压直流电压的目的。电源功率一般为 250～300W，通过高频滤波电路共输出六组直流电压：+5V（25A）、-5V（0.5A）、+12V（10A）、-12V（1A）、+3.3V（14A）、+5VSB（0.8A）。为防止负载过流或过压损坏电源，在交流市电输入端设有保险丝，在直流输出端设有过载保护电路。电路原理图如图 9-26 所示。

1. 工作原理

ATX 开关电源电路按其组成功能分为：输入整流滤波电路、高压反峰吸收电路、辅助电源电路、脉宽调制控制电路、PS 信号和 PG 信号产生电路、主电源电路及多路直流稳压输出电路、自动稳压稳流与保护控制电路。

（1）输入整流滤波电路　只要有交流电 AC220V 输入，ATX 开关电源无论是否开启，其辅助电源就一直在工作，直接为开关电源控制电路提供工作电压。图 9-26 中，交流电 AC220V 经过保险管 FUSE、电源互感滤波器 L0，经 BD1～BD4 整流、C5 和 C6 滤波，输出 300V 左右直流脉动电压。C1 为尖峰吸收电容，防止交流电突变瞬间对电路造成不良影响。TH1 为负温度系数热敏电阻，起过流保护和防雷击的作用。L0、R1 和 C2 组成 Π 型滤波器，滤除市电电网中的高频干扰。C3 和 C4 为高频辐射吸收电容，防止交流电窜入后级直流电路造

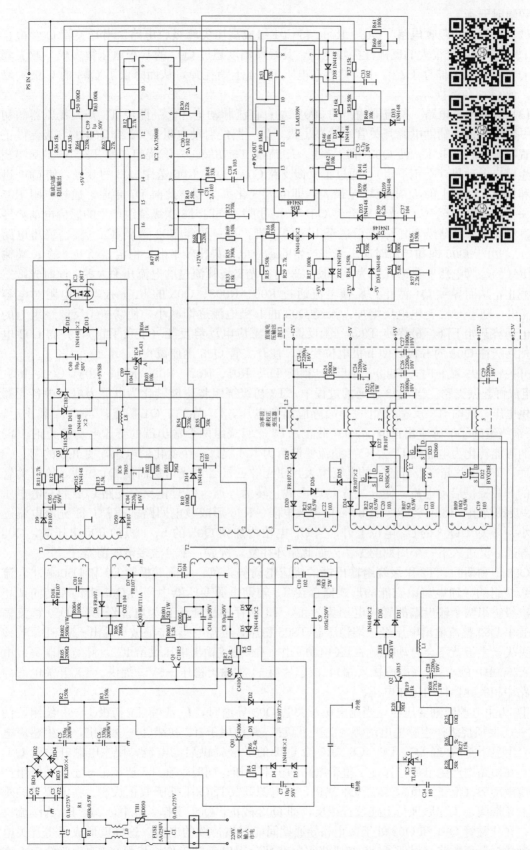

图9-26 KA7500B与LM339组合的计算机ATX开关电源电路（LWT2005型）

成高频辐射干扰。

（2）高压尖峰吸收电路　D18、R004 和 C01 组成高压尖峰吸收电路。当开关管 Q03 截止后，T3 将产生一个很大的反极性尖峰电压，其峰值幅度超过 Q03 的 C 极电压很多倍，此尖峰电压的功率经 D18 储存于 C01 中，然后在电阻 R004 上消耗掉，从而降低了 Q03 的 C 极尖峰电压，使 Q03 免遭损坏。

（3）辅助电源电路　整流器输出的 300V 左右直流脉动电压，一路经 T3 开关变压器的初级①—②绕组送往辅助电源开关管 Q03 的 c 极，另一路经启动电阻 R002 给 Q03 的 b 极提供正向偏置电压和启动电流，使 Q03 开始导通。I_c 流经 T3 初级①—②绕组，使 T3③—④反馈绕组产生感应电动势（上正下负），通过正反馈支路 C02、D8、R06 送往 Q03 的 b 极，使 Q03 迅速饱和导通，Q03 上的 I_c 电流增至最大，即电流变化率为零，此时 D7 导通，通过电阻 R05 送出一个比较电压至 IC3（光电耦合器 Q817）的③脚，同时 T3 次级绕组产生的感应电动势经 D50 整流滤波后一路经 R01 限流后送至 IC3 的①脚，另一路经 R02 送至 IC4（精密稳压电路 TL431），由于 Q03 饱和导通时次级绕组产生的感应电动势比较平滑、稳定，经 IC4 的 K 端输出至 IC3 的②脚电压变化率几乎为零，使 IC3 内发光二极管流过的电流几乎为零，此时光敏三极管截止，从而导致 Q1 截止。反馈电流通过 R06、R003、Q03 的 b、e 极等效电阻对电容 C02 充电，随着 C02 充电电压增加，流经 Q03 的 b 极电流逐渐减小，使③—④反馈绕组上的感应电动势开始下降，最终使 T3③—④反馈绕组感应电动势反相（上负下正），并与 C02 电压叠加后送往 Q03 的 b 极，使 b 极电位变负，使开关管 Q03 迅速截止。

开关管 Q03 截止时，T3③—④反馈绕组、D7、R01、R02、R03、R04、R05、C09、IC3、IC4 组成再起振支路。当 Q03 导通的过程中，T3 初级绕组将磁能转化为电能为电路中各元器件提供电压，同时 T3 反馈绕组的④端感应出负电压，D7 导通、Q1 截止；当 Q03 截止后，T3 反馈绕组的④端感应出正电压，D7 截止，T3 次级绕组两个输出端的感应电动势为正，T3 储存的磁能转化为电能经 D50、C04 整流滤波后为 IC4 提供一个变化的电压，使 IC3 的①、②脚导通，IC3 内发光二极管流过的电流增大，使光敏三极管发光，从而使 Q1 导通，给开关管 Q03 的 b 极提供启动电流，使开关管 Q03 由截止转为导通。同时正反馈支路 C02 的充电电压经 T3 反馈绕组、R003、Q03 的 b、e 极等效电阻、R06 形成放电回路。随着 C41 充电电流逐渐减小，开关管 Q03 的 U_b 电位上升，当 U_b 电位增加到 Q03 的 b、e 极的开启电压时，Q03 再次导通，又进入下一个周期的振荡。如此循环往复，构成一个自激多谐振荡器。

Q03 饱和期间，T3 次级绕组输出端的感应电动势为负，整流二极管 D9 和 D50 截止，流经初级绕组的导通电流以磁能的形式储存在 T3 辅助电源变压器中。当 Q03 由饱和转向截止时，次级绕组两个输出端的感应电动势为正，T3 储存的磁能转化为电能经 D9、D50 整流输出。其中 D50 整流输出电压经三端稳压器 T805 稳压，再经电感 L7 滤波后输出 +5VSB。若该电压丢失，主板就不会自动唤醒 ATX 电源工作。D9 整流输出电压供给 IC2（脉宽调制集成电路 KA7500B）的 12 脚（电源输入端），该芯片第 14 脚输出稳压 +5V，提供 ATX 开关电源控制电路中相关元器件的工作电压。

T2 为主电源激励变压器，当副电源开关管 Q03 导通时，I_c 流经 T3 初级①～②绕组，使 T3③—④反馈绕组产生感应电动势（上正下负），并作用于 T2 初级②—③绕组，产生感应电动势（上负下正），经 D5、D6、C8、R5 给 Q02 的 b 极提供启动电流，使主电源开关管 Q02 导通，在回路中产生电流，保证了整个电路的正常工作；同时，在 T2 初级①—④反馈绕组产生感应电动势（上正下负），D3、D4 截止，主电源开关管 Q01 处于截止状态。在电源开关管 Q03 截止期间，工作原理与上述过程相反，即 Q02 截止，Q01 工作。其中，D1、D2 为续流二极管，在开关管 Q01 和 Q02 处于截止和导通期间能提供持续的电流。这样就形成了主开关电源他激式多谐振电路，保证了 T2 初级绕组电路部分得以正常工作，从而在 T2 次级绕组上产生感应电动势送至推动三极管 Q3、Q4 的 c 极，保证整个激励电路能持续稳定地工作，同时，又通过 T2 初级绕组反作用于 T1 主开关电源变压器，使主电源电路开始工作，为负载提供 +3.3V、±5V、±12V 工作电压。

(4) PS 信号和 PG 信号产生电路以及脉宽调制控制电路　微机通电后，由主板送来的 PS 信号控制 IC2 的④脚（脉宽调制控制端）电压，待机时，主板启动控制电路的电子开关断开，PS 信号输出高电平 3.6V，经 R37 到达 IC1（电压比较放大器 LM339N）的⑥脚（启动端），由内部经 IC1 的③脚，对 C35 进行充电，同时 IC1 的②脚经 R41 送出一个比较电压给 IC2 的④脚，IC2 的④脚电压由零电位开始逐渐上升，当上升的电压超过 3V 时，封锁 IC2⑧、⑪脚的调制脉宽电压输出，使 T2 推动变压器、T1 主电源开关变压器停振，从而停止提供 +3.3V、±5V、±12V 等各路输出电压，电源处于待机状态。受控启动后，PS 信号由主板启动控制电路的电子开关接地，IC1 的⑥脚为低电平（0V），IC2 的④脚变为低电平（0V），此时允许⑧、⑪脚输出脉宽调制信号。IC2 的⑬脚（输出方式控制端）接稳压 +5V（由 IC2 内部稳压输出 +5V 电压），脉宽调制器为并联推挽式输出，⑧、⑪脚输出相位差 180° 的脉宽调制信号，输出频率为 IC2 的⑤、⑥脚外接定时阻容元件 R30、C30 的振荡频率的一半，控制推动三极管 Q3、Q4 的 c 极连接的 T2 次级绕组的激励振荡。T2 初级他激振荡产生的感应电动势作用于 T1 主电源开关变压器的初级绕组，从 T1 次级绕组的感应电动势整流输出 +3.3V、±5V、±12V 等各路输出电压。

D12、D13 以及 C40 用于抬高推动管 Q3、Q4 的 e 极电平，使 Q3、Q4 的 b 极有低电平脉冲时能可靠截止。C35 用于通电瞬间封锁 IC2 的⑧、⑪脚输出脉宽调制信号脉冲，ATX 电源通电瞬间，由于 C35 两端电压不能突变，IC2 的④脚输出高电平，⑧、⑪脚无驱动脉冲信号输出。随着 C35 的充电，IC2 的启动由 PS 信号电平高低来加以控制，PS 信号电平为高电平时 IC2 关闭，为低电平时 IC2 启动并开始工作。

PG 信号产生电路由 IC1（电压比较放大器 LM339N）、R48、C38 及其周围元件构成。待机时 IC2 的③脚（反馈控制端）为零电平，经 R48 使 IC1 的⑨脚正端输入低电位，小于⑪脚负端输入的固定分压比，⑬脚（PG 信号输出端）输出低电位，PG 向主机输出零电平的电源自检信号，主机停止工作处于待机状态。受控启动后 IC2 的③脚电位上升，IC1 的⑨脚控制电平也逐渐上升，一旦 IC1 的⑨脚电位大于⑪脚的固定分压比，经正反馈的迟滞比较放大器，⑬脚输出的 PG 信号在开关电源输出电压稳定后再延迟几百毫秒由零电平起跳到 +5V，主机检测到 PG 电源完好的信号后启动系统，在主机运行过程中若遇市电停电或用户执行关机操作时，ATX 开关电源 +5V 输出电压必然下跌，这种幅值变小的反馈信号被送到 IC2 的①脚（电压取样放大器同相输入端），使 IC2 的③脚电位下降，经 R48 使 IC1 的⑨脚电位迅速下降，当⑨脚电位小于⑪脚的固定分压电平时，IC1 的⑬脚将立即从 +5V 下跳到零电平，关机时 PG 输出信号比 ATX 开关电源 +5V 输出电压提前几百毫秒消失，通知主机触发系统在电源断电前自动关闭，防止突然掉电时硬盘的磁头来不及归位而划伤硬盘。

(5) 主电源电路及多路直流稳压输出电路　微机受控启动后，PS 信号由主板启动控制电路的电子开关接地，允许 IC2 的⑧、⑪脚输出脉宽调制信号，去控制与推动三极管 Q3、Q4 的 c 极相连接的 T2 推动变压器次级绕组产生的激励振荡脉冲。T2 的初级绕组由他激振荡产生的感应电动势作用于 T1 主电源开关变压器的初级绕组，从 T1 次级①②绕组产生的感应电动势经 D20、D28 整流、L2（功率因数校正变压器，以它为主来构成功率因数校正电路，简称 PFC 电路，起自动调节负载功率大小的作用。当负载要求功率很大时，则 PFC 电路就经过 L2 来校正功率大小，为负载输送较大的功率；当负载处于节能状态时，要求的功率很小，PFC 电路通过 L2 校正后为负载送出较小的功率，从而达到节能的作用）、第④绕组以及 C23 滤波后输出 −12V 电压；从 T1 次级③④⑤绕组产生的感应电动势经 D24、D27 整流、L2 第①绕组及 C24 滤波后输出—5V 电压；从 T1 次级③、④、⑤绕组产生的感应电动势经 D21（场效应管）、L2 第②、③绕组以及 C25、C26、C27 滤波后输出＋5V 电压；从 T1 次级③、⑤绕组产生的感应电动势经 L6、L7、D23（场效应管）、L1 以及 C28 滤波后输出＋3.3V 电压；从 T1 次级⑥、⑦绕组产生的感应电动势经 D22（场效应管）、L2 第⑤绕组以及 C29 滤波后输出＋12V 电压。其中，每两个绕组之间的 R（5Ω12W）、C（103）组成尖峰消除网络，以降低绕组之间的反峰电压，保证电路能够持续稳定地工作。

(6) 自动稳压稳流控制电路

① ＋3.3V 自动稳压电路 IC5（精密稳压电路 TL431）、Q2、R25、R26、R27、R28、R18、R19、R20、D30、D31、D23（场效应管）、R08、C28、C34 等组成＋3.3V 自动稳压电路。

当输出电压（＋3.3V）升高时，由 R25、R26、R27 取得升高的采样电压送到 IC5 的 G 端，使 UG 电位上升，UK 电位下降，从而使 Q2 导通，升高的＋3.3V 电压通过 Q2 的 e、c 极，R18、D30、D31 送至 D23 的 S 极和 G 极，使 D23 提前导通，控制 D23 的 D 极输出电压下降，经 L1 使输出电压稳定在标准值（＋3.3V）左右，反之，稳压控制过程相反。

② ＋5V、＋12V 自动稳压电路 IC2 的①、②脚电压取样放大器正、负输入端，取样电阻 R15、R16、R33、R35、R69、R47、R32 构成＋5V、＋12V 自动稳压电路。

当输出电压升高时（＋5V 或＋12V），由 R33、R35、R69 并联后的总电阻取得采样电压送到 IC2 的①脚和②脚基准电压相比较，输出误差电压与芯片内锯齿波产生电路的振荡脉冲在 PWM 比较放大器中进行比较放大，使⑧、⑪脚输出脉冲宽度降低，输出电压回落至标准值的范围内，反之稳压控制过程相反，从而使开关电源输出电压保持稳定。

③ ＋3.3V、＋5V、＋12V 自动稳压电路 IC4（精密稳压电路 TL431）、Q1、R01、R02、R03、R04、R05、R005、D7、C09、C41 等组成＋3.3V、＋5V、＋12V 自动稳压电路。

当输出电压升高时，T3 次级绕组产生的感应电动势经 D50、C04 整流滤波后一路经 R01 限流送至 IC3 的①脚，另一路经 R02、R03 获得增大的取样电压送至 IC4 的 G 端，使 U_G 电位上升，U_K 电位下降，从而使 IC4 内发光二极管流过的电流增加，使光敏三极管导通，从而使 Q1 导通，同时经负反馈支路 R005、C41 使开关三极管 Q03 的 e 极电位上升，使得 Q03 的 b 极分流增加，导致 Q03 的脉冲宽度变窄，导通时间缩短，最终使输出电压下降，稳定在规定范围之内。反之，当输出电压下降时，则稳压控制过程相反。

IC2 的⑮、⑯脚电流取样放大器正、负输入端，取样电阻 R51、R56、R57 构成负载自动稳流电路。负端输入⑮脚接稳压＋5V，正端输入⑯脚，该脚外接的 R51、R56、R57 与地之间形成回路，当负载电流偏高时，由 R51、R56、R57 支路取得采样电流送到 IC2 的⑮脚和⑯脚基准电流相比较，输出误差电流与芯片内锯齿波产生电路的振荡脉冲在 PWM 比较放大器中进行比较放大，使⑧、⑪脚输出脉冲宽度降低，输出电流回落至标准值的范围之内，反之稳流控制过程相反，从而使开关电源输出电流保持稳定。

2. 检修的基本方法与技巧

(1) 检修方法

① 在断电情况下，"望、闻、问、切" 由于检修电源要接触到 220V 高压电，人体一旦接触 36V 以上的电压就有生命危险。因此，在有可能的条件下，尽量先检查一下在断电状态下有无明显的短路、元器件损坏故障。首先，打开电源的外壳，检查保险丝是否熔断，再观察电源的内部情况，如果发现电源的 PCB 板上元件破裂，则应重点检查此元件，一般来讲这是出现故障的主要原因；闻一下电源内部是否有糊味，检查是否有烧焦的元器件；问一下电源损坏的经过，是否对电源进行违规的操作，这一点对于维修任何设备都是必须的。在初步检查以后，还要对电源进行更深入地检测。

用万用表测量 AC 电源线两端的正反向电阻及电容器充电情况，如果电阻值过低，说明电源内部存在短路，正常时其阻值应能达到 100kΩ 以上；电容器应能够充放电，如果损坏，则表现为 AC 电源线两端阻值低，呈短路状态，否则可能是开关三极管 VT1、VT2 击穿。

然后检查直流输出部分。脱开负载，分别测量各组输出端的对地电阻，正常时，表针应有电容器充放电摆动，最后指示的应为该路的泄放电阻的阻值。否则多数是整流二极管反向击穿所致。

② 加电检测　检修 ATX 开关电源，应从 PS-ON 和 PW-OK、+5V SB 信号入手。脱机带电检测 ATX 电源待机状态时，+5V SB、PS-ON 信号高电平，PW-OK 低电平，其他电压无输出。ATX 电源由待机状态转为启动受控状态的方法是：用一根导线把 ATX 插头 14 脚（绿色线）PS-ON 信号，与任一地端 3、5、7、13、15、16、17（黑色线）中的一脚短接，此时 PS-ON 信号为零电平，PW-OK、+5V SB 信号为高电平，开关电源风扇旋转，ATX 插头 +3.3V、+5V、+12V 有输出。

在通过上述检查后，就可通电测试。这时候才是关键所在，需要有一定的经验、电子基础及维修技巧。一般来讲，应重点检查一下电源的输入端、开关三极管、电源保护电路以及电源的输出电压电流等。如果电源启动一下就停止，则该电源处于保护状态下，可直接测量 TL494 的④脚电压，正常值应为 0.4V 以下，若测得电压值为 +4V 以上，则说明电源处于保护状态下，应重点检查产生保护的原因。由于接触到高电压，建议没有电子基础的朋友要小心操作。

(2) 常见故障

故障现象 1：保险丝熔断

一般情况下，保险丝熔断说明电源的内部线路有问题。由于电源工作在高电压、大电流的状态下，电网电压的波动、浪涌都会引起电源内电流瞬间增大而使保险丝熔断。重点应检查电源输入端的整流二极管、高压滤波电解电容、逆变功率开关管等，检查一下这些元器件有无击穿、开路、损坏等。如果确实是保险丝熔断，应该首先查看电路板上的各个元件，看这些元件的外表有没有被烧糊，有没有电解液溢出。如果没有发现上述情况，则用万用表进行测量，如果测量出来两个大功率开关管 e、c 极间的阻值小于 100kΩ，说明开关管损坏。其次测量输入端的电阻值，若小于 200kΩ，说明后端有局部短路现象。

故障现象 2：无直流电压输出或电压输出不稳定

如果保险丝是完好的，可是在有负载情况下，各级直流电压无输出。这种情况主要是以下原因造成的：电源中出现开路、短路现象，过压、过流保护电路出现故障，振荡电路没有工作，电源负载过重，高频整流滤波电路中整流二极管被击穿，滤波电容漏电等。这时，首先用万用表测量系统板 +5V 电源的对地电阻，若大于 0.8Ω，则说明电路板无短路现象；然后将电脑中不必要的硬件暂时拆除，如硬盘、光盘驱动器等，只留下主板、电源、蜂鸣器，然后再测量各输出端的直流电压，如果这时输出为零，则可以肯定是电源的控制电路出了故障。

故障现象 3：电源负载能力差

电源负载能力差是一个常见的故障，一般都是出现在老式或是工作时间长的电源中，主要原因是各元器件老化，开关三极管的工作不稳定，没有及时进行散热等。应重点检查稳压二极管是否发热漏电，整流二极管损坏、高压滤波电容损坏、晶体管工作点未选择好等。

故障现象 4：通电无电压输出，电源内发出吱吱声

这是电源过载或无负载的典型特征。先仔细检查各个元件，重点检查整流二极管、开关管等。经过仔细检查，发现一个整流二极管 1N4001 的表面已烧黑，而且电路板也给烧黑了。找同型号的二极管换下，用万用表一量果然是击穿的。接上电源，可风扇不转，吱吱声依然。用万用表量 +12V 输出只有 +0.2V，+5V 只有 0.1V。这说明元件被击穿时电源启动自保护。测量初级和次级开关管，发现初级开关管中有一个已损坏，用相同型号的开关管换上，故障排除，一切正常。

故障现象 5：没有吱吱声，上一个保险丝就烧一个保险丝

。

由于保险丝不断地熔断，搜索范围就缩小了。可能性只有 3 个：整流桥击穿；大电解电容击穿；初级开关管击穿。

电源的整流桥一般是分立的四个整流二极管，或是将四个二极管固化在一起。将整流桥拆下一量是正常的。大电解电容拆下测试后也正常（焊回时要注意正负极）。最后的可能就只剩开关管了。这个电源的初级只有一个大功率的开关管。拆下一量果然击穿，找同型号开关管换上，问题解决。

3. 故障检修实例

[实例 1] 一台 LWT2005 型开关电源供应器，开机出现"三无"：主机电源指示灯不亮，开关电源风扇不转，显示器点不亮。

故障分析与维修：参见图 9-26。先采用替换法（用一个好的 ATX 开关电源替换原主机箱内的 ATX 电源）确认 LWT2005 型开关电源已坏。然后拆开故障电源外壳，直观检查发现机板上辅助电源电路部分的 R001、R003、R05 呈开路性损坏，Q1（C1815）、开关管 Q03（BUT11A）呈短路性损坏。且 R003 烧焦、Q1 的 c、e 极炸断，保险管 FUSE（5A250V）发黑熔断。经更换上述损坏元器件后，用一根导线将 ATX 插头⑭脚与⑮脚（两脚相邻，便于连接）连接，并在+12V 端接一个电源风扇。检查无误后通电，发现两个电源风扇（开关电源自带一个+12V 散热风扇）转速过快，且发出很强的鸣音，迅速测得+12V 上升为+14V，且辅助电源电路部分发出一股逐渐加强的焦味，立即关电。分析认为，输出电压升高，一般是稳压电路有问题。细查为 IC4、IC3 构成的稳压电路部分的 IC3（光电耦合器 Q817）不良。由于 IC3 不良，当输出电压升高时，IC3 内部的光敏三极管不能及时导通，从而就没有反馈电流进入开关管 Q03 的 e 极，不能及时缩短 Q03 的导通时间，导致 Q03 导通时间过长，输出电压升高。如不及时关电（从发出的焦味来看，Q03 很可能因导通时间过长，功耗过重而损坏），又将大面积地烧坏元器件。

将 IC3 更换后，重新检查、测量刚才更换过的元器件，确认完好后通电。测各路输出电压一切正常，风扇转速正常（几乎听不到转动声），通电观察半小时无异常现象。再接入主机内的主板上，通电试机 2 小时一直正常。至此，检修过程结束。后又维修大量同型号或不同型号（其电路大多数相同或类似）的开关电源，其损坏的电路及元器件大多雷同。

[实例 2] 一台银河 YH-004A 型开关电源供应器，开机出现"三无"。

故障分析与维修：先采用替换法确认该开关电源已坏。然后拆开故障电源外壳，直观检查机板上辅助电源电路部分，发现 D30、ZD3、R78、Q15（开关管）烧坏。经更换上述元器件后并按 [实例 1] 方法进行通电试机，发现两个电源风扇时转时不转。怀疑电路中有虚焊，将整个电路重新加焊一遍后，通电故障如初。维修一时陷入困境。后经仔细分析电路图，在电源风扇时转时不转的瞬间，测得开关电源输出电压波动很大，莫非稳压电路出了故障？

经与 [实例 1] 中相关电路相比较，两种开关电源电路有较大差别，但所用的脉宽调制集成电路都是双排 8 脚，前例采用的是 IC2（KA7500B），本例是 IC1（TL494）（有些也采用BDL494），比较两种不同标号的集成电路，得出两者的引脚、功能完全相同，可以直接互换。以此推测出 IC1（TL494）的稳压原理如下：IC1（TL494）的①、②脚电压取样放大器正、负输入端，取样电阻 R31、R32、R33 构成+5V、+12V 自动稳压电路。当输出电压升高时（+5V 或+12V），由 R31 取得采样电压送到 IC1 的①脚和②脚基准电压相比较，输出误差电压与芯片内锯齿波产生电路的振荡脉冲在 PWM 比较放大器中进行比较放大，使⑧、⑪脚输出脉冲宽度降低，输出电压回落至标准值的范围内。当输出电压降低时，稳压控制过程相反，从而使开关电源输出电压保持稳定。

开路测量 R31、R32、R33 阻值正常，在路检测 IC1（TL494）的①、②脚电阻值与 IC2（KA7500B）①、②脚电阻值相比较差别很大。试用一只 KA7500B 集成电路代换 TL494 后，经查无误后通电试机，测得各路输出电压值一切正常，风扇转速正常。接入主机内，通电试机一切正常。检修过程结束。

[**实例 3**] 一台 ATX-300L 型开关电源供应器（简称 007 电源），开机出现"三无"。

故障分析与维修：先确认该电源已烧坏；然后拆开外壳，直观检查保险丝烧黑，用表测量主电源开关三极管 Q1、Q2（两者型号均为 C4106）击穿短路，整流电路部分印制线路板烧黑。将 Q1、Q2 用同型号换新（注：两者必须同型号，否则将导致带载能力下降，输出电压不稳定，从而引起主电源开关管再次击穿。如推断三极管 Q3、Q4 损坏，其更换方法类似），并将印制线路板烧黑部分用小刀剥开划断，再用导线按原线路接好（必须做好这一步，因电路板烧黑被炭化后易导电）。由于保险管焊在路板上（维修多台开关电源都是如此，其作用是保证接触良好），焊下坏管，用一新的 4A250V 保险管焊上。

经检查无误后通电开机，电源风扇旋转，各路输出电压正常。接入主机板开机时，CPU风扇旋转，但显示器黑屏，测＋5V、＋12V 电压在规定电压值内波动，不稳定。仔细观察，发现电源风扇转速过快，测 IC2 的⑫脚电压高达 23V（正常时一般为 19V）且抖动，测⑬、⑭、⑮脚有正常的＋5V 电压输出。怀疑 IC2 内部不良，用 TL494 更换后，再开机，显示器点亮，各路输出电压正常，故障排除。

4. 开关电源主要元件技术数据

ATX 开关电源电压比较放大器 LM339N 和脉宽调制集成电路 KA7500B 各引脚功能及实测数据，表中电压数据以伏特（V）为单位，用 MF47 型万用表 10V、50V、250V 直流电压挡，在 ATX 电源脱机检修好后，连接主机内各部件正常工作状态下测得；在路电阻数据以千欧（kΩ）为单位，用 R×1k 挡测得，正向电阻用红表笔测量，反向电阻用黑表笔测量，另一表笔接地（表 9-4～表 9-6）。

表 9-4 电压比较放大器 LM339N 引脚功能及实测数据

引脚号	引脚功能	工作电压/V	在路电阻值/kΩ	
			正向	反向
1	电压取样比较器正端	4	8.5	13.9
2	反馈信号反相输入端	0	8.5	13.8
3	电源输入端	5	4	4
4	反馈信号同相输入端	1.2	11	13
5	电流取样输入端	0.8	10.5	26.4
6	电子开关启动端	1	10.5	24.4
7	电流取样输出端	1.2	11	20
8	电压取样输出端	1.2	9.5	11
9	PG 信号同相控制端	1.2	11	∞
10	电压取样输入端	1.4	10	15.5
11	PG 信号反相控制端	1.6	11.5	12.0
12	地	0	0	0
13	PG 信号输出端	4	3.6	8
14	电压取样比较器负端	1.8	9.5	25

注：当用表笔测量 LM339N 的第⑪脚电压时，将引起电脑重新启动，属于正常现象。

表 9-5 脉宽调制集成电路 KA7500B 各引脚功能及实测数据

引脚号	引脚功能	工作电压/V	在路电阻值/kΩ	
			正向	反向
1	电压取样放大器同相输入端	4.8	4.5	7
2	电压取样放大器反相输入端	4.6	8	8.8
3	反馈控制端	2.2	9.2	∞
4	脉宽调制输出控制端(死区控制端)	0	9.5	19
5	振荡1	0.6	9	12.6
6	振荡2	0	9	21
7	地	0	0	0
8	脉宽调制输出1	2	7.5	21
9	地	0	0	0
10	地	0	0	0
11	脉宽调制输出2	2	7.5	21
12	电源输入端	19	6.2	17
13	输出方式控制端	5	4	4
14	电压取样比较放大器负端	5	4	4
15	电流取样放大器反相输入端	5	4	4
16	电流取样放大器同相输入端	2	7.5	8

表 9-6 开关电源电路主要三极管实测电压值

电路符号	元器件型号	电压值/V		
		B	C	E
Q2	A1015	2.6	−2.5	3.3
Q3	C1815	1.8	4.4	1.4
Q4	C1815	1.8	4.4	1.4
Q01	C4106	−1.5	280	140
Q02	C4106	0	140	0
Q03	BUT11A	−2.2	280	0
		G	S	D
D21	S30SC4M	0	0	5
D22	BYQ28E	5	5	12
D23	B2060	0	0	3.3
		K	A	G
IC4	TL431	3.8	0	2.4
IC5	TL431	2.6	0	2.4

二、 TL494 与 MJC30205 组合的工控设备及电脑 ATX 开关电源工作原理与检修技巧

本节以 PDL-250 型电脑 ATX 开关电源为例,介绍其工作原理和多种故障的维修思路以及维修技巧。电路如图 9-27 所示。

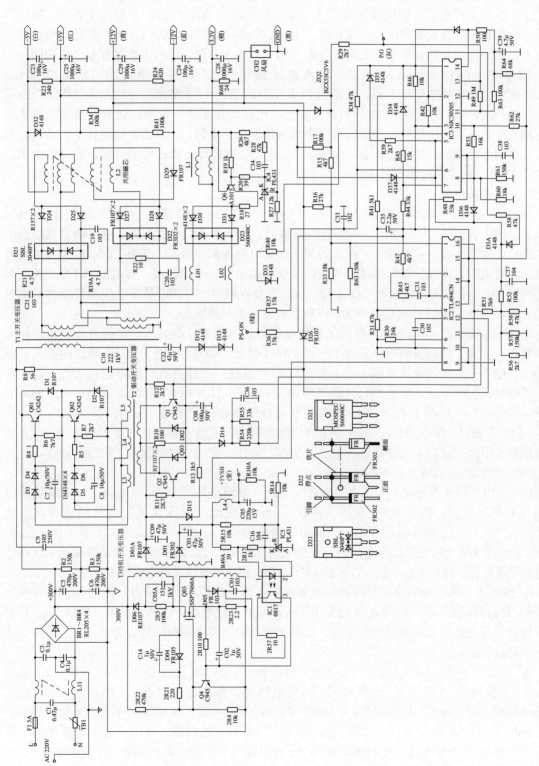

图 9-27　TL494 与 MJC30205 组合的电脑 ATX 开关电源

1. 原理分析

(1) 待机原理 待机电源又称辅助电源，自激振荡部分由 Q03、T3、C14、D04、2R21、2R22、2R4 等元件组成；稳压部分由 IC5（电压基准源）、IC1（光耦）、Q4（PWM）等元件组成；保护和尖峰吸收部分由 Q4、2R23、2R10、C02 及 2R5、C05A、D006 等元件组成。可见待机电源的构成与部分彩电开关电源（带光耦的）基本一致，详细工作过程也大致相同。

T3 次级，一路由 D01A 和 C09 整流滤波输出＋22V，为驱动电路 T2 初级和 IC2（TL494CN）12 脚提供工作电压，一路由 D01、C03、L4、C05 整流滤波输出＋5VSB（Stand By），由一根紫色导线经 ATX 插头送到主板上"电源监控部件"电路，为该电路提供待机电压，别看待机电源结构简单，在待机系统中却占摆着重要地位，一方面它给主控 PWM 电路和提任多种信号处理的四比较器供电，保障 ATX 开关电源自行运转；另一方面，它又给永不熄灭的"火种"，向主机提供待机电压。

(2) 主开关电源

① 主控 PWM 型集成电路 TL494CN：TL494CN 内部由振荡器、"死区"比较器、PWM 比较器，两个误差放大器 1 和 2、触发器、逻辑门、三极管 Q1、Q2、基准电压调节器以及由两个滞回比较器（旋密特触发器）组成的欠压时锁电路等部分组成，其中⑤脚、⑥脚外接定时电容和定时电阻；由触发器和逻辑门构成的逻辑电路由①、②脚控制，在电脑 ATX 开关电源中⑬脚接 5V 基准电压，使内部三极管 Q1、Q2 工作在挽输出方式；基准电压调节器将待机电源经⑫脚提供的 22V 工作电压转换为 5V 基准电压，由⑭脚输出。

② 脉动宽调制及驱动电路：得到主机启动指令后 IC2（TL494CN）立刻由待机状态转入工作状态。⑧脚、⑪脚输出相位差为 180°的 PWM 信号，使 T2 次级 L3、L4 绕组的耦合，驱动 Q01、Q02 也为转流导通或截止，共处于"双管推挽"工作方式。电路通过 D02、D03 钳位，吸收反向尖峰电压，保护 Q1、Q2 不被击穿；C08、D12、D13 用以抬高 Q1、Q2 的 e 极电平，保证 Q1、Q2 的 b 极当"有效低电平脉冲"出现时可靠截止；由 R10、D14、R54、R55、C36 及 R51、R56、R57、R58 等组成"电流取样"支路。将 Q1、Q2 工作电流从 T2 初级绕组抽头引出，经以上允许限流、整流、滤波、分压，完成"电流误差"信号的取样，送到 IC1⑥脚，即误差放大器 2 的同相输入端。

IC2 ①脚外围 4 个电阻组成"电压取样"支路，分别经 R15、R16 对＋5V、＋12V 输出电压进行取样、叠加，再与 R33、R69（并联）分压，完成"电压误差"信号的取样，送到 IC2①脚，即误差放大器 1 的同相端。以上两个误差信号，经 IC2 内部误差放大器 1 和 2 放大、叠加，再经 PWM 比较器进行脉宽调制，改变 Q1、Q2 和 Q01、Q02 导通/截止时间比，从而达到自动稳压目的。另外 IC2 ②、③脚之间 C31、R43 组成误差放大器 1 的校正电路。

③ 他激式双管推挽半功率变换器 他激式双管推挽半桥功率变换器，简称"半桥变换"。"半桥"是因对功率开关变压器的推动只用了 1 组双管推挽电路而得名。采用"半桥变换"，有利于转换效率的提高和电源功率的增大，有利于增加稳压宽度和提高负载能力，并且可缩小体积，减轻重量。

④ 当 Q01 导通、Q02 截止时，＋300V 电压和 C5 放电电流经 Q01 的 c、e 极—T2 绕组 L5—T1 初级绕组—C9—C6，构成对 C6 的充电回路，将电能存储在 C6 中；当 Q01 截止、Q02 导通时，存储在 C6 上的电能及＋300V 对 C5 的充电电流，由 C6 经—C9—T1 初级绕组—T2 绕组 L5—Q002 的 c、e 极—"热"地，构成对 C6 的放电回路。从以上这个振荡周期中可以看出：无论 Q01 导通或 Q02 导通，流经 T1 初级绕组工作电流大小相等、方向相反。

电路中其他元件的功能：

· D1、D2 功能同 D01、D02。

· C7、C8 加速电容，利用充/放电加速开关管导通或截止。

- D3、D4、R4、R6 和 D5、D6、R5、R7 为充/放电回路，并为开关管 b 极建立负偏压。
- C10、R8 吸收开关管电流换向时所产生的谐振尖峰脉冲。
- C9 隔直，隔断流经 T1 初级绕组电流中的直流成分，防止 T1 产生偏磁。

(3) ±5V、±12V、3.3V 整流滤波输出电路

① 由于流经 T1 初级绕组的工作电流是大小相等、方向相反，因上下级在次级绕组两端所感应的脉冲电压也是大小相等、方向相反，这样就可以方便地利用"共阴极"二极管或"共阳极"二极管进行全波整流，用"共阴极"整流得正极性直流电压，用"共阳极"整流得负极性直流电压。D21 和 D23 外形像大功率三极管，内部是共阴极肖特基二极管，D22 是用两个分离的快恢复二极管，将阴极焊在一个铁片上构成的"共阴极"。它们分别是＋5V、−12V、＋3.3V 的全波整流管。另用 D24、D25 和 D27、D28 在电路中按"共阳极"接法，分别担任−5V 和−12V 全波整流，也采用快恢复二极管。

② 各路输出采用 LC 滤波，在这里要注意 L2 的接法。L2 有 5 个线圈（其中 2、3 并联）担任±5V、±12V 滤波，为了利用这种正负关系，使 L2 发挥"共模"扼流的效应，线圈采用共用磁芯，并将两路负电压进行反接。

③ 因 IC2 内部 PWM 未对 3.3V 取样，该电压另设由 IC4、Q5、D30、D31 等组成的"反向电流反馈"自动稳压电路。IC4 及其外围元件对 3.3V 电压取样，经 Q5 放大并转换成电流误差输出。假设输出电压上升，将引起 IC4 的 K 吸电平下降，使 Q5 电流上升，经 D30、D31 分别向 L01、L02 注入小电流，则可使整流输出电压上升，从而达到自动稳压目的。

(4) 过压、欠压和过自动保护控制电路　本电路主要由 IC3 ⑤脚内部"保护"比较器和 IC2 ④脚内部"死区"比较器组成。正常情况下，IC3 同相输入端⑤脚电平低于反相输入端④脚，输出低电平，不影响电源工作。一旦⑤脚电平高于④脚，则跳变为高电平加到 IC2 ④脚，通过内部"死区"比较器，中止 ATX 开关电源工作。当时＋5V 过压时，经 X02 和 R17 取样会使⑤脚升高；当−5V、−12V 欠压时，经 D32、R41、R34 取样会使⑤脚电平升高；当负载电流加重（如输出端严重短路）时，也会使⑤脚电压升高。以上三路取样信号，只要有一路超限，就会引起自动保护控制电路发生跳变，使 ATX 开关电源进入"死区"保护。

(5) PS-ON 信号处理电路　本电路由 IC3 内部"启闭"比较器担任。PS-ON 信号是通过一根绿色细导线经 ATX 插头、插座，与主板启/闭控制电路进行通信，当启/闭控制电路的电子开关处于断开状态时，IC2 ⑭脚 5V 基准电压经 R36，作为高电平通过绿色导线加到主板启/闭控制电路上，同时 5V 基准电压又经 R37 加到 IC3 "启/闭"比较器反相输入端⑥脚，输出端①脚输出低电平，经 D34 将"保护"比较器同相输入端电平拉低，使其输出端②脚输出高电平加到 IC2 ④脚，通过内部"死区"比较器使⑧脚、⑪脚无 PWM 信号输出，也即对主开关电源进行封锁。当主板启/闭控制电路的电子开关接地时，PS-ON 信号变为低电平，经 R37 加到"启/闭"比较器反相输入端⑥脚，①脚输出高电平，D34 截止，使④脚恢复正常时的高电平，②脚则输出低电平加到 IC2 ④脚，解除"死区"封锁，使 ATX 开关电源得以启动。

(6) PG 信号处理电路　PG 信号处理由 IC3⑪脚内部 PG 比较器担任。PG（或 PW-OK）信号是 ATX 开关电源向主机系统报告可以正常工作的信号，PG 即为 PowerGood 的缩写。只有微机系统检测到正常的 PG 信号，才能启动 ATX 开关电源，如果检测不到 PG 信号或 PG 信号延时不符合要求，系统则禁止对 ATX 开关电源的启动。IC2 ⑭脚输出 5V 基准经 R62 与 R53、R60、R61 加到 IC3 ⑩脚，同时又经 R64 对 C39 充电（时间常数 320ms），再经 R63 将充电电压加到⑪脚。因同相输入端⑪脚电压上升较慢而低于反相端⑩脚，使输出端⑬脚输出低电平。当⑪脚电平上升并高于⑩脚时，⑬脚就变为高电平，输出经过延时的 5V PG 信号。延时要求 100～500ms，实际延时与电路选择的 RC 时间常数有关。

(7) 断电应急处理电路　由 IC3 ⑨脚内部"断电"比较器担任。电脑运行过程中难免发生意外断电，如跳闸、电业拉闸等，为此 ATX 开关电压设置了断电应急处理电路。意外断电，会使 IC2 内电流、电压误差取样放大器 1 和 2 输出突然下降，IC2 ③脚电平突然变低，经 R48 加到 IC3 断电比较器同相输入端⑨脚，使其输出端⑭脚输出低电平，经 R50、R63 将⑪脚电平拉低，⑬脚跳变为低电平，以此"PG信号突然消失"的方式，将断电"噩耗"传送主机，让主机停止正常运行，做好关机处理。

2. ATX 开关电源的维修技巧

① ATX 开关电源电路板特点是元件高度密集，而且"立体"分布，最低的元件只有 2mm 高，而最高的可达 50mm 高，中间可把各种元件高低分成 4～5 层，尤其是两个大散热片的遮挡，使许多元件根本看不到，不要说进行检查和测试，有些大元件虽能看到，但表笔却无法插到它的引脚上。若从背面直接测试焊点，又因为大部分元件连正面位置都无法确定，怎么与背面焊点进行对应？因此，维修时最好是先将两个大散热片拆除，这样电路上各种元件会透亮一些，维修起来也更方便和安全。

② 待机电源的损坏往往都很严重，而且维修时经常出现反复，但 ATX 开关电源印刷电路一般都很窄，焊盘也很小，经不起多锰焊接，容易脱落，导致故障越修越糟。解决方法是，从有可能需要多次代换元件的焊点上，引出一根短线，先将元焊在短线上接地试验，以减少对焊点的焊接次数。

③ ATX 开关电源保险管一般为 4A、5A 或 6A，在额定输出功率条件下有一定的保护作用，但在维修时，因输出功率小，保险管就起不了保护作用，如果盲目通电，给电路仍存在隐患，就会出现旧故障尚未排除又添新故障，为防患未然，首次通电应串联 1A 保险管，如果 1A 保险管烧断，说明待机电源存在短路，应先修待机电源。如果 1A 保险管未烧断，将 1A 保险管换成 2A 保险管后继续通电，如果 2A 保险管烧断，说明主开关电源存在短路，即将主开关电源修好。如果 2A 保险管未烧断，说明整机虽有故障，但不属于短路性故障，排查顺序仍按先待机电源后主开关电源，而且仍用 2A 保险管做维修过程的意外保护。

④ 空载能使+12V 有 0.6V 上升，而对于采用"反向电流反馈"自动稳压的 3.3V 电压，不但不上升反而下降到 1.86V，这种情况容易产生误判，盲目维修，可能没病倒要修出病来。

为避免空载使输出电压发生变化，最好用光驱做负载。接上光驱后各路电压趋向正常，不但有光，红色工作指示灯可做电源输出显示，而且还可利用耳机发出的乐曲进行监听。因为光驱功率适中（5V/1A，12V/1.5A），既满足维修需要，又不会使开关管、整流管发热，可以放心将它们的大散热片拆除，且又正好适合用 2A 保险管做意外保护，真可谓一举多得！

3. 故障检修实例

[实例 1] 电脑出现无规律频繁启动。

用户反复检查无结果，请求支援。打开机箱左侧盖，在 ATX 插头上检测各路直流电压，有不稳现象。再打开 ATX 开关电源，发现 470uF/200V 的 C5 和 C6 顶部凸起，说明两个大电解失效，造成输出电压纹波增大，导致电脑频繁启动。

> 【提示】 如果只有一个大电解损坏（漏液），多为与其并联的均压电阻开路，需要一起更换。

与此相关的故障还有待机电源 T3 次级两个滤波电容 C03 和 C09，因紧靠整流二极管，使其失效率增高，出现类似故障注意对它们的检查。

[实例 2] 主板红色 LED 指示灯不亮。

测 ATX 插头+5VSB 电压为 0V，检查待机电源，发现 Q03 击穿，2R23 开路、Q4 炸裂，待机电源损坏严重，因而造成无+5VSB 电压输出。

【提示】　本例中 Q03 为 SSP 型场效应管，其他机型有采用三极管的，在路检查应首先看清开关管的类型，以区别它们的极性，否则很容易产生误判。

与此相关的故障还有启动电阻变质（阻值增大）或开路，反峰高压脉冲吸收元件 D06、C05 击穿，稳压部分 IC1、IC5 损坏等。以上元件的损坏或击穿原因，都是由于元件长期工作（大多数用户长年不拔电脑电源插头），饱受高温老化导致损坏率增高，特别是在雨季，还可能遭雷击危害。

［实例 3］　电脑无法启动。

观察主板红色 LED 指示灯亮，测＋5VSB 电压正常，但各路输出电压为 0V。打开 ATX 开关电源，在路检查发现 D23 击穿。显然是由此引起过流保护，因而造成 ATX 开关电源无输出。

【提示】　在 3.3V 输出端有一个 1W 的低阻值电阻 R68，即使 D23 未击穿，在路测试也呈短路状态，因此检查 D23 时，应将该电阻断开，以免产生误判。

与此相关故障还有驱动开关管 Q1、Q2，半桥变换开关管 Q01、Q02，整流输出电路的全波整流管 D21、D22。在它们之中，只要有 1 个元件被击穿，都会导致本故障发生。

【提示】　所有整流二极管必须都是快速恢复管（100kHz），不能用普通整流二极管代换。

［实例 4］　故障现象同［实例 3］。

先在路检查喷水发现有击穿现象，决定进一步通电检查（需将 PS-ON 绿色导线接地），测试 IC3 ⑤脚电压由正常 1.01V 变为 2.47V，高于④脚 0.26V，②脚输出高电平 3.99V，IC2 ④脚由低电平 0.04V 变为高电平 3.61V，使 ATX 开关电源进入"死区"保护。用一根导线将 IC2 ④脚对地短路，迫使 ATX 开关电源退出"死区"保护，结果各路输出电压正常，不存在过压、欠压和过流，极有可能是取样支路有问题。

IC3 有三路取样支路，决定先检查由 D37、R34、R41、D32 组成的－5V 和－12V 欠压保护取样支路，结果很快发现 R34 开路。由于 R34 开路，引起取样电压升高，导致 ATX 开关电源误入"死区"保护，因而造成各路无输出。

［实例 5］　开机瞬间测＋12V 有输出，但很快降至 0V。

故障时测 IC2 14 脚输出电压仅为 1.30V 同，但测⑧脚、⑪脚电压保持 2.38V（待机电压）没有改变。这种情况不能轻易确定 TL494 损坏，需要通过检测各脚对地阻值和检测各脚外围元件进行排查。经过检查未见异常，又检查 IC3（C30205）③脚外围元件仍未发现问题，决定取下 IC3。在 IC3 空缺情况下，测 ICX2 ⑭脚输出电压恢复正常（实测 4.98V）。用一块 LM339N 代换 C30205 后故障排除。事后用 LC339N 和这块 C30205 进行对比测试（各脚对⑫脚），发现其他各脚都一样，只有③脚有些差异，C30205 为 5.5kΩ，LM339N 为 6.6kΩ，仅此 1kΩ 之差，结果却是天壤之别！所以在没有集成电路引脚阻止时，应尽可能带换实验，否则会走弯路，甚至无法修复。

［实例 6］　ATX 开关电源无输出

测待机电源输出正常，但主电源不工作，查各开关管和整流管未见异常，但 IC2 ⑭脚输出电压仅为 1.32V，正常应输出稳定的＋5V 基准电压，测⑧、⑪脚电压由正常值 2V 左右（待机电压）上升至 22V，说明芯片内部有短路，由于 TL494 和 KA7500 引脚功能完全一致。因此可直接互换。将其换新后故障排除。

三、 UC3875 构成的大功率工控桥式开关电源电路分析与检修（见二维码）

参考文献

[1] 马洪涛. 开关电源制作与调试. 北京：中国电力出版社，2014
[2] 王健强. 精通开关电源设计. 北京：人民邮电出版社，2015
[3] 陈永真. 反激式开关电源设计、制作、调试. 北京：机械工业出版社，2014
[4] 王晓刚. 开关电源手册. 北京：人民邮电出版社，2012
[5] 刘凤君. 开关电源设计与应用. 北京：电子工业出版社，2014
[6] 宁武. 反激式开关电源原理与设计. 北京：电子工业出版社，2014

数字万用表的使用	电阻器的检测	电容器的检测	电位器的检测	电感的测量
数字表测量变压器	电声器件的检测	开关继电器的检测	二极管检测	三极管检测
IGBT 晶体管的检测	单向可控硅的检测	双向可控硅的检测	场效应管的检测	集成电路与稳压器件的检测

石英晶体的测量	光电耦合器的检测	检测 NE555 集成电路	三端稳压器误差放大器的检测	大功率桥式开关电源与 PFC 电路